U0353280

中国矿业大学"十三五"品牌专业建设项目资助

岩土工程勘察

（第二版）

主　编　吴圣林

副主编　董青红　丁陈建

参　编　孙如华　于　庆　李小琴

中国矿业大学出版社

内容提要

本书简明、系统地概括了岩土工程勘察分级、岩土分类、各类工程岩土工程勘察的基本要求、不良地质作用和地质灾害、特殊性岩土及地下水的勘察要求与评价方法、岩土工程勘察手段和方法以及勘察成果的整理、分析和成果报告的编制要求等。本书以中华人民共和国现行的国家标准和行业规范为依据,以国家标准《岩土工程勘察规范》(GB 50021—2001,2009 年版)为主要参考资料,参阅了四十多本现行的岩土工程勘察各行业相关的国家规范和行业规范与标准及部分试行的规程和标准,吸取和选用了近年来国内外出版的优秀教材的内容和有关文献资料及图片,同时加入了实践中对规范条文的理解与实践的内容和成果,体现了最新的科学成果,实用性强。

本书可作为是地质工程专业岩土工程勘察技术方向的专业教材,也可作为土木工程专业选修课教材,还可供从事岩土工程勘察、土木工程的技术人员参考。

图书在版编目(CIP)数据

岩土工程勘察/吴圣林主编. —2 版. —徐州:中国矿业
大学出版社,2018.3

ISBN 978 - 7 - 5646 - 3770 - 5

Ⅰ. ①岩… Ⅱ. ①吴… Ⅲ. ①岩土工程－地质勘探
Ⅳ. ①TU412

中国版本图书馆 CIP 数据核字(2017)第 271192 号

书 名	岩土工程勘察
主 编	吴圣林
责任编辑	褚建萍
出版发行	中国矿业大学出版社有限责任公司
	(江苏省徐州市解放南路 邮编 221008)
营销热线	(0516)83885307 83884995
出版服务	(0516)83885767 83884920
网 址	http://www.cumtp.com E-mail:cumtpvip@cumtp.com
印 刷	徐州中矿大印发科技有限公司
开 本	787×1092 1/16 印张 26 字数 650 千字
版次印次	2018 年 3 月第 2 版 2018 年 3 月第 1 次印刷
定 价	39.50 元

(图书出现印装质量问题,本社负责调换)

第二版前言

本教材的第一版是由吴圣林、姜振泉、郭建斌、丁陈建、潘国营五位老师编写的高等学校"十一五"规划教材,2008年10月由中国矿业大学出版社出版,用于地质工程专业岩土工程勘查技术方向的本科专业教学,适用学时约64学时。近10年来,教材参照的国内有关的45本规程规范有26本经过了较大幅度的修改,还新增了许多国家、行业、地方规范规程。因此,本教材第二版对原有教材的许多内容做了较大幅度的修改,其中第二章新增了城市轨道交通工程内容。

本教材第二版由中国矿业大学出版社组织从事岩土工程勘察教学、科研和生产的有关教师和工程技术人员编写,由吴圣林担任主编,董青红、丁陈建担任副主编。教材的编写大纲由主编和副主编共同审定。本教材适用于地质工程、土木工程等本科专业32学时(不含实验教学)或者40学时(含实验教学)课程教学。

本教材共分为七章。具体分工为:绪论、第一章由吴圣林编写,第二章由吴圣林、董青红、孙如华、于庆编写,第三章由吴圣林、丁陈建编写,第四章由丁陈建、李小琴编写,第五章由丁陈建、孙如华编写,第六、七章由吴圣林编写,最后由吴圣林对全书进行了统稿。

本教材得到中国矿业大学地质工程品牌专业建设项目资助,在此表示感谢!本书编写过程中参考了国内外大量文献,在此向这些文献的编著者表示感谢!如有引用不当或者遗漏之处,请原著者与本书编者联系,以便再版时修正。

吴圣林

2018年1月于矿大文昌校区

第一版前言

本书是高等院校地质工程专业岩土工程勘查技术方向的专业教材,也可供从事岩土工程勘察工作的技术人员参考。

近年来,随着国民经济的发展,建设工程的规模和难度都在加大,勘察设计行业迎来了新的发展和挑战,勘察技术人员也越来越紧缺。国家规范、标准及各行各业出台的相应行业标准比较多,目前尚无系统介绍岩土工程勘察技术要求与方法的教材。本教材以中华人民共和国现行的国家标准和行业规范为依据,以国家标准《岩土工程勘察规范》(GB 50021—2001)为主要参考资料,又参考了现行的岩土工程勘察规范、标准和部分试行的规程、标准以及部分地区性的经验数据资料。

本教材以高等院校地质工程专业四年制本科教学大纲为依据,同时参考了《全国注册土木工程师(岩土)职业资格考试大纲》。在编写过程中,吸取和选用了近年来国内外出版的本学科优秀教材中的相关内容,同时加入了实践中对规范条文的理解和实践的内容与成果,体现了本学科最新的科学成果。

参加本书编写的有中国矿业大学吴圣林、姜振泉、丁陈建,山东科技大学郭建斌,河南理工大学潘国营。具体分工为:绪论、第一章由吴圣林编写,第二章由吴圣林、郭建斌编写,第三章由吴圣林、潘国营编写,第四章由姜振泉、丁陈建编写,第五章由丁陈建、潘国营编写,第六章、第七章由吴圣林编写,最后由吴圣林对全书进行了统稿。张琪、袁艳、刘春香、高盛祥、徐清参与部分材料收集、整理和校稿工作,在此对他们表示感谢!

限于编者水平,加之时间仓促,书中难免存在一些缺点甚至错误,恳请读者批评指正。

编　　者

2008 年 9 月

目　录

绪　论

一、岩土工程勘察的目的和任务

岩土工程勘察(geotechnical investigation)是指根据建设工程的要求,查明、分析、评价建设场地的地质、环境特征和岩土工程条件,编制勘察文件的活动。

岩土工程勘察是为了满足工程建设的要求,有明确的工程针对性,不同于一般的地质勘察。岩土工程勘察需要采用工程地质测绘与调查、勘探和取样、原位测试、室内实验、检验和检测、分析计算、数据处理等技术手段,其勘察对象包括岩土的分布和工程特征、地下水的赋存及其变化、不良地质作用和地质灾害等地质、环境特征和岩土工程条件。

岩土工程勘察是在传统的工程地质勘察基础上发展、延伸出的一门属于土木工程范畴的边缘学科,是以土力学、岩体力学、工程地质学、基础工程学、弹塑性力学与结构力学等为基础理论,并将其直接应用于解决和处理各项工程建设中土或岩石的调查研究、利用、整治或改造的一门技术科学。它贯穿于岩土工程勘察、设计、施工以及工程运营等各个环节,服务并指导工程建设和运营的全过程。

传统的工程地质勘察主要任务是取得各项地质资料和数据,提供给规划、设计、施工和建设单位使用。具体地说,工程地质勘察的主要任务有:

① 阐明建筑场地的工程地质条件,并指出对工程建设有利和不利因素。

② 论证建筑物所存在的工程地质问题,进行定性和定量的评价,做出确切结论。

③ 选择地质条件优良的建筑场地,并根据场地工程地质条件对建筑物平面规划布置提出建议。

④ 研究工程建筑物兴建后对地质环境的影响,预测其发展演化趋势,提出利用和保护地质环境的对策和措施。

⑤ 根据所选定地点的工程地质条件和存在的工程地质问题,提出有关建筑物类型、规模、结构和施工方法的合理建议,以及保证建筑物正常施工和使用应注意的地质要求。

⑥ 为拟定改善和防止不良地质作用的措施方案提供地质依据。

岩土工程是以土体和岩体作为科研和工程实践的对象,解决和处理建设过程中出现的所有与土体或岩体有关的工程技术问题。岩土工程勘察的任务不仅包含了传统工程地质勘察的所有内容,即查明情况,正确反映场地和地基的工程地质条件,提供数据,而且要求结合工程设计、施工条件进行技术论证和分析评价,提出解决岩土工程问题的建议,并服务于工程建设的全过程,以保证工程安全,提高投资效益,促进社会和经济的可持续发展。其整体功能是为设计、施工提供依据。

建筑场地岩土工程勘察,包括工程地质调查与勘探、岩土力学测试、地基基础工程和地基处理等内容。

二、岩土工程勘察的重要性

任何工程建筑物都是建造在一定的场地和地基之上，所有工程的建设方式、规模和类型都受建筑场地的工程地质条件制约。地基的好坏不但直接影响建筑物的经济性和安全性，而且一旦出事故，其处理比较困难。

因此，各项建设工程在设计和施工之前，必须按照"先勘察，后设计，再施工"的基本建设程序进行岩土工程勘察。岩土工程勘察应按工程建设各勘察阶段的要求，正确反映工程地质条件，查明不良地质作用和地质灾害，精心勘察、全面分析，提出资料完整、评价正确的勘察报告。

实践证明，岩土工程勘察工作做得好，设计、施工就能顺利进行，工程建筑的安全运营就有保证。相反，忽视建筑场地与地基的岩土工程勘察，会给工程带来不同程度的影响，轻则修改设计方案、增加投资、延误工期，重则使建筑物完全不能使用，甚至突然破坏，酿成灾害。近年来仍有一些工程不进行岩土工程勘察就设计施工，造成工程安全事故或安全隐患。

加拿大朗斯康谷仓是建筑物地基失稳的典型例子。该谷仓由 65 个圆柱筒仓组成，长 59.4 m，宽 23.5 m，高 31.0 m，钢筋混凝土片筏基础厚 2 m，埋置深度 3.6 m。谷仓总质量为 2 万 t，容积 36 500 m³。当谷仓建成后装谷达 32 000 m³ 时，谷仓西侧突然下沉 8.8 m，东侧上抬 1.5 m，最后整个谷仓倾斜 26°53'。由于谷仓整体刚度较强，在地基破坏后，筒仓完整，无明显裂缝。事后勘察了解，该建筑物地基下埋藏有厚达 16 m 的高塑性淤泥质软土层。谷仓加载使基础底面上的平均荷载达到 320 kPa，超过了地基的极限承载力 245 kPa，因而地基强度遭到破坏发生整体滑动。为修复谷仓，在基础下设置了 70 多个支承于深 16 m 以下基岩上的混凝土墩，使用 338 个 500 kN 的千斤顶，逐渐把谷仓纠正过来。修复后谷仓的标高比原来降低了 4 m。这在地基事故处理中是个奇迹，当然费用十分昂贵。

我国著名的苏州虎丘塔，位于苏州西北，建于五代周显德六年至北宋建隆二年（公元 959～961 年间），塔高 47.68 m，塔底对边南北长 13.81 m，东西长 13.64 m，平均 13.66 m，全塔七层，平面呈八角形，砖砌，全部塔重支承在内外 12 个砖墩上。由于地基为厚度不等的杂填土和亚黏土夹块石（下为陡斜的基岩面，见图 0-1），地基土的不均匀和地表丰富的雨水下渗导致水土流失而引起的地基不均匀变形使塔身严重偏斜。自 1957 年初次测定至 1980 年 6 月，塔顶的位移由 1.7 m 发展到 2.32 m，塔的重心偏离 0.924 m，倾斜角达 2°48'。由于塔身严重向东北向倾斜，各砖墩受力不均，致使底层偏心受压处的砌体多处出现纵向裂缝。如果不及时处理，虎丘塔就有毁坏的危险。鉴于塔身已遍布裂缝，要求任何加固措施均不能对塔身造成威胁。因此，决定采用挖孔桩方法建造桩排式地下连续墙，钻孔注浆和树根桩加固地基方案，亦即在塔外墙 3 m 处布置 44 个直径为 1.4 m 人工挖孔的桩柱，伸入基岩石 50 cm，灌注钢筋混凝土，桩柱之间用素混凝土搭接防渗，在桩柱顶端浇注钢筋混凝土圈梁连成整体，在桩排式地基连续墙建成后，再在围桩范围地基内注浆（参见图 0-1）。经加固处理后，塔体的不均匀沉降和倾斜才得以控制。

曾引起西方震惊的香港宝城大厦事故，就是由于勘察时对复杂的建筑场地条件缺乏足够的认识而没有采取相应对策留下隐患而引起。该大厦建在山坡上，1972 年雨季出现连续大暴雨，引起山坡残积土软化、滑动。7 月 18 日早晨 7 点，大滑坡体下滑，冲毁高层建筑宝城大厦，居住在该大厦的银行界人士 120 人当场死亡。

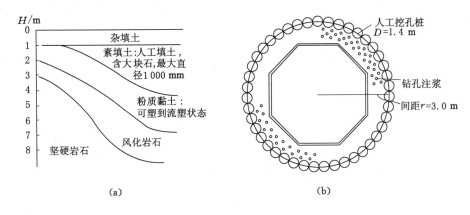

图 0-1　苏州虎丘塔地基地层分布及地基处理加固示意图
(a) 地层分布；(b) 地基加固处理

上述例子表明，建筑场地和地基的好坏直接影响整个建筑物的安全。也就是说，场地与地基的岩土工程勘察在工程建设中占有举足轻重的地位。

三、岩土工程体系及其发展

岩土工程 (geotechnical engineering) 是在工程地质学 (英国称地质工程，中国到 20 世纪 90 年代也称为地质工程) 的基础上发展并延伸出的一门属于土木工程范畴的边缘学科，是土木工程的一个分支。

工程地质与岩土工程是紧密相关的，工程地质学是岩土工程理论基础的一个重要组成部分，两者既有结合，又有分工，两者的区别如表 0-1 所示。

表 0-1　　　　　　　　　　岩土工程与工程地质的区别

项　目	岩土工程	工程地质 (地质工程)
所属学科	土木工程的分支	地质学的一个分科
基本含义	涉及土木工程中土或岩石的勘察、试验、评价利用、整治或改造的技术科学	调查、研究、解决涉及各类工程建设场地地质问题的科学
服务的侧重面	服务于工程建设和运营的全过程，在详勘阶段、施工补勘阶段，特别是在重大复杂的工程建设中，更显示出其突出的作用	在工程建设的可行性研究阶段、场址选择阶段，甚至初步勘察阶段的勘察、评价确定拟建场地稳定性时其作用突出

岩土工程是在第二次世界大战后经济发达国家的土木工程界为适应工程建设和技术、经济高速发展需要而兴起的一种科学技术，因此在国际上岩土工程实际只有五六十年的历史。在中国，岩土工程研究被提上日程并在工程勘察界推行也不过只有 30 年左右的历史。

中国工程勘察行业是在 20 世纪 50 年代初建立并发展起来的，基本上是照搬原苏联的一套体制与工作方法，这种情况一直延续到 80 年代。工程地质勘察的主要任务是查明场地或地区的工程地质条件，为规划、设计、施工提供地质资料。我国的工程地质勘察体制虽然在中国经济建设中发挥了巨大作用，但同时也暴露了许多问题。在实际工作中，一般只提出勘察场地的工程地质条件和存在的地质问题，很少涉及解决问题的具体方法。勘察与设计、施工严重脱节,勘察工作局限于"打钻、取样、试验、提报告"的狭小范围。由于上述原因,工程地质勘察工作在社会上不受重视,处于从属地位,经济效益不高,技术水平提高不快,勘察人员的技术潜力得不到充分发挥,使勘察单位的路子越走越窄,不能在国民经济建设中发挥应有的作用。传统工程地质勘察与岩土工程相比,两者的特点与优缺点如表 0-2 所示。

表 0-2　　　　　　　　　　　　传统工程地质勘察与岩土工程比较

项目	传统工程地质勘察	岩土工程
特点	① 着重为工程建设的规划、设计、施工提供工程地质依据和参数; ② 勘察技术人员对工程结构设计了解不深,勘察、结构设计、施工分工明确,各管一段,相互脱节现象比较普遍; ③ 往往只负责勘察本身的工作,提交了勘察成果报告一般就算工作结束	① 不仅提供资料和参数,更注意通过论证,提供岩土工程设计方案的决策性建议和施工注意事项等; ② 岩土工程师熟悉土木工程和地质学的技术知识,经验丰富,与设计既有分工,又相互结合密切; ③ 服务于工程建设和运营的全过程,可承担岩土工程勘察、设计、治理、监测和监理工作
优缺点	① 勘察技术人员虽然对项目的岩土工程条件最了解,但不受重视,因此在基础设计方案和岩土工程治理方案决策上往往没有发言权; ② 工程勘察技术人员受专业分工、技术理论和实践经验的限制,与岩土工程的要求有一定的差距;因此在勘察与设计、施工脱节的情况下,对于复杂重大的工程,由于种种原因,有时可能出现不应有的事故或造成严重的浪费现象	① 在基础设计方案和岩土工程治理方案方面的决策性建议一般被结构工程师采纳; ② 岩土工程技术人员的技术理论和技术经验较全面,机构设置是技术密集型的,技术骨干人员需要知识面更广,一般可以提供最优化的方案,有利于优质、经济、安全、快速完成工程任务,但是由于岩土体非均质的多变性,某些理论方法的不成熟,有时也有较大的风险性

自 20 世纪 80 年代以来,特别是自 1986 年以来,在原国家计委设计局、原建设部勘察设计司的积极倡导和支持下,各级政府主管部门、各有关社会团体、科研机构、大专院校和广大勘察单位,在调研探索、经济立法、技术立法、人才培训、组织建设、业务开拓、技术开发、工程试点及信息经验交流等方面积极地进行了一系列卓有成效的工作,我国开始推行岩土工程体制。经过 40 余年的努力,目前我国已确立了岩土工程体制。岩土工程勘察的任务,除了应正确反映场地和地基的工程地质条件外,还应结合工程设计、施工条件,进行技术论证和分析评价,提出解决岩土工程问题的建议,并服务于工程建设的全过程,具有很强的工程针对性。其主要标志是我国首部《岩土工程勘察规范》(GB 50021—94)于 1995 年 3 月 1 日实施,修订过的《岩土工程勘察规范》(GB 50021—2001)于 2002 年 1 月 1 日发布,3 月 1 日实施。在《工程勘察收费标准》(2002 版)也正式对岩土工程收费作了规定。2002 年 9 月我国开始进行首次注册土木工程师(岩土)执业资格考试。积极推行国际通行的市场准入制度:着眼于负责签发工程成果并对工程质量负终生责任的专业技术人员的基本素质上,单位依靠符合准入条件的注册岩土工程师在成果、信誉、质量、优质服务上的竞争,由岩土工程师主宰市场。企业发展趋势:鼓励成立以专业技术人员为主的岩土工程咨询(或顾问)公司和以劳务为主的钻探公司、岩土工程治理公司;推行岩土工程总承包(或总分包),承担工程项目不受地区限制。岩土工程咨询(或顾问)公司承担的业务范围不受部门、地区的限制,只要是岩土工程(勘察、设计、咨询监理以及监测检测)都允许承担;但如果是岩土工程测试(或检测

监测)公司,则只限于承担测试(检测监测)任务,钻探公司、岩土工程治理公司不能单独承接岩土工程有关任务,只能同岩土工程咨询(或顾问)公司签订承接合同。

四、重要的基本术语

① 岩土工程勘察(geotechnical investigation):根据建设工程的要求,查明、分析、评价建设场地的地质、环境特征和岩土工程条件,编制勘察文件的活动。

② 工程地质勘察(engineering geologic investigation):查明与建设工程有关的场地自然特征、工程地质和水文地质条件,并提出工程地质条件评价的全过程。

③ 工程地质测绘(engineering geological mapping):采用收集资料、调查访问、地质测量、遥感解译等方法,查明场地的工程地质要素,并绘制相应的工程地质图件。

④ 岩土工程勘探(geotechnical exploration):岩土工程勘察的一种手段,包括钻探、井探、槽探、坑探、洞探以及物探、触探等。

⑤ 原位测试(in-situ tests):在岩土体所处的位置,基本保持岩土原来的结构、湿度和应力状态,对岩土体进行的测试。

⑥ 岩土工程勘察报告(geotechnical investigation report):在原始资料的基础上进行整理、统计、归纳、分析、评价,提出工程建议,形成系统的为工程建设服务的勘察技术文件。

⑦ 不良地质作用(adverse geologic actions):由地球内力或外力产生的对工程可能造成灾害的地质作用。

⑧ 地质灾害(geological disaster):由不良地质作用引发的,危及人生、财产、工程或环境安全的事件。

⑨ 采空区(mined-out area):地下矿产资源开采后的空间,及其围岩失稳而产生位移、开裂、破碎垮落,直到上覆岩层整体下沉、弯曲所引起的地表变形和破坏的地区和范围。

⑩ 特殊岩土(special rock and soil):对本身具有特殊的物理、力学、化学性质,并影响工程地质条件的岩土的统称,主要包括黄土、膨胀土、膨胀岩、红黏土、软土、盐渍土、多年冻土、填土、污染土等。

⑪ 地面沉降(ground subsidence,land subsidence):大面积区域性的地面下沉,一般由地下水被过量抽吸产生区域性降落漏斗引起。大面积地下采空和黄土自重湿陷也可引起地面沉降。

⑫ 抗震设防烈度(seismic fortification intensity):按国家规定的权限批准作为一个地区抗震设防依据的地震烈度。

⑬ 抗震设防标准(seismic fortification criterion):衡量抗震设防要求的尺度,由抗震设防烈度和建筑使用功能的重要性确定。

⑭ 地震作用(earthquake action):由地震动引起的结构动态作用,包括水平地震作用和竖向地震作用。

⑮ 设计地震动参数(design parameters of ground motion):抗震设计用的地震加速度(速度、位移)时程曲线、加速度反应谱和峰值加速度。

⑯ 设计基本地震加速度(design basic acceleration of ground motion):50 年设计基准期超越概率 10% 的地震加速度的设计取值。

⑰ 设计特征周期(design characteristic period of ground motion):抗震设计用的地震

影响系数曲线中,反映地震震级、震中距和场地类别等因素的下降段起始点对应的周期值。

⑱ 现场检验(in-situ inspection):在现场采用一定手段,对勘察成果或设计、施工措施的效果进行核查。

⑲ 现场监测(in-situ monitoring):在现场对岩土性状和地下水的变化,岩土体和结构物的应力、位移进行系统监视和观测。

⑳ 岩石质量指标(rock quality designation,RQD):用直径为 75 mm 的金刚石钻头和双层岩芯管在岩石中钻进,连续取芯,回次钻进所取岩芯中,长度大于 10 cm 的岩芯段长度之和与该回次进尺的比值,以百分数表示。

㉑ 土试样质量等级(quality classification of soil samples):按土试样受扰动程度不同划分的等级。

㉒ 岩土参数标准值(standard value of a geotechnical parameter):岩土参数的基本代表值,通常取概率分布的 0.05 分位数。

㉓ 容许承载力(allowable bearing capacity):在保证地基稳定和建筑物沉降量不超过容许值的条件下,地基所能承受的最大压力。

㉔ 极限承载力(ultimate bearing capacity):地基岩土体即将破坏时所承受的压力。

㉕ 地基承载力特征值(characteristic value of subgrade bearing capacity):指由载荷试验测定的地基土压力变形曲线线性变形内规定的变形所对应的压力值,其最大值为比例界限值。

㉖ 前期固结压力(reconsolidation pressure):土体在历史上经受过的最大垂直有效应力。

㉗ 压缩层的计算深度(computational depth of compressed layer):地基土在荷载的竖向附加应力作用下产生固结压缩的计算深度。

㉘ 地基(subgrade foundation soils):为支承基础的土体或岩体。

㉙ 基础(foundation):将结构所承受的各种作用传递到地基上的结构组成部分。

㉚ 工程岩体(engineering rock mass):岩石工程影响范围内的岩体,包括地下工程岩体、工业与民用建筑地基、大坝岩基、边坡岩体等。

㉛ 岩体基本质量(rock mass basic quality):岩体所固有的影响工程岩体稳定性的最基本属性,岩体基本质量由岩石坚硬程度和岩体完整程度所决定。

㉜ 岩体结构面(rock discontinuity structural plane):岩体内开裂的和易开裂的面,如层面、节理、断层等,又称不连续构造面。

㉝ 土岩组合地基(soil-rock composite subgrade):在建筑地基(或被沉降缝分隔区段的建筑地基)的主要受力层范围内,有下卧基岩表面坡度较大的地基;或石芽密布并有出露的地基;或大块孤石的地基;或个别石芽出露的地基。

㉞ 地基处理(ground treatment):指为提高地基土的承载力,改善其变形性质或渗透性质而采取的人工方法。

㉟ 复合地基(composite subgrade composite foundation):部分土体被增强或被置换而形成的由地基土和增强体共同承担荷载的人工地基。

㊱ 桩基础(pile foundation):由设置于岩土中的桩和连接于桩顶端的承台组成的基础。

第一章　勘察分级和岩土分类

第一节　岩土工程条件

查明场地的工程地质条件是传统工程地质勘察的主要任务。工程地质条件指与工程建设有关的地质因素的综合，或者是工程建筑物所在地质环境的各项因素。这些因素包括岩土类型及其工程性质、地质构造、地貌、水文地质、工程动力地质作用和天然建筑材料等方面。工程地质条件是客观存在的，是自然地质历史塑造而成的，不是人为造成的。由于各种因素组合的不同，不同地点的工程地质条件随之变化，存在的工程地质问题也各异，其影响结果是对工程建设的适宜性相差甚远。工程建设不怕地质条件复杂，怕的是复杂的工程地质条件没有被认识、被发现，因而未能采取相应的岩土工程措施，以致给工程施工带来麻烦，甚至留下隐患，造成事故。

岩土工程条件不仅包含工程地质条件，还包括工程条件，把地质环境、岩土体和建造在岩土体上的建筑物作为一个整体来进行研究。具体地说，岩土工程条件包括场地条件、地基条件和工程条件。

场地条件——场地地形地貌、地质构造、水文地质条件的复杂程度；有无不良地质现象、不良地质现象的类型、发展趋势和对工程的影响；场地环境工程地质条件（地面沉降、采空区、隐伏岩溶地面塌陷、土水的污染、地震烈度、场地对抗震有利、不利影响或危险、场地的地震效应等）。

地基条件——地基岩土的年代和成因，有无特殊性岩土，岩土随空间和时间的变异性；岩土的强度性质和变形性质；岩土作为天然地基的可能性、岩土加固和改良的必要性和可行性。

工程条件——工程的规模、重要性（政治、经济、社会）；荷载的性质、大小、加荷速率、分布均匀性；结构刚度、特点、对不均匀沉降的敏感性；基础类型、刚度、对地基强度和变形的要求；地基、基础与上部结构协同作用。

第二节　建筑场地与地基的概念

一、建筑场地的概念

建筑场地是指工程建设直接占有并直接使用的有限面积的土地，大体相当于厂区、居民点和自然村的区域范围的建筑物所在地。从工程勘察角度分析，场地的概念不仅代表所划定的土地范围，还应涉及建筑物所处的工程地质环境与岩土体的稳定问题。在地震区，建筑场地还应具有相近的反应谱特性。新建（待建）建筑场地是勘察工作的对象。

二、建筑物地基的概念

任何建筑物都建造在土层或岩石上，土层受到建筑物的荷载作用就产生压缩变形。为了减少建筑物的下沉，保证其稳定性，必须将墙或柱与土层接触部分的断面尺寸适当扩大，以减小建筑物与土接触部分的压强。建筑物最底下扩大的这一部分，将结构所承受的各种作用传递到地基上的结构组成部分称为基础。地基是指支承基础的土体或岩体，在结构物基础底面下，承受由基础传来的荷载，受建筑物影响的那部分地层。地基一般包括持力层和下卧层。埋置基础的土层称为持力层，在地基范围内持力层以下的土层称为下卧层（图 1-2-1）。地基在静、动荷载作用下要产生变形，变形过大会危害建筑物的安全，当荷载超过地基承载力时，地基强度便遭破坏而丧失稳定性，致使建筑物不能正常使用。因此，地基与工程建筑物的关系更为直接、更为具体。为了建筑物的安全，必须根据荷载的大小和性质给基础选择可靠的持力层。当上层土的承载力大于下卧层时，一般取上层土作为持力层，以减小基础的埋深，当上层土的承载力低于下层土时，如取下层土为持力层，则所需的基础底面积较小，但埋深较大；若取上层土为持力层，情况则相反。选取哪一种方案，需要综合分析和比较后才能决定。地基持力层的选择是岩土工程勘察的重点内容之一。

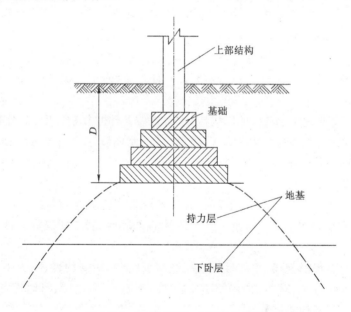

图 1-2-1　地基、基础、上部结构示意图

三、天然地基、软弱地基和人工地基

未经加固处理直接支承基础的地基称为天然地基。

若地基土层主要由淤泥、淤泥质土、松散的砂土、冲填土、杂填土或其他高压缩性土层所构成，则称这种地基为软弱地基或松软地基。由于软弱地基土层压缩模量很小，所以在荷载作用下产生的变形很大。因此，必须确定合理的建筑措施和地基处理方法。

若地基土层较软弱，建筑物的荷重又较大，地基承载力和变形都不能满足设计要求时，需对地基进行人工加固处理，这种地基称为人工地基。

第三节 岩土工程勘察分级

岩土工程勘察分级,目的是突出重点,区别对待,以利于管理。岩土工程勘察等级应在综合分析工程重要性等级、场地等级和地基等级的基础上,确定综合的岩土工程勘察等级。

一、工程重要性等级

《建筑结构可靠度设计统一标准》(GB 50068—2017)将建筑结构分为三个安全等级(表 1-3-1),《建筑地基基础设计规范》(GB 50007—2011)将地基基础设计分为三个等级(表 1-3-2),都是从设计角度考虑的。对于勘察,《岩土工程勘察规范》(GB 50021—2001, 2009 年版)主要考虑工程规模大小和特征,以及由于岩土工程问题造成破坏或影响正常使用的后果,分为三个工程重要性等级(表 1-3-3)。

表 1-3-1   工程安全等级

安全等级	破坏后果	工程类型
一 级	很严重	重要工程
二 级	严 重	一般工程
三 级	不严重	次要工程

表 1-3-2   地基基础设计等级

设计等级	建筑和地基类型
甲级	重要的工业与民用建筑; 30 层以上的高层建筑; 体形复杂,层数相差超过 10 层的高低层连成一体的建筑物; 大面积的多层地下建筑物(如地下车库、商场、运动场等); 对地基变形有特殊要求的建筑物; 复杂地质条件下的坡上建筑物(包括高边坡); 对原有工程影响较大的新建建筑物; 场地和地基条件复杂的一般建筑物; 位于复杂地质条件及软土地区的二层及二层以上地下室的基坑工程; 开挖深度大于 15 m 的基坑工程; 周边环境条件复杂、环境保护要求高的基坑工程
乙级	除甲级、丙级以外的工业与民用建筑; 除甲级、丙级以外的基坑工程
丙级	场地和地基条件简单、荷载分布均匀的七层及七层以下民用建筑及一般工业建筑;次要的轻型建筑; 非软土地区且场地质条件简单、基坑周边环境条件简单、环境保护要求不高且开挖深度小于 5 m 的基坑工程

表 1-3-3   **工程重要性等级**

重要性等级	工程规模和特征	破坏后果
一级工程	重要工程	很严重
二级工程	一般工程	严 重
三级工程	次要工程	不严重

由于涉及各行各业,涉及房屋建筑、地下洞室、线路、电厂及其他工业建筑、废弃物处理工程等,工程的重要性等级很难做出具体的划分标准,只能作一些原则性的规定。以住宅和一般公用建筑为例,30 层以上的可定为一级,7～30 层的可定为二级,6 层及 6 层以下的可定为三级。

二、场地等级

根据场地对建筑抗震的有利程度、不良地质现象、地质环境、地形地貌、地下水影响等条件将场地划分为三个复杂程度等级(表 1-3-4)。

表 1-3-4   **场地复杂程度等级**

划分条件 等级	场地对建筑抗震 有利程度	不良地质 作用	地质环境 破坏程度	地形 地貌	地下水影响
一级	危 险	强烈发育	已经或可能受到 强烈破坏	复 杂	有影响工程的多层地下水、岩溶裂隙水或其他水文地质条件复杂,需专门研究
二级	不 利	一般发育	已经或可能受到 一般破坏	较复杂	基础位于地下水位以下的场地
三级	地震设防烈度 ≤6 度或有利	不发育	基本未受破坏	简 单	地下水对工程无影响

注:① 从一级开始,向二级、三级推定,以最先满足的为准。
  ② 对建筑抗震有利、不利和危险的地段的划分,应按现行国家标准《建筑抗震设计规范》(GB 50011—2010)的规定确定。
  ③ "不良地质作用强烈发育"是指泥石流沟谷、崩塌、滑坡、土洞、塌陷、岸边冲刷、地下强烈潜蚀等极不稳定的场地,这些不良地质现象直接威胁着工程安全;"不良地质作用一般发育"是指虽有上述不良地质现象,但并不十分强烈,对工程安全的影响不严重。
  ④ "地质环境"是指人为因素和自然因素引起的地下采空、地面沉降、地裂缝、化学污染、水位上升等;"受到强烈破坏"是指对工程的安全已构成直接威胁,如浅层采空、地面沉降盆地的边缘地带、横跨地裂缝、因蓄水而沼泽化等;"受到一般破坏"是指已有或将有上述现象,但不强烈,对工程安全的影响不严重。

三、地基等级

根据地基的岩土种类和有无特殊性岩土等条件将地基分为三个等级(表 1-3-5)。

四、岩土工程勘察等级

根据工程重要性等级、场地复杂程度等级和地基复杂程度等级,可按下列条件划分岩土工程勘察等级:

表 1-3-5　　　　　　　　　　　　　　　　　地基复杂程度等级

划分条件 等级	一般岩土				特殊性岩土及处理要求
	岩土种类	均匀性	性质变化	处理要求	
一级 (复杂地基)	种类多	很不均匀	变化大	需特殊处理	多年冻土,严重湿陷、膨胀、盐渍、污染的特殊性岩土,以及其他情况复杂、需作专门处理的岩土
二级 (中等复杂地基)	种类较多	不均匀	变化较大	根据需要确定	除一级地基规定以外的特殊性岩土
三级 (简单地基)	种类单一	均匀	变化不大	不处理	无特殊性岩土

注：① 划分时,符合条件之一即可定为该级。

② 从一级开始,向二级、三级推定,以最先满足的为准。

③ 特殊性岩土是指多年冻土、湿陷、膨胀、盐渍、污染严重的土层。

④ 多年冻土情况特殊,勘察经验不多,应列为一级地基。

⑤ "严重湿陷、膨胀、盐渍、污染的特殊性岩土"是指Ⅲ级及Ⅲ级以上的自重湿陷性土、三级非自重湿陷性土、三级膨胀性土等。

⑥ 其他需作专门处理的,以及变化复杂、同一场地上存在多种强烈程度不同的特殊性岩土时,也应列为一级地基。

甲级——在工程重要性、场地复杂程度和地基复杂程度等级中,有一项或多项为一级。

乙级——除勘察等级为甲级和丙级以外的勘察项目。

丙级——工程重要性、场地复杂程度和地基复杂程度等级均为三级。

一般情况下,勘察等级可在勘察工作开始前通过收集已有资料确定。但随着勘察工作的开展,对自然认识的深入,勘察等级也可能发生改变。

对于岩质地基,场地地质条件的复杂程度是控制因素。建造在岩质地基上的工程,如果场地和地基条件比较简单,勘察工作的难度是不大的。故即使是一级工程,场地和地基为三级时,岩土工程勘察等级也可定为乙级。

第四节　勘察阶段的划分

我国的勘察规范明确规定勘察工作一般要分阶段进行,勘察阶段的划分与设计阶段相适应,一般可划分为可行性研究勘察(选址勘察)、初步勘察和详细勘察三个阶段,施工勘察不作为一个固定阶段。西方国家岩土工程勘察极少分阶段进行,我国主要是根据原国家基本建设委员会(73)建革字第 380 号文件的精神,并考虑到与设计工作相适应和我国的长期习惯做法。

当场地条件简单或已有充分的地质资料和经验时,可以简化勘察阶段,跳过选址勘察,有时甚至将初勘和详勘合并为一次性勘察,但勘察工作量布置应满足详细勘察工作的要求。对于场地稳定性和特殊性岩土的岩土工程问题,应根据岩土工程的特点和工程性质,布置相应的勘探与测试或进行专门研究论证评价。对于专门性工程和水坝、核电等工程,应按工程性质要求,进行专门勘察研究。

一、选址勘察

选址勘察的目的是为了得到若干个可选场址方案的勘察资料。其主要任务是对拟选场址的稳定性和建筑适宜性做出评价,以便方案设计阶段选出最佳的场址方案。所用的手段主要侧重于收集和分析已有资料,并在此基础上对重点工程或关键部位进行现场踏勘,了解场地的地层、岩性、地质结构、地下水及不良地质现象等工程地质条件,对倾向于选取的场地,如果工程地质资料不能满足要求时,可进行工程地质测绘及少量的勘探工作。

二、初步勘察

初步勘察是在选址勘察的基础上,在初步选定的场地上进行的勘察,其任务是满足初步设计的要求。初步设计内容一般包括:指导思想、建设规模、产品方案、总平面布置、主要建筑物的地基基础方案、对不良地质条件的防治工作方案。初勘阶段也应收集已有资料,在工程地质测绘与调查的基础上,根据需要和场地条件,进行有关勘探和测试工作,带地形的初步总平面布置图是开展勘察工作的基本条件。

初勘应初步查明:建筑地段的主要地层分布、年代、成因类型、岩性、岩土的物理力学性质,对于复杂场地,因成因类型较多,必要时应做工程地质分区和分带(或分段),以利于设计确定总平面布置;场地不良地质现象的成因、分布范围、性质、发生发展的规律及对工程的危害程度,提出整治措施的建议;地下水类型、埋藏条件、补给径流排泄条件,可能的变化及侵蚀性;场地地震效应及构造断裂对场地稳定性的影响。

三、详细勘察

经过选址和初勘后,场地稳定性问题已解决,为满足初步设计所需的工程地质资料亦已基本查明。详勘的任务是针对具体建筑地段的地质地基问题所进行的勘察,以便为施工图设计阶段和合理地选择施工方法提供依据,为不良地质现象的整治设计提供依据。对工业与民用建筑而言,在本勘察阶段工作进行之前,应有附有坐标及地形等高线的建筑总平面布置图,并标明各建筑物的室内外地坪高程、上部结构特点、基础类型、所拟尺寸、埋置深度、基底荷载、荷载分布、地下设施等。

详勘主要以勘探、室内试验和原位测试为主。

四、施工勘察

施工勘察指的是直接为施工服务的各项勘察工作。它不仅包括施工阶段所进行的勘察工作,也包括在施工完成后可能要进行的勘察工作(如检验地基加固的效果)。但并非所有的工程都要进行施工勘察,仅在下面几种情况下才需进行:对重要建筑的复杂地基,需在开挖基槽后进行验槽;开挖基槽后,地质条件与原勘察报告不符;深基坑施工需进行测试工作;研究地基加固处理方案;地基中溶洞或土洞较发育;施工中出现斜坡失稳,需进行观测及处理。

第五节 岩土工程勘察的基本程序

岩土工程勘察要求分阶段进行,各阶段勘察程序可分为承接勘察项目、筹备勘察工作、编写勘察纲要、进行现场勘察、室内水与土试验、整理勘察资料和编写报告书及工程建设期间的验槽、验收等。

一、承接勘察项目

通常由建设单位会同设计单位即委托方(简称甲方),委托勘察单位即承包方(简称乙方)进行。签订合同时,甲方需向乙方提供下列文件和资料,并对其可靠性负责:工程项目批件;用地批件(附红线范围的复制件);岩土工程勘察工程委托书及其技术要求(包括特殊技术要求);勘察场地现状地形图(其比例尺须与勘察阶段相适应);勘察范围和建筑总平面布置图各1份(特殊情况可用有相对位置的平面图);已有的勘察与测量资料。

二、筹备勘察工作

筹备勘察工作,是保证勘察工作顺利进行的重要步骤,包括组织踏勘,人员设备安排,水、电、道路三通及场地平整等工作。

三、编写勘察纲要

应根据合同任务要求和踏勘调查的结果,分析预估建筑场地的复杂程度及其岩土工程性状,按勘察阶段要求布置相适应的勘察工作量,并选择勘察方法和勘探测试手段。在制订计划时,还需考虑勘察过程中可能未预料到的问题,需为更改勘察方案而留有余地。一般勘察纲要主要内容如下:制订勘察纲要的依据,勘察委托书及合同、工程名称,勘察阶段、工程性质和技术要求以及场地的岩土工程条件分析等;勘察场地的自然条件,地理位置及地质概况简述(包括收集的地震资料、水文气象及当地的建筑经验等);指明场地存在的问题和应研究的重点;勘察方案确定和勘察工作布置,包括尚需继续收集的文献和档案资料,工程地质测绘与调查,现场勘探与测试,室内水、土试验,现场监测工作以及勘察资料检查与整理等工作量的预估;预估勘察过程中可能遇到的问题及解决问题的方法和措施;制订勘察进度计划,并附有勘察技术要求和勘察工作量的平面布置图等。

四、进行现场勘察和室内水土试验

勘探工作量是根据工程地质测绘、工程性质和勘测方法综合确定的,目的是鉴别岩、土性质和划分地层。

工程地质测绘与调查,常在选址—可行性研究或初步勘察阶段进行。对于详细勘察阶段的复杂场地也应考虑工程地质测绘。测绘之前应尽量利用航片或卫片的判释资料,测绘的比例尺选址时为1:5 000~1:50 000;初勘时为1:2 000~1:10 000;详勘时为1:500~1:2 000,或更大些;当场地的地质条件简单时,仅作调查。根据测绘成果可进行建筑场地的工程地质条件分区,为场地的稳定性和建设适宜性进行初判。

勘探方法有钻探、井探、槽探和物探等,并可配合原位测试和采取原状土试样、水试样进行室内土水试验分析。勘探完后,还要对勘探井孔进行回填,以免影响场地地基的稳定性。

岩土测试是为地基基础设计提供岩土技术参数,其方法分为室内岩土试验和原位测试,测试项目通常按岩土特性和工程性质确定,室内试验除要求做岩土物理力学性试验外,有时还要模拟深基坑开挖的回弹再压缩试验、斜坡稳定性的抗剪强度试验、振动基础的动力特性试验以及岩土体的岩石抗压强度和抗拉强度等试验。目前在现场直接测试岩土力学参数的方法也很多,有载荷、标准贯入、静力触探、动力触探、十字板剪切、旁压、现场剪切、波速、岩体原位应力、块体基础振动等测试,通称为原位测试。原位测试可以直观地提供地基承载力和变形参数,也可以为岩土工程进行监测或为工程监测与控制提供参数依据。

五、整理勘察资料和编写报告书

岩土工程勘察成果整理是勘察工作的最后程序。勘察成果是勘察全过程的总结并以报告书形式提出。编写报告书是以调查、勘探、测试等许多原始资料为基础的,报告书要做出正确的结论,必须对这些原始资料进行认真检查、分析研究、归纳整理、去伪存真,使资料得以提炼。编写内容要有重点,要阐明勘察项目来源、目的与要求;拟建工程概述;勘察方法和勘察工作布置;场地岩土工程条件的阐述与评价等;对场地地基的稳定性和适宜性进行综合分析论证,为岩土工程设计提供场地地层结构和地下水空间分布的几何参数,岩土体工程性状的设计参数的分析与选用,提出地基基础设计方案的建议;预测拟建工程对现有工程的影响,工程建设产生的环境变化以及环境变化对工程产生的影响,为岩土体的整治、改造和利用选择最佳方案,为岩土施工和工程运营期间可能发生的岩土工程问题进行预测和监控,为相应的防治措施和合理的施工方法提出建议。

报告书中还应附有相应的岩土工程图件,常见的有勘探点平面布置图,工程地质柱状图,工程地质剖面图,原位测试图表,室内试验成果图表,岩土利用、整治、改造的设计方案和计算的有关图表以及有关地质现象的素描和照片等。

除综合性岩土工程勘察报告外,也可根据任务要求提交单项报告,如岩土工程测试报告,岩土工程检验或监测报告,岩土工程事故调查与分析报告,岩土利用、整治或改造方案报告,专门岩土工程问题的技术咨询报告等。

对三级岩土工程的勘察报告书内容可以适当简化,即以图为主,辅以必要的文字说明;对一级岩土工程中的专门性岩土工程问题,尚可提交专门或单项的研究报告和监测报告等。

六、报告的审查、施工验槽等

我国自 2004 年 8 月 23 日起开始实行施工图审查制度。完成的勘察报告,除应经过本单位严格细致的检查、审核之外,尚应经由施工图审查机构审查合格后方可交付使用,作为设计的依据。

项目正式开工后,勘察单位和项目负责人应及时跟踪,对基槽、基础设计与施工等关键环节进行验收,检查基槽岩土条件是否与勘探报告一致,设计使用的地基持力层和承载力与勘探报告是否一致,是否满足设计要求,是否能确保建筑物的安全等。

第六节　岩土的分类和鉴定

一、岩石的分类和鉴定

岩石的分类可以分为地质分类和工程分类。地质分类主要根据其地质成因、矿物成分、结构构造和风化程度,可以用地质名称(即岩石学名称)加风化程度表达,如强风化花岗岩、微风化砂岩等。这对于工程的勘察设计是十分必要的。工程分类主要根据岩体的工程性状,使工程师建立起明确的工程特性概念。地质分类是一种基本分类,工程分类应在地质分类的基础上进行,目的是为了较好地概括其工程性质,便于进行工程评价。国内目前关于岩体的工程分类方法很多,国家标准就有四种:《工程岩体分级标准》(GB/T 50218—2014)、《城市轨道交通岩土工程勘察规范》(GB 50307—2012)、《水利水电工程地质勘察规范》(GB 50487—2008)和《岩土锚杆与喷射混凝土支护工程技术规范》(GB 50086—2015)。另外,铁路系统和公路系统均有自己的分类标准。各种分类方法各有特点和用途,使用时应注意与设计采用的标准相一致。本书重点介绍《工程岩体分级标准》(GB/T 50218—2014)中有关的分类。

（一）按成因分类

岩石按成因可分为岩浆岩(火成岩)、沉积岩和变质岩三大类。

1. 岩浆岩

岩浆在向地表上升过程中,由于热量散失逐渐经过分异等作用冷却而成岩浆岩。在地表下冷凝的称为侵入岩;喷出地表冷凝的称为喷出岩。侵入岩按距地表的深浅程度又分为深成岩和浅成岩。岩基和岩株为深成岩产状,岩脉、岩盘和岩枝为浅成岩产状,火山锥和岩钟为喷出岩产状。岩浆岩的分类如表 1-6-1 所示。

表 1-6-1　　　　　　　　　　岩浆岩的分类

化学成分		含 Si、Al 为主			含 Fe、Mg 为主		产　状
酸基性		酸　性	中　性		基　性	超基性	
颜　色		浅色的 (浅灰、浅红、红色、黄色)			深色的 (深灰、绿色、黑色)		
矿物成分		含正长石		含斜长石		不含长石	
成因及结构		石英、云母、角闪石	黑云母、角闪石、辉石	角闪石、辉石、黑云母	辉石、角闪石、橄榄石	辉石、橄榄石、角闪石	
深成的	等粒状,有时为斑粒状,所有矿物皆能用肉眼鉴别	花岗岩	正长岩	闪长岩	辉长岩	橄榄岩、辉岩	岩基 岩株
浅成的	斑状(斑晶较大且可分辨出矿物名称)	花岗斑岩	正长斑岩	玢　岩	辉绿岩	苦橄玢岩 (少见)	岩脉 岩枝 岩盘
喷出的	玻璃状,有时为细粒斑状,矿物难于用肉眼鉴别	流纹岩	粗面岩	安山岩	玄武岩	苦橄岩 (少见) 金伯利岩	熔岩流
	玻璃状或碎屑状	黑曜岩、浮石、火山凝灰岩、火山碎屑岩、火山玻璃					火山喷出 的堆积物

2. 沉积岩

沉积岩是由岩石、矿物在内外力作用下破碎成碎屑物质后，经水流、风吹和冰川等的搬运、堆积在大陆低洼地带或海洋中，再经胶结、压密等成岩作用而成的岩石。沉积岩的主要特征是具层理。沉积岩的分类如表1-6-2所示。

表 1-6-2 沉积岩的分类

成因	硅质的	泥质的	灰质的	其他成分
碎屑沉积	石英砾岩、石英角砾岩、燧石角砾岩、砂岩、石英岩	泥岩、页岩、黏土岩	石灰砾岩、石灰角砾岩、多种石灰岩	集块岩
化学沉积	硅华、燧石、石髓岩	泥铁石	石笋、石钟乳、石灰华、白云岩、石灰岩、泥灰岩	岩盐、石膏、硬石膏、硝石
生物沉积	硅藻土	油页岩	白垩、白云岩、珊瑚石灰岩	煤炭、油砂、某种磷酸盐岩石

3. 变质岩

变质岩是岩浆岩或沉积岩在高温、高压或其他因素作用下，经变质作用所形成的岩石。变质岩的分类如表1-6-3所示。

表 1-6-3 变质岩的分类

岩石类别	岩石名称	主要矿物成分	鉴定特征
片状的岩石类	片麻岩	石英、长石、云母	片麻状构造，浅色长石带和深色云母带互相交错，结晶粒状或斑状结构
	云母片岩	云母、石英	具有薄片理，片理上有强的丝绢光泽，石英凭肉眼常看不到
片状的岩石类	绿泥石片岩	绿泥石	绿色，常为鳞片状或叶片状的绿泥石块
	滑石片岩	滑石	鳞片状或叶片状的滑石块，用指甲可刻画，有滑感
	角闪石片岩	普通角闪石、石英	片理常常表现不明显，坚硬
	千枚岩、板岩	云母、石英等	具有片理，肉眼不易识别矿物，锤击有清脆声，并具有丝绢光泽，千枚岩表现得很明显
块状的岩石类	大理岩	方解石、少量白云石	结晶粒状结构，遇盐酸起泡
	石英岩	石英	致密的、细粒的块状，坚硬，硬度近7°，玻璃光泽，断口贝壳状或次贝壳状

（二）按岩石的坚硬程度分类

岩石的坚硬程度直接与地基的承载力和变形性质有关，我国国家标准按岩石的饱和单轴抗压强度把岩石的坚硬程度分为五级，具体划分标准、野外鉴别方法和代表性岩石如表1-6-4所示。

表 1-6-4　　　　　　　　　　　　　　　岩石坚硬程度分类

坚硬程度等级		饱和单轴抗压强度/MPa	定性鉴定	代表性岩石
硬质岩	坚硬岩	$f_r > 60$	锤击声清脆,有回弹,震手,难击碎; 浸水后,大多无吸水反应	未风化～微风化的花岗岩、正长岩、闪长岩、辉绿岩、玄武岩、安山岩、片麻岩、石英片岩、硅质板岩、石英岩、硅质胶结的砾岩、石英砂岩、硅质石灰岩等
	较硬岩	$60 \geqslant f_r > 30$	锤击声较清脆,有轻微回弹,稍震手,较难击碎; 浸水后,有轻微吸水反应	① 弱风化的坚硬岩; ② 未风化～微风化的熔结凝灰岩、大理岩、板岩、白云岩、石灰岩、钙质胶结的砂岩等
软质岩	较软岩	$30 \geqslant f_r > 15$	锤击声不清脆,无回弹,较易击碎; 浸水后,指甲可刻出印痕	① 强风化的坚硬岩; ② 弱风化的较坚硬岩; ③ 未风化～微风化的凝灰岩、千枚岩、砂质泥岩、泥灰岩、泥质砂岩、粉砂岩、页岩等
	软岩	$15 \geqslant f_r > 5$	锤击声哑,无回弹,有凹痕,易击碎; 浸水后,手可掰开	① 强风化的坚硬岩; ② 弱风化～强风化的较硬岩; ③ 弱风化的较软岩; ④ 未风化的泥岩等
	极软岩	$f_r \leqslant 5$	锤击声哑,无回弹,有较深凹痕,手可捏碎; 浸水后,可捏成团	① 全风化的各种岩石; ② 各种半成岩

注：① 强度指新鲜岩块的饱和单轴极限抗压强度,当无法取得饱和单轴抗压强度数据时,也可用实测的岩石点荷载试验强度指数 $I_{s(50)}$ 的换算值,并按下式换算：

$$f_r = 22.82 I_{s(50)}^{0.75}$$

② 当岩体完整程度为极破碎时,可不进行坚硬程度分类。

（三）按风化程度分类

我国标准与国际通用标准和习惯一致,把岩石的风化程度分为五级,并将残积土列于其中,如表 1-6-5 所示。

表 1-6-5　　　　　　　　　　　　　　　岩石按风化程度分类

风化程度	野外特征	风化程度参数指标	
		波速比 K_p	风化系数 K_f
未风化	结构构造未变,岩质新鲜,偶见风化痕迹	0.9～1.0	0.9～1.0
微风化	结构构造、矿物色泽基本未变,仅节理面有铁锰质渲染或略有变色;有少量风化裂隙	0.8～0.9	0.8～0.9
中等(弱)风化	结构构造部分破坏,矿物色泽较明显变化,裂隙面出现风化矿物或存在风化夹层,风化裂隙发育,岩体被切割成岩块;用镐难挖,岩芯钻方可钻进	0.6～0.8	0.4～0.8
强风化	结构构造大部破坏,矿物色泽明显变化,长石、云母等多风化成次生矿物;风化裂隙很发育,岩体破碎,可用镐挖,干钻不易钻进	0.4～0.6	<0.4
全风化	结构构造基本破坏,但尚可辨认,有残余结构强度,矿物成分除石英外,大部分风化成土状,可用镐挖,干钻可钻进	0.2～0.4	—
残积土	组织结构全部破坏,已风化成土状,锹镐易挖掘,干钻易钻进,具可塑性	<0.2	—

注：① 波速比 K_p 为风化岩石与新鲜岩石压缩波速度之比。
② 风化系数 K_f 为风化岩石与新鲜岩石饱和单轴抗压强度之比。
③ 岩石风化程度,除按表列野外特征和定量指标划分外,也可根据地区经验划分。
④ 花岗岩类岩石,可采用标准贯入试验划分,$N \geqslant 50$ 为强风化;$50 > N \geqslant 30$ 为全风化;$N < 30$ 为残积土。
⑤ 泥岩和半成岩,可不进行风化程度划分。

风化带是逐渐过渡的,没有明确的界线,有些情况不一定能划分出五个完全的等级。一般花岗岩的风化分带比较完全,而石灰岩、泥岩等常常不存在完全的风化分带。这时可采用类似"中等风化—强风化"、"强风化—全风化"等语句表达。古近系、新近系的砂岩、泥岩等半成岩,处于岩石与土之间,划分风化带意义不大,不一定都要描述风化状态。

（四）按软化程度分类

软化岩石浸水后,其强度和承载力会显著降低。借鉴国内外有关规范和数十年工程经验,以软化系数 0.75 为界,分为软化岩石和不软化岩石,如表 1-6-6 所示。

表 1-6-6 岩石按软化系数分类

软化系数 K_R	分 类
≤0.75	软化岩石
>0.75	不软化岩石

（五）按岩石质量指标 RQD 分类

岩石质量指标 RQD 是指钻孔中用 N 型(75 mm)二重管金刚石钻头获取的长度大于 10 cm 的岩芯段总长度与该回次钻进深度之比。RQD 是国际上通用的鉴别岩石工程性质好坏的方法,国内也有较多的经验,如表 1-6-7 所示。

表 1-6-7 按岩石质量指标 *RQD* 分类

岩石质量分类	很好	好	中等	坏	很坏
RQD/%	>90	75~90	50~75	25~50	<25

（六）按岩体完整程度分类

岩体的完整程度反映了岩体的裂隙性,而裂隙性是岩体十分重要的特性,破碎岩石的强度和稳定性较完整岩石大大削弱,尤其是边坡和基坑工程更为突出。我国一般按照岩体的完整性指数结合结构面的发育程度、结合程度、类型等特征将岩体完整程度分为五级,如表 1-6-8 所示。

表 1-6-8 岩体完整程度分类

完整程度	完整性指数（K_V）	结构面发育程度		主要结构面的结合程度	主要结构面类型	相应结构类型
		组数	平均间距/m			
完整	>0.75	1~2	>1.0	结合好或结合一般	裂隙、层面	整体状或巨厚层状结构
较完整	0.75~0.55	1~2	>1.0	结合差	裂隙、层面	块状结构或厚层状结构
		2~3	1.0~0.4	结合好或结合一般		块状结构
较破碎	0.55~0.35	2~3	1.0~0.4	结合差	裂隙、层面、小断层	裂隙块状或中厚层状结构
		≥3	0.4~0.2	结合好		镶嵌碎裂结构
				结合一般		中、薄层状结构

完整程度	完整性指数（K_V）	结构面发育程度		主要结构面的结合程度	主要结构面类型	相应结构类型
		组数	平均间距/m			
破碎	0.35～0.15	≥3	0.4～0.2	结合差	各种类型结构面	裂隙块状结构
			≤0.2	结合一般或结合差		碎裂状结构
极破碎	<0.15	无序		结合很差		散体状结构

注：① 完整性指数（K_V）为岩体压缩波速度与岩块压缩波速度之比的平方,选定岩体和岩块测定波速时,应注意其代表性。

② 平均间距指主要结构面（1～2组）间距的平均值。

（七）岩体基本质量等级分类

岩体基本质量指标（BQ）综合反映了岩石的强度和岩体的完整程度两个方面的特性,可根据岩体完整性指数（K_V）和岩石饱和单轴抗压强度（f_r,以 MPa 计）按式（1-6-1）计算：

$$BQ = 90 + 3f_r + 25K_V \qquad (1\text{-}6\text{-}1)$$

当 $f_r > 90 K_V + 30$ 时,应以 $f_r = 90 K_V + 30$ 和 K_V 代入式（1-6-1）计算 BQ;当 $K_V > 0.04 f_r + 0.4$ 时,应以 $K_V = 0.04 f_r + 0.4$ 和 f_r 代入式（1-6-1）计算 BQ。

岩体基本质量分级,应根据岩体基本质量的定性特征和岩体基本质量指标（BQ）两者相结合,按表 1-6-9 确定。当根据基本质量定性特征与基本质量指标（BQ）确定的级别不一致时,应通过对定性划分和定量指标的综合分析,确定岩体基本质量级别。

工程岩体初步定级、工业与民用建筑地基岩体质量分级,宜按表 1-6-9 规定的岩体基本质量级别作为岩体级别。

表 1-6-9　　　　　　　　　　　　　　**岩体基本质量分级**

基本质量等级	岩体基本质量的定性特征	岩体基本质量指标（BQ）
Ⅰ	坚硬岩,岩体完整	>550
Ⅱ	坚硬岩,岩体较完整 较坚硬岩或软硬岩,岩体完整	550～451
Ⅲ	坚硬岩,岩体较破碎 较坚硬岩或软硬岩互层,岩体较完整 较软岩,岩体完整	450～351
Ⅳ	坚硬岩,岩体破碎 较坚硬岩,岩体较破碎～破碎 较软岩或软硬岩互层且以软岩为主,岩体较完整～较破碎 软岩,岩体完整～较完整	350～251
Ⅴ	较软岩,岩体破碎 软岩,岩体较破碎～破碎 全部极软岩及全部极破碎岩	≤250

对工程岩体进行详细定级时,应在岩体基本质量分级的基础上,结合不同类型工程的特点,考虑地下水状态、初始应力状态、工程轴线或走向线的方位与主要软弱结构面产状的组合关系等必要的修正因素,确定各类工程岩体基本质量指标修正值,其中边坡岩体还应考虑地表水的影响。

地下工程岩体详细定级时,如遇有地下水、岩体稳定性受软弱结构面影响且由一组起控制作用或存在表 1-6-10-1 所列高初始应力现象等三种情况之一时,应对岩体基本质量指标(BQ)按式(1-6-2)进行修正,并以修正后的值[BQ]按表 1-6-9 确定岩体级别。

$$[BQ] = BQ - 100(K_1 + K_2 + K_3) \qquad (1-6-2)$$

式中　$[BQ]$——岩体基本质量指标修正值;

　　　BQ——岩体基本质量指标;

　　　K_1——地下水影响修正系数,按表 1-6-10-2 确定;

　　　K_2——主要软弱结构面产状影响修正系数,按表 1-6-10-3 确定;

　　　K_3——初始应力状态影响修正系数,按表 1-6-10-4 确定。

注:若 K_1、K_2、K_3 无表中所列情况时,修正系数取为零。$[BQ]$出现负值时,应按特殊情况处理。

表 1-6-10-1　　　　　　高初始应力地区岩体开挖过程中出现的主要现象

应力情况	主 要 现 象	$\dfrac{f_r}{\sigma_{max}}$
极高应力	① 硬质岩:开挖过程中时有岩爆发生,有岩块弹出,洞壁岩体发生剥离,新生裂缝多,成洞性差;基坑有剥离现象,成形性差; ② 软质岩:岩芯常有饼化现象,开挖过程中洞壁岩体有剥离,位移极为显著,甚至发生大位移,持续时间长,不易成洞;基坑发生显著隆起或剥离,不易成形	< 4
高应力区	① 硬质岩:开挖过程中可能出现岩爆,洞壁岩体有剥离和掉块现象,新生裂缝较多,成洞性较差;基坑时有剥离现象,成形性一般尚好; ② 软质岩:岩芯时有饼化现象,开挖过程中洞壁岩体位移显著,持续时间较长,成洞性差;基坑有隆起现象,成形性较差	$4 \sim 7$

注:f_r 为岩石饱和单轴抗压强度;σ_{max} 为垂直洞轴线方向的最大初始应力。

表 1-6-10-2　　　　　　　地下水影响修正系数 K_1

BBQ　　　　　　地下水出水状态	> 450	$450 \sim 351$	$350 \sim 251$	$\leqslant 250$
潮湿或点滴状出水	0	0.1	$0.2 \sim 0.3$	$0.4 \sim 0.6$
淋雨状或涌流状出水,水压$\leqslant 0.1$ MPa 或单位出水量$\leqslant 10$ L/(min·m)	0.1	$0.2 \sim 0.3$	$0.4 \sim 0.6$	$0.7 \sim 0.9$
淋雨状或涌流状出水,水压> 0.1 MPa 或单位出水量> 10 L/(min·m)	0.2	$0.4 \sim 0.6$	$0.7 \sim 0.9$	1.0

表 1-6-10-3　　　　　　　　　主要软弱结构面产状影响修正系数 K_2

结构面产状及其与洞轴线的组合关系	结构面走向与洞轴线夹角<30° 结构面倾角 30°~75°	结构面走向与洞轴线夹角>60° 结构面倾角>75°	其他组合
K_2	0.4~0.6	0~0.2	0.2~0.4

表 1-6-10-4　　　　　　　　　初始应力状态影响修正系数 K_3

BBQ 地下水出水状态	>550	550~451	450~351	350~251	≤250
极高应力区	1.0	1.0	1.0~1.5	1.0~1.5	1.0
高应力区	0.5	0.5	0.5	0.5~1.0	0.5~1.0

（八）岩石和岩体野外鉴别应描述的内容

岩石的野外描述应包括地质年代、地质名称、风化程度、颜色、主要矿物、结构、构造和岩石质量指标 RQD。对沉积岩应着重描述沉积物的颗粒大小、形状、胶结物成分和胶结程度，对岩浆岩和变质岩应着重描述矿物结晶大小和结晶程度。

岩体的野外描述应包括结构面、结构体、岩层厚度和结构类型，并应符合下列规定：

① 结构面的描述包括类型、性质、产状、组合形式、发育程度、延展情况、闭合程度、粗糙程度、充填情况和充填物性质以及充水性质等。

② 结构体的描述包括类型、形状、大小和结构体在围岩中的受力情况等。

③ 岩层厚度分类按表 1-6-11 执行。

表 1-6-11　　　　　　　　　岩层厚度分类

层厚分类	单层厚度 h/m	层厚分类	单层厚度 h/m
巨厚层	$h>1.0$	中厚层	$0.5≥h>0.1$
厚层	$1.0≥h>0.5$	薄层	$h≤0.1$

④ 对于地下洞室和边坡工程，应确定岩体的结构类型。岩体结构类型的划分应按表 1-6-12 执行。

表 1-6-12　　　　　　　　　岩体结构类型分类

岩体结构类型	岩体地质类型	主要结构体形状	结构面发育情况	岩土工程特征	可能发生的岩土工程问题
整体状结构	巨块状岩浆岩和变质岩，巨厚层沉积岩	巨块状	以层面和原生、构造节理为主，多呈闭合型，间距大于 1.5 m，一般为 1~2 组，无危险结构	岩体稳定，可视为均质弹性各向同性体	局部滑动或坍塌，深埋洞室的岩爆
块状结构	厚层状沉积岩，块状岩浆岩和变质岩	块状柱状	有少量贯穿性节理裂隙，结构面间距 0.7~1.5 m，一般为 2~3 组，有少量分离体	结构面互相牵制，岩体基本稳定，接近弹性各向同性体	

岩体结构类型	岩体地质类型	主要结构体形状	结构面发育情况	岩土工程特征	可能发生的岩土工程问题
层状结构	多韵律薄层、中厚层状沉积岩、副变质岩	层状板状	有层理、片理、节理，常有层间错动	变形和强度受层面控制，可视为各向异性的弹塑性体，稳定性较差	可沿结构面滑塌，软岩可产生塑性变形
碎裂状结构	构造影响严重的破碎岩层	碎块状	断层、节理、片理、层理发育，结构面间距0.25～0.5 m，一般在3组以上，有许多分离体	整体强度很低，并受软弱结构面控制，呈弹塑性体，稳定性很差	易发生规模较大的岩体失稳，地下水加剧失稳
散体状结构	断层破碎带，强风化及全风化带	碎屑状	构造和风化裂隙密集，结构面错综复杂，多充填黏性土，形成无序小块和碎屑	完整性遭极大破坏，稳定性极差，接近松散体介质	易发生规模较大的岩体失稳，地下水加剧失稳

⑤ 对岩体基本质量等级为Ⅳ级和Ⅴ级的岩体鉴定和描述尚应注意：对软岩和极软岩，应注意是否具有可软化性、膨胀性、崩解性等特殊性质；对极破碎岩体，应说明破碎的原因，如断层、全风化等；开挖后是否有进一步风化的特性。

二、土的分类和鉴定

（一）土的分类

1. 按地质成因分类

土按地质成因可分为残积土、坡积土、洪积土、冲积土、淤积土、冰积土、风积土和化学堆积土等类型。

2. 按堆积年代分类

土按堆积年代分为老堆积土、一般堆积土和新近堆积土三类。

① 老堆积土——第四纪晚更新世（Q_3）及其以前堆积的土层。

② 一般堆积土——第四纪全新世早期（文化期以前 Q_4）堆积的土层。

③ 新近堆积土——第四纪全新世中近期（文化期以来）堆积的土层，一般呈欠固结状态。

3. 按颗粒级配和塑性指数分类

通用分类标准：一般土按其不同粒组的相对含量划分为巨粒类土、粗粒类土和细粒类土三类。粒组的划分如表 1-6-13 所示。巨粒类土应按粒组划分，粗粒类土应按粒组、级配、细粒土含量划分，细粒土按塑性图（见图 1-6-1）、所含粗粒类别以及有机质含量划分。

表 1-6-13 粒组的划分

粒组	颗粒名称	粒径 d 的范围/mm
巨粒	漂石（块石）	$d>200$
	卵石（碎石）	$60<d\leqslant200$

续表 1-6-13

粒组	颗粒名称		粒径 d 的范围/mm
粗粒	砾粒	粗砾	$20 < d \leqslant 60$
		中砾	$5 < d \leqslant 20$
		细砾	$2 < d \leqslant 5$
	砂粒	粗砂	$0.5 < d \leqslant 2$
		中砂	$0.25 < d \leqslant 0.5$
		细砂	$0.075 < d \leqslant 0.25$
细粒	粉粒		$0.005 < d \leqslant 0.075$
	黏粒		$\leqslant 0.005$

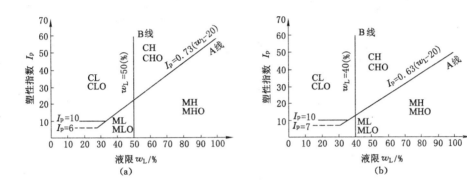

图 1-6-1　细粒土的塑性指数图

注:当取质量为 76 g、锥角为 30°的液限仪锥尖入土深度为 17 mm 对应的含水量为液限时,按图 1-6-1(a)所示的塑性图分类;当取质量为 76 g、锥角为 30°的液限仪锥尖入土深度为 10 mm 对应的含水量为液限时,按图 1-6-1(b)所示的塑性图进行分类。现行的《土的工程分类标准》(GB/T 50145—2007)仅按图 1-6-1(a)分类。

(1)国家标准《土的工程分类标准》(GB/T 50145—2007)的分类

① 巨粒类土

巨粒类土的分类见表 1-6-14。试样中巨粒组含量不大于 15％时,可扣除巨粒,按粗粒类土或细粒类土的相应规定分类;当巨粒对土的总体性状有影响时,可将巨粒计入砾粒组进行分类。

表 1-6-14　　　　　　　　　巨粒类土的分类

土类	粒组含量		土代号	土名称
巨粒土	巨粒含量 >75％	漂石含量大于卵石含量	B	漂石(块石)
		漂石含量不大于卵石含量	Cb	卵石(碎石)
混合巨粒土	50％<巨粒含量≤75％	漂石含量大于卵石含量	BSl	混合土漂石(块石)
		漂石含量不大于卵石含量	CbSl	混合土卵石(碎石)
巨粒混合土	15％<巨粒含量≤50％	漂石含量大于卵石含量	SlB	漂石(块石)混合土
		漂石含量不大于卵石含量	SlCb	卵石(碎石)混合土

② 粗粒类土

粗粒组含量大于 50％的土称为粗粒类土。当砾粒组含量大于沙砾组含量的粗粒土称为砾类土,砾类土的分类如表 1-6-15 所示;当砾粒组含量不大于沙砾组含量的粗粒土称为砂类土,砂类土的分类如表 1-6-16 所示。

表 1-6-15 砾类土的分类

土 类	粒组含量		土代号	土名称
砾	细粒含量 <5%	级配:$C_U \geqslant 5$ $C_C = 1 \sim 3$	GW	级配良好砾
		级配:不同时满足上述要求	GP	级配不良砾
含细粒土砾	细粒含量 5%～15%		GF	含细粒土砾
细粒土质砾	细粒含量 >15% ≤50%	细粒为黏土	GC	黏土质砾
		细粒为粉土	GM	粉土质砾

表 1-6-16 砂类土的分类

土 类	粒组含量		土代号	土名称
砂	细粒含量 <5%	级配:$C_U \geqslant 5$ $C_C = 1 \sim 3$	SW	级配良好砂
		级配:不同时满足上述要求	SP	级配不良砂
含细粒土砂	细粒含量 5%～15%		SF	含细粒土砂
细粒土质砂	细粒含量 >15% ≤50%	细粒为黏土	SC	黏土质砂
		细粒为粉土	SM	粉土质砂

③ 细粒类土

细粒组含量不小于 50% 的土称为细粒类土。当粗粒组含量不大于 25% 的土称为细粒土;当粗粒组含量大于 25% 且不大于 50% 的土称为含粗粒的细粒土;有机质含量小于 10% 且不小于 5% 的土称为有机土。

细粒土按图 1-6-1(a) 所示的塑性图分类。

含粗粒的细粒土应根据所含细粒土的塑性指标在塑性图中的位置及所含粗粒类别分为含砾细粒土(粗粒中砾粒大于砂粒含量)和含砂细粒土(粗粒中砾粒不大于砂粒含量),并分别在细粒土代号后面缀以代号 G 或代号 S。有机土按表 1-6-17 划分并在各相应土类代号后缀以代号 O。

表 1-6-17 细粒土的分类

土的塑性指标在塑性图中的位置		土代号	土名称
塑性指数	液限 w_L		
$I_p \geqslant 0.73(w_L - 20)$ 和 $I_p \geqslant 7$	$w_L \geqslant 50\%$	CH	高液限黏土
	$w_L < 50\%$	CL	低液限黏土
$I_p < 0.73(w_L - 20)$ 和 $I_p < 4$	$w_L \geqslant 50\%$	MH	高液限粉土
	$w_L < 50\%$	ML	低液限粉土

特殊土(指黄土、膨胀土和红黏土)分类在 2007 版标准中取消,原 90 版标准中的分类方法在工程中可参照使用。特殊土按其塑性指标(取质量为 76 g、锥角为 30°的液限仪锥尖入土深度为 17 mm 对应的含水量为液限)按表 1-6-18 和特殊土塑性图 1-6-2 进行分类。

表 1-6-18　　　　　　　　　　黄土、膨胀土和红黏土的分类

土的塑性指标在塑性图中的位置		土代号	土名称
塑性指数	液　限 w_L		
$I_p > 0.73(w_L - 20)$	$w_L < 40\%$	CLY	低液限黏土(黄土)
	$w_L > 50\%$	CHE	高液限黏土(膨胀土)
$I_p < 0.73(w_L - 20)$	$w_L > 55\%$	MHR	高液限粉土(红黏土)

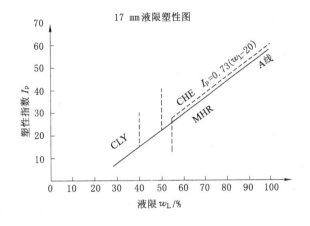

图 1-6-2　特殊土塑性图

(2) 国家标准《岩土工程勘察规范》(GB 50021—2001,2009 年版)的分类标准

按颗粒级配和塑性指数分为碎石土、砂土、粉土和黏性土。

① 碎石土——粒径大于 2 mm 的颗粒质量超过总质量 50% 的土,碎石土的分类如表 1-6-19 所示。

表 1-6-19　　　　　　　　　　碎石土分类

土的名称	颗 粒 形 状	颗 粒 级 配
漂 石	圆形及亚圆形为主	粒径大于 200 mm 的颗粒超过总质量 50%
块 石	棱角形为主	
卵 石	圆形及亚圆形为主	粒径大于 20 mm 的颗粒超过总质量 50%
碎 石	棱角形为主	
圆 砾	圆形及亚圆形为主	粒径大于 2 mm 的颗粒超过总质量 50%
角 砾	棱角形为主	

注:定名时,应根据颗粒级配由大到小以最先符合者确定。

② 砂土——粒径大于 2 mm 的颗粒质量不超过总质量 50％、粒径大于 0.075 mm 的颗粒质量超过总质量 50％的土,砂土的分类如表 1-6-20 所示。

表 1-6-20　　　　　　　　　　　　砂土分类

土的名称	颗粒级配
砾砂	粒径大于 2 mm 的颗粒质量占总质量 25％～50％
粗砂	粒径大于 0.5 mm 的颗粒质量超过总质量 50％
中砂	粒径大于 0.25 mm 的颗粒质量超过总质量 50％
细砂	粒径大于 0.075 mm 的颗粒质量超过总质量 85％
粉砂	粒径大于 0.075 mm 的颗粒质量超过总质量 50％

注：① 定名时应根据颗粒级配由大到小以最先符合者确定。

② 当砂土中小于 0.075 mm 的土的塑性指数大于 10 时,应冠以"含黏性土"定名,如含黏性土粗砂等。

③ 粉土——粒径大于 0.075 mm 的颗粒不超过全部质量 50％且塑性指数等于或小于 10 的土。

④ 黏性土——塑性指数大于 10 的土。当塑性指数大于 10 且小于或等于 17 时,应定名为粉质黏土;当塑性指数大于 17 的土应定名为黏土。

注：确定塑性指数 I_P 时,液限以 76 g 瓦氏圆锥仪入土深度 10 mm 为准;塑限以搓条法为准。

4. 按有机质分类

按有机质分类见表 1-6-21。

表 1-6-21　　　　　　　　　　土按有机质含量分类

分类名称	有机质含量 W_u /％	现场鉴别特征	说　明
无机土	$W_u<5％$		
有机质土	$5％\leqslant W_u\leqslant10％$	灰、黑色,有光泽,味臭,除腐殖质外尚含少量未完全分解的动植物体,浸水后水面出现气泡,干燥后体积收缩	① 如现场能鉴别有机质土或有地区经验时,可不做有机质含量测定; ② 当 $w>w_L$,$1.0\leqslant e<1.5$ 时称为淤泥质土; ③ 当 $w>w_L$,$e\geqslant1.5$ 时称为淤泥
泥炭质土	$10％<W_u\leqslant60％$	深灰或黑色,有腥臭味,能看到未完全分解的植物结构,浸水体胀,易崩解,有植物残渣浮于水中,干缩现象明显	根据地区特点和需要可按 W_u 细分为: 弱泥炭质土($10％<W_u\leqslant25％$); 中泥炭质土($25％<W_u\leqslant40％$); 强泥炭质土($40％<W_u\leqslant60％$)
泥炭	$W_u>60％$	除有泥炭质土特征外,结构松散,土质很轻,暗无光泽,干缩现象极为明显	

注：有机质含量 W_u 按灼失量试验确定。

5. 其他有关规范的分类

其他有关规范中关于土的分类参见表 1-6-22。

表 1-6-22　其他有关规范中土的专门分类

规范＼土分类	国家标准《建筑地基基础设计规范》(GB 50007—2011)	上海市标准《地基基础设计规范》(DGJ 08—11—2010)	北京市标准《北京地区建筑地基基础勘察设计规范》(DBJ 11—401—2009)	行业标准《港口工程地基规范》(JTS 147—1—2010)	行业标准《铁路桥涵地基和基础设计规范》(TB 10002.5—2005)
碎石土	漂(块)石:粒径大于 200 mm 的颗粒超过全重 50%；卵(碎)石:粒径大于 20 mm 的颗粒超过全重 50%；圆(角)砾:粒径大于 2 mm 的颗粒超过全重 50%	漂(块)石:粒径大于 200 mm 的颗粒超过全重 50%；卵(碎)石:粒径大于 20 mm 的颗粒超过全重 50%；圆(角)砾:粒径大于 2 mm 的颗粒超过全重 50%			漂(块)石:粒径大于 200 mm 的颗粒超过总质量 50%；卵(碎)石:粒径大于 60 mm 的颗粒超过总质量 50%；粗圆(角)砾:粒径大于 20 mm 的颗粒超过总质量 50%；细圆(角)砾:粒径大于 2 mm 的颗粒超过总质量 50%
砂土	$I_p \le 10$ 粒径大于 0.075 mm 的颗粒超过全重 50%		砾砂:粒径大于 2 mm 的颗粒超过全重 25%～50%；粗砂:粒径大于 0.5 mm 的颗粒超过全重 50%；中砂:粒径大于 0.25 mm 的颗粒超过全重 50%；细砂:粒径大于 0.075 mm 的颗粒超过全重 85%；粉砂:粒径大于 0.075 mm 的颗粒超过全重 50%	砾砂:粒径大于 2 mm 的颗粒超过全重 25%～50%；粗砂:粒径大于 0.5 mm 的颗粒超过全重 50%；中砂:粒径大于 0.25 mm 的颗粒超过全重 50%；细砂:粒径大于 0.075 mm 的颗粒超过全重 85%；粉砂:粒径大于 0.075 mm 的颗粒超过全重 50%	·
粉土	$I_p \le 10$ 且粒径大于 0.075 mm 的颗粒不超过全重 50%	砂质粉土:粒径小于 0.005 mm 含量全重 10%；黏质粉土:粒径小于 0.005 mm 含量等于大于全重 15%，10% 小于全重 15%	砂质粉土:$3 < I_p \le 7$；黏质粉土:$7 < I_p \le 10$	$I_p \le 10$ 且粒径大于 0.075 mm 的颗粒少于全重 50%	
黏性土	粉质黏土:$10 < I_p \le 17$；黏土:$I_p > 17$	粉质黏土:$10 < I_p \le 17$；黏土:$I_p > 17$	粉质黏土:$10 < I_p \le 14$；重粉质黏土:$14 < I_p \le 17$；黏土:$I_p > 17$	粉质黏土:$10 < I_p \le 17$；黏土:$I_p > 17$	粉质黏土:$10 < I_p \le 17$；黏土:$I_p > 17$
备注	国家标准《岩土工程勘察规范》(GB 50021—2001) 和该标准相同	①对砂土，当粒径小于 0.005 mm 含量 >10% 时，按混合土定名，如含黏土质细砂等；②无碎石土定名		黏性土中增加了淤泥性土的定义，并分为淤泥质土 ($1.0 \le e < 1.5$，$36 \le w < 55$)，淤泥 ($1.5 \le e < 2.4$，$55 \le w < 85$)，流泥 ($e \ge 2.4$，$w \ge 85$)	

注:①分类时应按颗粒含量以最先符合者确定。
②I_p 除注明外，系按 76 g 锥入土 10 mm 测得液限计算而来。

（二）土的综合定名

土的综合定名除按颗粒级配或塑性指数定名外,还应符合下列规定:

① 对特殊成因和年代的土类应结合其成因和年代特征定名,如新近堆积砂质粉土、残坡积碎石土等。

② 对特殊性土应结合颗粒级配或塑性指数定名,如淤泥质黏土、弱盐渍砂质粉土、碎石素填土等。

③ 对混合土,应冠以主要含有的土类定名,如含碎石黏土、含黏土角砾等。

④ 对同一土层中相间呈韵律沉积,当薄层与厚层的厚度比大于 1/3 时,宜定名为"互层";厚度比为 1/10～1/3 时,宜定名为"夹层";厚度比小于 1/10 的土层,且多次出现时,宜定名为"夹薄层",如黏土夹薄层粉砂。

⑤ 当土层厚度大于 0.5 m 时,宜单独分层。

（三）土的描述与鉴别方法

土的现场鉴别时依据土的分类标准,通过现场目估鉴别、手感或手捻、干强度、搓条、摇震等简易试验来进行初步分类定名和描述鉴别(见表 1-6-23 至表 1-6-31)。土的鉴定应在现场描述的基础上,结合室内试验的开土记录和试验结果综合确定。

表 1-6-23　碎石土及砂土的野外现场鉴别

土 名		颗粒粗细	干燥时状态	湿润时用手拍击后的状态	黏着感
碎石土	漂(块)石	1/2 以上颗粒大于 200 mm	颗粒完全分散	表面无变化	无黏着感
	卵(碎)石	1/2 以上颗粒比蚕豆大(>20 mm)			
	圆(角)砾	1/2 以上颗粒比高粱米大(>2 mm)			
砂 土	砾 砂	约有 1/4 以上颗粒比高粱米大(>2 mm)			
	粗 砂	约有 1/2 以上的颗粒比小米粒大	仅个别颗粒间有轻度黏结		
	中 砂	约有 1/2 以上的颗粒与砂糖或白菜籽近似	颗粒基本分散,仅部分有黏结现象,但一碰即散	表面偶有水印、水折现象	
	细 砂	大部分颗粒与粗玉米粉近似	少量颗粒黏结,稍碰即散	表面有水印	偶有轻黏着感
	粉 砂	大部分颗粒介于玉米粉与面粉之间	大部分颗粒有黏结现象,但稍压、轻碰即散	表面有显著水印	有轻微黏着感

表 1-6-24　　　　　　　　　　　　　　　　粉土及黏性土的现场鉴别

土 名		塑性指数 I_p	颗粒分析	手摸时的感觉	黏着程度	湿润时刀切情况	湿土搓条情况	干土情况	其他特征
粉 土		≤10	＞0.075 mm 的颗粒不超过全重的 50%	一般感觉有细颗粒存在或有粗糙感,有时有轻微黏滞感	一般不黏着物体,若黏着于物体时,干燥后一碰即掉	无光滑面,切面粗糙	一般湿土不能搓成小于 2 mm 的土条,且易断裂	用手很易捏碎,能取上土样,但易扰动	
黏性土	粉质黏土	10～17		仔细拈摸感觉到有少量细颗粒,稍有滑腻感,有黏滞感	能黏着于物体,干燥后较易剥掉	稍有光滑面,切面规则,觉有砂粒存在	能搓成 0.5～2 mm 土条	用锤击易碎,用手难捏碎	表面无光泽,有较粗且宽的条纹
	黏土	＞17		湿土用手拈摸有滑腻感,当水分较大时,极易黏手,感觉到有颗粒存在	湿土极易黏着物体(包括金属、玻璃),干燥后不易剥去,用水反复洗才能去掉	切面非常光滑,刀刃有黏腻阻力	能搓成小于 0.5 mm 细长土条,长度不短于手掌,手持一端及弯曲时不致断裂	坚硬,用锤击方可打碎,不易击成粉末	表面有蜡状光泽,有细狭条纹

表 1-6-25　　　　　　　　　　　　　　　　土的湿度现场判定

		稍湿 ($S_r≤50\%$)	湿 ($50\%＜S_r≤80\%$)	饱和(很湿) ($S_r＞80\%$)
砂土	砾砂	呈松散状,手摸时感到潮	颗粒松散,手摸有湿感,加水吸收快	水可以从颗粒孔隙自由渗出
	粗砂	呈松散状,手摸时感到潮	颗粒松散,手摸有湿感,放在纸上能浸湿,加水吸收快	水可以从颗粒孔隙自由渗出
	中砂	呈松散状,手摸时感到潮	颗粒基本松散,手握有湿感,较难成团,放在纸上浸湿较快,表面偶有水印,加水吸收较慢	水可以从颗粒孔隙自由渗出
	细砂	呈松散状,手摸时感到潮	颗粒稍能黏结,手握有湿感,可勉强成团,稍碰即散,放在纸上浸湿较快,表面有水印,加水吸收慢	水可以从颗粒孔隙自由渗出
	粉砂	呈松散状,手摸感到潮	颗粒能黏结,手握有湿感,手摇可成饼状,表面有显著水印,加水吸收很慢	水可以从颗粒孔隙自由渗出,在手中摇动可液化
粉土		$w＜20\%$,手摸感到潮,手捏能成团,稍碰即散	$20\%≤w≤30\%$,手握有湿感,颗粒能黏结,手摇可成饼状,表面有显著水印(振动水析现象),土块加水吸收很慢	$w≥30\%$,水可从土块的孔隙中渗出,土体塌流成扁圆形

续表 1-6-25

	稍湿 ($S_r \leqslant 50\%$)	湿 ($50\% < S_r \leqslant 80\%$)	饱和(很湿) ($S_r > 80\%$)
粉质黏土	手摇不出水,滴水迅速渗入土中,扰动后一般不能捏成饼,易成碎块或粉末	手摇时土表面稍见水,手上放土处有湿印,滴水时慢慢渗入土中,能捏成饼	用手捏时土表面出水,手上有明显湿印,扰动后土柱易变形
黏 土	手振不出水,滴水能连续渗入土中但不快,扰动后能捏成饼但边多裂口	滴水慢慢渗入土或在表面向外扩散扰动后手捏较软,手上有湿印,易黏于手	扰动后,手捏有明显湿印,并有土黏于手上,土柱极易变形

表 1-6-26　　　　　　　　　碎石土密实度野外鉴别方法

密实度	骨架颗粒含量和排列	可 挖 性	可 钻 性
密 实	骨架颗粒质量大于总质量的70%,呈交错排列,连续接触	锹镐挖掘困难,用撬棍方能松动,井壁一般较稳定	钻进极困难,冲击钻探时钻杆、吊锤跳动剧烈,孔壁较稳定
中 密	骨架颗粒质量等于总质量的60%~70%,呈交错排列,大部分接触	锹镐可挖掘,井壁有掉块现象,从井壁取出大颗粒处,能保持颗粒凹面形状	钻进较困难,冲击钻探时钻杆、吊锤跳动不剧烈,孔壁有坍塌现象
稍 密	骨架颗粒质量小于总质量的60%,排列混乱,大部分不接触	锹可以挖掘,井壁易坍塌,从井壁取出大颗粒后,砂性土立即坍落	钻进较容易,冲击钻探时,钻杆稍跳动;孔壁易坍塌

注:① 骨架颗粒系指表1-6-19和表1-6-21相对应颗粒粒径。
　　② 碎石土的密实度,应按表列各项特征综合确定。

表 1-6-27　　　　　　　　　碎石土密实度按 $N_{63.5}$ 分类

密实度	重型动力触探锤击数 $N_{63.5}$	密实度	重型动力触探锤击数 $N_{63.5}$
松 散	$N_{63.5} \leqslant 5$	中 密	$10 < N_{63.5} \leqslant 20$
稍 密	$5 < N_{63.5} \leqslant 10$	密 实	$N_{63.5} > 20$

注:本表适用于平均粒径等于或小于 50 mm 且最大粒径小于 100 mm 的碎石土。对于平均粒径大于 50 mm 或最大粒径大于 100 mm 的碎石土,可用超重型动力触探或用野外观察鉴别。

表 1-6-28　　　　　　　　　碎石土密实度按 N_{120} 分类

密实度	超重型动力触探锤击数 N_{120}	密实度	超重型动力触探锤击数 N_{120}
松 散	$N_{120} \leqslant 3$	密 实	$11 < N_{120} \leqslant 14$
稍 密	$3 < N_{120} \leqslant 6$	很 密	$N_{120} > 14$
中 密	$6 < N_{120} \leqslant 11$		

表 1-6-29　　　　　　　　　　　　　　　　砂土密实度的现场判定

密实度	密　实 （$N>30$）	中　密 （$15<N\leqslant30$）	稍　密 （$10<N\leqslant15$）	松　散 （$N\leqslant10$）
特　征	冲击钻进困难，加压回转钻进缓慢，挖井需用镐，井壁稳定	冲击回转钻进皆可，但比密实的砂土钻进稍快些，用锹挖井时，需用脚加压；用镐少，井壁较稳定	用管钻钻进，有时有涌砂现象，挖井用锹即可，探井不能挖梯坎，井壁不稳定，有小掉块	钻进时孔壁易坍塌，涌砂严重，需下套管方可钻进，挖井需支撑保护井壁稳定，锹挖容易，手即可挖动

表 1-6-30　　　　　　　　　　　　　　　　细粒土稠度状态的现场鉴别

状态 土名	坚　硬 （$I_L\leqslant0$）	硬　塑 （$0<I_L\leqslant0.25$）	可　塑 （$0.25<I_L\leqslant0.75$）	软　塑 （$0.75<I_L\leqslant1.0$）	流　塑 （$I_L>1.0$）
黏　土	干而坚硬，难掰成块	捏时感觉硬，不易变形；用力捏先裂块，后显柔状，手按无指印	捏似橡皮，有柔性，手按有指印	捏很软，易变形，土块掰似橡皮，用力不大，即按成坑	土柱不能直立，自行变形
粉质黏土	干硬能掰开，捏碎成块有棱角	捏时感觉硬，不易变形，土块用力捏散成块，手按无指印	手按土易变形，有柔性，掰时似橡皮，能按成浅坑	同　上	同　上
粉　土	干，易捏散	捏不易变形，用力捏即分成块末，一按即散	捏变形，松手后显弹性，一摇即散，而扰动土块摇动时不易黏合	捏易变形，显弹性，摇动时显扁圆形，两小块一起摇动时能合成一体，但留有痕迹	土柱不能直立，往外滴水；两小块土一起摇动时可合为一体，无痕迹

表 1-6-31　　　　　　　　　　　　　　　　目力鉴别粉土和黏性土

鉴别项目	摇震反应	光泽反应	干强度	韧性
粉土	迅速、中等	无光泽反应	低	低
黏性土	无	有光泽、稍有光泽	高、中等	高、中等

1．土的现场描述内容

① 碎石土宜描述颗粒级配、颗粒形状、颗粒排列、母岩成分、风化程度、充填物的性质和充填程度、密实度等。

② 砂土宜描述颜色、矿物组成、颗粒级配、颗粒形状、细粒含量、湿度、密实度等。

③ 粉土宜描述颜色、包含物、湿度、密实度等。

④ 黏性土应描述颜色、状态、包含物、土结构等。

⑤ 特殊性土除应描述上述相应土类规定的内容外，尚应描述其特殊成分和特殊性质。如对淤泥尚需描述臭味，对填土尚需描述物质成分、堆积年代、密实度和均匀程度等。

⑥ 对具有互层、夹层、夹薄层特征的土，尚应描述各层的厚度和层理特征。

⑦ 需要时，可用目力鉴别描述土的光泽反应、摇震反应、干强度和韧性，按表 1-6-31 区分粉土和黏性土。

2．简易鉴别方法

① 目测鉴别法：将研散的风干试样摊成一薄层，估计土中巨、粗、细粒组所占的比例确

定土的类别。

② 干强度试验：将一小块土捏成土团，风干后用手指捏碎、掰断及捻碎，并根据用力的大小进行区分：很难或用力才能捏碎或掰断的为干强度高；稍用力即可捏碎或掰断的为干强度中等；易于捏碎或碾成粉末者为干强度低；当土中含碳酸盐、氧化铁等成分时会使土的干强度增大，其干强度宜再将湿土做手捻试验，予以校核。

③ 手捻试验：将稍湿或硬塑的小土块在手中捻捏，然后用拇指和食指将土捏成片状，并根据手感和土片光滑程度进行区分：手滑腻，无砂，捻面光滑为塑性高；稍有滑腻，有砂粒，捻面稍有光滑者为塑性中等；稍有黏性，砂感强，捻面粗糙为塑性低。

④ 搓条试验：将含水量略大于塑限的湿土块在手中揉捏均匀，再在手掌上搓成土条，并根据土条不断裂而能达到的最小直径进行区分：能搓成直径小于 1 mm 土条的为塑性高；能搓成直径小于 1～3 mm 土条的为塑性中等；能搓成直径大于 3 mm 土条的为塑性低。

⑤ 韧性试验：将含水量略大于塑限的土块在手中揉捏均匀，并在手掌上搓成直径 3 mm 的土条，并根据再揉成土团和搓条的可能性进行区分：能揉成土团，再搓成条，揉而不碎者为韧性高；可再揉成团，捏而不易碎者为韧性中等；勉强或不能再揉成团，稍捏或不捏即碎者为韧性低。

⑥ 摇震反应试验：将软塑或流动的小土块捏成土球，放在手掌上反复摇晃，并以另一手掌击此手掌。土中自由水将渗出，球面呈现光泽；用两个手指捏土球，放松后水又被吸入，光泽消失。并根据渗水和吸水反应快慢进行区分：立即渗水和吸水者为反应快；渗水及吸水中等者为反应中等；渗水及吸水反应慢者为反应慢；不渗水、不吸水者为无反应。

第二章　各类工程场地岩土工程勘察

岩土工程服务并指导各部门各地区的工程建设,涉及的工程种类繁多。由于各类工程的特点和技术标准有显著的差异,所以对岩土工程勘察的技术要求和复杂程度有很大不同,再加上各类工程的岩土工程勘察的技术成熟程度不等,勘察时一方面要按照工程的类型和各自的特点与要求采用不同的技术要求以及方案布置相应的勘察工作量,另一方面也要考虑到岩土工程勘察对象的共性和技术方法与基础理论的通用性。对岩土工程师来说最重要的一点,是不能死板地套用规范规程,而是要结合个人丰富的技术知识与实践经验,针对工程特点编制勘察纲要,提出创造性的评价、论证方案与建议。

本章以国家标准《岩土工程勘察规范》(GB 50021—2001,2009 年版)为基础,同时也有机地吸取我国最新的其他有关规范、规程、技术标准、手册、专著和地区性的经验、数据、资料以及部分国外先进的适用于中国的部分标准、手册和专著的有关内容。

第一节　房屋建筑与构筑物

一、主要工作内容

房屋建筑和构筑物[以下简称建(构)筑物]的岩土工程勘察,应有明确的针对性,因此应在收集建(构)筑物上部荷载、功能特点、结构类型、基础形式、埋置深度和变形限制等方面资料的基础上进行,以便提出岩土工程设计参数和地基基础设计方案。不同勘察阶段对建筑结构的了解深度是不同的。建(构)筑物的岩土工程勘察主要工作内容应符合下列规定:

① 查明场地和地基的稳定性、地层结构、持力层和下卧层的工程特性、土的应力历史和地下水条件以及不良地质作用等。

② 提供满足设计、施工所需的岩土参数,确定地基承载力,预测地基变形性状。

③ 提出地基基础、基坑支护、工程降水和地基处理设计与施工方案的建议。

④ 提出对建(构)筑物有影响的不良地质作用的防治方案建议。

⑤ 对于抗震设防烈度等于或大于 6 度的场地,进行场地与地基的地震效应评价。

二、勘察阶段的划分

根据我国工程建设的实际情况和数十年勘察工作的经验,勘察工作宜分阶段进行。勘察是一种探索性很强的工作,是一个从不知到知、从知之不多到知之较多的过程,对自然的认识总是由粗到细、由浅而深,不可能一步到位。况且,各设计阶段对勘察成果也有不同的要求,因此,必须坚持分阶段勘察的原则,勘察阶段的划分应与设计阶段相适应。可行性研究勘察应符合选择场址方案的要求,初步勘察应符合初步设计的要求,详细勘察应符合施工图设计的要求,场地条件复杂或有特殊要求的工程,宜进行施工勘察。

但是,也应注意到,各行业设计阶段的划分不完全一致,工程的规模和要求各不相同,场地和地基的复杂程度差别很大,要求每个工程都分阶段勘察是不实际也是不必要的。勘察单位应根据任务要求进行相应阶段的勘察工作。

场地较小且无特殊要求的工程可合并勘察阶段。在城市和工业区,一般已经积累了大量工程勘察资料。当建(构)筑物平面布置已经确定且场地或其附近已有岩土工程资料时,可根据实际情况,直接进行详细勘察。但对于高层建筑的地基基础,基坑的开挖与支护、工程降水等问题有时相当复杂,如果这些问题都留到详勘时解决,往往因时间仓促而解决不好,故要求对在短时间内不易查明并要求做出明确的评价的复杂岩土工程问题,仍宜分阶段进行。

岩土工程既然要服务于工程建设的全过程,当然应当根据任务要求,承担后期的服务工作,协助解决施工和使用过程中遇到的岩土工程问题。

三、各勘察阶段的基本要求

(一)选址或可行性研究勘察

把可行性研究勘察(选址勘察)列为一个勘察阶段,其目的是要强调在可行性研究时勘察工作的重要性,特别是一些大的工程更为重要。按照《地质灾害防治条例》(国务院令第394号)和《国土资源部关于加强地质灾害危险性评估工作的通知》(国土资发[2004]69号)的要求,我国从2004年起实行建设用地地质灾害危险性评估工作,进一步加强了岩土工程可行性研究勘察工作,尤其是关于场地稳定性工作内容和范围更明确化和具体化。

在本阶段,要求通过收集、分析已有资料,进行现场踏勘,必要时,进行工程地质测绘和少量勘探工作,应对拟建场地的稳定性和适宜性做出岩土工程评价,进行技术经济论证和方案比较应符合选择场址方案的要求。

1. 主要工作内容

① 收集区域地质、地形地貌、地震、矿产、当地的工程地质、岩土工程和建筑经验等资料。

② 在充分收集和分析已有资料的基础上,通过踏勘了解场地的地层、构造、岩性、不良地质作用和地下水等工程地质条件。

③ 当拟建场地工程地质条件复杂,已有资料不能满足时,应根据具体情况进行工程地质测绘和必要的勘探工作。

④ 应沿主要地貌单元垂直的方向线上布置不少于2条地质剖面线。在剖面线上钻孔间距为400~600 m。钻孔深度一般应穿过软土层进入坚硬稳定地层或至基岩。钻孔内对主要地层宜选取适当数量的试样进行土工试验。在地下水位以下遇粉土或砂层时应进行标准贯入试验。

⑤ 当有两个或两个以上拟选场地时,应进行比选分析。

2. 主要任务

① 分析场地的稳定性。

② 明确选择场地范围和应避开的地段;确定建筑场地时,在工程地质条件方面,宜避开下列地区或地段。

• 不良地质现象发育或环境工程地质条件差,对场地稳定性有直接危害或潜在威胁的;

- 地基土性质严重不良的；
- 对建(构)筑物抗震属危险的；
- 洪水、海潮或水流岸边冲蚀有严重威胁或地下水对建筑场地有严重不良影响的；
- 地下有未开采的有价值矿藏或对场地稳定有严重影响的未稳定的地下采空区。

③ 进行选址方案对比,确定最佳场地方案。

选择场地一般要有两个以上场地方案进行比较,主要是从岩土工程条件、对影响场地稳定性和建设适宜性的重大岩土工程问题做出明确的结论和论证,从中选择有利的方案,确定最佳场地方案。

(二)初步勘察

初步勘察是在可行性研究勘察的基础上,对场地内拟建建筑场地的稳定性和适宜性做出进一步的岩土工程评价,为确定建筑总平面布置、主要建(构)筑物地基基础方案和基坑工程方案及对不良地质现象的防治工程方案进行论证,为初步设计或扩大初步设计提供资料,并对下一阶段的详勘工作重点提出建议。

1. 主要工作内容

① 进行勘察工作前,应详细了解、研究建设设计要求,收集拟建工程的有关文件、工程地质和岩土工程资料、工程场地范围的地形图、建筑红线范围及坐标以及与工程有关的条件(建筑的布置、层数和高度、地下室层数以及设计方的要求等);充分研究已有勘察资料,查明场地所在的地貌单元。

② 初步查明地质构造、地层结构、岩土工程特性。

③ 查明场地不良地质作用的成因、分布、规模、发展趋势,判明影响场地和地基稳定性的不良地质作用和特殊性岩土的有关问题,并对场地稳定性做出评价,包括断裂、地裂缝及其活动性,岩溶、土洞及其发育程度,崩塌、滑坡、泥石流、高边坡或岸边的稳定性,调查了解古河道、暗浜、暗塘、洞穴或其他人工地下设施。

④ 对抗震设防烈度大于或等于 6 度的场地,应对场地和地基的地震效应做出初步评价。应初步评价建筑场地类别,场地属抗震有利、不利或危险地段,液化、震陷可能性,设计需要时应提供抗震设计动力参数。

⑤ 初步判明特殊性岩土对场地、地基稳定性的影响,季节性冻土地区应调查场地的标准冻结深度。

⑥ 初步查明地下水埋藏条件,初步判定水和土对建筑材料的腐蚀性。

⑦ 高层建筑初步勘察时,应对可能采取的地基基础类型、基坑开挖与支护、工程降水方案进行初步分析评价。

2. 初步勘察工作量布置原则

① 勘探线应垂直地貌单元、地质构造和地层界线布置。

② 每个地貌单元均应布置勘探点,在地貌单元交接部位和地层变化较大的地段,勘探点应予加密。

③ 在地形平坦地区,可按网格布置勘探点。

④ 岩质地基与岩体特征、地质构造、风化规律有关,且沉积岩与岩浆岩、变质岩,地槽区与地台区情况有很大差别,因此勘探线和勘探点的布置、勘探孔深度,应根据地质构造、岩体特性、风化情况等,按有关行业、地方标准或当地经验确定。

⑤ 对土质地基,勘探线、勘探点间距、勘探孔深度、取土试样和原位测试工作以及水文地质工作应符合下列要求,并应布设判明场地、地基稳定性、不良地质作用和桩基持力层所必需的勘探点和勘探深度。

(1) 初步勘察勘探线、勘探点间距要求

勘探孔的疏密主要取决于地基的复杂程度,初步勘察勘探线、勘探点间距可按表 2-1-1 确定,局部异常地段应予加密。

表 2-1-1   初步勘察勘探线、勘探点间距

地基复杂程度等级	勘探线间距/m	勘探点间距/m
一级(复杂)	50～100	30～50
二级(中等复杂)	75～150	40～100
三级(简单)	150～300	75～200

注:① 表中间距不适用于地球物理勘探。

    ② 控制性勘探点宜占勘探点总数的 1/5～1/3,且每个地貌单元均应有控制性勘探点。

(2) 初步勘察勘探孔深度要求

初步勘探孔的深度主要决定于建(构)筑物的基础埋深、基础宽度、荷载大小等因素,而实际上初勘时又缺乏这些数据,故可按工程重要性等级分档(表 2-1-2),表 2-1-2 给出了一个相当宽的范围,勘察人员可根据具体情况选择。

表 2-1-2   初步勘察勘探孔深度

工程重要性等级	一般性勘探孔/m	控制性勘探孔/m
一级(重要工程)	≥15	≥30
二级(一般工程)	10～15	15～30
三级(次要工程)	6～10	10～20

注:① 勘探孔包括钻孔、探井和原位测试孔等。

    ② 特殊用途的钻孔除外。

当遇下列情况之一时,应根据地质条件和工程要求可适当增减勘探孔深度:

① 当勘探孔的地面标高与预计整平地面标高相差较大时,应按其差值调整勘探孔深度。

② 在预定深度内遇基岩时,除控制性勘探孔仍应钻入基岩适当深度外,其他勘探孔达到确认的基岩后即可终止钻进。

③ 当预定深度内有厚度较大(超过 3 m)且分布均匀的坚实土层(如碎石土、密实砂、老沉积土等)时,除控制性勘探孔应达到规定深度外,一般勘探孔深度可适当减小。

④ 当预定深度内有软弱土层时,勘探孔深度应适当增加,部分控制性勘探孔应穿透软弱土层或达到预计控制深度。

⑤ 对重型工业建筑应根据结构特点和荷载条件适当增加勘探孔深度。

以上增减勘探孔深度的规定不仅适用于初勘阶段,也适用于详勘及其他勘察阶段。

(3) 初步勘察取土试样和原位测试工作要求

取土试样和进行原位测试的勘探点应结合地貌单元、地层结构和土的工程性质布置,其数量可占勘探孔总数的 1/4～1/2。

取土试样的数量和孔内原位测试的竖向间距,应按地层特点和土的均匀程度确定。每层土均应进行取土试样或进行原位测试,其数量不宜少于 6 个。

（4）初步勘察水文地质工作要求

地下水是岩土工程分析评价的主要因素之一,搞清地下水情况是勘察工作的重要任务。在勘察过程中,应通过资料收集等工作,掌握工程场地所在城市或地区的宏观水文地质条件,包括:

① 决定地下水空间赋存状态、类型的宏观地质背景;调查主要含水层和隔水层的分布规律,含水层的埋藏条件,地下水类型、补给和排泄条件,各层地下水位,调查其变化幅度(包括历史最高水位,近 3～5 年最高水位,水位的变化趋势和影响因素),工程需要时还应设置长期观测孔,设置孔隙水压力装置,量测水头随平面、深度和时间的变化。

② 宏观区域和场地内的主要渗流类型。当需绘制地下水等水位线图时,应根据地下水的埋藏条件和层位,统一量测地下水位。

③ 当地下水有可能浸湿基础时,应采取水试样进行腐蚀性评价。

（三）详细勘察

到了详勘阶段,建筑总平面布置已经确定,单体工程的主要任务是地基基础设计。因此,详细勘察应按单体建筑或建筑群提出详细的岩土工程资料和设计、施工所需的岩土参数;对建筑地基做出岩土工程评价,并对地基类型、基础形式、地基处理、基坑支护、工程降水和不良地质作用的防治等提出建议,符合施工图设计的要求。

1. 详细勘察的主要工作内容和任务

① 收集附有建筑红线、建筑坐标、地形、±0.00 m 高程的建筑总平面图,场区的地面整平标高,建(构)筑物的性质、规模、结构类型、特点、层数、总高度、荷载及荷载效应组合、地下室层数,预计的地基基础类型、平面尺寸、埋置深度、地基允许变形要求,勘察场地地震背景、周边环境条件及地下管线和其他地下设施情况及设计方案的技术要求等资料,目的是为了使勘察工作的布置和岩土工程的评价具有明确的工程针对性,解决工程设计和施工中的实际问题。所以,收集有关工程结构资料、了解设计要求是十分重要的工作。

② 查明不良地质作用的类型、成因、分布范围、发展趋势和危害程度,提出整治方案和建议。

③ 查明建(构)筑物范围内岩土层的类别、深度、分布、工程特性,尤其应查明基础下软弱和坚硬地层分布,以及各岩土层的物理力学性质,分析和评价地基的稳定性、均匀性和承载力;对于岩质的地基和基坑工程,应查明岩石坚硬程度、岩体完整程度、基本质量等级和风化程度;论证采用天然地基基础形式的可行性,对持力层选择、基础埋深等提出建议。

④ 对需进行沉降计算的建(构)筑物,提供地基变形计算参数,预测建(构)筑物的变形特征。

地基的承载力和稳定性是保证工程安全的前提,但工程经验表明,绝大多数与岩土工程有关的事故是变形问题,包括总沉降、差异沉降、倾斜和局部倾斜;变形控制是地基设计的主要原则,故应分析评价地基的均匀性,提供岩土变形参数,预测建(构)筑物的变形特性;勘察单位根据设计单位要求和业主委托,承担变形分析任务,向岩土工程设计延伸,是其发展的方向。

⑤ 查明埋藏的古河道、沟浜、墓穴、防空洞、孤石等对工程不利的埋藏物。

⑥ 查明地下水类型、埋藏条件、补给及排泄条件、腐蚀性、初见及稳定水位；提供季节变化幅度和各主要地层的渗透系数；判定水和土对建筑材料的腐蚀性。

地下水的埋藏条件是地基基础设计和基坑设计施工十分重要的依据，详勘时应予查明。由于地下水位有季节变化和多年变化，故应"提供地下水位及其变化幅度"，有关地下水更详细的规定见第五章。

⑦ 在季节性冻土地区，提供场地土的标准冻结深度。

⑧ 对抗震设防烈度等于或大于 6 度的地区，应划分场地类别，划分对抗震有利、不利或危险地段；对抗震设防烈度等于或大于 7 度的场地，应评价场地和地基的地震效应。

⑨ 当建（构）筑物采用桩基础时，应按桩基工程的有关要求进行。当需进行基坑开挖、支护和降水设计时，应按基坑工程的有关规定进行。

⑩ 工程需要时，详细勘察应论证地基土和地下水在建筑施工和使用期间可能产生的变化及其对工程和环境的影响，提出防治方案、防水设计水位和抗浮设计水位的建议，提供基坑开挖工程应采取的地下水控制措施，当采用降水控制措施时，应分析评价降水对周围环境的影响。

近年来，在城市中大量兴建地下停车场、地下商店等，这些工程的主要特点是"超补偿式基础"，开挖较深，挖土卸载量较大，而结构荷载很小。在地下水位较高的地区，防水和抗浮成了重要问题。高层建筑一般带多层地下室，需进行防水设计，在施工过程中有时也有抗浮问题。在这样的条件下，提供防水设计水位和抗浮设计水位成了关键。这是一个较为复杂的问题，有时需要进行专门论证。

2. 详细勘察工作的布置原则

详细勘察勘探点布置和勘探孔深度，应根据建（构）筑物特性和岩土工程条件确定。对岩质地基，与初勘的指导原则一致，应根据地质构造、岩体特性、风化情况等，结合建（构）筑物对地基的要求，按有关行业、地方标准或当地经验确定；对土质地基，勘探点布置、勘探点间距、勘探孔深度、取土试样和原位测试工作应符合下列要求。

（1）详细勘察的勘探点布置原则

① 勘探点宜按建（构）筑物的周边线和角点布置，对无特殊要求的其他建（构）筑物可按建（构）筑物或建筑群的范围布置。

② 同一建筑范围内的主要受力层或有影响的下卧层起伏较大时，应加密勘探点，查明其变化。

建筑地基基础设计的原则是变形控制，将总沉降、差异沉降、局部倾斜、整体倾斜控制在允许的限度内。影响变形控制最重要的因素是地层在水平方向上的不均匀性，故地层起伏较大时应补充勘探点，尤其是古河道、埋藏的沟浜、基岩面的局部变化等。

③ 重大设备基础应单独布置勘探点；对重大的动力机器基础和高耸构筑物，勘探点不宜少于 3 个。

④ 宜采用钻探与触探相结合的原则，在复杂地质条件、湿陷性土、膨胀土、风化岩和残积土地区，宜布置适量探井。

勘探方法应精心选择，不应单纯采用钻探。触探可以获取连续的定量数据，也是一种原位测试手段；井探可以直接观察岩土结构，避免单纯依据岩芯判断。因此，勘探手段包括钻探、井探、静力触探和动力触探等,应根据具体情况选择。为了发挥钻探和触探的各自特点,宜配合应用。以触探方法为主时,应有一定数量的钻探配合。对复杂地质条件和某些特殊性岩土,布置一定数量的探井是很必要的。

⑤ 高层建筑的荷载大,重心高,基础和上部结构的刚度大,对局部的差异沉降有较好的适应能力,而整体倾斜是主要控制因素,尤其是横向倾斜。为此,详细勘察的单栋高层建筑勘探点的布置,应满足高层建筑纵横方向对地层结构和地基均匀性的评价要求,需要时还应满足建筑场地整体稳定性分析的要求,满足高层建筑主楼与裙楼差异沉降分析的要求,查明持力层和下卧层的起伏情况。应根据高层建筑平面形状、荷载的分布情况布设勘探点。高层建筑平面为矩形时应按双排布设;为不规则形状时,应在凸出部位的角点和凹进的阴角布设勘探点;在高层建筑层数、荷载和建筑体形变异较大位置处,应布设勘探点;对勘察等级为甲级的高层建筑应在中心点或电梯井、核心筒部位布设勘探点。单幢高层建筑的勘探点数量,对勘察等级为甲级的不应少于 5 个,乙级不应少于 4 个。控制性勘探点的数量不应少于勘探点总数的 1/3 且不少于 2 个。对密集的高层建筑群,勘探点可适当减少,可按建(构)筑物并结合方格网布设勘探点。相邻的高层建筑,勘探点可互相共用,但每栋建(构)筑物至少应有 1 个控制性勘探点。

(2) 详细勘察勘探点间距确定原则

详细勘察勘探点的间距可按表 2-1-3 确定。

表 2-1-3　　　　　　　　　　详细勘察勘探点间距

地基复杂程度等级	间距/m
一级(复杂)	10～15
二级(中等复杂)	15～30
三级(简单)	30～50

在暗沟、塘、浜、湖泊沉积地带和冲沟地区,在岩性差异显著或基岩面起伏很大的基岩地区,在断裂破碎带、地裂缝等不良地质作用场地,勘探点间距宜取小值并可适当加密。

在浅层岩溶发育地区,宜采用物探与钻探相配合进行,采用浅层地震勘探和孔间地震CT 或孔间电磁波 CT 测试,查明溶洞和土洞发育程度、范围和连通性。钻孔间距宜取小值或适当加密,溶洞、土洞密集时宜在每个柱基下布设勘探点。

(3) 详细勘察勘探孔深度的确定原则

详细勘察的勘探深度自基础底面算起,应符合下列规定:

① 勘探孔深度应能控制地基主要受力层,当基础底面宽度 b 不大于 5 m 时,勘探孔的深度对条形基础不应小于基础底面宽度的 3 倍,对单独柱基不应小于 1.5 倍,且均不应小于 5 m。

② 控制性勘探孔是为变形计算服务的,对高层建筑和需作变形计算的地基,控制性勘探孔的深度应超过地基变形计算深度;高层建筑的一般性勘探孔应达到基底下 0.5～1.0 倍的基础宽度,并深入稳定分布的地层。

由于高层建筑的基础埋深和宽度都很大,钻孔比较深,钻孔深度适当与否将极大地影响勘察质量、费用和周期。对天然地基,控制性钻孔的深度应满足以下几个方面的要求:

- 等于或略深于地基变形计算的深度,满足变形计算的要求;
- 满足地基承载力和弱下卧层验算的需要;
- 满足支护体系和工程降水设计的要求;
- 满足对某些不良地质作用追索的要求。

确定变形计算深度有"应力比法"和"沉降比法",现行国家标准《建筑地基基础设计规范》(GB 50007—2011)是沉降比法。但对于勘察工作,由于缺乏荷载和模量等数据,用沉降比法确定孔深是无法实施的。过去的规范(GB 50021—94)控制性勘探孔深度的确定办法是将孔深与基础宽度挂钩(见表 2-1-4),虽然简便,但不全面。

表 2-1-4　　　　　　　　　控制性勘探孔深度

基础底面宽度	勘探孔深度/m		
b/m	软 土	一般黏性土、粉土及砂土	老堆积土、密实砂土及碎石土
$b \leqslant 5$	3.5b	(3.0～3.5)b	3.0b
$5 < b \leqslant 10$	(2.5～3.5)b	(2.0～3.0)b	(1.5～3.0)b
$10 < b \leqslant 20$	(2.0～2.5)b	(1.5～2.0)b	(1.0～1.5)b
$20 < b \leqslant 40$	(1.5～2.0)b	(1.2～1.5)b	(0.8～1.0)b
$b > 40$	(1.3～1.5)b	(1.0～1.2)b	(0.6～0.8)b

注:① 表内数据适用于均质地基,当地基为多层土时可根据表列数值予以调整。
　　② 圆形基础可采用直径 d 代替基础底面宽度 b。

现行的勘察规范采用应力比法。地基变形计算深度,对于中、低压缩性土可取附加压力等于上覆土层有效自重压力 20% 的深度;对于高压缩性土层可取附加压力等于上覆土层有效自重压力 10% 的深度。

控制性勘探孔深度,对于箱形基础或筏形基础,在不具备变形深度计算条件时,也可按式(2-1-1)计算确定:

$$d_c = d + \alpha_c \beta b \tag{2-1-1}$$

式中　d_c——控制性勘探孔的深度,m;

　　　　d——箱形基础或筏形基础埋置深度,m;

　　　　α_c——与土的压缩性有关的经验系数,基础下的地基主要土层按表 2-1-5 取值;

　　　　β——与高层建筑层数或基底压力有关的经验系数,对勘察等级为甲级的高层建筑可取 1.1,对乙级可取 1.0;因甲级与乙级高层建筑在地层结构和基础宽度一致的情况下,基底压力不同,其变形计算深度应有所不同,勘探孔的深度若一样显然是不合理的,因此,适当加大勘察等级为甲级的高层建筑的勘探孔深度;

　　　　b——箱形基础或筏形基础宽度,对圆形基础或环形基础,按最大直径考虑,对不规则形状的基础,按面积等代成方形、矩形或圆形面积的宽度或直径考虑,m。

一般性勘探孔的深度应适当大于主要受力层的深度,对于箱形基础或筏形基础可按式(2-1-2)计算确定:

$$d_g = d + \alpha_g \beta b \tag{2-1-2}$$

式中　d_g——一般性勘探孔的深度,m;

α_{g}——与土的压缩性有关的经验系数,根据基础下的地基主要土层按表 2-1-5 取值;其他符号同前。

表 2-1-5　　　　　　　　　　　　　　经验系数 α_{c}、α_{g} 值

值别 \ 土类	碎石土	砂 土	粉 土	黏性土(含黄土)	软 土
α_{c}	0.5～0.7	0.7～0.9	0.9～1.2	1.0～1.5	2.0
α_{g}	0.3～0.4	0.4～0.5	0.5～0.7	0.6～0.9	1.0

注:表中范围值对同一类土中,地质年代老、密实或地下水位深者取小值,反之取大值。

③ 对仅有地下室的建筑或高层建筑的裙房,当不能满足抗浮设计要求,需设置抗浮桩或锚杆时,勘探孔深度应满足抗拔承载力评价的要求。

建筑总平面内的裙房或仅有地下室部分(或当地基附加压力≤0 时)的控制性勘探孔的深度可适当减小,但应深入稳定分布地层,且根据荷载和土质条件不宜小于基底下 0.5～1.0 倍基础宽度;

④ 当有大面积地面堆载或软弱下卧层时,应适当加深控制性勘探孔的深度。

⑤ 在上述规定深度内当遇基岩或厚层碎石土等稳定地层时,勘探孔深度可适当调整。

· 一般性勘探孔,在预定深度范围内,有比较稳定且厚度超过 3 m 的坚硬地层时,可钻入该层适当深度,以能正确定名和判明其性质。如在预定深度内遇软弱地层时应加深或钻穿。

· 在基岩和浅层岩溶发育地区,当基础底面下的土层厚度小于地基变形计算深度时,一般性钻孔应钻至完整、较完整基岩面;控制性钻孔应深入完整、较完整基岩 3～5 m,勘察等级为甲级的高层建筑取大值,乙级取小值;专门查明溶洞或土洞的钻孔深度应深入洞底完整地层 3～5 m。

· 评价土的湿陷性、膨胀性、砂土地震液化、查明地下水渗透性等钻孔深度,应按有关规范的要求确定;在花岗岩残积土地区,应查清残积土和全风化岩的分布深度。计算箱形基础或筏形基础勘探深度时,其 α_{c} 和 α_{g} 系数,对残积砾质黏性土和残积砂质黏性土可按表 2-1-5 中粉土的值确定,对残积黏性土可按表 2-1-5 中黏性土的值确定,对全风化岩可按表 2-1-5 中碎石土的值确定。在预定深度内遇基岩时,控制性钻孔深度应深入强风化岩 3～5 m,勘察等级为甲级的高层建筑宜取大值,乙级可取小值。一般性钻孔达强风化岩顶面即可。

⑥ 在断裂破碎带、冲沟地段、地裂缝等不良地质作用发育场地及位于斜坡上或坡脚下的高层建筑,当需进行整体稳定性验算时,控制性勘探孔的深度应根据具体条件满足评价和验算的要求;对于基础侧旁开挖,需验算稳定时,控制性钻孔达到基底下 2 倍基宽时可以满足要求;对于建筑在坡顶和坡上的建(构)筑物,应结合边坡的具体条件,根据可能的破坏模式确定孔深。

⑦ 当需确定场地抗震类别而邻近无可靠的覆盖层厚度资料时,应布置至少一个钻孔波速测试孔,其深度应满足划分建筑场地类别对覆盖层厚度的要求。

⑧ 大型设备基础勘探孔深度不宜小于基础底面宽度的 2 倍。

⑨ 当需进行地基处理时,勘探孔深度应满足地基处理的有关设计与施工要求;当采用桩基时,勘探孔深度应满足桩基工程的有关要求。

（4）详细勘察取土试样和原位测试工作要求

① 采取土试样和进行原位测试的勘探点数量,应根据地层结构、地基土的均匀性和工程特点确定,且不应少于勘探点总数的 1/2,钻探取土孔的数量不应少于勘探孔总数的 1/3。对地基基础设计等级为甲级的建(构)筑物每栋不应少于 3 个;勘察等级为甲级的单幢高层建筑不宜少于全部勘探点总数的 2/3,且不应少于 4 个。

原位测试是指静力触探、动力触探、旁压试验、扁铲侧胀试验和标准贯入试验等。考虑到软土地区取样困难,原位测试能较准确地反映土性指标,因此可将原位测试点作为取土测试勘探点。

② 每个场地每一主要土层的原状土试样或原位测试数据不应少于 6 件(组)。

由于土性指标的变异性,单个指标不能代表土的工程特性,必须通过统计分析确定其代表值,故规定了原状土试样和原位测试的最少数量,以满足统计分析的需要。当场地较小时,可利用场地邻近的已有资料。对"较小"的理解可考虑为单幢一般多层建筑场地;"邻近"场地资料可认为紧靠的同一地质单元的资料,若必须有个量的概念,以距场地不大于 50 m 的资料为好。

为了保证不扰动土试样和原位测试指标有一定数量,规范规定基础底面下 1.0 倍基础宽度内采样及试验点间距为 1~2 m,以下根据土层变化情况适当加大距离,且在同一钻孔中或同一勘探点采取土试样和原位测试宜结合进行。

静力触探和动力触探是连续贯入,不能用次数来统计,应在单个勘探点内按层统计,再在场地(或工程地质分区)内按勘探点统计。每个场地不应少于 3 个孔。

③ 在地基主要受力层内,对厚度大于 0.5 m 的夹层或透镜体,应采取土试样或进行原位测试。规范没有规定具体数量的要求,可根据工程的具体情况和地区的规定确定。南京市规定,土层厚度大于 1 m 的稳定地层应满足规范的条款,厚度小于 1 m 时原状土样不少于 4 件。

④ 当土层性质不均匀时,应增加取土数量或原位测试工作量。

⑤ 地基载荷试验是确定地基承载力比较可靠的方法,对勘察等级为甲级的高层建筑或工程经验缺乏或研究程度较差的地区,宜布设载荷试验确定天然地基持力层承载力特征值和变形参数。

（四）施工勘察

对于施工勘察不作为一个固定阶段,应视工程的实际需要而定。当工程地质条件复杂或有特殊施工要求的重大工程地基,需要进行施工勘察。施工勘察包括施工阶段的勘察和竣工后一些必要的勘察工作(如检验地基加固效果等),因此,施工勘察并不是专指施工阶段的勘察。

当遇下列情况之于时,应配合设计、施工单位进行施工勘察:

① 基坑或基槽开挖后,岩土条件与勘察资料不符或发现必须查明的异常情况时,应进行施工勘察。

② 在地基处理及深基开挖施工中,宜进行检验和监测工作。

③ 地基中溶洞或土洞较发育,应查明并提出处理建议。

④ 施工中出现边坡失稳危险时应查明原因,进行监测并提出处理建议。

第二节　桩 基 工 程

桩基础又称桩基,它是一种常用而古老的深基础形式。桩基础可以将上部结构的荷载相对集中地传递到深处合适的坚硬地层中去,以保证上部结构对地基稳定性和沉降量的要求。由于桩基础具有承载力高、稳定性好、沉降稳定快和沉降变形小、抗震能力强以及能够适应各种复杂地质条件等特点,在工程中得到广泛应用。

桩基按照承载性状可分为摩擦型桩(摩擦桩和端承摩擦桩)和端承型桩(端承桩和摩擦端承桩)两类;按成桩方法分为非挤土桩、部分挤土桩和挤土桩三类;按桩径大小可分为小直径桩($d \leqslant 250$ mm)、中等直径桩($250 < d < 800$ mm)和大直径桩($d \geqslant 800$ mm)。

一、主要工作内容

① 查明场地各层岩土的类型、深度、分布、工程特性和变化规律。

② 当采用基岩作为桩的持力层时,应查明基岩的岩性、构造、岩面变化、风化程度,包括产状、断裂、裂隙发育程度以及破碎带宽度和充填物等,除通过钻探、井探手段外,还可根据具体情况辅以地表露头的调查测绘和物探等方法。确定其坚硬程度、完整程度和基本质量等级,这对于选择基岩为桩基持力层时是非常必要的;判定有无洞穴、临空面、破碎岩体或软弱岩层,这对桩的稳定是非常重要的。

③ 查明水文地质条件,评价地下水对桩基设计和施工的影响,判定水质对建筑材料的腐蚀性。

④ 查明不良地质作用、可液化土层和特殊性岩土的分布及其对桩基的危害程度,并提出防治措施的建议。

⑤ 对桩基类型、适宜性、持力层选择提出建议;提供可选的桩基类型和桩端持力层;提出桩长、桩径方案的建议;提供桩的极限侧阻力、极限端阻力和变形计算的有关参数;对成桩可行性、施工时对环境的影响及桩基施工条件、应注意的问题等进行论证评价并提出建议。

桩的施工对周围环境的影响,包括打入预制桩和挤土成孔的灌注桩的振动、挤土对周围既有建筑物、道路、地下管线设施和附近精密仪器设备基础等带来的危害以及噪声等公害。

二、勘探点布置要求

(一) 端承型桩

① 勘探点应按柱列线布设,其间距应能控制桩端持力层层面和厚度的变化,宜为 $12 \sim 24$ m。

② 在勘探过程中发现基岩中有断层破碎带,或桩端持力层为软、硬互层,或相邻勘探点所揭露桩端持力层层面坡度超过 10%,且单向倾伏时,钻孔应适当加密。

③ 荷载较大或复杂地基的一柱一桩工程,应每柱设置勘探点;复杂地基是指端承型桩端持力层岩土种类多、很不均匀、性质变化大的地基,且一柱一桩,往往采用大口径桩,荷载很大,一旦出现差错或事故,将影响大局,难以弥补和处理,结构设计上要求更严。实际工程中,每个桩位都需有可靠的地质资料,故规定按柱位布孔。

④ 岩溶发育场地,溶沟、溶槽、溶洞很发育,显然属复杂场地,此时若以基岩作为桩端持力层,应按柱位布孔。但单纯钻探工作往往还难以查明其发育程度和发育规律,故应辅以有效地球物理勘探方法。近年来地球物理勘探技术发展很快,有效的方法有电法、地震法(浅层折射法或浅层反射法)及钻孔电磁波透视法等。查明溶洞和土洞范围和连通性。查明拟建场地范围及有影响地段的各种岩溶洞隙和土洞的发育程度、位置、规模、埋深、连通性、岩溶堆填物性状和地下水特征。连通性系指土洞与溶洞的连通性、溶洞本身的连通性和岩溶水的连通性。

⑤ 控制性勘探点不应少于勘探点总数的 1/3。

(二)摩擦型桩

① 勘探点应按建筑物周边或柱列线布设,其间距宜为 20～35 m。当相邻勘探点揭露的主要桩端持力层或软弱下卧层层位变化较大,影响到桩基方案选择时,应适当加密勘探点。带有裙房或外扩地下室的高层建筑,布设勘探点时应与主楼一同考虑。

② 桩基工程勘探点数量应视工程规模而定,勘察等级为甲级的单幢高层建筑勘探点数量不宜少于 5 个,乙级不宜少于 4 个,对于宽度大于 35 m 的高层建筑,其中心应布置勘探点。

③ 控制性的勘探点应占勘探点总数的 1/3～1/2。

三、桩基岩土工程勘察勘探方法要求

对于桩基勘察不能采用单一的钻探取样手段,桩基设计和施工所需的某些参数单靠钻探取土是无法取得的,而原位测试有其独特之处。我国幅员广阔,各地区地质条件不同,难以统一规定原位测试手段。因此,应根据地区经验和地质条件选择合适的原位测试手段与钻探配合进行,对软土、黏性土、粉土和砂土的测试手段,宜采用静力触探和标准贯入试验;对碎石土宜采用重型或超重型圆锥动力触探。如上海等软土地基条件下,静力触探已成为桩基勘察中必不可少的测试手段,砂土采用标准贯入试验也颇为有效,而成都、北京等地区的卵石层地基中,重型和超重型圆锥动力触探为选择持力层起到了很好的作用。

四、勘探孔深度的确定原则

设计对勘探深度的要求,既要满足选择持力层的需要,又要满足计算基础沉降的需要。因此,对勘探孔有控制性孔和一般性孔(包括钻探取土孔和原位测试孔)之分,宜布置 1/3～1/2 的勘探孔为控制性孔。对于设计等级为甲级的建筑桩基,至少应布置 3 个控制性孔;设计等级为乙级的建筑桩基,至少应布置 2 个控制性孔。

(一)一般原则

① 一般性勘探孔的深度应达到预计桩长以下 $3d～5d$(d 为桩径),且不得小于 3 m;对于大直径桩不得小于 5 m。

② 控制性勘探孔深度应满足下卧层验算要求;对于需验算沉降的桩基,应超过地基变形计算深度。

③ 钻至预计深度遇软弱层时,应予加深;在预计深度内遇稳定坚实岩土时,可适当减少。

④ 对嵌岩桩,控制性钻孔应深入预计桩端平面以下不小于 3～5 倍桩身设计直径,一般性钻孔应深入预计桩端平面以下不小于 1～3 倍桩身设计直径。当持力层较薄时,应有部分

钻孔钻穿持力岩层。在岩溶、断层破碎带地区，应查明溶洞、溶沟、溶槽、石笋等的分布情况，钻孔应钻穿溶洞或断层破碎带进入稳定地层，进入深度应满足上述控制性钻孔和一般性钻孔的要求。

⑤ 对可能有多种桩长方案时，应根据最长桩方案确定。

（二）高层建筑的端承型桩

对于高层建筑的端承型桩，勘探孔的深度应符合下列规定：

① 当以可压缩地层（包括全风化和强风化岩）作为桩端持力层时，勘探孔深度应能满足沉降计算的要求，控制性勘探孔的深度应深入预计桩端持力层以下 $5\sim10$ m 或 $6d\sim10d$（d 为桩身直径或方桩的换算直径，直径大的桩取小值，直径小的桩取大值），一般性勘探孔的深度应达到预计桩端下 $3\sim5$ m 或 $3d\sim5d$。

作为桩端持力层的可压缩地层，包括硬塑、坚硬状态的黏性土，中密、密实的砂土和碎石土，还包括全风化和强风化岩。对这些岩土桩端全断面进入持力层的深度不宜小于：黏性土、粉土为 $2d$（d 为桩径），砂土为 $1.5d$，碎石土为 $1d$；当存在软弱下卧层时，桩基以下硬持力层厚度不宜小于 $4d$；当硬持力层较厚且施工条件允许时，桩端全断面进入持力层的深度宜达到桩端阻力的临界深度，临界深度的经验值：砂与碎石土为 $3d\sim10d$，粉土、黏性土为 $2d\sim6d$，愈密实、愈坚硬临界深度愈大，反之愈小。因而，勘探孔进入持力层深度的原则是：应超过预计桩端全断面进入持力层的一定深度，当持力层较厚时，宜达到临界深度。为此，控制性勘探孔应深入预计桩端下 $5\sim10$ m 或 $6d\sim10d$，一般性勘探孔应达到预计桩端下 $3\sim5$ m 或 $3d\sim5d$。

② 对一般岩质地基的嵌岩桩，勘探孔深度应钻入预计嵌岩面以下 $1d\sim3d$，对控制性勘探孔应钻入预计嵌岩面以下 $3d\sim5d$，对质量等级为Ⅲ级以上的岩体，可适当放宽。

嵌岩桩是指嵌入中等风化或微风化岩石的钢筋混凝土灌注桩，且系大直径桩，这种桩型一般不需考虑沉降问题，尤其是以微风化岩作为持力层，往往是以桩身强度控制单桩承载力。嵌岩桩的勘探深度与岩石成因类型和岩性有关。一般岩质地基系指岩浆岩、正变质岩及厚层状的沉积岩，这些岩体多系整体状结构和块状结构，岩石风化带明确，层位稳定，进入微风化带一定深度后，其下一般不会再出现软弱夹层，故规定一般性勘探孔进入预计嵌岩面以下 $1d\sim3d$，控制性勘探孔进入预计嵌岩面以下 $3d\sim5d$。

③ 对花岗岩地区的嵌岩桩，一般性勘探孔深度应进入微风化岩 $3\sim5$ m，控制性勘探孔应进入微风化岩 $5\sim8$ m。

花岗岩地区，在残积土和全、强风化带中常出现球状风化体，直径一般为 $1\sim3$ m，最大可达 5 m，岩性呈微风化状，钻探过程中容易造成误判，为此特予强调，一般性和控制性勘探孔均要求进入微风化一定深度，目的是杜绝误判。

④ 对于岩溶、断层破碎带地区，勘探孔应穿过溶洞或断层破碎带进入稳定地层，进入深度应满足 $3d$，并不小于 5 m。

⑤ 具多韵律薄层状的沉积岩或变质岩，当基岩中强风化、中等风化、微风化岩层呈互层出现时，对拟以微风化岩作为持力层的嵌岩桩，勘探孔进入微风化岩深度不应小于 5 m。

在具多韵律薄层状沉积岩或变质岩地区，常有强风化、中等风化、微风化岩层呈互层或重复出现的情况，此时若要以微风化岩层作为嵌岩桩的持力层，必须保证微风化岩层具有足够厚度，为此规定，勘探孔应进入微风化岩厚度不小于 5 m 方能终孔。

（三）高层建筑的摩擦型桩

对于高层建筑的摩擦型桩,勘探孔的深度应符合下列规定:

① 一般性勘探孔的深度应进入预计桩端持力层或预计最大桩端入土深度以下不小于 3 m。

② 控制性勘探孔的深度应达群桩桩基(假想的实体基础)沉降计算深度以下 1～2 m,群桩桩基沉降计算深度宜取桩端平面以下附加应力为上覆土有效自重压力 20% 的深度,或按桩端平面以下 $(1～1.5)b$(b 为假想实体基础宽度)的深度考虑。

摩擦型桩虽然以侧阻力为主,但在勘察时,还是应寻求相对较坚硬、较密实的地层作为桩端持力层,故规定一般性勘探孔的深度应进入预计桩端持力层或最大桩端入土深度以下不小于 3 m,此 3 m 值是按以可压缩地层作为桩端持力层和中等直径桩考虑确定的;对高层建筑采用的摩擦型桩,多为筏或箱基下的群桩,此类桩筏或桩箱基础除考虑承载力满足要求外,还要验算沉降,为满足验算沉降需要,提出了控制性勘探孔深度的要求。

五、岩(土)试样采取、原位测试工作及岩土室内试验要求

（一）试样采取及原位测试工作要求

桩基勘察的岩(土)试样采取及原位测试工作应符合下列规定:

① 对桩基勘探深度范围内的每一主要土层,应采取土试样,并根据土质情况选择适当的原位测试,取土数量或测试次数不应少于 6 组(次)。

② 对嵌岩桩桩端持力层段岩层,应采取不少于 6 组的岩样进行天然和饱和单轴极限抗压强度试验。

③ 以不同风化带作桩端持力层的桩基工程,勘察等级为甲级的高层建筑勘察时控制性钻孔宜进行压缩波波速测试,按完整性指数或波速比定量划分岩体完整程度(见表 1-6-8)和风化程度(见表 1-6-5)。

以基岩作桩端持力层时,桩端阻力特征值取决于岩石的坚硬程度、岩体的完整程度和岩石的风化程度。岩体的完整程度定量指标为岩体完整性指数,它为岩体与岩块压缩波速度比值的平方;岩石风化程度的定量指标为波速比,它为风化岩石与新鲜岩石压缩波波速之比。因此在勘察等级为甲级的高层建筑勘察时宜进行岩体的压缩波波速测试,按完整性指数判定岩体的完整程度,按波速比判定岩石风化程度,这对决定桩端阻力和桩侧阻力的大小有关键性的作用。

（二）室内试验工作要求

桩基勘察的岩(土)室内试验工作应符合下列规定:

① 当需估算桩的侧阻力、端阻力和验算下卧层强度时,宜进行三轴剪切试验或无侧限抗压强度试验;三轴剪切试验的受力条件应模拟工程的实际情况。

② 对需估算沉降的桩基工程,应进行压缩试验,试验最大压力应大于上覆自重压力与附加压力之和。

③ 基岩作为桩基持力层时,应进行风干状态和饱和状态下的极限抗压强度试验,必要时尚应进行软化试验;对软岩和极软岩,风干和浸水均可使岩样破坏,无法试验,因此,应封样保持天然湿度以便做天然湿度的极限抗压强度试验。性质接近土时,按土工试验要求。破碎和极破碎的岩石无法取样,只能进行原位测试。

六、岩土工程分析评价

（一）单桩承载力确定和沉降验算

单桩竖向和水平承载力，应根据工程等级、岩土性质和原位测试成果并结合当地经验确定。对地基基础设计等级为甲级的建（构）筑物和缺乏经验的地区，建议做静载荷试验。试验数量不宜少于工程桩数的 1%，且每个场地不少于 3 个。对承受较大水平荷载的桩，建议进行桩的水平载荷试验；对承受上拔力的桩，建议进行抗拔试验。勘察报告应提出估算的有关岩土的基桩侧阻力和端阻力，必要时提出估算的竖向和水平承载力和抗拔承载力。

从全国范围来看，单桩极限承载力的确定较可靠的方法仍为桩的静载荷试验。虽然各地、各单位有经验方法估算单桩极限承载力，如用静力触探指标估算等方法，也都是与载荷试验建立相应关系后采用。根据经验确定桩的承载力一般比实际偏低较多，从而影响了桩基技术和经济效益的发挥，造成浪费。但也有不安全、不可靠的，以致发生工程事故，故规范强调以静载荷试验为主要手段。

对需要进行沉降计算的桩基工程，应提供计算所需的各层岩土的变形参数，并宜根据任务要求进行沉降估算。

沉降计算参数和指标可以通过压缩试验或深层载荷试验取得，对于难以采取原状土和难以进行深层载荷试验的情况，可采用静力触探试验、标准贯入试验、重型动力触探试验、旁压试验、波速测试等综合评价，求得计算参数。

（二）桩端持力层选择和沉桩分析

勘察报告中可以提出几个可能的桩基持力层，进行技术、经济比较后，推荐合理的桩基持力层。一般情况下应选择具有一定厚度、承载力高、压缩性较低、分布均匀、稳定的坚实土层或岩层作为持力层。报告中应按不同的地质剖面提出桩端标高建议，阐明持力层厚度变化、物理力学性质和均匀程度。

沉桩的可能性除与锤击能量有关外，还受桩身材料强度、地层特性、桩群密集程度、群桩的施工顺序等多种因素制约，尤其是地质条件的影响最大，故必须在掌握准确可靠的地质资料特别是原位测试资料的基础上，提出对沉桩可能性的分析意见。必要时，可通过试桩进行分析。

对钢筋混凝土预制桩、挤土成孔的灌注桩等的挤土效应，打桩产生振动以及泥浆污染，特别是在饱和软黏土中沉入大量、密集的挤土桩时，将会产生很高的超孔隙水压力和挤土效应，从而对周围已成的桩和已有建筑物、地下管线等产生危害。灌注桩施工中的泥浆排放产生的污染，挖孔桩排水造成地下水位下降和地面沉降，对周围环境都可产生不同程度的影响，应予分析和评价。

第三节　基坑工程

目前基坑工程的勘察很少单独进行，大多数是与地基勘察一并完成的。但是由于有些勘察人员对基坑工程的特点和要求不很了解，提供的勘察成果不一定能满足基坑支护设计的要求。例如，对采用桩基的建筑地基勘察往往对持力层、下卧层研究较仔细，而忽略浅部土层的划分和取样试验；侧重于针对地基的承载性能提供土质参数，而忽略支护设计所需要的参数；只在划定的轮廓线以内进行勘探工作，而忽略对周边的调查了解等。因深基坑开挖属于施工阶段的工作，一般设计人员提供的勘察任务委托书可能不会涉及这方面的内容。因此勘察部门应根据基坑的开挖深度、岩土和地下水条件以及周边环境等参照本节的内容进行认真仔细的工作。

岩质基坑的勘察要求和土质基坑有较大差别，到目前为止，我国基坑工程的经验主要在土质基坑方面，岩质基坑的经验较少。故本节内容主要针对于土质基坑。对岩质基坑，应根据场地的地质构造、岩体特征、风化情况、基坑开挖深度等，根据实际情况参照本章第四节有关内容或按当地标准或当地经验进行勘察。

一、基坑侧壁的安全等级

根据支护结构的极限状态分为承载能力极限状态和正常使用极限状态。承载能力极限状态对应于支护结构达到最大承载能力或土体失稳、过大变形导致支护结构或基坑周边环境破坏，表现为由任何原因引起的基坑侧壁破坏；正常使用极限状态对应于支护结构的变形已妨碍地下结构施工或影响基坑周边环境的正常使用功能，主要表现为支护结构的变形而影响地下室侧墙施工及周边环境的正常使用。承载能力极限状态应对支护结构承载能力及基坑土体出现的可能破坏进行计算，正常使用极限状态的计算主要是对结构及土体的变形计算。

基坑侧壁安全等级的划分与重要性系数是对支护设计、施工的重要性认识及计算参数的定量选择的依据。侧壁安全等级划分是一个难度很大的问题，很难定量说明，我国现行的《建筑基坑支护技术规程》(JGJ 120—2012)依据国家标准《工程结构可靠性设计统一标准》(GB 50153—2008)对结构安全等级确定的原则，以支护结构破坏后果严重程度（很严重、严重及不严重）三种情况将支护结构划分为三个安全等级，其重要性系数的选用，详见表 2-3-1。

表 2-3-1   基坑侧壁安全等级及重要性系数

安全等级	破坏后果	γ_0
一级	支护结构破坏、土体过大变形对基坑周边环境或主体结构施工影响很严重	1.10
二级	支护结构破坏、土体过大变形对基坑周边环境或主体结构施工影响严重	1.00
三级	支护结构破坏、土体过大变形对基坑周边环境或主体结构施工影响不严重	0.90

注：有特殊要求的建筑基坑侧壁安全等级可根据具体情况另行确定。

对支护结构安全等级采用原则性划分方法而未采用定量划分方法，是考虑到基坑深度、周边建筑物距离及埋深、结构及基础形式、土的性状等因素对破坏后果的影响程度难以用统一标准界定，不能保证普遍适用，定量化的方法对具体工程可能会出现不合理的情况。

在支护结构设计时应根据基坑侧壁不同条件因地制宜进行安全等级确定。应掌握的原则是：基坑周边存在受影响的重要既有住宅、公共建筑、道路或地下管线时，或因场地的地质条件复杂、缺少同类地质条件下相近基坑深度的经验时，支护结构破坏、基坑失稳或过大变形对人的生命、经济、社会或环境影响很大，安全等级应定为一级。当支护结构破坏、基坑过大变形不会危及人的生命、经济损失轻微、对社会或环境影响不大时，安全等级可定为三级。对大多数基坑应该定为二级。

支护结构设计应考虑其结构水平变形、地下水的变化对周边环境的水平与竖向变形的影响,对于安全等级为一级和对周边环境变形有限定要求的二级建筑基坑侧壁,应根据周边环境的重要性、对变形的适应能力及土的性质等因素确定支护结构的水平变形限值。在正常使用极限状态条件下,安全等级为一、二级的基坑变形影响基坑支护结构的正常功能,目前支护结构的水平限值还不能给出全国都适用的具体数值,各地区可根据具体工程的周边环境等因素确定。对于周边建筑物及管线的竖向变形限值可根据有关规范确定。

二、基坑支护结构类型

目前采用的支护措施和边坡处理方式多种多样,归纳起来不外乎表 2-3-2 所列的三大类。由于各地地质情况不同,勘察人员提供建议时应充分了解工程所在地区工程经验和习惯,对已有的工程进行调查。综合考虑基坑深度、土的性状及地下水条件、基坑周边环境对基坑变形的承受能力及支护结构失效的后果、主体地下结构和基础形式及其施工方法、基坑平面尺寸和形状、支护结构施工工艺的可行性、施工场地条件和施工季节以及经济指标、环保性能和施工工期等因素,选用一种或多种组合形式的基坑支护结构。

表 2-3-2　　　　　　　　　　　基坑边坡处理方式类型和适用条件

结构类型		适用条件		
		安全等级	基坑深度、环境条件、土类和地下水条件	
支挡式结构	锚拉式结构	一级二级三级	适用于较深的基坑	① 排桩适用于可采用降水或截水帷幕的基坑;② 地下连续墙宜同时用作主体地下结构外墙,可同时用于截水;③ 锚杆不宜用在软土层和高水位的碎石土、砂土层中;④ 当邻近基坑有建筑物地下室、地下构筑物等,锚杆的有效锚固长度不足时,不应采用锚杆;⑤ 当锚杆施工会造成基坑周边建(构)筑物的损害或违反城市地下空间规划等规定时,不应采用锚杆
	支撑式结构		适用于较深的基坑	
	悬臂式结构		适用于较浅的基坑	
	双排桩		当锚拉式、支撑式和悬臂式结构不适用时,可考虑采用双排桩	
	支护结构与主体结构结合的逆作法		适用于基坑周边环境条件很复杂的深基坑	
土钉墙	单一土钉墙	二级三级	适用于地下水位以上或经降水的非软土基坑,且基坑深度不宜大于 12 m	当基坑潜在滑动面内有建筑物、重要地下管线时,不宜采用土钉墙
	预应力锚杆复合土钉墙		适用于地下水位以上或经降水的非软土基坑,且基坑深度不宜大于 15 m	
	水泥土桩垂直复合土钉墙		用于非软土基坑时,基坑深度不宜大于 12 m;用于淤泥质土基坑时,基坑深度不宜大于 6 m;不宜用在高水位的碎石土、砂土、粉土层中	
	微型桩垂直复合土钉墙		适用于地下水位以上或经降水的基坑,用于非软土基坑时,基坑深度不宜大于 12 m;用于淤泥质土基坑时,基坑深度不宜大于 6 m	
重力式水泥土墙		二级三级	适用于淤泥质土、淤泥基坑,且基坑深度不宜大于 7 m	
放坡		三级	① 施工场地应满足放坡条件;② 可与上述支护结构形式结合	

注:① 当基坑不同部位的周边环境条件、土层性状、基坑深度等不同时,可在不同部位分别采用不同的支护形式。

② 支护结构可采用上、下部以不同结构类型组合的形式。

三、勘察要求

（一）主要工作内容

基坑工程勘察主要是为深基坑支护结构设计和基坑安全稳定开挖施工提供地质依据。因此，需进行基坑设计的工程，应与地基勘察同步进行基坑工程勘察。但基坑支护设计和施工对岩土工程勘察的要求有别于主体建筑的要求，勘察的重点部位是基坑外对支护结构和周边环境有影响的范围，而主体建筑的勘察孔通常只需布置在基坑范围以内。

初步勘察阶段应根据岩土工程条件，收集工程地质和水文地质资料，并进行工程地质调查，必要时可进行少量的补充勘察和室内试验，初步查明场地环境情况和工程地质条件，预测基坑工程中可能产生的主要岩土工程问题；详细勘察阶段应针对基坑工程设计的要求进行勘察，在详细查明场地工程地质条件基础上，判断基坑的整体稳定性，预测可能的破坏模式，为基坑工程的设计、施工提供基础资料，对基坑工程等级、支护方案提出建议；在施工阶段，必要时尚应进行补充勘察。勘察的具体内容包括：

① 查明与基坑开挖有关的场地条件、土质条件和工程条件。

② 查明邻近建筑物和地下设施的现状、结构特点以及对开挖变形的承受能力。

③ 提出处理方式、计算参数和支护结构选型的建议。

④ 提出地下水控制方法、计算参数和施工控制的建议。

⑤ 提出施工方法和施工中可能遇到问题的防治措施的建议。

⑥ 提出施工阶段的环境保护和监测工作的建议。

（二）勘探的范围、勘探点的深度和间距的要求

勘探范围应根据基坑开挖深度及场地的岩土工程条件确定，基坑外宜布置勘探点。

1. 勘探的范围和间距的要求

勘察的平面范围宜超出开挖边界外开挖深度的2～3倍。在深厚软土区，勘察深度和范围尚应适当扩大。考虑到在平面扩大勘察范围可能会遇到困难（超越地界、周边环境条件制约等），因此在开挖边界外，勘察手段以调查研究、收集已有资料为主，由于稳定性分析的需要，或布置锚杆的需要，必须有实测地质剖面，故应适量布置勘探点。勘探点的范围不宜小于开挖边界外基坑开挖深度的1倍。当需要采用锚杆时，基坑外勘察点的范围不宜小于基坑深度的2倍，主要是满足整体稳定性计算所需范围，当周边有建筑物时，也可从旧建筑物的勘察资料上查取。

勘探点应沿基坑周边布置，其间距应视地层条件而定，宜取15～25 m；当场地存在软弱土层、暗沟或岩溶等复杂地质条件时，应加密勘探点并查明分布和工程特性。

2. 勘探点深度的要求

由于支护结构主要承受水平力，因此，勘探点的深度以满足支护结构设计要求深度为宜，对于软土地区，支护结构一般需穿过软土层进入相对硬层。勘探孔的深度不宜小于基坑深度的2倍，一般宜为开挖深度的2～3倍。在此深度内遇到坚硬黏性土、碎石土和岩层，可根据岩土类别和支护设计要求减少深度。基坑面以下存在软弱土层或承压含水层时，勘探孔深度应穿过软弱土层或承压含水层。为降水或截水设计需要，控制性勘探孔应穿透主要含水层进入隔水层一定深度；在基坑深度内，遇微风化基岩时，一般性勘探孔应钻入微风化岩层1～3 m，控制性勘探孔应超过基坑深度1～3 m；控制性勘探点宜为勘探点总数的1/3，

且每一基坑侧边不宜少于 2 个控制性勘探点。

基坑勘察深度范围为基坑深度的 2 倍,大致相当于在一般土质条件下悬臂桩墙的嵌入深度。在土质特别软弱时可能需要更大的深度。但由于一般地基勘察的深度比这更大,所以对结合建筑物勘探所进行的基坑勘探,勘探深度满足要求一般不会有问题。

（三）岩土工程测试参数要求

在受基坑开挖影响和可能设置支护结构的范围内,应查明岩土分布,分层提供支护设计所需的岩土参数,具体包括:

（1）岩土不扰动试样的采取和原位测试的数量,应保证每一主要岩土层有代表性的数据分别不少于 6 组(个),室内试验的主要项目是含水量、重度、抗剪强度和渗透系数;土的常规物理试验指标中含水量 w 及土体重度 γ 是分析计算所需的主要参数。

（2）土的抗剪强度指标:抗剪强度是支护设计最重要的参数,但不同的试验方法(有效应力法或总应力法、直剪或三轴、UU 或 CU)可能得出不同的结果。勘察时应按照设计所依据的规范、标准的要求进行试验,分层提供设计所需的抗剪强度指标,土的抗剪强度试验方法应与基坑工程设计要求一致,符合设计采用的标准,并应在勘察报告中说明。

土压力及水压力计算、土的各类稳定性验算时,土、水压力的分、合算方法及相应的土的抗剪强度指标类别应符合下列规定:

① 对地下水位以上的黏性土、黏质粉土,土的抗剪强度指标应采用三轴固结不排水抗剪强度指标 c_{cu}、φ_{cu} 或直剪固结快剪强度指标 c_{cq}、φ_{cq},对地下水位以上的砂质粉土、砂土、碎石土,土的抗剪强度指标应采用有效应力强度指标 c'、φ'。

② 对地下水位以下的黏性土、黏质粉土,可采用土压力、水压力合算方法;此时,对正常固结和超固结土,土的抗剪强度指标应采用三轴固结不排水抗剪强度指标 c_{cu}、φ_{cu} 或直剪固结快剪强度指标 c_{cq}、φ_{cq},对欠固结土,宜采用有效自重应力下预固结的三轴固结不排水抗剪强度指标 c_{cu}、φ_{cu}。

③ 对地下水位以下的砂质粉土、砂土和碎石土,应采用土压力、水压力分算方法;此时,土的抗剪强度指标应采用有效应力强度指标 c'、φ',对砂质粉土,缺少有效应力强度指标时,也可采用三轴固结不排水抗剪强度指标 c_{cu}、φ_{cu} 或直剪固结快剪强度指标 c_{cq}、φ_{cq} 代替,对砂土和碎石土,有效应力强度指标 φ' 可根据标准贯入试验实测击数和水下休止角等物理力学指标取值;土压力、水压力采用分算时,水压力可按静水压力计算;当地下水渗流时,宜按渗流理论计算水压力和土的竖向有效应力;当存在多个含水层时,应分别计算各含水层的水压力。

④ 有可靠的地方经验时,土的抗剪强度指标尚可根据室内、原位试验得到的其他物理力学指标,按经验方法确定。

支护结构基坑外侧荷载及基坑内侧抗力计算的主要参数是抗剪强度指标 c、φ,由于直剪试验测取参数离散性较大,特别是对于软土,无经验的设计人员可能会过大地取用 c、φ 值,因此一般宜采用三轴试验的固结快剪强度指标 c、φ,但有可靠经验时可用简单方便的直剪试验。

从理论上说基坑开挖形成的边坡是侧向卸荷,其应力路径是 σ_1 不变,σ_3 减小,明显不同于承受建筑物荷载的地基土。另外有些特殊性岩土(如超固结老黏性土、软质岩),开挖暴露后会发生应力释放、膨胀、收缩开裂、浸水软化等现象,强度急剧衰减。因此选择用于支护设计的抗剪强度参数,应考虑开挖造成的边界条件改变、地下水条件的改变等影响,对超固结土原则上取值应低于原状试样的试验结果。

为了避免个别勘察项目抗剪强度试验数据粗糙对直接取用抗剪强度试验参数所带来的设计不安全或不合理,选取土的抗剪强度指标时,尚需将剪切试验的抗剪强度指标与土的其他室内与原位试验的物理力学参数进行对比分析,判定其试验指标的可靠性,防止误用。当抗剪强度指标与其他物理力学参数的相关性较差,或岩土勘察资料中缺少符合实际基坑开挖条件的试验方法的抗剪强度指标时,在有经验时应结合类似工程经验和相邻、相近场地的岩土勘察试验数据并通过可靠的综合分析判断后合理取值。缺少经验时,则应取偏于安全的试验方法得出的抗剪强度指标。

(3)室内或原位试验测试土的渗透系数,渗透系数 k 是降水设计的基本指标。

(4)特殊条件下应根据实际情况选择其他适宜的试验方法测试设计所需参数。

对一般黏性土宜进行静力触探和标准贯入试验;对砂土和碎石土宜进行标准贯入试验和圆锥动力触探试验;对软土宜进行十字板剪切试验;当设计需要时可进行基床系数试验或旁压试验、扁铲侧胀试验。

(四)水文地质条件勘察的要求

深基坑工程的水文地质勘察工作不同于供水水文地质勘察工作,其目的应包括两个方面:一是满足降水设计(包括降水井的布置和井管设计)需要,二是满足对环境影响评估的需要。前者按通常供水水文地质勘察工作的方法即可满足要求,后者因涉及问题很多,要求更高。降水对环境影响评估需要对基坑外围的渗流进行分析,研究流场优化的各种措施,考虑降水延续时间长短的影响。因此,要求勘察对整个地层的水文地质特征作更详细的了解。

当场地水文地质条件复杂、在基坑开挖过程中需要对地下水进行控制(降水或隔渗)且已有资料不能满足要求时,应进行专门的水文地质勘察。应达到以下要求:

① 查明开挖范围及邻近场地地下水含水层和隔水层的层位、埋深、厚度和分布情况,判断地下水类型、补给和排泄条件;有承压水时,应分层量测其水头高度。

当含水层为卵石层或含卵石颗粒的砂层时,应详细描述卵石的颗粒组成、粒径大小和黏性土含量;这是因为卵石粒径的大小,对设计施工时选择截水方案和选用机具设备有密切的关系,例如,当卵石粒径大、含量多,采用深层搅拌桩形成帷幕截水会有很大困难,甚至不可能。

② 当基坑需要降水时,宜采用抽水试验测定场地各含水层的渗透系数和渗透影响半径;勘察报告中应提出各含水层的渗透系数。

当附近有地表水体时,宜在其间布设一定数量的勘探孔或观测孔;当场地水文地质资料缺乏或在岩溶发育地区,必要时宜进行单孔或群孔分层抽水试验,测渗透系数、影响半径、单井涌水量等水文地质参数。

③ 分析施工过程中水位变化对支护结构和基坑周边环境的影响,提出应采取的措施。

④ 当基坑开挖可能产生流沙、流土、管涌等渗透性破坏时,应有针对性地进行勘察,分析评价其产生的可能性及对工程的影响。当基坑开挖过程中有渗流时,地下水的渗流作用宜通过渗流计算确定。

(五)基坑周边环境勘察要求

周边环境是基坑工程勘察、设计、施工中必须首先考虑的问题,环境保护是深基坑工程的重要任务之一,在建筑物密集、交通流量大的城区尤其突出,在进行这些工作时应有"先人后己"的概念。由于对周边建(构)筑物和地下管线情况缺乏准确了解或忽视,就盲目开挖造成损失的事例很多,有的后果十分严重。所以基坑工程勘察应进行环境状况调查,设计、施工才能有针对性地采取有效保护措施。基坑周边环境勘察有别于一般的岩土勘察,调查对象是基坑支护施工或基坑开挖可能引起基坑之外产生破坏或失去平衡的物体,是支护结构设计的重要依据之一。周边环境的复杂程度是决定基坑工程安全等级、支护结构方案选型等最重要的因素之一,勘察最后的结论和建议亦必须充分考虑对周边环境影响。

勘察时,委托方应提供周边环境的资料,当不能取得时,勘察人员应通过委托方主动向有关单位收集有关资料,必要时,业主应专项委托勘察单位采用开挖、物探、专用仪器等进行探测。对地面建筑物可通过观察访问和查阅档案资料进行了解,查明邻近建筑物和地下设施的现状、结构特点以及对开挖变形的承受能力。在城市地下管网密集分布区,可通过地面标志、档案资料进行了解。有的城市建立有地理信息系统,能提供更详细的资料,了解管线的类别、平面位置、埋深和规模。如确实收集不到资料,必要时应采用开挖、物探、专用仪器或其他有效方法进行地下管线探测。

基坑周边环境勘察应包括以下具体内容:

① 影响范围内既有建筑物的结构类型、层数、位置、基础形式和尺寸、埋深、基础荷载大小及上部结构现状、使用年限、用途。

② 基坑周边的各种既有地下管线(包括上、下水、电缆、煤气、污水、雨水、热力等)、地下构筑物的类型、位置、尺寸、埋深等;对既有供水、污水、雨水等地下输水管线,尚应包括其使用状况和渗漏状况。

③ 道路的类型、位置、宽度、道路行驶情况、最大车辆荷载等。

④ 基坑开挖与支护结构使用期内施工材料、施工设备等临时荷载的要求。

⑤ 雨期时的场地周围地表水汇流和排泄条件。

（六）特殊性岩土的勘察要求

在特殊性岩土分布区进行基坑工程勘察时,可根据相关规范的规定进行勘察,对软土的蠕变和长期强度、软岩和极软岩的失水崩解、膨胀土的膨胀性和裂隙性以及非饱和土增湿软化等对基坑的影响进行分析评价。

四、基坑岩土工程评价要求

基坑工程勘察,应根据开挖深度、岩土和地下水条件以及环境要求,对基坑边坡的处理方式提出建议。

基坑工程勘察应针对深基坑支护设计的工作内容进行分析,作为岩土工程勘察,应在岩土工程评价方面有一定的深度。只有通过比较全面的分析评价,提供有关计算参数,才能使支护方案选择的建议更为确切,更有依据。深基坑支护设计的具体的工作内容包括:

① 边坡的局部稳定性、整体稳定性和坑底抗隆起稳定性。

② 坑底和侧壁的渗透稳定性。

③ 挡土结构和边坡可能发生的变形。

④ 降水效果和降水对环境的影响。

⑤ 开挖和降水对邻近建筑物和地下设施的影响。

地下水的妥当处理是支护结构设计成功的基本条件,也是侧向荷载计算的重要指标,是基坑支护结构能否按设计完成预定功能的重要因素之一,因此,应认真查明地下水的性质,并对地下水可能影响周边环境提出相应的治理措施供设计人员参考。在基坑及地下结构施工过程中应采取有效的地下水控制方法。当场地内有地下水时，应根据场地及周边区域的工程地质条件、水文地质条件、周边环境情况和支护结构与基础形式等因素，确定地下水控制方法。当场地周围有地表水汇流、排泄或地下水管渗漏时，应对基坑采取保护措施。

降水消耗水资源。我国是水资源贫乏的国家，应尽量避免降水，保护水资源。降水对环境会有或大或小的影响，对环境影响的评价目前还没有成熟的得到公认的方法。一些规范、规程、规定上所列的方法是根据水头下降在土层中引起的有效应力增量和各土层的压缩模量分层计算地面沉降，这种粗略方法计算结果并不可靠。根据武汉地区的经验，降水引起的地面沉降与水位降幅、土层剖面特征、降水延续时间等多种因素有关；而建筑物受损害的程度不仅与动水位坡降有关，而且还与土层水平方向压缩性的变化和建筑物的结构特点有关。地面沉降最大区域和受损害建筑物不一定都在基坑近旁，可能在远离基坑外的某处。因此评价降水对环境的影响主要依靠调查了解地区经验，有条件时宜进行考虑时间因素的非稳定流渗流场分析和压缩层的固结时间过程分析。

第四节　建筑边坡工程

建筑边坡是指在建(构)筑物场地或其周边，由于建(构)筑物和市政工程开挖或填筑施工所形成的人工边坡和对建(构)筑物安全或稳定有影响的自然边坡。

一、建筑边坡类型

根据边坡的岩土成分，可分为岩质边坡和土质边坡。土与岩石不仅在力学参数值上存在很大的差异，其破坏模式、设计及计算方法等也有很大的差别。土质边坡的主要控制因素是土的强度，岩质边坡的主要控制因素一般是岩体的结构面。无论何种边坡，地下水的活动都是影响边坡稳定的重要因素。进行边坡工程勘察时，应根据具体情况有所侧重。

二、岩质边坡破坏形式和边坡岩体分类

（一）岩质边坡破坏形式

岩质边坡破坏形式的确定是边坡支护设计的基础。众所周知，不同的破坏形式应采用不同的支护设计。岩质边坡的破坏形式宏观地可分为滑移型和崩塌型两大类（见表 2-4-1）。实际上这两类破坏形式是难以截然划分的，故支护设计中不能生搬硬套，而应根据实际情况进行设计。

（二）边坡岩体分类

边坡岩体分类是边坡工程勘察中非常重要的内容，是支护设计的基础。确定岩质边坡的岩体类型应考虑主要结构面与坡向的关系、结构面的倾角大小、结合程度、岩体完整程度等因素，按表 2-4-2 确定。本分类主要是从岩体力学观点出发，强调结构面对边坡稳定的控制作用，对边坡岩体进行侧重稳定性的分类。建筑边坡高度一般不大于 50 m，在 50 m 高的岩体自重作用下是不可能将中、微风化的软岩、较软岩、较硬岩及硬岩剪断的。也就是说，中、微风化岩石的强度不是构成影响边坡稳定的重要因素，所以表 2-4-2 未将岩石强度指标作为分类的判定条件。

表 2-4-1 岩质边坡的破坏形式

破坏形式	岩体特征		破坏特征
滑移型	由外倾结构面控制的岩体	硬性结构面的岩体	沿外倾结构面滑移,分单面滑移与多面滑移
		软弱结构面的岩体	
	不受外倾结构面控制和无外倾结构面的岩体	块状岩体,碎裂状、散体状岩体	沿极软岩、强风化岩、碎裂结构或散体状岩体中最不利滑动面滑移
崩塌型	受结构面切割控制的岩体	被结构面切割的岩体	沿陡倾、临空的结构面塌滑;由内、外倾结构不利组合面切割,块体失稳倾倒;岩腔上岩体沿竖向结构面剪切破坏坠落
	无外倾结构面的岩体	整体状岩体,巨块状岩体	陡立边坡,因卸荷作用产生拉张裂缝导致岩体倾倒

当无外倾结构面及外倾不同结构面组合时,完整、较完整的坚硬岩、较硬岩宜划为Ⅰ类,较破碎的坚硬岩、较硬岩宜划为Ⅱ类;完整、较完整的较软岩、软岩宜划为Ⅱ类,较破碎的较软岩、软岩宜划为Ⅲ类。

确定岩质边坡的岩体类型时,由坚硬程度不同的岩石互层组成且每层厚度小于或等于 5 m 的岩质边坡宜视为由相对软弱岩石组成的边坡。当边坡岩体由两层以上单层厚度大于 5 m 的岩体组合时,可分段确定边坡类型。

表 2-4-2 岩质边坡的岩体分类

判定条件 岩体类型	岩体完整程度	结构面结合程度	结构面产状	直立边坡自稳能力
Ⅰ	完整	结构面结合良好或一般	外倾结构面或外倾不同结构面的组合线的倾角>75°或<27°	30 m 高的边坡长期稳定,偶有掉块
Ⅱ	完整	结构面结合良好或一般	外倾结构面或外倾不同结构面的组合线的倾角为 27°~75°	15 m 高的边坡稳定,15~30 m 高边坡欠稳定
	完整	结构面结合差	外倾结构面或外倾不同结构面的组合线的倾角>75°或<27°	
	较完整	结构面结合良好或一般或差	外倾结构面或外倾不同结构面的组合线的倾角>75°或<27°	边坡出现局部落块
Ⅲ	完整	结构面结合差	外倾结构面或外倾不同结构面的组合线的倾角为 27°~75°	8 m 高的边坡稳定,15 m 高的边坡欠稳定
	较完整	结构面结合良好或一般	外倾结构面或外倾不同结构面的组合线的倾角为 27°~75°	
	较完整	结合面结合差	外倾结构面或外倾不同结构面的组合线的倾角>75°或<27°	
	较完整 (碎裂镶嵌)	结构面结合良好或一般	结构面无明显规律	

判定条件 岩体类型	岩体完整程度	结构面结合程度	结构面产状	直立边坡自稳能力
Ⅳ	较完整	结构面结合差或很差	外倾结构面以层面为主。倾角多为 35°~75°	8 m 高的边坡不稳定
	较破碎	结构面结合一般或差	外倾结构面或外倾不同结构面的组合线的倾角为 27°~75°	
	破碎或极破碎	碎块间结合很差	结构面无明显规律	

注：① 结构面指原生结构面和构造结构面,不包括风化裂隙。

② 外倾结构面系指倾向与坡向的夹角小于 30°的结构面。

③ 不包括全风化基岩;全风化基岩可视为土体。

④ Ⅰ类岩体为软岩时,应降为Ⅱ类岩体;Ⅰ类岩为较软岩时且边坡高度大于 15 m 时,可降为Ⅱ类。

⑤ 当地下水发育时,Ⅱ、Ⅲ类岩体可根据具体情况降低一挡。

⑥ 强风化岩应划为Ⅳ类;完整的极软岩可划为Ⅲ类或Ⅳ类。

⑦ 岩体完整程度可按照表 2-4-3-1 确定,结构面的结合程度可按照表 2-4-3-2 确定。

⑧ 当边坡岩体较完整、结构面结合差或很差、外倾结构面或外倾不同结构面的组合线倾角为 27°~75°,结构面贯通性差时,可划为Ⅲ类。

⑨ 当有贯通性较好的外倾结构面时应验算沿该结构面破坏的稳定性。

表 2-4-3-1　　　　　　　　　　　　　岩体完整程度划分

岩体完整程度	结构面发育程度		结构类型	完整性系数 K_0	岩体体积结构面数
	组数	平均间距/m			
完　整	1~2	>1.0	整体状	>0.75	<3
较完整	2~3	1.0~0.3	厚层状结构、块状结构、层状结构和镶嵌碎裂结构	0.75~0.35	3~20
不完整	>3	<0.3	裂隙块状结构、碎裂结构、散体结构	<0.35	>20

注：① 完整性系数 $K_V = (v_R/v_P)^2$, v_R 为弹性纵波在岩体中的传播速度,v_P 为弹性纵波在岩块中的传播速度。

② 结构类型的划分应符合现行国家标准《岩土工程勘察规范》(GB 50021—2001,2009 年版)(见表 1-6-12)的规定;镶嵌碎裂结构为碎裂结构中碎块较大且相互咬合、稳定性相对较好的一种类型。

③ 岩体体积结构面数系指单位体积内的结构面数目,条/m³。

表 2-4-3-2　　　　　　　　　　　　　结构面的结合程度

结合程度	结合状况	起伏粗糙程度	结构面张开度/mm	充填状况	岩体状况
结合良好	铁硅钙质胶结	起伏粗糙	≤3	胶结	硬岩或较软岩
结合一般	铁硅钙质胶结	起伏粗糙	3~5	胶结	硬岩或较软岩
	铁硅钙质胶结	起伏粗糙	≤3	胶结	软岩
	分离	起伏粗糙	≤3(无充填时)	无充填或岩块、岩屑充填	硬岩或较软岩
结合差	分离	起伏粗糙	≤3	干净无充填	软岩
	分离	平直光滑	≤3(无充填时)	无充填或岩块、岩屑充填	各种岩层
	分离	平直光滑		岩块、岩屑夹泥或附泥膜	各种岩层

结合程度	结合状况	起伏粗糙程度	结构面张开度 /mm	充填状况	岩体状况
结合很差	分离	平直光滑、略有起伏		泥质或泥夹岩屑充填	各种岩层
	分离	平直很光滑	≤3	无充填	各种岩层
结合极差	结合极差	—	—	泥化夹层	各种岩层

注：① 起伏度：当 $R_A \leq 1\%$，平直；当 $1\% < R_A \leq 2\%$，略有起伏；当 $2\% < R_A$ 时，起伏；其中 $R_A = A/L$，A 为连续结构面起伏幅度，cm；L 为连续结构面取样长度，cm，测量范围一般为 1.0～3.0 m。

　② 粗糙度：很光滑（感觉非常细腻如镜面）；光滑（感觉比较细腻，无颗粒感觉）；较粗糙（可以感觉到一定的颗粒状）；粗糙（明显感觉到颗粒状）。

（三）边坡工程安全等级

边坡工程应按其破坏后可能造成的破坏后果（危及人的生命、造成经济损失、产生社会不良影响）的严重性、边坡类型和坡高等因素，根据表 2-4-4 确定安全等级。

表 2-4-4　　　　　　　　　　　　　边坡工程安全等级

边坡类型		边坡高度 H/m	破坏后果	安全等级
岩质边坡	岩体类型为Ⅰ类或Ⅱ类	$H \leq 30$	很严重	一级
			严重	二级
			不严重	三级
	岩体类型为Ⅲ类或Ⅳ类	$15 < H \leq 30$	很严重	一级
			严重	二级
		$H \leq 15$	很严重	一级
			严重	二级
			不严重	三级
土质边坡		$10 < H \leq 15$	很严重	一级
			严重	二级
		$H \leq 10$	很严重	一级
			严重	二级
			不严重	三级

注：① 一个边坡工程的各段，可根据实际情况采用不同的安全等级。

　② 对危害性极严重、环境和地质条件复杂的特殊边坡工程，其安全等级应根据工程情况适当提高。

　③ 很严重：造成重大人员伤亡或财产损失；严重：可能造成人员伤亡或财产损失；不严重：可能造成财产损失。

边坡工程安全等级是支护工程设计、施工中根据不同的地质环境条件及工程具体情况加以区别对待的重要标准。

边坡安全等级分类的原则，除根据《工程结构可靠性设计统一标准》（GB 50153—2008）按破坏后果严重性分为很严重、严重和不严重外，尚考虑了边坡稳定性因素（岩土类别和坡高）。从边坡工程事故原因分析看，高度大、稳定性差的边坡（土质软弱、滑坡区、外倾软弱结构面发育的边坡等）发生事故的概率较高，破坏后果也较严重，因此将稳定性很差的、坡高较大的边坡均划入一级边坡。

破坏后果很严重、严重的下列建筑边坡工程,其安全等级应定为一级:

① 由外倾软弱结构面控制的边坡工程。

② 危岩、滑坡地段的边坡工程。

③ 边坡塌滑区内或边坡塌方影响区内有重要建(构)筑物的边坡工程。

破坏后果不严重的上述边坡工程的安全等级可定为二级。

边坡塌滑区范围可按下式估算:

$$L = \frac{H}{\tan\theta} \tag{2-4-1}$$

式中　L——边坡坡顶塌滑区边缘至坡底边缘的水平投影距离,m;

　　　H——边坡高度,m;

　　　θ——边坡的破裂角,(°),对于土质边坡可取 $45° + \varphi/2$,φ 为土体的内摩擦角;对于岩质边坡可按下列规定确定:

① 对无外倾结构面的岩质边坡,破裂角按 $45° + \varphi/2$ 确定,Ⅰ类岩体边坡可取 75°左右。

② 当有外倾硬性结构面时,除Ⅰ类边坡岩体外,破裂角取外倾结构面倾角和 $45° + \varphi/2$ 两者中的较小值。

③ 当边坡沿外倾软弱结构面破坏时,破裂角取该外倾结构面的视倾角和 $45° + \varphi/2$ 两者中的较小者。

(四) 边坡支护结构形式

边坡支护结构形式可根据场地地质和环境条件、边坡高度、边坡重要性以及边坡工程安全等级、施工可行性及经济性等因素,参照表 2-4-5 选择合理的支护设计方案。

表 2-4-5　　　　　　　　　　　边坡支护结构常用形式

条件 结构类型	边坡环境	边坡高度 H/m	边坡工程 安全等级	说　明
重力式挡墙	场地允许,坡顶无重要建(构)筑物	土坡,$H \leqslant 10$ 岩坡,$H \leqslant 12$	一、二、三级	不利于控制边坡变形。土方开挖后边坡稳定较差时不应采用
悬臂式挡墙、扶壁式挡墙	填方区	悬臂式挡墙 $H \leqslant 6$ 扶壁式挡墙 $H \leqslant 10$	一、二、三级	适用于土质边坡
板肋式或格构式锚杆挡墙		土坡 $H \leqslant 15$ 岩坡 $H \leqslant 30$	一、二、三级	坡高较大或稳定性较差时宜采用逆作法施工。对挡墙变形有较高要求的边坡,宜采用预应力锚杆
排桩式锚杆挡墙	坡顶建(构)筑物需要保护,场地狭窄	土坡 $H \leqslant 15$ 岩坡 $H \leqslant 30$	一、二、三级	有利于对边坡变形控制。适用于稳定性较差的土质边坡、有外倾软弱结构面的岩质边坡、垂直开挖施工尚不能保证稳定的边坡

条件 结构类型	边坡环境	边坡高度 H/m	边坡工程 安全等级	说　明
岩石锚喷支护		Ⅰ类岩坡 $H \leqslant 30$	一、二、三级	适用于岩质边坡
		Ⅱ类岩坡 $H \leqslant 30$	二、三级	
		Ⅲ类岩坡 $H < 15$	二、三级	
坡率法	坡顶无重要建（构）筑物， 场地有放坡条件	土坡，$H \leqslant 10$ 岩坡，$H \leqslant 25$	一、二、三级	不良地质段，地下水发育区、软塑及流塑状土时不应采用

　　建筑边坡场地有无不良地质现象是建筑物及建筑边坡选址首先必须考虑的重大问题。显然在滑坡、危岩及泥石流规模大、破坏后果严重、难以处理的地段规划建筑场地是难以满足安全可靠、经济合理的原则的，何况自然灾害的发生也往往不以人们的意志为转移。因此在规模大、难以处理的、破坏后果很严重的滑坡、危岩、泥石流及断层破碎带地区不应修筑建筑边坡。

　　在山区建设工程时宜根据地质、地形条件及工程要求，因地制宜设置边坡，避免形成深挖高填的边坡工程。对稳定性较差且坡高较大的边坡宜采用后仰放坡或分阶放坡，有利于减小侧压力，提高施工期的安全和降低施工难度。分阶放坡时水平台阶应有足够宽度，否则应考虑上阶边坡对下阶边坡的荷载影响。

三、边坡工程勘察的主要工作内容

　　边坡工程勘察应查明下列内容：
　　① 场地地形和场地所在的地貌单元。
　　② 岩土的时代、成因、类型、性状、覆盖层厚度、基岩面的形态和坡度、岩石风化和完整程度。
　　③ 岩、土体的物理力学性能。
　　④ 主要结构面特别是软弱结构面的类型、产状、发育程度、延伸程度、结合程度、充填状况、充水状况、组合关系、力学属性和与临空面关系。
　　⑤ 地下水的水位、水量、类型、主要含水层分布情况、补给和动态变化情况。
　　⑥ 岩土的透水性和地下水的出露情况。
　　⑦ 不良地质现象的范围和性质。
　　⑧ 地下水、土对支挡结构材料的腐蚀性。
　　⑨ 坡顶邻近（含基坑周边）建（构）筑物的荷载、结构、基础形式和埋深，地下设施的分布和埋深。
　　分析边坡和建在坡顶、坡上建筑物的稳定性对坡下建筑物的影响；在查明边坡工程地质和水文地质条件的基础上，确定边坡类别和可能的破坏形式，评价边坡的稳定性，对所勘察的边坡工程是否存在滑坡(或潜在滑坡)等不良地质现象以及开挖或构筑的适宜性做出评价,提出最优坡形和坡角的建议,提出不稳定边坡整治措施、施工注意事项和监测方案的建议。

四、边坡工程勘察工作要求

（一）勘察等级的划分

边坡工程勘察等级应根据边坡工程安全等级和地质环境复杂程度按表 2-4-6 划分。

表 2-4-6   边坡工程勘察等级

边坡工程安全等级	边坡地质环境复杂程度		
	简单	复杂	中等复杂
一级	一级	一级	二级
二级	一级	二级	三级
三级	二级	三级	三级

边坡地质环境复杂程度可按下列标准判别:

① 地质环境复杂:组成边坡的岩土种类多,强度变化大,均匀性差,土质边坡潜在滑面多,岩质边坡受外倾结构面或外倾不同结构面组合控制,水文地质条件复杂。

② 地质环境中等复杂:介于地质环境复杂与地质环境简单之间。

③ 地质环境简单:组成边坡的岩土种类少,强度变化小,均匀性好,土质边坡潜在滑面少,岩质边坡不受外倾结构面或外倾不同结构面组合控制,水文地质条件简单。

（二）勘察阶段的划分

地质条件和环境条件复杂、有明显变形迹象的一级边坡工程以及边坡邻近有重要建(构)筑物的边坡工程、超过《建筑边坡工程技术规范》(GB 50330—2013)适用范围的边坡工程均应进行专门性边坡岩土工程勘察,为边坡治理提供充分的依据,以达到安全、合理地整治边坡的目的;二、三级建筑边坡工程作为主体建筑的环境时要求进行专门性的边坡勘察,往往是不现实的,可结合对主体建筑场地勘察一并进行。但应满足边坡勘察的深度和要求,勘察报告中应有边坡稳定性评价的内容。

边坡岩土体的变异性一般都比较大,对于复杂的岩土边坡很难在一次勘察中就将主要的岩土工程问题全部查明;对于一些大型边坡,设计往往也是分阶段进行的。因此,大型的和地质环境条件复杂的边坡宜分阶段勘察;当地质环境条件复杂时,岩土差异性就表现得更加突出,往往即使进行了初勘、详勘还不能准确地查明某些重要的岩土工程问题。因此,地质环境复杂的一级边坡工程尚应进行施工勘察。

各阶段应符合下列要求:

① 初步勘察应收集地质资料,进行工程地质测绘和少量的勘探和室内试验,初步评价边坡的稳定性。

② 详细勘察应对可能失稳的边坡及相邻地段进行工程地质测绘、勘探、试验、观测和分析计算,做出稳定性评价,对人工边坡提出最优开挖坡角;对可能失稳的边坡提出防护处理措施的建议。

③ 施工勘察应配合施工开挖进行地质编录,核对、补充前阶段的勘察资料,必要时进行施工安全预报,提出修改设计的建议。

边坡工程勘察前除应收集边坡及邻近边坡的工程地质资料外,尚应取得以下资料:

① 附有坐标和地形的拟建边坡支挡结构的总平面布置图。

② 边坡高度、坡底高程和边坡平面尺寸。

③ 拟建场地的整平高程和挖方、填方情况。

④ 拟建支挡结构的性质、结构特点及拟采取的基础形式、尺寸和埋置深度。

⑤ 边坡滑塌区及影响范围内的建(构)筑物的相关资料。

⑥ 边坡工程区域的相关气象资料。

⑦ 场地区域最大降雨强度和二十年一遇及五十年一遇最大降水量;河、湖历史最高水位和二十年一遇及五十年一遇的水位资料;可能影响边坡水文地质条件的工业和市政管线、江河等水源因素,以及相关水库水位调度方案资料。

⑧ 对边坡工程产生影响的汇水面积、排水坡度、长度和植被等情况。

⑨ 边坡周围山洪、冲沟和河流冲淤等情况。

（三）勘察工作量的布置

分阶段进行勘察的边坡,宜在收集已有地质资料的基础上先进行工程地质测绘和调查。对于岩质边坡,工程地质测绘是勘察工作的首要内容。测绘工作除应符合第六章第一节的要求外,尚应着重查明边坡的形态、坡角、结构面产状和性质等。查明天然边坡的形态和坡角,对于确定边坡类型和稳定坡率是十分重要的。因为软弱结构面一般是控制岩质边坡稳定的主要因素,故应着重查明软弱结构面的产状和性质;测绘范围不能仅限于边坡地段,应适当扩大到可能对边坡稳定有影响及受边坡影响的所有地段。

边坡工程勘探应采用钻探(直孔、斜孔)、坑(井)探、槽探和物探等方法。对于复杂、重要的边坡可以辅以洞探。位于岩溶发育的边坡除采用上述方法外,尚应采用物探。

边坡(含基坑边坡)勘察的重点之一是查明岩土体的性状。对岩质边坡而言,勘察的重点是查明边坡岩体中结构面的发育性状。采用常规钻探难以达到预期效果,需采用多种手段,辅用一定数量的探洞、探井、探槽和斜孔,特别是斜孔、井槽、探槽对于查明陡倾结构是非常有效的。

边坡工程勘探范围应包括坡面区域和坡面外围一定的区域。对无外倾结构面控制的岩质边坡的勘探范围:到坡顶的水平距离一般不应小于边坡高度。对外倾结构面控制的岩质边坡的勘探范围应根据组成边坡的岩土性质及可能破坏模式确定:对可能按土体内部圆弧形破坏的土质边坡不应小于 1.5 倍坡高;对可能沿岩土界面滑动的土质边坡,后部应大于可能的后缘边界,前缘应大于可能的剪出口位置。勘察范围尚应包括可能对建(构)筑物有潜在安全影响的区域。

由于边坡的破坏主要是重力作用下的一种地质现象,其破坏方式主要是沿垂直于边坡方向的滑移失稳,故勘探线应以垂直边坡走向或平行主滑方向布置为主,在拟设置支挡结构的位置应布置平行或垂直的勘探线。成图比例尺应大于或等于 1:500,剖面的纵横比例应相同。

勘探点分为一般性勘探点和控制性勘探点。控制性勘探点宜占勘探点总数的 1/5～1/3,地质环境条件简单、大型的边坡工程取 1/5,地质环境条件复杂、小型的边坡工程取 1/3,并应满足统计分析的要求。

详细勘察的勘探线、点间距可按表 2-4-7 或根据地质条件结合地区经验确定,且对每一单独边坡段勘探线不宜少于 2 条,每条勘探线不应少于 2 个勘探孔。当遇有软弱夹层或不利结构面时,应适当加密。

表 2-4-7 中勘探线、点间距是以能满足查明边坡地质环境条件需要而确定的。

表 2-4-7 详勘的勘探线、点间距

边坡工程安全等级	勘探线间距/m	勘探点间距/m
一 级	≤20	≤15
二 级	20～30	15～20
三 级	30～40	20～25

注:初勘的勘探线、点间距可适当放宽。

勘察孔进入稳定层的深度的确定,主要依据查明支护结构持力层性状,并避免在坡脚(或沟心)出现判层错误(将巨块石误判为基岩)等。勘探孔深度应穿过潜在滑动面并深入稳定层 2～5 m,控制性勘探孔取大值,一般性勘探孔取小值。支挡位置的控制性勘探孔深度应根据可能选择的支护结构形式确定:对于重力式挡墙、扶壁式挡墙和锚杆可进入持力层不小于 2.0 m;对于悬臂桩进入嵌固段的深度土质时不宜小于悬臂长度的 1.0 倍,岩质时不小于 0.7 倍。

对主要岩土层和软弱层应采取试样进行室内物理力学性能试验,其试验项目应包括物性、强度及变形指标,试样的含水状态应包括天然状态和饱和状态。用于稳定性计算时土的抗剪强度指标宜采用直接剪切试验获取,用于确定地基承载力时土的峰值抗剪强度指标宜采用三轴试验获取。主要岩土层采集试样数量:土层不少于 6 组,对于现场大剪试验,每组不应少于 3 个试件,岩样抗压强度不应少于 9 个试件;岩石抗剪强度不少于 3 组。需要时应采集岩样进行变形指标试验,有条件时应进行结构面的抗剪强度试验。

建筑边坡工程勘察应提供水文地质参数。对于土质边坡及较破碎、破碎和极破碎的岩质边坡在不影响边坡安全条件下,通过抽水、压水或渗水试验确定水文地质参数。

对于地质条件复杂的边坡工程,初步勘察时宜选择部分钻孔埋设地下水和变形监测设备进行监测。

除各类监测孔外,边坡工程勘察工作的探井、探坑和探槽等在野外工作完成后应及时封填密实。

（四）边坡力学参数取值

正确确定岩土和结构面的强度指标,是边坡稳定分析和边坡设计成败的关键。岩体结构面的抗剪强度指标宜根据现场原位试验确定。试验应符合现行国家标准《工程岩体试验方法标准》(GB/T 50266—2013)的规定。对有特殊要求的岩质边坡宜做岩体流变试验,但当前并非所有工程均能做到。由于岩体(特别是结构面)的现场剪切试验费用较高、试验时间较长、试验比较困难等原因,在勘察时难以普遍采用。而且,试验点的抗剪强度与整个结构面的抗剪强度可能存在较大的偏差,这种"以点代面"可能与实际不符。此外结构面的抗剪强度还将受施工期和运行期各种因素的影响。因此,当无条件进行现场剪切试验时,结构面的抗剪强度指标值在初步设计时可按表 2-4-8 并结合类似工程经验确定。对破坏后果严重的一级岩质边坡宜做测试。

表 2-4-8　　　　　　　　　　　　结构面抗剪强度指标标准值

结构面类型		结构面结合程度	内摩擦角 φ /(°)	黏聚力 c /MPa
硬性 结构面	1	结合好	>35	>0.13
	2	结合一般	35～27	0.13～0.09
	3	结合差	27～18	0.09～0.05
软弱 结构面	4	结合很差	18～12	0.05～0.02
	5	结合极差(泥化层)	<12	<0.02

注：① 除第 1 项和第 5 项外,结构面两壁岩性为极软岩、软岩时取较低值。

　　② 取值时应考虑结构面的贯通程度。

　　③ 岩体结构面浸水时取较低值。

　　④ 临时性边坡可取高值。

　　⑤ 已考虑结构面的时间效应。

　　⑥ 未考虑结构面参数在施工期和运行期受其他因素影响发生的变化,当判定为不利因素时,可进行适当折减。

岩土强度室内试验的应力条件应尽量与自然条件下岩土体的受力条件一致,三轴剪切试验的最高围压和直剪试验的最大法向压力的选择,应与试样在坡体中的实际受力情况相近。对控制边坡稳定的软弱结构面,宜进行原位剪切试验,室内试验成果的可靠性较差,对软土可采用十字板剪切试验。对大型边坡,必要时可进行岩体应力测试、波速测试、动力测试、孔隙水压力测试和模型试验。

实测抗剪强度指标是重要的,但更要强调结合当地经验,并宜根据现场坡角采用反分析验证。岩石(体)作为一种材料,具有在静载作用下随时间推移而出现强度降低的"蠕变效应"或称"流变效应"。岩石(体)流变试验在我国(特别是建筑边坡)进行得不是很多。根据研究资料表明,长期强度一般为平均标准强度的 80％ 左右。对于一些有特殊要求的岩质边坡(如永久性边坡),从安全、经济的角度出发,进行"岩体流变"试验考虑强度可能随时间降低的效应是必要的。

岩石抗剪强度指标标准值是对测试值进行误差修正后得到反映岩石特点的值。由于岩体中或多或少都有结构面存在,其强度要低于岩块的强度。当前不少勘察单位采用水利水电系统的经验,不加区分地将岩石的黏聚力 c 乘以 0.2,内摩擦因数($\tan \varphi$)乘以 0.8 作为岩体的 c、φ。根据长江科学院重庆岩基研究中心等所做大量现场试验表明,较之岩块,岩体的内摩擦角降低不大,而黏聚力却削弱很多。岩体内摩擦角可由岩块内摩擦角标准值按岩体裂隙发育程度乘以表 2-4-9 所列的折减系数确定。

表 2-4-9　　　　　　　　　　　　边坡岩体内摩擦角折减系数

边坡岩体完整程度	内摩擦角的折减系数
完整	0.90～0.95
较完整	0.85～0.90
较破碎	0.80～0.85

注：① 全风化层可按成分相同的土层考虑。

　　② 强风化基岩可根据地方经验适当折减。

岩体等效内摩擦角是考虑黏聚力在内的假想的"内摩擦角",也称似内摩擦角或综合内摩擦角。边坡岩体等效内摩擦角按当地经验确定,也可由公式计算确定。当无经验时,可按大量边坡工程总结出的经验值(见表 2-4-10)取值。

表 2-4-10　　　　　　　　　　边坡岩体等效内摩擦角标准值

边坡岩体类型	Ⅰ	Ⅱ	Ⅲ	Ⅳ
等效内摩擦角 φ_e/(°)	≥72	72～62	62～52	52～42

注:① 适用于高度不大于 30 m 的边坡;当高度大于 30 m 时,应做专门研究。

　　② 边坡高度较大时宜取较小值;高度较小时宜取较大值;当边坡岩体变化较大时,应按同等高度段分别取值。

　　③ 已考虑时间效应;对于Ⅱ、Ⅲ、Ⅳ类岩质临时边坡可取上限值,Ⅰ类岩质临时边坡可根据岩体强度及完整程度取大于 72°的数值。

　　④ 适用于完整、较完整的岩体;破碎、较破碎的岩体可根据地方经验适当折减。

边坡岩体等效内摩擦角常用的计算公式有多种,《建筑边坡工程技术规范》(GB 50330—2013)推荐以下公式是其中一种简便的公式:

$$\tau = \sigma\tan\varphi + c \text{ 或 } \tau = \sigma\tan\varphi_d \tag{2-4-2}$$

则

$$\tan\varphi_d = \tan\varphi + \frac{c}{\sigma}$$

$$= \tan\varphi + 2c/\gamma h\cos\theta$$

即

$$\varphi_d = \arctan(\tan\varphi + 2c/\gamma/\cos\theta)$$

式中　τ——剪应力;

　　　φ——正应力;

　　　θ——岩体破裂角,为 $45° + \varphi/2$(见图 2-4-1)。

岩体等效内摩擦角 φ_d 在工程中应用较广,也为广大工程技术人员所接受,可用来判断边坡的整体稳定性(见图 2-4-2)。当边坡岩体处于极限平衡状态时,即下滑力等于抗滑力,有:

$$G\sin\theta = G\cos\theta\tan\varphi + cL = G\cos\varphi\tan\varphi_d \tag{2-4-3}$$

则

$$\tan\theta = \tan\varphi_d$$

故当 $\theta < \varphi_d$ 时边坡整体稳定;反之,则不稳定。

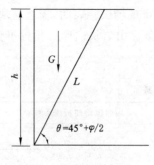

图 2-4-1　岩体破裂角

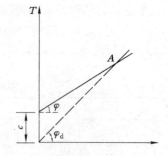

图 2-4-2　岩体等效内摩擦角

由图 2-4-2 知,只有 A 点才能真正代表等效内摩擦角。当正应力增大(如在边坡上堆载或边坡高度加高)则不安全,正应力减小(如在边坡上减载或边坡高度减低)则偏于安全。故在使用等效内摩擦角时,常常是将边坡最大高度作为计算高度来确定正应力 σ。

需要说明的是:① 等效内摩擦角应用岩体 c、φ 值计算确定;② 由于边坡岩体的不均一性等,一般情况下,等效内摩擦角的计算边坡高度不宜超过 15 m,不得超过 25 m;③ 考虑岩体的"流变效应",计算出的等效内摩擦角尚应进行适当折减。

不同土质、不同工况下,土的抗剪强度是不同的,所以土的抗剪强度指标应根据土质条件和工程实际情况确定。如土坡处于稳定状态,土的抗剪强度指标就应用抗剪断强度进行适当折减,若已经滑动则应采用残余抗剪强度;若土坡处于饱水状态,应用饱和状态下抗剪强度值等。土质边坡按水土合算原则计算时,地下水位以下的土宜采用土的自重固结不排水抗剪强度指标;按水土分算原则计算时,地下水位以下的土宜采用土的有效抗剪强度指标。

（五）气象、水文和水文地质条件

大量的建筑边坡失稳事故的发生,无不说明了雨季、暴雨、地表径流及地下水对建筑边坡稳定性的重大影响,所以建筑边坡的工程勘察应满足各类建筑边坡的支护设计与施工的要求,并开展进一步专门必要的分析评价工作,因此提供完整的气象、水文及水文地质条件资料,并分析其对建筑边坡稳定性的作用与影响是非常重要的。

建筑边坡工程的气象资料收集、水文调查和水文地质勘察应满足下列要求:

① 收集相关气象资料、最大降雨强度和十年一遇最大降水量,研究降水对边坡稳定性的影响。

② 收集历史最高水位资料,调查可能影响边坡水文地质条件的工业和市政管线、江河等水源因素,以及相关水库水位调度方案资料。

③ 查明对边坡工程产生重大影响的汇水面积、排水坡度、长度和植被等情况。

④ 查明地下水类型和主要含水层分布情况。

⑤ 查明岩体和软弱结构面中地下水情况。

⑥ 调查边坡周围山洪、冲沟和河流冲淤等情况。

⑦ 论证孔隙水压力变化规律和对边坡应力状态的影响。

⑧ 必要的水文地质参数是边坡稳定性评价、预测及排水系统设计所必需的,因此建筑边坡勘察应提供必需的水文地质参数,在不影响边坡安全的前提条件下,可进行现场抽水试验、渗水试验或压水试验等获取水文地质参数。

⑨ 建筑边坡勘察除应进行地下水力学作用和地下水物理、化学作用(指地下水对边坡岩土体或可能的支护结构产生的侵蚀、矿物成分改变等物理、化学影响及影响程度)的评价以外,还宜考虑雨季和暴雨的影响。对一级边坡或建筑边坡治理条件许可时,可开展降雨渗入对建筑边坡稳定性影响研究工作。

（六）危岩崩塌勘察

在丘陵、山区选择场址和考虑建筑总平面布置时,首先必须判定山体的稳定性,查明是否存在产生危岩崩塌的条件。实践证明,这些问题如不在选择场址或可行性研究中及时发现和解决,会给经济建设造成巨大损失。因此,危岩崩塌勘察应在拟建建(构)筑物的可行性研究或初步勘察阶段进行。工作中除应查明危岩分布及产生崩塌的条件、危岩规模、类型、范围、稳定性,预测其发展趋势以及危岩崩塌危害的范围等,对崩塌区作为建筑场地的适宜性作出判断外,尚应根据危岩崩塌产生的机制有针对性地提出防治建议。

危岩崩塌勘察区的主要工作手段是工程地质测绘。危岩崩塌区工程地质测绘的比例尺宜选用 1：200～1：500，对危岩体和危岩崩塌方向主剖面的比例尺宜选用 1：200。

危岩崩塌区勘察应满足下列要求：

① 收集当地崩塌史(崩塌类型、规模、范围、方向和危害程度等)、气象、水文、工程地质勘察(含地震)、防治危岩崩塌的经验等资料。

② 查明崩塌区的地形地貌。

③ 查明危岩崩塌区的地质环境条件，重点查明危岩崩塌区的岩体结构类型、结构面形状、组合关系、闭合程度、力学属性、贯通情况和岩性特征、风化程度以及下覆洞室等。

④ 查明地下水活动状况。

⑤ 分析危岩变形迹象和崩塌原因。

工作中应着重分析、研究形成崩塌的基本条件，判断产生崩塌的可能性及其类型、规模、范围。预测发展趋势，对可能发生崩塌的时间、规模方向、途径、危害范围做出预测，为防治工程提供准确的工程勘察资料(含必要的设计参数)并提出防治方案。

不同破坏形式的危岩其支护方式是不同的。因而勘察中应按单个危岩形态特征确定危岩的破坏形式、进行定性或定量的稳定性评价，提供有关图件(平面图、剖面图或实体投影图)标明危岩分布、大小和数量，提出支护建议。

危岩稳定性判定时应对张裂缝进行监测。对破坏后果严重的大型危岩，应结合监测结果对可能发生崩塌的时间、规模、方向、途径和危害范围做出预测。

五、边坡的稳定性评价要求

(一) 评价要求和内容

下列建筑边坡应进行稳定性评价：

① 选作建筑场地的自然斜坡。

② 由于开挖或填筑形成并需要进行稳定性验算的边坡。

③ 施工期间出现新的不利因素的边坡。

施工期间出现新的不利因素的边坡，指在建筑和边坡加固措施尚未完成的施工阶段可能出现显著变形、破坏及其他显著影响边坡稳定性因素的边坡。对于这些边坡，应对施工期出现新的不利因素作用下的边坡稳定性做出评价。

④ 使用条件发生变化的边坡。

边坡稳定性评价应在充分查明工程地质条件的基础上，根据边坡岩土类型和结构，确定边坡破坏模式，综合采用工程地质类比法和刚体极限平衡计算法进行边坡稳定性评价。边坡稳定性评价应包括下列内容：

① 边坡稳定性状态的定性判断。

② 边坡稳定性计算。

③ 边坡稳定性综合评价。

④ 边坡稳定性发展趋势分析。

(二) 稳定性分析与评价方法

在边坡稳定性评价中，应遵循以定性分析为基础，以定量计算为重要辅助手段，进行综合评价的原则。

边坡稳定性评价应在充分查明工程地质、水文地质条件的基础上，根据边坡岩土工程条件,对边坡的可能破坏方式及相应破坏方向、破坏范围、影响范围等做出判断。判断边坡的可能破坏方式时应同时考虑到受岩土体强度控制的破坏和受结构面控制的破坏。

在确定边坡破坏模式的基础上,综合采用工程地质类比法和刚体极限平衡计算法等定性分析和定量分析相结合的方法进行。应以边坡地质结构、变形破坏模式、变形破坏与稳定性状态的地质判断为基础,对边坡的可能破坏形式和边坡稳定性状态做出定性判断,确定边坡破坏的边界范围、边坡破坏的地质模型(破坏模式),对边坡破坏趋势做出判断和估计。根据边坡地质结构和破坏类型选取恰当的方法进行定量计算分析,并综合考虑定性判断和定量分析结果做出边坡稳定性评价。

根据已经出现的变形破坏迹象对边坡稳定性状态做出定性判断时,应重视坡体后缘可能出现的微小张裂现象,并结合坡体可能的破坏模式对其成因作细致分析。若坡体侧边出现斜列裂缝或在坡体中下部出现剪出或隆起变形时,可做出不稳定的判断。

不同的边坡有不同的破坏模式,如果破坏模式选错,具体计算失去基础,必然得不到正确结果。破坏模式有平面滑动、圆弧滑动、锲形体滑落、倾倒、剥落等,平面滑动又有沿固定平面滑动和沿$(45°+\varphi/2)$倾角滑动等。有的学者将边坡分为若干类型,按类型确定破坏模式,并列入地方标准,这是可取的。但我国地质条件十分复杂,各地差别很大,目前尚难归纳出全国统一的边坡分类和破坏模式,有待继续积累数据和资料。

鉴于影响边坡稳定的不确定因素很多,边坡的稳定性评价可采用多种方法进行综合评价。常用的有工程地质类比法、图解分析法、极限平衡法和有限单元法等。各区段条件不一致时,应分区段分析。

工程地质类比方法主要依据工程经验和工程地质学分析方法,按照坡体介质、结构及其他条件的类比,进行边坡破坏类型及稳定性状态的定性判断。工程地质类比法具有经验性和地区性的特点,应用时必须全面分析已有边坡与新研究边坡的工程地质条件的相似性和差异性,同时还应考虑工程的规模、类型及其对边坡的特殊要求,可用于地质条件简单的中、小型边坡。

图解分析法需在大量的节理裂隙调查统计的基础上进行。将结构面调查统计结果绘成等密度图,得出结构面的优势方位。在赤平极射投影图上,根据优势方位结构面的产状和坡面投影关系分析边坡的稳定性。

① 当结构面或结构面交线的倾向与坡面倾向相反时,边坡为稳定结构。

② 当结构面或结构面交线的倾向与坡面倾向一致,但倾角大于坡角时,边坡为基本稳定结构。

③ 当结构面或结构面交线的倾向与坡面倾向之间夹角大于 $45°$,且倾角小于坡角时,边坡为不稳定结构。

求潜在不稳定体的形状和规模需采用实体比例投影,对图解法所得出的潜在不稳定边坡应计算验证。

边坡抗滑移稳定性计算可采用刚体极限平衡法;对结构复杂的岩质边坡,可结合采用极射赤平投影法和实体比例投影法;当边坡破坏机制复杂时,可采用数值极限分析法。采用刚体极限平衡法计算边坡抗滑稳定性时,可根据滑面形态按照国家规范《建筑边坡工程技术规范》(GB 50330—2013)附录 A 选择具体计算方法。

对边坡规模较小、结构面组合关系较复杂的块体滑动破坏,采用极射赤平投影法及实体比例投影法较为方便。

对于破坏机制复杂的边坡,难以采用传统的方法计算,目前国外和国内水利水电部门已广泛采用数值极限分析法进行计算。数值极限分析法与传统极限分析法求解原理相同,只是求解方法不同,两种方法得到的结果是一致的。对复杂边坡,传统极限分析法无法求解,需要作许多人为假设,影响计算精度,而数值极限分析法适用性广,不另作假设就可直接求得。

对于均质土体边坡,一般宜采用圆弧滑动面条分法进行边坡稳定性计算。岩质边坡在发育 3 组以上结构面,且不存在优势外倾结构面组的条件下,可以认为岩体为各向同性介质,在斜坡规模相对较大时,其破坏通常按近似圆弧滑面发生,宜采用圆弧滑动面条分法计算。

对于圆弧形滑动面,现行的《建筑边坡工程技术规范》(GB 50330—2013)建议采用毕肖普法进行计算。通过多种方法的比较,证明该方法有很高的准确性,已得到国内外的公认。以往经常采用的瑞典法,虽然求解简单,但计算误差较大,过于安全而造成浪费。

通过边坡地质结构分析,存在平面滑动可能性的边坡,可采用平面滑动稳定性计算方法计算。对建筑边坡来说,坡体后缘存在竖向贯通裂缝的情况较少,是否考虑裂隙水压力视具体情况确定。

对于规模较大、地质结构复杂或者可能沿基岩与覆盖层界面滑动的情形,宜采用折线滑动面计算方法进行边坡稳定性计算。

对于折线形滑动面,现行的《建筑边坡工程技术规范》(GB 50330—2013)建议采用传递系数隐式解法。传递系数法有隐式解和显式解两种形式。显式解的出现是由于当时计算机不普及,对传递系数作了一个简化的假设,将传递系数中的安全系数值假设为 1,从而使计算简化,但增加了计算误差。同时对安全系数作了新的定义,在这一定义中当荷载增大时只考虑下滑力的增大,不考虑抗滑力的提高,这也不符合力学规律。因而隐式解优于显式解,当前计算机已经很普及,应当回归到原理的传递系数法。

无论隐式解还是显式解,传递系数法都存在一个缺陷,即对折线形滑面有严格的要求,如果两滑面间的夹角(即转折点处的两倾角的差值)过大,就可出现不可忽视的误差。因而当转折点处的两倾角的差值超过 10°时,需要对滑面进行处理,以消除尖角效应。一般可采用对突变的倾角作圆弧连接,然后在弧上插点,来减少倾角的变化值,使其小于 10°。处理后,误差可以达到工程要求。

对于折线形滑动面,国际上通常采用摩根斯坦-普赖斯法进行计算。摩根斯坦-普赖斯法是一种严格的条分法,计算精度很高,也是国外和国内水利水电部门等推荐采用的方法。在实际工程中,可以采用国际上通用的摩根斯坦-普赖斯法进行计算。

边坡稳定性计算时,对基本烈度为 7 度及 7 度以上地区的永久性边坡应进行地震工况下边坡稳定性校核。

当边坡可能存在多个滑动面时,对各个可能的滑动面均应进行稳定性计算。

(三)稳定性评价标准

边坡稳定性状态分为稳定、基本稳定、欠稳定和不稳定四种状态,可根据边坡稳定性系数按表 2-4-11 确定。

表 2-4-11　　　　　　　　　　　　　　　　　边坡稳定性状态划分

边坡稳定性系数 F_s	$F_s<1.00$	$1.00 \leqslant F_s < 1.05$	$1.05 \leqslant F_s < F_{st}$	$F_s \geqslant F_{st}$
边坡稳定性状态	不稳定	欠稳定	基本稳定	稳定

　　边坡稳定安全系数应按表 2-4-12 确定,当边坡稳定性系数小于边坡稳定安全系数时应对边坡进行处理。

表 2-4-12　　　　　　　　　　　　　　　　边坡稳定安全系数 F_{st}

边坡稳定安全系数　　　　　　边坡工程安全等级 边坡类型		一级	二级	三级
永久边坡	一般工况	1.35	1.30	1.25
	地震工况	1.15	1.10	1.05
临时边坡		1.25	1.20	1.15

　　注:① 地震工况时,边坡稳定安全系数仅适用于塌滑区无重要建(构)筑物的边坡。
　　　　② 对地质条件很复杂或破坏后果极严重的边坡工程,其稳定安全系数应适当提高。

　　由于建筑边坡规模较小,一般工况中采用的边坡稳定安全系数又较高,所以不再考虑土体的雨季饱和工况。对于受雨水或地下水影响较大的边坡工程,可结合当地做法,按饱和工况计算,即按饱和重度与饱和状态时的抗剪强度参数。

　　表 2-4-12 中边坡稳定安全系数是按通常情况确定的,特殊情况[如坡顶存在安全等级为一级的建(构)筑物,存在油库等破坏后有严重后果的建筑边坡]下边坡稳定安全系数可适当提高。

　　对地质环境条件复杂的工程安全等级为一级的边坡在勘察过程中应进行监测。监测内容根据具体情况可包括边坡变形(包括坡面位移和深部水平位移)、地下水动态和易风化岩体的风化速度等,目的在于为边坡设计提供参数,检验措施(如支挡、疏干等)的效果和进行边坡稳定的预报。

　　众所周知,水对边坡工程的危害是很大的,因而掌握地下水随季节的变化规律和最高水位等有关水文地质资料对边坡治理是很有必要的。对位于水体附近或地下水发育等地段的边坡工程宜进行长期观测,至少应观测一个水文年。

　　建筑边坡工程勘察中,除应进行地下水力学作用和对边坡岩土体或可能的支挡结构由于地下水产生侵蚀、矿物成分改变等物理、化学作用的评价,还应论证孔隙水压力变化规律和对边坡应力状态的影响,并应考虑雨季和暴雨过程的影响。

第五节　地　基　处　理

　　地基处理是指为提高承载力,改善其变形性质或渗透性质而采取的人工处理地基的方法。

一、地基处理的目的

　　根据工程情况及地基土质条件或组成的不同,处理的目的为:

① 提高土的抗剪强度,使地基保持稳定。

② 降低土的压缩性,使地基的沉降和不均匀沉降减至允许范围内。

③ 降低土的渗透性或渗流的水力梯度,防止或减少水的渗漏,避免渗流造成地基破坏。

④ 改善土的动力性能,防止地基产生震陷变形或因土的振动液化而丧失稳定性。

⑤ 消除或减少土的湿陷性或胀缩性引起的地基变形,避免建筑物破坏或影响其正常使用。

对任何工程来讲,处理目的可能是单一的,也可能需同时在几个方面达到一定要求。地基处理除用于新建工程的软弱和特殊土地基外,也作为事后补救措施用于已建工程地基加固。

二、地基处理方法的分类

地基处理技术从机械压实到化学加固,从浅层处理到深层处理,方法众多,按其处理原理和效果大致可分为换填垫层法、排水固结法、挤密振密法、拌入法、灌浆法和加筋法等类型。

(1) 换填垫层法

换填垫层法是先将基底下一定范围内的软弱土层挖除,然后回填强度较高、压缩性较低且不含有机质的材料,分层碾压后作为地基持力层,以提高地基的承载力和减少变形。

换填垫层法适用于处理各类浅层软弱地基,是用砂、碎石、矿渣或其他合适的材料置换地基中的软弱或特殊土层,分层压实后作为基底垫层,从而达到处理的目的。它常用于处理软弱地基,也可用于处理湿陷黄土地基和膨胀土地基。从经济合理角度考虑,换土垫层法一般适用于处理浅层地基(深度通常不超过 3 m)。

换填垫层法的关键是垫层的碾压密实度,并应注意换填材料对地下水的污染影响。

(2) 预压法(排水固结法)

预压法是在建筑物建造前,采用预压、降低地下水位、电渗等方法在建筑场地进行加载预压促使土层排水固结,使地基的固结沉降提前基本完成,以减小地基的沉降和不均匀沉降,提高其承载力。

预压法适用于处理深厚的饱和软黏土,分为堆载预压、真空预压、降水预压和电渗排水预压。预压法的关键是使荷载的增加与土的承载力增长率相适应。当采用堆载预压法时,通常在地基内设置一系列就地灌筑砂井、袋装砂井或塑料排水板,形成竖向排水通道以增加土的排水途径,以加速土层固结。

(3) 强夯法和强夯置换法

强夯法又名动力固结法或动力压实法。这种方法是反复将夯锤(质量一般为 10~40 t)提到一定高度使其自由落下(落距一般为 10~40 m),给地基以冲击和振动能量,从而提高地基的承载力并降低其压缩性,改善地基性能。由于强夯法具有加固效果显著、适用土类广、设备简单、施工方便、节省劳力、施工期短、节约材料、施工文明和施工费用低等优点,我国自 20 世纪 70 年代引进此法后迅速在全国推广应用。大量工程实例证明,强夯法用于处理碎石土、砂土、低饱和度的粉土和黏性土、湿陷性黄土、素填土和杂填土等地基,一般均能取得较好的效果。对于软土地基,一般来说处理效果不显著。

强夯置换法是采用在夯坑内回填块石、碎石等粗颗粒材料,用夯锤夯击形成连续的强夯置换墩。强夯置换法是 20 世纪 80 年代后期开发的方法,适用于高饱和度的粉土与软塑~

流塑的黏性土等地基上对变形控制要求不严的工程。强夯置换法具有加固效果显著、施工期短、施工费用低等优点,目前已用于堆场、公路、机场、房屋建筑、油罐等工程,一般效果良好,个别工程因设计、施工不当,加固后出现下沉较大或墩体与墩间土下沉不等的情况。因此,特别强调采用强夯置换法前,必须通过现场试验确定其适用性和处理效果,否则不得采用。

强夯法虽然已在工程中得到广泛的应用,但有关强夯机理的研究,至今尚未取得满意的结果。因此,目前还没有一套成熟的设计计算方法。强夯施工前,应在施工现场有代表性的场地上进行试夯或试验性施工,通过试验确定强夯的设计参数——单点夯击能、最佳夯击能、夯击遍数和夯击间歇时间等。强夯法由于振动和噪声对周围环境影响较大,在城市使用有一定的局限性。

(4)复合地基法

复合地基是指由两种刚度(或模量)不同的材料(桩体和桩间土)组成,共同承受上部荷载并协调变形的人工地基。根据桩体材料的不同,可按图 2-5-1 分类。复合地基中的许多独立桩体,其顶部与基础不连接,区别于桩基中群桩与基础承台相连接。因此独立桩体亦称竖向增强体。复合地基中的桩柱体的作用,一是置换,二是挤密。因此,复合地基除可提高地基承载力、减少变形外,还有消除湿陷和液化的作用。复合地基设计应满足承载力和变形要求。对于地基土为欠固结土、膨胀土、湿陷性黄土、可液化土等特殊土时,其设计要综合考虑土体的特殊性质选用适当的增强体和施工工艺。

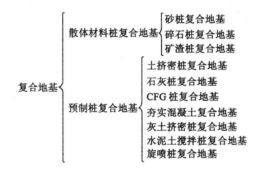

图 2-5-1　复合地基的分类

复合地基的施工方法可分为振冲挤密法、钻孔置换法和拌入法三大类。

振冲挤密法采用振冲、振动或锤击沉管、柱锤冲扩等挤土成孔方法对不同性质的土层分别具有置换、挤密和振动密实等作用。对黏性土主要起到置换作用,对中细砂和粉土除置换作用外还有振实挤密作用。在以上各种土中施工都要在孔内加填砂、碎石、灰土、卵石、碎砖、生石灰块、水泥土、水泥粉煤灰碎石等回填料,制成密实振冲桩,而桩间土则受到不同程度的挤密和振密。可用于处理松散的无黏性土、杂填土、非饱和黏性土及湿陷性黄土等,形成桩土共同作用的复合地基,使地基承载力提高,变形减少,并可消除土层的液化。

钻孔置换法主要采用水冲、洛阳铲或螺旋钻等非挤土方法成孔,孔内回填为高黏结强度的材料形成桩体如由水泥、粉煤灰、碎石、石屑或砂加水拌和形成的桩(CFG)、夯实水泥土或素混凝土形成的桩体等,形成桩土共同作用的复合地基,使地基承载力提高,变形减少。

拌入法是指采用高压喷射注浆法、深层喷浆搅拌法、深层喷粉搅拌法等在土中掺入水泥浆或能固化的其他浆液，或者直接掺入水泥、石灰等能固化的材料，经拌和固化后，在地基中形成一根根柱状固化体，并与周围土体组成复合地基而达到处理目的。可适用于软弱黏性土、欠固结冲填土、松散砂土及砂砾石等多种地基。

（5）灌浆法

灌浆法是靠压力传送或利用电渗原理，把含有胶结物质并能固化的浆液灌入土层，使其渗入土的孔隙或充填土岩中的裂缝和洞穴中，或者把很稠的浆体压入事先打好的钻孔中，借助于浆体传递的压力挤密土体并使其上抬，达到加固处理目的。其适用性与灌浆方法和浆液性能有关，一般可用于处理砂土、砂砾石、湿陷性黄土及饱和黏性土等地基。

注浆法包括粒状剂和化学剂注浆法。粒状剂包括水泥浆、水泥砂浆、黏土浆、水泥黏土浆等，适用于中粗砂、碎石土和裂隙岩体；化学剂包括硅酸钠溶液、氢氧化钠溶液、氯化钙溶液等，可用于砂土、粉土和黏性土等。作业工艺有旋喷法、深层搅拌、压密注浆和劈裂注浆等。其中粒状剂注浆法和化学剂注浆法属渗透注浆，其他属混合注浆。

注浆法有强化地基和防水止渗的作用，可用于地基处理、深基坑支挡和护底、建造地下防渗帷幕，防止砂土液化、防止基础冲刷等方面。

因大部分化学浆液有一定的毒性，应防止浆液对地下水的污染。

（6）加筋法

采用强度较高、变形较小、老化慢的土工合成材料，如土工织物、塑料格栅等，其受力时伸长率不大于 $4\% \sim 5\%$，抗腐蚀耐久性好，埋设在土层中，即由分层铺设的土工合成材料与地基土构成加筋土垫层。土工合成材料还可起到排水、反滤、隔离和补强作用。加筋法常用于公路路堤的加固，在地基处理中，加筋法可用于处理软弱地基。

（7）托换技术（或称基础托换）

托换技术是指对原有建筑物地基和基础进行处理、加固或改建，或在原有建筑物基础下修建地下工程或因邻近建造新工程而影响到原有建筑物的安全时所采取的技术措施的总称。

三、地基处理的岩土工程勘察的基本要求

进行地基处理时应有足够的地质资料，当资料不全时，应进行必要的补充勘察。地基处理的岩土工程勘察应满足下列基本要求：

① 针对可能采用的地基处理方案，提供地基处理设计和施工所需的岩土特性参数；岩土参数是地基处理设计成功与否的关键，应选用合适的取样方法、试验方法和取值标准。

② 预测所选地基处理方法对环境和邻近建筑物的影响；如选用强夯法施工时，应注意振动和噪声对周围环境产生的不利影响；选用注浆法时，应避免化学浆液对地下水、地表水的污染等。

③ 提出地基处理方案的建议。每种地基处理方法都有各自的适用范围、局限性和特点，因此，在选择地基处理方法时都要进行具体分析，从地基条件、处理要求、处理费用和材料、设备来源等综合考虑，进行技术、经济、工期等方面的比较，以选用技术上可靠、经济上合理的地基处理方法。

④ 当场地条件复杂，或采用某种地基处理方法缺乏成功经验，或采用新方法、新工艺时，应在施工现场对拟选方案进行试验或对比试验，以取得可靠的设计参数和施工控制指

标;当难以选定地基处理方案时,可进行不同地基处理方法的现场对比试验,通过试验检验方案的设计参数和处理效果,选定可靠的地基处理方法。

　　⑤ 在地基处理施工期间,岩土工程师应进行施工质量和施工对周围环境和邻近工程设施影响的监测,以保证施工顺利进行。

四、各类地基处理方法勘察的重点内容

（一）换填垫层法的岩土工程勘察重点

① 查明待换填的不良土层的分布范围和埋深。

② 测定换填材料的最优含水量、最大干密度。

③ 评定垫层以下软弱下卧层的承载力和抗滑稳定性,估算建筑物的沉降。

④ 评定换填材料对地下水的环境影响。

⑤ 对换填施工过程应注意的事项提出建议。

⑥ 对换填垫层的质量进行检验或现场试验。

（二）预压法的岩土工程勘察重点

① 查明土的成层条件、水平和垂直方向的分布、排水层和夹砂层的埋深和厚度、地下水的补给和排泄条件等。

② 提供待处理软土的先期固结压力、压缩性参数、固结特性参数和抗剪强度指标、软土在预压过程中强度的增长规律。

③ 预估预压荷载的分级和大小、加荷速率、预压时间、强度的可能增长和可能的沉降。

④ 对重要工程,建议选择代表性试验区进行预压试验;采用室内试验、原位测试、变形和孔压的现场监测等手段,推算软土的固结系数、固结度与时间的关系和最终沉降量,为预压处理的设计施工提供可靠依据。

⑤ 检验预压处理效果,必要时进行现场载荷试验。

（三）强夯法的岩土工程勘察重点

① 查明强夯影响深度范围内土层的组成、分布、强度、压缩性、透水性和地下水条件。

② 查明施工场地和周围受影响范围内的地下管线和构筑物的位置、标高;查明有无对振动敏感的设施,是否需在强夯施工期间进行监测。

③ 根据强夯设计,选择代表性试验区进行试夯,采用室内试验、原位测试、现场监测等手段,查明强夯有效加固深度,夯击能量、夯击遍数与夯沉量的关系,夯坑周围地面的振动和地面隆起,土中孔隙水压力的增长和消散规律。

（四）桩土复合地基的岩土工程勘察重点

① 查明暗塘、暗浜、暗沟、洞穴等的分布和埋深。

② 查明土的组成、分布和物理力学性质,软弱土的厚度和埋深,可作为桩基持力层的相对硬层的埋深。

③ 预估成桩施工可能性(有无地下障碍、地下洞穴、地下管线、电缆等)和成桩工艺对周围土体、邻近建筑、工程设施和环境的影响(噪声、振动、侧向挤土、地面沉陷或隆起等),桩体与水土间的相互作用(地下水对桩材的腐蚀性,桩材对周围水土环境的污染等)。

④ 评定桩间土承载力,预估单桩承载力和复合地基承载力。

⑤ 评定桩间土、桩身、复合地基、桩端以下变形计算深度范围内土层的压缩性,任务需

要时估算复合地基的沉降量。

⑥ 对需验算复合地基稳定性的工程,提供桩间土、桩身的抗剪强度。

⑦ 任务需要时应根据桩土复合地基的设计,进行桩间土、单桩和复合地基载荷试验,检验复合地基承载力。

(五)注浆法的岩土工程勘察重点

① 查明土的级配、孔隙性或岩石的裂隙宽度和分布规律,岩土渗透性,地下水埋深、流向和流速,岩土的化学成分和有机质含量;岩土的渗透性宜通过现场试验测定。

② 根据岩土性质和工程要求选择浆液和注浆方法(渗透注浆、劈裂注浆、压密注浆等),根据地区经验或通过现场试验确定浆液浓度、黏度、压力、凝结时间、有效加固半径或范围,评定加固后地基的承载力、压缩性、稳定性或抗渗性。

③ 在加固施工过程中对地面、既有建筑物和地下管线等进行跟踪变形观测,以控制灌注顺序、注浆压力和注浆速率等。

④ 通过开挖、室内试验、动力触探或其他原位测试,对注浆加固效果进行检验。

⑤ 注浆加固后,应对建筑物或构筑物进行沉降观测,直至沉降稳定为止,观测时间不宜少于半年。

第六节　地　下　洞　室

一、地下洞室围岩的质量分级

地下洞室勘察的围岩分级方法应与地下洞室设计采用的标准一致,无特殊要求时可根据现行国家标准《工程岩体分级标准》(GB 50218—2014)执行,地下铁道围岩类别应按现行国家标准《城市轨道交通岩土工程勘察规范》(GB 50307—2012)执行。

现行国家标准《工程岩体分级标准》(GB 50218—2014)岩体质量分级见表 1-6-9。首先确定基本质量级别,然后考虑地下水、主要软弱结构面和地应力等因素对基本质量级别进行修正,并以此衡量地下洞室的稳定性,岩体级别越高,则洞室的自稳能力越好。

《城市轨道交通岩土工程勘察规范》(GB 50307—2012)则为了与《地铁设计规范》(GB 50157—2013)相一致,采用了铁路系统的围岩分类法。这种围岩分类是根据围岩的主要工程地质特征(如岩石强度、受构造的影响大小、节理发育情况和有无软弱结构面等)、结构特征和完整状态以及围岩开挖后的稳定状态等综合确定围岩类别,见表 2-6-1,并可根据围岩类别估算围岩的均布压力。

表 2-6-1　《城市轨道交通岩土工程勘察规范》(GB 50307—2013)隧道围岩分级

围岩级别	围岩主要工程地质条件		围岩开挖后的稳定状态(单线)	围岩压缩波波速 v_p /(km/s)
	主要工程地质特征	结构特征和完整状态		
I	坚硬岩(饱和极限抗压强度 $f_r>60$ MPa);受地质构造影响轻微,节理不发育,无软弱面(或夹层);层状岩层为巨厚层或厚层,层间结合良好,岩体完整	呈巨块状整体结构	围岩稳定,无坍塌,可能产生岩爆	>4.5

续表 2-6-1

围岩级别	围岩主要工程地质条件		围岩开挖后的稳定状态(单线)	围岩压缩波波速 v_p /(km/s)
	主要工程地质特征	结构特征和完整状态		
Ⅱ	坚硬岩(f_r>60 MPa):受地质构造影响较重,节理较发育,有少量软弱面(或夹层)和贯通微张节理,但其产状及组合关系不致产生滑动;层状岩层为中层或厚层,层间结合一般,很少有分离现象;或为硬质岩石偶夹软质岩石	呈大块状砌体结构	暴露时间长,可能会出现局部小坍塌,侧壁稳定,层间结合差的平缓岩层,顶板易坍落	3.5~4.5
	较硬岩(30 MPa<f_r≤60 MPa):受地质构造影响轻微,节理不发育;层状岩层为厚层,层间结合良好,岩体完整	呈巨块状整体结构		
Ⅲ	坚硬岩和较硬岩:受地质构造影响较重,节理较发育,有层状软弱面(或夹层),但其产状及组合关系尚不致产生滑动;层状岩层为薄层或中层,层间结合差,多有分离现象;或为硬、软质岩石互层	呈块石状镶嵌结构	拱部无支护时可产生小坍塌,侧壁基本稳定,爆破震动过大易坍塌	2.5~4.0
	较软岩(15 MPa<f_r≤30 MPa)和较软岩(5 MPa<f_r≤15 MPa):受地质构造影响较重,节理较发育;层状岩层为薄层、中层或厚层,层间结合一般	呈大块状砌体结构		
Ⅳ	坚硬岩和较硬岩:受地质构造影响很严重,节理较发育;层状软弱面(或夹层)已基本被破坏	呈碎石状压碎结构	拱部无支护时可产生较大的坍塌,侧壁有时失去稳定	1.5~3.0
	较软岩和软岩:受地质构造影响严重,节理较发育	呈块石、碎石状镶嵌结构		
	土体: (1) 具压密或成岩作用的黏性土、粉土及碎石土 (2) 黄土(Q_1、Q_2) (3) 一般钙质或铁质胶结的碎石土、卵石土、粗角砾土、粗圆砾土、大块石土	(1)、(2)呈大块状压密结构; (3)呈巨块状整体结构		
Ⅴ	软岩:受地质构造影响严重,裂隙杂乱,呈石夹土或土夹石状;极软岩(f_r≤5 MPa)	呈角砾、碎石状松散结构	围岩易坍塌,处理不当会出现大坍塌,侧壁经常小坍塌;浅埋时易出现地表下沉(陷)或坍塌至地表	1.0~2.0
	土体:一般第四系的坚硬至硬塑的黏性土、稍密及以上、稍湿或潮湿的碎石土、卵石土、圆砾土、角砾土、粉土及黄土(Q_3、Q_4)	非黏性土呈松散结构,黏性土及黄土呈松软状结构		
Ⅵ	岩体:受地质构造影响严重,呈碎石、角砾及粉末、泥土状	呈松软状	围岩极易坍塌变形,有水时土、砂常与水一齐涌出,浅埋时易坍塌至地表	<1.0(饱和状态的土<1.5)
	土体:可塑、软塑状黏性土、饱和的粉土和砂类土等	黏性土呈易蠕动的松软结构,砂性土呈潮湿松散结构		

注:① 表中"围岩级别"和"围岩主要工程地质条件"栏,不包括膨胀性围岩、多年冻土等特殊岩土。

② Ⅲ、Ⅳ、Ⅴ级围岩遇有地下水时,可根据具体情况和施工条件适当降低围岩级别。

二、地下洞室勘察阶段的划分

地下洞室勘察划分为可行性研究勘察、初步勘察、详细勘察和施工勘察四个阶段。

根据多年的实践经验,地下洞室勘察分阶段实施是十分必要的。这不仅符合按程序办事的基本建设原则,也是由于自然界地质现象的复杂性和多变性所决定的。因为这种复杂多变性,在一定的勘察阶段内难以全部认识和掌握,需要一个逐步深化的认识过程。分阶段实施勘察工作,可以减少工作的盲目性,有利于保证工程质量。当然,也可根据拟建工程的规模、性质和地质条件,因地制宜地简化勘察阶段。

三、各勘察阶段的勘察内容和勘察方法

(一)可行性研究勘察阶段

可行性研究勘察应通过收集区域地质资料,现场踏勘和调查,了解拟选方案的地形地貌、地层岩性、地质构造、工程地质、水文地质和环境条件,对拟选方案的适宜性做出评价,选择合适的洞址和洞口。

(二)初步勘察阶段

初步勘察应采用工程地质测绘,并结合工程需要,辅以物探、钻探和测试等方法,初步查明选定方案的地质条件和环境条件,初步确定岩体质量等级(围岩类别),对洞址和洞口的稳定性做出评价,为初步设计提供依据。

工程地质测绘的任务是查明地形地貌、地层岩性、地质构造、水文地质条件和不良地质作用,为评价洞区稳定性和建洞适宜性提供资料,为布置物探和钻探工作量提供依据。在地下洞室勘察中,做好工程地质测绘可以起到事半功倍的作用。

地下洞室初步勘察时,工程地质测绘和调查应初步查明下列问题:

① 地貌形态和成因类型。

② 地层岩性、产状、厚度、风化程度。

③ 断裂和主要裂隙的性质、产状、充填、胶结、贯通及组合关系。

④ 不良地质作用的类型、规模和分布。

⑤ 地震地质背景。

⑥ 地应力的最大主应力作用方向。

⑦ 地下水类型、埋藏条件、补给、排泄和动态变化。

⑧ 地表水体的分布及其与地下水的关系,淤积物的特征。

⑨ 洞室穿越地面建筑物、地下构筑物、管道等既有工程时的相互影响。

地下洞室初步勘察时,勘探与测试应符合下列要求:

① 采用浅层地震剖面法或其他有效方法圈定隐伏断裂、地下隐伏体,探测构造破碎带,查明基岩埋深、划分风化带。

② 勘探点宜沿洞室外侧交叉布置,钻探工作可根据工程地质测绘的疑点和工程物探的异常点布置。综合《军队地下工程勘测规范》(GJB 2813—1997)、《城市轨道交通岩土工程勘察规范》(GB 50307—2012)和《公路隧道勘测规程》(JTJ 063—85)等规范的有关内容,勘探点间距和勘探孔深度为:勘探点间距宜为100~200 m时,采取试样和原位测试勘探孔不宜少于勘探孔总数的2/3;控制性勘探孔深度,对岩体基本质量等级为Ⅰ级和Ⅱ级的岩体宜

钻入洞底设计标高下 1～3 m,对Ⅲ级岩体宜钻入 3～5 m,对Ⅳ级、Ⅴ级的岩体和土层,勘探孔深度应根据实际情况确定。

③ 每一主要岩层和土层均应采取试样,当有地下水时应采取水试样;当洞区存在有害气体或地温异常时,应进行有害气体成分、含量或地温测定;对高地应力地区,应进行地应力量测。

④ 必要时,可进行钻孔弹性波或声波测试,钻孔地震 CT 或钻孔电磁波 CT 测试,可评价岩体完整性,计算岩体动力参数,划分围岩类别等。

（三）详细勘察阶段

详细勘察阶段是地下洞室勘察的一个重要阶段,应采用钻探、钻孔物探和测试为主的勘察方法,必要时可结合施工导洞布置洞探,工程地质测绘在详勘阶段一般情况下不单独进行,只是根据需要做一些补充性调查。详细勘察的任务是详细查明洞址、洞口、洞室穿越线路的工程地质和水文地质条件,分段划分岩体质量级别或围岩类别,评价洞体和围岩稳定性,为洞室支护设计和确定施工方案提供资料。

详细勘察具体应进行下列工作:

① 查明地层岩性及其分布,划分岩组和风化程度,进行岩石物理力学性质试验。

② 查明断裂构造和破碎带的位置、规模、产状和力学属性,划分岩体结构类型。

③ 查明不良地质作用的类型、性质、分布,并提出防治措施的建议。

④ 查明主要含水层的分布、厚度、埋深,地下水的类型、水位、补给排泄条件,预测开挖期间出水状态、涌水量和水质的腐蚀性。

⑤ 城市地下洞室需降水施工时,应分段提出工程降水方案和有关参数。

⑥ 查明洞室所在位置及邻近地段的地面建筑和地下构筑物、管线状况,预测洞室开挖可能产生的影响,提出防护措施。

⑦ 综合场地的岩土工程条件,划分围岩类别,提出洞址、洞口、洞轴线位置的建议,对洞口、洞体的稳定性进行评价,提出支护方案和施工方法的建议,对地面变形和既有建筑的影响进行评价。

详细勘察可采用浅层地震勘探和孔间地震 CT 或孔间电磁波 CT 测试等方法,详细查明基岩埋深、岩石风化程度、隐伏体(如溶洞、破碎带等)的位置,在钻孔中进行弹性波波速测试,为确定岩体质量等级(围岩类别)、评价岩体完整性、计算动力参数提供资料。

详细勘察时,勘探点宜在洞室中线外侧 6～8 m 交叉布置,山区地下洞室按地质构造布置,且勘探点间距不应大于 50 m;城市地下洞室的勘探点间距,岩土变化复杂的场地宜小于 25 m,中等复杂的宜为 25～40 m,简单的宜为 40～80 m。

采集试样和原位测试勘探孔数量不应少于勘探孔总数的 1/2。

详细勘察时,第四系中的控制性勘探孔深度应根据工程地质、水文地质条件、洞室埋深、防护设计等需要确定;一般性勘探孔可钻至基底设计标高下 6～10 m。控制性勘探孔深度,对岩体基本质量等级为Ⅰ级和Ⅱ级的岩体宜钻入洞底设计标高下 1～3 m;对Ⅲ级岩体宜钻入 3～5 m,对Ⅳ级、Ⅴ级的岩体和土层,勘探孔深度应根据实际情况确定。

详细勘察的室内试验和原位测试,除应满足初步勘察的要求外,对城市地下洞室尚应根据设计要求进行下列试验:

① 采用承压板边长为 30 cm 的载荷试验测求地基基床系数,基床系数用于衬砌设计时

计算围岩的弹性抗力强度。

② 采用面热源法或热线比较法进行热物理指标试验，计算热物理参数（导温系数、导热系数和比热容）。

热物理参数用于地下洞室通风负荷设计，通常采用面热源法和热线比较法测定潮湿土层的导温系数、导热系数和比热容；热线比较法还适用于测定岩石的导热系数，比热容还可用热平衡法测定。

面热源法是在被测物体中间作用一个恒定的短时间的平面热源，则物体温度将随时间而变化，其温度变化是与物体的性能有关。通过求解导热微分方程，并通过试验测出有关参数，然后按下列一些公式就可计算出被测物体的导温系数、导热系数和比热容。

· 导温系数：

$$a = \frac{d^2}{4\tau' y^2} \tag{2-6-1}$$

式中　a——导温系数，m^2/h；

　　　τ'——距热源面 $d(m)$，温度升高 θ' 时的时间，h；

　　　y——函数 $B(y)$ 的自变量。

函数 $B(y)$ 值：

$$B(y) = \frac{\theta'(\sqrt{\tau_2} - \sqrt{\tau_2 - \tau_1})}{\theta_2\sqrt{\tau'}} \tag{2-6-2}$$

式中　$B(y)$——自变量为 y 的函数值；

　　　τ_1——关掉加热器的时间，h；

　　　τ_2——加热停止后，热源上温度升高为 θ_2 时的时间，h。

· 导热系数：

$$\lambda = \frac{I^2 R \sqrt{a}(\sqrt{\tau_2} - \sqrt{\tau_2 - \tau_1})}{S\theta_2\sqrt{\pi}} \tag{2-6-3}$$

式中　λ——导热系数，$W/(m \cdot K)$；

　　　I——加热电流，A；

　　　R——加热器电阻，Ω；

　　　S——加热器面积，m^2。

· 比热容：

$$C = 3.6 \frac{\lambda}{a\rho} \tag{2-6-4}$$

式中　C——比热容，$kJ/(kg \cdot K)$；

　　　ρ——密度，kg/m^3。

热线比较法是在被测岩土与已知导热系数试材之间设置一根细长的金属丝，当加热丝通电以后，温度就会升高。温度升高的快慢与被测材料的导热系数有关，因此，通过试验测出有关参数后，按下式计算岩土的导热系数：

$$\lambda_A = \frac{I^2 R}{4L\pi\Delta t} \cdot \ln\frac{\tau_2}{\tau_1 - \lambda_B} \tag{2-6-5}$$

式中　λ_A——被测材料的导热系数，$W/(m \cdot K)$；

λ_B——已知材料的导热系数,W/(m・K);

R、I——加热丝的电阻(Ω)和电流(A);

L——加热线的长度,m;

τ_1、τ_2——在加热过程中,热源面上的温度分别升高为 t_1、t_2 时的时间,h。

测定岩土的比热容是按热平衡方法进行计算的,通过试验测出有关参数后,按下式计算岩土的比热容:

$$C_m = \frac{(G_1 + E) \cdot C_w(t_3 - t_2)}{G_2(t_1 - t_2)} - \frac{G_3}{G_2} \cdot C_b \qquad (2\text{-}6\text{-}6)$$

式中　C_m——岩土在 $t_3 \sim t_1$ 温度范围内的平均比热容,J/(kg・K);

C_b——试样筒材料(黄铜)在 $t_3 \sim t_1$ 温度范围内的平均比热容,J/(kg・K);

C_w——杜瓦瓶中水在 $t_2 \sim t_3$ 温度范围内的平均比热容,J/(kg・K);

E——水当量(用已知比热容的试样进行测定,可得到 E 值),g;

t_1——岩土下落时的初温,℃;

t_2——杜瓦瓶中水的初温,℃;

t_3——杜瓦瓶中水的计算终温,℃;

G_1——水质量,g;

G_2——试样质量,g;

G_3——试样筒质量,g。

③ 当需提供动力参数时,可用压缩波波速 v_p 和剪切波波速 v_s 计算求得,必要时,可采用室内动力性质试验(包括动三轴试验、动单剪试验和共振柱试验等),提供动力参数(包括动弹性模量、动剪切模量、动泊松比)。

（四）施工勘察和超前地质预报

进行地下洞室勘察,仅凭工程地质测绘、工程物探和少量的钻探工作,其精度是难以满足施工要求的,尚需依靠施工勘察和超前地质预报加以补充和修正。因此,施工勘察和地质超前预报关系到地下洞室掘进速度和施工安全,可以起到指导设计和施工的作用。

施工勘察应配合导洞或毛洞开挖进行,当发现与勘察资料有较大出入时,应提出修改设计和施工方案的建议。

超前地质预报主要内容包括下列四方面:

① 断裂、破碎带和风化囊的预报。

② 不稳定块体的预报。

③ 地下水活动情况的预报。

④ 地应力状况的预报。

超前预报的方法主要有超前导坑预报法、超前钻孔测试法和工作面位移量测法等。

四、地下洞室围岩的稳定性评价

地下洞室围岩的稳定性评价可采用工程地质分析与理论计算相结合的方法,具体计算方法有数值法或弹性有限元图谱法等。

① 岩体自稳能力可按表 2-6-2 评估。当已确定级别的岩体的实际自稳能力低于表 2-6-3 相应的自稳能力时,应对围岩级别做相应的调整。

表 2-6-2　　　　　　　　　　　　　　　围岩自稳能力

岩体级别	自稳能力
I	洞径≤20 m,可长期稳定,偶有掉块,无塌方
II	洞径 10～20 m,可基本稳定,局部可发生掉块或小塌方; 洞径<10 m,可长期稳定,偶有掉块
III	洞径 10～20 m 可稳定数日至 1 个月,可发生小～中塌方; 洞径 5～10 m,可稳定数月,可发生局部块体位移及小～中塌方; 洞径<5 m,可基本稳定
IV	洞径>5 m,一般无自稳能力,数日至数月内可发生松动变形、小塌方,进而发展为中～大塌方,埋深小时,以拱部松动破坏为主,埋深大时,有明显塑性流动变形和挤压破坏;洞径≤5 m,可稳定数日至 1 个月
V	无自稳能力

注：小塌方——塌方高度<3 m,塌方体积<30 m³;

　　中塌方——塌方高度 3～6 m,塌方体积 30～100 m³;

　　大塌方——塌方高度>6 m,塌方体积>100 m³。

② 对硬质、整体状结构的围岩,可用弹性理论计算围岩压力,并按式(2-6-7)和式(2-6-8)判定其稳定性。

• 圆形、椭圆形及矩形深埋洞室周边切向应力 σ_t,可按下式计算:

$$\sigma_t = Cp_0 \tag{2-6-7}$$

式中　C——应力集中系数;

　　　p_0——岩体的初始垂直应力,kPa。

• 当满足下式时,可认为围岩稳定,不考虑围岩压力:

$$\begin{cases} \sigma_c \leqslant f_r/F_s \\ \sigma_t \leqslant f_{tR}/F_s \end{cases} \tag{2-6-8}$$

式中　σ_c——洞壁围岩切向压应力,kPa;

　　　σ_t——洞壁围岩切向拉应力,kPa;

　　　f_r——岩石饱和单轴抗压强度,kPa;

　　　f_{tR}——岩石饱和抗拉强度,kPa;

　　　F_s——安全系数,一般取 2。

③ 受结构面切割且在洞壁或洞顶产生分离体的岩体(见图 2-6-1),当主要结构面走向平行洞轴且结构面张开或有充填时,按可按式(2-6-9)和式(2-6-10)判定其稳定性。

• 洞壁块体的稳定性:

$$F_s = (W_2 \cos \alpha \tan \varphi_4 + c_4 L_4)/(W_2 \sin \alpha) \tag{2-6-9}$$

式中　φ_4——结构面 L_4 的内摩擦角,(°);

　　　c_4——结构面 L_4 的黏聚力,kPa;

　　　α——结构面 L_4 的倾角,(°);

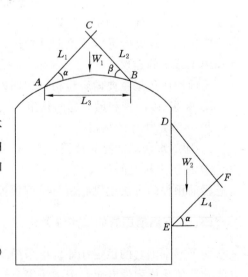

图 2-6-1　洞顶、洞壁分离块体
稳定性计算示意图

W_2——块体的重力,kN。

• 洞顶块体的稳定性:

$$F_s = 2(c_1 L_1 + c_2 L_2)(\cot \alpha + \cot \beta) \qquad (2\text{-}6\text{-}10)$$

式中 c_1——结构面 L_1 的黏聚力,kPa;

c_2——结构面 L_2 的黏聚力,kPa;

α——结构面 L_1 的倾角,(°);

β——结构面 L_2 的倾角,(°);

γ——岩体的重度,kN/m³。

当 $F_s \geqslant 2$ 时,块体稳定;当 $F_s < 2$ 时,块体不稳定。

④ 对受多组结构面切割的层状、碎裂状的硬质围岩,或整体状或块状的软质围岩,宜采用弹塑性理论按式(2-6-11)计算松动围岩压力:

$$p = K_1 \gamma r - K_2 c_g \qquad (2\text{-}6\text{-}11)$$

式中 p——松动围岩压力,kPa;

γ——岩石重度,kN/m³;

r——洞室半径,m;

c_g——岩石黏聚力,kPa;

K_1、K_2——松动压力系数,由图 2-6-2、图 2-6-3 查得。

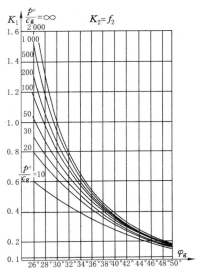

图 2-6-2 松动压力系数 K_1

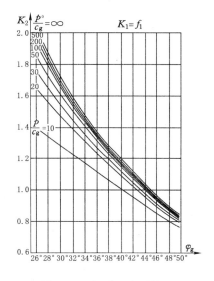

图 2-6-3 松动压力系数 K_2

注:式(2-6-14)和图 2-6-2、图 2-6-3 中的 c_g、φ_g 是室内或现场试验得到的黏聚力和内摩擦角经折减后得到的值。折减方法如下:

① 岩体裂隙中充泥较多、地下水丰富、施工爆破震动大、爆破裂隙多、衬砌不及时,可按下式计算:

$$c_g \approx 0$$

$$\tan \varphi_g = (0.70 \sim 0.67)\tan \varphi$$

② 岩体裂隙呈闭合型、不夹泥、地下水不多、施工爆破震动小、能及时衬砌时,可按下式计算:

$$c_g = (0.20 \sim 0.25)c$$

$$\tan \varphi_g = (0.67 \sim 0.80)\tan \varphi$$

⑤ 对受强烈构造作用、强烈风化的围岩,宜采用散体理论计算松动围岩压力。

⑥ 当洞室可能产生偏压、膨胀压力、岩爆和其他特殊情况时,应进行专门研究。

⑦ 松动土体的压力应根据埋置深度和土层性质按式(2-6-12)至式(2-6-18)计算。

· 对粉细砂、淤泥或新回填土中的浅埋洞室,可按下列公式计算:

$$q_v = \gamma H \tag{2-6-12}$$

$$q_h = (\gamma H/2)(2H+h)\tan^2\left(45° - \frac{\varphi}{2}\right) \tag{2-6-13}$$

式中　q_v——垂直均布土压力,kPa;

　　　q_h——水平均布土压力,kPa;

　　　H——洞室埋深,m;

　　　h——洞室高度,m;

　　　φ——土的内摩擦角,(°);

　　　γ——土的重度,kN/m³。

· 对上覆土层性质较好的浅埋洞室,可按图 2-6-4 和下列公式计算:

$$q_v = \gamma H[1 - (H/2b)K_1 - (c/b_1\gamma)(1 - 2K_2)] \tag{2-6-14}$$

$$q_h = (\gamma H/2)(2H+h)\tan^2\left(45° - \frac{\varphi}{2}\right) \tag{2-6-15}$$

$$b_1 = b + h\tan\left(45° - \frac{\varphi}{2}\right) \tag{2-6-16}$$

$$K_1 = \tan\varphi\tan^2\left(45° - \frac{\varphi}{2}\right) \tag{2-6-17}$$

$$K_2 = \tan\varphi\tan^2\left(45° - \frac{\varphi}{2}\right) \tag{2-6-18}$$

式中　c——土的黏聚力,kPa;

　　　b_1——土柱宽度之半,m;

　　　b——洞室跨度之半,m;

　　　K_1、K_2——与土的内摩擦角有关的系数;

　　　其他符号同前。

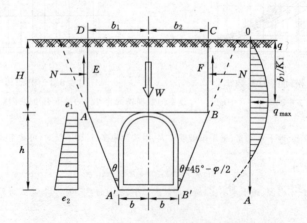

图 2-6-4　土质较好的浅埋洞室土压力计算示意图

第七节 岸 边 工 程

本节所指的岸边工程是指港口工程、造船和修船水工建筑物、通航工程以及取水构筑物等。

一、岸边工程勘察应着重查明的内容

岸边工程处于水陆交互地带，往往一个工程跨越几个地貌单元；地层复杂，层位不稳定，常分布有软土、混合土、层状构造土；由于地表水的冲淤和地下水动水压力的影响，不良地质作用发育，多滑坡、坍岸、潜蚀、管涌等现象；船舶停靠挤压力，波浪、潮汐冲击力、系揽力等均对岸坡稳定产生不利影响。岸边工程勘察任务就是要重点查明和评价这些问题，并提出治理措施的建议。岸边工程勘察应着重查明下列内容：

① 地貌特征和地貌单元交界处的复杂地层。

② 高灵敏软土、层状构造土、混合土等特殊土和基本质量等级为Ⅴ级岩体的分布和工程特性。

③ 岸边滑坡、崩塌、冲刷、淤积、潜蚀、沙丘、管涌等不良地质作用。

二、各勘察阶段的勘察方法和内容

岸边工程的勘察阶段，大、中型工程分为可行性研究、初步设计和施工图设计三个勘察阶段；对小型工程、地质条件简单或有成熟经验地区的工程可简化勘察阶段。

（一）可行性研究勘察阶段

可行性研究勘察时，应进行工程地质测绘或踏勘调查，通过收集资料、踏勘、工程地质调查、勘探试验和原位测试等，初步查明地层分布、构造特点、地貌特征、岸坡形态、冲刷淤积、水位升降、岸滩变迁、淹没范围等情况和发展趋势，必要时应布置一定数量的勘探点，对场地的工程地质条件做出评价，并应对岸坡的稳定性和场址的适宜性做出评价，为确定场地的建设可行性提供工程地质资料，提出最优场址方案的建议。

勘探点应根据可供选择场地的面积、形状特点、工程要求和地质条件等进行布置。河港宜垂直岸向布置勘探线，线距不宜大于 200 m。线上勘探点间距不宜大于 150 m。海港勘探点可按网格状布置，点距 200～500 m。当基岩埋藏较浅时，宜予加密。勘探点应进入持力层内适当深度。勘探宜采用钻探与多种原位测试相结合的方法。

注：对于影响场地取舍的重大工程地质问题，应根据具体情况实施专门的勘察工作。

（二）初步设计阶段勘察

（1）主要工作内容

初步设计阶段勘察工作应根据工程建设的技术要求，并结合场地地质条件完成下列工作内容：

① 划分地貌单元。

② 初步查明岩土层性质、分布规律、形成时代、成因类型、基岩的风化程度、埋藏条件及露头情况。

③ 查明与工程建设有关的地质构造和地震情况。

④ 查明不良地质现象的分布范围、发育程度和形成原因。

⑤ 初步查明地下水类型、含水层性质，调查水位变化幅度、补给与排泄条件。

⑥ 分析场地各区段工程地质条件，对场地的稳定性应做出进一步评价，推荐适宜建设地段并对总平面布置、结构和基础形式、基础持力层、施工方法和不良地质作用的防治提出建议。

（2）勘察方法勘察工作量布置

初步设计阶段勘察应采用工程地质调查、测绘、钻探和多种原位测试方法。初步设计阶段勘察工作量布置应符合下列规定：

① 工程地质测绘，应调查岸线变迁和动力地质作用对岸线变迁的影响；埋藏河、湖、沟谷的分布及其对工程的影响；潜蚀、沙丘等不良地质作用的成因、分布、发展趋势及其对场地稳定性的影响。

② 勘探工作应充分利用已有资料。勘探过程中应根据逐步掌握的地质条件变化情况，及时调整勘探点间距、深度及技术要求。

勘探线宜垂直岸向布置，勘探线和勘探点的间距应根据工程要求、地貌特征、岩土分布、不良地质作用等确定；岸坡地段和岩石与土层组合地段宜适当加密。

布置勘探线和勘探点时应符合下列各项规定：

· 勘探线和勘探点宜布置在比例尺为 1∶1 000～1∶2 000 的地形图上。

· 河港水工建筑物区域，勘探点应按垂直岸向布置，勘探点间距在岸坡区应小于相邻的水、陆域。

· 海港水工建筑物区域，勘探线应按平行于水工建筑长轴方向布置，但当建筑物位于岸坡明显地区时，勘探线、勘探点宜按前款的规定布置。

· 港口陆域建筑区宜按垂直地形、地貌单元走向布置勘探线，地形平坦时按勘探网布置。

· 根据工程类别、地质条件，可按表 2-7-1 确定勘探线、勘探点的布置，在地貌、地层变化处勘探点应适当加密。

· 勘探点的勘探深度主要应根据工程类型、工程等级、场地工程地质条件及其研究程度确定。本阶段勘探点分为控制性和一般性两类。对每个地貌单元及可能布置重要建筑物区至少有一个控制性勘探点。勘探点的勘探深度可按表 2-7-2 确定。

表 2-7-1 　　　　　　　　　　　勘探线、勘探点布置

	工程类别	地质条件	勘探线间距/m 或条数	勘探点间距/m
河港	水工建筑物区	山 区	70～100	≤30
	陆域建筑物区			50～70
	水工建筑物区	丘 陵	70～150	≤50
	陆域建筑物区			50～100
	水工建筑物区	平 原	100～200	≤70
	陆域建筑物区			70～150

工程类别		地质条件	勘探线间距/m 或条数	勘探点间距/m
海湾	水工建筑物区	岩　基	≤50	≤50
		岩土基	50～75	50～100
		土　基	50～100	75～200
	港池及锚地区	岩　基	50～100	50～100
		土　基	200～500	200～500
	航道区	岩　基	50～100	50～100
		土　基	1～3 条	200～500
	防波堤区	各类地基	1～3 条	100～300
	陆域建筑物区	岩土基	50～150	75～150
		土　基	100～200	100～200

注：① 应根据具体勘探要求、场地微地貌和地层变化、有无不良地质现象及对场地工程条件的研究程度等参照本表综合确定间距数值。

② 岩基——在工程影响深度内基岩上覆盖层甚薄或无覆盖层；

岩土基——在工程影响深度内基岩上覆盖有一定厚度的土层，岩层和土层均可能作为持力层；

土基——在工程影响深度内全为土层。

表 2-7-2　　　　　　　　　　　　　勘探深度表

工程类型			勘探深度/m	
			一般性勘探点	控制性勘探点
水工建筑物区	码头船坞船台滑道	万吨级以上	25～50	≤60
		3～5 千吨级	15～25	≤40
		千吨级以下	10～15	≤30
	防波堤区		≤25	≤40
	港池航道区		设计水深以下 2～3	—
	锚地区		3～5	—
	陆域建筑物区		15～30	≤40

注：① 在预定勘探深度内遇基岩时，一般性勘探点深度达到标准贯入试验击数 $N≥50$ 处，控制性勘探点深度应钻入强风化层 2～3 m，在预定深度内遇到中等风化或微风化岩石时亦应钻入适当深度，采取岩芯判定岩石名称。

② 经控制性勘探点和已有资料表明，在预定勘探深度内有厚度不小于 3 m 的碎石土层且无软弱下卧层时，则一般性勘探点深度达到该层即可。

③ 在预定勘探深度内遇到坚硬的老土层（$Q_{1～3}$）时，深度可酌减，一般性勘探点达到坚硬的老土层内深度：水域不超过 10 m，陆域不超过 4 m，控制性勘探点达到坚硬的老土层内深度，应按一般勘探点深度增加 5 m。

④ 在预定勘探深度内遇松软土层时，控制性勘探点应加深或穿透松软土层，一般性勘探点应根据具体情况增加勘探深度。

③ 水域地段可采用浅层地震剖面或其他物探方法。

④ 滑坡地区勘探线沿滑动主轴线布置，应延伸至滑坡体上下两端之外，必要时尚需在滑坡体两侧增加勘探线。勘探点间距应能查明滑动面形状，其间距可取 20～40 m。勘探点的深度应达到滑动面以下稳定层内 1～3 m。

⑤ 勘探点中,取原状土孔数不得少于勘探点总数的 1/2,取样间距宜为 1 m,当土层厚度大且土质均匀时,取样间距可为 1.5 m,其余勘探点为原位测试点。当地基土不易取得原状土样或不宜做室内试验时,可适当减少取原状土孔数量,并增加原位测试的工作量。

锚地、港池和航道区一般以标准贯入试验孔为主,并适当布置取原状土孔。

(三)施工图设计阶段勘察

施工图设计阶段勘察应详细查明各个建筑物影响范围内的岩、土分布及其物理力学性质和影响地基稳定的不良地质条件,分析评价岸坡稳定性和地基稳定性,对地基基础与支护设计方案、防治不良地质作用及岸边工程监测提出建议,为地基基础设计、施工及不良地质现象的防治措施提供工程地质资料。

施工图设计阶段勘察时,应根据工程类型、建筑物特点、基础类型、荷载情况、岩土性质,并结合地貌特征和地质条件和所需查明问题的特点根据工程总平面布置确定勘探点位置、数量和深度等,复杂地基地段应予加密。勘探孔深度应根据工程规模、设计要求和岩土条件确定,除建筑物和结构物特点与荷载外,应考虑岸坡稳定性、坡体开挖、支护结构、桩基等的分析计算需要。

施工图设计阶段勘探点的勘探深度可按表 2-7-3 确定。对大面积填土堆载区、基岩地区以及为岸(边)坡稳定进行的勘探工作,其勘探深度应根据具体情况确定。

表 2-7-3 施工图设计阶段勘探深度表

地基基础类别	建筑物类型		勘探至基础底面(或桩尖)以下深度/m			
			一般黏性土	老黏性土	中密、密实砂土	中密、密实碎石土
天然地基	水工建筑物	重力式码头	≤1.5B	≤B	3~5	≤3
		斜坡码头	斜坡建筑物坡顶及坡身≤15,坡底 3.5	3~5	≤2	≤2
		防波堤	10~15	≤10	≤3	≤2
		船 坞	≤B	5~8	≥5	3~5
		滑 道	同斜坡码头	3~5	≥3	≤3
		船 台	10~20	8~10	≤5	≤3
		施工围堰	根据具体技术要求确定			
	陆域建筑	条形基础	6~12	3~5	3~5	≤1
		矩形基础	3~9	≤3	3~5	≤1
桩基	水工建筑物		5~8	3~5	3~5	≤2
	陆域建筑物		3~5	3	2	1.5~2.0
大管桩	水工或陆域建筑物		桩径的 3 倍			
板桩			桩尖以下 3~5			≤2

注:① B 为基础底面的宽度。

② 本勘察阶段中航道、港池、锚地区的勘探深度与初步设计勘察阶段相同。

港区内勘探线和勘探点宜布置在比例尺不小于 1:1 000 的地形图上,可参照表 2-7-4 确定。

本阶段勘探中除钻取岩土样进行岩土试验外,尚应根据岩土特性及地基基础设计需要,选用原位测试方法,划分岩土单元体和确定岩土工程特性指标。重点取土样区取样间距一般为 1.0 m,岩土层变化大时应加取土样或连续取样。非重点取土样区取样间距一般不超过 2.0 m。测定土的抗剪强度选用剪切试验方法时,应结合工程实际情况考虑下列因素:

表 2-7-4　　　　　　　　　　勘探线、勘探点布置

工程类别		勘探线(点)布置方法	勘探线距或条数		勘探点距或点数		备 注
			岩土层简单	岩土层复杂	岩土层简单	岩土层复杂	
码头	斜坡式	按垂直岸线方向布置	50～100 m	30～50 m	20～30 m	≤20 m	
	高桩式	滑桩基长轴方向	1～2 条	2～3 条	30～50 m	15～25 m	后方承台相同
	栈桥 桩基	沿栈桥中心线	1 条	1 条	30～50 m	15～25 m	
	栈桥 墩基	每一墩至少一个勘探点	—	—	墩基尺寸较小至少一个点	墩基尺寸较大至少三个点	
	墩 式	每一墩至少一个勘探点	—	—	墩基尺寸较小至少一个点	墩基尺寸较大至少三个点	
	板桩式	按垂直码头长轴方向	50～75 m	30～50 m	10～20 m	10～20 m	一般板桩前沿点距 10 m,后沿为 20 m
	重力式	沿基础长轴方向布置纵断面	1 条	2 条	20～30 m	≤20 m	
	重力式	垂直于基础长轴方向布置横断面	40～75 m	≤40 m	10～20 m	10～20 m	
	单点或多点系泊式	按沉块和桩的分布范围布点	—	—	4 个点	不少于 6 个点	
修造船建筑物	船坞	纵断面	3～4 条 15～20 m	5 条 10～20 m	30～50 m	15～30 m	坞口横断面线距用下限,坞室横断面线距用上限,地质条件简单时坞口布 2 条,复杂时 3 条
	船坞	横断面	30～50 m	15～30 m	15～20 m	10～20 m	
	滑道	纵式滑道按平行滑道中心线布置	1～2 条	1～2 条	20～30 m	≤20 m	
	滑道	横式滑道按平行滑道中心线布置	2～3 条	3～5 条	20～30 m	≤20 m	
	船台	按网状布置、斜坡式同滑道	50～75 m	25～50 m	50～75 m	25～50 m	
施工围堰		每一区段布置一个垂直于围堰长轴方向的横断面	—	—	每一横断面上布置 2～3 个点		"区段"按岩土层特点及围堰轴向变化划分
防波堤		沿长轴方向	1～3 条	1～3 条	75～150 m	≤50 m	
土建	条形基础	按建筑物轮廓线	50～75 m	25～50 m	50～75 m	25～50 m	土层分布简单时可按建筑物群布置
	柱基	按柱列线方向	30～50 m	≤25 m	50～75 m	≤30 m	一条勘探线可控制一至数条柱列线

工程类别	勘探线(点)布置方法	勘探线距或条数		勘探点距或点数		备 注
		岩土层简单	岩土层复杂	岩土层简单	岩土层复杂	
单独建筑物	每一建筑物不少于 2 个勘探点					如灯塔、油罐系船设备及重大设备的基础等

注：① 相邻勘探点间岩土层急剧变化而不能满足设计、施工要求时,应增补勘探点。

② "岩土层简单"及"岩土层复杂"主要根据基础影响深度内(或勘探深度内)岩、土层分布规律性及岩土性质的均匀程度判定。

③ 确定勘探线距及勘探点距时除应考虑具体地质条件外,尚应综合考虑建筑物重要性等级、结构特点及其轮廓尺寸、形状等。

④ 对沉井基础如基岩面起伏显著时,应沿沉井周界加密勘探点。

⑤ 本阶段港池、航道区勘探点的布置应遵照现行行业标准《疏浚工程施工技术规范》(JTJ 319—1999)和《航道整治工程技术规范》(JTJ 312—2003)执行。

① 非饱和土在施工期间和竣工以后受水浸泡成为饱和土的可能性。当非饱和土在施工期间和竣工后可能受水浸泡成为饱和土时,应进行饱和状态下的抗剪强度试验。

② 土的固结状态在施工和竣工后的变化。当土的固结状态在施工期间或竣工后可能变化时,宜进行土的不同固结度的抗剪强度试验。

③ 挖方卸荷或填方增荷对土性的影响。挖方区宜进行卸荷条件下的抗剪强度试验,填方区则可进行常规方法的抗剪强度试验。

静力触探、旁压试验以及十字板剪切试验等几种原位测试方法,大多是港口工程勘察经常采用的测试方法,已有成熟的经验。软土中可用静力触探或静力触探与旁压试验相结合,进行分层,测定土的模量、强度和地基承载力等;用十字板剪切试验,测定土的不排水抗剪强度。

当需降低地下水位时,应通过抽水试验或其他野外渗透试验来确定所需的水文地质参数。有地下水位长期观测资料时,应结合进行分析。

(四) 施工期中的勘察

施工期中的勘察应针对需解决的工程地质问题进行布置。勘察方法包括施工验槽、钻探和原位测试等。

遇下列情况之一时,应进行施工期中的勘察:

① 为解决施工中出现的工程地质问题。

② 地基中有岩溶、土洞、岸(边)坡裂隙发育时。

③ 以基岩为持力层,当岩性复杂、岩面起伏、风化带厚度变化大时。

④ 施工中出现其他地质问题,需作进一步的勘察、检验时。

三、岸坡和地基稳定性评价

评价岸坡和地基稳定性时,应按地质条件和土的性质,划分若干个区段进行验算。评价岸坡和地基稳定性时,应考虑下列因素:

① 正确选用设计水位。

② 出现较大水头差和水位骤降的可能性。

③ 施工时的临时超载。

④ 较陡的挖方边坡。

⑤ 波浪作用。

⑥ 打桩影响。

⑦ 不良地质作用的影响。

对于持久状况的岸坡和地基稳定性验算，设计水位应采用极端低水位，对有波浪作用的直立坡，应考虑不同水位和波浪力的最不利组合。

当施工过程中可能出现较大的水头差、较大的临时超载、较陡的挖方边坡时，应按短暂状况验算其稳定性。如水位有骤降的情况，应考虑水位骤降对土坡稳定的影响。

第八节　管道工程和架空线路工程

一、管道工程

管道工程是指长距离输油、气管道线路及其大型穿、跨越工程。长距离输油、气管道主要或优先采用地下埋设方式，管道上覆土厚 1.0~1.2 m；自然条件比较特殊的地区，经过技术论证，亦可采用土堤埋设、地上敷设和水下敷设等方式。

管道工程勘察阶段的划分应与设计阶段相适应。输油、气管道工程可分选线勘察、初步勘察和详细勘察三个阶段。对岩土工程条件简单或有工程经验的地区，可适当简化勘察阶段。一般大型管道工程和大型穿越、跨越工程可分为选线勘察、初步勘察和详细勘察三个阶段。中型工程可分为选线勘察和详细勘察两个阶段。对于小型线路工程和小型穿、跨越工程一般不分阶段，一次达到详勘要求。

（一）管道工程选线勘察

选线勘察主要是收集和分析已有资料，对线路主要的控制点（如大中型河流穿、跨越点）进行踏勘调查，一般不进行勘探工作。对大型管道工程和大型穿越、跨越工程，选线勘察是一个重要的也是十分必要的勘察阶段。以往有些单位在选线工作中，由于对地质工作不重视，没有工程地质专业人员参加，甚至不进行选线勘察，事后发现选定的线路方案有不少岩土工程问题。例如沿线的滑坡、泥石流等不良地质作用较多，不易整治；如果整治，则耗费很大，增加工程投资；如不加以整治，则后患无穷。在这种情况下，有时不得不重新组织选线。

选线勘察应通过收集资料、测绘与调查，掌握各方案的主要岩土工程问题，对拟选穿、跨越河段的稳定性和适宜性做出评价，提出各方案的比选推荐建议，并应符合下列要求：

① 调查沿线地形地貌、地质构造、地层岩性、水文地质等条件，推荐线路、越岭方案。

② 调查各方案通过地区的特殊性岩土和不良地质作用，评价其对修建管道的危害程度。

③ 调查控制线路方案河流的河床和岸坡的稳定程度，提出穿、跨越方案比选的建议。

④ 调查沿线水库的分布情况，近期和远期规划，水库水位、回水浸没和坍岸的范围及其对线路方案的影响。

⑤ 调查沿线矿产、文物的分布概况。

⑥ 调查沿线地震动参数或抗震设防烈度。

管道遇有河流、湖泊、冲沟等地形、地物障碍时，必须跨越或穿越通过。根据国内外的经验，一般是穿越较跨越好。但是管道线路经过的地区，各种自然条件不尽相同，有时因为河床不稳，要求穿越管线埋藏很深；有时沟深坡陡，管线敷设的工程量很大；有时水深流急施工穿越工程特别困难；有时因为对河流经常疏浚或渠道经常扩挖，影响穿越管道的安全。在这些情况下，采用跨越的方式比穿越方式好。因此，应根据具体情况因地制宜地确定穿越或跨越方式。

河流的穿、跨越点选得是否合理，是设计、施工和管理的关键问题。所以，在确定穿、跨越点以前，应进行必要的选址勘察工作。通过认真的调查研究，比选出最佳的穿、跨越方案。既要照顾到整个线路走向的合理性，又要考虑到岩土工程条件的适宜性。从岩土工程的角度，穿越和跨越河流的位置应选择河段顺直、河床与岸坡稳定、水流平缓、河床断面大致对称、河床岩土构成比较单一、两岸有足够施工场地等有利河段。宜避开下列河段：

① 河道异常弯曲，主流不固定，经常改道。
② 河床为粉细砂组成，冲淤变幅大。
③ 岸坡岩土松软，不良地质作用发育，对工程稳定性有直接影响或潜在威胁。
④ 断层河谷或发震断裂。

（二）管道工程初步勘察

初勘工作，主要是在选线勘察的基础上，进一步收集资料，现场踏勘，进行工程地质测绘和调查，对拟选线路方案的岩土工程条件做出初步评价，并推荐最优线路方案；对穿、跨越工程尚应评价河床及岸坡的稳定性，提出穿、跨越方案的建议。

初步勘察应主要包括下列内容：

① 划分沿线的地貌单元。
② 初步查明管道埋设深度内岩土的成因、类型、厚度和工程特性。
③ 调查对管道有影响的断裂的性质和分布。
④ 调查沿线各种不良地质作用的分布、性质、发展趋势及其对管道的影响。
⑤ 调查沿线井、泉的分布和地下水位情况。
⑥ 调查沿线矿藏分布及开采和采空情况。
⑦ 初步查明拟穿、跨越河流的洪水淹没范围，评价岸坡稳定性。

这一阶段的工作主要是进行测绘和调查，尽量利用天然和人工露头，一般不进行勘探和试验工作，只在地质条件复杂、露头条件不好的地段才进行简单的勘探工作。因为在初勘时，可能有几个比选方案，如果每一个方案都进行较为详细的勘察工作，那样工作量太大。所以，在确定工作内容时，要求初步查明管道埋设深度内的地层岩性、厚度和成因，要求把岩土的基本性质查清楚，如有无流沙、软土和对工程有影响的不良地质作用。

管道通过河流、冲沟等地段的穿、跨越工程的初勘工作，以收集资料、踏勘、调查为主，必要时进行物探工作。山区河流、河床的第四系覆盖层厚度变化大，单纯用钻探手段难以控制，可采用电法或地震勘探，以了解基岩埋藏深度。对于地质条件复杂的大中型河流，除地面调查和物探工作外，尚需进行少量的钻探工作，每个穿、跨越方案宜布置勘探点 1～3 个。对于勘探线上的勘探点间距，考虑到本阶段对河床地层的研究仅是初步的，山区河流同平原河流的河床沉积差异性很大，即使是同一条河流，上游与下游也有较大的差别。因此，勘探点间距应根据具体情况确定，以能初步查明河床地质条件为原则。至于勘探孔的深度，可以与详勘阶段的要求相同。

（三）管道工程详细勘察

详细勘察应查明沿线的岩土工程条件和水、土对金属管道的腐蚀性，应分段评价岩土工程条件，提出岩土工程设计所需要的岩土特性参数和设计、施工方案的建议；对穿越工程尚应论述河床和岸坡的稳定性，提出护岸措施的建议。穿、跨越地段的勘察应符合下列规定：

① 穿越地段应查明地层结构、土的颗粒组成和特性；查明河床冲刷和稳定程度；评价岸坡稳定性，提出护坡建议。

② 跨越地段的勘探工作应按架空线路工程的有关规定执行。

详细勘察勘探点的布置，应满足下列要求：

① 对管道线路工程，勘探点间距视地质条件复杂程度而定，宜为 200～1 000 m，包括地质点及原位测试点，并应根据地形、地质条件复杂程度适当增减；勘探孔深度宜为管道埋设深度以下 1～3 m。

② 对管道穿越工程，勘探点应布置在穿越管道的中线上，偏离中线不应大于 3 m，勘探点间距宜为 30～100 m，并不应少于 3 个；当采用沟埋敷设方式穿越时，勘探孔深度宜钻至河床最大冲刷深度以下 3～5 m；当采用顶管或定向钻方式穿越时，勘探孔深度应根据设计要求确定。

管道穿越工程详勘阶段的勘探点间距规定"宜为 30～100 m"，范围较大。这是考虑到山区河流与平原河流的差异大。对山区河流而言，30 m 的间距有时还难以控制地层的变化；对平原河流，100 m 的间距甚至再增大一些也可以满足要求。因此，当基岩面起伏大或岩性变化大时，勘探点的间距应适当加密，或采用物探方法，以控制地层变化。按现用设备，当采用定向钻方式穿越时，钻探点应偏离中心线 15 m。

③ 抗震设防烈度等于或大于 6°地区的管道工程，勘察工作应满足查明场地和地基的地震效应的要求。

二、架空线路工程

大型架空线路工程，主要是高压架空线路工程，包括 220 kV 及其以上的高压架空送电线路、大型架空索道等，其他架空线路工程也可参照执行。

大型架空线路工程可分初步设计勘察和施工图设计勘察两阶段，小型架空线路可合并勘察阶段。

（一）初步设计勘察

初步设计勘察查明沿线岩土工程条件和跨越主要河流地段的岸坡稳定性，选择最优线路方案。初步设计勘察应符合下列要求：

① 调查沿线地形地貌、地质构造、地层岩性和特殊性岩土的分布、地下水及不良地质作用，并分段进行分析评价。

② 调查沿线矿藏分布、开发计划与开采情况；线路宜避开可采矿层；对已开采区，应对采空区的稳定性进行评价。

③ 对大跨越地段，应查明工程地质条件，进行岩土工程评价，推荐最优跨越方案。

初步设计勘察应以收集和利用航测资料为主。大跨越地段应做详细的调查或工程地质测绘，必要时，辅以少量的勘探、测试工作。为了能选择地质地貌条件较好、路径短、安全、经济、交通便利、施工方便的线路路径方案,可按不同地质、地貌情况分段提出勘察报告。

调查和测绘工作,重点是调查研究路径方案跨河地段的岩土工程条件和沿线的不良地质作用,对各路径方案沿线地貌、地层岩性、特殊性岩土分布、地下水情况也应了解,以便正确划分地貌、地质地段,结合有关文献资料归纳整理提出岩土工程勘察报告。对特殊设计的大跨越地段和主要塔基,应做详细的调查研究,当已有资料不能满足要求时,尚应进行适量的勘探测试工作。

(二)施工图设计勘察

施工图设计勘察阶段,应提出塔位明细表,论述塔位的岩土条件和稳定性,并提出设计参数和基础方案以及工程措施等建议。施工图设计勘察应符合下列要求:

① 平原地区应查明塔基土层的分布、埋藏条件、物理力学性质、水文地质条件及环境水对混凝土和金属材料的腐蚀性。

② 线路经过丘陵和山区,应围绕塔基稳定性并以此为重点进行勘察工作;主要是查明塔基及其附近是否有滑坡、崩塌、倒石堆、冲沟、岩溶和人工洞穴等不良地质作用及其对塔基稳定性的影响,提出防治措施建议。

③ 大跨越地段尚应查明跨越河段的地形地貌、塔基范围内地层岩性、风化破碎程度、软弱夹层及其物理力学性质;查明对塔基有影响的不良地质作用,并提出防治措施建议。

④ 对特殊设计的塔基和大跨越塔基,当抗震设防烈度等于或大于 6°时,勘察工作应满足查明场地和地基的地震效应的要求。

施工图设计勘察阶段,是在已经选定的线路下进行杆塔定位,结合塔位进行工程地质调查、勘探和测试,提出合理的地基基础和地基处理方案、施工方法的建议等。各地段的具体要求如下:

· 对架空线路工程的转角塔、耐张塔、终端塔、大跨越塔等重要塔基和地质条件复杂地段,应逐个进行塔基勘探。对简单地段的直线塔基勘探点间距可酌情放宽;直线塔基地段宜每 3～4 个塔基布置一个勘探点。

· 对跨越地段杆塔位置的选择,应与有关专业共同确定;对于岸边和河中立塔,尚需根据水文调查资料(包括百年一遇洪水、淹没范围、岸边与河床冲刷以及河床演变等),结合塔位工程地质条件,对杆塔地基的稳定性做出评价。

· 跨越河流或湖沼,宜选择在跨距较短、岩土工程条件较好的地点布设杆塔。对跨越塔,宜布置在两岸地势较高、岸边稳定、地基土质坚实、地下水埋藏较深处;在湖沼地区立塔,则宜将塔位布设在湖沼沉积层较薄处,并需着重考虑杆塔地基环境水对基础的腐蚀性。

· 深度应根据杆塔受力性质和地质条件确定。根据国内已建和在建的 500 kV 送电线路工程勘察方案的总结,结合土质条件、塔的基础类型、基础埋深和荷重大小以及塔基受力的特点,按有关理论计算结果,勘探孔深度一般为基础埋置深度下 0.5～2.0 倍基础底面宽度,表 2-8-1 可做参考。

架空线路杆塔基础受力的基本特点是上拔力、下压力或倾覆力。因此,应根据杆塔性质(直线塔或耐张塔等),基础受力情况和地基情况进行基础上拔稳定计算、基础倾覆计算和基础下压地基计算,具体的计算方法可参照《架空送电线路基础设计技术规定》(DL/T 5219—2005)执行。

表 2-8-1　　　　　　　　　　　　不同类型塔基勘探深度

塔　型	勘探孔深度/m		
	硬塑土层	可塑土层	软塑土层
NB 直线塔	$d+0.5b$	$d+(0.5\sim1.0)b$	$d+(1.0\sim1.5)b$
耐张、转角、跨越和终端塔	$d+(0.5\sim1.0)b$	$d+(1.0\sim1.5)b$	$d+(1.5\sim2.0)b$

注：① 本表适用于均质土层，如为多层土或碎石土、砂土时，可适当增减。

　　② d——基础埋置深度，m；b——基础底面宽度，m。

第九节　废弃物处理工程

本节所说的废弃物处理工程是指工业废渣堆场、核废料处理场、垃圾填埋场等固体废弃物处理工程。废弃物包括矿山尾矿、火力发电厂灰渣、氧化铝厂赤泥、核废料等工业废渣（料）以及城市固体垃圾等各种废弃物。我国工业和城市废弃物处理的问题日益突出，废弃物处理工程的建设日益增多，各种废弃物堆场的特点虽各有不同，但其基本特征是类似的。过去废弃物处理工程勘察的重点是坝体的勘察，如"尾矿坝"和"贮灰坝"。但事实上，对于山谷型堆填场，不仅有坝，还有其他工程设施。除山谷型外，还有平地型、坑埋型等。矿山废石、冶炼厂炉渣等粗粒废弃物堆场，目前一般不作勘察，但有时也会发生岩土工程问题，如引发泥石流，应根据任务要求和具体情况确定如何勘察。核废料的填埋处理要求很高，有核安全方面的专门要求，尚应满足相关规范的规定。

选矿厂的大量脉石"废渣"（即尾矿），通常以矿浆状态排出，个别情况下也有以干砂状态排出。大量的尾砂如不妥善处理就会大面积地覆没农田和污染水系，对环境造成严重的危害。同时，尾矿中往往还含有目前尚不能回收的贵重稀有金属，也不允许随意丢弃，需要存贮起来，待以后开发提炼。选矿厂的尾矿处理设施，就是为妥善解决上述问题而建造的各种建（构）筑物的联合系统。尾矿处理的方法有湿式、干式或介于两者之间的混合式，我国大多数选矿厂的尾矿均采用湿式处理。尾矿库中排出的澄清水，多数情况下设回水系统，回收一部分水供选矿厂重复利用；多余部分排往下游河道，当排放的澄清水中含有有害成分，且超过废水排水标准和卫生标准时，则需设置净化构筑物对废水进行净化处理。

燃煤电厂产生大量的灰渣即粉煤灰，颗粒细小，多为粉粒，易随风飞扬，增加空气中可吸入颗粒物的含量，降低大气质量，对人体有较大的危害；沉降至地面后又可在土壤表面和孔隙中积累而破坏土壤的透气、透水性和土壤特有的团粒结构，从而降低了土壤的效能。一般采用湿式排灰方式，将粉煤灰加水制成粉煤灰浆，利用管道输送至贮灰场（库）贮存。贮灰坝是贮灰场（库）用来拦截粉煤灰的主要水工建筑物。贮灰场（库）的主要目的是贮灰，所以对贮灰坝坝基及整个场（库）区的防渗要求不是十分严格。一般不需要对坝基进行固结灌浆和帷幕防渗处理，而坝基及库区边坡的稳定则是其研究的主要问题。

赤泥是铝厂冶炼过程中产生的含铁的废弃物，成胶泥状态。

城市建设和生活过程中产生大量的固体废弃物——垃圾，可分为建筑垃圾和生活垃圾。其中生活垃圾富含有机物、细菌以及一些化学制品，这些物质对环境影响很大，随意堆放会影响大气、水和土地，造成污染。选择合适的填埋场所、建立相应的处理措施是十分必要的。

废弃物处理工程一般由若干配套工程组成。例如,对于山谷型废弃物堆场,一般由以下工程组成:

① 初期坝:一般为土石坝,有的上游用砂石、土工布组成反滤层。

② 堆填场:即库区,有的还设有截洪沟,防止洪水进入库区。

③ 管道、排水井、隧洞等,用于输送尾矿、灰渣、降水、排水。对于垃圾堆埋场,还设有排气设施,以排出堆填物内部产生的沼气等气体。

④ 截污坝、污水池、截水墙、防渗帷幕等,用以集中有害渗出液,防止对周围环境的污染,对垃圾填埋场尤为重要。

⑤ 加高坝:废弃物堆填超过初期坝后,用废渣材料加高的坝体。也有用其他材料如混凝土或钢筋混凝土加高或筑成堆填场坝,以确保安全。

⑥ 污水处理场、办公用房等建筑物。

⑦ 垃圾填埋场的底部设有复合型密封层,以防渗出液污染地下水;顶部设有密封层,防止垃圾随风飞扬,污染大气;赤泥堆场底部也有土工膜或其他密封层。

⑧ 稳定、变形、渗漏、污染的监测系统。

一、一般规定

(一) 应着重查明的内容

废弃物处理工程的岩土工程勘察,应着重查明下列内容:

① 地形地貌特征和气象水文条件。

② 地质构造、岩土分布和不良地质作用。

③ 岩土的物理力学性质。

④ 水文地质条件、岩土和废弃物的渗透性。

⑤ 场地、地基和边坡的稳定性。

⑥ 污染物的运移,对水源和岩土的污染和对环境的影响。

⑦ 筑坝材料和防渗覆盖用黏土的调查。

⑧ 全新活动断裂、场地地基和堆积体的地震效应。

(二) 废弃物处理工程勘察的范围

废弃物处理工程勘察的范围,应包括堆填场(库区)、初期坝、相关的管线、隧洞等构筑物和建筑物,以及邻近相关地段,并应进行地方建筑材料的勘察。由于废弃物的种类、地形条件、环境保护要求等各不相同,工程建设运行过程有较大差别,勘察范围应根据任务要求和工程具体情况确定。

(三) 勘察阶段的划分及各阶段的主要任务

废弃物处理工程的勘察应配合工程建设分阶段进行。不同的行业由于情况不同,各工程的规模不同,要求也不同,所以在具体勘察时应根据具体情况确定勘察的阶段划分。一般情况下,废弃物处理工程的勘察,可分为可行性研究勘察、初步勘察和详细勘察。废渣材料加高坝不属于一般意义勘察,而属于专门要求的详细勘察。

可行性研究勘察应主要采用踏勘调查,必要时辅以少量勘探工作,对拟选场地的稳定性和适宜性做出初步评价。

初步勘察应以工程地质测绘为主,辅以勘探、原位测试、室内试验,对拟建工程的总平面布置、场地的稳定性、废弃物对环境的影响等进行初步评价,并提出建议。

详细勘察应采用勘探、原位测试和室内试验等手段进行,地质条件复杂地段应进行工程地质测绘,获取工程设计所需的参数,提出设计施工和监测工作的建议,并对不稳定地段和环境影响进行评价,提出治理建议。

废弃物处理工程勘察前,除收集与一般场地勘察要求相同的地形图、地质图、工程总平面图等资料外,尚应收集下列专门性技术资料:

① 废弃物的成分、粒度、物理和化学性质,废弃物的日处理量、输送和排放方式。

② 堆场或填埋场的总容量、有效容量和使用年限。

③ 山谷型堆填场的流域面积、降水量、径流量、多年一遇洪峰流量。

④ 初期坝的坝长和坝顶标高,加高坝的最终坝顶标高。

⑤ 活动断裂和抗震设防烈度。

⑥ 邻近的水源地保护带、水源开采情况和环境保护要求。

废弃物处理工程的工程地质测绘应包括场地的全部范围及其邻近有关地段,其比例尺,初步勘察宜为 1∶2 000～1∶5 000,详细勘察的复杂地段不应小于 1∶1 000,除应按一般工程地质测绘的要求执行外,尚应着重调查下列内容:

① 地貌形态、地形条件和居民区的分布。

② 洪水、滑坡、泥石流、岩溶、断裂等与场地稳定性有关的不良地质作用,滑坡和泥石流还可挤占库区,减小有效库容。

③ 有价值的自然景观、文物和矿产的分布,矿产的开采和采空情况。

有价值的自然景观包括有科学意义需要保护的特殊地貌、地层剖面、化石群等。文物和矿产常有重要的文化和经济价值,应进行调查,并由专业部门评估,对废弃物处理工程建设的可行性有重要影响。

④ 与渗漏有关的水文地质问题,是建造防渗帷幕、截污坝、截水墙等工程的主要依据,测绘和勘探时应着重查明。

⑤ 生态环境。

⑥ 废弃物处理工程应按第五章的要求,进行专门的水文地质勘察。

⑦ 在可溶岩分布区,应着重查明岩溶发育条件,溶洞、土洞、塌陷的分布,岩溶水的通道和流向,岩溶造成地下水和渗出液的渗漏,岩溶对工程稳定性的影响。

⑧ 初期坝的筑坝材料及防渗和覆盖用黏土材料的费用对工程的投资影响较大,勘察时应包括材料的产地、储量、性能指标、开采和运输条件。可行性勘察时应确定产地,初步勘察时应基本完成。

二、工业废渣堆场

工业废渣堆场详细勘察时,勘探测试工作量和技术要求应根据工程实际情况和有关行业标准的要求确定,以能满足查明情况和分析评价要求为准并应符合下列规定:

① 勘探线宜平行于堆填场、坝、隧洞、管线等构筑物的轴线布置,勘探点间距应根据地质条件复杂程度确定。

② 对初期坝,勘探孔的深度应能满足分析稳定、变形和渗漏的要求。

③ 与稳定、渗漏有关的关键性地段,应加密加深勘探孔或专门布置勘探工作。

④ 可采用有效的物探方法辅助钻探和井探。

⑤ 隧洞勘察应符合本章第六节的规定。

废渣材料加高坝的勘察,应采用勘探、原位测试和室内试验的方法进行,并应着重查明下列内容:

① 已有堆积体的成分、颗粒组成、密实程度、堆积规律。

② 堆积材料的工程特性和化学性质。

③ 堆积体内浸润线位置及其变化规律。

④ 已运行坝体的稳定性,继续堆积至设计高度的适宜性和稳定性。

⑤ 废渣堆积坝在地震作用下的稳定性和废渣材料的地震液化可能性。

⑥ 加高坝运行可能产生的环境影响。

废渣材料加高坝的勘察,可按堆积规模垂直坝轴线布设不少于三条勘探线,勘探点间距在堆场内可适当增大;一般勘探孔深度应进入自然地面以下一定深度,控制性勘探孔深度应能查明可能存在的软弱层。

对于尾矿库,堆积坝勘探线和勘探点的间距应根据尾矿库的等级(参见表 2-9-1)按表 2-9-2 确定。一般性勘探孔的深度应达到原地面以下 1～2 m,控制性勘探孔的深度参考表 2-9-3。

表 2-9-1   尾矿库的等级划分

级别	库容/10^6 m³	坝高/m	工程规模
二	≥1.0	≥100	大 型
三	1.0～0.1	100～60	中 型
四	0.1～0.01	60～30	小一型
五	<0.01	<30	小二型

注:① 尾矿库等级没有一级。

② 库容系指校核洪水位以下尾矿库容积;坝高系指尾矿堆积坝标高与初期坝轴线处坝底标高的高度差。

③ 坝高和库容分级指标分属不同级别时,以其中高的级别为准;差二级时,以高的级别降一级为准。

④ 当有下列情况之一时,按上表确定的尾矿库等级可以提高一级:

a. 如尾矿库失事时,将使下游的重要城镇、工矿企业和铁路干线遭受严重灾害者;

b. 下游有重点保护历史文物、古迹且不易拆迁者;

c. 当工程地质及水文地质条件特别复杂,经地基处理后尚认为不够彻底者(洪水标准不予提高)。

表 2-9-2   尾矿库堆积坝勘探线、点间距

尾矿库等级	勘探线间距/m		勘探点间距/m	
	堆积坝组成以尾矿土为主	堆积坝组成以尾矿砂为主	坝 区	库 区
二～三级	≤200	≤250	30～60(每条勘探线不少于 6 个点)	60～150(每条勘探线不少于 5 个点)
四～五级	≤250	≤250	40～80(每条勘探线不少于 5 个点)	40～80(每条勘探线不少于 3 个点)

表 2-9-3 尾矿坝控制性勘探孔深度

最终堆积坝高/m	<50	50～100	≥100
勘探孔深度/m	50	同最终堆积坝高	100

注：当上述深度范围内遇到基岩时,应穿过强风化带。

工业废渣堆场的岩土工程分析评价应重点对不良地质作用、稳定性等进行岩土工程分析评价,并提出防治措施的建议。具体包括下列内容：

① 洪水、滑坡、泥石流、岩溶、断裂等不良地质作用对工程的影响。

② 坝基、坝肩和库岸的稳定性,地震对稳定性的影响。

③ 坝址和库区的渗漏及建库对环境的影响。

④ 对地方建筑材料的质量、储量、开采和运输条件,进行技术经济分析。

⑤ 对废渣加高坝的勘察,应分析评价现状和达到最终高度时的稳定性,提出堆积方式和应采取措施的建议。

⑥ 提出边坡稳定、地下水位、库区渗漏等方面监测工作的建议。

三、垃圾填埋场

垃圾填埋场勘察前收集资料时,除了收集与一般场地勘察要求相同的地形图、地质图、工程总平面图等资料外,还应收集一般废弃物处理工程专门性技术资料和下列内容：

① 垃圾的种类、成分和主要特性以及填埋的卫生要求。

② 填埋方式和填埋程序以及防渗衬层和封盖层的结构,渗出液集排系统的布置。

③ 防渗衬层、封盖层和渗出液集排系统对地基和废弃物的容许变形要求。

④ 截污坝、污水池、排水井、输液输气管道和其他相关构筑物情况。

废弃物的堆积方式和工程性质不同于天然土,按其性质可分为似土废弃物和非土废弃物。似土废弃物如尾矿、赤泥、灰渣等,类似于砂土、粉土、黏性土,其颗粒组成、物理性质、强度、变形、渗透和动力性质,可用土工试验方法测试。非土废弃物如生活垃圾,取样测试都较困难,应针对具体情况,专门考虑。有些力学参数也可通过现场监测,用反分析方法确定。垃圾填埋场的勘探测试,除应遵守本节工业废渣堆场的规定外,尚应符合下列要求：

① 需进行变形分析的地段,其勘探深度应满足变形分析的要求。

② 岩土和似土废弃物的测试,可按一般土的有关规定执行,非土废弃物的测试,应根据其种类和特性采用合适的方法,并可根据现场监测资料,用反分析方法获取设计参数。

③ 测定垃圾渗出液的化学成分,必要时进行专门试验,研究污染物的运移规律。

力学稳定和化学污染是废弃物处理工程评价两大主要问题,垃圾填埋场勘察报告的岩土工程分析评价除应满足工业废渣堆场的有关规定外,尚宜包括下列内容：

① 工程场地的整体稳定性以及废弃物堆积体的变形和稳定性。

② 地基和废弃物变形,导致防渗衬层、封盖层及其他设施失效的可能性。如土石坝的差异沉降可引起坝身裂缝；废弃物和地基土的过量变形,可造成封盖和底部密封系统开裂等。

③ 坝基、坝肩、库区和其他有关部位的渗漏。

④ 预测水位变化及其影响。

⑤ 污染物的运移及其对水源、农业、岩土和生态环境的影响。

⑥ 提出保证稳定、减少变形、防止渗漏和保护环境措施的建议。

⑦ 提出筑坝材料、防渗和覆盖用黏土等相关事项的建议。

⑧ 提出有关稳定、变形、水位、渗漏、水土和渗出液化学性质监测工作的建议。

第十节 核 电 厂

核电站是通过核反应堆产生核能,并经过核供汽系统(又称一回路系统)和汽轮发电机系统(或称二回路系统)的协调工作来生产电能的一种电力设施。其中,核供汽系统被安装在一个称为安全壳的密闭厂房内,其目的是隔离核辐射,以保证核电站在正常运行或发生事故时都不会影响环境安全。核电站主体工程的主要构筑物包括:安全壳以及围绕着安全壳的燃料库、主控制楼、管廊和一回路辅助厂房、二回路系统的汽轮发电机房、应急柴油机房等,冷却水供应装置,取、排水系统及其护岸工程,核废料贮存设施,等等。

安全壳是一个直径一般为 40～50 m 的钢筋混凝土圆柱体,其基础为一块整体钢筋混凝土垫板,埋置在地面以下 10～20 m,一般要求其嵌入岩基。燃料库基础埋深略小一些,而主控制楼、管廊和一回路辅助厂房的基础埋深均大于安全壳基础埋深。因此,这些构筑物的基坑实际上是一个连成一体的、底部呈台阶状的巨大深基坑。

冷却水供、排水设施主要由水泵房、引水隧洞或明渠等组成。大多数核电站将水泵房深埋于地下,采用引水隧洞连接水泵房与大型水体。水泵房和输水隧洞的标高均在大型水体历年最枯水位之下。

核废料贮存设施可分为两类:一类核废料贮存的安全年限为 500～600 年,一般是在厂区附近选择稳定的山体开挖洞坑作为贮存这类核废料的场地;另一类核废料需要加以集中后进行永久贮存。目前国际上普遍认为在地下盐矿、深层黏土层(岩)以及花岗岩体中建造永久贮存设施较为现实、可行,其中以地下盐矿最为理想。

核电厂岩土工程勘察的安全分类,可分为与核安全有关建筑和常规建筑两类。核电厂的下列建筑物为与核安全有关的建筑物:① 核反应堆厂房;② 核辅助厂房;③ 电气厂房;④ 核燃料厂房及换料水池;⑤ 安全冷却水泵房及有关取水构筑物;⑥ 其他与核安全有关的建筑物。

除上列与核安全有关建筑物之外,其余建筑物均为常规建筑物。

与核安全有关建筑物应为岩土工程勘察的重点。本节规定是在总结已有核电厂勘察经验的基础上,遵循核电厂安全法规和导则的有关规定,参考国外核电厂前期工作的经验制订的,适用于各种核反应堆型的陆地固定式商用核电厂的岩土工程勘察。

一、勘察阶段的划分

核电厂是各类工业建筑中安全性要求最高、技术条件最为复杂的工业设施,建造投资规模巨大。因此,根据基建审批程序和已有核电厂工程的实际经验,核电厂岩土工程勘察可划分为初步可行性研究、可行性研究、初步设计、施工图设计和工程建造等五个勘察阶段。各个阶段循序渐进、逐步投入。

二、初步可行性研究勘察

（一）勘察工作的内容和目的

根据原电力工业部《核电厂工程建设项目可行性研究内容与深度规定（试行）》，初步可行性研究阶段应对 2 个或 2 个以上厂址进行勘察，最终确定 1～2 个候选厂址。初步可行性研究勘察工作应以收集资料为主，根据地质复杂程度，进行调查、测绘、钻探、测试和试验，对各拟选厂址的区域地质、厂址工程地质和水文地质、地震动参数区划、历史地震及历史地震的影响烈度以及近期地震活动等方面资料加以研究分析，对厂址的场地稳定性、地基条件、环境水文地质和环境地质做出初步评价，提出建厂的适宜性意见，满足初步可行性研究阶段的深度要求。

（二）勘察的基本要求

初步可行性研究勘察，厂址工程地质测绘的比例尺应选用 1：10 000～1：25 000；范围应包括厂址及其周边地区，面积不宜小于 4 km²。工程地质测绘内容包括地形、地貌、地层岩性、地质构造、水文地质以及岩溶、滑坡、崩塌、泥石流等不良地质作用。重点调查断层构造的展布和性质，必要时应实测剖面。

初步可行性研究勘察，应通过工程地质调查，对岸坡、边坡的稳定性进行分析，必要时可做少量的勘探和测试工作，提出厂址的主要工程地质分层，提供岩土初步的物理力学性质指标，了解预选核岛区附近的岩土分布特征，并应符合下列要求：

① 每个厂址勘探孔不宜少于两个，深度应为预计设计地坪标高以下 30～60 m。

② 应全断面连续取芯，回次岩芯采取率对一般岩石应大于 85％，对破碎岩石应大于 70％。

③ 每一主要岩土层应采取 3 组以上试样；勘探孔内间隔 2～3 m 应做标准贯入试验一次，直至连续的中等风化以上岩体为止；当钻进至岩石全风化层时，应增加标准贯入试验频次，试验间隔不应大于 0.5 m。

④ 岩石试验项目应包括密度、弹性模量、泊松比、抗压强度、软化系数、抗剪强度和压缩波速度等；土的试验项目应包括颗粒分析、天然含水量、密度、塑限、液限、压缩系数、压缩模量和抗剪强度等。

⑤ 初步可行性研究勘察，对岩土工程条件复杂的厂址，可选用物探辅助勘察，了解覆盖层的组成、厚度和基岩面的埋藏特征，了解隐伏岩体的构造特征，了解是否存在洞穴和隐伏的软弱带。在河海岸坡和山丘边坡地区，应对岸坡和边坡的稳定性进行调查，并做出初步分析评价。

（三）厂址适宜性评价

为了确保核电站的绝对安全以及投资效益的需要，选择核电站站址时，评价厂址适宜性应考虑下列因素：

① 有无能动断层，是否对厂址稳定性构成影响。

站址及其附近是否存在能动断层是评价站址适宜性的重要因素。根据有关规定，在地表或接近地表处有可能引起明显错动的断层为能动断层。符合以下条件之一者应鉴定为能动断层：

· 该断层在晚更新世（距今约 10 万年）以来在地表或接近地表处有过运动的证据；

·证明与已知能动断层存在构造上的联系,由于已知能动断层的运动可能引起该断层在地表或近地表处的运动;

·站址附近的发震构造,当其最大潜在地震可能在地表或近地表产生断裂时,该发震构造应认为是能动断层。

② 是否存在影响厂址稳定的全新世火山活动。

③ 是否处于地震设防烈度大于 8 度的地区,是否存在与地震有关的潜在地质灾害。

地震是影响核电站安全的另一个主要的地质因素,包括地震动本身可影响核电站建筑物的安全与稳定以及地震引起的地基液化、滑动、边坡失稳等地质灾害的影响。

④ 厂址区及其附近有无可开采矿藏,有无影响地基稳定的人类历史活动、地下工程、采空区、洞穴等。

⑤ 是否存在可造成地面塌陷、沉降、隆起和开裂等永久变形的地下洞穴、特殊地质体、不稳定边坡和岸坡、泥石流及其他不良地质作用。

⑥ 有无可供核岛布置的场地和地基,并具有足够的承载力。

根据我国目前的实际情况,核岛基础一般选择在中等风化、微风化或新鲜的硬质岩石地基上,其他类型的地基并不是不可以放置核岛,只是由于我国在这方面的经验不足,必须加以严密的勘察与论证。因此,本节规定主要适用于核岛地基为岩石地基的情况。

⑦ 是否危及供水水源或对环境地质构成严重影响。

三、可行性研究勘察

(一)主要工作内容

可行性研究勘察阶段应对初步可行性研究阶段选定的核电站站址进行勘察,勘察内容应包括:

① 查明厂址地区的地形地貌、地质构造、断裂的展布及其特征。

② 查明厂址范围内地层成因、时代、分布和各岩层的风化特征,提供初步的动静物理力学参数;对地基类型、地基处理方案进行论证,提出建议。

③ 查明危害厂址的不良地质作用及其对场地稳定性的影响,对河岸、海岸、边坡稳定性做出初步评价,并提出初步的治理方案。

④ 判断抗震设计场地类别,划分对建筑物有利、不利和危险地段,判断地震液化的可能性。

⑤ 查明水文地质基本条件和环境水文地质的基本特征。

(二)勘察的基本要求

可行性研究勘察应进行工程地质测绘,测绘范围应视地质、地貌、构造单元确定,包括厂址及其周边地区,测绘地形图比例尺为 1∶1 000～1∶2 000,在厂址周边地区可采用 1∶2 000 的比例尺,但在厂区不应小于 1∶1 000。

本阶段厂址区的岩土工程勘察应以钻探和工程物探相结合的方式,工程物探是本阶段的重点勘察手段,通常选择 2～3 种物探方法进行综合物探,物探与钻探应互相配合,以便有效地获得厂址的岩土工程条件和有关参数,查明基岩和覆盖层的组成、厚度和工程特性;基岩埋深、风化特征、风化层厚度等;并应查明工程区存在的隐伏软弱带、洞穴和重要的地质构造;对水域应结合水工建筑物布置方案,查明海(湖)积地层分布、特征和基岩面起伏状况。

可行性研究阶段的勘探和测试应符合下列规定：

① 厂区的勘探应结合地形、地质条件采用网格状布置，勘探点间距宜为 150 m。

《核电厂地基安全问题》（HAF0108）中规定：厂区钻探采用 150 m×150 m 网格状布置钻孔，对于均匀地基厂址或简单地质条件厂址较为适用。如果地基条件不均匀或较为复杂，则钻孔间距应适当调整。

控制性勘探点应结合建筑物和地质条件布置，数量不宜少于勘探点总数的 1/3，沿核岛和常规岛中轴线应布置勘探线，勘探点间距宜适当加密，并应满足主体工程布置要求，保证每个核岛和常规岛不少于 1 个；对水工建筑物宜垂直河床或海岸布置 2～3 条勘探线，每条勘探线 2～4 个钻孔。泵房位置不应少于 1 个钻孔。

② 勘探孔深度，对基岩场地宜进入基础底面以下基本质量等级为Ⅰ级、Ⅱ级的岩体不少于 10 m；对第四纪地层场地宜达到设计地坪标高以下 40 m，或进入Ⅰ级、Ⅱ级岩体不少于 3 m；核岛区控制性勘探孔深度，宜达到基础底面以下 2 倍反应堆厂房直径；常规岛区控制性勘探孔深度，不宜小于地基变形计算深度，或进入基础底面以下Ⅰ级、Ⅱ级、Ⅲ级岩体 3 m；对水工建筑物应结合水下地形布置，并考虑河岸、海岸的类型和最大冲刷深度。

③ 岩石钻孔应全断面取芯，每回次岩芯采取率对一般岩石应大于 85%，对破碎岩石应大于 70%，并统计 RQD、节理条数和倾角；每一主要岩层应采取 3 组以上的岩样。

④ 根据岩土条件，选用适当的原位测试方法，测定岩土的特性指标，并用声波测试方法评价岩体的完整程度和划分风化等级。

⑤ 在核岛位置，宜选 1～2 个勘探孔，采用单孔法或跨孔法，测定岩土的压缩波速和剪切波速，计算岩土的动力参数。

⑥ 岩土室内试验项目除应符合初步可行性研究阶段的要求外，尚应增加每个岩体（层）代表试样的动弹性模量、动泊松比和动阻尼比等动态参数测试。

可行性研究阶段的地下水调查和评价，包括对核环境有影响的水文地质工作和常规的水文地质工作两方面。应符合下列规定：

① 结合区域水文地质条件，查明厂区地下水类型，含水层特征，含水层数量、埋深、动态变化规律及其与周围水体的水力联系和地下水化学成分。

② 结合工程地质钻探对主要地层分别进行注水、抽水或压水试验，测求地层的渗透系数和单位吸水率，初步评价岩体的完整性和水文地质条件。

③ 必要时，布置适当的长期观测孔，定期观测和记录水位，每季度定时取水样一次作水质分析，观测周期不应少于一个水文年。

可行性研究阶段应根据岩土工程条件和工程需要，进行边坡勘察、土石方工程和建筑材料的调查和勘察。

四、初步设计勘察

（一）勘察的主要工作内容

根据核电厂建筑物的功能和组合，初步设计勘察应分核岛、常规岛、附属建筑和水工建筑四个不同的建筑地段进行，这些不同建筑地段的安全性质及其结构、荷载、基础形式和埋深等方面的差异，是考虑勘察手段和方法的选择、勘探深度和布置要求的依据。初步设计勘察应符合下列要求：

① 查明各建筑地段的岩土成因、类别、物理性质和力学参数,并提出地基处理方案。

② 进一步查明勘察区内断层分布、性质及其对场地稳定性的影响,提出治理方案的建议。

③ 对工程建设有影响的边坡进行勘察,并进行稳定性分析和评价,提出边坡设计参数和治理方案的建议。

④ 查明建筑地段的水文地质条件。

⑤ 查明对建筑物有影响的不良地质作用,并提出治理方案的建议。

(二)勘探点间距及孔深的基本要求

(1)核岛

核岛是指反应堆厂房及其紧邻的核辅助厂房。初步设计核岛地段勘察应满足设计和施工的需要,勘探孔的布置、数量和深度应符合下列规定:

① 应布置在反应堆厂房周边和中部,当场地岩土工程条件较复杂时,可沿十字交叉线加密或扩大范围。勘探点间距宜为 10～30 m。

② 勘探点数量应能控制核岛地段地层岩性分布,并能满足原位测试的要求。每个核岛勘探点总数不应少于 10 个,其中反应堆厂房不应少于 5 个,控制性勘探点不应少于勘探点总数的 1/2。

③ 控制性勘探孔深度宜达到基础底面以下 2 倍反应堆厂房直径,一般性勘探孔深度宜进入基础底面以下,Ⅰ、Ⅱ级岩体不少于 10 m。波速测试孔深度不应小于控制性勘探孔深度。

以上要求只是对核岛地段钻孔数量的最低的界限,主要考虑了核岛的几何形状和基础面积。在实际工作中,可根据场地实际工程地质条件进行适当调整。

(2)常规岛地段

常规岛地段按其建筑物安全等级相当于火力发电厂汽轮发电机厂房,考虑到与核岛系统的密切关系,初步设计常规岛地段勘察,除应符合相关规范的规定外,尚应符合下列要求:

① 勘探点应沿建筑物轮廓线、轴线或主要柱列线布置,每个常规岛勘探点总数不应少于 10 个,其中控制性勘探点不宜少于勘探点总数的 1/4。

② 控制性勘探孔深度对岩质地基应进入基础底面下Ⅰ级、Ⅱ级岩体不少于 3 m,对土质地基应钻至压缩层以下 10～20 m。

一般性勘探孔深度,岩质地基应进入中等风化层 3～5 m,土质地基应达到压缩层底部。

(3)水工建筑物

水工建筑物种类较多,各具不同的结构和使用特点,且每个场地工程地质条件存在着差别。勘察工作应充分考虑上述特点,有针对性地布置工作量。初步设计阶段水工建筑的勘察应符合下列规定:

① 泵房地段钻探工作应结合地层岩性特点和基础埋置深度,每个泵房勘探点数量不应少于 2 个。一般性勘探孔应达到基础底面以下 1～2 m;控制性勘探孔应进入中等风化岩石 1.5～3.0 m;土质地基中控制性勘探孔深度应达到压缩层以下 5～10 m。

② 位于土质场地的进水管线,勘探点间距不宜大于 30 m,一般性勘探孔深度应达到管线底标高以下 5 m,控制性勘探孔应进入中等风化岩石 1.5～3.0 m。

③ 与核安全有关的海堤、防波堤,钻探工作应针对该地段所处的特殊地质环境布置,查

明岩土物理力学性质和不良地质作用;勘探点宜沿堤轴线布置,一般性勘探孔深度应达到堤底设计标高以下 10 m,控制性勘探孔应穿透压缩层或进入中等风化岩石 1.5～3.0 m。

(三)测试及室内试验的基本要求

初步设计阶段勘察的测试,除应满足一般工业与民用建筑物的基本要求外,尚应符合下列规定:

① 根据岩土性质和工程需要,选择合适的原位测试方法,包括波速测试、动力触探试验、抽水试验、注水试验、压水试验和岩体静载荷试验等;并对核反应堆厂房地基进行跨孔法波速测试和钻孔弹模测试,测求核反应堆厂房地基波速和岩石的应力应变特性。

② 室内试验除进行常规试验外,尚应测定岩土的动静弹性模量、动静泊松比、动阻尼比、动静剪切模量、动抗剪强度、波速等指标。

以上几种原位测试方法是进行岩土工程分析与评价所需的项目,应结合工程的实际情况予以选择采用。核岛地段波速测试,是一项必须进行的工作,是取得岩土体动力参数和抗震设计分析的主要手段,该项目测试对设备和技术有很高的要求,因此,对服务单位的选择、审查十分重要。

五、施工图设计阶段和工程建造阶段勘察

施工图设计阶段应完成附属建筑的勘察和主要水工建筑以外其他水工建筑的勘察,并根据需要进行核岛、常规岛和主要水工建筑的补充勘察。勘察内容和要求可按初步设计阶段有关规定执行,每个与核安全有关的附属建筑物不应少于一个控制性勘探孔。

工程建造阶段勘察主要是现场检验和监测。核电站工程为有特殊要求的工程,一旦损坏,将造成生命财产的重大损失,同时将产生重大的社会影响。现场检验和监测工作对保证工程安全有重要作用。当监测数据接近安全临界值时,必须加密监测,并迅速向有关方面报告,以便及时采取措施,保证工程和人身安全。其内容和要求按有关规范、规定执行。

第十一节　既有建筑物的增载和保护

既有建筑物的增载和保护的类型主要指在大中城市的建筑密集区进行改建和新建时可能遇到的岩土工程问题。特别是大城市,高层建筑的数量增加很快,高度也在增高,建筑物增层、增载的情况较多,不少大城市正在兴建或计划兴建地铁,城市道路的大型立交工程也在增多。深基坑,地下掘进,较深、较大面积的施工降水,新建建筑物的荷载在既有建筑物地基中引起的应力状态的改变等是这些工程的岩土工程特点,给我们提出了一些特殊的岩土工程问题。我们必须重视和解决好这些问题,以避免或减轻对既有建筑物可能造成的影响,在兴建建筑物的同时,保证既有建筑物的完好与安全。

一、一般要求

注意搞清各类增载和保护工程的岩土工程勘察的工作重点,使勘探、试验工作的针对性强,所获的数据资料科学、适用,从而使岩土工程分析和评价建议能抓住主要矛盾,符合实际情况。此外,系统的监测工作是重要手段之一,往往不能缺少。

既有建筑物的增载和保护的岩土工程勘察应符合下列要求:

① 收集建筑物的荷载、结构特点、功能特点和完好程度资料,基础类型、埋深、平面位置,基底压力和变形观测资料;场地及其所在地区的地下水开采历史,水位降深、降速,地面沉降、形变,地裂缝的发生、发展等资料。

② 评价建筑物的增层、增载和邻近场地大面积堆载对建筑物的影响时,应查明地基土的承载力,增载后可能产生的附加沉降和沉降差;对建造在斜坡上的建筑物尚应进行稳定性验算。

③ 对建筑物接建或在其紧邻新建建筑物,应分析新建建筑物在既有建筑物地基土中引起的应力状态改变及其影响。

④ 评价地下水抽降对建筑物的影响时,应分析抽降引起地基土的固结作用和地面下沉、倾斜、挠曲或破裂对既有建筑物的影响,并预测其发展趋势。

⑤ 评价基坑开挖对邻近既有建筑物的影响时,应分析开挖卸载导致的基坑底部剪切隆起,因坑内外水头差引发管涌、坑壁土体的变形与位移、失稳等危险;同时还应分析基坑降水引起的地面不均匀沉降的不良环境效应。

⑥ 评价地下工程施工对既有建筑物的影响时,应分析伴随岩土体内的应力重分布出现的地面下沉、挠曲等变形或破裂,施工降水的环境效应,过大的围岩变形或坍塌等对既有建筑物的影响。

二、建筑物的增层、增载和邻近场地大面积堆载的岩土工程勘察的重点内容

为建筑物的增载或增层而进行的岩土工程勘察的目的,是查明地基土的实际承载能力(临塑荷载、极限荷载),从而确定是否尚有潜力可以增层或增载。建筑物的增层、增载和邻近场地大面积堆载的岩土工程勘察的重点应包括下列内容:

① 分析地基土的实际受荷程度和既有建筑物结构、材料状况及其适应新增荷载和附加沉降的能力。

② 勘探点应紧靠基础外侧布置,有条件时宜在基础中心线布置,每栋单独建筑物的勘探点不宜少于 3 个;在基础外侧适当距离处,宜布置一定数量勘探点。

③ 勘探方法除钻探外,宜包括探井和静力触探或旁压试验;取土和旁压试验的间距,在基底以下一倍基宽的深度范围内宜为 0.5 m,超过该深度时可为 1 m;必要时,应专门布置探井查明基础类型、尺寸、材料和地基处理等情况。

④ 压缩试验成果中应有 e—$\lg p$ 曲线,并提供先期固结压力、压缩指数、回弹指数和与增荷后土中垂直有效压力相应的固结系数,以及三轴不固结不排水剪切试验成果;当拟增层数较多或增载量较大时,应作载荷试验,提供主要受力层的比例界限荷载、极限荷载、变形模量和回弹模量。

⑤ 岩土工程勘察报告应着重对增载后的地基土承载力进行分析评价,预测可能的附加沉降和差异沉降,提出关于设计方案、施工措施和变形监测的建议。

增层、增载所需的地基承载力潜力不宜通过查以往有关的承载力表的办法来衡量。这是因为:

① 地基土的承载力表是建立在数理统计基础上的,表中的承载力只是符合一定的安全保证概率的数值,并不直接反映地基土的承载力和变形特性,更不是承载力与变形关系上的特性点。

② 地基土承载力表的使用是有条件的,岩土工程师应充分了解最终的控制与衡量条件是建筑物的容许变形(沉降、挠曲、倾斜)。

因此,原位测试和室内试验方法的选择决定于测试成果能否比较直接地反映地基土的承载力和变形特性,能否直接显示土的应力—应变的变化、发展关系和有关的力学特性点。

根据测试成果分析得出的地基土的承载力与计划增层、增载后地基将承受的压力进行比较,并结合必要的沉降历史关系预测,就可得出符合或接近实际的岩土工程结论。下列是比较明确的土的力学特性点:① 载荷试验 $s—p$ 曲线上的比例界限和极限荷载;② 固结试验 $e—\lg p$ 曲线上的先期固结压力和再压缩指数与压缩指数;③ 旁压试验 $V—p$ 曲线上的临塑压力 p_f 与极限压力 p_L;④ 静力触探锥尖阻力亦能在相当接近的程度上反映土的原位不排水强度等。

当然,在作出关于是否可以增层、增载和增层、增载的量值和方式、步骤的最后结论之前,还应考虑既有建筑物结构的承受能力。

三、建筑物接建、邻建的岩土工程勘察的重点内容

建筑物的接建、邻建所带来的主要岩土工程问题,是新建建筑物的荷载引起的、在既有建筑物紧邻新建部分的地基中的应力叠加。这种应力叠加会导致既有建筑物地基土的不均匀附加压缩和建筑物的相对变形或挠曲,直至严重裂损。针对这一主要问题,需要在接建、邻建部位专门布置勘探点。原位测试和室内试验的重点,如同建筑物的增载或增层所述,也应以获得地基土的承载力和变形特性参数为目的,以便分析研究接建、邻建部位的地基土在新的应力状态下的稳定程度,特别是预测地基土的不均匀附加沉降和既有建筑物将承受的局部性的相对变形或挠曲。

建筑物接建、邻建的岩土工程勘察应符合下列要求:

① 除应符合建筑物的增载或增层的要求外,尚应评价建筑物的结构和材料适应局部挠曲的能力。

② 除按房屋建筑的要求对新建建筑物布置勘探点外,尚应为研究接建、邻建部位的地基土、基础结构和材料现状布置勘探点,其中应有探井或静力触探孔,其数量不宜少于 3 个,取土间距宜为 1 m。

③ 压缩试验成果中应有 $e—\lg p$ 曲线,并提供先期固结压力、压缩指数、回弹指数和与增荷后土中垂直有效压力相应的固结系数,以及三轴不固结不排水剪切试验成果。

④ 岩土工程勘察报告应评价由新建部分的荷载在既有建筑物地基土中引起的新的压缩和相应的沉降差;评价新基坑的开挖、降水、设桩等对既有建筑物的影响,提出设计方案、施工措施和变形监测的建议。

四、评价地下水抽降影响的岩土工程勘察要求

在国内外由于城市、工矿地区开采地下水或以疏干为目的的降低地下水位所引起的地面沉降、挠曲或破裂的例子日益增多。这种伴随地下水抽降而来的地面形变严重时,可导致沿江沿海城市的海水倒灌或扩大洪水淹没范围,成群成带的建筑物沉降、倾斜与裂损,或一些采空区、岩溶区的地面塌陷等。

由地下水抽降所引起的地面沉降与形变不仅发生在软黏性土地区,土的压缩性并不很

高但厚度巨大的土层也可能出现数值可观的地面沉降与挠曲。若一个地区或城市的土层巨厚、不均或存在有先期隐伏的构造断裂时,地下水抽降引起的地面沉降会以地面的显著倾斜、挠曲,以至有方向性的破裂为特征。

评价地下水抽降影响的岩土工程勘察应符合下列要求:

① 研究地下水抽降与含水层埋藏条件、可压缩土层厚度、土的压缩性和应力历史等的关系,做出评价和预测。

② 表现为地面沉降的土层压缩可以涉及深处的土层,这是因为由地下水抽降造成的作用于土层上的有效压力的增加是大范围的。因此,岩土工程勘察需要勘探、取样和测试的深度很大,这样才能预测可能出现的土层累计压缩总量(地面沉降)。因此,勘探孔深度应超过可压缩地层的下限,并应取土试验或进行原位测试。

③ 压缩试验成果中应有 $e—\lg p$ 曲线,并提供先期固结压力、压缩指数、回弹指数和与增荷后土中垂直有效压力相应的固结系数,以及三轴不固结不排水剪切试验成果。

④ 岩土工程勘察报告应分析预测场地可能产生的地面沉降、形变、破裂及其影响,提出保护既有建筑物的措施。

五、评价基坑开挖对邻近建筑物影响的岩土工程勘察要求

深基坑开挖是高层建筑岩土工程问题之一。高层建筑物通常有多层地下室,需要进行深挖;有些大型工业厂房、高耸构筑物和生产设备等也要求将基础埋置很深,因而也有深基坑问题。深基坑开挖对相邻既有建筑物的影响主要有:① 基坑边坡变形、位移甚至失稳的影响;② 由于基坑开挖、卸荷所引起的相邻地面的回弹、挠曲;③ 由于施工降水引起的邻近建筑物软基的压缩或地基土中部分颗粒的流失而造成的地面不均匀沉降、破裂,在岩溶、土洞地区施工降水还可能导致地面塌陷。

岩土工程勘察研究的内容就是要分析上述影响产生的可能性和程度,从而决定采取何种预防、保护措施。评价基坑开挖对邻近建筑物影响的岩土工程勘察应符合下列要求:

① 收集分析既有建筑物适应附加沉降和差异沉降的能力,与拟挖基坑在平面与深度上的位置关系和可能采用的降水、开挖与支护措施等资料。

② 查明降水、开挖等影响所及范围内的地层结构,含水层的性质、水位和渗透系数,土的抗剪强度、变形参数等工程特性。

③ 岩土工程勘察报告除应符合基坑工程的要求外,尚应着重分析预测坑底和坑外地面的卸荷回弹,坑周土体的变形位移和坑底发生剪切隆起或管涌的危险,分析施工降水导致的地面沉降的幅度、范围和对邻近建筑物的影响,并就安全合理地开挖、支护、降水方案和监测工作提出建议。

信息法的施工方法可以弥补岩土工程分析和预测的不足,同时还可积累宝贵的科学数据,提高今后分析、预测水平。因此,应加强基坑开挖过程中的监测工作。

六、评价地下开挖对建筑物影响的岩土工程勘察要求

地下开挖对建筑物的影响主要表现为:

① 由地下开挖引起的沿工程主轴线的地面下沉和轴线两侧地面的对倾与挠曲。这种地面变形会导致地面既有建筑物的倾斜、挠曲甚至破坏;为了防止这些破坏性后果的出现,

岩土工程勘察的任务是在勘探测试的基础上，通过工程分析，提出合理的施工方法、步骤和最佳保护措施的建议，包括系统的监测。

② 地下工程施工降水，其可能的影响和分析研究方法与基坑开挖的施工降水相同。

评价地下开挖对建筑物影响的岩土工程勘察应符合下列要求：

① 分析已有勘察资料，必要时应做补充勘探测试工作。

② 分析沿地下工程主轴线出现槽形地面沉降和在其两侧或四周的地面倾斜、挠曲的可能性及其对两侧既有建筑物的影响，并就安全合理的施工方案和保护既有建筑物的措施提出建议。

③ 提出对施工过程中地面变形、围岩应力状态、围岩或建筑物地基失稳的前兆现象等进行监测的建议。

在地下工程的施工中，监测工作特别重要。通过系统的监测，不但可验证岩土工程分析预测和所采取的措施正确与否，而且还能通过对岩土与支护工程性状及其变化的直接跟踪，判断问题的演变趋势，以便及时采取措施。系统的监测数据、资料还是进行科学总结、提高岩土工程学术水平的基础。

第十二节　城市轨道交通工程

城市轨道交通工程是指在不同形式轨道上运行的大、中运量城市公共交通建设工程，是当代城市中地铁、轻轨、单轨、自动导向、磁浮、市域快速轨道交通等轨道交通建设工程的统称。

随着国民经济的发展，我国迎来了城市轨道交通工程建设的高潮，目前已有几十个城市开展了城市轨道交通工程的建设工作。岩土工程勘察是为城市轨道交通工程建设提供基础资料的一个重要环节。

城市轨道交通工程属于高风险工程，安全事故时有发生，目前全国各个城市的轨道交通工程建设都开展了安全风险管理工作。城市轨道交通工程建设过程中基坑、隧道的坍塌，周边建筑物、管线等环境破坏，往往与地质条件密切相关。因此，岩土工程勘察人员应高度重视，在广泛收集已有的勘察设计与施工资料的基础上，密切结合工程特点进行工程地质、水文地质勘察，针对各类结构设计及各种施工方法，科学制定勘察方案、精心组织实施，依据工程地质、水文地质条件进行技术论证与评价，提供资料完整、数据可靠、评价正确、建议合理的勘察报告。

一、勘察阶段划分

城市轨道交通岩土工程勘察应按规划、设计阶段的技术要求，分阶段开展相应的勘察工作。

城市轨道交通工程建设阶段一般包括规划、可行性研究、总体设计、初步设计、施工图设计、工程施工、试运营等阶段。由于城市轨道交通工程投资巨大，线路穿越城市中心地带，地质、环境风险极高，建设各阶段对工程技术的要求高，各个阶段所解决的工程问题不同，对岩土工程勘察的资料深度要求也不同。如：在规划阶段应规避对线路方案产生重大影响的地质和环境风险。在设计阶段应针对所有的岩土工程问题开展设计工作，并对各类环境提出保护方案。若不按照建设阶段及各阶段的技术要求开展岩土工程勘察工作,可能会导致工程投资浪费、工期延误,甚至在施工阶段产生重大的工程风险。因此,根据规划和各设计阶段的要求,分阶段开展岩土工程勘察工作,规避工程风险,对轨道交通工程建设意义重大。

城市轨道交通岩土工程勘察应分为可行性研究勘察、初步勘察和详细勘察。施工阶段可根据需要开展施工勘察工作。

分阶段开展工作,就是坚持由浅入深、不断深化的认识过程,逐步认识沿线区域及场地的工程地质条件,准确提供不同阶段所需的岩土工程资料。特别在地质条件复杂地区,若不按阶段进行岩土工程勘察工作,轻者给后期工作造成被动,形成返工浪费,重者给工程造成重大损失或给运营线路留下无穷后患。

鉴于工程地质现象的复杂性和不确定性,按一定间距布设勘探点所揭示地层信息存在局限性;受周边环境条件限制,部分钻孔在详细勘察阶段无法实施;工程施工阶段周期较长(一般为 2~4 年),在此期间,地下水和周边环境会发生较大变化;同时在工程施工中经常会出现一些工程问题。因此,城市轨道交通工程在施工阶段有必要开展勘察工作,对地质资料进行验证、补充或修正。

不良地质作用、地质灾害、特殊性岩土等往往对城市轨道交通工程线位规划、敷设形式、结构设计、工法选择等工程方案产生重大影响,严重时危及工程施工和线路运营的安全。不良地质作用、地质灾害、特殊性岩土等岩土工程问题往往具有复杂性和特殊性,采用常规的勘探手段,在常规的勘探工作量条件下难以查清。因此,城市轨道交通工程线路或场地附近存在对工程设计方案和施工有重大影响的岩土工程问题时应进行专项勘察,提出有针对性的工程措施建议,确保工程规划设计经济、合理,工程施工安全、顺利。

西安城市轨道交通工程建设能否穿越地裂缝,济南城市轨道交通工程建设能否避免对泉水产生影响,是西安和济南城市轨道交通工程建设的控制因素。因此,这两个城市在轨道交通工程建设中都进行了专项岩土工程勘察工作,专项勘察成果指导了城市轨道交通工程的规划、设计、施工工作。

城市轨道交通工程周边存在着大量的地上、地下建(构)筑物、地下管线、人防工程等环境条件,对工程设计方案和工程安全产生重大的影响,同时,轨道交通的敷设形式多采用地下线形式,地下工程的施工容易导致周边环境产生破坏。因此,城市轨道交通岩土工程勘察应取得工程沿线地形图、管线及地下设施分布图等资料,以便勘察单位在勘察期间确保地下管线和设施的安全,并在勘察成果中分析工程与周边环境的相互影响,提出工程周边环境保护措施的建议。

工程周边环境资料是工程设计、施工的重要依据,地形图及地下管线图往往不能满足周边环境与工程相互影响分析及工程环境保护设计、施工的要求。因此,必要时根据任务要求开展工程周边环境专项调查工作,取得周边环境的详细资料,以便采取环境保护措施,保证环境和城市轨道交通工程建设的安全。

目前,工程周边环境的专项调查工作,是由建设单位单独委托,承担环境调查工作的单位,可以是设计单位、勘察单位或其他单位。

城市轨道交通岩土工程勘察应在收集当地已有勘察资料、建设经验的基础上,针对线路敷设形式以及各类工程的建筑类型、结构形式、施工方法等工程条件开展工作。收集当地已有勘察资料和建设经验是岩土工程勘察的基本要求,充分利用已有勘察资料和建设经验可以达到事半功倍的效果。城市轨道交通工程线路敷设形式多,结构类型多,施工方法复杂;不同类型的工程对岩土工程勘察的要求不同,解决的问题不同。因此,针对线路敷设形式以及各类工程的建筑类型、结构形式、施工方法等工程条件开展工作是十分必要的。

二、勘察等级划分

城市轨道交通岩土工程勘察应根据工程重要性等级、场地复杂程度等级和工程周边环境风险等级制定勘察方案,采用综合的勘察方法,布置合理的勘察工作量,查明工程地质条件、水文地质条件,进行岩土工程评价,提供设计、施工所需的岩土参数,提出岩土治理、环境保护以及工程监测等建议。

城市轨道交通岩土工程勘察等级的划分,主要考虑了工程结构类型、破坏后果的严重性、场地工程地质条件的复杂程度、环境安全风险等级等因素,以便在勘察工作量布置、岩土工程评价、参数获取、工程措施建议等方面突出重点、区别对待。

(一)工程重要性等级

城市轨道交通工程本身是一个复杂的系统工程,是各类工程和建筑类型的集合体,为了使岩土工程勘察工作更具针对性,可根据各个工程的规模、建筑类型的特点以及因岩土工程问题造成工程破坏后果的严重性按照表 2-12-1 的规定划分为三个等级。

表 2-12-1　　　　　　　　　　　　　工程重要性等级

工程重要性等级	工程破坏的后果	工程规模及建筑类型
一级	很严重	车站主体、各类通道、地下区间、高架区间、大中桥梁、地下停车场、控制中心、主变电站
二级	严重	路基、涵洞、小桥、车辆基地内的各类房屋建筑、出入口、风井、施工竖井、盾构始发(接收)井
三级	不严重	次要建筑物、地面停车场

(二)场地复杂程度等级

场地复杂程度等级可根据地形地貌、工程地质条件、水文地质条件按照下列规定进行划分,从一级开始,向二级、三级推定,以最先满足的为准。

(1)符合下列条件之一者为一级场地(或复杂场地):

① 地形地貌复杂;

② 建筑抗震危险和不利地段;

③ 不良地质作用强烈发育;

④ 特殊性岩土需要专门处理;

⑤ 地基、围岩或边坡的岩土性质较差;

⑥ 地下水对工程的影响较大需要进行专门研究和治理。

(2)符合下列条件之一者为二级场地(或中等复杂场地):

① 地形地貌较复杂;

② 建筑抗震一般地段;

③ 不良地质作用一般发育;

④ 特殊性岩土不需要专门处理；

⑤ 地基、围岩或边坡的岩土性质一般；

⑥ 地下水对工程的影响较小。

（3）符合下列条件者为三级场地（或简单场地）：

① 地形地貌简单。

② 抗震设防烈度小于或等于 6 度或对建筑抗震有利地段。

③ 不良地质作用不发育。

④ 地基、围岩或边坡的岩土性质较好。

⑤ 地下水对工程无影响。

（三）工程周边环境风险等级

城市轨道交通工程周边环境复杂，不同环境类型与城市轨道交通工程建设的相互影响不同，工程环境风险与环境的重要性、环境与工程的空间位置关系密切相关。

目前，各个城市在城市轨道交通建设中，针对不同等级的环境风险采取的管理措施不同：一级环境风险需进行专项评估、专项设计和编制专项施工方案；二级环境风险在设计文件中应提出环境保护措施并编制专项施工方案；三级环境风险应在工程施工方案中制定环境保护措施。不同级别环境风险的保护和控制对岩土工程勘察的要求不同。一般可行性研究阶段应重点关注一级环境风险，并提出规避措施建议；初步勘察阶段应重点关注一级和二级的环境风险，并提出保护措施建议；详细勘察阶段应关注所有环境风险，并提出明确的环境保护措施建议。

工程周边环境风险等级一般可根据工程周边环境与工程的相互影响程度及破坏后果的严重程度进行划分：

一级环境风险：工程周边环境与工程相互影响很大，破坏后果很严重。

二级环境风险：工程周边环境与工程相互影响大，破坏后果严重。

三级环境风险：工程周边环境与工程相互影响较大，破坏后果较严重。

四级环境风险：工程周边环境与工程相互影响小，破坏后果轻微。

北京市城市轨道交通工程的环境风险分四级如下，可参照对应：

特级环境风险：下穿既有轨道线路（含铁路）。

一级环境风险：下穿重要既有建（构）筑物、重要市政管线及河流，上穿既有轨道线路（含铁路）。

二级环境风险：下穿一般既有建（构）筑物、重要市政道路，临近重要既有建（构）筑物、重要市政管线及河流。

三级环境风险：下穿一般市政管线、一般市政道路及其他市政基础设施，临近一般既有建（构）筑物、重要市政道路。

（四）岩土工程勘察等级

岩土工程勘察等级可按下列条件划分：

甲级：在工程重要性等级、场地复杂程度等级和工程周边环境风险等级中，有一项或多项为一级的勘察项目。

乙级：除勘察等级为甲级和丙级以外的勘察项目。

丙级：工程重要性等级、场地复杂程度等级均为三级且工程周边环境风险等级为四级的勘察项目。

三、可行性研究勘察

（一）一般规定

可行性研究勘察应针对城市轨道交通工程线路方案开展工程地质勘察工作，研究线路场地的地质条件，为线路方案比选提供地质依据。可行性研究阶段勘察是城市轨道交通工程建设的一个重要环节。城市轨道交通工程在规划可研阶段，就需要考虑众多的影响和制约因素，如城市发展规划、交通方式、预测客流等，以及地质条件、环境设施、施工难度等。这些因素是确定线路走向、埋深和工法时应重点考虑的内容。

制约线路敷设方式、工期、投资的地质因素主要为不良地质作用、特殊性岩土和线路控制节点的工程地质与水文地质问题。因此，可行性研究勘察应重点研究影响线路方案的不良地质作用、特殊性岩土及关键工程的工程地质条件。

可行性研究勘察应在收集已有地质资料和工程地质调查与测绘的基础上，开展必要的勘探与取样、原位测试、室内试验等工作。由于城市轨道交通工程设计中，一般可行性研究阶段与初步设计阶段之间还有总体设计阶段，在实际工作中，可行性研究阶段的勘察报告还需要满足总体设计阶段的需要。如果仅依靠收集资料来编制可行性研究勘察报告难以满足上述两个阶段的工作需要，因此应进行必要的现场勘探、测试和试验工作。

（二）目的与任务

可行性研究勘察应调查城市轨道交通工程线路场地的岩土工程条件、周边环境条件，研究控制线路方案的主要工程地质问题和重要工程周边环境，为线位、站位、线路敷设形式、施工方法等方案的设计与比选、技术经济论证、工程周边环境保护及编制可行性研究报告提供地质资料。

由于比选线路方案、完善线路走向、确定敷设方式和稳定车站等工作，需要同时考虑对环境的保护和协调，如重点文物单位的保护、既有桥隧、地下设施等，并认识和把握既有地上、地下环境所处的岩土工程背景条件。因此，可行性研究阶段勘察，应从岩土工程角度，提出线路方案与环境保护的建议。

可行性研究勘察应进行下列工作：

① 收集区域地质、地形、地貌、水文、气象、地震、矿产等资料，以及沿线的工程地质条件、水文地质条件、工程周边环境条件和相关工程建设经验。

② 调查线路沿线的地层岩性、地质构造、地下水埋藏条件等，划分工程地质单元，进行工程地质分区，评价场地稳定性和适宜性。

③ 对控制线路方案的工程周边环境，分析其与线路的相互影响，提出规避、保护的初步建议。

④ 对控制线路方案的不良地质作用、特殊性岩土，了解其类型、成因、范围及发展趋势，分析其对线路的危害，提出规避、防治的初步建议。

轨道交通工程为线状工程，不良地质作用、特殊性岩土以及重要的工程周边环境决定了工程线路敷设形式、开挖形式、线路走向等方案的可行性，并影响着工程的造价、工期及施工安全。

⑤ 研究场地的地形、地貌、工程地质、水文地质、工程周边环境等条件，分析路基、高架、

地下等工程方案及施工方法的可行性，提出线路比选方案的建议。

（三）勘察要求

可行性研究勘察的资料收集应包括下列内容：

① 工程所在地的气象、水文以及与工程相关的水利、防洪设施等资料。

② 区域地质、构造、地震及液化等资料。

③ 沿线地形、地貌、地层岩性、地下水、特殊性岩土、不良地质作用和地质灾害等资料。

④ 沿线古城址及河、湖、沟、坑的历史变迁及工程活动引起的地质变化等资料。

⑤ 影响线路方案的重要建（构）筑物、桥涵、隧道、既有轨道交通设施等工程周边环境的设计与施工资料。

可行性研究阶段勘察所依据的线路方案一般都不稳定和具体，并且各地的场地复杂程度、线路的城市环境条件也不同，所以可行性研究阶段勘探点间距需要根据地质条件和实际灵活掌握。

广州城市轨道交通工程可行性研究阶段勘察的做法是：沿线路正线 250～350 m 布置一个钻孔，每个车站均有钻孔。当收集到可利用钻孔时，对钻孔进行删减。

北京城市轨道交通工程可行性研究阶段勘察的做法是：沿线路正线 1 000 m 布置一个钻孔，并满足每个车站和每个地质单元均有钻孔控制。对控制线路方案的不良地质条件进行钻孔加密。

一般可行性研究勘察的勘探工作应符合下列要求：

① 勘探点间距不宜大于 1 000 m，每个车站应有勘探点。

② 勘探点数量应满足工程地质分区的要求；每个工程地质单元应有勘探点，在地质条件复杂地段应加密勘探点。

③ 当有两条或两条以上比选线路时，各比选线路均应布置勘探点。

④ 控制线路方案的江、河、湖等地表水体及不良地质作用和特殊性岩土地段应布置勘探点。

⑤ 勘探孔深度应满足场地稳定性、适宜性评价和线路方案设计、工法选择等需要。

⑥ 可行性研究勘察的取样、原位测试、室内试验的项目和数量，应根据线路方案、沿线工程地质和水文地质条件确定。

四、初步勘察

（一）一般规定

初步勘察应在可行性研究勘察的基础上，针对城市轨道交通工程线路敷设形式、各类工程的结构形式、施工方法等开展工作，为初步设计提供地质依据。

初步设计是城市轨道交通工程建设非常重要的设计阶段，初步设计工作往往是在线路总体设计的基础上开展工点设计工作，不同的敷设形式初步设计的内容不同，如：初步设计阶段的地下工程一般根据环境及地质条件需完成车站主体及区间的平面布置、埋置深度、开挖方法、支护形式、地下水控制、环境保护、监控量测等的初步方案。初步设计阶段的岩土工程勘察需要满足以上初步设计工作的要求。

初步勘察应对控制线路平面、埋深及施工方法的关键工程或区段进行重点勘察，并结合工程周边环境提出岩土工程防治和风险控制的初步建议。

初步设计过程中,对一些控制性工程,如穿越水体、重要建筑物地段,换乘节点等往往需要对位置、埋深、施工方法进行多种方案的比选,因此,初步勘察需要为控制性节点工程的设计和比选,确定切实可行的工程方案,提供必要的地质资料。

初步勘察工作应根据沿线区域地质和场地工程地质、水文地质、工程周边环境等条件,采用工程地质调查与测绘、勘探与取样、原位测试、室内试验等多种手段相结合的综合勘察方法。

（二）目的与任务

初步勘察应初步查明城市轨道交通工程线路、车站、车辆基地和相关附属设施的工程地质和水文地质条件,分析评价地基基础形式和施工方法的适宜性,预测可能出现的岩土工程问题,提供初步设计所需的岩土参数,提出复杂或特殊地段岩土治理的初步建议。

初步勘察应进行下列一般工作:

① 收集带地形图的拟建线路平面图、线路纵断面图、施工方法等有关设计文件及可行性研究勘察报告、沿线地下设施分布图。

② 初步查明沿线地质构造、岩土类型及分布、岩土物理力学性质、地下水埋藏条件,进行工程地质分区。

③ 初步查明特殊性岩土的类型、成因、分布、规模、工程性质,分析其对工程的危害程度。

④ 查明沿线场地不良地质作用的类型、成因、分布、规模,预测其发展趋势,分析其对工程的危害程度。

⑤ 初步查明沿线地表水的水位、流量、水质、河湖淤积物的分布,以及地表水与地下水的补排关系。

⑥ 初步查明地下水水位,地下水类型,补给、径流、排泄条件,历史最高水位,地下水动态和变化规律。

⑦ 对抗震设防烈度大于或等于6度的场地,应初步评价场地和地基的地震效应。

⑧ 评价场地稳定性和工程适宜性。

⑨ 初步评价水和土对建筑材料的腐蚀性。

⑩ 对可能采取的地基基础类型、地下工程开挖与支护方案、地下水控制方案进行初步分析评价。

⑪ 季节性冻土地区,应调查场地土的标准冻结深度。

⑫ 对环境风险等级较高的工程周边环境,分析可能出现的工程问题,提出预防措施的建议。

（三）地下工程

城市轨道交通工程初步设计阶段的地下工程主要涉及地下车站、区间隧道,地下车站与区间隧道初步勘察除应符合初步勘察一般工作的规定外,针对地下工程的特点,勘察要求应满足包括围岩分级、岩土施工工程分级、地基基础形式、围岩加固形式、有害气体、污染土、支护形式和盾构选型等隧道工程、基坑工程所需要查明和评价的内容。具体包括下列要求:

① 初步划分车站、区间隧道的围岩分级和岩土施工工程分级。

② 根据车站、区间隧道的结构形式及埋置深度,结合岩土工程条件,提供初步设计所需的岩土参数,提出地基基础方案的初步建议。

③ 每个水文地质单元选择代表性地段进行水文地质试验,提供水文地质参数,必要时设置地下水位长期观测孔。

④ 初步查明地下有害气体、污染土层的分布、成分,评价其对工程的影响。

⑤ 针对车站、区间隧道的施工方法,结合岩土工程条件,分析基坑支护、围岩支护、盾构设备选型、岩土加固与开挖、地下水控制等可能遇到的岩土工程问题,提出处理措施的初步建议。

地下车站的勘探点宜按结构轮廓线布置,每个车站勘探点数量不宜少于 4 个,且勘探点间距不宜大于 100 m。当地质条件复杂时,还需增加钻孔。例如,北京地区初勘阶段,每个车站一般布置 4～6 个钻孔。

地下区间的勘探点应根据场地复杂程度和设计方案布置,并符合下列要求:

① 勘探点间距宜为 100～200 m,在地貌、地质单元交接部位、地层变化较大地段以及不良地质作用和特殊性岩土发育地段应加密勘探点。例如,广州地铁 1 号线广钢至广州东站,其地层为第四纪沉积层,下伏白垩系红层,多为中等风化或强风化,局部为海陆交互层,地层复杂,因此钻孔间距一般为 20～30 m。

② 勘探点宜沿区间线路布置。

③ 每个地下车站或区间取样、原位测试的勘探点数量不应少于勘探点总数的 2/3。

勘探孔深度应根据地质条件及设计方案综合确定,并符合下列规定:

① 控制性勘探孔进入结构底板以下不应小于 30 m;在结构埋深范围内如遇强风化、全风化岩石地层进入结构底板以下不应小于 15 m;在结构埋深范围内如遇中等风化、微风化岩石地层宜进入结构底板以下 5～8 m。

② 一般性勘探孔进入结构底板以下不应小于 20 m;在结构埋深范围内如遇强风化、全风化岩石地层进入结构底板以下不应小于 10 m;在结构埋深范围内如遇中等风化、微风化岩石地层进入结构底板以下不应小于 5 m。

③ 遇岩溶和破碎带时钻孔深度应适当如深。

(四) 高架工程

城市轨道交通工程初步设计阶段高架工程主要涉及高架车站、区间桥梁,轨道交通高架结构对沉降控制较为严格,一般采用桩基方案,因此勘察工作的重点是桩基方案的评价和建议。针对高架工程的特点,高架车站与区间工程初步勘察除应符合初步勘察一般工作的规定外,尚应满足下列要求:

① 重点查明对高架方案有控制性影响的不良地质体的分布范围,指出工程设计应注意的事项。

② 采用天然地基时,初步评价墩台基础地基稳定性和承载力,提供地基变形、基础抗倾覆和抗滑移稳定性验算所需的岩土参数。

③ 采用桩基时,初步查明桩基持力层的分布、厚度变化规律,提出桩型及成桩工艺的初步建议,提供桩侧土层摩阻力、桩端土层端阻力初步建议值,并评价桩基施工对工程周边环境的影响。

④ 对跨河桥,还应初步查明河流水文条件,提供冲刷计算所需的颗粒级配等参数。

勘探点间距应根据场地复杂程度和设计方案确定,宜为 80～150 m;高架车站勘探点数量不宜少于 3 个;对于已经基本明确桥柱位置和柱跨情况,初勘点位应尽量结合桥柱、框架柱布设。取样、原位测试的勘探点数量不应少于勘探点总数的 2/3。

勘探孔深度应符合下列规定：

① 控制性勘探孔深度应满足墩台基础或桩基沉降计算和软弱下卧层验算的要求，一般性勘探孔应满足查明墩台基础或桩基持力层和软弱下卧土层分布的要求。

② 墩台基础置于无地表水地段时，应穿过最大冻结深度达持力层以下；墩台基础置于地表水水下时，应穿过水流最大冲刷深度达持力层以下。

③ 覆盖层较薄，下伏基岩风化层不厚时，勘探孔应进入微风化地层 3～8 m。为确认是基岩而非孤石，应将岩芯同当地岩层露头、岩性、层理、节理和产状进行对比分析，综合判断。

（五）路基、涵洞工程

城市轨道交通路基工程主要包括一般路基、路堤、路堑、支挡结构及其他的线路附属设施。路基工程初步勘察除应符合初步勘察所进行的一般工作外，尚应符合下列规定：

① 初步查明各岩土层的岩性、分布情况及物理力学性质，重点查明对路基工程有控制性影响的不稳定岩土体、软弱土层等不良地质体的分布范围。

② 初步评价路基基底的稳定性，划分岩土施工工程等级，指出路基设计应注意的事项并提出相关建议。

③ 初步查明水文地质条件，评价地下水对路基的影响，提出地下水控制措施的建议。

④ 对高路堤应初步查明软弱土层的分布范围和物理力学性质，提出天然地基的填土允许高度或地基处理建议，对路堤的稳定性进行初步评价；必要时进行取土场勘察。

⑤ 对深路堑，应初步查明岩土体的不利结构面，调查沿线天然边坡、人工边坡的工程地质条件，评价边坡稳定性，提出边坡治理措施的建议。

⑥ 对支挡结构，应初步评价地基稳定性和承载力，提出地基基础形式及地基处理措施的建议。对路堑挡土墙，还应提供墙后岩土体物理力学性质指标。

涵洞工程初步勘察除应符合初步勘察一般工作的规定外，尚应符合下列规定：

① 初步查明涵洞场地地貌、地层分布和岩性、地质构造、天然沟床稳定状态、隐伏的基岩倾斜面、不良地质作用和特殊性岩土。

② 初步查明涵洞地基的水文地质条件，必要时进行水文地质试验，提供水文地质参数。

③ 初步评价涵洞地基稳定性和承载力，提供涵洞设计、施工所需的岩土参数。

路基、涵洞工程勘探点间距应符合下列要求：

① 每个地貌、地质单元均应布置勘探点，在地貌、地质单元交接部位和地层变化较大地段应加密勘探点。

② 路基的勘探点间距宜为 100～150 m，支挡结构、涵洞应有勘探点控制。

③ 高路堤、深路堑应布置横断面。

④ 取样、原位测试的勘探点数量不应少于路基、涵洞工程勘探点总数的 2/3。

路基、涵洞工程的控制性勘探孔深度应满足稳定性评价、变形计算、软弱下卧层验算的要求；一般性勘探孔宜进入基底以下 5～10 m。

（六）地面车站、车辆基地

车辆基地的路基工程初步勘察要求应符合路基工程的有关规定。

地面车站、车辆基地的建（构）筑物初步勘察应符合现行国家标准《岩土工程勘察规范》（GB 50021—2001，2009 年版）的有关规定。

五、详细勘察

（一）一般规定

城市轨道交通工程结构、建筑类型多，一般包括：地下车站和地下区间、高架车站和高架区间、地面车站和地面区间以及各类地上地下通道、出入口、风井、施工竖井、车辆段、停车场、变电站及附属设施等。不同的工程和结构类型的岩土工程问题不同，设计所需的岩土参数不同；地下工程的埋深不同，工程风险不同，因此，详细勘察应在初步勘察的基础上，针对城市轨道交通各类工程的特点、建筑类型、结构形式、埋置深度和施工方法等开展工作，满足施工图设计要求。

详细勘察是根据各类工程场地的工程地质、水文地质和工程周边环境等条件，采用勘探与取样、原位测试、室内试验，辅以工程地质调查与测绘、工程物探的综合勘察方法。

（二）目的与任务

城市轨道交通工程所遇到的岩土工程问题概括起来主要为各类建筑工程的地基基础问题、隧道围岩稳定问题、天然边坡和人工边坡稳定性问题、周边环境保护问题等，为分析评价和解决好这些岩土工程问题，详细勘察阶段应查明各类工程场地的工程地质和水文地质条件，分析评价地基、围岩及边坡稳定性，预测可能出现的岩土工程问题，提出地基基础、围岩加固与支护、边坡治理、地下水控制、周边环境保护方案建议，提供设计、施工所需的岩土参数。

为了使勘察工作的布置和岩土工程的评价具有明确的工程针对性，解决工程设计和施工中的实际问题，详细勘察工作前应收集附有坐标和地形的拟建工程的平面图、纵断面图、荷载、结构类型与特点、施工方法、基础形式及埋深、地下工程埋置深度及上覆土层的厚度、变形控制要求等资料。收集工程有关资料、了解设计要求是十分重要的工作，也是勘察工作的基本要求。

详细勘察一般应进行下列工作：

① 查明不良地质作用的特征、成因、分布范围、发展趋势和危害程度，提出治理方案的建议。

城市轨道交通工程建设，一般分布于大中城市人口稠密的地区，对危害人类生命财产安全的重大地质灾害，如滑坡、泥石流、危岩、崩塌的情况比较少见，且多数进行了治理。但是，线路经过地面沉降区段、砂土液化地段、地下隐伏断裂和第四系地层中活动断裂、地裂缝等情况还是比较常见，这些常见的不良地质作用对城市轨道交通工程的施工安全和长期运营造成危害。

② 查明场地范围内岩土层的类型、年代、成因、分布范围、工程特性，分析和评价地基的稳定性、均匀性和承载能力，提出天然地基、地基处理或桩基等地基基础方案的建议，对需进行沉降计算的建（构）筑物、路基等，提供地基变形计算参数。

查明场地内的岩土类型、分布、成因等是岩土工程勘察的基本要求。由于城市轨道交通工程线路较长、结构类型多、地基基础类型多，差异沉降会给工程结构及运营安全带来危害，在软土地区和地质条件复杂地区已出现过此类问题。因此，需要提出各类工程地基基础方案建议并对其地基变形特征进行评价。

③ 分析地下工程围岩的稳定性和可挖性，对围岩进行分级和岩土施工工程分级，提出对地下工程有不利影响的工程地质问题及防治措施的建议，提供基坑支护、隧道初期支护和

衬砌设计与施工所需的岩土参数。

城市轨道交通地下工程结构复杂、施工工法工艺多,不同工法对地层的适应性不同,例如饱和粉细砂、松散填土层、高承压水地层等地质条件一般会造成矿山法施工隧道掌子面失稳和突涌;软弱土层会导致盾构法施工隧道管片错台、衬砌开裂、渗水等问题。这些工程地质问题会影响地下工程土方开挖、支护体系施工和隧道运行的安全。基坑、隧道岩土压力及计算模型,以及基坑、隧道的支护体系变形是地下工程设计计算的主要内容。岩土工程勘察需要为这些工程问题的解决提供岩土参数。

④ 分析边坡的稳定性,提供边坡稳定性计算参数,提出边坡治理的工程措施建议。

城市轨道交通在山区、丘陵地区或穿越临近环境以及开挖会遇到天然边坡和人工边坡问题。

⑤ 查明对工程有影响的地表水体的分布、水位、水深、水质、防渗措施、淤积物分布及地表水与地下水的水力联系等,分析地表水体对工程可能造成的危害。

城市轨道交通工程经常要穿越和跨越江、河、湖、沟、渠、塘等各种类型的地表水体。地表水体是控制线路工程的重要因素,而且施工风险极高,易产生灾难性的后果,如上海地铁4号线联络通道的坍塌导致江水灌入隧道,北京地铁也发生过雨后河水上涨灌入隧道的情况。因此查明地表水体的分布、水位、水深、水质、防渗措施、淤积物分布及地表水与地下水的水力联系等,对工程施工安全风险控制十分重要。

⑥ 查明地下水的埋藏条件,提供场地的地下水类型、勘察时水位、水质、岩土渗透系数、地下水位变化幅度等水文地质资料,分析地下水对工程的作用,提出地下水控制措施的建议。

⑦ 判定地下水和土对建筑材料的腐蚀性。

⑧ 分析工程周边环境与工程的相互影响,提出环境保护措施的建议。

城市轨道交通工程一般临近或穿越地下管线、既有轨道交通、周边建(构)筑物、桥梁以及文物等工程周边环境,工程周边环境保护是城市轨道交通工程建设的一项重要工作,也是一个难点。因此,根据岩土工程条件及城市轨道交通工程的建设特点分析环境与工程的相互作用,提出环境拆、改、移及保护等措施建议,是城市轨道交通工程勘察的一项重要工作。

⑨ 应确定场地类别,对抗震设防烈度大于6度的场地,应进行液化判别,提出处理措施的建议。

⑩ 在季节性冻土地区,应提供场地土的标准冻结深度。

(三)地下工程

地下车站主体、出入口、风井、通道,地下区间、联络通道等地下工程的详细勘察,除应符合详细勘察一般工作的规定外,尚应符合下列规定:

① 查明各岩土层的分布,提供各岩土层的物理力学性质指标及地下工程设计、施工所需的基床系数、静止侧压力系数、热物理指标和电阻率等岩土参数。

地下工程勘察主要包括基坑工程和暗挖隧道工程,除常规岩土物理力学参数外,基床系数、静止侧压力系数、热物理指标和电阻率等是城市轨道交通地下工程设计、施工所需的重要岩土参数。

同时,由于各设计单位的设计习惯和采用的计算软件不同,勘察时应考虑设计单位的设计习惯提供基床系数或地基土的抗力系数比例系数。

在城市轨道交通运营期间,行车和乘客会散发出大量的热量,若不及时通风排出,将逐日积蓄热量,在围岩中形成热套。在冻结法施工中也涉及热的置换,为此尚需测定围岩的热物理指标,以作为通风设计和冻结法设计的依据。

②查明不良地质作用、特殊性岩土及对工程施工不利的饱和砂层、卵石层、漂石层等地质条件的分布与特征,分析其对工程的危害和影响,提出工程防治措施的建议。

饱和砂层、卵石层、漂石层、人工空洞、污染土、有害气体等对地下工程施工安全影响很大,应予以查明。例如杭州地铁1号线和武汉地铁2号线均在地下施工断面发现有可燃气体;北京地铁9号线的卵石、漂石地层,北京地区的浅层人工空洞等对工程的影响很大。

③在基岩地区应查明岩石风化程度,岩层层理、片理、节理等软弱结构面的产状及组合形式,断裂构造和破碎带的位置、规模、产状和力学属性,划分岩体结构类型,分析隧道偏压的可能性及危害。

④对隧道围岩的稳定性进行评价,按照表2-6-1进行围岩分级、按照表2-12-2进行岩土施工工程分级。分析隧道开挖、围岩加固及初期支护等可能出现的岩土工程问题,提出防治措施建议,提供隧道围岩加固、初期支护和衬砌设计与施工所需的岩土参数。

表 2-12-2　　　　　　　　　　　　　岩土施工工程分级

等级	分类	岩土名称及特征	钻 1 m 所需时间			岩石饱和单轴抗压强度 /MPa	开挖方法
			液压凿岩台车、潜孔钻机（净钻分钟）	手持风枪湿式凿岩合金钻头（净钻分钟）	双人打眼（工日）		
Ⅰ	松土	砂类土、种植土、未经压实的填土	—				用铁锹挖,脚蹬一下到底的松散土层,机械能全部直接铲挖,普通装载机可满载
Ⅱ	普通土	坚硬的、硬塑和软塑的粉质黏土,硬塑和软塑的黏土、膨胀土、粉土,Q₃、Q₄ 黄土,稍密、中密的细角砾土、细圆砾土、碎石土、粗圆砾土、卵石土,压密的填土,风积沙	—	—	—		部分用镐刨松,再用锹挖,脚蹬连蹬数次才能挖动。挖掘机、带齿尖口装载机可满载,普通装载机可直接铲挖,但不能满载
Ⅲ	硬土	坚硬的黏性土、膨胀土,Q₁、Q₂ 黄土,稍密、中密的粗角砾土、碎石土、粗圆砾土,密实的细圆砾土、细角砾土,各种风化成土状的岩石	—	—	—		必须用镐先全部松动才能用锹挖。挖掘机、带齿尖口装载机不能满载,大部分采用松土器松动方能铲挖装载
Ⅳ	软质石	块石土、漂石土、含块石、漂石 30%～50% 的土及密实的碎石土、粗角砾土、卵石土、粗圆砾土;岩盐,各类较软岩、软岩及成岩作用差的岩石:泥质砾岩、煤、凝灰岩、云母片岩、千枚岩	—	<7	<0.2	<30	部分用撬棍及大锤开挖或挖掘机、单钩裂土器松动,部分需借助液压冲击镐解碎或部分采用爆破方法开挖

等级	分类	岩土名称及特征	钻 1 m 所需时间			岩石饱和单轴抗压强度/MPa	开挖方法
			液压凿岩台车、潜孔钻机（净钻分钟）	手持风枪湿式凿岩合金钻头（净钻分钟）	双人打眼（工日）		
V	次坚石	各种硬质岩：硅质页岩、钙质岩、白云岩、石灰岩、泥灰岩、玄武岩、片岩、片麻岩、正长岩、花岗岩	≤10	7～20	0.2～1.0	30～60	能用液压冲击镐解碎，大部分需用爆破法开挖
VI	坚石	各种极硬岩：硅质砂岩、硅质砾岩、石灰岩、石英岩、大理岩、玄武岩、闪长岩、花岗岩、角岩	>10	>20	>1.0	>60	可用液压冲击镐解碎，需用爆破法开挖

注：① 软土（软黏性土、淤泥质土、淤泥、泥炭质土、泥炭）的施工工程分级，一般可定为Ⅱ级，多年冻土一般可定为Ⅳ级。

② 表中所列岩石均按完整结构岩体考虑，若岩体极破碎、节理很发育或强风化时，其等级应按表对应岩石的等级降低一个等级。

⑤ 对基坑边坡的稳定性进行评价，分析基坑支护可能出现的岩土工程问题，提出防治措施建议，提供基坑支护设计所需的岩土参数。

⑥ 分析地下水对工程施工的影响，预测基坑和隧道突水、涌砂、流土、管涌的可能性及危害程度。

⑦ 分析地下水对工程结构的作用，对需采取抗浮措施的地下工程，提出抗浮设防水位的建议，提供抗拔桩或抗浮锚杆设计所需的各岩土层的侧摩阻力或锚固力等计算参数，必要时对抗浮设防水位进行专项研究。

抗浮设防水位是很重要的设计参数，但要预测建（构）筑物使用期间水位可能发生的变化和最高水位有时相当困难，它不仅与气候、水文地质等因素有关，有时还涉及地下水开采、上下游水量调配、跨流域调水等复杂因素，故应进行专门研究。

⑧ 分析评价工程降水、岩土开挖对工程周边环境的影响，提出周边环境保护措施的建议。

⑨ 对出入口与通道、风井与风道、施工竖井与施工通道、联络通道等附属工程及隧道断面尺寸变化较大区段，应根据工程特点、场地地质条件和工程周边环境条件进行岩土工程分析与评价。

出入口、通道、风井、风道、施工竖井等附属工程一般位于路口或穿越道路，工程周边环境复杂，通道与井交接部位受力复杂，经常发生工程事故，安全风险较高。因此应进行单独勘察评价。

⑩ 对地基承载力、地基处理和围岩加固效果等的工程检测提出建议，对工程结构、工程周边环境、岩土体的变形及地下水位变化等的工程监测提出建议。

勘探点间距根据场地的复杂程度、地下工程类别及地下工程的埋深、断面尺寸等特点可按表 2-12-3 的规定综合确定。

表 2-12-3   地下工程详细勘察勘探点间距   m

场地复杂程度	复杂场地	中等复杂场地	简单场地
地下车站勘探点间距	10～20	20～40	40～50
地下区间勘探点间距	10～30	30～50	50～60

勘探点在满足表 2-12-3 规定间距的基础上,勘探点平面布置还要考虑工程结构特点、场地条件、施工方法、附属结构、特殊部位的要求,应符合下列规定:

① 车站主体勘探点宜沿结构轮廓线布置,结构角点以及出入口与通道、风井与风道、施工竖井与施工通道等附属工程部位应有勘探点控制。

② 每个车站不应少于 2 条纵剖面和 3 条有代表性的横剖面。

车站横剖面一般结合通道、出入口、风井的分布情况布设,数量可根据地质条件复杂程度和设计要求进行调整。

③ 车站采用承重桩时,勘探点的平面布置宜结合承重桩的位置布设。

④ 区间勘探点宜在隧道结构外侧 3～5 m 的位置交叉布置。

在结构范围内布置钻孔容易导致地下水贯通,给工程施工带来危害。隧道采用单线单洞时,左右线距离大于 3 倍洞径时采用双排孔布置,左右线距离小于 3 倍洞径或隧道采用双线单洞时可交叉布点。

⑤ 在区间隧道洞口、陡坡段、大断面、异形断面、工法变换等部位以及联络通道、渡线、施工竖井等应有勘探点控制,并布设剖面。

⑥ 山岭隧道勘探点的布置可执行现行行业标准《铁路工程地质勘察规范》(TB 10012—2007)的有关规定。钻孔位置和数量应视地质复杂程度而定。洞门附近覆土较厚时,应布置勘探孔;地质复杂、长度大于 1 000 m 的隧道,洞身应按不同地貌及地质单元布置勘探孔查明地质条件;主要的地质界线、重要的不良地质、特殊岩土地段、可能产生突泥危害地段等处应有钻孔控制。洞身地段的钻孔宜布置在中线外 8～10 m;钻探完毕应回填封孔。

勘探孔深度应符合下列规定:

① 控制性勘探孔的深度应满足地基、隧道围岩、基坑边坡稳定性分析、变形计算以及地下水控制的要求。

② 对车站工程,控制性勘探孔进入结构底板以下不应小于 25 m 或进入结构底板以下中等风化或微风化岩石不应小于 5 m,一般性勘探孔深度进入结构底板以下不应小于 15 m 或进入结构底板以下中等风化或微风化岩石不应小于 3 m。

③ 对区间工程,控制性勘探孔进入结构底板以下不应小于 3 倍隧道直径(宽度)或进入结构底板以下中等风化或微风化岩石不应小于 5 m,一般性勘探孔进入结构底板以下不应小于 2 倍隧道直径(宽度)或进入结构底板以下中等风化或微风化岩石不应小于 3 m。

④ 当采用承重桩、抗拔桩或抗浮锚杆时,勘探孔深度应满足其设计的要求。

⑤ 当预定深度范围内存在软弱土层时,勘探孔应适当加深。

城市轨道交通工程设计年限长,为百年大计工程,且工程复杂,施工难度大,变形控制要求高等,必须有一定数量的控制性钻孔,以及取样及原位测试钻孔以取得满足变形计算、稳定性分析、地下水控制等所需的岩土参数,参照现行国家标准《岩土工程勘察规范》(GB 50021—2001,2009 年版)的相关规定,并考虑到车站工程的钻孔数量比较多,且附属设施需要单独布置钻孔,测试、试验数据数量能满足统计分析要求,地下工程控制性勘探孔的数量不应少于勘探点总数的1/3。采取岩土试样及原位测试勘探孔的数量:车站工程不应少于勘探点总数的1/2,区间工程不应少于勘探点总数的2/3。

采取岩土试样和进行原位测试应满足岩土工程评价的要求。每个车站或区间工程每一主要土层的原状土试样或原位测试数据不应少于10件(组),且每一地质单元的每一主要土层不应少于6件(组)。

原位测试应根据需要和地区经验选取适合的测试手段,每个车站或区间工程的波速测试孔不宜少于3个,电阻率测试孔不宜少于2个。

室内试验应符合下列规定:

① 抗剪强度室内试验方法应根据施工方法、施工条件、设计要求等确定。

② 静止侧压力系数和热物理指标试验数据每一主要土层不宜少于3组。

③ 宜在基底以下压缩层范围内采取岩土试样进行回弹再压缩试验,每层试验数据不宜少于3组。

④ 对隧道范围内的碎石土和砂土应测定颗粒级配,对粉土应测定黏粒含量。

⑤ 应采取地表水、地下水水试样或地下结构范围内的岩土试样进行腐蚀性试验,地表水每处不应少于1组,地下水或每层岩土试样不应少于2组。

⑥ 在基岩地区应进行岩块的弹性波波速测试,并应进行岩石的饱和单轴抗压强度试验,必要时尚应进行软化试验;对软岩、极软岩可进行天然湿度的单轴抗压强度试验。每个场地每一主要岩层的试验数据不应少于3组。

基床系数在有经验地区可通过原位测试、室内试验结合表2-12-4的经验值综合确定,必要时通过专题研究或现场K_{30}载荷试验确定。

表 2-12-4　　　　　　　　　　　　　　基床系数经验值

岩土类别		状态/密实度	基床系数 $K/(MPa/m)$	
			水平基床系数 K_b	垂直基床系数 K_v
新近沉积土	黏性土	软塑	10～20	5～15
		可塑	12～30	10～25
	粉 土	稍密	10～20	12～18
		中密	15～25	10～25
软土(软黏性土、软粉土、淤泥、淤泥质土、泥炭和泥炭质土等)		—	1～12	1～10
黏性土		流塑	3～15	4～10
		软塑	10～25	8～22
		可塑	20～45	20～45
		硬塑	30～65	30～70
		坚硬	60～100	55～90
粉 土		稍密	10～25	11～20
		中密	15～40	15～35
		密实	20～70	25～70

岩土类别	状态/密实度	基床系数 K/(MPa/m)	
		水平基床系数 K_b	垂直基床系数 K_v
砂类土	松散	3～15	5～15
	稍密	10～30	12～30
	中密	20～45	20～40
	密实	25～60	25～65
圆砾、角砾	稍密	15～40	15～40
	中密	25～55	25～60
	密实	55～90	60～80
卵石、碎石	稍密	17～50	20～60
	中密	25～85	35～100
	密实	50～120	50～120
新黄土	可塑、硬塑	30～50	30～60
老黄土	可塑、硬塑	40～70	40～80
软质岩石	全风化	35～39	41～45
	强风化	135～160	160～180
	中等风化	200	220～250
硬质岩石	强风化或中等风化	200～1 000	
	未风化	1 000～15 000	

注:基床系数宜采用 K_{30} 试验结合原位测试和室内试验以及当地经验综合确定。

在基岩地区应根据需要提供抗剪强度指标、软化系数、完整性指数、岩体基本质量等级等参数。

岩土的抗剪强度指标宜通过室内试验、原位测试结合当地的工程经验综合确定。

岩土的热物理指标的测定,可采用面热源法、热线法或热平衡法。三个热物理指标有下列相互关系:

$$\alpha = 3.6 \frac{\lambda}{C\rho}$$

式中　　ρ——密度,kg/m^3;

　　　　α——导温系数,m^2/h;

　　　　λ——导热系数,$W/(m \cdot K)$;

　　　　C——比热容,$kJ/(kg \cdot K)$。

岩土热物理指标经验值见表 2-12-5。

当地下水对车站和区间工程有影响时应布置长期水文观测孔,对需要进行地下水控制的车站和区间工程宜进行水文地质试验。

（四）高架工程

高架工程详细勘察包括高架车站、高架区间及其附属工程的勘察,除应符合详细勘察一般工作的规定外,尚应符合下列规定:

表 2-12-5　岩土热物理指标经验值

岩土类别	含水量 $w/\%$	密度 ρ /(g/cm³)	热物理指标		
			比热容 C /[kJ/(kg·K)]	导热系数 λ /[W/(m·K)]	导温系数 α /[×10⁻³(m²/h)]
黏性土	$5\leqslant w<15$	1.90~2.00	0.82~1.35	0.25~1.25	0.55~1.65
	$15\leqslant w<25$	1.85~1.95	1.05~1.65	1.08~1.85	0.80~2.35
	$25\leqslant w<35$	1.75~1.85	1.25~1.85	1.15~1.95	0.95~2.55
	$35\leqslant w<45$	1.70~1.80	1.55~2.35	1.25~2.05	1.05~2.65
粉土	$w<5$	1.55~1.85	0.92~1.25	0.28~1.05	1.05~2.05
	$5\leqslant w<15$	1.65~1.90	1.05~1.35	0.88~1.35	1.25~2.35
	$15\leqslant w<25$	1.75~2.00	1.35~1.65	1.15~1.85	1.45~2.55
	$25\leqslant w<35$	1.85~2.05	1.55~1.95	1.35~2.15	1.65~2.65
粉、细砂	$w<5$	1.55~1.85	0.85~1.15	0.35~0.95	0.90~2.45
	$5\leqslant w<15$	1.65~1.95	1.05~1.45	0.55~1.45	1.10~2.55
	$15\leqslant w<25$	1.75~2.15	1.25~1.65	1.20~1.85	1.25~2.75
中砂、粗砂、砾砂	$w<5$	1.65~2.30	0.85~1.05	0.45~1.05	0.90~2.85
	$5\leqslant w<15$	1.75~2.25	0.95~1.45	0.65~1.55	1.05~3.15
	$15\leqslant w<25$	1.85~2.35	1.15~1.75	1.35~2.25	1.90~3.35
圆砾、角砾	$w<5$	1.85~2.25	0.95~1.25	0.65~1.15	1.35~3.35
	$5\leqslant w<15$	2.05~2.45	1.05~1.50	0.75~2.55	1.55~3.55
卵石、碎石	$w<5$	1.95~2.35	1.00~1.35	0.75~1.25	1.35~3.45
	$5\leqslant w<10$	2.05~2.45	1.15~1.45	0.85~2.75	1.65~3.65
全风化软质岩	$5\leqslant w<15$	1.85~2.05	1.05~1.35	1.05~2.25	0.95~2.05
	$15\leqslant w<25$	1.90~2.15	1.15~1.45	1.20~2.45	1.15~2.85
全风化硬质岩	$10\leqslant w<15$	1.85~2.15	0.75~1.45	0.85~1.15	1.10~2.15
	$15\leqslant w<25$	1.90~2.15	0.85~1.65	0.95~2.15	1.25~3.00
强风化软质岩	$2\leqslant w<10$	2.05~2.40	0.57~1.55	1.00~1.75	1.30~3.50
强风化硬质岩	$2\leqslant w<10$	2.05~2.45	0.43~1.46	0.90~1.85	1.50~4.50
中风化软质岩	$w<5$	2.25~2.45	0.85~1.15	1.65~2.45	1.60~4.00
中风化硬质岩	$w<5$	2.25~2.55	0.75~1.25	1.85~2.75	1.60~5.50

① 查明场地各岩土层类型、分布、工程特性和变化规律;确定墩台基础与桩基的持力层,提供各岩土层的物理力学性质指标;分析桩基承载性状,结合当地经验提供桩基承载力计算和变形计算参数。

② 查明溶洞、土洞、人工洞穴、采空区、可液化土层和特殊性岩土的分布与特征,分析其对墩台基础和桩基的危害程度,评价墩台地基和桩基的稳定性,提出防治措施的建议。

③ 采用基岩作为墩台基础或桩基的持力层时,应查明基岩的岩性、构造、岩面变化、风化程度,确定岩石的坚硬程度、完整程度和岩体基本质量等级,判定有无洞穴、临空面、破碎

岩体或软弱岩层。

④ 查明水文地质条件,评价地下水对墩台基础及桩基设计和施工的影响;判定地下水和土对建筑材料的腐蚀性。

⑤ 查明场地是否存在产生桩侧负摩阻力的地层,评价负摩阻力对桩基承载力的影响,并提出处理措施的建议。

⑥ 分析桩基施工存在的岩土工程问题,评价成桩的可能性,论证桩基施工对工程周边环境的影响,并提出处理措施的建议。

⑦ 对基桩的完整性和承载力提出检测的建议。

勘探点的平面布置应符合下列规定:

① 高架车站勘探点应沿结构轮廓线和柱网布置,勘探点间距宜为 15～35 m。当桩端持力层起伏较大、地层分布复杂时,应加密勘探点。

② 高架区间勘探点应逐墩布设,地质条件简单时可适当减少勘探点。地质条件复杂或跨度较大时,可根据需要增加勘探点。

高架区间勘探点间距取决于高架桥柱距,目前各城市地铁高架桥的柱距一般采用 30 m,跨既有铁路、公路线路采用大跨度的柱距一般为 50 m。城市轨道交通工程高架桥对变形要求较高,一般条件下每柱均应布置勘探点;对地质条件复杂且跨度较大的高架桥,一个柱下可以布置 2～4 个勘探点。

勘探孔深度应符合下列规定:

① 墩台基础的控制性勘探孔应满足沉降计算和下卧层验算要求。

② 墩台基础的一般性勘探孔应达到基底以下 10～15 m 或墩台基础底面宽度的 2～3 倍;在基岩地段,当风化层不厚或为硬质岩时,应进入基底以下中等风化岩石地层 2～3 m。

③ 桩基的控制性勘探孔深度应满足沉降计算和下卧层验算要求,应穿透桩端平面以下压缩层厚度;对嵌岩桩,控制性勘探孔应达到预计桩端平面以下 3～5 倍桩身设计直径,并穿过溶洞、破碎带,进入稳定地层。

④ 桩基的一般性勘探孔深度应达到预计桩端平面以下 3～5 倍桩身设计直径,且不应小于 3 m,对大直径桩,不应小于 5 m。嵌岩桩一般性勘探孔应达到预计桩端平面以下 1～3 倍桩身设计直径。

⑤ 当预定深度范围内存在软弱土层时,勘探孔应适当加深。

高架工程控制性勘探孔的数量不应少于勘探点总数的 1/3。取样及原位测试孔的数量不应少于勘探点总数的 1/2。

原位测试应根据需要和地区经验选取适合的测试手段,每个车站或区间工程的波速测试孔不宜少于 3 个。

室内试验应符合下列规定:

① 当需估算基桩的侧阻力、端阻力和验算下卧层强度时,宜进行三轴剪切试验或无侧限抗压强度试验,三轴剪切试验受力条件应模拟工程实际情况。

② 需要进行沉降计算的桩基工程,应进行压缩试验,试验最大压力应大于自重压力与附加压力之和。

③ 桩端持力层为基岩时,应采取岩样进行饱和单轴抗压强度试验,必要时应进行软化试验;对软岩和极软岩,可进行天然湿度的单轴抗压强度试验;对无法取样的破碎和极破碎

岩石,应进行原位测试。

(五)路基、涵洞工程

路基、涵洞工程勘察包括路基工程、涵洞工程、支挡结构及其附属工程的勘察。路基、涵洞工程勘察,除应符合详细勘察一般工作的规定外,尚应符合下列规定:

一般路基详细勘察应包括下列内容:

① 查明地层结构、岩土性质、岩层产状、风化程度及水文地质特征;分段划分岩土施工工程等级;评价路基基底的稳定性。

② 应采取岩土试样进行物理力学试验,采取水试样进行水质分析。

高路堤详细勘察应包括下列内容:

① 查明基底地层结构、岩土性质、覆盖层与基岩接触面的形态;查明不利倾向的软弱夹层,并评价其稳定性。

② 调查地下水活动对基底稳定性的影响。

③ 地质条件复杂的地段应布置横剖面。

④ 应采取岩土试样进行物理力学试验,提供验算地基强度及变形的岩土参数。

⑤ 分析基底和斜坡稳定性,提出路基和斜坡加固方案的建议。

高路堤的基底稳定、变形等是路堤勘察的重点工作。既有线调查表明,路堤病害绝大多数是由于路堤基底有软弱夹层或对地下水没处理好,其次是填料不合要求,夯实不紧密而引起的。为此需要查明基底有无软弱夹层及地下水出露范围和埋藏情况。在填方边坡高及工程地质条件较差地段岩土工程问题较多,设置路基横断面查清地质条件是非常必要的。勘探深度视地层情况与路堤高度而定。

深路堑详细勘察应包括下列内容:

① 查明场地的地形、地貌、不良地质作用和特殊地质问题;调查沿线天然边坡、人工边坡的工程地质条件;分析边坡工程对周边环境产生的不利影响。

路堑受地形、地貌、地质、水文地质、气候等条件影响较大,且边坡又较高,容易出现边坡病害。为了路堑边坡及地基的稳固,避免工程病害出现,勘察工作需按本条基本要求详细查明岩土工程条件,并针对不同情况提出相应的处理措施。

② 土质边坡应查明土层厚度、地层结构、成因类型、密实程度及下伏基岩面形态和坡度。

③ 岩质边坡应查明岩层性质、厚度、成因、节理、裂隙、断层、软弱夹层的分布、风化破碎程度;主要结构面的类型、产状及充填物。

④ 查明影响深度范围的含水层、地下水埋藏条件、地下水动态,评价地下水对路堑边坡及结构稳定性的影响,需要时应提供路堑结构抗浮设计的建议。

⑤ 建议路堑边坡坡度,分析评价路堑边坡的稳定性,提供边坡稳定性计算参数,提出路堑边坡治理措施的建议。

⑥ 调查雨期、暴雨量、汇水范围和雨水对坡面、坡脚的冲刷及对坡体稳定性的影响。

挡土墙及其他支挡建筑物是确保路堑等边坡稳固的重要措施。当路堑边坡稳固条件较差,需要设置支挡构筑物时,勘察工作可在详勘阶段结合深路堑工程勘察同时进行。支挡结构详细勘察应包括下列内容:

① 查明支挡地段地形、地貌、不良地质作用和特殊性岩土,地层结构及岩土性质,评价

支挡结构地基稳定性和承载力,提供支挡结构设计所需的岩土参数,提出支挡形式和地基基础方案的建议。

② 查明支挡地段水文地质条件,评价地下水对支挡结构的影响,提出处理措施的建议。

涵洞详细勘察应符合下列规定:

① 查明地形、地貌、地层、岩性、天然沟床稳定状态、隐伏的基岩斜坡、不良地质作用和特殊性岩土。

② 查明涵洞场地的水文地质条件,必要时进行水文地质试验,提供水文地质参数。

③ 应采取勘探、测试和试验等方法综合确定地基承载力,提供涵洞设计所需的岩土参数。

④ 调查雨期、雨量等气象条件及涵洞附近的汇水面积。

路基、涵洞工程勘探点的平面布置应符合下列规定:

① 一般路基勘探点间距为 50～100 m,高路堤、深路堑、支挡结构勘探点间距可根据场地复杂程度按表 2-12-6 的规定综合确定。

表 2-12-6 高路堤、深路堑、支挡结构勘探点间距 m

复杂场地	中等复杂场地	简单场地
15～30	30～50	50～60

② 高路堤、深路堑应根据基底和边坡的特征,结合工程处理措施,确定代表性工程地质断面的位置和数量。每个断面的勘探点不宜少于 3 个,地质条件简单时不宜少于 2 个。

③ 深路堑工程遇有软弱夹层或不利结构面时,勘探点应适当加密。

④ 支挡结构的勘探点不宜少于 3 个。

⑤ 涵洞的勘探点不宜少于 2 个。

路基、涵洞工程控制性勘探孔的数量不应少于勘探点总数的 1/3,取样及原位测试孔数量应根据地层结构、土的均匀性和设计要求确定,不应少于勘探点总数的 1/2。

路基、涵洞工程勘探孔深度应满足下列要求:

① 控制性勘探孔深度应满足地基、边坡稳定性分析以及地基变形计算的要求。

② 路基的一般性勘探孔深度不应小于 5 m,高路堤不应小于 8 m。

③ 路堑的一般性勘探孔深度应能探明软弱层厚度及软弱结构面产状,且穿过潜在滑动面并深入稳定地层内 2～3 m,满足支护设计要求;在地下水发育地段,根据排水工程需要适当加深。

④ 支挡结构的一般性勘探孔深度应达到基底以下不应小于 5 m。

⑤ 基础置于土中的涵洞一般性勘探孔深度应按表 2-12-7 的规定确定。

表 2-12-7 涵洞勘探孔深度 m

碎石土	砂土、粉土和黏性土	软土、饱和砂土等
3～8	8～15	15～20

注:① 勘探孔深度应由结构底板算起。

② 箱型涵洞勘探孔应适当加深。

⑥ 遇软弱土层时,勘探孔应适当加深。

（六）地面车站、车辆基地

车辆基地的详细勘察包括站场股道、出入线、各类房屋建筑及其附属设施的勘察。车辆基地的各类房屋建筑一般包括停车列检库、物资总库、洗车库、办公楼、培训中心等,附属设施一般包括变电站、门卫室、供水井、地下管线、道路等。

车辆基地可根据不同建筑类型分别进行勘察,同时考虑场地挖填方对勘察的要求。车辆基地一般占地范围较大,多为近郊不适合开发的土地,甚至为垃圾场,一般地形起伏大,需要考虑挖填方等场地平整的要求。目前场地平整和股道路基设计时需要勘察单位提供场地的地质横断面图。在填土变化较大时需要提供填土厚度等值线图以及不良土层平面分布图等图件。

根据广州市轨道交通工程的经验,车辆基地一般需要提供如下图纸、文件:

① 为进行软基处理,勘察报告提供车辆段场坪范围内软土平面分布图;软土顶面、底面等高线图;液化砂层分区图;中等风化岩面等高线图。

② 为满足填方需要,勘察报告提供填料组别。

③ 车辆基地勘察完毕,尚应进行专门的工程地质断面填图,断面线间距 25～30 m,断面的水平比例为 1∶200,竖直比例为 1∶200。

地面车站、各类建筑及附属设施的详细勘察应按现行国家标准《岩土工程勘察规范》(GB 50021—2001,2009 年版)的有关规定执行。

站场股道及出入线的详细勘察,可根据线路敷设形式按照前述(三)～(五)的规定执行。

六、施工勘察

城市轨道交通工程尤其是地下工程经常发生因地质条件变化而产生的施工安全事故,因此施工阶段的勘察非常重要。施工阶段的勘察主要包括施工中的地质工作以及施工专项勘察工作。施工勘察应针对施工方法、施工工艺的特殊要求和施工中出现的工程地质问题等开展工作,提供地质资料,满足施工方案调整和风险控制的要求。

施工地质工作是施工单位在施工过程中的必要工作,是信息化施工的重要手段。施工阶段施工单位在实际工作中宜开展(且不限于)下列地质工作:

① 研究工程勘察资料,掌握场地工程地质条件及不良地质作用和特殊性岩土的分布情况,预测施工中可能遇到的岩土工程问题。

② 调查了解工程周边环境条件变化、周边工程施工情况、场地地下水位变化及地下管线渗漏情况,分析地质与周边环境条件的变化对工程可能造成的危害。

③ 施工中应通过观察开挖面岩土成分、密实度、湿度,地下水情况,软弱夹层、地质构造、裂隙、破碎带等实际地质条件,核实、修正勘察资料。

④ 绘制边坡和隧道地质素描图。

⑤ 对复杂地质条件下的地下工程应开展超前地质探测工作,进行超前地质预报。

⑥ 必要时对地下水动态进行观测。

施工阶段需进行的专项勘察工作内容主要是从以往勘察和工程施工工作中总结出来的,这些内容往往对城市轨道交通工程施工的安全和解决工程施工中的重大问题起重要作用,需要在施工阶段重点查明。遇下列情况宜进行施工专项勘察:

① 场地地质条件复杂、施工过程中出现地质异常,对工程结构及工程施工产生较大危害。

由于钻孔为点状地质信息,地质条件复杂时在钻孔之间会出现大的地层异常情况,超出详细勘察报告分析推测范围。施工过程中常见的地质异常主要包括地层岩性出现较大的变化,地下水位明显上升,出现不明水源,出现新的含水层或透镜体。

② 场地存在暗浜、古河道、空洞、岩溶、土洞等不良地质条件影响工程安全。

③ 场地存在孤石、漂石、球状风化体、破碎带、风化深槽等特殊岩土体对工程施工造成不利影响。

在施工过程中经常会遇见暗浜、古河道、空洞、岩溶、土洞以及卵石地层中的漂石、残积土中的孤石、球状风化等增加施工难度、危及施工安全的地质条件。这些地质条件在前期勘察工作中虽已发现,但其分布具有随机性,同时受详细勘察精度和场地条件的影响,难以查清其确切分布状况。因此,在施工阶段有必要开展针对性的勘察工作以查清此类地质条件,为工程施工提供依据。

比如广州地铁针对溶洞、孤石等委托原勘察单位开展了施工阶段的专门性勘察工作,钻孔间距达到 3～5 m,北京地铁 9 号线针对卵石地层中的漂石对盾构和基坑护坡桩施工的影响,委托原勘察单位开展了施工阶段的专门性勘察工作,采用了人工探井、现场颗分试验等勘察手段。

④ 场地地下水位变化较大或施工中发现不明水源,影响工程施工或危及工程安全。

由于勘察阶段距离施工阶段的时间跨度较大,场地周边环境可能会发生较大变化,常见的包括场地范围内埋设了新的地下管线,周边出现新的工程施工,既有管线发生渗漏等。

⑤ 施工方案有较大变更或采用新技术、新工艺、新方法、新材料,详细勘察资料不能满足要求。

⑥ 基坑或隧道施工过程中出现桩(墙)变形过大、基底隆起、涌水、坍塌、失稳等岩土工程问题,或发生地面沉降过大、地面塌陷、相邻建筑开裂等工程环境问题。

地下工程施工过程中出现桩(墙)变形过大、开裂,基坑或隧道出现涌水、坍塌和失稳等意外情况,或发生地面沉降过大等岩土工程问题,需要查明其地质情况为工程抢险和恢复施工提供依据。

⑦ 工程降水,土体冻结,盾构始发(接收)井端头、联络通道的岩土加固等辅助工法需要时。

一般城市轨道交通工程的盾构始发(接收)井、联络通道加固,工程降水,冻结等辅助措施的施工方案在施工阶段方能确定,详细勘察阶段的地质工作往往缺乏针对性,需要在施工阶段补充相应的岩土工程资料。

⑧ 需进行施工勘察的其他情况。

对抗剪强度、基床系数、桩端阻力、桩侧摩阻力等关键岩土参数缺少相关工程经验的地区,宜在施工阶段进行现场原位试验。

施工阶段由于地层已开挖,为验证原位试验提供了良好条件,建议在缺少工程经验的地区开展关键参数的原位试验为工程积累资料。

施工勘察是专门为解决施工中出现的问题而进行的勘察,因此,施工勘察的分析评价,提出的岩土参数、工程处理措施建议应具有针对性。施工专项勘察工作应符合下列规定:

① 收集施工方案、勘察报告、工程周边环境调查报告以及施工中形成的相关资料。

② 收集和分析工程检测、监测和观测资料。

③ 充分利用施工开挖面了解工程地质条件,分析需要解决的工程地质问题。

④ 根据工程地质问题的复杂程度、已有的勘察工作和场地条件等确定施工勘察的方法和工作量。

⑤ 针对具体的工程地质问题进行分析评价,并提供所需岩土参数,提出工程处理措施的建议。

七、工法勘察

城市轨道交通工程勘察工作不仅要为工程结构设计服务,还需要满足施工方案和施工组织设计的需要。城市轨道交通工程施工的工法较多、工艺复杂,不同的工法工艺对地质条件的适应性不同,需要的岩土参数不同,对地下水的敏感性不同,需要解决的工程地质问题也不相同,因此,需要针对不同的施工方法提出具体的勘察要求。

采用明挖法、矿山法、盾构法、沉管法等施工方法修筑地下工程时,岩土工程勘察除符合本规范初步勘察、详细勘察的规定外,尚应根据施工工法特点,满足各类工法勘察的相应要求,为施工方法的比选与设计提供所需的岩土工程资料。

工法的选择往往会影响工程的成败,对工程造价、工期、工程安全均会产生较大的影响,在各阶段的勘察均要根据施工方法的要求开展相应的勘察工作。工法的勘察应结合工法的具体特点、地质条件选取合理的勘察手段和方法,并进行分析评价,提出适合工法要求的措施、建议及岩土参数,满足相应阶段工法设计深度的要求。原位测试、室内试验方法及所提供的岩土参数应结合施工方法、辅助措施的特点综合确定。

(一)明挖法勘察

明挖法勘察应提供放坡开挖、支护开挖及盖挖等设计、施工所需要的岩土工程资料。

盖挖法包括盖挖顺筑法和盖挖逆筑法,盖挖顺筑法是在地面修筑维持地面交通的临时路面及其支撑后自上而下开挖土方至坑底设计标高再自下而上修筑结构;盖挖逆筑法是开挖地面修筑结构顶板及其竖向支撑结构后在顶板的下面自上而下分层开挖土方分层修筑结构。

明挖法勘察应为基坑支护设计与施工、土方开挖设计与施工、地下水控制设计与施工、基坑突涌和基底隆起的防治、施工设备选型和工艺参数的确定和工程风险评估、工程周边环境保护以及工程监测方案设计等工作提供勘察资料。

明挖法勘察内容与一般基坑工程勘察具有相同之处,但是城市轨道交通工程明挖法具有工程开挖深度大、周边环境复杂、变形控制要求严、存在明暗相接区段、明挖结构开洞较多等自身的一些特点。明挖法勘察应符合下列要求:

① 查明场地岩土类型、成因、分布与工程特性;重点查明填土、暗浜、软弱土夹层及饱和砂层的分布,基岩埋深较浅地区的覆盖层厚度、基岩起伏、坡度及岩层产状。

特别强调要查明软弱土夹层、粉细砂层的分布。实践证明这种岩土条件往往给支护工程带来极大麻烦,如沿软弱夹层产生整体滑动,产生流沙而造成地面塌陷等。因此,必须给予更多的投入查清其产状与分布,以便采取防范措施。

② 根据开挖方法和支护结构设计的需要按照表2-12-8提供必要的岩土参数。

表 2-12-8　　　　　　　　　　　明挖法勘察岩土参数选择表

开挖施工方法		密度	黏聚力	内摩擦角	静止侧压力系数	无侧限抗压强度	十字板剪切强度	水平基床系数	水平抗力系数的比例系数	回弹及回弹再压缩模量	弹性模量	渗透系数	土体与锚固体黏结强度	桩基设计参数
放坡开挖		√	√	√	—	√	○	—	—	—	—	√	—	—
支护开挖	土钉墙	√	√	√	—	√	○	—	—	—	—	√	√	—
	排桩	√	√	√	√	√	√	○	○	○	○	√	○	○
	钢板桩	√	√	√	○	√	○	○	○	○	○	√	○	—
	地下连续墙	√	√	√	√	√	√	○	○	√	√	√	○	○
	水泥土挡墙	√	√	√	—	√	○	—	—	—	—	√	—	—
盖挖		√	√	√	○	√	○	√	√	○	○	√	—	√

注：表中○表示可提供，√表示应提供，—表示可不提供。

③ 土的抗剪强度指标应根据土的性质、基坑安全等级、支护形式和工况条件选择室内试验方法；当地区经验成熟时，也可通过原位测试结合地区经验综合确定。

按工程施工情况和现场的饱和黏性土存在的不同排水条件，考虑究竟采用总应力法或有效应力法，以期更接近实际，取得较好效果。

如饱和黏性土层不甚厚，有较好的排水条件，工程进展较慢，宜采用排水剪的抗剪强度指标；一般土质或黏性土层较厚，工程进展较快，来不及排水，为分析此间地基失稳问题，宜采用不排水剪的抗剪强度指标。

有效应力法的黏聚力、内摩擦角用于分析饱和黏性土地基稳定性时，在理论上比较严密，但它要求必须求出孔隙水压分布、荷载应力分布。实践中由于仪器不尽完善，要测准孔隙水压力有一定难度。

总应力法比较方便，广为使用。但它要求地层统一，这在客观上是不多见的，所以它的计算成果较粗略。

④ 查明场地水文地质条件，判定人工降低地下水位的可能性，为地下水控制设计提供参数；分析地下水位降低对工程及工程周边环境的影响，当采用坑内降水时还应预测降低地下水位对基底、坑壁稳定性的影响，并提出处理措施的建议。

人工降低水位与深基坑开挖密切相关。勘察工作首先要分析判断要不要人工降低水位，并应对降低水位形成地层固结导致地面沉降、建筑物变形以及潜蚀带来的危害等有充分估计。实践中这类教训是不少的，为此勘察中应充分论证和预测，以便采取有效措施，使之对既有建筑的危害减至最低限度。

⑤ 根据粉土、粉细砂分布及地下水特征，分析基坑发生突水、涌砂流土、管涌的可能性。

⑥ 收集场地附近既有建（构）筑物基础类型、埋深和地下设施资料，并对既有建（构）筑物、地下设施与基坑边坡的相互影响进行分析，提出工程周边环境保护措施的建议。

明挖法勘察宜在开挖边界外按开挖深度的1～2倍范围内布置勘探点，当开挖边界外无法布置勘探点时，可通过收集、调查取得相应资料。对于软土勘察范围尚应适当扩大。

明挖法勘探点间距及平面布置应符合地铁地下工程的要求，地层变化较大时，应加密勘探点。

明挖法勘探孔深度应满足基坑稳定分析、地下水控制、支护结构设计的要求。

放坡开挖法勘察应提供边坡稳定性计算所需岩土参数,提出人工边坡最佳开挖坡形和坡角、平台位置及边坡坡度允许值的建议。边坡稳定性计算可分段进行。勘察中应逐段提供岩土密度、黏聚力、内摩擦角及工程地质剖面图,粗估可能产生的破坏形式。

软弱结构面的方位是边坡稳定评价的重要因素。地下工程放坡开挖施工,基坑又深又长,临空面暴露又多,为此在软弱面上取样作三轴剪切求出黏聚力、内摩擦角是评价边坡稳定的重要依据。

对基岩结构面进行地质测绘了解产状、构造等条件,做出比较接近实际的稳定性计算与评价,也是很必要的。

为确定人工边坡最佳坡形及边坡允许值可考虑概念设计的原则,在定性分析的基础上,进行定量设计,较为稳妥。

盖挖法勘察应查明支护桩墙和立柱桩端的持力层深度、厚度,提供桩墙和立柱桩承载力及变形计算参数。

确定地下连续墙的入土深度及立柱桩的桩基持力层至关重要,因此需查明桩(墙)端持力层的性质、含水层与隔水层的特性。为有效控制地下连续墙与中间桩的差异沉降,设计时应考虑开挖的各个工况的变形规律(土体隆起与沉降),因此一般盖挖施工,其勘探孔深度较大,当地质条件复杂时,应加密钻孔间距,与常规基坑勘察要求有所不同。

对明挖法的勘察,其勘察报告除满足常规基坑评价内容,宜结合岩土条件、周边环境条件,提出其明挖法基坑围护方法的建议与相应的设计、施工所需的岩土及水文地质参数;指出基坑支护设计、施工需重点关注的岩土工程问题。根据大量地铁工程经验,对存在的不良地质作用,如暗浜、厚度较大的杂填土等,如果勘察未查明或施工处理不当,可能引起支护结构施工质量问题(如地下连续墙露筋、接头分叉,灌注桩缩径,止水结构断裂等),对周边环境产生不利影响(如地面塌陷,管道断裂,房屋倾斜等),因此,在勘察报告中应增加对不良地质作用和特殊性岩土可能引起的明挖法施工风险的分析,并提出控制措施及建议的要求。

（二）矿山法勘察

矿山法施工的工艺较多,工法名称尚没有统一的规定,目前常见的矿山法施工的开挖方法一般包括全断面法、上半断面临时封闭正台阶法、正台阶环形开挖法、单侧壁导坑正台阶法、双侧壁导坑法(眼镜工法)、中隔墙法(CD法、CRD法)、中洞法、侧洞法、柱洞法、洞桩法(PBA法)等。矿山法勘察应提供各类施工方法及辅助工法设计、施工所需要的岩土工程资料。

隧道轴线位置的选定,隧道断面形式和尺寸的选定,洞口、施工竖井位置和明、暗挖施工分界点的选定,开挖方案及辅助施工方法的比选,围岩加固、初期支护及衬砌设计与施工,开挖设备选型及工艺参数的确定,地下水控制设计与施工,工程风险评估、工程周边环境保护和工程监测方案设计等工作与工程地质条件和水文地质条件密切相关。岩土工程条件对矿山法施工工法工艺的影响主要体现在以下几个方面:

① 矿山法隧道的埋置深度应根据运营使用和环境保护要求结合地层情况通过技术经济比较确定。无水地层中,在不影响地铁运营和车站使用的前提下,宜使区间隧道处于深埋状态,以节约工程费用。但在第四纪土层中往往难以做到。这种情况在选择隧道穿越的土层时,最好使其拱部及以上有一定厚度的可塑—硬塑状的黏性土层,以减少施工中的辅助措

施费用,有条件时宜把隧道底板置于地下水位以上。在综合以上考虑的基础上,隧道的埋深宜选择较大的覆跨比(覆盖层厚度与隧道开挖宽度之比)。

② 矿山法地铁隧道的结构断面形式,应根据围岩条件、使用要求、施工工艺及开挖断面的尺度等从结构受力、围岩稳定及环境保护等方面综合考虑合理确定,宜采用连接圆顺的马蹄形断面。围岩条件较好时,采用拱形与直墙或曲墙相组合的形状,软岩及土、砂地层中应设仰拱或受力平底板。浅埋区间隧道一般采用两单线平行隧道,岩石地层中则采用双线单洞断面较为经济,也有利于大型施工机具的使用。

土层中的车站隧道一般采用三跨或双跨的拱形结构;岩石地层中的车站隧道,从减少施工对围岩的扰动和提高车站的使用效果等方面考虑,宜采用单跨结构。矿山法车站隧道,视需要也可做成多层。

视地层及地下水条件、环境条件、施工方法及隧道开挖断面尺寸的不同,矿山法隧道可选用单层衬砌或双层衬砌。轨道交通行车隧道不宜单独采用喷锚衬砌,当岩层的整体性好、基本无地下水,从开挖到衬砌这段时间围岩能够自稳,或通过锚喷临时支护围岩能够自稳时,可采用单层整体现浇混凝土衬砌或装配式衬砌。双层衬砌一般用于 V、VI 级围岩或车站、折返线等大跨度隧道中,其外层衬砌为初期支护,由注浆加固的地层、锚喷支护及格栅等组合而成,内层衬砌为二次支护,大多采用模筑混凝土或钢筋混凝土。

③ 开挖方法对支护结构的受力、围岩稳定、周围环境、工期和造价等有重大影响。对一般的单双线区间隧道和开挖宽度在 15 m 内的其他隧道,可根据地层条件、埋深、机具设备及环境条件等,从图 2-12-1 中选择合适的开挖方法。车站隧道的开挖方法则要根据结构形式、跨度及围岩条件等来选择。例如,埋置于第四纪地层中的北京西单地铁车站,采用双层三跨拱形结构覆盖层厚度 6 m,隧道开挖尺寸为 26.14 m(宽)×13.5 m(高)。采用侧洞法施工,首先开挖两侧的行车隧道,完成边洞的二衬及立柱后,再开挖中洞并施作中洞拱部及仰拱的二衬;侧洞采用双侧壁导洞法开挖。埋置于岩石地层中的大跨度单拱车站隧道,当地层较差或为浅埋时,多采用品字形开挖先墙后拱法施工;在 V、VI 类围岩中的深埋单拱车站,也可采用先拱后墙法施工。

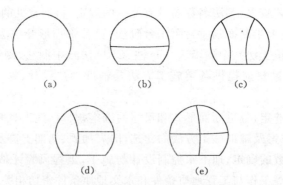

图 2-12-1 中小跨度单跨地铁隧道的开挖方法
(a) 全断面法;(b) 台阶法;(c) 双侧壁导洞法;(d) 单侧壁导坑法;(e) 中侧壁法

在土、砂等软弱围岩中,遇下列情况在隧道开挖前应考虑使用辅助施工方法:

· 采用缩短进尺、分部开挖和及时支护等时空效应的综合利用手段仍不能保证从开挖到支护起作用这段时间内围岩自稳时。

　　• 在隧道上方或一侧有重要建(构)筑物或地下管线需要保护,采用以上时空效应综合利用手段或设置临时仰拱等常规方法仍不能把隧道开挖引发的地面沉降控制在允许范围以内时。

　　• 开挖及出渣等需要采用机械化作业或因工期要求,不允许通过以上缩短进尺等措施作为主要手段来稳定围岩和控制地表沉降时。

　　• 需处理地下水时。

　　作为稳定围岩和控制地面沉降的辅助施工方法大致可分为预支护和围岩预加固两类。常用的预支护方法有超前杆或超前插板、小导管注浆、管棚、超前长桩、预切槽、管拱和超前盖板等;围岩预加固有垂直砂浆锚杆加固和地层注浆等。作为地下水处理的辅助施工方法有降排水法、气压法、地层注浆法和冻结法。

　　辅助施工方法的选择与地层条件、隧道断面大小及采用目的等因素有关,并对工程造价和施工机具的配置等产生直接影响。

　　④ 预支护与围岩预加固。工程实践和理论分析证明,隧道开挖过程中,围岩应力状态的改变和松弛将波及开挖面前方一定范围内的地层。所以提高开挖面前方土体强度和改善其受力条件,是保证开挖面稳定和控制开挖产生过大沉降的重要手段。因此,预支护和围岩预加固就成为土质浅埋隧道中经常使用的施工措施。

　　所谓预支护,就是在隧道开挖前,预先设在隧道轮廓线以外一定范围内的支护,有的还与开挖面后方的支架等共同组成支护体系。超前杆和小导管注浆是一般土质隧道采用较多的预支护方法,前者适用于拱顶以上黏性土地层较薄或为粉土地层,后者多用于砂层或砂卵石地层。它们能有效地防止顶部围岩坍塌,在一定程度也有利于提高开挖面的稳定度,但由于预支护长度短(一般为 3～5 m),在特别松软的地层中,难以有效地支承开挖面前方破坏棱体上方的土体;此外,对限制土体变形的作用也不够明显。所以国外在对地层扰动大或开挖成型困难的超浅埋隧道、多连拱隧道和平顶直墙隧道,都无例外地采用了管棚等大型预支护手段。

　　管棚和超前长桩是对传统预支护手段的重大改进,不仅把预支护长度增加到 10～20 m以上,有的还在开挖面前方形成空间刚度很大、纵横两个方向均能传力的伞状预支护体系,因而对控制开挖产生的地面沉降特别有效。一种常见的超前长桩是意大利人开发的旋喷水平桩,利用专用设备,根据土层分别选用不同的注浆方法及注浆材料,可以在隧道外周构筑直径 0.6～2.0 m 的砂浆桩(在砂性土中,采用单管法,使用水泥浆加固,砂浆桩的直径为0.6～0.8 m;在淤泥和黏性土中,采用双重管法,用压缩空气＋水泥浆加固,砂浆桩的直径为 1.2 m,若采用三重管法,用压缩空气＋水＋水泥浆加固,砂浆桩的直径可达 2.0 m)。

　　管拱实际上是一种直径达 2 m 的巨型钢筋混凝土超前长桩,它同时又作为隧道主要承载结构的一部分。米兰地铁 verriezia 车站采用了这一技术。车站主体为净跨 22.8 m、净高16 m 的单拱隧道,开挖宽度达 28 m,覆盖层厚度为 4～5 m,埋置于沙砾和粉细砂组成的地层中。先在墙脚处开挖两个侧导洞并浇筑混凝土;在车站两端的竖井内沿隧道顶部依次顶入 12 根覆盖整个车站的钢筋混凝土管,在管内充填混凝土;从侧导洞沿拱圈每隔 6 m 开挖一个弧形导洞,施作支承顶管的钢筋混凝土拱肋;在管拱的下面开挖隧道,施作仰拱。实测施工引起的地面沉降为 10～14 mm。

预切槽法是在隧道开挖前,沿隧道外轮廓用专用设备切出一条 1.5～5.0 m 的深槽,当为土质隧道时必须用喷混凝土立即充填,形成一个预拱。它可用于开挖断面积 30～150 m²、土质比较均匀的隧道。

围岩预加固多用于浅埋隧道或对地面沉降控制特别严格的隧道。其中垂直砂浆锚杆加固,是在地面按一定距垂直钻孔后,设置一直伸到拱外缘的砂浆锚杆,用以加固地层。注浆法则常与封闭地下水的目的配合使用。

⑤ 地下水对矿山法施工隧道的设计、施工、使用以及由它引发的环境问题的影响,主要表现在以下两个方面:一是隧道施工中,地下水大量涌入,不仅影响正常作业,严重的还会导致开挖面失稳。事故统计资料表明:塌方总量的 95% 都与地下水有关。二是在某些地层中由于施工降水措施不当,或在隧道建成后的运营过程中,由于长期渗漏造成城市地下水位的大幅度变化,引起周围建筑物因沉陷过大而破坏。此外,在粉状土中长期渗漏会把土颗粒带进隧道,最终将削弱对隧道的侧向和底部支撑,严重时可导致隧道破坏。地下水的处理,必须因地制宜,结合隧道所处地质条件、环境条件及施工方法等,选择经济、适宜的方法。

矿山法勘察应符合下列要求:

① 土层隧道应查明场地岩土类型、成因、分布与工程特性;重点查明隧道通过土层的性状、密实度及自稳性,古河道、古湖泊、地下水、饱和粉细砂层、有害气体的分布,填土的组成、性质及厚度。

对人体带来不良影响的各种有毒气体,以及能形成爆炸、火灾等可燃性气体,统称为有害气体。除洞内作业生成的以外,从地层涌出的有害气体主要包括缺氧空气、硫化氢(H_2S)、二氧化碳(CO_2)、二氧化氮(NO_2)、有机溶液的蒸气及甲烷等天然气。其中垃圾及沼池回填地中的甲烷属可燃性气体,由于它的密度仅约为空气密度的一半,极易沿地层的裂隙上升到地表附近,是隧道施工中遭遇频度最高的一种有害气体。硫化氢气体主要产生于火山温泉地带,它可燃,能引起人员中毒,还会腐蚀衬砌结构。缺氧气体多出现在以下地层中:(a) 在上部有不透水层的沙砾层或砂层中,由于抽取地下水或用气压法施工等原因,使地下水完全枯竭或含水量大量减少,如果地层中含有氧化亚铁等还原物质或有机物等,就会与空气产生氧化作用而消耗氧气,使之变为缺氧气体。(b) 有甲烷或其他可燃气体时,在通风不良的隧道或竖井中,因施工作业大量消耗氧气,使空气中氧气浓度降低,也会导致缺氧。人体吸入氧气浓度低于 18% 的缺氧空气而产生的各种病症,称为缺氧症;低于 10% 时能造成神志不清或窒息死亡。

② 在基岩地区应查明基岩起伏、岩石坚硬程度、岩体结构形态和完整状态、岩层风化程度、结构面发育情况、构造破碎带特征、岩溶发育及富水情况、围岩的膨胀性等。

③ 了解隧道影响范围内的地下人防、地下管线、古墓穴及废弃工程的分布,以及地下管线渗漏、人防充水等情况。

④ 根据隧道开挖方法及围岩岩土类型与特征,按照表 2-12-9 提供所需的岩土参数。

⑤ 预测施工可能产生突水、涌砂、开挖面坍塌、冒顶、边墙失稳、洞底隆起、岩爆、滑坡、围岩松动等风险的地段,并提出防治措施的建议。

隧道突水、涌砂、开挖面坍塌、冒顶、边墙失稳、洞底隆起、岩爆、滑坡、围岩松动等是矿山法施工常见的工程地质问题,会给隧道施工带来灾难性的后果。勘察过程中应根据所揭露的地质条件,预测其可能发生的部位并提出防治措施建议,是矿山法勘察的重要内容之一。

表 2-12-9　　　　　　　　　　　　　矿山法勘察岩土参数选择表

类　别	参　数	类　别	参　数
地下水	① 地下水位、水量； ② 渗透系数	物理性质	① 含水量、密度、孔隙比； ② 液限、塑限； ③ 黏粒含量； ④ 颗粒级配； ⑤ 围岩的纵、横波速度
力学性质	① 无侧限抗压强度； ② 抗拉强度； ③ 黏聚力、内摩擦角； ④ 岩体的弹性模量； ⑤ 土体的变形模量及压缩模量； ⑥ 泊松比； ⑦ 标准贯入锤击数； ⑧ 静止侧压力系数； ⑨ 基床系数； ⑩ 岩石质量指标（RQD）	矿物组成及工程特性	① 矿物组成； ② 浸水崩解度； ③ 吸水率、膨胀率； ④ 热物理指标
		有害气体	① 土的化学成分； ② 有害气体成分、压力、含量

⑥ 查明场地水文地质条件，分析地下水对工程施工的危害，建议合理的地下水控制措施，提供地下水控制设计、施工所需的水文地质参数；当采用降水措施时应分析地下水位降低对工程及工程周边环境的影响。

⑦ 根据围岩岩土条件、隧道断面形式和尺寸、开挖特点分析隧道开挖引起的围岩变形特征；根据围岩变形特征和工程周边环境变形控制要求，对隧道开挖步序、围岩加固、初期支护、隧道衬砌以及环境保护提出建议。

⑧ 矿山法勘察的勘探点间距及平面布置应符合轨道交通地下工程的要求。

⑨ 采用掘进机开挖隧道时，应查明沿线的地质构造、断层破碎带及溶洞等，必要时进行岩石抗磨性试验，在含有大量石英或其他坚硬矿物的地层中，应做含量分析。

掘进机是一种先进、高效的开挖设备，它根据以剪裂为主的滚刀破岩原理，充分利用了岩石抗剪强度较低的特点，尤其适用于长隧道的施工。但它也存在以下问题：第一，掘进机掘进速度取决于岩石硬度、完整性和节理情况。节理越密、掘进越快；节理方向与掘进方向的夹角在 45°左右，掘进速度较快；节理平行或垂直掘进方向，速度较慢；在软岩中最快，但在断层、溶岩发达区则问题较多，还出现过难以用正常方法掘进的实例。因此，事前对沿线地质进行深入细致的调查，对掘进机的选型、设计、估算工程进度等都至关重要。第二，工作中刀片消耗极大，需要经常更换。

⑩ 采用钻爆法施工时，应测试振动波传播速度和振幅衰减参数；在施工过程中进行爆破震动监测。

爆破对地面建筑和居民的主要影响表现在爆破地震动效应和爆破噪声。爆破地震动在达到一定的量值之后，不仅引起建筑物的裂损和破坏，而且也会影响居民的正常生活。大量的试验观察结果表明，地震动对建筑物的破坏和对居民的影响与爆破产生的地面震动速度关系极大，爆破噪声也与爆破地面震动速度关系密切。所以各国大都把爆破产生的地面震动速度作为评价爆破次生效应的基础，制定出建筑物和人员所能承受的地面安全震动速度标准。据现行国家标准《爆破安全规程》（GB 6722—2014）规定，不同类型建筑物地面安全震动速度为：土窑洞、土坯房、毛石房屋：1.0 cm/s；一般砖房、非抗震的大型砌块建筑物：2～

3 cm/s;钢筋混凝土框架房屋:5 cm/s。

⑪ 采用洞桩(柱)法施工时,应提供地基承载力、单桩承载力计算和变形计算参数,当洞内桩身承受侧向岩土压力时应提供岩土压力计算参数。

洞桩(柱)法一般用于城市轨道交通工程的暗挖车站工程,通过先施工上下导洞,在上导洞中向下导洞中施作立柱或桩,柱下要施作基础。通常桩或柱需要承担上部荷载,边桩还要承担侧向岩土压力。在桩或柱体的支护下,再进行车站的开挖。这种开挖方式又称为 PBA 法或暗挖逆筑法。勘察时,根据该工法的特点提供地基承载力、桩基承载力及变形计算的岩土参数以及侧向土压力计算参数是勘察工作的重要内容。

⑫ 采用气压法时,应进行透气试验。

气压法是在软弱含水地层中,向开挖面输送能抵抗水压力的压缩空气,以控制涌水、保证开挖面稳定的一种开挖隧道的方法。

覆盖层厚度、土的粒径、颗粒组成、密度、土的透气性、地下水状态和隧道开挖断面的大小等对压气作用的效果影响很大。一般在黏性土地层中,压气效果显著。在粉土地层中,由于透水性小,压气效果较好,但当覆盖层薄和气压高时,有造成地表隆起的危险;而气压过低又容易使隧道底部呈现泥泞状态,引起开挖面松弛。这时,应结合实际情况,及时调整气压。在透水性和透气性大的砂土地层中,当开挖面的顶部有一层不透水的黏性土层时,也是一种使用气压法施工的较好条件;如果砂土中黏土成分占 $30\%\sim40\%$,则有一定的压气效果;黏土含量在 $15\%\sim20\%$ 以下的砂层中,当覆盖层薄或上部无不透水层时,过高的气压有使地表喷发的危险,此时往往需要与注浆法或降低地下水位法同时使用;当隧道开挖断面较大时,由于隧道底部的气压无法平衡外部的水压力,有可能出现涌水甚至是流沙。而隧道顶部由于"过剩压力"而导致的地层过度脱水,又极易引起地层坍塌。

⑬ 采用导管注浆加固围岩时,应提供地层的孔隙率和渗透系数。

⑭ 采用管棚超前支护围岩施工时,应评价管棚施工的难易程度,建议合适的施工工艺,指出施工应注意的问题。

矿山法勘察报告除应符合轨道交通工程勘察报告的一般要求外,尚应包括下列内容:

① 开挖方法、大型开挖设备选型及辅助施工措施的建议。

② 分析地层条件,提出隧道初期支护形式的建议。

③ 对存在的不良地质作用及特殊性岩土可能引起矿山法施工风险提出控制措施的建议。

(三) 盾构法勘察

盾构法勘察应提供盾构选型、盾构施工、隧道管片设计等所需要的岩土工程资料。

盾构法隧道轴线和盾构始发井、接收井位置的选定,盾构设备选型和刀盘、刀具的选择,盾构管片设计及管片背后注浆设计,盾构推进压力、推进速度、土体改良、盾构姿态等施工工艺参数的确定,盾构始发井、接收井端头加固设计与施工,盾构开仓检修与换刀位置的选定等与工程地质条件和水文地质条件密切相关。盾构法勘察应为以上工作和盾构法工程风险评估、工程周边环境保护及工程监测方案设计等提供勘察资料。

盾构隧道轴线和覆土厚度的确定,必须确保施工安全,并且不给周围环境带来不利影响,应综合考虑地面及地下建筑物的状况、围岩条件、开挖断面大小、施工方法等因素后确定。覆盖层过小,不仅可能造成漏气、喷发(当采用气压盾构时)、上浮、地面沉降或隆起、地下管线破坏等,而且盾构推进时也容易产生蛇行;过大则会影响施工的作业效率,增大工程投入。根据工程经验,盾构隧道的最小覆盖层厚度以控制在 1 倍开挖直径为宜。

由于盾构选型与地质条件、开挖和出渣方式、辅助施工方法的选用关系密切,各种盾构的造价、施工费用、工程进度和推进中对周围环境的影响差别又相当大,加之施工中盾构难以更换,所以必须结合地质条件、场地条件、使用要求和施工条件等慎重比选。

盾构机械根据前端的构造形式和开挖方式的不同,大致分为图 2-12-2 所示的几种基本形式。

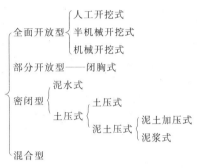

图 2-12-2　盾构类型

① 全面开放型盾构:又称敞口盾构,是开挖面前方未封闭的盾构的总称。根据所配备的开挖设备,又区分为人工开挖式盾构、半机械开挖式盾构和机械开挖式盾构。

全面开放型盾构原则上适用于洪积层的密实的砂、沙砾、黏土等开挖面能够自稳的地层。当在含水地层或在冲积层的软弱砂土、粉砂和黏土等开挖面不能自稳的地层中采用时,需与气压法、降低地下水位法或注浆法结合使用。

其中人工开挖式盾构是利用铲、风镐、锄、碎石机等工具开挖地层,根据需要,开挖面可设置挡土千斤顶进行全断面挡土。它比较容易处理开挖面出现软硬不匀的地层或夹有漂石、卵石等的地层,清除开挖面前方的障碍物也较为便利。一般当开挖断面很大时,可在盾构机内装备可动工作平台采用分层开挖,来保证开挖面的稳定。

半机械开挖式盾构是指断面的一部分或大部分的开挖和装渣使用了动力机械的盾构。由于在使用挖掘机和装渣机的部分采用挡土千斤顶等支护措施比较困难,只能实现部分挡土,且往往工作面的敞开比用人工开挖式盾构时大。因此对地层稳定性的要求比后者更为严格。

机械开挖式盾构采用旋转的切削头连续地进行开挖。刀头安装在刀盘或条幅上,前者可利用刀盘起到支护作用,对开挖面的稳定有利;后者工作面敞开较大,适用于可在相当长的时间内自稳的地层。

② 部分开放式盾构:这种盾构在距开挖面稍后处设置隔墙,其部分是开口的,用以排除工作面上呈塑性流动状的土砂,是一种适合在冲积层的黏土和粉砂地层中使用的机种;不适用于洪积黏土层、砂土和碎石土地层。此种盾构对土层的含砂量及液性指数等有一定要求(见图 2-12-3 及表 2-12-10)。从日本的工程实践看,多用于含砂量小于 15% 的地层;一般适用范围为含砂量小于 25%、黏聚力小于 45 kPa、液性指数大于 0.80 的地层。如果超出以上范围,随着地层强度和含砂量增大,盾构推进时的千斤顶推力亦增大,易造成对管片和盾构机的损伤,且会产生盾构方向控制和地表隆起问题。

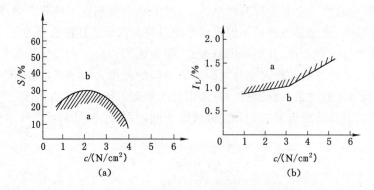

图 2-12-3　部分开放式盾构的适用范围

a——可用封闭;b——不能用封闭;S——含砂率;c——黏聚力;I_L——液性指数

表 2-12-10　　　　　　　　　　部分开放式盾构适用的地层特性

项目	土壤参数				
	名称		符号	单位	适用范围
1	颗粒组成	砂	S	%	<20
		粉土	M		>20
		黏土	C		>20
2	土的粒径	有效粒径 60% 的粒径	d_{10}	mm	<0.001
			d_{60}		<0.030
3	天然含水量		w	%	40~60
4	天然含水量/液限		w/w_L	%	>1
5	内摩擦角(三轴)		φ	(°)	<12
6	黏聚力(三轴)		c	kPa	<20
7	无侧限抗压强度		q_U	kPa	<60

　　③ 密闭型盾构:包括土压平衡盾构和泥水平衡盾构两大类。它们是现代盾构技术发展的结晶,具有施工安全可靠、掘进速度快、在大多数情况下可不用辅助施工方法等特点。这两类盾构在工法形成的基本条件方面有许多共同点,前端都有一个全断面的切削刀盘和设在刀盘后面的密封舱,把从液状到半固体状的各种状态的弃土充满在舱室内,用以保持开挖面的稳定,并通过适当的手段把密封工作面的弃土排除掉。

　　土压平衡盾构:其特点是利用与密封舱相连的螺旋输送机排土,通过充填在密封舱内的弃土并调节螺旋输送机的排土量以平衡开挖面上的水、土压力。为了达到上述目的,对密封舱内的弃土最基本要求是应具有一定的流动性和抗渗性。前者至少要有使土颗粒容易移动的尽可能适度的孔隙量(含水量、孔隙比)。此孔隙量随地层而异,作为大致的标准,黏性土是液性限界、砂性土是最大孔隙比。此外渗透系数 $k=10^{-3}$ cm/s 被认为是土压平衡盾构操作的一个经验限制值。如果土质的渗透性过高,地下水可能穿透密封舱和螺旋输送机的土壤。因此,在不具备流动性或渗透性能过高的土层中,需要通过对密封舱内的弃土注入附加剂的方法改善其特性。这种措施使得土压平衡盾构可以适用于多种地层。包括沙砾、砂、粉砂、黏土等固结度低的软弱地层和软、硬相兼的地层。视地层条件的不同,可以采用不同类型的土压平衡盾构,其中:(a) 土压式适用于一般的软黏土和含水量及颗粒组成适当、有一定黏性的粉土。弃土经刀盘搅拌后已具备较大的流动性,能以流态充满密封舱。(b) 泥土加压式适用于无流动性的砂、沙砾地层或洪积黏土层中。通过对舱内弃土添加水、膨润土、黏土浆液、气泡、高级水性树脂等外加剂,经强制搅拌使挖土获得必要的流动性和抗渗性。(c) 泥浆式适用于松散、透水性大、易于崩塌的含水沙砾层或覆土较薄、泥土易于喷出地面的情况。将压力泥浆送入密封舱,与弃土搅拌后成为高浓度泥浆(比重为 1.6~1.8),用以平衡开挖面的水、土压力。

泥水平衡盾构:此种盾构的特点是向密封舱内注入适当压力的泥浆用以支撑开挖面,将弃土和泥水混合后用排泥泵及管道输送至地面进行排泥处理。泥水盾构不仅适用于沙砾、砂、粉土、黏土等固结度低的含水软弱地层及软、硬相间的地层,而且对上述地层中上部有河流、湖泊、海洋等高水压的情况也是有效的。但是对渗透系数 $k \geqslant 10^{-2}$ cm/s、细粒含量在 10% 以下的土层难以通过泥水取得加压效果,并可能使地层产生流动化。泥水盾构的主要缺点是需要配备一套昂贵的泥水处理设备,且占地较大。

④ 混合型盾构:为适应沿线地质条件有明显差异的长隧道的施工而开发的新型盾构。实质是根据具体工程的地质、水文、隧道、环境等方面的实际条件将土盾构和硬岩掘进机的功能和结构,合理地加以组合与改进,可以适应从饱和软土到硬岩的开挖。例如,带有伸缩式刀盘并设有土压平衡设施,刀盘上备有能分别适应于软、硬岩切削的割刀和滚刀两种刀具,还装备有横向支撑等。当盾构在硬岩中掘进时,横向支撑将盾构固定在围岩中,刀盘旋转并向前伸进,弃土进入土舱后经螺旋输送机排除,此时土舱中的弃土不充满,也不需要进行土压平衡控制。当遇不稳定含水地层时,利用盾构千斤顶顶进,弃土全部充满土舱,必要时施加添加剂,采用土压平衡盾构的方式工作。

盾构法勘察应符合下列要求:

① 查明场地岩土类型、成因、分布与工程特性;重点查明高灵敏度软土层、松散砂土层、高塑性黏性土层、含承压水砂层、软硬不均地层、含漂石或卵石地层等的分布和特征,分析评价其对盾构施工的影响。

② 在基岩地区应查明岩土分界面位置、岩石坚硬程度、岩石风化程度、结构面发育情况、构造破碎带、岩脉的分布与特征等,分析其对盾构施工可能造成的危害。

③ 通过专项勘察查明岩溶、土洞、孤石、球状风化体、地下障碍物、有害气体的分布。

④ 提供砂土、卵石和全风化、强风化岩石的颗粒组成、最大粒径及曲率系数、不均匀系数、耐磨矿物成分及含量、岩石质量指标(RQD)、土层的黏粒含量等。

⑤ 对盾构始发(接收)井及区间联络通道的地质条件进行分析和评价,预测可能发生的岩土工程问题,提出岩土加固范围和方法的建议。

⑥ 根据隧道围岩条件、断面尺寸和形式,对盾构设备选型及刀盘、刀具的选择以及辅助工法的确定提出建议,并按照表 2-12-11 提供所需的岩土参数。

⑦ 根据围岩岩土条件及工程周边环境变形控制要求,对不良地质体的处理及环境保护提出建议。

⑧ 盾构法勘察勘探点间距及平面布置应符合轨道交通地下工程的要求,勘探过程中应结合盾构施工要求对勘探孔进行封填,并详细记录钻孔内遗留物。

表 2-12-11 盾构法勘察岩土参数选择表

类别	参数	类别	参数
地下水	① 地下水位; ② 孔隙水压力; ③ 渗透系数	物理性质	① 比重、含水量、密度、孔隙比; ② 含砾石量、含砂量、含粉砂量、含黏土量; ③ d_{10}、d_{50}、d_{60} 及不均匀系数 d_{50}/d_{10}; ④ 砾石中的石英、长石等硬质矿物含量; ⑤ 最大粒径、砾石形状、尺寸及硬度; ⑥ 颗粒级配; ⑦ 液限、塑限; ⑧ 灵敏度; ⑨ 围岩的纵、横波速度; ⑩ 岩石岩矿组成及硬质矿物含量
力学性质	① 无侧限抗压强度; ② 黏聚力、内摩擦角; ③ 压缩模量、压缩系数; ④ 泊松比; ⑤ 静止侧压力系数; ⑥ 标准贯入锤击数; ⑦ 基床系数; ⑧ 岩石质量指标(RQD); ⑨ 岩石天然湿度抗压强度	有害气体	① 土的化学成分; ② 有害气体成分、压力、含量

⑨ 盾构下穿地表水体时应调查地表水与地下水之间的水力联系,分析地表水体对盾构施工可能造成的危害。

⑩ 分析评价隧道下伏的淤泥层及易产生液化的饱和粉土层、砂层对盾构施工和隧道运营的影响,提出处理措施的建议。

勘察报告除应符合轨道交通工程勘察报告的一般要求外,尚应包括下列内容:

① 盾构始发(接收)井端头及区间联络通道岩土加固方法的建议。

② 对不良地质作用及特殊性岩土可能引起的盾构法施工风险提出控制措施的建议。

(四)沉管法勘察

沉管法已应用于城市轨道交通地下工程穿越河流等水体的施工,沉管法勘察应为沉管法施工的适宜性评价、沉管隧道选址及沉管设置高程的确定、沉管的浮运及沉放方案、沉管的结构设计、沉管的地基处理方案、工程风险评估、工程周边环境保护及工程监测方案设计等设计、施工提供勘察资料。

在符合详细勘察要求的基础上,沉管法勘察应重点关注沉管隧道、水下基槽开挖、管节停放等重要部位,符合下列要求:

① 收集河流的宽度、流量、流速、含砂(泥)量、最高洪水位、最大冲刷线、汛期等水文资料。

② 调查河道的变迁、冲淤的规律以及隧道位置处的障碍物。

③ 查明水底以下软弱地层的分布及工程特性。

④ 勘探点应布置在基槽及周围影响范围内,一般钻孔的布设可按网格状布置钻孔,揭示基槽及两侧的岩土情况。沿线路方向勘探点间距宜为 20～30 m,在垂直线路方向勘探点间距宜为 30～40 m。

⑤ 勘探孔深度应达到基槽底以下不小于 10 m,并满足变形计算的要求。

⑥ 河岸的管节临时停放位置宜布置勘探点。

⑦ 提供砂土水下休止角、水下开挖边坡坡角。

⑧ 勘察报告除应符合轨道交通工程勘察报告的一般要求外,尚应包括水体深度、水面

标高及其变化幅度、管节停放位置的建议、对存在的不良地质作用及特殊性岩土可能引起沉管法施工风险提出控制措施的建议等内容。

（五）其他工法及辅助措施勘察

沉井、导管注浆、冻结等工法及辅助措施在一定程度上决定了城市轨道交通工程建设成败，其勘察工作一般在车站、区间的详细勘察中完成。当辅助施工需要补充更为详细的岩土资料时，可在详细勘察的基础上进行施工勘察。其他工法及辅助措施的岩土工程勘察应提供采用沉井、导管注浆、冻结等工法及辅助措施设计、施工所需的岩土工程资料。

1. 沉井法勘察

沉井可用于矿山法竖井或盾构法竖井的施工。沉井法勘察应查明岩土层的分布、物理力学性质和水文地质条件，特别是可能遇到对沉井施工不利情况。钻孔数量不宜多，一般1~4个钻孔可满足要求。具体应符合下列要求：

① 沉井的位置应有勘探点控制，并宜根据沉井的大小和工程地质条件的复杂程度布置1~4个勘探孔。

② 勘探孔进入沉井底以下的深度：进入土层不宜小于 10 m，或进入中等风化或微风化岩层不宜小于 5 m。

③ 查明岩土层的分布及物理力学性质，特别是影响沉井施工的基岩面起伏、软弱岩土层中的坚硬夹层、球状风化体、漂石等。

④ 查明含水层的分布、地下水位、渗透系数等水文地质条件，必要时进行抽水试验。

⑤ 提供岩土层与沉井侧壁的摩擦系数、侧壁摩阻力。

2. 导管注浆法勘察

导管注浆法是将水泥浆、硅酸钠（水玻璃）等液体注入地层使之固化，用以加固围岩、提高其止水性能的一种施工方法。为此需根据围岩的渗透系数、孔隙率、地下水埋深、流向和流速等，选定与注浆目的相适应的注浆材料和施工方法，决定注浆范围、注浆压力和注浆量等。导管注浆法勘察应符合下列要求：

① 注浆加固的范围内均应布置勘探点。

② 查明土的颗粒级配、孔隙率、有机质含量，岩石的裂隙宽度和分布规律，岩土渗透性，地下水埋深、流向和流速。

③ 宜通过现场试验测定岩土的渗透性。

④ 预测注浆施工中可能遇到的工程地质问题，并提出处理措施的建议。

3. 冻结法勘察

冻结法是临时用人工方法将软弱围岩或含水层冻结成具有较高强度和抗渗性能的冻土，以安全地进行隧道作业的一种施工方法。由于该方法成本较高，一般是在其他辅助施工方法不能达到目的时方可采用。

冻结法可用于砂层和黏土地层中，但当土层的含水率在10％以下或地下水流速为1~5 m/d 时，难以获得预期的冻结效果。对于后一种情况，可以通过注浆来降低水流速度。采用冻结法时，必须对围岩的含水量、地下水流速、土的冻胀特性及冻土解冻时地层下沉等问题进行充分的调查与研究。

土壤冻结时产生的体积膨胀与土壤的物理力学性质、有无上覆荷载及所采用的冻结方法等有关，一般在砂层和沙砾层中几乎不会产生，在黏土和粉砂中较大。通常人工冻土的体积膨胀不会超过 5%,产生的冻胀力可达 2 500~3 000 kN/m²。为了获得黏性土的冻胀量,可进行不扰动土取样的室内试验。

在接近建筑物或地下管线处采用冻结法施工时,必要时可采取控制冻土成长、限定冻结范围、设置冻胀吸收带使建筑物周围不冻结、对建筑物进行临时支撑或加固等措施。

解冻产生的地层下沉主要出现在黏性土中。解冻时,由于土颗粒的结合被切断而产生的孔隙,在上覆荷载和自重的作用下就会产生下沉。下沉量可比冻胀量大 20%。为此,可配合注浆法加以克服。

冻土强度与温度和地层的含水量有关。同一温度下的饱和土,冻土强度大小依次按沙砾大于砂大于黏土的顺序排列。表 2-12-12 的数值可供参考。

表 2-12-12 冻土强度 kN/m²

土 质	−10 ℃			−15 ℃		
	单轴抗压强度	弯曲抗拉强度	抗剪强度	单轴抗压强度	弯曲抗拉强度	抗剪强度
黏土、粉砂	4 000	2 000	2 000	5 000	2 500	2 500
砂	7 000	2 000	2 000	10 000	3 000	2 000

冻结法勘察需要着重解决以下几个问题:

① 冻结使土体的物理力学性质发生突变,与未冻结相比,主要表现在:土体的黏聚力增大、强度提高,压缩量明显减小,体积增大,原来松散的含水土体成为不透水土体。因此,应特别重视查明需冻结土层的分布及物理力学性质,其中包括含水量、饱和度、固结系数、抗剪强度。

② 冻结法利用冻结壁隔绝岩土层中的地下水与开挖体的联系,以便在冻结壁的保护下进行开挖和衬砌施工。因此,查明需冻结土层周围含水层的分布,提供地下水流速、地下水中的含盐量,是勘察的重要工作内容。

③ 地温、导温系数、导热系数和比热容等热物理指标是影响冻结温度场的主要因素。勘察工作中需要测试需冻结土层的地温、热物理指标。

④ 冻结土层的冻胀率、融沉率等冻结参数需在冻结施工中测定。尽可能收集已有的冻结法施工经验,包括不同土层的冻结参数,以及冻胀、融沉对环境的影响程度,为指导施工提供依据。在冻结法施工中,应防止严重的冻胀和融沉。

⑤ 冻结和解冻过程中,土体的物理力学性质发生突变,应查明冻结施工场地周围的建(构)筑物、地下管线等分布情况,在施工前,分析冻结法施工对周边环境的影响,并将影响减至最小。

八、城市轨道交通岩土工程勘察评价要求

(一)综合要求

应针对城市轨道交通工程结构提出分析评价,地下工程主要是围岩和土体的稳定性和变形问题,高架工程和地面工程主要是地基的承载力和变形问题,并应重视工程建设对环境的影响和对地下水作用的分析评价。勘察报告中分析评价应包括下列内容:

① 工程建设的场地稳定性、适宜性评价。

② 地下工程、高架工程、路基及各类建筑工程的地基基础形式、地基承载力及变形的分析评价。

③ 不良地质作用及特殊性岩土对工程影响的分析评价，避让或防治措施建议。

④ 划分场地土类型和场地类别，抗震设防烈度大于或等于 6 度的场地，评价地震液化或震陷的可能性。

⑤ 围岩、边坡稳定性和变形分析，支护方案和施工措施的建议。

⑥ 工程建设与工程周边环境相互影响的预测及防治对策的建议。

⑦ 地下水对工程的静水压力、浮托作用分析。

⑧ 水和土对建筑材料腐蚀性的评价。

（二）明挖法施工评价重点

对于明挖施工的分析评价，侧重于分析岩土层的稳定性、透水性和富水性，这关系到边坡、基坑的稳定；分析不同支护方式可能出现的工程问题，提出防治措施的建议。应重点分析评价下列内容：

① 分析基底隆起、基坑突涌的可能性，提出基坑开挖方式及支护方案的建议。

② 支护桩墙类型分析，连续墙、立柱桩的持力层和承载力。

③ 软弱结构面空间分析、特性及其对边坡、坑壁稳定的影响。

④ 分析岩土层的渗透性及地下水动态，评价排水、降水、截水等措施的可行性。

⑤ 分析基坑开挖过程中可能出现的岩土工程问题，以及对附近地面、邻近建（构）筑物和管线的影响。

（三）矿山法施工评价重点

对于矿山法施工的分析评价，侧重于分析不良地质作用和地下水的情况，以及由此带来的工程问题，提出防治措施的建议。应重点分析评价下列内容：

① 分析岩土及地下水的特性，进行围岩分级，评价隧道围岩的稳定性，提出隧道开挖方式、超前支护形式等建议。

② 提出可能出现坍塌、冒顶、边墙失稳、洞底隆起、涌水或突水等风险的地段，提出防治措施的建议。

③ 分析隧道开挖引起的地面变形及影响范围，提出环境保护措施的建议。

④ 采用爆破法施工时，分析爆破可能产生的影响及范围，提出防治措施的建议。

（四）盾构法施工评价重点

对于盾构法施工的分析评价，侧重于盾构机选型应注意的地质问题，提出影响盾构施工的地质条件。应重点分析评价下列内容：

① 分析岩土层的特征，指出盾构选型应注意的地质问题。

② 分析复杂地质条件以及河流、湖泊等地表水体对盾构施工的影响。

③ 提出软硬不均地层中的开挖措施及开挖面障碍物处理方法的建议。

④ 分析盾构施工可能造成的土体变形，对工程周边环境的影响，提出防治措施的建议。

（五）高架工程施工评价重点

对于高架工程的分析评价，侧重于桩基设计所需的岩土参数，指出影响桩基施工的不良地质和特殊岩土，提出防治措施的建议。应重点分析评价下列内容：

① 分析岩土层的特征，建议天然地基、桩基持力层，评价天然地基承载力、桩基承载力，

提供变形计算参数。

②　分析成桩的可能性，提出成桩过程应注意的问题。

③　分析评价岩溶、土洞等不良地质作用和膨胀土、填土等特殊性岩土对桩基稳定性和承载力的影响，提出防治措施的建议。

（六）工程建设对周边环境影响评价重点

轨道交通工程建设对城市环境的影响较大，勘察报告通过分析、评价和预测，提出防治措施的建议。应重点分析评价下列内容：

①　基坑开挖、隧道掘进和桩基施工等可能引起的地面沉降、隆起和土体的水平位移对邻近建（构）筑物及地下管线的影响。

②　工程建设导致地下水位变化、区域性降落漏斗、水源减少、水质恶化、地面沉降、生态失衡等情况，提出防治措施的建议。

③　工程建成后或运营过程中，可能对周围岩土体、工程周边环境的影响，提出防治措施的建议。

第三章　不良地质作用和地质灾害

第一节　岩　溶

一、概述

岩溶，又称喀斯特(karst)，是指水对可溶性岩石的溶蚀作用，以及所形成的地表及地下各种岩溶形态与现象的总称。可溶性岩石包括碳酸盐岩(石灰岩、白云岩等)、硫酸盐岩(石膏、硬石膏、芒硝等)、卤化物盐(钠盐、钾盐)等，其中硫酸盐岩和卤化物盐最易被水所溶蚀，而碳酸盐岩则相对难于溶蚀。碳酸盐岩在我国分布范围很广，占有绝对优势，因此，人们对岩溶和岩溶问题的研究主要侧重于碳酸盐岩类岩石上。

岩溶作用不仅包括水对岩石的溶解，还包括水的侵蚀、潜蚀、冲蚀、搬运、沉积作用，以及水的崩解和生物作用等。岩溶形态是岩溶作用的结果，常见的地表岩溶形态有：溶沟、溶槽、溶蚀漏斗、溶蚀洼地、溶蚀平原、溶蚀谷地、溶洞、石林、峰丛、峰林、干谷、盲谷、落水洞、竖井和孤峰等；地下岩溶形态有溶隙、溶孔、溶洞和暗河等。

我国碳酸盐岩类岩石总分布面积达 344.3 万 km²，约占国土面积的 1/3，其中出露面积为 90.7 万 km²，接近国土面积的 1/10。南方主要分布在云南、贵州、广西、四川、湖南、湖北和广东一带，北方主要分布在山西、山东、河南、河北一带。岩溶的发育程度，南方和北方存在显著差异。南方岩溶发育充分，岩溶现象典型，地表有石林、峰丛、峰林、溶蚀洼地、落水洞、竖井等，地下多发育较为完整的暗河系统。而北方地表除溶蚀裂隙、溶洞、干谷、盲谷等外，很少有典型的落水洞、竖井、溶蚀洼地、峰丛和峰林等岩溶形态，地下也未发现有完整的暗河系统。

二、岩溶发育的基本条件

岩溶是可溶性岩石与水长期相互作用的结果，岩溶化过程实际上就是水作为营力对可溶岩层的改造过程。因此，岩溶发育必不可少的两个基本条件是：可溶性的岩层和具有侵蚀能力的水。由上述两个基本因素派生出一系列影响因素。例如，苏联学者索科洛夫曾提出岩溶发育应具备四个条件：可溶岩的存在、可溶岩必须是透水的、具有侵蚀能力的水以及水是流动的。

三、岩溶发育的基本规律

① 岩溶发育具有强烈的不均匀性。岩溶发育程度受地层岩性、成分、结构、地质构造、水文地质条件、气象、水文等多种因素的控制与影响，这些因素的空间变化悬殊，不同地区、同一地区的不同地点岩溶发育程度具有很大的不均匀性。从规模上讲，不仅有规模巨大、延

伸长达数千米的溶洞和暗河,也有十分细小的溶孔和溶隙。

② 岩溶发育程度与岩性、成分和结构有关。厚层、质纯和粗粒的石灰岩,岩溶发育强烈,洞体规模大;而含有泥质或硅铝质成分、层理较薄、结构致密的灰岩,岩溶发育程度弱。泥质或硅铝质成分含量越高,发育程度越差。可溶性岩层与非可溶性岩层的接触带上,有利于水的活动,岩溶一般较发育。

③ 岩溶发育程度受地质构造的控制。岩石节理发育的较节理稀少的岩石岩溶发育,断层及破碎带不仅岩石破碎和裂隙密集,而且也常是地下水运动的通道,因此岩溶发育强烈。岩溶漏斗、落水洞、竖井、溶洞、地下暗河等常沿构造线展布。

④ 岩溶发育具有水平分带性和垂直分带性。岩溶地区地下水的运动状况具有水平分带性和垂直分带性,因而所形成的岩溶也有分带性。在同一地区,从河谷向分水岭核部,地下水交替强度一般是逐渐变弱,受此控制,岩溶发育程度由河谷向分水岭核部逐渐减弱。在地下水向河谷排泄的地区,岩溶发育一般具有垂直分带性。以大气降水的间歇性垂向运动为主的包气带,常形成垂向发育的溶蚀裂隙、落水洞、溶斗及竖井等。地下水面以下一定深度的饱水带,地下水的水平径流强烈,岩溶最为发育,常形成水平状的溶洞管道甚至暗河。深部饱水带,地下水的径流迟滞,岩溶发育微弱,且越往深处岩溶就越不发育。河谷地区的水平洞穴往往成层分布,当地壳或基准面升降时,可以形成数层水平洞穴。

⑤ 地下深部地下水循环微弱,因此随深度增加岩溶发育程度逐渐减弱。

四、岩溶地区的主要工程地质问题

岩溶在我国是一种相当普遍的不良地质作用,在一定条件下可能发生地质灾害,严重威胁工程安全。特别是大量抽吸地下水,使水位急剧下降,引发土洞的发展和地面塌陷的发生,在我国已有很多实例。故拟建工程场地或其附近存在对工程安全有影响的岩溶时,应进行岩溶勘察。

岩溶对工程的不良影响主要表现在以下几个方面:

① 岩溶岩面不均匀起伏,导致地基不均匀。由于岩溶发育常具有强烈的不均匀性和各向异性特征,岩面起伏很大,上覆土质地基厚度和变形不均,在水平方向上相距很近的两点,土层厚度有时相差很大。

② 岩体洞穴顶板变形、坍塌造成地基失稳。一些浅埋的岩溶洞穴系统在发育过程中,经常会出现洞穴顶板和洞壁的崩塌,造成地基破坏。因此,溶洞分布密集且地下水交替循环活跃的地段,溶洞规模较大而洞顶板地层薄弱的地段、石膏或岩盐溶洞地区等都不宜作为建筑物的天然地基。

③ 土洞和岩溶塌陷。

土洞——在可溶性岩层被第四系松散地层覆盖区,由于地下水的溶蚀、潜蚀、冲蚀等作用,土中的可溶成分被溶滤,土中细小颗粒被带走,土体被掏空形成土洞。土洞发展到一定程度,土洞上覆土层发生塌陷,导致地面陷落或变形。

岩溶塌陷——岩溶塌陷有广义和狭义之分。广义的岩溶塌陷不仅包括土洞的塌陷,还包括碳酸盐岩洞穴的塌陷。岩溶地区岩土工程中经常遇到并易造成危害的塌陷主要是土洞塌陷,即狭义岩溶塌陷。

岩溶塌陷具有隐蔽性和突发性的特点,对场地、地基的危害很大,不仅会造成建筑物变形、倒塌,还会毁坏道路、农田、水利水电设施等,严重时使人民生命财产遭受巨大损失。我国已有数十个城市发生了岩溶地面塌陷,其中唐山、大连、秦皇岛、泰安、武汉、徐州、南京、桂林、六盘山、昆明等城市最为严重。贵阳市因长期大量抽采地下水,在 5 km² 的面积内产生塌陷坑 1 023 个,导致 89 座房屋开裂或倒塌,道路坍裂,423 亩农田受毁坏,电杆倒塌,供电中断,经济损失达 260 多万元。岩溶地区的矿区,由于大量疏排岩溶水和井下突水而引起的岩溶地面塌陷的现象也比较普遍,以湖南恩口煤矿区、水口山铅锌矿和广东的凡口铅锌矿等最为典型和严重,仅恩口矿区就有塌陷坑 6 000 多个。岩溶地面塌陷也时常威胁着铁路运输的安全,如京广线南岭隧道和大瑶山隧道的岩溶地面塌陷,造成铁路地基下沉、运输中断、隧道施工受阻。贵昆线 K413—K606 路段发生三次严重塌陷,先后造成两列货车颠覆,中断行车 71 h,治理费用达 1 700 万元;津浦线上泰安车站也因地面塌陷造成路基下沉,铁轨架空,行车一度中断,整治费用达 2 000 万元以上。

④ 滑坡、崩塌和泥石流灾害频繁。岩溶地区的边坡经常发生滑坡、崩塌和泥石流灾害,造成人身伤亡和财产损失。

⑤ 水库渗漏问题。碳酸盐岩地层一般岩溶发育,渗透性和导水性好,而水文地质条件较复杂。因此,在岩溶地区修建水库、大坝等水利水电设施时,渗漏问题比较突出。一些水利工程,因渗漏严重,不得不耗费大量资金和材料进行处理,或因渗漏无法治理而影响水利工程的使用。

⑥ 地下水的动态变化不利于地面建筑物稳定和施工。覆盖型岩溶场地特别是岩溶地层上覆的土层中有土洞存在时,如果大量抽取地下水,地下水位大幅度下降,将减小地下水对土层的浮托力,同时增大水对土洞的潜蚀作用,影响溶洞或土洞的稳定性,使洞体坍塌,危及地面建筑物的安全。

五、岩溶地区岩土工程勘察

（一）岩溶勘察的工作方法和程序

岩溶地区岩土工程勘察应采用工程地质测绘和调查、物探、钻探等多种手段相结合的方法进行,在岩溶地区进行岩土工程勘察时,应遵循以下原则:

① 重视工程地质研究,在工作程序上必须坚持以工程地质测绘和调查为先导。

② 岩溶规律研究和勘探应遵循从面到点、先地表后地下、先定性后定量、先控制后一般、先疏后密以及评价中先定性后定量的工作准则。

③ 依不同的探测对象和对工程的影响程度,有区别地选用勘探手段,如查明浅层岩溶可采用槽探,查明浅层土洞可用钎探,查明深埋土洞可用静力触探等。

④ 采用综合物探,用多种方法相互验证,但不宜以未经验证的物探成果作为施工图设计和地基处理的依据。

⑤ 岩溶地区有大片非可溶性岩石存在时,勘察工作应与岩溶区段有所区别,可按一般岩质地基进行勘察。

（二）岩溶勘察阶段的划分

岩质地基勘察一般划分为四个阶段,即可行性研究勘察、初步勘察、详细勘察和施工勘察。各勘察阶段任务、方法和工作量都有所不同,应按勘察阶段开展岩土工程勘察工作。

可行性研究勘察应查明岩溶洞隙、土洞的发育条件,并对其危害程度和发展趋势作出判断,对场地的稳定性和工程建设适宜性做出初步评价。

初步勘察应查明岩溶洞隙及其伴生土洞、塌陷的分布、发育程度和发育规律,并按场地的稳定性和适宜性进行分区。

详细勘察应查明拟建工程范围及有影响地段的各种岩溶洞隙和土洞的位置、规模、埋深,岩溶堆填物性状和地下水特征,对地基基础设计和岩溶的治理提出建议。

施工勘察应针对某一地段或尚待查明的专门问题进行补充勘察。当采用大直径嵌岩桩时,尚应进行专门的桩基勘察。

（三）岩溶工程地质测绘与调查

岩溶洞隙、土洞和塌陷的形成和发展与岩性、构造、土质和地下水等条件有密切关系。岩溶场地工程地质测绘除应着重查明岩溶洞隙、土洞和岩溶塌陷的形态和分布规律外,还要注意分析它们的形成条件、研究机制和规律,为岩土工程初步分析评价和进行更深入的勘察打下良好基础。岩溶地区的工程地质调查应重点调查下列内容:

① 岩溶洞隙的分布、形态和发育规律。包括洞隙位置、形状、延伸方向、顶板与底部状况、围岩(土)及洞内堆积物性状、塌落的形成时间与形成因素等,岩溶洞隙与岩性、构造、水文地质条件的关系等。

② 岩面起伏、形态和覆盖层厚度。包括基岩表面的溶芽、溶沟槽和基岩面附近的洞穴或溶隙等,覆盖土层岩性、厚度及其变化、地表水和地下水对土的潜蚀作用等。

③ 地下水赋存条件、水位变化和运动规律。

④ 岩溶发育规律。包括岩溶发育与地层的岩性、结构、厚度及不同岩性组合的关系,与断层、褶皱和地层产状的关系,与地貌、水文及相对高程的关系,与地下水径流强度之间的关系等,并划分出岩溶微地貌类型、水平分带和垂向分带。

⑤ 土洞和塌陷的分布、形态和发育规律以及成因及其发展趋势。包括土洞和塌陷的位置、类型、形态、规模、空间成因类型和分布规律,与土层岩性和厚度、下伏基岩岩溶特征、地表水和地下水动态及各种人为因素的相互关系,查明土洞和塌陷的成因,并预测其未来发展趋势。土洞的发展和塌陷的发生,往往与人工抽排地下水有关,抽排地下水造成大面积塌陷的例子很多。因此,对具备形成土洞条件的场地,要特别注意调查人为抽排地下水所引起的水动力条件的改变,以及对土洞和塌陷的影响。当场地及其附近有已建或拟建抽排地下水工程时,应调查抽排水量、水位降深和水文地质参数等资料,据此预测地表塌陷的趋势。

⑥ 当地治理岩溶、土洞和塌陷的经验。

（四）岩溶勘察各阶段勘探方法和工作量布置

勘探方法的选择可根据勘察阶段、岩溶发育特征、工程安全等级、荷载大小综合确定。

（1）可行性研究勘察和初步勘察

在岩溶区进行工程建设,存在严重的工程稳定性问题。因此,必须在工程开工建设之前,开展可行性研究勘察,科学合理地评价岩溶的不良地质作用和地质灾害,对于工程项目的选址、建设和后期的使用有非常重要的意义,必须高度重视。如对岩溶的不良地质作用和对工程的危害预计不足,不仅影响到工程建设,还会影响工程的安全使用。可行性研究勘察的任务是查明岩溶洞隙、土洞的发育条件,并根据危害程度和发展趋势,初步评价场地的稳定性和工程建设的适宜性。初步勘察的任务是查明岩溶洞隙及其伴生土洞、塌陷的分布、发育程度和规律,并按场地的稳定性和适宜性进行分区。

可行性研究和初步勘察以工程地质调查和综合物探方法为主,勘探点间距不应超过各类工程勘察基本要求,岩溶发育地段应加密勘探点。在测绘与物探中发现的异常地段,应选择有代表性的部位布置验证性钻孔,并在初划的岩溶分区及规模较大的地下洞隙地段适当增加勘探孔。控制孔的深度应穿过表层岩溶发育带,但不宜超过 30 m。

(2)详细勘察

应查明拟建工程范围及有影响地段的各种岩溶洞隙和土洞的形态、位置、规模、埋深和岩溶堆填物性状、地下水埋藏条件和活动特征,评价地基的稳定性,并对地基基础的设计和岩溶的治理提出建议。

根据不同的探测对象和对工程的影响程度,有区别地选用勘探手段。如当岩性是控制因素且基岩浅埋时,可用槽、井探;查明浅埋土洞,可用钎探;对深埋者可用静力触探等。

详细勘察宜沿建筑物基础轴线布置物探线,并宜采用多种方法判定异常地段及其性质。对建筑物基础以下和近旁的物探异常点或基础顶面荷载大于 2 000 kN 的独立基础,均应布置验证性勘探孔。当发现有危及工程安全的洞体时,应采取加密钻孔或无线电波透视、井下电视、波速测试等措施。必要时可采取顶板及洞内堆填物的岩土试样。其勘探应符合下列规定:

① 应沿建筑物轴线布置勘探线,勘探点间距不应超过各类工程的勘察基本要求,条件复杂时每个独立基础均应布置勘探点。对一柱一桩的基础,宜逐柱布置勘探孔。

② 当基础底面以下土层厚度小于独立基础宽度的 3 倍或条形基础宽度的 6 倍,具备形成土洞或其他变形的条件时,勘探钻孔深度应全部或部分钻入基岩。

③ 当预定深度内遇到洞体,且可能影响地基稳定时,应钻入洞底基岩面下不少于 2 m,必要时应圈定洞体范围。

④ 在土洞和塌陷发育地段,应沿基础轴线或在每个单独基础位置上以较大密度布置静力触探、轻型动力触探、小口径钻探等手段,详细查明土洞和塌陷的分布范围。在岩溶发育地区的下列部位都是有利于土洞发育的地段,土层中极有可能发育土洞或土洞群,岩土工程勘察时应查明其位置,岩土工程评价时可视为不利于建筑的地段或要进行稳定性计算。

• 土层较薄、土中裂隙及其下岩体溶隙发育,地表水入渗条件好的部位;
• 岩面张开裂隙发育,石芽或外露的岩体与土体交接部位;
• 两组构造裂隙交汇或宽大裂隙带;
• 隐伏溶沟、溶槽、漏斗等,其上有软弱土分布于岩面地段;
• 地下水强烈活动于岩土交界面的地段和大幅度人工降水段;降水漏斗中心部位。当岩溶导水性相当均匀时,宜选择漏斗中地下水流向的上游部位;当岩溶水呈集中渗流时,宜选择地下水流向的下游部位;
• 地势低洼和地面水体近旁。

⑤ 当需查明断层、岩组分界、洞隙和土洞形态、塌陷等情况时,或验证其他勘探手段的成果时,应采取岩土试样或进行原位测试,并应布置适当的探槽或探井。

⑥ 物探应根据物性条件采用有效方法,对异常点应采用钻探验证,当发现或可能存在危害工程的洞体时,应加密勘探点。

⑦ 凡人员可以进入的洞体,均应入洞勘察,人员不能进入的洞体,宜用井下电视等手段探测。

（3）施工勘察

岩溶、土洞和塌陷的分布在宏观上有特定的规律,但在某一具体范围内,往往具有显著的不均匀性和复杂性,其分布和埋藏空间变化很大。详细勘察阶段往往不可能无一遗漏地查明建筑场地范围内岩溶、土洞和塌陷的分布。因此,在建筑施工阶段,尚需针对某一地段或有待查明的专门问题(如土洞、洞隙等)开展更加详细的勘察,特别是当采用大直径嵌岩桩时,应进行专门的桩基勘察。应根据岩溶地基设计和施工要求布置勘察工作量。在土洞、地表塌陷地段,可在已开挖的基槽内布置触探或钎探。对重要或荷载较大的工程,可在槽底采用小口径钻探进行检测。对大直径嵌岩桩,勘探点应逐桩布置,勘探深度应不小于底面以下桩直径的 3 倍并大于 5 m,当相邻桩底的基岩面起伏较大时,应适当加深勘探孔深度。

（4）测试和观测要求

① 当追索隐伏洞隙的联系时,可进行连通试验。

② 当评价洞隙稳定时,可采取洞体顶板岩样和充填物土样作物理、力学性质试验,必要时可进行现场顶板岩体的载荷试验。

③ 当需查明土的性状与土洞形成的关系时,可进行湿化、胀缩、崩解、溶蚀性和剪切强度试验。

④ 当需查明地下水动力条件、水的潜蚀作用和地表水与地下水联系,预测土洞和塌陷的发生和发展时,可进行流速、流向测定和水位、水质动态的长期观测。

六、岩溶场地稳定性评价

在碳酸盐类岩石分布地区,当有溶洞、溶蚀裂隙、土洞等岩溶现象存在时,要考虑其对地基稳定性的影响,评价其稳定性和作为建筑场地的适宜性。特别是当碳酸盐岩与上覆第四系松散土层交界面附近有地下水强烈活动时,必须考虑地下水作用所形成的土洞对建筑地基的影响,要预估建筑物使用期间地下水位的变化以及影响。在地下水高于基岩表面的岩溶地区,还要考虑人工降低地下水位引起土洞或地表塌陷的可能性。

（一）需绕避或舍弃的不利地段

当前,岩溶评价仍处于经验多于理论、宏观多于微观、定性多于定量阶段。根据已有经验,下列几种情况对工程不利。当遇所列情况时,宜建议绕避或舍弃,否则将会增大处理的工程量,在经济上是不合理的。未经处理不宜作地基的不利地段有:

① 浅层洞体或溶洞群,洞径大且不稳定的地段。

② 埋藏有漏斗、槽谷并覆盖有软弱土体的地段。

③ 土洞或塌陷成群发育地段。

④ 岩溶水排泄不畅,有可能造成场地暂时淹没的地段或经工程地质评价属于不稳定的地基。

（二）可不考虑岩溶稳定性不利影响的地段

二级和三级工程可不考虑岩溶稳定性不利影响的地段有:

① 基础底面以下土层厚度大于 3 倍独立基础底宽或大于 6 倍条形基础底宽,且不具备形成土洞或其他地面变形的条件。

② 基础底面与洞体顶板间岩土厚度虽小于 3 倍独立基础底宽或 6 倍条形基础底宽,但符合下列条件之一:

- 洞隙或岩溶漏斗被密实的沉积物填满且无被水冲蚀的可能时；
- 洞体为微风化硬质岩石，洞体顶板岩石厚度大于或等于洞跨；
- 洞体较小，基础尺寸大于洞的平面尺寸，并有足够的支承长度；
- 宽度或直径小于 1.0 m 的竖向洞隙、落水洞近旁地段。

（三）进行稳定性评价需考虑的因素和方法

综合从不利及否定角度归纳出的一些条件和从有利及肯定的角度提出的可不考虑岩溶稳定影响的几种情况，在稳定性评价中，从定性上划出去了一大块，而余下的应按下列要求进行洞体地基稳定性的定量评价分析。在进行定量评价时，关键在于查明岩溶的形态和确定计算参数。当岩溶体隐伏于地下无法量测时，只能在施工开挖时，边揭露边处理。

① 顶板不稳定，但洞内为密实堆积物充填且无流水活动时，可认为堆填物受力，按不均匀地基进行评价。

② 有工程经验的地区，可按类比法进行稳定性评价。

③ 当能取得计算参数时，可将洞体顶板当作结构自承重体系进行力学分析。

④ 在基础近旁有洞隙和临空面时，应验算向临空面倾覆或裂面滑移的可能。

⑤ 当地基为石膏、岩盐等易溶岩时，应考虑溶蚀作用的不利影响。

⑥ 对不稳定的岩溶洞隙可建议采用地基处理或桩基础。

七、岩溶塌陷的防治

根据岩溶塌陷的形成条件，要防治岩溶塌陷的发生，就要从改善可产生岩溶塌陷的内在和外在条件着手。防治措施包括：

（1）预防措施

大量的建筑实践经验证明，岩溶发育地区是可以进行工程建设的。在碳酸盐岩分布区内通常分布有非可溶岩，在非可溶岩分布地段进行建设就不会遇到岩溶问题。有的地段上覆土层较厚且不具备形成土洞的条件，也不需考虑岩溶对建筑的影响。典型岩溶发育地区的工程统计表明，在有岩溶问题的工程地基中，属威胁建筑物安全的岩（土）洞者仅占少数，而大量存在的则是地基不均问题。此外，即使在岩溶发育区，由于各地段岩性（内因）与水的运动条件（外因）的差异，以致岩溶发育强度各不相同，选择建筑场地时，可以避强就弱，使建筑物按重要性等级与岩溶发育程度分区相适应。大量实践还证明，不同类型的岩溶地基，经不同程度的工程处理，使用均较正常。尽管如此，建筑场地应尽可能地避绕可能发生岩溶塌陷的危险区，建筑物尽量布置在工程地质条件好的区域。对于某些不可避绕的塌陷区，要采取适当的措施进行治理。

（2）提高塌陷岩土体的力学强度

岩溶发育地区的地面塌陷是岩溶洞穴或土洞坍塌造成的，因此，要防治岩溶塌陷，可对可能塌陷的洞隙进行地基处理，提高可能塌陷的岩（土）体的力学强度。具体措施包括：挖填置换、填塞夯实、灌浆填塞、使用桩基础、构筑地表或岩体混凝土板、挡墙，充填裂隙和通道等工程措施。

（3）减少岩土体内的水动力作用

水是诱发土洞和岩溶塌陷的重要因素。因此，控制水动力状态，减少岩土体内的水动力作用是防治岩溶塌陷的重要措施之一。对于地表水形成的土洞或塌陷地段，可以采取地表截流、防渗或堵漏等措施,防止地表水渗入场地地基土中。为防止人工抽排地下水引起土洞和岩溶塌陷,应合理选择和布置水源或排水点,建筑场地应与抽排水点中心有一定距离,合理控制抽排水量,控制取(排)水工程的水位降深值、下降速度和水力坡度,尤其要避免地下水位在基岩面附近波动,井管结构还要有必要的过滤措施,防止或减缓水流和动水压力对土粒的冲蚀和潜蚀作用。

(4)改善岩土体气流与压力状况

由于人工排水、蓄水以及工程开挖和工程处理,都会使岩土体及有关地带内(包括岩土体与地下空间)气流的运动与储集的条件发生变化,形成低压或高压的气流或气团,使岩土体产生相应的吸力或具高压爆裂的能量,从而诱发岩溶塌陷。对于相对封闭的岩溶网络地段,可设置通气孔,以防止产生负压(真空吸蚀或高压冲爆)作用,把钻孔打入岩溶通道并下入钢管或铸铁管使之与大气连通,也可利用塌陷坑埋设通气管通气。

(5)工程措施

对地基稳定性有影响的岩溶洞隙,可根据其位置、大小、埋深、围岩稳定性和水文地质条件综合分析,选择合适的工程措施加以处理。对洞口较小的洞隙,可采用镶补、嵌塞与跨盖等方法处理。对洞口较大的洞隙,可采用梁、板和拱等结构跨越,跨越结构应有可靠的支撑面,即洞口四周岩体必须坚硬,有足够的强度。对于围岩不稳定、风化裂隙发育破碎的岩体,可采用灌浆加固和清爆填塞等措施。对深大的洞穴,可采用洞底支撑或调整柱距等措施,并根据土洞埋深,采用挖填、灌砂等方法进行处理。

对于已有的土洞,埋藏较浅时可进行开挖和填埋处理,处理时需要清除软土,抛填块石做反滤层,表面用黏土夯填。对于深埋的土洞,除用砂、砾石或细石混凝土等材料灌填外,尚需配合使用梁、板或拱等跨越方法处理。对重要的建筑物,可采用桩(墩)基础。

建筑物的基础应选用有利于与上部结构共同工作,并可适应小范围塌落变位、整体性好的基础形式,如配筋的十字交叉条形基础、筏板基础、箱型基础等。同时,还要采取必要的结构加强措施,如砖石结构加强圈梁设置、单层厂房基础梁与柱连成整体,并加强柱间支撑系统等。

第二节 滑 坡

一、滑坡及其危害

滑坡(landslide)是指边坡(包括自然边坡和人工边坡)上的岩土体沿一定的软弱带(面)作整体向下滑动的现象,它是斜坡失稳的主要形式之一。滑坡通常具有双重含义,可指一种重力地质作用的过程,也可指一种重力作用的结果。欧美许多国家采用斜坡移动(slope movements)的概念,指斜坡上的岩石、土、人工填土或这些物质的组合向下或向外移动的现象,它比滑坡含义更广,不仅包括滑坡,也包括崩塌、崩落、倾倒和泥石流等。

滑坡是山区一种常见的地质灾害,常常会掩埋村庄、摧毁厂矿、破坏铁路和公路交通、堵塞江河、损坏农田和森林等,给人民的生命财产和国家的经济建设造成严重损失。我国是一个滑坡灾害多发的国家,大型滑坡时有发生,给人民的生命财产和工农业生产造成严重的损失。

二、滑坡形态要素

一个发育完整的滑坡,一般具有下列形态要素(见图 3-2-1)。

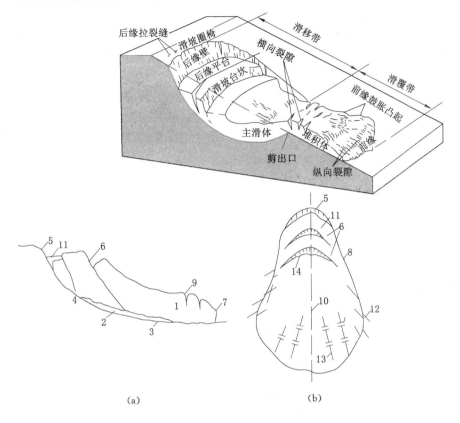

图 3-2-1　滑坡要素示意图

(a)剖面图;(b)平面图

1——滑坡体;2——滑动带;3——滑动面;4——滑床;5——滑坡壁;
6——滑坡台阶;7——滑坡舌;8——滑坡周界;9——鼓胀裂隙;10——主滑线;
11——封闭洼地;12——剪切裂隙;13——扇形裂隙;14——拉张裂缝

① 滑坡体——与母岩(土)体完全脱离并发生滑动的部分,简称滑体。

② 滑动带——滑动面上受滑动揉搓而形成一定厚度的扰动带,其厚度为数毫米至数米,由压碎岩、岩粉、岩屑和黏土等物质组成。

③ 滑动面——滑坡体相对于母岩(土)下滑移动的软弱面,可分前、中、后三部分。均质岩土体滑坡的滑动面一般呈曲面或近似圆弧形,非均质或层状岩土体滑坡的滑动面呈平面、平缓阶梯形、波浪形或更不规则的面。

④ 滑床——滑体下面没有滑动的岩土体。

⑤ 滑坡壁——滑坡体后缘与不动体脱离开后暴露在外面的形似壁状的分界面。平面上多呈围椅状,高数厘米至数十米,坡度 $60°\sim80°$,多为陡壁。

⑥ 滑坡台阶——滑体滑动时由于各段土体滑动速度的差异,在滑坡体表面形成的台阶状错台,每一错台都由一个陡坎和平缓台面所组成,故称滑坡台阶。

⑦ 滑坡舌——又称滑坡前缘或滑坡头部,滑坡体前缘形如舌状的部分,伸入沟谷或河流。

⑧ 滑坡周界——滑坡体和其周围不动体在平面上的分界线,它表示滑坡体在平面上的范围。

⑨ 滑坡鼓丘——滑坡体前缘因受阻力而隆起的丘状地形。

⑩ 滑坡主轴——滑坡体滑动速度最快的纵轴线,它代表整个滑坡的滑动方向,位于推力最大、滑床凹槽最深的纵断面上,可为直线、折线或曲线。

⑪ 封闭洼地——滑体与滑坡壁之间拉开而形成的沟槽,其形状为四周高中间低的封闭洼地,积水后形成湿地、水塘、甚至滑坡湖。

⑫ 滑坡裂隙——指滑坡活动时在滑体及其边缘所产生的一系列裂缝。按产生原因及特征分拉张裂隙、剪切裂隙、扇状裂隙、鼓张裂隙四类。

· 拉张裂隙:分布在滑坡体的上部,长数十米至数百米,多呈弧形,与滑坡壁的方向大致吻合或平行。

· 剪切裂隙:位于滑坡体中部的两侧,是由滑体与周围不动体相对位移而产生的剪切力作用所形成的,常呈羽毛状、雁行排列。

· 扇状裂隙:位于滑坡体的中前部,尤其是滑舌部呈扇形放射状展布的裂隙,是由于滑体向两侧扩散而形成的。

· 鼓张裂隙:位于滑体的前部,因滑动受阻而隆起形成的张性裂缝,其方向垂直于滑动方向。

三、滑坡分类

为了便于研究滑坡成因和特征,总结滑坡发生和发展规律,并采取有效措施对滑坡进行预防和防治,需要对滑坡进行分类和研究。分类方法很多,通常按单一因素或指标分类,如按滑坡体物质组成分类、按滑坡规模、按滑坡构造分类(见图 3-2-2)等。

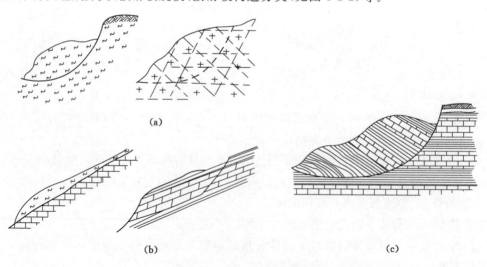

图 3-2-2 滑坡构造分类(据陆兆溱)

(a) 均质滑坡;(b) 顺层滑坡;(c) 切层滑坡

① 根据滑坡体的物质组成和结构形式等主要因素,可按表 3-2-1 对滑坡进行分类。

表 3-2-1　　　　　　　　　　　　　　　　滑坡物质和结构分类

类　型	亚　类	特征描述
堆积层(土质)滑坡	滑坡堆积体滑坡	由前期滑坡形成的块碎石堆积体,沿下伏基岩或体内滑动
	崩塌堆积体滑坡	由前期崩塌等形成的块碎石堆积体,沿下伏基岩或体内滑动
	崩滑堆积体滑坡	由前期崩滑等形成的块碎石堆积体,沿下伏基岩或体内滑动
	黄土滑坡	由黄土构成,大多发生在黄土体中或沿下伏基岩面滑动
	黏土滑坡	由具有特殊性质的黏土构成,如昔格达组、成都黏土等
	残破积层滑坡	由基岩风化壳、残坡积土等构成,通常为浅表层滑动
	人工填土滑坡	由人工开挖堆填弃渣构成,次生滑坡
岩质滑坡	近水平层状滑坡	由基岩构成,沿缓倾岩层或裂隙面滑动,滑动面倾角≤10°
	顺层滑坡	由基岩构成,滑体沿岩层面或与岩层面产状接近的软弱结构面(断层面、裂隙面)等发生顺层滑动,滑动面多为平面、波状或倾斜阶梯形,其产状与岩层面或结构面基本一致
	切层滑坡	由基岩构成,常沿倾向山外的软弱面滑动,滑动面与岩层层面相切,且滑动面倾角大于岩层倾角
	逆层滑坡	由基岩构成,沿倾向坡外的软弱面滑动,岩层倾向山内,滑动面与岩层层面相反
	楔体滑坡	在花岗岩、厚层灰岩等整体结构岩体中,沿多组弱面切割成的楔形体滑动
变形体	危岩体	由基岩构成,受多组软弱面控制,存在潜在崩滑面,已发生局部变形破坏
	堆积层变形体	由堆积体构成,以蠕滑变形为主,滑动面不明显

② 根据滑体厚度、运移方式、成因属性、稳定程度、形成年代和规模等因素,可按表 3-2-2 进行滑坡分类。

表 3-2-2　　　　　　　　　　　　　　　　滑坡其他因素分类

分类因素	类　型	特征说明
滑体厚度	浅层滑坡	滑坡体厚度在 10 m 以内
	中层滑坡	滑坡体厚度在 10～25 m 之间
	深层滑坡	滑坡体厚度在 25～50 m 之间
	超深层滑坡	滑坡体厚度超过 50 m
运动形式	推移式滑坡	上部岩层滑动,挤压下部产生变形,滑动速度较快,滑体表面波浪起伏,多见于有堆积物分布的斜坡地段;滑坡起滑部位出现在滑坡体尾部,尾部首先滑动并产生推动力,推动整个滑坡体由上至下滑动
	牵引式滑坡	滑坡起滑部位出现在滑坡体前缘(斜坡下部),使上部失去支撑而变形滑动,带动整个滑坡体自下而上依次下滑;一般速度较慢,多具上小下大的塔式外貌,横向张性裂隙发育,表面多呈阶梯状或陡坎状
发生因素	工程滑坡	由于施工或加载等人类工程活动引起滑坡,可细分为: ① 工程新滑坡:由于开挖坡体或建筑物加载所形成的滑坡; ② 工程复活古滑坡:原已存在的滑坡,由于工程扰动引起复活的滑坡
	自然滑坡	由于自然地质条件产生的滑坡

分类因素	类型	特征说明
现今稳定程度	活动滑坡	发生后仍继续活动的滑坡,后壁及两侧有新鲜擦痕,滑体内有开裂、鼓起或前缘有挤出等变形迹象
	不活动滑坡	发生后已停止发展,一般情况下不可能重新活动,坡上植被较茂盛,常有老建筑
发生时间	新滑坡	现今正在发生滑动的滑坡
	老滑坡	全新世以来发生滑动,现今整体稳定的滑坡
	古滑坡	全新世以前发生滑动的滑坡,现今整体稳定的滑坡
滑体体积	小型滑坡	$<10\times10^4$ m³
	中型滑坡	$10\times10^4\sim100\times10^4$ m³
	大型滑坡	$100\times10^4\sim1\ 000\times10^4$ m³
	特大型滑坡	$1\ 000\times10^4\sim10\ 000\times10^4$ m³
	巨型滑坡	$>10\ 000\times10^4$ m³

四、滑坡的形成条件及影响边坡稳定性的因素

滑坡一般是在内部因素和外部因素综合作用下形成的。内部因素包括:边坡地层岩土岩性、地质构造、岩土体结构、地形地貌特征等,是产生滑坡的内在条件。外部因素包括:地下水、地表水、地震、人工加载和开挖边坡等,是产生滑坡的触发因素。在内因和外因共同作用下,滑坡体在重力作用下沿滑动面产生滑动力,同时产生抵抗滑动的抗滑阻力,当抗滑阻力大于滑动力时,滑坡处于稳定状态;当滑动力大于抗滑阻力时,滑坡处于不稳定状态,可能失稳滑动。

(一)地层岩性

岩土体是产生滑坡的物质基础和必备条件,斜坡稳定与地层岩性有密切关系。各类岩、土都有可能构成滑坡体,但由结构松软、抗剪强度低、易风化和在水的作用下其性质易发生变化的岩土体构成的斜坡最易发生滑坡,如第四系各种成因的松散覆盖层、黄土、红黏土、膨胀岩土、页岩、泥岩、煤系地层、凝灰岩、片岩、板岩、千枚岩等。相反,坚硬完整的块状或厚层状岩石如花岗岩、灰岩、砾岩等可以构成几百米高的陡坡和深切峡谷,却很少发生滑坡,边坡变形和破坏以崩塌为主。斜坡内存在易滑地层是滑坡产生的内在条件,当该易滑地层因自然作用或人工活动而临空或受水软化,则其上覆地层就容易发生滑动,从而形成滑坡。

(二)地形地貌

滑坡必须具备临空面和滑动面才能滑动,因此,只有处于一定地貌部位并具备一定坡度的斜坡才可能发生滑坡。江河、湖泊、水库、海洋和冲沟的岸坡,坡脚受水流冲刷和侵蚀形成临空面,容易出现滑坡。我国滑坡的分布与地形地貌的关系表现在以下几个方面:

① 长期上升剧烈的分水岭地区,中等至深切割(相对高度大于 500 m)的峡谷区和岩体坚硬、节理发育、山谷陡峭地区,很少发生滑坡,易发生崩塌。

② 宽广河谷地段,多由平缓斜坡或河流阶地组成。河流阶地和坡度 20°～30°的谷坡很少发生滑坡,重力堆积坡在自然或人为因素作用下容易发生重新滑动。

③ 峡谷陡坡地段的局部缓坡区,是重力堆积地貌或水流—重力堆积地貌,由过去的古

岩堆、古错落、古滑坡或洪积扇组成,故当开挖时常出现古老滑坡的复活,古错落转为滑坡,或出现新滑坡活动。

④ 山间盆地边缘区为起伏平缓的丘陵地貌,是岩石滑坡和黏性土滑坡集中分布的地貌单元。坚硬岩层分布区,易发生岩体顺层滑坡,在易风化成黏性土的岩层分布区,以及古近系、新近系、第四系湖盆边缘的低丘地区,则常有残积成因的黏性土滑坡连片分布。

⑤ 凸形山坡或凸出山嘴,当岩层倾向临空面时,可产生层面岩体滑坡,有断层通过时,则可产生构造面破碎岩石滑坡。

⑥ 单面山缓坡区常产生沿层面的顺层滑坡和堆积层滑坡。

⑦ 线状延伸的断层陡崖或其下的崩积、坡积地貌常分布有堆积层滑坡,在断层裂隙水或其他地表、地下水作用下,常产生堆积物沿下伏基岩面的滑动。

(三)地质构造和岩体结构

地质构造对边坡的稳定性特别是岩质边坡稳定性有显著影响。地壳活动强烈、构造发育或新构造活动强烈地区,岩石破碎,山坡不稳定,崩塌、滑坡、泥石流等极其发育,常出现巨大型滑坡及滑坡群。例如,我国西部地区尤其是西南地区,如云南、四川、贵州、陕西、青海、甘肃、宁夏等省区,地壳活动强烈,地形切割陡峻,地质构造复杂,岩土体支离破碎,再加上降水量和强度较大,滑坡活动频繁,滑坡规模也较大。1965 年 11 月云南禄劝县普福河连续两次发生大滑坡,滑体体积达 2.5 亿~3 亿 m^3,滑移 5~6 km。

大断层带及其附近、多组断裂相交叉部位、褶皱轴部等构造部位,岩石破碎,风化程度高,且经常有地下水的强烈活动,容易发生滑坡。

岩层或结构面的产状对边坡稳定有很大的影响。各种节理、裂隙、层理面、岩性界面、断层发育的斜坡,特别是当平行和垂直斜坡的陡倾构造面及顺坡缓倾的构造面发育时,最易发生滑坡。各种不同成因的结构面,包括不同风化程度的岩体接触面,当其在垂直临空面方向形成上陡(>60°)下缓(<40°)的空间组合,且因各种原因切割而暴露了该软弱结构面时,容易产生滑坡。水平岩层的边坡稳定性较好,但如果存在陡倾的节理裂隙,则易形成崩塌和剥落。同向缓倾的岩质边坡(结构面倾向和边坡坡面倾向一致,倾角小于坡角)的稳定性比反向倾斜的差,这种情况最易产生顺层滑坡。结构面或岩层倾角愈陡,稳定性愈差。如岩层倾角小于 10°的边坡,除沿软弱夹层可能产生塑性流动外,一般是稳定的;大于 25°的边坡,通常是不稳定的;倾角为 15°~25°的边坡,则根据层面的抗剪强度等因素而定。对于红色地层中黏土岩、页岩边坡,岩层倾角为 13°~18°时,最易发生顺层滑坡。同向陡倾层状结构的边坡,一般稳定性较好,但如由薄层或软硬岩互层的岩石组成,则可能因蠕变而产生挠曲弯折或倾倒。反向倾斜层状结构的边坡通常较稳定,但如果垂直层面或片理面的走向节理发育,且顺山坡倾斜,则亦易产生切层滑坡。

(四)水的作用

水在滑坡的形成中起着重要的作用,大部分滑坡都与水有关。正因为如此,滑坡主要发生在雨季特别是持续降雨或大暴雨期间。水对滑坡的影响主要表现在水对滑坡的坡脚冲刷、滑坡体内渗透水压力增大、滑面(带)岩土遇水软化和溶蚀等。

① 水的浮托作用。主要是指滑坡前缘抗滑段被水淹没发生减重,削弱其抗滑能力而导致滑坡复活,在水库和洪水淹没区常发生此类滑坡。处于水下的透水边坡,承受浮托力的作用,使坡体的有效重量减轻,边坡稳定就受到影响。处于极限稳定状态,依靠坡脚岩体重量

保持暂时稳定的边坡,坡脚被水淹没后,浮托力对边坡稳定的影响就更加显著。此外,边坡内地下水位的抬升,使岩体悬浮减重,孔隙水压力增加,有效正压力降低,从而使边坡的抗滑阻力减小。

② 增大岩土体重度,从而加大滑坡的下滑力。

③ 软化斜坡岩土体,降低滑带岩土抗剪强度,降低内聚力和内摩擦角。

④ 增大岩土体地下水的动水压力。因滑动面(或滑坡前软弱带)土为相对隔水层,地表水体补给滑体后,多以滑面为其渗流下限,通过滑体渗流,然后在滑坡前缘地带呈湿地或泉水外泄,当雨水量过大或滑体渗流不畅时,水头上涌形成地下水动水压力,除重度增大外还受水压作用,导致滑体下滑力增大。

⑤ 水的冲刷、潜蚀和溶蚀作用。水流对抗滑部分的冲刷以及地下水的溶蚀和潜蚀都会对边坡产生破坏作用,导致斜坡失稳或滑坡复活。

（五）地震作用

地震,造成数以千计的滑坡与崩塌。1933 年 8 月 26 日四川叠溪 7.5 级地震引起大型滑坡,滑体南北长 2.5 km,东西宽 1.8 km,滑坡后壁高达 100 m,滑动土石方达 1.5 亿 m^3,并形成长 850 m、宽 170m、高 160 m 堆石坝,将岷江堵塞成 3 个堰塞湖。同年 10 月 9 日因发生强烈余震,堆石坝溃决,洪水冲毁下游村镇,死亡 2 500 余人。又如 1974 年 5 月 11 日云南昭通 7.1 级地震,触发新滑坡 28 处以上,崩塌 39 处以上。2008 年 5 月 12 日汶川 8.0 级地震,引发不计其数的山体滑坡,造成近 8 万人死亡,损失惨重。

我国地震造成的滑坡具有以下特征:

① 分布范围广。一般在地震烈度 7 度区内就可能造成滑坡,5 级左右的地震造成的滑坡比较多,8 级以上地震,在距震中 280 km 远的地方也能造成滑坡。

② 数量多、密度高,一次大地震可能造成几千个滑坡。

③ 规模大、危害大,如叠溪 7.5 级地震、四川汶川 8.0 级地震引起大型滑坡。

④ 滑动速度快、滑动距离远。

⑤ 滑床坡度小,一般为 10°左右,有的滑坡前缘坡度仅 3°左右。

在进行边坡稳定计算时,应按照不同的地震烈度与震级,采用不同的地震系数,将地震力计入。在具备发生滑坡条件的强震区进行建设时,应当充分估计发生地震滑坡的可能性和危害性。

（六）人为作用

很多滑坡是人为工程活动造成的。根据全国性的调查,我国发生的危害严重、影响重大的滑坡,一半以上与不合理工程和开发活动有关。随着经济的发展,人类越来越多的工程经济活动破坏了自然坡体,因而近年来滑坡的发生越来越频繁,并有愈演愈烈的趋势。人为活动对滑坡的作用表现在以下几个方面:

① 不适当开挖坡脚。在坡脚下修建房屋、公路、铁路、采石挖土、工程爆破等工程活动,导致坡脚破坏而使坡体下部失去支撑,从而引起滑坡或使老滑坡复活。例如 1980 年 7 月 3 日,四川省越西县成昆铁路线铁西车站附近发生滑坡,滑坡体从长 120 m,高 40～50 m 的采石场边坡下部剪切滑出,滑坡体填满坡脚处采石场后,继续向前运动,掩埋铁路涵洞和路基,堵塞铁路隧道,越过铁路达 25～30 m,掩埋铁路长 160 m,中断行车 40 天,造成严重的经济损失,成为我国铁路史上一次严重的滑坡灾害。经过调查发现,铁西车站附近采石场的过度

采石是诱发这次滑坡的主要因素,频繁的爆破震动和地下水活动促进了滑坡的形成和发展。

②　斜坡体上堆载。在斜坡上兴建楼房、修建工厂、大量堆填土石、堆弃矿渣等,会增大斜坡载荷,使下滑力增大,一旦失去平衡斜坡岩土体便可沿软弱面下滑。如陕西铜川桃园煤矿在滑坡体上堆积煤矸石 30 万 m^3,引起该矿东南侧黄土塬边古老滑坡复活,导致该矿广场建筑遭到破坏。

③　人工爆破。开矿采石的爆破作用,可使斜坡的岩土体受震动而破碎,产生滑坡。

④　蓄水和排水。如果水渗入坡体,会加大孔隙水压力,软化岩土,增大坡体容重,从而诱发滑坡的发生。水库蓄水后,作用在坡体上的动水压力也可诱发滑坡的发生。

⑤　采矿活动。地下采矿可以引起地表移动变形,变形如果发展到斜坡,可造成山体边坡破坏失稳,发生滑坡。如鄂西山区盐池河磷矿,开采中造成山体边坡破坏失稳,于 1980 年 6 月造成规模达 100 万 m^3 的岩体崩塌,死亡 300 余人。

五、滑坡勘察

滑坡是一种对工程安全有严重威胁的不良地质作用和地质灾害,可能造成重大人身伤亡和经济损失,产生严重后果。因此,拟建工程场地或附近存在滑坡或有滑坡可能时,应进行专门的滑坡勘察。

滑坡勘察阶段的划分,应根据滑坡的规模、性质和对拟建工程的可能危害确定。例如,有的滑坡规模大,对拟建工程影响严重,即使在初步设计阶段,也要对滑坡进行详细勘察,以免等到施工图设计阶段再由于滑坡问题否定场址,造成浪费。

（一）勘察的任务

①　通过调查访问、工程地质测绘、勘探等手段,查明滑坡地质背景和形成条件,找出形成滑坡的主导因素。

②　查明滑坡形态要素、性质和演化,包括滑坡平面和剖面分布、滑坡周界、地层结构和物质组成、滑动方向、滑动带的部位和岩土特征、滑面位置和形状、滑坡总体积等。

③　通过勘探、原位测试、室内试验、反算和经验比拟等综合方法,确定滑坡体、滑坡面(带),提供滑坡的平面图、剖面图和岩土工程特征指标,为滑坡稳定性分析以及滑坡防治提供参数。

④　综合评价滑坡的稳定性。根据滑坡的规模、主导因素、滑坡前兆、滑坡区的工程地质和水文地质条件以及稳定性验算结果,对滑坡的稳定性做出合理评价。

⑤　提出滑坡防治和监测的建议、措施和方案。

（二）工程地质测绘和调查

①　工程地质测绘与调查的范围应包括滑坡及其邻近地区,在特殊地区及具有滑坡形成条件的地段,应视需要而定,必要时应扩大调查测绘范围。测绘的比例尺根据滑坡规模在 1:200～1:1 000 之间选用,但用于滑坡整治设计的测绘比例尺为 1:200～1:500。

②　广泛收集测绘范围内地形地貌、气象水文、地层岩性、地质构造、水文地质条件、地震、人类活动、遥感图像等资料,分析和判断滑坡的形成条件和主导因素。

③　滑坡区地形地貌的调查内容包括:

• 坡区地面坡度、相对高度及植被情况;

• 滑体上沟谷分布发育部位、切割深度、切割地层岩性、沟槽横断面形状、泉水情况、沟岸稳定情况；

- 滑坡地段河岸或谷坡受冲刷、淤积及河道变迁情况；
- 滑坡周界形状，剪出口位置，滑坡断裂壁的形状、位置、走向、陡度、高度及擦痕的指向和倾角；
- 滑坡台阶的形状、位置、高差、坡度、个数及其形成的次序、平台宽度、阶坎高度、反坡、滑坡舌、滑坡体隆起（鼓丘）及洼地范围及形成特征；
- 滑坡前缘隆起、冲刷、滑塌、人工破坏状况，临空面特征、滑动面（带）出口位置；
- 滑坡裂缝的分布位置、范围、方向、性质、形状、宽度、深度、延伸长度及裂缝充填、裂缝产生的时间和变化情况；
- 滑坡脚破坏的原因及破坏程度。

④ 滑坡区地层岩性、地质构造的调查内容包括：

- 土的成因类型、颗粒成分、构造特征、潮湿程度、密实程度、软弱夹层情况；
- 岩层层序、岩性、岩体结构、软弱结构面、软弱夹层特征以及层间错动、岩石风化破碎程度、含水情况等；
- 褶皱、断层、节理、劈理性质、产状、组合状况、发育程度及分布情况。

⑤ 滑坡区水文地质条件的调查内容：

- 滑坡区沟系发育特征、径流条件和降雨量情况；
- 地下水含水层出露的位置、埋藏条件、性质、流向、补给来源及排泄条件；
- 地下水露头（如井、泉、水塘、积水洼地、潮湿地、喜湿植物群等）的分布位置、类型、流量及发展变化规律，必要时，应测定流速和水力联系。

⑥ 滑坡的调查、访问内容包括：

- 滑坡形成的时间、发生、发展历史、触发（诱发）因素、滑动速度及周期；
- 滑体各部位滑动的先后次序及各部位地面隆起、凹陷平面移动状况、地貌演变、地表水、灌溉等水源向滑坡体渗透、补给及修造道路、开矿弃渣等人为活动情况、冲沟的形成、发展速度及发育阶段；
- 斜坡、房屋、水渠、道路、古墓等变形、位移及井、泉、水塘渗漏或突然干枯、浑浊等滑坡前兆现象；
- 收集该区气候（连续降雨时间、暴雨强度和冻融季节变化与滑体活动的关系）、新构造运动、地壳应力场、地震、水文等以及河水冲刷与滑坡活动的关系资料；
- 醉林（或马刀树）的特征与树龄；
- 滑体上建筑物的位移、破坏与修复过程；
- 当地治理滑坡的经验。

⑦ 在滑坡群集中区或多发区，应着重进行对古（老）滑坡、复式滑坡、新生滑坡的调查和识别。老滑坡和稳定滑坡的识别标志见表 3-2-3。

（三）滑坡勘探工作要求

① 勘探线和勘探点的布置应根据工程地质条件、地下水情况和滑坡形态确定。勘探线应沿主滑动方向布置，主轴线两侧也应布置一定数量的勘探线和勘探点。孔位应尽可能布置在滑面及地形变化点附近，勘探点的间距不宜大于 40 m，每条剖面钻孔数不少于 2 孔，孔位宜错开布置，以增大钻孔的覆盖面；在滑坡体转折处和预计采取工程措施的地段，应有一

定数量的勘探点。

②　为准确查明地层结构和各层滑动面(带)的位置,勘探方法除常规钻探和触探外,还应布设一定数量的探井和探槽,直接观察滑动面并采取滑面的土样。对规模较大的岩体滑坡宜布置物探工作。

③　勘探孔的深度应穿过最下一层滑动面,并进入稳定地层,控制性勘探孔应深入稳定地层一定深度,满足滑坡治理需要。

表 3-2-3　　　　　　　　　　　　　　　　　滑坡识别标志

类　型	识别标志
老滑坡	①　斜坡面不顺直,为无规律的台阶状,呈现弧圈状或簸箕状低注微地貌;坡面一般长有植物,较大的树木呈现"马刀树"、"醉汉林"; ②　滑坡岸坡常为凸岸,将河流向对岸挤压,有时因滑体被冲走而成凹岸,但多残留,有巨漂孤石,岸坡并有坍塌迹象; ③　河流阶地被超覆或剪断,阶地面不连续,堆积物层次不连续或上下倒置,产状紊乱;斜坡前缘有泉水或湿地分布,喜水植物茂盛; ④　滑坡后缘地带出现双沟同源或注地,沟壁已较稳定,草木丛生; ⑤　滑坡体斜坡常呈上凹下凸起伏,前缘(土体)被挤出呈舌状凸起,地层不连续,产状不一致;两侧地层多有扰动和松动现象,有裂缝和拖拉褶曲,后缘壁较陡且有坍塌遗迹; ⑥　冲沟沟壁或人工边坡,有时可见滑坡滑动面痕迹
稳定滑坡	①　主滑体已堆积于前缘地段,堆积坡面已较平缓密实,建筑物无变形迹象; ②　滑坡壁多被剥蚀夷缓,壁面稳定,多长满草木; ③　河流已远离滑坡舌,不再受洪水淘刷,植被完好,无坍塌现象; ④　滑坡两侧自然沟谷稳定; ⑤　地下水出露位置固定,流量、水质变化规律正常
具备发生滑坡的条件	①　堆积土组成的上陡下缓斜坡,岩(土)体中含有软弱夹层或不利于斜坡稳定的结构面; ②　破碎岩石组成的陡峻山坡; ③　岩浆岩、变质岩风化带组成的斜坡; ④　断层破碎带中的谷坡; ⑤　堆、坡积层下伏不透水层,并具临空面的斜坡; ⑥　由软岩组成和间夹软弱层的顺层地区,特别是倾角为 $10°\sim30°$ 的斜坡; ⑦　膨胀岩(土)地区边坡; ⑧　填筑土基底松软、地下水发育或积水,填筑前基底处理不当的斜坡; ⑨　不适当的工程施工导致斜坡稳定条件发生恶化

④　钻探宜采用管式钻头、全取芯钻进,钻探方法应以干钻为主,深孔时采用风压钻进。钻进过程中要特别注意观察并描述钻进难易程度、缩孔的位置、孔内水文地质观测、初见水位、顶底板岩性、各深度岩性组成、含水量、破碎程度、层面倾角以及擦痕等,并及时详细记录,根据岩芯的特征判断确定滑动面(带)的位置。滑动面(带)的岩芯一般具有如下特征:

· 堆积层滑坡滑带岩芯细粒土或黏性土相对增多,含水量增大,晾干后岩芯可见镜面及擦痕;

· 风化带滑坡滑带常在强风化带与中等风化带接触带附近;

· 岩层滑坡滑带岩性相对破碎,多被碾磨成细粒状,并可在其中找到擦痕和光滑面;

- 破碎地层与完整地层的界面都可能是滑动面位置；
- 河谷岸坡滑坡前缘段滑体以下常能见到河床相沉积物,该地层面附近可能为滑面位置；
- 滑带上部附近常为地下水初见水位,在含水量随深度的变化曲线上,含水量最大处可能是滑动面(带)；
- 孔壁坍塌、卡钻、漏水、涌水甚至套管变形等部位可能是滑动面位置。

⑤ 在滑坡体、滑坡面(带)和稳定地层内,均应采取足够数量的岩土样进行岩土试验。

⑥ 查明地下水类型、含水层层数和厚度、地下水富集程度、地下水水位及变化、地下水流向和流速等,必要时设置地下水监测孔。

(四) 土的抗剪强度试验要求

① 取样要求。滑动面主要由前、中、后三部分组成,滑体在这三段滑面上的厚度及运动方式不相同,应在三个部位用钻探或坑探方法分别采取原状土样。

② 应进行室内、野外滑面重合剪切试验,滑带土做重塑土或原状土多次剪切试验,以求出多次剪和残余剪的抗剪强度。

③ 试验时应采用与滑动受力条件相类似的方法,如快剪、饱和快剪、固结快剪或饱和固结快剪等。

④ 采用反分析方法对滑动面的抗剪强度指标进行检验。试验成果往往与实际出入很大,原因很多,如滑带原状土样受到扰动、土样代表性差、因剔除土样所含碎石导致试验结果失真等。反分析方法验算要采用滑动后实测的主滑断面进行计算,对正在滑动的滑坡,稳定系数 F 可取 $0.95\sim1.00$,对处在暂时稳定的滑坡,稳定系数可取 $1.00\sim1.05$。可根据抗剪强度的试验结果及经验数据,给定黏聚力 c 或内摩擦角 φ 值,反求另一值。

《滑坡防治工程勘查规范》(GB/T 32864—2016)建议采用如下公式进行反演：

$$c = \frac{K_\mathrm{f} \sum W_i \sin \alpha_i - \tan \varphi \sum W_i \cos \alpha_i}{L} \tag{3-2-1}$$

$$\phi = \arctan \frac{K_\mathrm{f} \sum W_i \sin \alpha_i - cL}{\sum W_i \cos \alpha_i} \tag{3-2-2}$$

其中　W_i——第 i 条块的重量,kN/m；

　　　α_i——第 i 条块滑动面与水平面夹角,(°)；

　　　L——滑动面的长度,m；

　　　K_f——滑体稳定状态系数。

六、滑坡稳定性计算与评价

滑坡的稳定性计算应符合下列要求：

① 正确选择有代表性的分析断面,正确划分牵引段、主滑段和抗滑段。

② 正确选用强度指标,宜根据测试成果、反分析和当地经验综合确定。

③ 有地下水时,应计入浮托力和水压力。

④ 根据滑面(滑带)条件,按平面、圆弧或折线,选用正确的计算模型。

堆积层滑坡可能的最危险滑动面为折线形时(见图 3-2-3),采用基于极限平衡理论的条

分法进行稳定性评价计算时,稳定系数 K_f 可按式(3-2-3)计算:

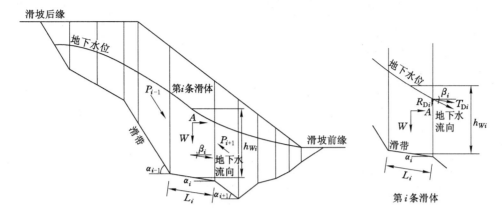

图 3-2-3　堆积层折线形滑动面滑坡计算模型

$$K_f = \frac{\sum\limits_{i=1}^{n-1}\left[\left(\left(W_i\left(\left(1-r_U\right)\cos \alpha_i - A\sin \alpha_i\right) - R_{Di}\right)\tan \phi_i + C_iL_i\right)\prod\limits_{j=1}^{n-1}\Psi_j\right] + R_n}{\sum\limits_{i=1}^{n-1}\left[\left(W_i\left(\sin \alpha_i + A\cos \alpha_i\right) + T_{Di}\right)\prod\limits_{j=1}^{n-1}\Psi_j\right] + T_n} \quad (3\text{-}2\text{-}3)$$

其中:

渗透压力产生的平行滑动面的分力 T_{Di}:

$$T_{Di} = N_{Wi}\sin \beta_i\cos(\alpha_i - \beta_i) \quad (3\text{-}2\text{-}4)$$

渗透压力产生的垂直滑动面的分力 R_{Di}:

$$R_{Di} = N_{Wi}\sin \beta_i\sin (\alpha_i - \beta_i) \quad (3\text{-}2\text{-}5)$$

孔隙水压力 N_{Wi}:

$$N_{Wi} = r_wh_{Wi}L_i\cos \alpha_i \quad (3\text{-}2\text{-}6)$$

孔隙压力比 r_U:

$$r_U = \frac{滑体水下体积 \times 水的容量}{滑体总体积 \times 滑体容重} \approx \frac{滑体水下面积}{滑体总面积 \times 2} \quad (3\text{-}2\text{-}7)$$

注:只有地下水分布的滑块参与计算,地下水位以上的滑块 r_U 取为 0。

第 i 条块的抗滑力 R_i:

$$R_i = \left(W_i\left(\left(1-r_U\right)\cos \alpha_i - A\sin \alpha_i\right) - R_{Di}\right)\tan \phi_i + C_iL_i \quad (3\text{-}2\text{-}8)$$

第 i 条块的下滑力 T_i:

$$T_i = W_i\left(\sin \alpha_i + A\cos \alpha_i\right) + T_{Di} \quad (3\text{-}2\text{-}9)$$

第 i 条块的剩余下滑力传递到第 $i+1$ 条块时传递系数($j=i$)ψ_j:

$$\psi_j = \cos (\alpha_i - \alpha_{i+1}) - \sin (\alpha_i - \alpha_{i+1})\tan \phi_{i+1} \quad (3\text{-}2\text{-}10)$$

$$\prod\limits_{j=1}^{n-1}\Psi_j = \Psi_i\Psi_{i+1}\Psi_{i+2}\cdots\Psi_{n-1} \quad (3\text{-}2\text{-}11)$$

第 i 条块的滑坡推力 P_i:

$$P_i = P_{i-1} \times \Psi + K_s \times T_i - R_i \quad (3\text{-}2\text{-}12)$$

$$\Psi = \cos (\alpha_{i-1} - \alpha_i) - \sin(\alpha_{i-1} - \alpha)\tan \phi_i \quad (3\text{-}2\text{-}13)$$

式中　W_i——第 i 条块的重量,kN/m;

c_i——第 i 条块内聚力，kPa；

ϕ_i——第 i 条块内摩擦角，(°)；

L_i——第 i 条块滑面长度，m；

α_i——第 i 条块滑面倾角，(°)；

β_i——第 i 条块地下水流向，(°)；

A——地震加速度(重力加速度 g)，m/s²。

滑动面为单一平面或圆弧形时(见图 3-2-4)，采用基于极限平衡理论的条分法进行稳定性评价计算时，稳定系数 K_f 可按式(3-2-14)计算：

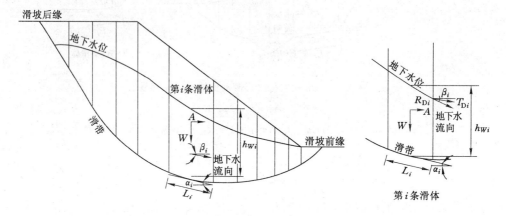

图 3-2-4　堆积层圆弧形滑动面滑坡计算模型

$$K_f = \frac{\sum\big[((W_i(1-r_U)\cos\alpha_i - A\sin\alpha_i) - R_{Di})\tan\phi_i + C_i L_i\big]}{\sum\big[W_i(\sin\alpha_i + A\cos\alpha_i) + T_{Di}\big]} \qquad (3\text{-}2\text{-}14)$$

⑤ 当有局部滑动可能时，除验算整体稳定性外，尚应验算局部稳定性。

⑥ 当有地震、冲刷、人类活动等影响因素时，应计及这些因素对稳定的影响。

滑坡稳定性的综合评价，应根据滑坡的规模、主导因素、滑坡前兆、滑坡区的工程地质和水文地质条件以及稳定性验算结果进行，并分析发展趋势和危害程度，提出治理方案的建议。

七、滑坡防治措施

滑坡对人类危害性很大，因此，滑坡的防治应采取以预防为主、综合治理、及时处理的原则。就预防而言，在斜坡地带进行各类工程建设之前，必须作好工程勘察工作，查明有无滑坡的存在，并评价斜坡的稳定性。当在斜坡地带挖填方时，必须查明坡体岩土体条件，并采取必要措施，避免发生工程滑坡。对于大型的、稳定性差、治理难度大的滑坡以及近期正在活动的滑坡，一般情况下建设工程应加以避让，特别是当避让比滑坡治理经济技术更合理时，首先应考虑避让措施。当必须进行建设不能避让时，应制定经济技术合理的治理方案，全面消除可能发生的滑坡危险。常用的防治措施和方法有以下几种：

(一) 防水和排水措施

水是诱发滑坡最积极的因素，排水和防水措施的目的在于防止和减少水体进入到滑坡体内,排除滑坡中的地下水,以达到减少滑坡下滑力的目的。

为防止外围地表水进入滑坡体范围之内,可采取拦截和引排地表水措施,在滑坡体周围修筑截水沟、槽和排水暗沟;在滑坡区内修筑排水沟,将地表水和泉水引走,减少地表水下渗的机会。必须注意,所有排水沟槽必须防渗,否则会起到相反的效果。为防止地表水渗入滑坡体,还应平整坡面,用灰浆和黏土堵塞裂隙或修筑防渗层。斜坡下有水库、河流、湖泊等地表水体时,为防止地表水流的冲刷,可修筑导流堤(顺坝或丁坝)、水下防波堤以及在坡脚处修筑混凝土或砌石护坡等措施。

排除滑坡体内地下水,并截断其渗入补给,是防治深层滑坡的主要措施。疏排地下水的方法很多,应根据斜坡岩土体结构特征和水文地质条件加以选择。在滑坡外围可修建截水沟,以截断地下水的补给来源;在滑坡体内可修筑盲洞(也称泄水隧道)或平孔等;在滑坡体前缘,可修筑具有排水和抗滑双重作用的盲沟或盲沟群。对于深层地下水,可采取水平钻孔排水,即从坡面打水平或略微倾斜的钻孔或孔群,钻入含水层或含水带,靠水的重力作用把地下水引出。该方法成本低,施工方便,适用性强,常能起到较好的排水效果,应用比较普遍。水平钻孔的布设有单层、多层、平行状或辐射状多种方式,也可采用垂直砂井和水平孔联合排水方式。此外,也可采用打竖向钻孔或集水井并用水泵抽水的方法排除深层地下水。该方法成本较高,较少使用。

(二)卸荷措施

通过部分甚至全部清除滑坡体,减小斜坡高度和坡度,降低滑体下滑力,从而达到提高滑体稳定性的目的。使用这种方法治理滑坡时,应当注意,在保证卸载区上方及两侧岩土稳定的前提下,只能在滑坡主动区卸载,而不能在滑体被动区卸载。否则,不仅起不到防治效果,相反可能会有利于滑坡的活动。因此,该方法适合用于浅小型推动式滑坡的治理。对于其他类型的滑坡,如仅仅采用卸荷措施,有时达不到根治目的。我国20世纪50年代以削坡减荷为主要方法治理的滑坡,后来不少又重新复活。因此,采用该方法治理滑坡时,要注意削坡减荷条件,并采用综合治理的方案。应防止削坡后出现新的塌方滑坡或导致地表水汇集,并要有合适的弃方堆积场地,以防堆积物发生滑坡泥石流。

(三)抗滑措施

通过设置抗滑挡墙、抗滑桩和锚固(锚杆和锚索)等方法,达到提高滑坡抗滑力的目的。这是治理滑坡的有效措施之一,目前已被广泛使用。

(1)抗滑挡土墙

一般常采用重力式挡土墙。其位置通常设置于滑坡体前部,墙身采用石砌体、混凝土块砌体、片石混凝土或混凝土,基础置于滑动面以下的稳定地层中。

(2)抗滑桩

适用于深层滑坡和各类非塑性流滑坡,对缺乏石料的地区和处理正在活动的滑坡,更为适宜。我国的抗滑桩多为钢筋混凝土桩,矩形截面,其尺寸有的达2 m×4 m,甚至更大。例如,我国有关部门在治理贵昆铁路二梯岩隧道出口处滑坡时,采用了8.5 m×6.0 m、深12 m的5个沉井式抗滑桩挡墙。抗滑桩的平面位置、间距和排列等,取决于滑体推力大小、滑体性状以及施工条件等,需进行专门设计。

(3)锚杆和锚索

这是最近20年来发展起来的新型支撑方法,适用于加固岩质边坡。该法是在拟加固的岩体上钻孔,孔深达到滑动面以下稳定地层一定深度,将预应力锚杆或锚索置入孔内,然后将其用水泥砂浆固定,孔口以螺栓固定。锚杆、肋柱和挡板组合在一起,还可以构成锚杆式挡墙,以提高斜坡的稳定性。

此外,在滑体的阻滑区段增加竖向荷载(反压措施),也可以起到提高滑体的阻滑安全系数的作用。还可以采用固结灌浆、电化学加固法、焙烧法等措施,以提高斜坡岩体或土体的强度,增加斜坡的稳定性。

第三节 危岩和崩塌

一、概述

危岩是指岩体被结构面切割,在外力作用下产生松动和塌落;崩塌是指危岩塌落的过程及其产物。陡坡上的岩体或土体在重力或有其他外力作用下,突然而猛烈地向下倾倒、翻滚、崩落的现象称为崩塌。堆积在坡脚处大小不等、混杂堆积的岩土块称崩塌堆积物,所构成锥形体称为岩堆或倒石堆。土体崩塌称土崩,岩体崩塌称岩崩,规模巨大波及山体范围的崩塌称为山崩。

崩塌不同于滑坡,表现在:

① 滑坡滑动速度多比较缓慢,崩塌运动快,发生猛烈。

② 滑坡多沿固定的面或带滑动,而崩塌通常无固定的面或带。

③ 滑坡堆积物,岩体(土体)层位和新老关系一般没有显著的变化,仍保持原有地层层序和结构特征,而崩塌物为混杂堆积,原有地层层序和结构都被破坏。

④ 滑坡体一般不会完全脱离母岩体,部分滑体残留在滑床之上,而崩塌体则完全与母岩体脱离。

⑤ 多数滑坡体水平位移大于垂直位移,而崩塌则与此相反。

⑥ 滑坡体表面分布有很多滑坡裂隙,而崩塌堆积物表面一般无裂缝分布。

按照崩塌体的规模、范围、大小可以分为剥落、坠石和崩落等类型。剥落的块度较小,块度大于 0.5 m 的占 25% 以下,产生剥落的岩石山坡坡度一般在 30°～40°范围内;坠石的块度较大,块度大于 0.5 m 的占 50%～70%,山坡角在 30°～40°范围内;崩落的块度更大,块度大于 0.5 m 的占 75% 以上,山坡角多大于 40°。

崩塌、滑坡和泥石流是山区常见的三大地质灾害,它们常常给工农业生产以及人民生命财产造成巨大损失,有时甚至带来毁灭性的灾难。在这三种地质灾害中,泥石流对人类的危害程度最大,滑坡次之,崩塌危害性最小。尽管如此,由于崩塌是山区常见的地质灾害,对人类生存也构成了严重威胁,对工程的破坏也十分严重,尤其是大型的崩塌。如 1980 年 6 月 3 日凌晨 5 点,湖北省远安县盐池河磷矿爆发大型岩体崩塌(山崩),体积 100 万 m^3 的山体突然从标高 700 m 处俯冲到标高 500 m 的谷地。崩塌物堆积成长 560 m,东西宽 400 m,厚 30 m 的巨大岩堆,最大岩块重 2 700 多吨,在盐池河上筑起一座高达 38 m 的堤坝。山崩摧毁了磷矿的一座四层楼房,造成 284 人丧生。又如,1992 年 5 月宝成铁路 190 km 处发生大型崩塌,造成运输中断 30 多天,抢险费用 1 000 多万元。2007 年 11 月 20 日宜万铁路高阳寨隧道发生岩崩,造成正在施工的 3 人死亡,1 人受伤,并致湖北利川—上海客车被埋,车上

27 人死亡。

因此,拟建工程场地或其附近存在对工程安全有影响的危岩或崩塌时,应进行危岩和崩塌勘察。

二、崩塌的形成条件

危岩和崩塌勘察的主要方法是进行工程地质测绘和调查,着重分析研究形成崩塌的条件。

崩塌是斜坡上的岩体或土体在多种内外因素作用下失去平衡而发生的。内在条件主要是地质条件,包括地形地貌、地层岩性和地质构造;外在条件主要是诱发崩塌的各种自然因素和人为因素,包括昼夜温差变化、地震、融雪和降雨、地表水的冲刷、人为开挖坡脚、地下采矿和水库蓄水等。

(一)地形条件

斜坡高陡是形成崩塌的必要条件,规模较大的崩塌,一般多发生在高度大于 30 m、坡度大于 45°的陡峻斜坡上;斜坡的外部坡形对崩塌的形成也有一定的影响,一般在上陡下缓的凸坡和凹凸不平的陡坡上最易发生崩塌。河流峡谷两岸的陡坡常是发生崩塌落石的地段。这是因为,峡谷两岸地貌常具有明显的新构造运动上升的特征,山顶与河床相对高差大,从数十米到数百米;峡谷岸坡陡峻,坡度多在 50°以上,两岸陡峭形成绝壁;岸坡基岩裸露,岩体中常发育有与河流平行的深大张性卸荷裂缝,有的长数十米至百米以上。山区河流凹岸长期遭受水流冲刷,山坡陡峻,也是容易发生崩塌的地段。冲沟岸坡和山坡陡崖处不稳定的危岩较多,也易发生崩塌落石。

(二)岩性条件

斜坡上的危岩体或土体是崩塌的物质来源。各类岩土虽都可以形成崩塌,但不同类型岩土所能形成的崩塌规模和类型有所不同。坚硬岩石具有较大的抗剪强度和抗化能力,能形成陡峻的斜坡,当岩层节理裂隙发育、岩石破碎时易发生较大规模的崩塌。软硬相间的地层,由于风化差异,形成锯齿状坡面,当岩石层上硬下软时,上陡下缓或上凸下凹的坡面也易产生中小型规模的崩塌,崩塌类型往往以坠落和剥落形式为主。

沉积岩、岩浆岩、变质岩三大岩类对崩塌控制有如下规律:

(1)沉积岩

① 由软硬相间岩层所组成的河谷陡坡,软岩如果受到河水冲刷侵蚀破坏后,上部岩体常发生大规模崩塌。

② 由可溶性岩石(石灰岩)组成的河岸坡脚,可溶岩被水侵蚀和溶蚀形成溶洞,易发生岸坡崩塌。

③ 巨厚的完整坚硬岩层中夹有薄层页岩,当岩层倾向临空面时,陡峻的边坡可能发生大规模的滑移式崩塌。

④ 产状水平、软硬相间的岩石组成的陡边坡,因差异性的风化作用,易发生小型崩塌和落石。

(2)岩浆岩

① 当垂直节理(如柱状节理)发育并有倾向临空面的构造面时,易产生大型崩塌。

② 岩浆岩中有晚期的岩脉、岩墙穿插时,岩体中形成不规则的接触面,这些接触面往往

是岩体中的薄弱面,它们和其他结构面组合在一起,有利于崩塌落石的形成。

(3) 变质岩

① 在动力变质的片岩、板岩和千枚岩的边坡上常有褶曲发育,弧形结构面较多,当其倾向临空面时,常以滑移形式崩塌。

② 变质岩片理面和构造结构面很发育,岩石被切割成大小不等的岩块,易发生不同规模的崩塌。

(三) 构造条件

岩层的各种结构面如节理面、裂隙面、岩层界面、断层面等都属于抗剪性强度较低且不利于边坡稳定的软弱结构面,当这些不利结构面倾向临空面时,被切割的不稳定岩块易沿结构面发生崩塌。因此,有断裂通过且断裂走向与斜坡展布方向平行的陡坡、多组断裂交汇的峡谷区、断层密集分布岩层破碎的高边坡地段、褶皱通过的高边坡、节理发育的岩石边坡都是易发生崩塌的地段。

(四) 外在条件

诱发崩塌的外界因素很多,主要有地震、爆破、暴雨、地下采矿或人工开挖边坡等。强烈的地震会大幅度降低边坡岩体的稳定性,从而诱发斜坡岩体或土体崩塌。一般烈度大于 7 度以上的地震都会诱发大量崩塌。2008 年 5 月 12 日汶川 8.0 级地震就在北川、青川等极灾区诱发了大量的崩塌和滑坡。

融雪、大雨、暴雨和长时间的连续降雨,使得大量地表水渗入坡体,起到软化岩土和软弱结构面的作用以及产生孔隙水压力等,从而诱发崩塌。因此,特大暴雨、大暴雨或较长时间连续降雨过程中或之后的很短时间内,往往是出现崩塌最多的时间。我国的崩塌、滑坡以及泥石流灾害在发生时间上都有类似的规律。

河流等地表水体不断地冲刷坡脚或浸泡坡脚,会软化岩土,降低坡体强度,降低斜坡稳定性,引起崩塌。

开挖坡脚、地下采空、水库蓄水、泄水等改变坡体原始平衡状态的人类活动,会破坏斜坡岩体(土体)的稳定性,诱发崩塌活动。如水库岸边的崩塌一般多发生在水库蓄水初期或第一个高水位期,库岸岩土体因被库水浸没而软化,导致边坡极易失稳。1980 年湖北省远安县盐池河磷矿突然发生的大型岩石崩塌主要是由于开采磷矿后,采空区上覆山体及地表发生强烈变形所造成的。

三、危岩和崩塌勘察的要点

(一) 勘察阶段的划分和勘察任务

在山区选择场址以及考虑总平面布置时,应判定山体的稳定性,查明是否存在危岩和崩塌。实践证明,这些问题如不在选择场址或可行性研究阶段及早发现和解决,会给工程建设造成巨大损失。因此,危岩和崩塌勘察应在可行性研究或初步勘察阶段进行,主要任务是查明产生崩塌的条件及其规模、类型和范围,预测发展趋势,对崩塌区工程建设的适宜性进行评价,并提出防治方案的建议。

(二) 勘察方法和基本要求

危岩和崩塌勘察方法以工程地质测绘和调查为主,着重查明形成崩塌的基本条件。工程地质测绘的比例尺宜采用 1:500～1:1 000;崩塌方向主剖面的比例尺宜采用 1:200。

测绘的范围,应包括崩塌落石地点和可能崩落的陡坡区及其相邻地段,以便准确圈定崩塌落石范围,查明其规模。必要时布置少量钻探、物探和试验。

(1) 工程地质测绘或调查的主要内容

① 地形地貌及崩塌类型、规模、范围、崩塌体的大小和崩落方向。坡度大于 45°的高陡斜坡、孤立山嘴、凹形陡坡、河流峡谷两岸的陡坡最易发生崩塌,这些斜坡地形是工程地质调查的重点。要查明斜坡坡度、高度和形态。当斜坡上有裂缝时,还要查明裂缝延伸方向和长度、宽度、深度等。

② 地层岩性及岩体基本质量等级、岩性特征和风化程度。主要调查地层岩性、岩性组合特征,特别是软岩和硬岩的分布、岩体完整性、岩石质量等级、岩石风化程度和岩石软化性等。

③ 地质构造,岩体结构类型,结构面的产状、组合关系、闭合程度、力学属性、延展及贯穿情况等,必要时对各类结构面的产状进行统计分析。

④ 气象(重点是大气降水)、水文、地震和地下水的活动以及对崩塌的影响。对地表水应查清其汇集和流动情况,渗入崩塌体的部位、在崩塌体内流动的途径以及对潜在崩塌体稳定性的影响。对地下水应查明水量、出露位置和补给来源以及对斜坡岩土体稳定性的影响,特别要调查陡峻斜坡地下水出露状况。在以上调查的基础上,绘制工程地质平面图和剖面图,圈定崩塌危险地段,预测崩塌规模、危险性、堆积范围以及堆积量等。

⑤ 崩塌的历史及崩塌前的迹象和崩塌原因。调查访问崩塌发生和发展历史,崩塌前各种迹象、崩塌与地貌、岩性、构造以及地震、降水、地下水及其他人为活动间的关系等。崩塌虽发生突然,但崩塌前往往有一些迹象,对具备发生崩塌条件并可能发生崩塌的斜坡,要注意调查各种崩塌迹象,以便及时采取应对措施。崩塌前的迹象主要有:切割坡体的裂隙、裂缝贯通并有与山体分离之势、陡峻斜坡上部岩体中的拉张裂缝不断扩展和加宽、变形速度增加、斜坡不时有岩块滚落现象、坡体前部存在临空面或有崩塌堆积物等。这些迹象可能预示着即将发生崩塌或发生崩塌危险很大。

⑥ 当地防治崩塌的经验。

(2) 勘探和试验

危岩和崩塌地区通常是基岩裸露的高山峡谷区,地质断面清楚,采用工程地质测绘和调查的勘察方法基本能达到勘察目的。但在涉及危岩防治工程措施时,需要对危岩体内部一定深度的岩层岩性、强度、地质构造、结构面产状、结构面强度等定性或定量指标有所了解,应布置少量的槽探、坑探、平洞、钻探或物探等勘探工作。

需要了解危岩崩塌滚落方式、方向、堆积范围以及预测堆积量时,可以在现场做人工落石试验。在对潜在危岩崩塌体进行稳定性评价时,有时需要采集岩土试样并进行物理力学性质试验,以便求得有关计算参数。

(3) 观测和监测

当需判定危岩的稳定性时,宜对张裂缝进行监测。危岩的观测可通过下列步骤实施:

① 对危岩及裂隙进行详细编录。

② 在岩体裂隙主要部位要设置伸缩仪,记录其水平位移量和垂直位移量。

③ 绘制时间与水平位移、时间与垂直位移的关系曲线。

④ 根据位移随时间的变化曲线,求得移动速度。

对有较大危害的大型危岩,应结合监测结果,对可能发生崩塌的时间、规模、滚落方向、途径、危害范围等做出预报。必要时可在伸缩仪上连接警报器,当位移量达到一定值或位移突然增大时,即可发出警报。

四、危岩和崩塌区的岩土工程评价

危岩和崩塌区的岩土工程评价应在查明形成崩塌的基本条件的基础上,圈出可能产生崩塌的范围和危险区,评价作为工程场地的适宜性,并提出相应的防治对策和方案的建议。

各类危岩和崩塌的岩土工程评价应符合下列规定:

① 规模大,破坏后果很严重,难于治理的,不宜作为工程场地,线路应绕避。

② 规模较大,破坏后果严重的,应对可能产生崩塌的危岩进行加固处理,线路应采取防护措施。

③ 规模小,破坏后果不严重的,可作为工程场地,但应对不稳定危岩采取治理措施。

五、崩塌的防治

(一) 防治原则

崩塌通常突然发生,治理比较困难,尤其是大型或巨型崩塌的治理十分复杂,所以应采取以防为主、防治结合和主动避让的原则。

(二) 治理措施

① 拦挡措施:适用于中、小型崩塌的防治,通过修建明硐、棚硐等工程措施,遮挡来自斜坡上部的崩塌落石;在坡脚或半坡上设置落石平台、落石槽、挡石墙和挡石栅栏等,拦截来自斜坡上部的崩塌物。

② 支护措施:在岩石突出或巨大不稳定的危岩体下面,修建支柱、支挡墙等支撑危岩体,防止其滚落。

③ 护墙、护坡措施:在易风化剥落的边坡地段修建护墙,对缓坡进行水泥护坡等。

④ 削坡措施:在危石、孤石突出的山嘴以及坡体风化破碎的地段,可采取措施,减缓斜坡的坡度。

⑤ 防水排水措施:在有地表水或地下水活动的地段,修筑截水沟或排水沟等构筑物,将斜坡内水流排出。封堵渗水的裂缝,防止水流渗入斜坡岩土体而恶化斜坡的稳定性。

⑥ 锚固措施:我国有关部门在治理长江三峡航道链子崖危岩体时,对陡崖部位的危岩体自上而下依次采用1 000 kN,2 000 kN,3 000 kN 三种量级预应力锚索进行锚固,对控制层间滑动的软弱夹层采用混凝土回填加固,对整个陡崖斜坡挂网锚喷,取得了较好的治理效果。

第四节 泥 石 流

一、泥石流及其危害

泥石流是洪水携带大量泥、砂、石块等固体物质,沿着陡峻山间河谷下泄而成的特殊性洪流。其形成过程复杂,暴发突然,来势凶猛,历时短暂,侵蚀和破坏力极大,常给山区人民生命财产和经济建设造成重大灾害。由于我国多山、多地震、多暴雨、水土流失严重,所以泥石流分布普遍,并成为仅次于地震的一种严重地质灾害。据不完全统计,全国已有100多个县、市遭受到泥石流袭击,直接经济损失数十亿元。泥石流对人类危害主要表现在以下5个方面:

① 冲毁地面建(构)筑物,淹没人畜,毁坏土地甚至造成村毁人亡的灾难。

② 摧毁铁路、公路、桥涵等设施,阻断交通,严重时可引起火车、汽车颠覆。1981年暴雨引起宝成铁路和陇海铁路宝天段暴发泥石流,宝成铁路线5座车站被淤埋,50余处受灾,中断行车达两个月之久,成为我国铁路史上最大规模的泥石流灾害之一。

③ 冲毁水利水电设施,严重泥石流常堵塞江河和水库、毁坏大坝等。

④ 冲毁矿山及其设施,淤埋矿山坑道和矿工,影响矿井生产甚至使矿山报废。

⑤ 严重破坏地质环境和生态环境。泥石流具有强大的侵蚀作用,一次大型的泥石流活动可使沟谷下切几十米,剧烈地改造地表形态,破坏两岸山体的稳定性,使滑坡、崩塌不断发生,加剧泥石流的发展。大型泥石流能将百万立方米的石块冲入河流谷地,堆积在河谷下游开阔地带,形成巨大的堆积扇。

因此,拟建工程场地或其附近有发生泥石流的条件并对工程安全有影响时,应进行专门的泥石流勘察。

二、泥石流的形成条件

泥石流的形成与所在地区的自然条件和人类活动有密切关系,泥石流的形成必须同时具备三个条件:地质条件、地形地貌条件和水源条件。

(一)地质条件

泥石流的物质组成除水外,还有大量的泥、砂和石块等固体物质,丰富的松散物质(泥、砂、石块)是泥石流产生和发展的物质条件。地质条件包括地质构造、地层岩性、地震活动和新构造运动以及某些物理作用等因素,正是这些地质因素的相互联系和相互作用,才能为泥石流的发生提供充足的固体物质来源。地质构造复杂、断裂褶皱发育、新构造活动强烈、地震烈度较高、外力地质作用强烈的地区,地表岩层破碎,滑坡、崩塌等物理地质现象发育,地表往往积聚有大量的松散固体物质。岩层结构疏松软弱、易于风化、节理发育或软硬相间成层地区,也能为泥石流提供丰富的碎屑物来源。此外,一些人类工程经济活动,如滥伐森林造成的水土流失,开山采矿、采石弃渣等,往往也为泥石流提供了大量的物质来源。

(二)地形地貌条件

泥石流从形成、运动到最后堆积,每个过程都需要有适合的场地,形成时必须有汇水和集物场地,运动时须有运动通道,堆积时须有开阔的地形。山高沟深、地势陡峻、沟床纵坡降大的地形有利于泥石流的汇集和流动。泥石流沟谷在地形地貌和流域形态上往往有其独特反映,典型的泥石流沟谷,从上游到下游可分为三个区,即上游形成区、中游流通区和下游堆积区。

形成区多为高山环抱的山间盆地,地形多为三面环山、一面出口的围椅状地形,周围山高坡陡,地形比较开阔,山体破碎、坡积或洪积等成因的松散堆积物发育,地表植被稀少,有利于水和碎屑物质的汇集;流通区多为狭窄陡深峡谷,沟谷两侧山坡陡峻,沟床顺直,纵坡梯度大,有利于泥石流快速下泄;堆积区则多呈扇形或锥形分布,沟道摆动频繁,大小石块混杂堆积,垄岗起伏不平;对于典型的泥石流沟谷,这些区段均能明显划分,但对不典型的泥石流沟谷,则无明显的流通区,形成区与堆积区直接相连。

（三）水源条件

水不仅是泥石流的重要物质组成，也是泥石流的重要激发条件和搬运介质。泥石流的形成常与短时间内突然性的大量流水有密切关系，如连续降雨、暴雨、冰川积雪消融、水库溃决等。松散固体物质大量充水达到饱和后，结构被破坏，摩擦阻力下降，滑动力加强，从而发生流动。我国形成泥石流的水源主要来自大气降水，因此持续性的降雨和暴雨，尤其是特大暴雨后，山区很容易发生泥石流。

人类不合理的经济活动对泥石流的形成也会起到促进作用，如陡坡垦植、开矿、修路、采石等生产建设中乱采乱挖、随意倾倒废土、弃石、矿渣等。

三、我国泥石流的发生规律

（一）分布规律

我国泥石流灾害比较严重的地区主要有：

① 云南西北部和东北部地区。如 1979 年云南怒江的六库、泸水、福灵、贡山等 5 县 40 余条沟谷暴发泥石流，1985 年云南东北的昆明市东川区小江中游 20 余条沟谷暴发了规模巨大的黏性泥石流，都造成了巨大的经济损失。

② 四川西部地区。1981 年四川甘孜、阿坝、凉山、渡口、绵阳等地区的 50 个县 1 000 余条沟谷暴发了泥石流，其中凉山州甘洛县利子依达沟大型泥石流，造成我国铁路史上最大的泥石流灾害。几十万立方米的固体物质冲入大渡河，截断江流数小时，毁坏了桥梁和 800 m 长的公路，运行列车颠覆，200 余人死亡。

③ 陕南秦岭—大巴山区，主要是陕西、甘肃、山西和四川北部等地。1981 年该区的略阳、留坝、凤县、南郑、勉县、宁强、汉中等县都发生了规模较大的泥石流，仅宝成铁路凤州、略阳一带的铁路沿线就有 134 条沟谷暴发了泥石流，造成了巨大损失。

④ 西藏喜马拉雅山地。

⑤ 辽东西部和南部山区。

大体上从喜马拉雅山开始，经念青唐古拉山东段、波密—察隅山地、横断山脉、乌蒙山、大凉山、秦巴山地、中条山、太行山、燕山，到辽西、辽南山地，形成总体呈北东向的泥石流密集带。

（二）形成条件规律

泥石流分布明显受地质、地形和降水条件的控制。

① 泥石流多分布在地质构造复杂、新构造活动强烈、地震活动频繁、地形切割强烈、岩石破碎、植被稀少的山区，如青藏高原、四川、云南等。

② 泥石流多由暴雨激发而成，因此其分布受气候条件控制，温带和半干旱山区，特别是干湿交替、局部暴雨强度大、冰雪融化快的地区易产生泥石流，如云南、四川、甘肃、陕西、西藏等。这些地区不仅降水强度大，且地表岩石风化严重，松散固体物质丰富，暴雨或持续降雨极易激发泥石流。

③ 泥石流多发生在片岩、千枚岩、板岩、页岩、泥岩、砂岩以及黄土等易风化地层分布区，坚硬岩层如花岗岩分布区很少发生。

（三）时间规律

泥石流的发生时间有三个特点：

① 泥石流具有明显的季节性，一般多发生在降水集中的夏季和秋季，不同地区因集中

降雨时间存在差别,泥石流集中发生的时间有所不同。西南地区的泥石流多发生在6~9月,西北地区的泥石流多发生在7~8月。据不完全统计,发生在这两个月的泥石流灾害约占全部泥石流灾害的90%以上。

② 泥石流的发生和发展有一定的周期性,且其活动周期与洪灾、地震的活动周期大体一致。当洪灾和地震活动周期相叠加时,常能形成泥石流活动的高潮。

③ 泥石流多发生在一次降雨的高峰期或持续降雨之后。

四、泥石流勘察的要点

（一）勘察阶段的划分和勘察任务

泥石流对工程威胁很大。泥石流问题若不在前期发现和解决,会给以后工作造成被动或在经济上造成损失,故泥石流勘察应在可行性研究或初步勘察阶段完成。

泥石流虽然有其危害性,但并不是所有泥石流沟谷都不能作为工程场地,而取决于泥石流的类型、规模、目前所处的发育阶段、暴发的频繁程度和破坏程度等,因而勘察的任务应认真做好调查研究,查明泥石流的地质背景和形成条件,查明形成区、流通区、堆积区的分布和特征并绘制专门工程地质图,预测泥石流的类型、规模、发育阶段和活动规律,做出确切的评价,正确判定作为工程场地的适宜性和危害程度,并提出相应的防治措施和监测的建议。

（二）勘察方法和基本要求

在一般情况下,泥石流勘察不进行勘探或测试,重点是工程地质测绘和调查。测绘范围应包括沟谷至分水岭的全部地段和可能受泥石流影响的地段,即包括泥石流的形成区、流通区和堆积区。对全流域宜采用1∶50 000测绘比例尺,对中下游可采用1∶2 000~1∶10 000比例尺。泥石流勘察工程地质测绘和调查重点内容包括:

① 气象水文、冰雪融化和暴雨强度、一次最大降雨量、平均及最大流量地下水活动等情况;包括历年降水及时空分布、暴雨强度和持续时间、地表径流情况、冰川和积雪的分布及消融期、高山水库的库容、坝型。

② 地形地貌特征和地质构造。

地形地貌特征包括沟谷的发育程度、切割情况、坡度、弯曲、粗糙程度,从宏观上判定沟谷是否属泥石流沟谷,划分泥石流的形成区、流通区和堆积区,圈绘整个沟谷的汇水面积。

地质构造方面包括地质构造、岩层岩性、岩石风化程度、不良地质现象、第四纪松散沉积物分布、地震活动、地下水分布、植被类别、覆盖程度及水土保持情况等。

③ 形成区的水源类型、水量、汇水条件、山坡坡度、岩层性质和风化程度;查明断裂、滑坡、崩塌、岩堆等不良地质作用的发育情况及可能形成泥石流固体物质的分布范围、储量;正确划分各种固体物质的稳定程度,以估算一次供给的可能数量。

④ 流通区的沟床纵横坡度、跌水、急湾等特征;查明沟床两侧山坡坡度、稳定程度、沟床的冲淤变化和泥石流的痕迹。

流通区应详细调查沟床纵坡,因为典型的泥石流沟谷流通区没有冲淤现象,其纵坡梯度是确定"不冲淤坡度"(设计疏导工程所必需的参数)的重要计算参数;沟谷的急湾、基岩跌水陡坎往往可减弱泥石流的流通,是抑制泥石流活动的有利条件;沟谷的阻塞情况可说明泥石流的活动强度,阻塞严重者多为破坏性较强的黏性泥石流,反之则为破坏性较弱的稀性泥石流;固体物质的供给主要来源于形成区,但流通区两侧山坡及沟床内仍可能有固体物质供给,调查时应予注意。

泥石流痕迹是了解沟谷在历史上是否发生过泥石流及其强度的重要依据,并可了解历史上泥石流的形成过程、规模,判定目前的稳定程度,预测今后的发展趋势。

⑤ 堆积区的堆积扇分布范围、表面形态、纵坡、植被、沟道变迁和冲淤情况;查明堆积物的性质、层次、厚度、一般粒径和最大粒径;判定堆积区的形成历史、堆积速度、估算一次最大堆积量。

堆积区应调查堆积区范围、最新堆积物分布特点等,以分析历次泥石流活动规律,判定其活动程度、危害性,说明并取得一次最大堆积量等重要数据。

一般来说,堆积扇范围大,说明以往的泥石流规模也较大,堆积区目前的河道如已形成了较固定的河槽,说明近期泥石流活动已不强烈。从堆积物质的粒径大小、堆积的韵律,亦可分析以往泥石流的规模和暴发的频繁程度,并估算一次最大堆积量。

⑥ 泥石流沟谷的历史,历次泥石流的发生时间、频数、规模、形成过程、暴发前的降雨情况和暴发后产生的灾害情况。

⑦ 开矿弃渣、修路切坡、砍伐森林、陡坡开荒和过度放牧等人类活动情况。

⑧ 当地防治泥石流的经验。

当需要对泥石流采取防治措施时,应进行勘探测试,进一步查明泥石流堆积物的性质、结构、厚度、固体物质含量、最大粒径、流速、流量、冲出量和淤积量等。这些指标是判定泥石流类型、规模、强度、频繁程度、危害程度的重要标志,同时也是工程设计的重要参数。如年平均冲出量、淤积总量是拦淤设计和预测排导沟沟口可能淤积高度的依据。

五、泥石流的岩土工程评价

(一)泥石流分类

(1)泥石流的工程分类

为便于评价泥石流沟谷作为建设工程场地的适宜性,从工程角度划分泥石流类型。首先根据泥石流特征和流域特征,把泥石流分为高频率泥石流沟谷和低频率泥石流沟谷两类;每类又根据流域面积、固体物质一次冲出量、流量,堆积区面积和严重程度分为三个亚类(见表 3-4-1)。

表 3-4-1　　　　　　　　　　　　　　　泥石流工程分类

类别	泥石流特征	流域特征	亚类	严重程度	流域面积 /km²	固体物质一次冲出量 /10⁴ m³	流量 /(m³/s)	堆积区面积 /km²
I 高频率泥石流沟谷	基本上每年均有泥石流发生;固体物质主要来源于沟谷的滑坡、崩塌;暴发雨强小于 2~4 mm/10 min;除岩性因素外,滑坡、崩塌严重的沟谷多发生黏性泥石流,规模大;反之,多发生稀性泥石流,规模小	多位于强烈抬升区,岩层破碎,风化强烈,山体稳定性差;泥石流堆积物新鲜,无植被或仅有稀疏草丛;黏性泥石流沟的中、下游沟床坡度大于 4%	I_1	严重	>5	>5	>100	>1
			I_2	中等	1~5	1~5	30~100	<1
			I_3	轻微	<1	<1	<30	—

续表 3-4-1

类别	泥石流特征	流域特征	亚类	严重程度	流域面积/km²	固体物质一次冲出量/10⁴ m³	流量/(m³/s)	堆积区面积/km²
Ⅱ 低频率泥石流沟谷	暴发周期一般在 10 年以上。固体物质主要来源于沟床,泥石流发生时"揭床"现象明显;暴雨时坡面产生的浅层滑坡往往是激发泥石流形成的重要因素;暴发雨强,一般大于 4 mm/10 min;规模一般较大,性质有黏有稀	山体稳定性相对较好,无大型活动性滑坡、崩塌;沟床和扇形地上巨砾遍布;植被较好,沟床内灌木丛密布,扇形地多已辟为农田;黏性泥石流沟中、下游沟床坡度小于 4%	Ⅱ₁	严重	>5	>5	>100	>1
			Ⅱ₂	中等	1~5	1~5	30~100	<1
			Ⅱ₃	轻微	<1	<1	<30	—

注:① 表中流量对高频率泥石流沟谷指百年一遇流量;对低频率泥石流沟谷指历史最大流量。
　　② 泥石流工程分类采用野外特征与定量指标相结合的原则,定量指标满足其中一项即可。

（2）按固体物质成分分类

按泥石流固体物质组成分为泥流、泥石流和水石流。

① 泥流——固体物质以黏性土为主,含少量沙砾、石块,黏度大,呈稠泥状。

② 泥石流——固体物质由黏性土、砂、碎石等不同粒径的物质混合而成。

③ 水石流——固体物质由砾石、碎石、石块及少量砂粒、粉粒组成。

（3）按流体性质分类

泥石流按流体性质可分黏性泥石流和稀性泥石流两类,黏性泥石流按固体物质组成又分泥流和泥石流,稀性泥石流按固体物质组成又分泥流、泥石流和水石流(见表 3-4-2)。黏性泥石流固体物质含量高,一般为 40%~60%,最高可达 80% 以上,黏滞性强,浮托力大,石块常呈悬浮状态,暴发突然,持续时间短,破坏力大。稀性泥石流固体物质含量较低,一般为 10%~40%,水为搬运介质,石块以滚动或跃移方式前进,冲刷、磨蚀作用较强烈。

表 3-4-2　　　　　　　　　　　泥石流流体性质分类

分类 特征	黏性泥石流		稀性泥石流		
	泥　流	泥石流	泥　流	泥石流	水石流
泥石流流体密度/(kg/m³)	>1.5×10³	1.6×10³~2.3×10³	1.3×10³~1.5×10³	1.2×10³~1.8×10³	1.2×10³~1.6×10³
黏度/Pa·s	>0.3	<0.3	<0.3	<0.3	
流态特征	呈层流状态,固、液两相物质呈整体等速运动;阵性流明显,黏滞性强,浮托力大,能将巨大的干土块浮托出沟外;遇卡口常发生堵沟、断流	呈层流状态,固、液两相物质呈整体等速运动,无垂直交换,流体黏稠,浮托力大,能使巨大的漂石悬移或滚动;阵性流明显,有堵沟、断流和浪头出现,弯道处爬高明显	呈紊流状态,有时具波状流,有"泥浪",砾石、碎石、块石呈滚动跃移前进,具有垂直交换,弯道处常见泥浆飞溅	呈紊流状态,漂、块石流速慢于浆体流速,呈滚动或跃移前进,具有垂直交换,阵性流不明显,偶有股流或散流	呈紊流状态,固体物流速慢于浆体流速,垂直交换明显;砾石、块石呈推移式前进

续表 3-4-2

分类 特征	黏性泥石流		稀性泥石流		
	泥 流	泥石流	泥 流	泥石流	水石流
堆积特征	流体停积后,多呈舌状或坎坷不平土堆,表层常有"泥球",堆积物一般保持流动时结构;堆积削面中,粗颗粒具有悬浮状特点	流体停积后呈扇状或舌状,表面坎坷不平,堆积物一般保持流动时结构特征,间有"泥球"出现,堆积剖面中一次堆积五层次,但各层次堆积分层明显;堆积物无分选,砾石、块石呈悬浮或支撑状	流体停积后呈崩状或垄岗状,间有"泥球",堆积剖面中粗颗粒物质一般呈底积状态	流体停积后呈扇状或垄岗状,泥石流过后水体与固体物较快分离;堆积物分选差,空隙大,结构较松散,表面细颗粒物质较少,堆积剖面中可见固体物呈叠置状	流体停积后,一般呈扇状;堆积物有分选性,结构松散,表面粗颗粒物较多
危害性	大量泥土冲出沟口或沟外,堵塞桥涵,淤埋道路或农田村庄	泥石流来势速猛,冲击破坏力大,直进性强,能使大型桥梁、房屋、护岸建筑等在短时间内遭受破坏	冲击力较小,对建筑物产生慢性冲刷破坏,淹没农田、道路	冲击破坏力较大,磨蚀力较强,有淤有冲,以冲刷危害为主,对建筑物产生慢性冲刷破坏	比一般洪水破坏力大,以冲刷为主,对护岸及桥涵建筑物产生慢性冲刷破坏

（4）按危害程度分类

为综合评价泥石流危害程度,根据泥石流灾害一次造成的死亡人数或直接经济损失可分为特大型、大型、中型和小型 4 个灾害等级,划分标准如表 3-4-3-1。

表 3-4-3-1　　　　　　　　泥石流灾害危险性的等级划分标准

危害性灾度等级	特大型	大 型	中 型	小 型
死亡人数/人	>30	30~10	10~3	<3
直接经济损失/万元	>1 000	1 000~500	500~100	<100

注：灾度等级划分的两项指标不在一个级次时,按从高原则确定灾度等级。

对潜在可能发生的泥石流,根据受威胁人数或可能造成的直接经济损失,可分为特大型、大型、中型和小型 4 个潜在危险性等级,划分标准如表 3-4-3-2。

表 3-4-3-2　　　　　　　　泥石流潜在危险性的等级划分标准

潜在危险性等级	特大型	大 型	中 型	小 型
受威胁人数/人	>1 000	500~1 000	100~500	<100
直接经济损失/万元	>10 000	10 000~5 000	5 000~1 000	<1 000

注：潜在危险性等级划分的两项指标不在一个级次时,按从高原则确定危险性等级。

（5）其他分类

按泥石流的成因及物源成因分为暴雨（降雨）泥石流、冰川（冰雪融水）泥石流、溃决（含冰湖溃决）泥石流、坡面侵蚀型泥石流、崩滑型泥石流、冰渍型泥石流、火山泥石流、弃渣泥石流、混合型泥石流等。

按集水区地貌特征和泥石流流域形态分沟谷型泥石流和坡面型泥石流；按泥石流发展阶段有发展期泥石流、旺盛期泥石流和衰退期泥石流等。

（二）泥石流地区工程建设适宜性的评价

泥石流地区工程建设适宜性评价，一方面应考虑到泥石流的危害性，各类建设工程在选址时要采取主动避让措施，确保工程安全，不能轻率地将工程设在有泥石流影响的地段；另一方面也不能认为凡属泥石流沟谷均不能兴建工程，而应根据泥石流的规模、暴发的频繁程度和危害程度等区别对待。因此，可以根据泥石流的工程分类，分别考虑建筑的适宜性。

① I_1 类和 II_1 类泥石流沟谷规模大、危害性大、防治工作困难且不经济，故不能作为各类工程的建设场地，各类线路宜避开。

② I_2 类和 II_2 类泥石流沟谷一般不宜作为工程建设场地，以避开为好，当必须作为建设场地时，应提出综合防治措施的建议。对线路工程（包括公路铁路和穿越线路工程）避免直穿堆积扇，宜在流通区或沟口选择沟床固定、沟形顺直、沟道纵坡比较一致、冲淤变化较小的地段设桥或墩通过，并尽量选择在沟道比较狭窄的地段以单孔跨越通过，当不可能单孔跨越时，应采用大跨径，以减少桥墩数量。

③ I_3 类和 II_3 类泥石流沟谷规模及危害性均较小，防治也较容易和经济，堆积扇可作为工程建设场地，但应避开沟口；线路可在堆积扇通过，但宜用一沟一桥，不宜任意改沟、并沟，根据具体情况采取排洪、导流等防治措施。

④ 当上游有大量弃渣或进行工程建设，改变了原有供排平衡条件时，应重新判定产生新的泥石流的可能性。

六、泥石流的防治措施

（一）防治原则

泥石流是多种地质因素和人为因素综合作用的结果，成因复杂，治理难度大。因此，泥石流的防治应遵循以防为主、防治结合、避强治弱、重点治理、工程措施和水土保持相结合、综合防治的原则。

选择防治措施不仅要考虑泥石流类型、规模、性质和危害程度，还要考虑工程性质、规模和重要性。如对稀性泥石流适宜采取防水、治水和排导措施，而对黏性泥石流宜采取治土和拦挡措施。大型特殊工程，需对泥石流全面规划处理，而中小型工程可局部防护重点整治。泥石流规模和危害性越大，防治难度越大，防治工程的规模也就越大，投资也就越大，此时，可以考虑采取避让措施。

（二）防治措施

（1）生物措施（水土保持）

水土流失与泥石流间互为因果关系，水土流失是造成泥石流的主要原因，泥石流又是水土流失恶性发展的直接后果。水土保持和防止水土流失对于泥石流的防治可以起到标本兼治的作用。实现水土保持的途径很多，如植树造林、封山育草、人工种植草皮、平整山坡、整治不良地质现象、加固沟岸、修建坡面排水沟、引水渠、导流堤、鱼鳞坑等。这些措施可以起到保护坡面、固结土层、减少坡面物质的流失量、调节坡面水流、削减坡面水径流量、削弱水动力、增大坡体的抗冲蚀能力、稳定沟岸等方面的作用,泥石流失去了物质来源也就很难发生,即使发生,规模和危害也将降低。然而,我国是世界上水土流失最为严重的国家之一,水土保持工作的任务还很艰巨,一些地区爆发泥石流危险很大。

生物措施防治泥石流具有经济实用、效果好、应用范围广、能改善自然生态环境和保持生态平衡等特点,是防治水土流失、减轻泥石流灾害的主要措施。

（2）工程措施

在有泥石流潜在危险区,通过兴建各种工程如水土保持工程、蓄水、引水工程、拦挡工程、支护工程、排导工程等,可以更为直接地控制泥石流的发生和发展,降低泥石流对人类的危害。泥石流沟谷从上游、中游到下游分形成区、流通区和堆积区,各区防治对策不同,工程措施也不同。

泥石流形成区以治理水土流失为主,通过平整山坡、人工植树种草、人工护坡、整治不良地质现象,修建坡面排水系统等工程措施,减少水土流失,阻断或减少泥石流物质来源。

泥石流流通区以拦挡护坡措施为主,通过修筑拦截坝、溢流坝、隐坝、谷坊、拦栅坝、护坡、挡墙等工程,拦蓄泥石流固体物质,控制泥石流规模、流量和物质组成,固定沟床,减缓沟谷纵坡比降,防止沟岸冲刷。

泥石流堆积区以排导停淤措施为主,通过修筑导流堤、束流堤、渡槽、急流槽、停淤场、拦淤库等工程,改善和人为控制泥石流流向和流速,引导泥石流安全疏排或沉积于固定位置。

对受到泥石流威胁的桥梁、隧道、路基、建筑物等工程设施,可以采取支护和支挡措施,通过修建护坡、挡墙、顺坝和丁坝等工程,抵御或消除泥石流对建筑物的冲刷、冲击、侧蚀和淤埋等危险。线路工程防治泥石流的措施以排导为主,修建急流槽,把泥石流排到不妨碍交通安全的地区。

第五节 采 空 区

采空区场地上建设的工程在设计和施工前,应按基本建设程序进行岩土工程勘察。各勘察阶段工作应正确反映场地工程地质条件,查明不良地质作用和地质灾害,判定作为工程场地的适宜性,提供勘察资料成果,并应提出工程处理措施建议。

一、采空区及分类

当地下矿层被采空后,便在地下形成了采空区,采空区上覆及周围岩体失去原有的平衡状态,从而发生移动、变形以至破坏。这种移动、变形和破坏在空间上由采空区逐渐向周围扩展,当采空区范围扩大到一定程度时,岩层移动就波及地表,使地表产生变形和破坏(地表移动),地表从而出现地裂缝、塌陷坑和地表移动盆地等。

岩土工程勘察所定义的采空区,一般指地下资源开采后的空间,也指地下开采空间围岩失稳而产生位移、开裂、破碎垮落,直到上覆岩层整体下沉、弯曲所引起的地表变形和破坏的区域及范围。

采空区类型可根据开采规模、形式、时间、采深及煤层倾角等进行划分,具体包括:

① 根据开采规模和采空区面积可划分为大面积采空区及小窑采空区。小窑采空区是指采空范围较窄、开采深度较浅、采用非正规开采方式开采、以巷道采掘并向两边开挖支巷道、分布无规律或呈网格状、单层或多层重叠交错、大多不支撑或临时简单支撑、任其自由垮落的采空区。

② 根据开采形式可划分为长壁式开采、短壁式开采、条带式开采、房柱式开采等采空区。长壁式开采是指开采工作面长度一般在 60 m 以上的开采，分走向长壁开采和倾斜长壁开采。短壁式开采是指开采工作面长度一般在 60 m 以下的开采。条带式开采是指将开采区域划分成规则条带，采一条、留一条，以保留矿(岩)柱支撑上覆岩层的一种开采方式，分充填条带和非充填条带。房柱式开采是指在矿层中开掘一系列矿房，采矿在矿房中进行，保留矿(岩)柱支撑上覆岩层的一种开采方式。

③ 根据开采时间和采空区地表变形阶段可划分为老采空区、新采空区和未来(准)采空区。老采空区是指已经停止开采且岩层移动和地表变形衰退期已经结束的采空区。新采空区是指地下正在开采或虽已停采但地表移动变形仍处于衰退期内的采空区。未来(准)采空区是指地下赋存有开采价值矿层、已规划设计而目前尚未开采的区域。

④ 根据采深及采深采厚比可划分为浅层采空区、中深层采空区和深层采空区。浅层采空区是指采深小于 50 m 或采深大于等于 50 m、小于等于 200 m 且采深采厚比 H/M 小于 30 的采空区。中深层采空区是指采深大于等于 50 m、小于等于 200 m 且采深采厚比 H/M 大于等于 30 或采深大于等于 200 m、小于等于 300 m 且采深采厚比 H/M 小于等于 60 的采空区。深层采空区是指采深大于 300 m 或采深大于 200 m、小于等于 300 m 且采深采厚比 H/M 大于等于 60 的采空区。

⑤ 根据煤层倾角可划分为近水平采空区、缓倾斜采空区、倾斜采空区和急倾斜采空区。近水平采空区是指煤层倾角小于 8°的采空区；缓倾斜采空区是指煤层倾角介于 8°～25°的采空区。倾斜采空区是指煤层倾角介于 25°～45°的采空区。急倾斜采空区是指煤层倾角大于 45°的采空区。

二、采空区上覆岩层变形与破坏

煤层采空后，上覆岩层失去了支撑，发生变形、弯曲、断裂，进而呈不规则的垮落下来，充填采空区。随着采空区面积的不断扩大，岩层的移动变形从煤层直接顶板一直发展到地表，最后在上覆岩层中形成三个破坏程度不同的区域，通常称为顶板"三带"，即垮落带、断裂带和弯曲带(见图 3-5-1)。

① 垮落带——位于采空区矿层直接顶板的岩层，在自重和上覆岩层的重力作用下，发生弯曲、断裂破碎，进而呈不规则垮落，堆积于采空区内，发生垮落的部分称垮落带。

② 断裂带——位于垮落带上部的岩层在重力作用下，产生移动变形，所受应力超过本身强度，岩层产生裂缝或断裂，但仍保持其原有层状的岩层范围。

③ 弯曲带——断裂带上方直至地表产生弯曲的岩层范围。断裂带上部岩层在重力作用下，变形较小，所受应力尚未超过其本身强度，岩层仅发生连续平缓的弯曲变形，其整体性未遭受破坏，称为弯曲带。

"三带"的形成主要取决于矿层赋存条件、开采方式、顶板管理方法以及上覆岩层岩性倾角、厚度及强度等。

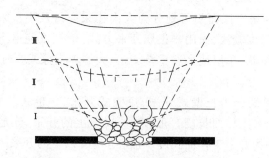

图 3-5-1　煤层顶板上覆岩层变形分带

Ⅰ——垮落带；Ⅱ——断裂带；Ⅲ——弯曲带

三、采空区地表移动变形特征

（一）连续的地表移动和非连续的地表移动

地下矿层开采以后，采空区上的覆盖岩层和地表失去平衡而发生移动和变形。地表移动破坏形式与开采深度、开采厚度、采煤方法、顶板管理方式、岩性、煤层产状等因素有关，在不同条件下，出现两种不同类型地表变形方式，即连续的地表移动和非连续的地表移动。

（1）连续的地表移动

在采深采厚比 H/m 较大（一般大于 $25\sim30$），无地质构造破坏和采用正规采矿方法开采的条件下，地表不会出现大的裂缝或塌陷坑，地表移动和变形在空间和时间上是连续的，开始地表形成凹地，随着采空区不断扩大，凹地不断扩展而形成较规则的移动盆地，这种情况称为连续的地表移动。

（2）非连续的地表移动

当采深采厚比 H/m 较小（一般小于 30），或采深采厚比 H/m 虽大于 30，但地表覆盖层很薄，且采用高落式等非正规开采方法或上覆岩层有地质构造破坏时，地表不出现较规则的移动盆地，而常出现不规则状的塌陷坑和裂缝等，地表的移动和变形在空间和时间上都不连续，这种情况称为非连续的地表移动。

在开采数个煤层或厚煤层的数个分层时，由于多次地表移动和变形的相互叠加作用，即使按单煤层或分层开采的采深采厚比很大，地表不仅可能出现连续的移动和变形，在边界上方还会出现非连续的移动和变形。

（二）地表移动盆地及特征

当地下开采影响到达地表以后，在采空区上方地表形成的凹地称地表移动盆地。当开采达到充分采动、地表变形已达稳定后的盆地称最终移动盆地。最终盆地一般可分三个区域（见图 3-5-2）：

① 中间区——位于采空区正上方，地表下沉均匀，地面平坦，一般不出现裂缝，地表下沉值最大。

② 内缘区——位于采空区内侧上方，地表下沉不均匀，地面向盆地中心倾斜，呈凹形，产生压缩变形，一般不出现明显裂缝。

③ 外缘区——位于采空区外侧煤层上方，地表下沉不均匀，地面向盆地中心倾斜，呈凸形，产生拉伸变形，当拉伸变形值超过一定数值后，地表产生张裂缝。

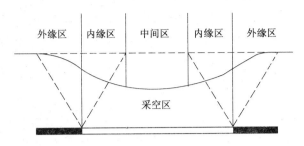

图 3-5-2 地表移动盆地变形分区

地表最终移动盆地具有以下特征：

① 地表最终移动盆地的面积，一般大于采空区的面积。采空区为长方形时，移动盆地大致为椭圆形。

② 移动盆地和采空区的相对位置，与矿层的倾角大小有关。当矿层倾角近水平或缓倾斜时［见图 3-5-3（a）］，地表移动盆地位于采空区的正上方，盆地形状基本是对称的，盆地中间区中心与采空区的中心位置基本一致，地表最大下沉值位于采空区的中央部位，下沉均匀，不出现裂缝。当矿层倾角较陡时［见图 3-5-3（b）和图 3-5-3（c）］，地表移动盆地是非对称的，矿层倾角越大，非对称性越明显。上山（逆矿层倾斜方向）边界上方地表移动盆地较陡，开采影响范围小；下山（矿层倾斜方向）边界上方地表移动盆地较平缓，开采影响范围较大。移动盆地的中心及最大下沉点向下山方向偏离，倾角越陡，偏离越多。

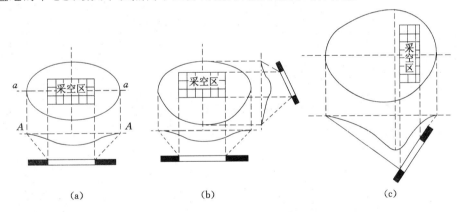

图 3-5-3 地表移动盆地特征
（a）水平岩层；（b）倾斜岩层；（c）急倾斜岩层

③ 移动盆地内各处的变形值不相等，通常将通过最大下沉点作沿矿层走向和倾向的两个剖面称为主剖面，沿主剖面盆地的尺寸最大，地表的移动和变形值最大。开采近水平或缓倾斜矿层时，走向和倾向主剖面均通过采空区中心，开采倾斜矿层时，倾向主剖面通过采空区中心，走向主剖面向下山方向偏离，矿层倾角越陡偏离越多，其具体位置可由最大下沉角确定。

（三）覆岩破坏类型

由于煤层的赋存条件、覆岩性质及其组合类型、采空区深度、采煤方法和顶板管理方法不同，其移动与破坏形式也不相同。已故刘天泉院士总结概况出了覆岩移动与破坏形式分为"三带型""拱冒型""弯曲型""切冒型"和"抽冒型"等五种基本类型,见表 3-5-1,采空区勘察时,应综合上述因素,判别采空区覆岩破坏类型,结合地表地面调查,预测采空区场地地面变形特征。

表 3-5-1 覆岩破坏类型

序号	覆岩类型	垮落类型	变形特征
1	覆岩全部为可垮落岩层,一般以软岩~较硬岩为主	三带型	覆岩破坏可分为垮落带、断裂带和弯曲带;当垮落带和断裂带未达到地表时,地表应为连续性变形;当垮落带和断裂带能达到地表时,地表应为非连续性变形
2	煤层以上某一高度存在一定厚度的坚硬岩层	拱冒型	长壁式开采时,随着采空区的扩大,坚硬岩层以下的岩层发生拱型垮落,垮落达到坚硬岩层时可形成悬顶。围岩可形成"自然拱"或无支撑"砌体拱""板拱"。近煤层的顶板岩层受到破坏,远离顶板的岩层不受破坏,地表只产生微小下沉
3	全部为坚硬覆岩	弯曲型	条带法开采或刀柱法开采时,坚硬岩层可形成悬顶。煤(岩)柱面积宜占 30%~35%,覆岩应不发生垮落破坏,地表变形最大值不宜超过煤层采高的 5%~15%
4	全部为坚硬覆岩	切冒型	开采深度较小、煤(岩)柱面积小于 30%~35%且坚硬岩层未形成悬顶时,煤(岩)柱不应形成稳定支座。地表突然陷落,地表裂缝应直通采空区,地表会形成"断陷"式盆地
5	全部覆岩为极软弱的急倾斜岩层或土层	抽冒型	当开采深度较小或接近冲积层开采时,覆岩变形不应形成悬顶。采空区内无垮落矸石支撑时,覆岩会发生"抽冒型"破坏。地面形成漏斗状陷坑

四、影响地表移动和变形的因素

地表移动和变形特征、程度、速度和持续时间主要与煤层埋藏及赋存条件、采空区上覆地层岩性及强度、地质构造条件、开采方式、工作面推进速度、顶板管理方法、采空区规模等因素有关。

(1)矿层埋藏及赋存条件

矿层埋深越大(即开采深度越大),变形扩展到地表所需的时间越长,地表的变形值也越小,变形比较平缓均匀。煤层厚度大,采空区的空间就大,会促使变形过程剧烈、增大变形值。矿层的倾角大,会促使水平移动值增大,地表出现裂缝的可能性增大,移动盆地和采空区的位置更不对称。

(2)岩性因素

采空区上覆岩层强度越高、分层厚度越大,产生地表变形所需的采空面积越大,破坏过程所需时间就越长。厚度大的坚硬岩层甚至长期不产生变形,强度低的薄层岩层,易产生较大的地表变形,且变形速度快,但地表变形均匀,常不出现裂缝。脆性岩层地表易出现裂缝。塑性强厚度大的岩层,覆盖于硬岩层之上时,后者产生破坏会被前者缓冲或掩盖,但地表变形平缓,反之,地表变形很快,并会出现裂缝。岩层软硬相间且倾角较陡时,接触处易出现层离现象。地表第四纪堆积物厚,地表变形值增大,但变形平缓均匀。

(3)地质构造因素

岩层节理裂隙发育,促使变形加快,增大变形范围,扩大地表裂缝区。断层和薄弱带会破坏地表移动的规律,改变移动盆地的大小和位置,断层和薄弱带上的地表变形更加剧烈,常出现台阶状破坏,其两侧地表变形平缓。

（4）地下水因素

地下水对抗水性弱的岩层起到加速变形的作用,扩大地表变形范围,增大地表变形值。

（5）开采因素

矿层开采和顶板管理处置方法以及采空区的大小、形状、工作面推进速度等均影响地表变形的形式、速度、变形值大小和分布。

五、采空区勘察要求

（一）基本要求

拟建工程场地或其附近分布有不利于场地稳定和工程安全的采空区时,应进行采空区岩土工程专项勘察。

采空区岩土工程勘察应根据基本建设程序分阶段进行,可分为可行性研究勘察、初步勘察、详细勘察和施工勘察。在初步勘察阶段应完成采空区主要勘察评价工作,给出明确结论。

已建场地或拟建工程施工及运营过程中发生新采或复采时,应进行补充勘察。当采空区场地稳定且采空区对拟建工程及工程建设对采空区稳定性影响小时,可合并勘察阶段。采空区作为影响场地稳定性的不良地质作用,对拟建场地稳定性和工程建设适宜性影响很大,评价结果为城乡规划、场址选择、工程建设的可行性和方案设计提供依据,在选址或初步勘察阶段应完成采空区主要勘察评价工作,给出明确结论。若到工程的详勘阶段再进行场地稳定性和工程建设适宜性评价,一旦评价为不稳定或不适宜,必将造成前期投入的浪费。

煤矿采空区勘察应充分收集区域及场地地质资料、矿产及其采掘资料、邻近场地工程勘察资料等,且应对收集到的资料的完整性、可靠性进行分析和验证。

煤矿采空区岩土工程勘察应在查明采空区特征的基础上,分析评价煤矿采空区场地的稳定性,并应综合评价煤矿采空区场地的工程建设适宜性及拟建建(构)筑物的地基稳定性,同时应提出煤矿采空区治理措施建议。

煤矿采空区岩土工程勘察工作应包括下列内容:

① 查明开采煤层上覆岩层和地基土的地层岩性、区域地质构造等工程地质条件。

② 查明采空区开采历史、开采现状和开采规划、开采方法、开采范围和深度。

③ 查明采空区的井巷分布、断面尺寸及相应的地表对应位置、采掘方式和顶板管理方法。

④ 查明采空区覆岩及垮落类型、发育规律、岩性组合及其稳定性;采空区覆岩破坏类型应根据矿区资料确定,当无相关资料时,可按表 3-5-1 确定。

⑤ 查明地下水的赋存类型、分布、补给排泄条件及其变化幅度,分析评价地下水对采空区场地稳定性的影响。

⑥ 查明地表移动盆地特征和分布,裂缝、台阶、塌陷分布特征和规律。

⑦ 分析评价有害气体的类型、分布特征和危害程度。

⑧ 评价采空区与建(构)筑物的位置关系、地面变形可能影响范围和变化趋势。

⑨ 收集场地已有建筑物变形和防治措施经验。

⑩ 分析及预测采空区地表移动变形特征和规律。

⑪ 评价其作为工程建设场地的适宜性。

⑫ 提出采空区治理和地基处理建议。

(二)勘察阶段工作内容

1. 可行性研究阶段

可行性研究阶段煤矿采空区岩土工程勘察应对拟建场地稳定性和工程建设适宜性进行初步评价,为城乡规划、场址选择、工程建设的可行性和方案设计提供依据,以定性评价为主。

可行性研究勘察阶段受勘察深度所限,应以资料收集、采空区调查及工程地质测绘为主,当拟建场地工程地质条件复杂、已有资料不能满足要求时,应根据具体情况辅以适量的物探和钻探工作。在所收集的各类地质报告中,勘察区矿产资源详查及勘探报告一般包含有区域地质资料,因此,地质资料的收集应以勘察区资源详查及勘探报告为主。

可行性研究阶段勘察的调查范围不仅应包括对拟建场地稳定性有影响的采空区,还宜向场地周边外扩 500 m,其目的是为城乡规划、场址选择、工程建设的可行性和方案设计优化提供空间。

在未来(准)采区的预测影响范围内新建建(构)筑物时,为确保新建建(构)筑物的安全稳定,有时需留设保护煤(岩)柱。当压矿量作为建设方投资建设的一个主要考虑因素时,在可行性研究阶段应进行估算。

2. 初步勘察阶段

本阶段是采空区专项勘察的主要阶段,应对工程场地的稳定性和工程建设的适宜性进行评价与分区。本阶段的工作应侧重于采空区专项调查及分析计算采空区地表已完成的移动变形量及剩余移动变形量,定量分析评价场地稳定性及工程建设的适宜性,为确定建(构)筑物总平面布置、采空区治理方案及地基基础类型提供初步设计依据。

初步勘察阶段应详细收集有关地质、采矿资料,并应以采空区专项调查、工程地质测绘、工程物探为主,辅以适当的钻探工作验证、水文地质观测试验及地表变形观测。

初步勘察工作应符合下列规定:

(1)采空区专项调查及工程地质测绘范围应涵盖对拟建场地可能有影响的煤矿采空区,在采空区专项调查过程中要特别重视调查走访工作,尽可能走访矿井开采的当事人(矿长、总工或地测技术人员),了解并摸清地下开采情况。

(2)工程物探方法应根据场地地形与地质条件、采空区埋深与分布及其与周围介质的物性差异等综合确定,探测有效范围应超出拟建场地一定范围,并应满足稳定性评价的需要,物探线不宜少于 2 条;对于资料缺乏或资料可靠性差的采空区场地,应选用两种物探方法且至少选择一种物探方法覆盖全部拟建工程场地;物探点、线距的选择应根据回采率、采深采厚比等综合确定,解译深度应达到采空区底板以下 15~25 m。

(3)工程钻探勘探点的布置应根据收集资料的完整性和可靠性、物探成果、采空区的影响程度、建(构)筑物的平面布置及其重要程度等综合确定,并应符合下列规定:

① 当采空区对拟建工程影响程度中等或影响大时,钻探验证孔的数量对于单栋建筑物的场地不应少于 2 个,多栋建筑物的场地每栋不少于 1 个或整个场地不宜少于 5 个;当采空区对拟建工程影响程度小时,钻探验证孔的数量单栋建筑物的场地不宜少于 1 个,多栋建筑物的场地不宜少于 3 个。对于资料缺乏、可靠性差的采空区场地,应根据物探成果,对异常

地段加密布置。钻探孔间距尚应满足孔间测试的需要。

② 对于需进行地基变形验算的建(构)筑物,应根据其平面布置加密布设,单栋建(构)筑物钻探验证孔数量不应少于1个。

③ 钻探孔深度应达到有影响的开采矿层底板以下不少于3 m,且应满足孔内测试的需要。钻探施工、取样及地质描述应符合本规范第7章的有关规定。

(4) 当拟建场地下伏新采空区时,应进行地表变形观测;当拟建场地下伏老采空区时,宜进行地表变形观测;观测范围、观测点平面布置及观测周期应符合有关规定。

3. 详细勘察阶段

对于适宜性差、需要进行采空区处理的场地宜进行采空区详细勘察。详细勘察阶段应以工程钻探为主,并应辅以必要的物探、变形观测及调查、测绘工作。对于稳定性差、需进行治理的采空区场地,勘探点布置应结合采空区治理方法确定,钻探孔深度应达到对工程建设有影响的采空区底板以下不小于3 m,且应满足采空区治理设计要求。

(三)勘察方法

采空区勘察以收集资料、调查访问为主。当工程地质调查不能查明采空区的特征时,应辅以必要的物探、勘探和地表移动的观测等手段,以查明采空区特征和地表移动基本参数。

对老采空区主要查明采空区的分布范围、采厚、埋深、充填情况和密实程度、开采时间和开采方式等,评价采空区的稳定性,预测采空区残余变形对工程建设及工程建设对采空区稳定性的影响,评价采空区作为建筑场地的适宜性。

对现采空区和未来采空区应预测地表移动的规律,计算预测地表移动和变形特征值,并根据地表变形特征值和建筑物容许值,评价对建筑物的危害程度,制定建筑物保护和加固措施。

1. 采空区调查

采空区调查应包括采矿调查、采空区踏勘测量、井下测量、地表变形观测、地面建筑物破坏情况调查等,并应包括下列内容:

采空区工程地质调查的主要内容:

① 调查场地内及周边矿区的开采矿层、产状、开采起始时间、开采方式、规模、采深采厚比、回采率、顶板管理方式、煤(岩)柱留设情况和盘区划分等,重点是收集矿区井上、下对照图、采掘工程平面图、煤层底板等值线图等与开采有关的图件。

② 采空区地表移动范围、地表变形特征和分布、破坏现状、发展轨迹,包括地表陷坑、台阶,裂缝的位置、形状、大小、深度、延伸方向及其与地质构造、开采边界和工作面推进方向等的关系;确定地表移动盆地中间区、内边缘区、外边缘区,地表移动盆地变形分区可按图3-5-2划分。

③ 采空区地下水赋存、水质和补给状况,采空区附近的抽水和排水情况及其对采空区稳定的影响。

④ 采空区垮落带、断裂带及弯曲带高度,采空区充填情况及密实度。

⑤ 矿区突水、冒顶和有害气体等赋存、发生情况。

⑥ 建筑物变形和防治措施的经验,包括已有建(构)筑物的类型、基础形式、变形破坏情况及其原因。

2. 采空区地球物理勘探

对拟建工程影响大的采空区场地,当资料缺乏或可靠性较差时,应进行地球物理勘探。地球物理勘探,应在收集、调查地形、地质、采矿等资料的基础上,根据煤矿采空区预估埋深、可能的平面分布、垮落及充水状态、覆岩类型和特性、周围介质的物性差异等,选择有效的方法。

采空区地球物理勘探应根据现场地形、地质条件、采空区埋深及分布情况、干扰因素、勘探目的和要求等,按表 3-5-2 选择地面物探或井内(间)物探方法。

表 3-5-2　　　　　　　　　　工程物探方法及适用条件

方法名称		成果形式	适用条件	有效深度/m	干扰及缺陷
地面物探	电法勘探 高密度电阻率法	平、剖面	任何地层及产状,其上方没有极高阻或极低阻的屏蔽层;地形平缓,覆盖层薄	≤200	高压电线、地下管线、游散电流、电磁干扰
	电剖面法	平、剖面	被测岩层有足够厚度,岩层倾角小于 20°;相邻层电性差异显著,水平方向电性稳定;地形平缓	≤500	
	充电法	平面	充电体相对围岩应是良导体,要有一定规模,且埋深不大	≤200	
	电磁法 瞬变电磁法	平、剖面	被测目标相对规模较大,且相对围岩呈低阻;其上方没有极低阻屏蔽层	50~600	
	大地电磁法	剖面	被测目标有足够厚度及显著的电性差异,电磁噪音比较平静;地形开阔、起伏平缓	500~1 000	极低阻屏蔽层、地下水、较浅的电磁场源
	探地雷达		被测目标与周围介质有一定电性差异,且埋深不大或基岩裸露区	小于等于 30 或等效钻孔深度	
	地震法 折射波法	平、剖面	折射波法适用于被测目标的波速大于上覆地层波速	深部采空区探测	黄土覆盖层较厚、古河道砾石、浅水面埋深大的区域
	反射波法	平、剖面	反射波法要求地层具有一定波阻抗差异,采空区面积较大	100~1 000	
	瑞雷波法	平、剖面	覆盖层较薄,采空区埋深浅,地表平坦、无积水	≤40	
	地震映像	剖面	覆盖层较薄,采空区埋深浅	≤150	
	重力法 微重力勘探	平面	地形平坦,无植被,透视条件好	≤100	地形、地物
	放射法 放射性勘探	平、剖面	探测对象要具有放射性		
井内(间)物探	井地 CT 层析成像(弹性波、电阻率、电磁波、声波)	平、剖面	井况良好、井径合理,激发与接受配合良好	2/3 等效钻孔深度	游散电流、电磁干扰
	测井(电、声波、反射性)	剖面	在无套管、有井液的孔段进行		
	井间 CT 层析成像(弹性波、电阻率、电磁波、声波)	剖面	井况良好、井径合理,激发与接受配合良好	等效钻孔深度	
	孔内电视摄像	视频图像	在无套管的干孔和清水钻孔中进行		井液污浊干扰
	孔内光学成像	柱状			
	孔内超声波成像	柱状	在无套管、有井液的孔段进行		

注:有效性和有效深度宜经现场试验确定。

六、地表移动和变形的计算

对现采空区和未来采空区,应通过计算预测地表移动和变形的特征值,计算方法可参照现行标准《煤矿采空区岩土工程勘察规范》(GB 51044—2014)执行。

(一)地表移动和变形方式

地下采煤引起的地表移动有下沉和水平移动,由于地表各点的移动量不相等,使地表产生倾斜变形、曲率变形和水平变形三种变形。这两种移动和三种变形会引起地面建筑物及其基础移动和变形。因此,通常用垂直下沉(w)、水平位移(u)、倾斜(T)、水平变形(ε)和曲率(k)5个指标来衡量地表移动和变形程度。

取一移动盆地主剖面,设 A、B、C 表示主剖面上三个变形观测点未移动前的位置,A′、B′、C′为移动终止后的位置(见图 3-5-4),上述度量变形程度指标的表达式依次为:

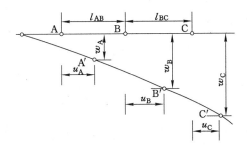

图 3-5-4 地表移动变形分析图

$$w = H_0 - H_t \tag{3-5-1}$$

$$u = l_t - l_0 \tag{3-5-2}$$

$$T_{AB} = \frac{w_B - w_A}{l_{AB}} \tag{3-5-3}$$

$$\varepsilon_{AB} = \frac{u_B - u_A}{l_{AB}} \tag{3-5-4}$$

$$k_{ABC} = \frac{T_{BC} - T_{AB}}{0.5(l_{AB} + l_{BC})} \tag{3-5-5}$$

式中 H_0、H_t——地表某点初次观测和最后观测后的地面标高,mm;

l_0、l_t——地表某点初次观测及最后观测后距离某固定控制点的距离,mm;

w——地表某点的垂直下沉量,mm;

u——地表某点的水平位移量,mm;

T_{AB}、T_{BC}——地表 A、B 两点及 B、C 两点间的倾斜,mm/m;

ε_{AB}——地表 A、B 两点间的水平变形,mm/m;

k_{ABC}——地表 A、B、C 三点间的平均曲率,mm/m²。

(二)地表移动和变形的预测

地表移动与变形值可用典型曲线法、负指数函数法(剖面函数法)和概率积分法计算与预测,常用计算公式见表 3-5-3。

表 3-5-3 地表移动和变形预测计算公式

移动变形指标	最大移动变形量	任意点变形量
垂直下沉量	$w_{max} = \eta m$	$w(x) = \dfrac{w_{max}}{r} \displaystyle\int_x^\infty e^{-\pi(\frac{x}{r})^2} dx$
倾斜	$T_{max} = \dfrac{w_{max}}{r}$	$T(x) = \dfrac{w_{max}}{r} e^{-\pi(\frac{x}{r})^2}$
曲率	$k_{max} = \pm 1.52 \dfrac{w_{max}}{r^2}$	$k(x) = \pm 2\pi \dfrac{w_{max}}{r^2} \left(\dfrac{x}{r}\right) e^{-\pi(\frac{x}{r})^2}$
水平位移	$u_{max} = b w_{max}$	$u(x) = b w_{max} e^{-\pi(\frac{x}{r})^2}$
水平变形	$\varepsilon_{max} = \pm 1.52 b \dfrac{w_{max}}{r}$	$\varepsilon(x) = \pm 2\pi b \dfrac{w_{max}}{r} \left(\dfrac{x}{r}\right) e^{-\pi(\frac{x}{r})^2}$

表 3-5-3 中，η 为下沉系数，它等于地表最大下沉值与煤层法线采厚（m）在垂直方向投影长度的比值，即：

$$\eta = \frac{w_{max}}{m\cos a} \tag{3-5-6}$$

式中 a——煤层法线厚度线与水平线的夹角。

b 为水平移动系数，它是充分采动时（半无限开采）最大水平移动值与最大下沉值的比值，即：

$$b = \frac{u_{max}}{w_{max}} \tag{3-5-7}$$

r 为主要影响范围，它等于开采深度（H）与主要影响角正切的比值，即：

$$r = \frac{H}{\tan \beta} \tag{3-5-8}$$

η、b、$\tan \beta$ 是预测地表移动和变形量的重要参数，我国各主要矿区都有实测资料。

（三）地表移动速度和移动持续时间

地表移动速度和移动持续时间是反映地表移动盆地变形稳定与否的重要指标，关系到采空区内既有建筑物的保护、加固和建筑物兴建适宜性等问题。

地表下沉速度是反映地表变形剧烈程度的指标，它与工作面推进速度、开采深度、开采厚度、顶板管理方法和采空区规模等有关。地表最大下沉速度可根据工作面推进速度、采深、采厚、煤层倾角按公式计算。对于一般地质采矿条件，可根据工作面推进速度、采深和最大下沉值按式计算，公式分别为：

$$v_{max} = p_1 \frac{cm\cos \alpha}{H} \tag{3-5-9}$$

和

$$v_{max} = p_2 \frac{cw_{max}}{H} \tag{3-5-10}$$

式中 v_{max}——最大下沉速度，mm/d；

c——工作面推进速度，m/d；

m——采厚，m；

H——采深，m；

w_{max}——最大下沉值，mm；

α——煤层倾角，(°)；

p_1、p_2——系数，根据矿区实测资料反算求得，无实测资料时，p_1 取 1.3，p_2 取 2.2。

在开采影响下的地表移动是一个连续的时间过程,对于地表每一个点的移动速度是有规律的,亦即地表移动都是由小逐渐增大到最大值,随后又逐渐减小直至零。在地表移动的总时间中,根据地表移动速度大小可划分出三个阶段,即起始阶段、活跃阶段和衰退阶段。当地表移动处在活跃阶段时,对地表建筑物危害最大。从地表下沉值达到 10 mm 至下沉速度小于 50 mm/月的阶段为起始阶段;地表下沉速度大于 50 mm/月(急倾斜煤层下沉速度大于 30 mm/月)的阶段为活跃阶段;从活跃阶段结束开始,至连续六个月下沉值不超过 30 mm 时的阶段为衰退阶段。

地表移动持续时间应由矿区实测,无实测资料时,可按下式估算:

当 $H \leqslant 400$ m 时 $\qquad T = 2.5 H_0$ (3-5-11)

当 $H > 400$ m 时 $\qquad T = 1\,000 \exp\left(1 - \dfrac{400}{H_0}\right)$ (3-5-12)

式中　T——地表移动总持续时间,月;

$\qquad$ H——开采深度,m。

地表移动持续时间与工作面推进速度、采深、采厚和顶板管理方法等有关,重复采动时持续时间将缩短,充填法处置顶板时持续时间将延长。一般采深小于 100 m,持续时间 8~10 个月;采深 100~200 m,持续时间 12~24 个月;采深 200~300 m,持续时间 24~36 个月。

七、采空区场地岩土工程评价

建设于采空区场地的建(构)筑物,无论其重要性如何,采空区场地本身的稳定性为先决条件,应首先评价。采空区场地稳定性应根据采空区勘察成果,针对不同的采空区类型、顶板管理方式等因素进行综合分析和评价。在此基础上,根据建筑物重要性等级、结构特征和变形要求、采空区类型和特征,采用定性与定量相结合的方法,分析采空区剩余变形等对拟建工程和工程建设活动对采空区稳定性的影响程度,综合评价采空区拟建工程的工程建设的适宜性和地基稳定性。

(一)采空区场地稳定性评价

1. 稳定性分级

采空区场地稳定性评价,应根据采空区类型、开采方法及顶板管理方式、终采时间、地表移动变形特征、采深、顶板岩性及松散层厚度、煤(岩)柱稳定性等因素,采用定性与定量评价相结合的方法划分为稳定、基本稳定和不稳定。

2. 稳定性评价因素选取

不同类型的采空区,影响采空区场地稳定性的评价因素是不同的,其中决定评价结论和等级的是主控因素,其他因素要结合主控因素判断其影响程度而调整评价结论和等级。

① 全陷法顶板垮落充分的采空区,可以停采时间和地表变形为主控因素评价采空区场地稳定性,根据场地稳定性、地表残余变形、采深采厚比、覆盖层厚度、建筑物重要性和荷载影响深度等评价采空区对各类工程的影响及危害程度。

② 非充分采动顶板垮落不充分的采空区,可以停采时间和地表变形特征、采深、顶板岩性和覆盖层厚度等为主控因素评价采空区场地稳定性,根据场地稳定性、地表残余变形特征、采深采厚比、建筑物重要性和荷载影响深度、采空区的密实状态及充水状态等评价采空

区对各类工程的影响及危害程度。

③ 单一巷道及巷采的采空区,可以顶板岩性、停采时间、煤(岩)柱安全性为主控因素评价采空区场地稳定性,根据采深、顶板岩性、建筑物重要性和荷载影响深度、采空区的密实状态及充水状态等评价采空区对各类工程的影响及危害程度。

④ 条带及充填式的采空区,可以停采时间、地面变形为主控因素评价采空区场地稳定性,根据地表变形、采深、煤(岩)柱安全性、顶板岩性和覆盖层厚度等评价采空区对各类工程的影响及危害程度。

3. 稳定性评价方法

采空区场地稳定性评价可采用开采条件判别法、地表移动变形判别法、煤(岩)柱稳定分析法等进行。在应用时,应根据采空区勘察资料和勘察阶段,选择适宜的评价方法。

在可行性研究勘察阶段,应综合分析采空区类型、开采条件、终采时间、地表移动变形特征、顶板岩性及覆盖土层厚度等因素。由于受勘察手段及资料所限,难以取得全面的勘察资料,该阶段可采用开采条件判别法对场地稳定性进行初判;在初步勘察设计阶段,应在可行性研究阶段初判的基础上,依据本阶段所取得的物探、钻探及地表移动变形监测成果等基础资料,根据采空区类型及特点,预估采空区地表剩余变形量,并应结合地表移动变形观测资料,采用开采条件判别法、地表移动变形判别法、煤(岩)柱稳定分析法等定性与定量相结合的方法,对场地稳定性进行定性和定量综合评价;因前期各勘察阶段工期一般较短,难以取得完整的监测数据,详细勘察设计阶段,则应侧重于综合各勘察阶段的地表移动变形实际观测结果,进一步验证、评价采空区场地稳定性。

(1) 开采条件判别法

采空区的稳定性与停采时间、覆岩岩性、松散层厚度、变形特征等因素有关。开采条件判别法是综合上述因素进行采空区稳定性评价的一种定性评价方法,主要用于采空区稳定性的初步评判,适用于各种类型采空区场地稳定性定性评价。对不规则、非充分采动等顶板垮落不充分的难以进行定量计算的采空区场地,可仅采用开采条件判别法进行定性评价。

开采条件判别法判别标准应以工程类比和本区经验为主,并应综合各类评价因子进行判别。无类似经验时,宜以采空区终采时间为主要因素,结合地表移动变形特征、顶板岩性及松散层厚度等因素按表 3-5-4 至表 3-5-6 综合判别。

表 3-5-4 按终采时间确定采空区场地稳定性等级

稳定性等级	不稳定	基本稳定	稳定
采空区终采时间 t/d	$t<0.8T$ 或 $t\leqslant365$	$0.8T\leqslant t\leqslant1.2T$ 且 $t>365$	$t>1.2T$ 且 $t>730$

注:T 为地表移动延续时间,无实测资料时可按式(3-5-11)或式(3-5-12)确定。

表 3-5-5 按地表移动变形特征确定采空区场地稳定性等级

评价因素 \ 稳定性等级	不稳定	基本稳定	稳定
地表变形特征	非连续变形	连续变形	连续变形
	抽冒或切冒型	盆地边缘区	盆地中间区
	地面有塌陷坑、台阶	地面倾斜、有地裂缝	地面无地裂缝、台阶、塌陷坑

表 3-5-6　　　　　按顶板岩性及松散层厚度确定浅层采空区场地稳定性等级

评价因素 \ 稳定性等级	不稳定	基本稳定	稳定
顶板岩性	无坚硬岩层分布或为薄层或软硬岩层互层状分布	有厚层状坚硬岩层分布且15.0 m>层厚>5.0 m	有厚层状坚硬岩层分布且层厚≥15.0 m
松散层厚度 h/m	$h<5$	$5≤h≤30$	$h>30$

（2）地表移动变形判别法

地表移动变形判别法是根据地面剩余变形值、地面变形速率,定量评价场地稳定性的方法,可用于顶板垮落充分、规则开采的采空区场地稳定性的定量评价。对顶板垮落不充分且不规则开采的采空区场地稳定性,可采用等效法等计算结果判别评价。

地表移动变形值宜以场地实际监测结果为判别依据,有成熟经验的地区也可选择适宜的预计方法,计算出采空区地表剩余变形值,采用经现场核实与验证后的地表变形预测结果作为判别依据,评价采空区场地稳定性。

地表移动变形值确定场地稳定性等级评价标准,宜以地面下沉速度为主要指标,并应结合其他参数按表 3-5-7 综合判别。

表 3-5-7　　　　　　　　按地表移动变形值确定场地稳定性等级

稳定性等级	下沉速率 v_w(mm/d)及下沉值(mm)	地表剩余移动变形值		
		倾斜 Δi /(mm/m)	曲率 ΔK /($\times 10^{-3}$/ m)	水平变形 $\Delta\varepsilon$/(mm/m)
稳定	<1.0 mm/d,且连续 6 个月累计下沉<30 mm	<3	<0.2	<2
基本稳定	<1.0 mm/d,但连续 6 个月累计下沉≥30 mm	3～10	0.2～0.6	2～6
不稳定	≥1.0	>10	>0.6	>6

4. 特殊地段评价

对于穿巷、房柱及单一巷道等类型采空区,其开采深度和相对空间尺寸一般不大,其场地稳定性评价主要是评价巷道煤(岩)柱的稳定性。

针对一些目前技术水平尚难以做出准确预测评价但破坏后果可能特别严重的一些采空区地段,专门列出,宜划分为不稳定地段,工程建设时宜采取采空区处理或避让措施。

① 对于垮落不充分、埋深浅的采空区(采深采厚比小于 25～30,或虽大于 25～30 但地表覆盖层很薄且采用高落式等非正规开采方法开采),勘察时地面可能处于相对稳定状态,但在地质环境条件发生变化时,采空区垮落可能引起地表出现塌陷坑、台阶状开裂缝等非连续变形的地段。与连续变形相比,非连续变形是没有规律的、突变的,其基本指标目前尚无严密的数学公式表示,其对地面建筑的危害比连续变形大得多;建设工程难以抵抗此类不连续变形,危害大。

② 处于地表移动活跃的地段。地表移动活跃阶段是一个危险的变形期,各种变形特征指标达到最大值,对地表建筑物危害最大。

③ 特厚矿层和倾角大于 55°的厚矿层露头附近,当地表覆盖层厚度较薄,即使是活跃期

以后,仍然存在出现非连续变形危险的地段。

④ 采空区地表移动和变形可能诱发其他地质灾害如边坡失稳、山崖崩塌等地段。

⑤ 采空区地段存在大量抽排地下水引起地下水位大幅度变化的,对非充分采动、采深小于 150 m 的采空区,易引起采空区活化的地段。

另外,亦有工程实例表明,当地表覆盖土层中,浅表 10 m 深度范围内分布有粉土、粉砂地层,采空区引起的地面移动变形边缘地带及采动地面水平位移大于 6 mm/m 的区域,由于水平变形的拉张作用,土层中易产生地裂缝,在强降水或灌溉等引起地表水强烈径流补给地下水时,将产生土洞或地面塌陷,威胁建设工程的安全。当遇到类似工程场地时,其稳定性评价应予以重视。

(二) 采空区场地工程建设适宜性评价

1. 适宜性评价分级

采空区场地工程建设适宜性,应根据采空区场地稳定性、采空区与拟建工程的相互影响程度、拟采取的抗采动影响技术措施的难易程度、工程造价等,按表 3-5-8 划分。

表 3-5-8   采空区场地工程建设适宜性评价分级表

级　别	分　级　说　明
适　宜	采空区垮落断裂带密实,对拟建工程影响小;工程建设对采空区稳定性影响小;采取一般工程防护措施(限于规划、建筑、结构措施)可以建设
基本适宜	采空区垮落断裂带基本密实,对拟建工程影响中等;工程建设对采空区稳定性影响中等;采取规划、建筑、结构、地基处理等措施可以控制采空区剩余变形对拟建工程的影响,或虽需进行采空区地基处理,但处理难度小且造价低
适宜性差	采空区垮落不充分,存在地面发生非连续变形的可能,工程建设对采空区稳定性影响大或者采空区剩余变形对拟建工程的影响大,需规划、建筑、结构、采空区治理和地基处理等的综合设计,处理难度大且造价高

2. 采空区对各类工程的影响程度评价

采空区对各类工程的影响程度,应根据采空区场地稳定性、建筑物重要程度和变形要求、地表变形特征及发展趋势、地表剩余移动变形值、采深或采深采厚比、垮落断裂带的密实状态、活化影响因素等,采用工程类比法、采空区特征判别法、活化影响因素分析法、地表剩余移动变形判别法等方法进行综合评价,并按表 3-5-9 至表 3-5-12 的规定划分。

表 3-5-9　按场地稳定性及工程重要程度和变形要求定性分析采空区对工程的影响程度

工程条件影响程度 场地稳定性	拟建工程重要程度和变形要求		
	重要、变形要求高	一般、变形要求一般	次要、变形要求低
稳定	中等	中等～小	小
基本稳定	大～中等	中等	中等～小
不稳定	大	大～中等	中等

表 3-5-10　　　　　　　采用工程类比法定性分析采空区对工程的影响程度

影响程度	类比工程或场地的特征
大	地面、建(构)筑物开裂、塌陷,且处于发展、活跃阶段
中等	地面、建(构)筑物开裂、塌陷,但已经稳定 6 个月以上且不再发展
小	地面、建(构)筑物无开裂;或有开裂、塌陷,但已经稳定 2 年以上且不再发展。邻近同类型采空区场地有类似工程的成功经验

表 3-5-11　　　根据采空区特征及活化影响因素定性分析采空区对工程的影响程度

影响程度	采空区特征			活化影响因素
	采空区采深 H/m	采空区的密实状态及充水状态	地表变形特征及发展趋势	
大	$H<50$ m 或 $H/M<30$	存在空洞,钻探过程中出现掉钻、孔口串风	正在发生不连续变形;或现阶段相对稳定,但存在发生不连续变形的可能性大	活化的可能性大,影响强烈
中等	50 m$\leqslant H\leqslant200$ m 或 $30\leqslant H/M\leqslant60$	基本密实,钻探过程中采空区部位大量漏水	现阶段相对稳定,但存在发生不连续变形的可能	活化的可能性中等,影响一般
小	$H>200$ m 或 $H/M>60$	密实,钻探过程中不漏水、微量漏水但返水或间断返水	不再发生不连续变形	活化的可能性小,影响小

表 3-5-12　　　　　根据采空区地表剩余变形值确定采空区对工程的影响程度

影响程度	地表剩余变形			
	下沉值 ΔW/mm	倾斜值 Δi/(mm/m)	水平变形值 $\Delta\varepsilon$/(mm/m)	曲率值 ΔK/($\times10^{-3}$/m)
大	>200	>10	>6	>0.6
中等	$100\sim200$	$3\sim10$	$2\sim6$	$0.2\sim0.6$
小	<100	<3	<2	<0.2

3. 拟建工程对采空区稳定性影响程度评价

拟建工程对采空区稳定性影响程度,应根据建筑物荷载及影响深度等,采用荷载临界影响深度判别法、附加应力分析法、数值分析法等方法,并按表 3-5-13 划分。

4."活化因素"的影响评价

对划分为稳定及基本稳定的煤矿采空区场地,应分析预测地下水变化、振动荷载、地震等因素对采空区稳定性的影响,提出相应的防治措施的建议。

活化影响因素分析应以定性分析评价为主,预测评价地表变形特征、发展趋势及其对工程的影响,有条件时宜结合数值模拟方法进行综合评价。

(1) 地下水

应结合矿区地质、水文、覆岩性质、开采情况等分析预测评价:地下水上升引起的浮托作用,地下水长期对煤(岩)柱、顶底板岩石的软化作用,地表水经塌陷坑、采动裂缝等长期入渗引起地表岩土体的潜蚀及对煤矿采空区的作用,因相邻矿区开采的疏排水等引起地下水位

表 3-5-13　根据建筑物荷载及影响深度定量评价工程建设对采空区稳定性影响程度的评价标准

评价因素　　　　　　　　　　影响程度	大	中等	小
荷载临界影响深度 H_D 和采空区深度 H	$H_D > H$	$H_D \leqslant H \leqslant 1.5H_D$	$H > 1.5H_D$
附加应力影响深度 H_a 和垮落断裂带深度 H_{lf}	$H_{lf} < H_a$	$H_a \leqslant H_{lf} < 2.0H_a$	$H_{lf} \geqslant 2.0H_a$

注：① 采空区深度 H，指巷道（采空区）等的埋藏深度，对于条带式开采和穿巷开采指垮落拱顶的埋藏深度；

② 当建筑物建在采空区上时，可按下式计算顶板保持自然平衡状态时采空区巷道顶板临界深度 H_D：

$$H_D = \frac{B\gamma_0 + \sqrt{B^2\gamma_0^2 + 4B\gamma_0 p_0 \tan^2\left(45° - \frac{\varphi}{2}\right)}}{2\gamma_0 \tan\varphi \tan^2\left(45° - \frac{\varphi}{2}\right)}$$

式中　B——巷道宽度，m；

γ_0——顶板以上岩层的重度，kN/m³；

p_0——建筑物基底单位压力，kPa；

φ——顶板以上岩层的内摩擦角（°），由岩样剪切试验求得。

计算所采用的基底单位压力和基础尺寸应按设计值确定。暂无准确数据时，可根据类似工程经验数据考虑适当安全系数后确定。

③ 垮落断裂带深度 H_{lf} 指采空区垮落断裂带的埋藏深度，H_{lf}＝采空区采深 H－垮落带高度 H_m－断裂带高度 H_{li}，宜通过钻探及其岩芯描述并辅以测井资料确定；当无实测资料时，也可根据采厚、覆岩性质及岩层倾角等参照有关规范计算确定。

下降而导致垮落断裂带压密以及潜蚀、虹吸作用等，地下水径流引起岩土流失进而诱发地面塌陷的可能性。

（2）振动荷载

应评价地震、地面振动荷载等引起松散垮落断裂带再次压密诱发地面塌陷和不连续变形的可能性。

（3）其他因素

场地及周边存在有未开采的地下资源时，应预测未来开采对场地可能的影响。要特别重视多煤层重复采动引起地表移动变形参数和影响范围的变化；在地质构造褶皱、断裂强烈发育的煤矿采空区，要进行调查、对比分析矿区采动引起断裂活化的可能性。

八、采空区地表移动和变形对建筑物的影响及地基处理和建筑物抗变形措施

采空区上的工程建设可综合采用地面建筑和结构预防措施和地下采空区治理措施。煤矿采空区治理范围应包括对拟建工程有影响的采空区。

（一）采空区地表移动和变形对建筑物的影响

地表移动和变形将引起其上建筑物基础和建筑物本身产生移动和变形，超过建筑物允许变形极限，建筑物便会发生不同程度的损坏甚至倒塌。地表移动和变形对建筑物影响程度除与变形性质、变形程度、变形速度和变形阶段有关外，还与建筑物与地表移动盆地的相对位置有关。

地表平缓而均匀地下沉或水平移动对建筑物危害性不大，建筑物一般不会变形，不会有破坏危险。但地表过大的不均匀下沉和水平移动，容易对建筑物造成严重破坏。地表下沉虽均匀但下沉量较大，且地下水位又较浅时，容易引起地面积水，不但影响建筑物的使用，而且使地基土长期浸水，强度降低，严重时可使建筑物倒塌。地表下沉对铁路、公路、地上或地

面各种管线以及工业生产工艺流程系统都有显著影响。

地表倾斜对高耸建筑物影响较大。它使高耸建筑物的重心发生偏斜,引起附加压力重分配,建筑物的均匀荷重将变成非均匀荷重,导致建筑结构内应力发生变化而引起破坏。同时,地表倾斜会改变排水系统和铁路的坡度,造成污水倒灌和影响铁路的运营,后者严重时会发生事故。

地表曲率对建筑物有较大影响。在负曲率(地表下凹)作用下,建筑物的中央部分悬空,使墙体产生裂缝。如果建筑物长度过大,则在重力作用下,建筑物将会从底部断裂,使建筑物破坏。在正曲率(地表上凸)作用下,建筑物两端将会悬空,也能使建筑物开裂破坏甚至倒塌。

地表水平变形包括拉伸和压缩,两种变形对建筑物的破坏作用也很大,尤其是拉伸变形对建筑物的破坏更显著。建筑物抵抗拉伸的能力远小于抵抗压缩的能力,较小的拉伸变形就能使建筑物产生裂缝。压缩变形使墙体产生水平裂缝,并使纵墙褶曲、屋顶鼓起。

地表移动和变形对建筑物的破坏,往往是几种变形同时作用的结果。一般情况下,地表的拉伸和正曲率同时出现,地表的压缩和负曲率同时发生。

在充分采动条件下,建筑物与地表移动盆地的相对位置不同,对建筑物的损坏程度是不同的,位于地表移动盆地边缘区的建筑物要比中间区更易发生破坏。

（二）地基处理和建筑物抗变形措施

1. 采空区地基处理措施

采空区的地基处理宜采用灌注充填、穿越跨越、剥挖回填压实、强夯压塌或井下砌筑支撑等方法。

不同区段的采空区,应根据采空区规模、采空区稳定性评价结论、拟建建(构)筑物重要性等级及特点等,采取分区治理措施。治理效果应经检测符合要求后,再进行主体工程施工。

2. 建筑措施

建设在采空区场地上的建(构)筑物,应根据采空区稳定状态和残余变形特征,在规划、建筑设计阶段,采取相应的防治措施,确保工程安全,减低工程造价。具体措施可包括:

① 拟建建(构)筑物平面布置规划时,其长轴宜平行于地表下沉等值线。

② 应选择地表变形小、变形均匀的地段,宜避开地表裂缝、塌陷坑、台阶等分布地段,同一建(构)筑物布置不宜跨在不同稳定性、适宜性分区上。

③ 建筑物平面形状应力求简单、对称、等高。

④ 单体建筑物长度不宜超过 50 m,过长时应设置沉降缝且宽度不小于 100 mm。

3. 结构措施

采空区上的建(构)筑物应根据采空区的稳定状态和残余变形特征分别选择采用刚性结构设计原则和软性结构设计原则。

对于稳定的和基本稳定的采空区,残余变形以连续变形为主的,宜选择采用刚性结构设计原则,对于不稳定或残余变形较大的,宜选择采用柔性结构设计原则。

（1）刚性结构设计原则

采用刚性结构设计原则时,基础结构的刚度和强度应足以抵抗采空区地表残余变形和附加内力的影响,宜采用整体式基础,并加强上部结构刚度。

整体式基础具有很大的刚度,特别是在建筑物产生正向挠曲时,保证基础具有足够的刚度和强度,是很重要的。采空区场地不宜采用独立基础,建议采用条形、带形、交叉条形、筏板、箱形、桩筏基础等抗弯刚度较大的基础。

上部结构宜选用静定结构。对于未经处理的基本适宜建设的场地和适宜性差、经过处理后可以建设的场地,宜结合建筑物的重要程度按照对建筑抗震不利地段采取适当的上部结构加强措施。上部结构的刚度与基础刚度应相适应,如果基础刚度和强度较好,而上部结构的刚度和强度较差,当建筑物产生较大的不均匀沉降时,也会出现裂缝,因此加强上部结构刚度是必要的。

(2) 柔性结构设计原则

采用柔性结构设计原则时,基础结构或基础与地下室部分应具有足够的柔性和可弯性,可采用在基础下设置滑动层、可倾式基础,采用弱强度围护结构、轻钢结构、铰接屋架、柔性屋面、框柱间设置斜拉杆等构造措施。

地下管网接头处应设置柔性接头或补偿器,并应增设附加阀门、修筑管沟等保护措施;环境和气候条件许可的地区宜采用地面管网设计。

在地表压缩变形区内,挖掘变形补偿沟,也是行之有效的减沉措施。

第六节　地　面　沉　降

本节所指的地面沉降是指由于常年抽吸地下水引起水位或水压下降而造成的地面沉降。它往往具有沉降速率大、年沉降量达到几十至几百毫米和持续时间长(一般将持续几年到几十年)、范围广等特征。本节所指的较大范围的地面沉降,一般在 $100~km^2$ 以上,不包括局部范围由于抽吸地下水引起水位下降(例如基坑施工降水)而造成的地面沉降。

本节所述的勘察方法和勘察要求不适用由以下原因所引起的地面沉降:

① 地质构造运动和海平面上升所造成的地面沉降。

② 地下水位变化上升或地面水下渗造成的黄土自重湿陷。

③ 地下洞穴或采空区的塌陷。

④ 建筑物基础沉降时对附近地面的影响。

⑤ 大面积堆载造成的地面沉降。

⑥ 欠压密土的自重固结。

⑦ 地震、滑坡等造成的地面陷落。

以上由于地质构造运动、强烈地震、海平面上升、软土固结压密、黄土湿陷等自然因素造成的地面沉降和采矿、大面积堆载和兴建建筑物等人为因素造成地面沉降,与长期抽取地下水造成的地面沉降相比,在沉降量、沉降速率、沉降机理和沉降范围等方面都有很大差异,勘察或研究方法、防治措施完全不同。因此,本节关于地面沉降的勘察和研究方法仅限于常年抽吸地下水引起的区域性地面沉降,对于非开采地下水原因导致地面沉降,其勘察和研究方法按相关规范或规定执行。

一、地面沉降概况及其危害

(一)国内外地面沉降概况

目前,世界上已有 50 多个国家和地区发生了不同程度的地面沉降,如墨西哥的墨西哥城,美国的洛杉矶、加利福尼亚和休斯敦,日本东京、大阪和名古屋,泰国曼谷,意大利波河三角洲和威尼斯,英国柴郡,新西兰怀拉基以及澳大利亚拉特罗布谷地和我国的上海、天津等,其中以美国、日本、墨西哥和中国比较严重。美国有 20 多个州发生地面沉降,加利福尼亚州中部谷地 52 000 km² 范围中,超过 1/4 面积出现地面沉降,卡特迈市 1930～1975 年累积最大沉降量达 9.0 m。根据 1981 年统计资料,日本发生地面沉降的面积达 952 km²,相当于居住面积的 12%,其中 1 128 km² 的面积处于海平面以下。墨西哥城的最大沉降量超过 9 m。

我国地面沉降问题也十分突出,全国有 50 多座城市发生了不同程度地面沉降或地面裂缝。从地域上看,主要分布在以下几类地区:

① 三角洲冲积平原区,如上海、苏州、无锡、常州、盐城。

② 现代冲积平原区,如松辽平原、黄淮海平原。

③ 滨海平原,如天津、沧州、宁波、湛江、台北等地。

④ 河谷平原和山间盆地,如西安、太原等地。

最大累计沉降量超过 1 m 的城市和地区有上海、苏州、无锡、常州、天津、沧州、西安、阜阳、太原、安阳和台北等,其中天津、上海和台北在沉降面积、最大累计沉降量和沉降速率方面都曾经是最为严重。最近几年,各地都相继采取了压缩地下水开采量和人工回灌等一系列措施,地面沉降已趋缓和。

（二）地面沉降的危害

地面沉降是一种比较严重的地质灾害,对人类的危害是很大的,主要表现在:

① 地面沉降直接造成地面标高降低,海平面相对上升,沿海地区容易发生风暴潮灾害,并面临海水入侵陆地的危险。沿海地区地面标高本来就低,例如,天津是全国地面标高最低的沿海城市,地面高程一般为 3～5 m,天津东部的大港区、塘沽区、汉沽区等靠近渤海湾的区域地面标高只有 1.2 m。截至 2000 年,市区大部分区域剩余标高已低于 3 m,面积约 14 km² 的范围小于 0.5 m,低于海平面的面积塘沽区已达 8 km²,汉沽区达 9 km²。如果地面沉降速率得不到有效遏制,不用太久的时间,天津市区将低于海平面,不难想象,其后果将是灾难性的。

② 地面沉降使城市地面低洼变形,城市排水出现困难,防洪能力下降,暴雨后积水成灾。

③ 地面沉降使地面及地下各种建（构）筑物严重下沉,沉降不均匀时,建筑物将发生倾斜、裂缝甚至破坏,还会引起铁路路基下沉、铁轨凸起、桥墩错位、地下管道断裂等。

④ 地面沉降还可能引起地面裂缝,造成建筑物裂缝甚至倒塌、路面开裂等,如邯郸、大同、西安等地地裂缝问题比较严重。

二、地面沉降的机理

（一）有效应力原理

开采地下水引起的地面沉降,目前普遍采用太沙基的有效应力原理和固结理论进行解释。

地下饱和松散土层（含水层或弱透水层）某点所受到的总应力 σ 是由孔隙中的水和土颗粒（骨架）共同承担的。由孔隙水所承担的压力称孔隙水压力 u,由土颗粒所承担的应力称为有效应力 σ'。孔隙水压力和有效应力对土的压缩和变形起到不同的作用。孔隙水压力在各个方向上都是相等的,它只能使土颗粒产生压缩而不能使土颗粒产生位移,由于土颗粒本身很难受到压缩,土颗粒的变形可以忽略不计。有效应力能通过土颗粒传递,会引起土颗粒的位移,使孔隙体积改变,从而使土体发生压缩变形。

饱和土体中某点所受的总应力在数值上等于有效应力和孔隙水压力之和,即:

$$\sigma = \sigma' + u \qquad\qquad (3\text{-}6\text{-}1)$$

这就是著名的太沙基有效应力原理。

（二）砂层的压密作用

设某点孔隙水头高度为 h,水的容重为 γ_w,则该点的孔隙水压力 u 就等于二者之积,即:

$$u = \gamma_w \times h \qquad\qquad (3\text{-}6\text{-}2)$$

太沙基的有效应力原理就可以写成:

$$\sigma = \sigma' + \gamma_w h \qquad\qquad (3\text{-}6\text{-}3)$$

从饱和松散含水层(砂层)抽取地下水后,若含水层水头下降了 Δh,则孔隙水压力相应降低 $\Delta h \times \gamma_w$,由于作用于该点的总垂直应力保持不变,因此,减少的孔隙水压力就由颗粒骨架承担,使颗粒间有效应力 σ' 增加,并达到新的应力平衡:

$$\sigma = \sigma' + \Delta\sigma' + u - \Delta u$$

由于 $\sigma = \sigma' + u$,所以:

$$\Delta\sigma' = \Delta u = \gamma_w \Delta h \qquad\qquad (3\text{-}6\text{-}4)$$

上式说明,抽水后含水层水位或水头下降,含水层孔隙水压力降低,粒间有效应力则相应增加,使土颗粒发生位移,排列趋于紧密,孔隙被压密,土体产生压缩变形,从而导致地面沉降。

（三）黏性土的释水固结

因长期抽取地下水而出现的地面沉降是由两部分变形所造成的,其一是含水层的压密变形,其二是黏性土层的压密固结变形。实际上,在我国东部沿海地区的地面沉降中,黏性土层的压密占据主导地位,天津地面沉降中,黏性土层压密占总沉降量的 77.6%,而砂层压密仅占 22.4%。

国内外地面沉降实例表明,发生地面沉降地区的共同特点是这些地区都沉积有厚度较大的第四纪松散堆积物,沉降的部位几乎无例外地都发生在较细的砂土(含水层)和黏性土(隔水层或弱透水层)互层之中。当含水层上的黏性土厚度较大且土质松软时,更易造成较大沉降。抽取含水层地下水使水头降低,在相邻弱透水层与含水层之间便产生了水头差,黏性土层中的水以水头差为动力流入含水层,孔隙水压力降低,而颗粒骨架有效应力相对增加,从而使黏性土压密固结,导致地面沉降。黏性土多属于欠固结或正常固结土,释水后压密变形不仅非常显著,且属于非弹性的永久性变形,一旦发生变形,则不可恢复。

三、地面沉降的勘察

（一）勘察要求

地面沉降勘察有两种情况:一是勘察地区已发生了地面沉降;二是勘察地区有可能发生地面沉降。两种情况的勘察内容是有区别的。

① 对已发生地面沉降的地区,应查明地面沉降的原因、调查分析地面沉降的现状和预测地面沉降的发展趋势,并提出控制和治理方案。

② 对可能发生地面沉降的地区,应结合水资源评价预测发生地面沉降的可能性,并对可能的沉降层位做出估计,对沉降量进行估算,提出预防和控制地面沉降的建议措施。

(二)地面沉降原因的调查

场地工程地质条件是产生地面沉降的内在条件和基础。抽吸地下水引起水位下降,使上覆土层有效自重应力增加,所产生的附加荷载使土层固结,是导致地面沉降的外在动力条件,是产生地面沉降的主要原因。对场地地下水埋藏条件和历年来地下水变化动态进行调查分析,有助于查明地面沉降与开采地下水间的关系,并确定地面沉降成因。因此,地面沉降原因的调查内容包括场地工程地质条件、地下水埋藏条件和地下水变化动态三个方面。

(1)场地工程地质条件的调查

① 场地的地貌和微地貌,尤其是古地貌和微地貌的分布及特征。

② 第四纪堆积物的年代、成因、厚度、埋藏条件和土性特征,硬土层和软弱压缩层的分布;必要时尚可根据地层分布和组合特征,划分不同的地面沉降地质结构区。

③ 地下水位以下至最大取水深度范围内可压缩层的固结状态和变形参数。

国内外地面沉降的实例表明,发生地面沉降地区的共同特点是它们都位于厚度较大的松散堆积物(主要是第四纪堆积物)之上,沉降的部位几乎无例外地都在较细的砂土和黏性土互层之上。当含水层上的黏性土厚度较大、性质松软时,更易造成较大沉降。因此,在调查地面沉降原因时,应首先查明场地的沉积环境和年代,弄清楚冲积、湖积或浅海相沉积平原或盆地中第四纪松散堆积物的岩性、厚度和埋藏条件,特别要查明硬土层和软弱压缩层的分布。必要时尚可根据这些地层单元体的空间组合,分出不同的地面沉降地质结构区。例如,上海地区按照三个软黏土压缩层和暗绿色硬黏土层的空间组合,分成四个不同的地面沉降地质结构区,其产生地面沉降的效应也不一样。

从岩土工程角度研究地面沉降,应着重研究地表下一定深度内压缩层的变形机理及其过程。国内外已有研究成果表明,地面沉降机制与产生沉降的土层的地质成因、固结历史、固结状态、孔隙水的赋存形式及其释水机理等有密切关系。

(2)地下水埋藏条件的调查

① 含水层和隔水层的埋藏条件和承压性质,含水层的渗透系数、单位涌水量等水文地质参数。地表以下一定深度范围内,第四系松散沉积物中含水层、隔水层和弱透水层的分布、岩性和厚度、含水层的渗透系数、导水系数、给水度、释水系数和单位涌水量以及隔水层或弱透水层的越流系数、释水系数等。

② 地下水的补给、径流、排泄条件、含水层间或地下水与地面水的水力联系。地下水补给来源、方式和强度以及人工补给方式、补给量、回灌层位和回灌量、地下水的排泄方式、排泄量、地下水开采井分布、开采层位、开采量和超采程度等,地下水流场及空间分布特征(地下水等水压线图、水位下降漏斗范围、深度等)。

(3)地下水变化动态的调查

① 历年地下水位、水头的变化幅度和速率。

② 历年地下水的开采量和回灌量,开采或回灌的层段。

③ 地下水位下降漏斗及回灌时地下水反漏斗的形成和发展过程。

抽吸地下水引起水位或水压下降,使上覆土层有效自重压力增加,所产生的附加荷载使土层固结,是产生地面沉降的主要原因。因此,对场地地下水埋藏条件和历年来地下水变化动态进行调查分析,对于研究地面沉降来说是至关重要的。

（三）地面沉降现状的调查要求

对于已发生地面沉降的地区,开展地面沉降现状的调查是十分必要的,可为研究地面沉降起因、机制以及制定防治措施提供客观依据。地面沉降现状的调查内容上要包括地面沉降量的观测、地下水的观测和对地面沉降范围内已有建筑物的调查三个方面。具体内容包括:

① 按精密水准测量要求进行长期观测,并按不同的结构单元设置高程基准标、地面沉降标和分层沉降标。

地面沉降量的观测是以高精度的水准测量为基础的。由于地面沉降的发展和变化一般都较缓慢,用常规水准测量方法已满足不了精度要求。因此,地面沉降观测应满足专门的水准测量精度要求。

进行地面沉降水准测量时一般需要设置三种标点。高程基准标,也称背景标,设置在地面沉降所不能影响的范围,作为衡量地面沉降基准的标点。地面沉降标用于观测地面升降的地面水准点。分层沉降标,用于观测某一深度处土层的沉降幅度的观测标。

地面沉降水准测量的方法和要求应按现行国家标准《国家一、二等水准测量规范》(GB/T 12897—2006)规定执行。一般在沉降速率大时可用Ⅱ等精度水准,缓慢时要用Ⅰ等精度水准。

② 对地下水的水位升降、开采量和回灌量、化学成分、污染情况和孔隙水压力消散、增长情况进行观测。

③ 调查地面沉降对建筑物的影响,包括建筑物的沉降、倾斜、裂缝及其发生时间和发展过程。

④ 绘制不同时间的地面沉降等值线图,并分析地面沉降中心与地下水位下降漏斗的关系及地面回弹与地下水位反漏斗的关系。

⑤ 绘制以地面沉降为特征的各种类型的专门工程地质分区图或等值线图,反映地下水开采量、回灌量、水位变化、地质结构等各种因素与地面沉降的关系。

四、地面沉降的控制与治理

（一）已发生地面沉降的地区

对已发生地面沉降的地区,控制地面沉降的基本措施是进行地下水资源管理,可根据工程地质和水文地质条件,采取下列控制和治理方案:

① 减少地下水开采量和水位降深,调整开采层次,合理开发,当地面沉降发展剧烈时,应暂时停止开采地下水。

② 对地下水进行人工补给,回灌时应控制回灌水源的水质标准,以防止地下水被污染;并根据地下水动态和地面沉降规律,制定合理的采灌方案。

地下水人工补给是借助于某些工程措施,把地表水或其他水源注入(渗入)含水层中,人为增加地下水补给或形成新的地下水资源的方法。人工补给可以起到增加地下水资源、储能(冬灌夏用、夏灌冬用)、稳定地下水位和控制地面沉降的目的。拟采取人工补给地下水方法控制地面沉降时,要对人工补给的条件进行可行性分析和论证。待补给的含水层必须有足够的储水空间和良好的渗透性,补给区附近还要有不透水或弱透水的边界。补给水源的水量必须有保证,水质必须符合有关规定,要严格控制回灌水源的水质标准,以防止地下水被污染。人工补给地下水的方法分地面引渗和井灌两种基本类型,以控制地面沉降为目的的补给一般是通过深井回灌进行的。深井回灌时常发生堵塞和回灌井水质变差问题,造成回灌效率降低或使回灌井周围地下水水质变差等。这些问题的存在,在一定程度上限制了人工补给方法的广泛应用。

③ 限制工程建设中的人工降低地下水位。

上海是我国最早发现地面沉降的地区,也是最严重的地区,其综合研究及控制水平目前在国际上首屈一指。上海水文地质大队首创了运用人工回灌的方法控制地面沉降,并在此基础上发展了冬灌夏用和夏灌冬用等技术方法。自 1966 年以来,上海的地面沉降已基本得到控制。近年来,对地下水资源进行保护性开发成效显著,实现了使地下水位上升以达到控制地面继续沉降的目的。根据各地控制和治理地面沉降的经验,对已发生地面沉降的地区,加强地下水资源的管理,采取压缩地下水开采量、人工补给地下水、调整开采布局和层次等综合措施是控制地面沉降的有效途径。在这些措施中,压缩地下水开采量,使地下水位恢复是控制地面沉降的最主要措施,能取得显著的控沉效果。对于严重超采的区域或含水层,大幅度压缩甚至停止开采地下水是非常必要的。

（二） 可能发生地面沉降的地区

可能发生地面沉降的地区,一般是指具有以下情况的地区:

① 具有产生地面沉降的地质环境模式,如冲积平原、三角洲平原、断陷盆地等。

② 具有产生地面沉降的地质结构,即第四纪松散堆积层厚度很大。

③ 根据已有地面测量和建筑物观测资料,随着地下水的进一步开采,已有发生地面沉降的趋势。

对可能发生地面沉降的地区应预测地面沉降的可能性和估算沉降量,并可采取下列预测和防治措施:

① 根据场地工程地质、水文地质条件,预测可压缩层的分布。

② 根据抽水压密试验、渗透试验、先期固结压力试验、流变试验、载荷试验等的测试成果和沉降观测资料,计算分析地面沉降量和发展趋势。

③ 提出合理开采地下水资源,限制人工降低地下水位及在地面沉降区内进行工程建设应采取措施的建议。

对可能发生地面沉降的地区,主要是预测地面沉降的发展趋势,即预测地面沉降量和沉降过程。地面沉降计算是地面沉降勘察与研究中的重要工作,目的在于寻找地下水开采量、水位升降等与地面沉降之间的数量关系,建立数学模型,预测未来一定开采条件下地面沉降变化趋势,为控制或预防地面沉降提供依据。

国内外有不少资料对地面沉降提供了多种计算方法,归纳起来大致有理论计算方法、半理论半经验方法和经验方法等三种。用固结理论方法虽然可以达到准确计算各压缩土层沉降量及总沉降量的目的,但该方法要求有翔实的地质资料和试验数据。实践中,由于地面沉降区地质条件和各种边界条件的复杂性,往往难于准确地获取计算所用参数和资料,因而,理论计算的结果有时并不一定准确。相反,采用半理论半经验方法或经验方法,不仅简单实用,而且往往能获得满意的结果。常用计算与预测方法有分层总和法、太沙基一维渗透固结理论解析法、渗流和固结耦合方程数值法、单位沉降量法、相关分析法等。

第七节 场地和地基地震效应

一、地震及地震灾害

地震是地壳表部岩层中长期积聚的能量突然释放传播至地面而引起的地面震动,它是地壳运动的一种特殊形式。地震按其成因分为天然地震和人工地震两大类。天然地震主要是构造地震,它是由于地壳构造活动带长期积累的弹性应变能突然释放造成的,约占全球地震的90%。其次还有火山喷发引起的火山地震、岩洞崩塌引起的陷落地震、大陨石冲击地面引起的陨石冲击地震等。人工地震是指由于人为活动引起的地震,如工业爆破、地下核爆炸造成的振动、水库蓄水诱发地震等。一般所说的地震,多是指构造地震,分布广,强度大,往往给人类带来巨大灾难。

全世界每年要发生500万次地震,其中大部分是人们感觉不到的小地震,人们能感觉到的地震约有5万次。5级以上的破坏性地震每年1 000次左右,6级以上强震每年100次左右,7级以上的地震每年只有十几次。地震分布是相当不均匀的,绝大多数地震都分布在南纬60°和北纬60°之间的广大地区,南极和北极地区很少发生地震。全球有两大地震活动带,即环太平洋地震活动带和地中海—喜马拉雅地震活动带。环太平洋地震带在东太平洋主要沿北美、南美大陆西海岸分布,在北太平洋和西太平洋主要沿岛屿外侧分布,是地震活动最强烈地区,全世界80%的浅源地震、90%的中源地震和几乎所有的深源地震都集中在该带上。地中海—喜马拉雅地震活动带横贯欧亚大陆,大致呈东西向分布,总长约15 000 km。西起大西洋亚速尔群岛,穿地中海,经伊朗高原,进入喜马拉雅山,在喜马拉雅山东端向南拐弯经缅甸西部、安达曼群岛、苏门答腊岛、爪哇岛至班达海附近与西太平洋地震带相连。地震活动仅次于环太平洋地震带,环太平洋地震带外的几乎所有的深源、中源地震和大多数的浅源大地震都发生在这个带上,该带地震释放的能量约占全球能量的5%。从地震发生位置的地理环境上看,地震可分为海洋地震和大陆地震两大类,其中发生在海洋的地震占85%;发生在陆地的地震占15%。由于大陆是全球人类主要的聚居地,因此地球上的地震灾害绝大部分来自大陆地震,大陆地震所造成的地震灾害占全球地震灾害的85%。

我国是一个地震多发国家,地震活动频度高、强度大、分布广、震源浅。全国平均每年发生5级以上地震30次,6级以上强震6次,7级以上大地震1次。20世纪全球发生8.5级以上的大地震共3次,其中有2次均发生在我国,即1920年中国宁夏海原8.6级地震和1950年中国西藏察隅8.6级地震。地震在空间分布上也不均匀,呈带状分布。东部有郯城—庐江地震带、河北平原地震带、汾渭地震带、燕山—渤海地震带、东南沿海地震带等;西部有北天山地震带、南天山地震带、祁连山地震带、昆仑山地震带和喜马拉雅山地震带;中部有贯穿全国的南北地震带;另外还有台湾地震带,它是西太平洋地震带的一部分。截至目前,全国除浙江和贵州两省之外,其余各省均发生6级以上强震。我国的地震活动具有频度高、强度大、分布广、震源浅和破坏性强的特点,再加之人口密集、建筑物抗震能力较低,地震灾害也比较严重。20世纪以来,全球因地震而死亡的人数为120万人,其中我国就占63万人之多。据新中国成立以来近50年的统计资料,地震所造成的人口死亡数量位居各种自然灾害之首位。特别是1976年的唐山大地震,其损失在中国乃至全世界都是史无前例的。2008

年 5 月 12 日 14 时 28 分发生的震中在四川汶川县(北纬 31°,东经 103.4°)的 8.0 级地震,最大破坏烈度达 11 度,曾经山清水秀的北川县城、汶川县映秀镇等城镇被夷为平地,青川县城及多个乡镇基本变为废墟,茂县、绵阳、德阳、都江堰等地遭受重创。震灾波及四川、甘肃、陕西、重庆、云南等地,直接经济损失超万亿元。汶川大地震是新中国成立以来破坏性最强、波及范围最广、救灾难度最大的一次地震,造成大面积房屋倒塌、山体滑坡、道路通讯电力中断、多处桥梁下沉移位,重灾区面积 10 万 km²,数千万人受灾,近 38 万人受伤,近 8 万人死亡。地震引发多处山体滑坡、泥石流、崩塌的地质灾害,造成宝成铁路徽县至虞关之间 109 隧道塌方,四川 391 座水库出现险情,其中大型水库 2 座(太平驿电站和紫坪铺水利枢纽工程),中型水库 28 座,小型水库 321 座。地震造成中国西部大开发首批开工建设的十大标志性工程之一、2006 年全部投产的位于都江堰市与汶川县交界处、岷江上的紫坪铺水利枢纽工程大坝面板发生裂缝,厂房等其他建筑物墙体发生垮塌,局部沉陷,整个电站机组全部停机。

大地震使得两侧群山大面积滑坡,短时间内大量的山石将整个峡谷填满,所有的江水被挡在了上游,一个个高出下游县城村镇几十米的堰塞湖逐渐形成。连日降雨,围堰松动且加速了湖面升高,随时有可能造成决堤。一旦决堤,洪水居高临下,将对几乎被地震摧毁的城镇给予致命的一击,众多仍被掩埋在废墟中的生还者很可能无一幸免,余震和日益上涨的湖面可能会对下游城镇造成灭顶之灾。

余震引起的山石崩塌、滑坡挡住了救援的道路,洪水给幸存生命的救援带来不可想象的困难和危险。惨重的地震灾害,促使人们对抗震防灾进行深入细致的研究。

二、地震与地面运动的基本概念

(1) 震源和震中

地震时,地下发生地震的地方称为震源,震源正对着的地面称为震中。震中附近振动最大,一般也是破坏最严重的地区,称为"极震区"。从震中到震源的垂直距离,称为震源深度。根据震源的深浅,通常把地震分为浅源地震(震源深度小于 70 km)、中源地震(震源深度 70～300 km)和深源地震(震源深度大于 300 km)。全世界 95％以上的地震都是浅源地震,震源深度多为 5～20 km。

(2) 地震波

地震时震源产生的震动是以弹性波形式向四面八方传播的,这种波称为地震波。地震波由纵波(P 波)、横波(S 波)和表面波(L 波)构成。纵波又称疏密波,其质点的振动方向与波的传播方向一致;横波又称剪切波,其质点振动方向与波的前进方向正交,只能在固体中传播。表面波又可分为瑞利波和勒夫波两种。纵波(P 波)传播速度最快,横波(S 波)次之,表面波(L 波)最慢。当横波或表面波到地面时,引起的振动破坏最强烈,是使工程建筑破坏的主要原因。

(3) 震级

震级是用来衡量地震释放能量大小的定量指标,释放出来的能量越大,震级越高。1935年里克特(C. F Richter)定义的浅源地震震级 M 为:

$$M = \lg A \tag{3-7-1}$$

式中,A 为离震中 100 km 处标准地震仪记录到的最大水平地动位移(最大振幅),单位为

$\mu m(1 \mu m = 10^{-6} m)$。标准地震仪是指 Wood-Ander-son 地震仪,周期 0.8 s,阻尼系数 0.8,放大倍数 2 800。

(4) 地震烈度

地震烈度是指某地区的地面和各种建筑物、构筑物遭受一次地震的影响和破坏程度,即地震对建筑物破坏和变形的强烈程度,它是综合评定历史地震宏观震害程度的依据。

烈度不仅与地震震级大小有关,也与震源深度、离震中的距离及地震波所通过的介质条件等多种因素有关。一次地震,震级虽然只有一个,但随震中距增大,地震烈度值则逐渐递减。国家地震局颁布实施的《中国地震烈度表》(GB/T 17742—2008)将地震烈度划分为 12 个级别,划分方法见表 3-7-1。

表 3-7-1　　　　　　　　　　中国地震烈度表(GB/T 17742—2008)

烈度	在地面上人的感觉	房屋震害程度		其他震害现象	水平向地面运动	
		震害现象	平均震害指数		峰值加速度 /(m/s²)	峰值速度 /(m/s)
I	无感					
II	室内个别静止中人有感觉					
III	室内少数静止中人有感觉	门、窗轻微作响		悬挂物微动		
IV	室内多数人、室外少数人有感觉,少数人梦中惊醒	门、窗作响		悬挂物明显摆动,器皿作响		
V	室内普遍、室外多数人有感觉,多数人梦中惊醒	门窗、屋顶、屋架颤动作响,灰土掉落,抹灰出现微细裂缝,有檐瓦掉落,个别屋顶烟囱掉砖		不稳定器物摇动或翻倒	0.31 (0.22~0.44)	0.03 (0.02~0.04)
VI	多数人站立不稳,少数人惊逃户外	损坏——墙体出现裂缝,檐瓦掉落,少数屋顶烟囱裂缝、掉落	0~0.10	河岸和松软土出现裂缝,饱和砂层出现喷砂冒水;有的独立砖烟囱轻度裂缝	0.63 (0.45~0.89)	0.06 (0.05~0.09)
VII	大多数人惊逃户外,骑自行车的人有感觉,行驶中的汽车驾乘人员有感觉	轻度破坏——局部破坏,开裂,小修或不需要修理可继续使用	0.11~0.30	河岸出现坍方;饱和砂层常见喷砂冒水,松软土上地裂缝较多;大多数独立砖烟囱中等破坏	1.25 (0.90~1.77)	0.13 (0.10~0.18)

烈度	在地面上人的感觉	房屋震害程度		其他震害现象	水平向地面运动	
		震害现象	平均震害指数		峰值加速度 /(m/s²)	峰值速度 /(m/s)
Ⅷ	多数人摇晃颠簸，行走困难	中等破坏——结构破坏，需要修复才能使用	0.31～0.50	干硬土上亦出现裂缝；大多数独立砖烟囱严重破坏；树梢折断；房屋破坏导致人畜伤亡	2.50 (1.78～3.53)	0.25 (0.19～0.35)
Ⅸ	行动的人摔倒	严重破坏——结构严重破坏，局部倒塌，修复困难	0.51～0.70	干硬土上有许多地方出现裂缝；基岩可能出现裂缝、错动；滑坡塌方常见；独立砖烟囱倒塌	5.00 (3.54～7.07)	0.50 (0.36～0.71)
Ⅹ	骑自行车的人会摔倒，处不稳状态的人会摔离原地，有抛起感	大多数倒塌	0.71～0.90	山崩和地震断裂出现；基岩上拱桥破坏；大多数独立砖烟囱从根部破坏或倒毁	10.00 (7.08～14.14)	1.00 (0.72～1.41)
Ⅺ		普遍倒塌	0.91～1.0	地震断裂延续很长；大量山崩滑坡		
Ⅻ				地面剧烈变化，山河改观		

注：① 用本标准评定烈度时，Ⅰ度～Ⅴ度以地面上人的感觉及其他震害现象为主；Ⅵ度～Ⅹ度以房屋震害和其他震害现象综合考虑为主，人的感觉仅供参考；Ⅺ度—Ⅻ度以地表震害现象为主。

② 在高楼上人的感觉要比地面上室内人的感觉明显，应适当降低评定值。

③ 表中房屋为未经抗震设计或加固的单层或数层砖混和砖木房屋。相对建筑质量特别差或特别好以及地基特别差或特别好的房屋，可根据具体情况，对表中各烈度相应的震害程度和平均震害指数予以提高或降低。

④ 平均震害指数可以在调查区域内用普查或随机抽查的方法确定。

⑤ 在农村可按自然村为单位，在城镇可按街区进行烈度的评定，面积以 1 km² 左右为宜。

⑥ 凡有地面强震记录资料的地方，表列水平向地面峰值加速度和峰值速度可作为综合评定烈度的依据。

⑦ 表中的数量词："个别"为 10% 以下；"少数"为 10%～50%；"多数"为 50%～70%；"大多数"为 70%～90%；"普遍"为 90% 以上。

（5）地面运动

地震地面运动可由加速度 a、速度 v 和位移幅度 d 来表示。根据众多的历史地震记录，地震地面运动具有如下特征：① 加速度过程的主周期或平均周期短，位移过程的主周期长；② 有些地震动的强震阶段持续时间长达几十秒，有的仅为几秒；③ 有的地震动最大加速度只偶尔出现 1～2 次，而次大值则小得多，但另一些地震动的最大值和大小差不多的次大值频繁出现;④ 有的地震主周期长,有的则短。因此,从工程抗震角度地震地面运动的特性可通过地面运动强度、频谱、持续时间来描述。

地震地面运动强度——表示某一给定地点发生地震地面运动量的大小。可用地震地面运动的峰值加速度和峰值速度来表示。

频谱特性——地震动不是简单的谐和振动,而是振幅和频率都在变化的振动,即可看作随机振动或无规律振动。但是就给定的地震动而言,总是可以把它看作是由许多不同频率的简谐波所组成。凡是表示一次地震动振幅和对应的不同频率(或周期)关系的曲线,统称频谱。地震工程中常用的频谱有三类,即傅立叶谱、反应谱和功率谱,其中运用最广泛的为反应谱。所谓反应谱就是表示单自由度体系(或称单质点体系,质量 m 只能在 X 方向运动,不能在 Y 和 Z 方向运动)对地震运动做出的最大反应值与单自由度体系的一系列自振周期与阻尼比的关系,包括位移、速度、加速度反应谱。把最大反应值对自振周期 T(或自振频率 ω)以及阻尼比 λ 画成曲线称为反应谱曲线或简称谱曲线。反应谱在抗震工程计算中有很大用处。有了反应谱理论,可以直接算出单自由度建筑物在地震作用下的最大反应。因为任何建筑物都可简化为多自由度体系,故可通过振型叠加法估算多自由度建筑物的地震最大反应。

地震持续时间——至少应包括地震记录的强震段、全部或部分中强震段。持续时间对工程场地小区的划分、非弹性结构的计算、砂土液化和宏观烈度的评定有重要的影响。美国旧金山海湾地区的地震区选址工作,已将持续时间作为一个重要因素加以考虑。有的地震最大水平加速度虽然高达 $0.2g \sim 0.7g$,但由于持续时间短,仅数秒钟,因此震害不重,烈度不高;相反,另一些地震水平加速度虽然在 $0.2g$ 以下,但由于持续时间高达 20 s 以上,或者由于周期特性的影响,震害加重,烈度提高。

三、场地和地基的地震效应

地震的破坏作用从破坏机理、形式和特点上可以分为振动破坏和地面破坏两种基本类型。振动破坏是指地震使建筑物地基及建筑物结构体系产生振动,而使建筑物遭受严重破坏。地面破坏是指地面岩土体在地震力作用下产生变形和破坏,从而导致以这些岩土为建筑场地和地基的建筑物发生破坏,如砂土液化、软土震陷、地表开裂、地基失效、滑坡、泥石流等。

地震对建筑物的破坏作用是通过场地、地基和基础传递给上部结构的,场地和地基在地震时起着传播地震波和支撑上部结构的双重作用,因此对建筑物抗震性能具有重要作用。地震造成建筑的破坏,除地震直接引起结构破坏外,还有场地条件的原因,如地震引起的地表错动与地裂,地基土的不均匀沉陷、滑坡和粉、砂土液化等。

场地和地基的地震效应主要表现在以下四个方面:

① 相同的基底地震加速度,由于覆盖层厚度和土的剪切模量不同,会产生不同的地面运动。

地震时,若建筑物的自振周期与地基土的卓越周期相近或一致,两者便发生共振,从而使振动作用力、振幅和时间大大增加,导致建筑物严重破坏。例如,松软地基往往使地震波放大,地震动周期加长,使具有长周期的柔性建筑物产生大幅度的结构共振效应而破坏;坚实地基的高频地震动,常常使具有短周期的刚性建筑物产生强烈共振而破坏。1923 年日本关东 7.9 级地震,东京市内软弱地基上的木结构严重损坏,而钢筋混凝土结构则轻微破坏,但在坚硬地基上同类型钢筋混凝土结构却破坏甚重。1976 年 7 月 28 日唐山 7.8 级,使阎庄钢筋混凝土大桥及所有高大砖筒水塔倾倒、全毁,而附近一座三层楼的砖石结构,虽然抗剪刚度远小于前者,但完好无损,主要因地基为宁河厚层软黏土,大桥及水塔因共振而发生毁灭性破坏。

② 强烈的地面运动造成场地和地基的失稳或失效,如地裂、液化、震陷、崩塌、滑坡等。

1964 年日本 7.5 级新潟地震,广泛发生了地基砂土液化,按现代抗震设计的 1 530 栋钢筋混凝土建筑物普遍产生不均匀沉陷,310 栋发生严重倾斜。1976 年我国唐山大地震后,大范围发生喷水冒砂现象,导致各种建筑物、河渠、地面等遭受严重破坏。丰南区宜庄民房下沉 1 m,天津焦化厂、第二炼钢厂厂房严重破坏,陡河两岸河堤向河心滑移,以至两岸树木交织到一起。1830 年磁县 7.5 级地震和 1966 年邢台 6.8 级地震都普遍出现了地震砂土液化现象,砂土液化造成的各种破坏也比较严重。

③ 地表断裂造成的破坏。

④ 局部地形、地质结构的变异引起地面异常波动造成的破坏。

振动破坏和地面破坏虽都起源于地震,但其震害特征和抗震对策截然不同。振动破坏表现为地震时建筑物与地基土层共振,应从提高建筑结构的抗震能力方面进行设防,对建筑物(构筑物)进行合理的工程抗震设计,可以有效地减轻破坏程度。地面破坏主要表现为地基失稳,应从场地选择和地基处理方面进行防范。例如,选择建筑场地时,宜选择抗震有利地段,避开不利地段,不在危险地段建设等。

四、抗震设防目标

(一) 抗震设防原则、目标和抗震设计

我国建筑抗震设防实行以预防为主的方针,本着"小震不坏,大震不倒"的原则制定了抗震设防的目标,其基本内容是:当遭受低于本地区抗震设防烈度的多遇地震影响时,一般不受损坏或不需修理可继续使用;当遭受相当于本地区抗震设防烈度的地震影响时,可能损坏,经一般修理或不需修理仍可继续使用;当遭受高于本地区抗震设防烈度预估的罕遇地震影响时,不致倒塌或发生危及生命的严重破坏。

抗震设防烈度为 6 度及以上地区的建筑,必须进行抗震设计。抗震设防烈度大于 9 度地区的建筑和行业有特殊要求的工业建筑,其抗震设计暂应按 1989 年建设部印发(89)建抗字第 426 号《地震基本烈度 X 度区建筑抗震设防暂行规定》的通知执行。

"小震不坏,大震不倒"的原则,我国抗震设防采用三个水准目标来使其具体化。50 年内超越概率约为 63% 的地震烈度为众值烈度,比基本烈度约低一度半,称为第一水准烈度;50 年超越概率约 10% 的烈度即 1990 中国地震烈度区划图规定的地震基本烈度或新修订的中国地震动参数区划图规定的峰值加速度所对应的烈度,为第二水准烈度;50 年超越概率 2%～3% 的烈度可作为罕遇地震的概率水准,为第三水准烈度,当基本烈度 6 度时为 7 度强,7 度时为 8 度强,8 度时为 9 度弱,9 度时为 9 度强。

与各地震烈度水准相应的建筑抗震设防目标是:一般情况下(不是所有情况下),遭遇第一水准烈度(众值烈度)时,建筑处于正常使用状态,从结构抗震分析角度,可以视为弹性体系,采用弹性反应谱进行弹性分析;遭遇第二水准烈度(基本烈度)时,结构进入非弹性工作阶段,但非弹性变形或结构体系的损坏控制在可修复的范围;遭遇第三水准烈度(预估的罕遇地震)时,结构有较大的非弹性变形,但应控制在规定的范围内,以免倒塌。

建筑抗震设计采用两个阶段实现上述三个水准的设防目标:第一阶段设计是承载力验算,取第一水准的地震动参数,计算结构的弹性地震作用标准值和相应的地震作用效应,并在保证一定可靠度水平基础上,进行结构构件的截面承载力验算。既满足了在第一水准下具有必要的承载力可靠度,又满足第二水准的损坏可修的目标。对大多数的结构,可只进行第一阶段设计,而通过概念设计和抗震构造措施来满足第三水准的设计要求。第二阶段设计是弹塑性变形验算,对特殊要求的建筑、地震时易倒塌的结构以及有明显薄弱层的不规则结构,除进行第一阶段设计外,还要进行结构薄弱部位的弹塑性层间变形验算并采取相应的抗震构造措施,实现第三水准的设防要求。

（二）地震区划图

抗震设防烈度必须按国家规定的权限审批、颁发的文件(图件)确定。

全国性的地震区划是以地震基本烈度或地震动参数为指标,将国土划分为不同抗震设防要求的区域,为一般建设工程(包括新建、改建、扩建)以及编制社会经济发展和国土利用规划提供抗震设防依据。截至目前,我国已先后编制了四代地震烈度区划图,1990 颁布实施的《中国地震烈度区划图》是第三代地震区划图。它是用基本烈度表征地震危险性的,所谓基本烈度是指设计基准期为 50 年的时期内,在一般场地条件下,可能遭遇超越概率为 10% 的地震烈度值,据此全国划分为 $<6°$、$6°$、$7°$、$8°$、$\geqslant 9°$ 五类基本烈度区。2001 年 8 月我国颁布实施了《中国地震动参数区划图》(GB 18306—2015),这是我国第四代地震区划图。它是以地震动参数即地震动峰值加速度和地震动反应谱特征周期为指标,按照可能遭受地震影响的危险程度,将全国划分为不同抗震设防要求的区域,编制了《中国地震动峰值加速度区划图 A1》和《中国地震动反应谱特征周期区划图 B1》,并给出了地震动参数区划结果及其技术要素和使用规定。我国地震区划图由 1990 年的地震烈度区划转变为现在的地震动参数区划是一项重要的技术进步,其科学性、先进性和工程适用性更强,能更好地反映地震动特性,为一般工业与民用建设工程提供了更加科学合理的抗震设防标准。

抗震设防几个重要的基本概念:

① 地震动峰值加速度:是指与地震动加速度反应谱最大值相应的水平加速度。

② 地震动反应谱特征周期:是地震动加速度反应谱开始下降点的周期。

③ 设计地震动参数:是抗震设计用的地震加速度(速度、位移)时程曲线、加速度反应谱和峰值加速度。

④ 设计基本地震加速度:是指 50 年设计基准期超越概率 10% 的地震加速度的设计取值。

⑤ 设计特征周期:是指抗震设计用的地震影响系数曲线中,反映地震震级、震中距和场地类别等因素的下降段起始点对应的周期值。

五、岩土工程勘察的基本要求

在抗震设防烈度等于或大于 6 度的地区,应进行场地和地基地震效应的岩土工程勘察,并应根据国家标准《中国地震动参数区划图》(GB 18306—2015)和现行国家标准《建筑抗震设计规范》(GB 50011—2010),提出勘察场地的抗震设防烈度、设计基本地震加速度值和设计特征周期分区。对场地和地基地震效应进行勘察和评价,要求如下:

① 在抗震设防烈度等于或大于 6 度的地区进行勘察时,应根据实际需要划分对建筑有

利、一般、不利和危险地段,提供建筑的场地类别和岩土地震稳定性(含滑坡、崩塌、液化、震陷特性)评价,对需要采用时程分析法补充计算的建筑,应根据设计的要求提供土层剖面、场地覆盖层厚度和有关的动力参数。当场地位于地震危险地段时,应根据国家现行标准《建筑抗震设计规范》(GB 50011—2010)的要求,提出专门研究的建议。

②　对需要采用时程分析法补充计算的建筑,应根据设计要求,提供土层剖面、场地覆盖层厚度和有关的动力参数。对社会有重大价值或有重大影响的工程必须进行地震安全性评估,确定抗震设防要求。

③　勘察时应布置适当数量的勘探孔,查明岩土性状和土层的剪切波速,勘探孔数量和深度应满足现行《建筑抗震设计规范》(GB 50011—2010)划分场地类别的要求。

④　对可能发生液化的场地和地基,应判定场地土有无液化的可能性,评价液化等级和危害程度,并提出抗液化措施的建议。抗震设防烈度为 6 度时,可不考虑液化的影响,但对沉陷敏感的乙类建筑,按 7 度进行液化判别。甲类建筑应进行专门的液化勘察。

⑤　场地或场地附近有滑坡、滑移、崩塌、塌陷、泥石流、采空区等不良地质作用时,应进行专门勘察,分析评价它们在地震作用时的稳定性。

⑥　抗震设防烈度等于或大于 7 度的厚层软土分布区,应判别软土震陷的可能性和估算震陷量,并提出处理措施。

⑦　重大工程应进行断裂勘察,评价断裂对工程的影响,并提出处理措施。

六、抗震有利、不利和危险地段

地震造成建筑物的破坏,除地震动直接引起结构破坏外,还有场地条件的原因。场地条件一般是指地形地貌、岩土工程地质性质(如砂土液化、软弱地基失效、地基土不均匀沉陷等)、地质构造(如活断层、发震断层、地面错动、地面破裂等)、地下水、不良物理地质现象(如滑坡、泥石流、崩塌)等。国内外震害资料表明,处在不同场地条件下的建筑物,在相同地震及地震烈度影响下,所遭受的震害往往会有很大差异,场地条件是引起地表震害或地震局部变化的重要因素。由不同岩土构成的同样地形条件的地震影响不同,因此,综合地形、地貌和岩土特性的影响,按表 3-7-2 划分为对建筑抗震有利、不利和危险地段,其他地段可视为可进行建设的一般场地。选择建筑场地时,应根据工程需要,掌握地震活动情况、工程地质和地震地质的有关资料,对抗震有利、不利和危险地段做出综合评价。对不利地段,应提出避开要求;当无法避开时应采取有效措施。对危险地段,严禁建造甲、乙类的建筑,不应建造丙类的建筑。

表 3-7-2　　　　　　　　　　抗震有利、不利和危险地段的划分

地段类别	地质、地形、地貌
有利地段	稳定基岩,坚硬土,开阔、平坦、密实、均匀的中硬土等
一般地段	不属于有利、不利和危险的地段
不利地段	软弱土,液化土,条状突出的山嘴,高耸孤立的山丘,陡坡,陡坎,河岸和边坡的边缘,平面分布上成因、岩性、状态明显不均匀的土层(含故河道、疏松的断层破碎带、暗埋的塘浜沟谷和半填半挖地基),高含水量的可塑黄土,地表存在结构性裂缝等
危险地段	地震时可能发生滑坡、崩塌、地陷、地裂、泥石流等及发震断裂带上可能发生地表错位的部位

七、建筑场地类别的划分

划分建筑场地类别的目的在于抗震设计中考虑场地条件的影响,不同类别场地采用不同的设计地震系数和抗震措施。评价场地条件的指标有:土层岩性、覆盖层厚度、标贯击数、地下水水位、土强度、卓越周期、相对密度、纵波速度、横波速度和承载力等,其中岩土性质(土坚硬程度)和覆盖层厚度是两个重要指标。我国现行《建筑抗震设计规范》(GB 50011—2010)以土层等效剪切波速和土地覆盖层厚度为准划分建筑场地类别。

（一）勘察工作量的布置要求

为划分场地类别布置的勘探孔,当缺乏资料时,其深度应大于覆盖层厚度,并分层测定剪切波速。当覆盖层厚度大于 80 m 时,勘探孔深度应大于 80 m。中软土场地其覆盖层厚度肯定不在 50 m 左右,软弱土场地覆盖层厚度肯定不在 80 m 左右时,为测量土层剪切波速的勘探孔可不必穿过覆盖层,而只需达到 20 m 即可。对丁类建筑及层数不超过 10 层且高度不超过 30 m 的丙类建筑,当无实测剪切波速时,可根据岩土名称和性状,按表 3-7-3 划分土的类型,再利用当地经验在表 3-7-3 的剪切波速范围内估计各土层的剪切波速。

表 3-7-3 土的类型划分和剪切波速范围

土的类型	岩土名称和性状	土层剪切波速范围/(m/s)
岩石	坚硬、较硬且完整的岩石	$v_s > 800$
坚硬土或软质岩石	破碎的岩石或软和较软的岩石,密实的碎石土	$800 \geqslant v_s > 500$
中硬土	中密、稍密的碎石土,密实、中密的砾、粗、中砂,$f_{ak} > 150$ 的黏性土和粉土,坚硬黄土	$500 \geqslant v_s > 250$
中软土	稍密的砾、粗、中砂,除松散外的细、粉砂,$f_{ak} \leqslant 150$ 的黏性土和粉土,$f_{ak} > 130$ 的填土,可塑新黄土	$250 \geqslant v_s > 150$
软弱土	淤泥和淤泥质土,松散的砂,新近沉积的黏性土和粉土,$f_{ak} \leqslant 130$ 的填土,流塑黄土	$v_s \leqslant 150$

注:表中 f_{ak} 是由载荷试验等方法得到的地基承载力特征值(kPa);v_s 为岩土剪切波速。

当需要实测场地土层剪切波速时,测量土层剪切波速的钻孔数量应符合下列要求:

① 在场地初步勘察阶段,对大面积的同一地质单元,应为控制性钻孔数量的 1/3～1/5,山间河谷地区可适量减少,但不宜少于 3 个。

② 在场地详细勘察阶段,对单幢建筑,测量土层剪切波速的钻孔数量不宜少于 2 个,数据变化较大时可适量增加;对小区中处于同一地质单元的密集高层建筑群,测量土层剪切波速的钻孔数量可适量减少,但每幢高层建筑下不得少于一个。

（二）场地覆盖层厚度的确定原则

建筑场地覆盖层厚度一般是指地面至剪切波速大于 500 m/s 的土层顶面的距离。当地面 5 m 以下存在剪切波速大于相邻土层剪切波速 2.5 倍的土层,且其下卧岩土层的剪切波速均不小于 400 m/s 时,覆盖层厚度可按地面至该土层顶面的距离确定。剪切波速大于 500 m/s 的孤石、透镜体,应视同周围土层。土层中的火山岩等夹层,应看作刚体,其厚度应从覆盖层厚度中扣除。

岩土层的剪切波速测试要求详见第六章第三节。土层等效剪切波速按下列公式计算：

$$v_{se} = d_0/t \tag{3-7-2}$$

式中 v_{se}——土层等效剪切波，m/s；

      d_0——计算深度，m，取覆盖层厚度和 20 m 两者的较小值；

      t——剪切波在地面至计算深度之间的传播时间，s，实测时采用实测值，按表 3-7-3 估计时按式(3-7-3)计算：

$$t = \sum_{i=1}^{n} (d_i/v_{si}) \tag{3-7-3}$$

式中 d_i——计算深度范围内第 i 土层厚度，m；

      v_{si}——第 i 土层的剪切波速，m/s；

      n——计算深度范围内土层分层数。

（三）场地类别的划分和设计特征周期的确定

建筑的场地类别，应根据土层等效剪切波速和场地覆盖层厚度按表 3-7-4 划分为四类，其中Ⅰ类分为Ⅰ₀、Ⅰ₁两个亚类。当有可靠的剪切波速和覆盖层厚度且其值处于表 3-7-4 所列场类别的分界线附近时，应允许按插值方法确定地震作用计算所用的设计特征周期。

地震作用所用的设计特征周期应根据场地类别和设计地震分组按表 3-7-5 确定，计算 8、9 度罕遇地震作用时，特征周期应增加 0.05 s。当有可靠的剪切波速和覆盖层厚度且其值处于表 3-7-4 所列场地类别的分界线附近(指相差 15% 的范围)时，应允许按插值方法(见图 3-7-1)确定地震作用所用的设计特征周期。

表 3-7-4   各类建筑场地的覆盖层厚度   m

等效剪切波速 /(m/s)	场地类别			
	Ⅰ	Ⅱ	Ⅲ	Ⅳ
$v_{se} > 800$	0			
$800 \geqslant v_{se} > 500$	0			
$500 \geqslant v_{se} > 250$	<5	≥5		
$250 \geqslant v_{se} > 150$	<3	3～50	>50	
$v_{se} \leqslant 150$	<3	3～15	>15～80	>80

表 3-7-5   特征周期值   s

设计地震分组	场地类别			
	Ⅰ	Ⅱ	Ⅲ	Ⅳ
第一组	0.25	0.35	0.45	0.65
第二组	0.30	0.40	0.55	0.75
第三组	0.35	0.45	0.65	0.90

八、地震液化的勘察

地震液化的岩土工程勘察主要包括三方面的内容：一是判定场地土有无液化的可能性；二是评价液化等级和危害程度；三是提出抗液化措施的建议。

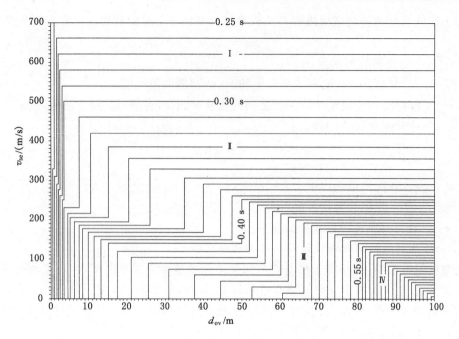

图 3-7-1　在 d_{ov}—v_{se} 平面上的 T_g 等值线图

（用于设计特征周期一区，图中相邻 T_g 等值线的差值均为 0.01 s）

（一）砂土液化机理

砂土液化是指饱水的砂或粉土在地震力作用下瞬时失去强度，由固体状态变为液体状态的力学过程。液化机理可用土强度理论解释。饱和砂土的抗剪强度可表示为：

$$\tau = (\sigma - u)\tan\varphi \qquad (3\text{-}7\text{-}4)$$

式中　σ——剪切面上的总法向力；

　　　φ——土的内摩擦角；

　　　τ——土的抗剪切强度；

　　　u——孔隙水压力。

在突然强烈地震力的作用下，饱水砂土层压密，孔隙度减小，孔隙水不能瞬时排出而引起孔隙水压力突然上升，当孔隙水压力增加到使土体颗粒之间的接触压力或土体内的有效压力（$\sigma-u$）接近零时，土体的抗剪强度变成零，砂土呈流动状态，承载力下降，地基失效。如孔隙水压大于上覆土体的压力或地面出现裂缝时，地下水借助一定压力携带着大量砂粒喷出地面，便形成喷水冒砂现象。地震时常见的地面喷水冒砂现象就是饱水砂或粉土液化的宏观标志。对于液化而言，饱水砂或粉土是液化的物质基础，孔隙水压力在地震力作用下变化是液化的动力条件。

（二）砂土液化的判别

历史地震震害经验表明，6 度区液化对房屋结构和其他各类工程所造成的震害较轻，因此，抗震设防烈度 6 度地区，一般建筑物可不考虑液化的影响，但对液化沉陷敏感的乙类建筑（包括相当于乙类建筑的其他重要工程），可按 7 度进行液化判别。甲类建筑（包括相当于甲类建筑的其他特别重要工程）应进行专门的液化勘察。

地震液化是由多种内因（土的颗粒组成、密度、埋藏条件、地下水位、沉积环境和地质历史等)和外因(地震动强度、频谱特征和持续时间等)综合作用的结果。目前,各种判别液化的方法都是经验方法,都有一定的局限性和模糊性,故饱和砂土或粉土的液化判别宜采用定性和定量相结合的综合判别方法。

综合判别时,定性方面应包括下列内容:

① 场地地形、地貌、地层、地下水等与液化有关的场地条件。例如,位于河曲凸岸新近沉积的粉细砂特别容易发生液化。

② 历史上曾经发生过液化的场地容易再次发生液化,因此,当场地及其附近存在历史地震液化遗迹时,宜分析液化重复发生的可能性。

③ 倾斜场地或液化层倾向水面或临空面时,应评价液化引起土体滑移的可能性。

液化判别分两步进行,首先根据饱和砂土或粉土的地质年代、黏粒含量、上覆非液化土层厚度、地下水位深度、基础埋置深度和地震烈度等条件进行初判,确定是否为不液化土或可不考虑液化影响的土。当初步判别认为有液化可能时,应再作进一步判别。

(1) 初步判别

饱和的砂土或粉土(不含黄土),当符合下列条件之一时,可初步判别为不液化土或可不考虑液化影响:

① 地质年代为第四纪晚更新世(Q_3)及以前时,7度、8度时可判为不液化。

② 粉土的黏粒(粒径小于 0.005 mm 的颗粒)含量百分率,7度、8度和9度分别不小于10％、13％和16％时,可判为不液化土。

注:用于液化判别的黏粒含量系采用六偏磷酸钠作分散剂测定,采用其他方法时应按有关规定换算。

③ 天然地基的建筑,当上覆非液化土层厚度和地下水位深度符合下列条件之一时,可不考虑液化影响:

$$d_u > d_0 + d_b - 2 \tag{3-7-5}$$

$$d_w > d_0 + d_b - 3 \tag{3-7-6}$$

$$d_u + d_w > 1.5d_0 + 2d_b - 4.5 \tag{3-7-7}$$

式中　d_w——地下水位深度,m,宜按设计基准期内年平均最高水位采用,也可按近期内年最高水位采用;

d_u——上覆非液化土层厚度,m,计算时宜将淤泥和淤泥质土层扣除;

d_b——基础埋置深度,m,不超过 2 m 时采用 2 m;

d_0——液化土层特征深度,m,按表 3-7-6 采用。

表 3-7-6　　　　　　　　　　　　　　液化土层特征深度　　　　　　　　　　　　　　　　　　m

饱和土类别	7 度	8 度	9 度
粉　土	6	7	8
砂　土	7	8	9

(2) 进一步判别

经过初判,饱和砂土或粉土不属于非液化土或可不考虑液化影响的土时,需要作进一步的判别。当饱和砂土、粉土初步判别认为需要进一步进行液化判别时,应采用标准贯入试验方法判别地面下 20 m 范围内土的液化；但对抗震规范规定可不进行天然地基及基础的抗震承载力验算的各类建筑，可只判别地面下 15 m 范围内土的液化。

国家规范《建筑抗震设计规范》（GB 50011—2011）规定进一步判别采用标准贯入试验法。在有些地区和其他部门也可采用其他成熟的方法进行综合判别，常用的有静力触探试验法和剪切波速法等。

① 标准贯入试验判别法

当采用标准贯入试验判别液化时，对判别液化而布置的勘探点不应少于 3 个，勘探孔深度应大于液化判别深度。应按每个试验孔的实测击数进行。在需作判定的土层中，试验点的竖向间距宜为 1.0～1.5 m，每层土的试验点数不宜少于 6 个。

当饱和土标准贯入锤击数 N（未经杆长修正）小于或等于液化判别标准贯入锤击数临界值 N_{cr} 时，应判为液化土。在地面下 20 m 深度范围内，液化判别标准贯入锤击数临界值可按式（3-7-8）计算：

$$N_{cr} = N_0 \beta \left[\ln(0.6d_s + 1.5) - 0.1d_w \right] \sqrt{3/\rho_c} \tag{3-7-8}$$

式中　N_{cr}——液化判别标准贯入锤击数临界值；

　　　N_0——液化判别标准贯入锤击数基准值，应按表 3-7-7 采用；

　　　d_s——饱和土标准贯入点深度，m；

　　　d_w——地下水水位深度，m；

　　　ρ_c——黏粒含量百分率，%，当小于 3 或为砂土时，均应采用 3。

　　　β——调整系数，设计地震第一组取 0.80，第二组取 0.95 ，第三组取 1.05。

表 3-7-7　　　　　　　　　　　**液化判别标准贯入锤击数基准值 N_0**

设计基本地震加速度 g	0.10	0.15	0.20	0.30	0.40
锤击数基准值 N_0	7	10	12	16	19

② 静力触探试验判别法：利用静力触探试验所得到的比贯入阻力和锥尖阻力数据判别饱和土液化，它是根据唐山地震不同烈度区的试验资料，用判别函数法统计分析后总结出来的，曾纳入 1994 年《建筑抗震设计规范》中，现行《铁路工程抗震设计规范》（GB 50111—2006）和《铁路工程地质原位测试规程》（TB 10018—2003）仍在使用，适用于饱和砂土和粉土的液化判别。具体规定是：当实测计算比贯入阻力 p_s 或实测计算锥尖阻力 q_c 小于液化比贯入阻力临界值 p_{scr} 或液化锥尖阻力临界值 q_{ccr} 时，应判别为液化土，否则为不液化土。临界值 p_{scr} 和 q_{ccr} 按下列公式计算：

$$p_{scr} = p_{s0} a_w a_u a_p \tag{3-7-9}$$

$$q_{ccr} = q_{c0} a_w a_u a_p \tag{3-7-10}$$

$$a_w = 1 - 0.065(d_w - 2) \tag{3-7-11}$$

$$a_u = 1 - 0.05(d_u - 2) \tag{3-7-12}$$

式中　p_{scr}、q_{ccr}——饱和土静力触探液化比贯入阻力、锥尖阻力临界值，MPa；

　　　p_{s0}、q_{c0}——地下水深度 $d_w = 2$ m，上覆非液化土层厚度 $d_u = 2$ m 时，饱和土液化判别比贯入阻力、锥尖阻力基准值，MPa，按表 3-7-8 取值；

　　　a_w——地下水位埋深修正系数，地面常年有水且与地下水有水力联系时，取 1.13；

a_u——上覆非液化土层厚度修正系数,对深基础取 1.0;

d_w——地下水位深度,m;

d_u——上覆非液化土层厚度,m,计算时应将淤泥和淤泥质土层厚度扣除;

a_p——与静力触探摩阻比有关的土性修正系数,按表 3-7-9 取值。

表 3-7-8　　　　　　　　　　比贯入阻力和锥尖阻力基准值 p_{s0}、q_{c0}

抗震设防烈度	7 度	8 度	9 度
p_{s0}/MPa	5.0~6.0	11.5~13.0	18.0~20.0
q_{c0}/MPa	4.6~5.5	10.5~11.8	16.4~18.2

表 3-7-9　　　　　　　　　　土性修正系数 a_p 值

土类	砂 土	粉 土	
静力触探摩阻比 R_f	$R_f \leqslant 0.4$	$0.4 < R_f \leqslant 0.9$	$R_f > 0.9$
土性修正系数 a_p	1.00	0.60	0.45

③ 剪切波速判别法:利用土的实测剪切波速判别地面下 15 m 范围内饱和砂土和粉土的地震液化。该法是石兆吉研究员根据 Dobry 刚度法原理和我国现场资料推演出来的。《天津市建筑地基基础设计规范》(TBJ 1—88)结合当地情况引用了该成果。具体判别方法是:当实测剪切波速 v_s 大于液化临界剪切波速 v_{scr} 时,为不液化土;否则,为可液化土。临界剪切波速用式(3-7-13)计算:

$$v_{scr} = v_{s0}(d_s - 0.013\,3d_s^2)^{0.5}\left[1.0 - 0.185\left(\frac{d_w}{d_s}\right)\right]\left(\frac{3}{\rho_c}\right)^{0.5} \tag{3-7-13}$$

式中　v_{scr}——饱和砂土或粉土地震液化判别剪切波速临界值,m/s;

v_{s0}——与烈度、土类有关的经验系数,按表 3-7-10 取值;

d_s——剪切波速测点深度,m;

d_w——地下水深度,m。

表 3-7-10　　　　　　　　　　与烈度、土类有关的经验系数 v_{s0}

土类 ＼ 地震烈度	7 度	8 度	9 度
砂　土	65	95	130
粉　土	45	65	90

(三)地震液化等级和危害程度评价

凡判别为可液化的土层,应按现行国家标准《建筑抗震设计规范》(GB 50011—2010)的规定确定其液化指数和液化等级。勘察报告中除应阐明可液化的土层、各孔的液化指数外,尚应根据各孔液化指数综合确定场地液化等级。

评价液化等级的基本方法是:逐点判别(按照每个标准贯入试验点判别液化可能性),按孔计算(按每个试验孔计算液化指数),综合评价(按照每个孔的计算结果,结合场地的地质地貌条件,综合确定场地液化等级)。

对存在液化砂土层、粉土层的地基,应探明各液化土层的深度和厚度,按式(3-7-14)计算每个钻孔的液化指数:

$$I_{lE} = \sum_{i=1}^{n} (1 - \frac{N_i}{N_{cri}}) d_i W_i \tag{3-7-14}$$

式中　　I_{lE}——液化指数;

　　　　n——判别深度范围内每一个钻孔标准贯入试验点的总数;

　　　　N_i、N_{cri}——i 点标准贯入锤击数的实测值和临界值,当实测值大于临界值时应取临界值的数值,当只需要判别 15 m 范围以内的液化时,15 m 以下的实测值可按临界值采用;

　　　　d_i——i 点所代表的土层厚度,m,可采用与该标准贯入试验点相邻的上、下两标准贯入试验点深度差的一半,但上界不能高于地下水深度,下界不深于液化深度;

　　　　W_i——i 土层单位土层厚度的层位影响权函数值,m^{-1}。当该层中点深度不大于 5 m 时采用 10,等于 20 m 时采用零值,5~20 m 时应按线性内插法取值。

按照每个孔的液化指数,并结合场地地质、地貌以及地下水深度等条件,按表 3-7-11 综合确定场地液化等级分为轻微、中等、严重三级。

表 3-7-11　　　　　　　　　　　　　液化等级划分标准

液化等级	轻微液化	中等液化	严重液化
判别深度为 15 m 时的液化指数	$0 < I_{lE} \leqslant 5$	$5 < I_{lE} \leqslant 15$	$I_{lE} > 15$
判别深度为 20 m 时的液化指数	$0 < I_{lE} \leqslant 6$	$6 < I_{lE} \leqslant 18$	$I_{lE} > 18$

(四)抗液化措施

抗液化措施是对液化地基的综合治理。倾斜场地的土层液化往往带来大面积土体滑动,造成严重后果,而水平场地土层液化的后果一般只造成建筑的不均匀下沉和倾斜,当液化土层较平坦(坡度不大于 10°)且均匀时,宜按表 3-7-12 选用地基抗液化措施,尚可计入上部结构重力荷载对液化危害的影响,根据液化震陷量的估计适当调整抗液化措施。

表 3-7-12　　　　　　　　　　　　　抗液化措施

建筑抗震设防类别	地基液化等级		
	轻　微	中　等	严　重
乙　类	部分消除液化沉陷,或对基础和上部结构处理	全部消除液化沉陷,或部分消除液化沉陷且对基础和上部结构处理	全部消除液化沉陷
丙　类	基础和上部结构处理,亦可不采取措施	基础和上部结构处理,或更高要求措施	全部消除液化沉陷,或部分消除液化沉陷且对基础和上部结构处理
丁　类	可不采取措施	可不采取措施	基础和上部结构处理,或其他经济措施

不宜将未经处理的液化土层作为天然地基持力层,但不是绝对不允许,在经过严密论证的基础上,可以将轻微和中等液化的土层作为持力层,过去不允许液化地基作持力层的规定有些偏严。

液化等级属于轻微者,除甲、乙类建筑由于其重要性需确保安全外,一般不作特殊处理,因为这类场地可能不发生喷水冒砂,即使发生也不致造成建筑的严重震害。

对于液化等级属于中等的场地,尽量多考虑采用较易实施的基础与上部结构处理的构造措施,不一定要加固处理液化土层。

在液化层深厚的情况下,消除部分液化沉陷的措施,即处理深度不一定达到液化下界而残留部分未经处理的液化层,从我国目前的技术、经济发展水平上看是较合适的。

(1) 全部消除地基液化沉陷的措施

全部消除地基液化沉陷的措施主要有桩基础、深基础、换土法、加密法等,各项措施的基本要求是:

① 采用桩基础时,桩端伸入液化深度以下稳定土层中的长度(不包括桩尖部分),应按计算确定,且对于碎石土、砾、粗、中砂,坚硬黏性土和密实粉土尚不应小于 0.5 m,对其他非岩石性土不宜小于 1.5 m。

② 采用深基础时,基础底面应埋入液化深度以下的稳定土层中,其深度不小于 0.5 m。

③ 采用加密法(如振冲、振动加密、挤密碎石桩、强夯等)处理加固地基时,应处理至液化深度下界;振冲或挤密碎石桩加固后,桩间土的标准贯入锤击数不宜小于液化判别标准贯入锤击数临界值。

④ 采用换土法时,用非液化土替换全部液化土层。

⑤ 采用加密法和换土法处理时,在基础边缘以外的处理宽度,应超过基础底面下处理深度的 1/2 且不小于基础宽度的 1/5。

(2) 部分消除地基液化沉陷的措施

部分消除地基液化沉陷的措施主要采用挖除部分液化土层并用非液化土替换或进行浅层地基加密处理的方法,基本要求是:

① 处理深度应使处理后的地基液化指数减小,当判别深度为 15 m 时,其值不宜大于 4,当判别深度为 20 m 时,其值不宜大于 5;对于独立基础和条形基础,尚不应小于基础底面下液化土特征深度和基础宽度的较大值。

② 采用振冲或挤密碎石桩加固后,桩间土的标准贯入锤击数实测值不宜小于液化判别标准贯入锤击数临界值。

③ 基础边缘以外处理宽度应超过基础底面下处理深度的 1/2 且不小于基础宽度的 1/5。

(3) 减轻液化影响的基础和上部结构的处理措施

减轻液化影响的基础和上部结构的处理,可综合采用下列措施:

① 选择合适的基础埋置深度。

② 调整基础底面积,减少基础偏心。

③ 加强基础整体性和刚度,如采用箱基、筏基或钢筋混凝土交叉条形基础,加设基础圈梁等。

④ 减轻载荷,增强上部结构的整体刚度和均匀对称性,合理设置沉降缝,避免采用对不均匀沉降敏感的结构形式等。

⑤ 管道穿过建筑物处应预留足够尺寸或采用柔性接头等。

九、软土震陷

天然孔隙比大于或等于 1.0，且天然含水量大于液限的细粒土应判定为软土，包括淤泥、淤泥质土、泥炭、泥炭质土等。软土在强烈振动下受到扰动，土体结构遭受破坏。地震时，软土中原有应力状态进一步发生变化，促使地基土体中的塑性区进一步扩展，强度显著降低，压缩变形急剧增加，土体向基础两侧挤出，从而导致软土地基上建筑物突然发生沉降、倾斜、破坏。软土地基在地震力作用下发生变形下沉的现象称为软土震陷。

强烈地震时软土发生震陷，不仅被科学实验和理论研究所证实，而且历史宏观震害调查也证明了它的存在。例如，1985 年 9 月 19 日墨西哥大地震，墨西哥城软土地基多处发生震陷，建筑遭到严重破坏。我国 1976 年唐山地震时，天津塘沽新港一带软土地基上的很多建筑物产生了显著的震陷，如交通部塘沽港第一航务局工程处 26 栋宿舍楼下沉，其中三层楼房一般下沉 15～18 cm，四层楼房一般下沉 17～25 cm，少数下沉 30～40 cm，不均匀下沉使建筑物发生整体倾斜。汉沽杨庄乡富庄整体下沉 2.6～2.9 m，震陷面积达 1.5 km²。

软土震陷多发生在抗震设防烈度等于或大于 7 度的深厚软土分布区，深厚的软土沉积场地在地震作用下的地面运动比坚硬场地要强烈几倍，往往会加剧震害。因此，《岩土工程勘察规范》(GB 50021—2001，2009 年版)规定，抗震设防烈度等于或大于 7 度的厚层软土分布区，宜判别软土震陷可能性和估算震陷量。

液化的危害主要来自震陷，特别是不均匀震陷。震陷量主要决定于土层的液化程度和上部结构的荷载。由于液化指数不能反映上部结构的荷载影响，因此有趋势直接采用震陷量来评价液化的危害程度。例如，对 4 层以下的民用建筑，当精细计算的平均震陷值 $S_E < 5$ cm 时，可不采取抗液化措施；当 $S_E = 5 \sim 15$ cm 时，可优先考虑采取结构和基础的构造措施；当 $S_E > 15$ cm 时需要进行地基处理，基本消除液化震陷；在同样震陷量下，乙类建筑应该采取较丙类建筑更高的抗液化措施。

目前软土震陷预测和评价方法还不够成熟，较难进行预测和可靠的计算，只能依据震害经验进行初步评价。依据实测震陷、振动台试验以及有限元法对一系列典型液化地基计算得出的震陷变化规律，发现震陷量取决于液化土的密度(或承载力)、基底压力、基底宽度、液化层底面和顶面的位置和地震震级等因素，提出估计砂土与粉土液化平均震陷量的经验方法如下：

砂土
$$S_E = \frac{0.44}{B}\xi S_0 (d_1^2 - d_2^2)(0.01p)^{0.6}\left(\frac{1-D_r}{0.5}\right)^{1.5} \tag{3-7-15}$$

粉土
$$S_E = \frac{0.44}{B}\xi k S_0 (d_1^2 - d_2^2)(0.01p)^{0.6} \tag{3-7-16}$$

式中　S_E——液化震陷量平均值，液化层为多层时，先按各层次分别计算后再相加；

　　　B——基础宽度，m；对住房等密集型基础取建筑平面宽度；当 $B \leqslant 0.44d_1$ 时，取 $B = 0.44d_1$；

　　　S_0——经验系数，对 7、8、9 度分别取 0.05、0.15 和 0.3；

　　　d_1——由地面算起的液化深度，m；

　　　d_2——由地面算起的上覆非液化土层深度，m，液化层为持力层取 $d_2 = 0$；

　　　p——宽度为 B 的基础底面地震作用效应标准组合的压力，kPa；

D_r——砂土相对密度,%,可依据标贯锤击数 N 取 $D_r = (\dfrac{N}{0.23\sigma_v' + 16})^{0.5}$;

k——与粉土承载力有关的经验系数,当承载力特征值不大于 80 kPa 时,取 0.30;当不小于 300 kPa 时取 0.08;其余可内插取值;

ξ——修正系数,直接位于基础下的非液化厚度满足式(3-7-5)对上覆非液化土层厚度 d_u 的要求,$\xi=0$;无非液化层,$\xi=1$;中间情况内插确定。

当地基承载力特征值或场地等效剪切波速大于表 3-7-13 所列临界值时,各类建筑可以不考虑震陷的影响。

表 3-7-13　　　　　判断软土震陷的临界承载力特征值或等效剪切波速

抗震设防烈度	7 度	8 度	9 度
承载力特征值/kPa	>80	>100	>120
等效剪切波速/(m/s)	>90	>140	>200

《构筑抗震设计规范》(GB 50011—2010)规定,地震烈度为 8 度和 9 度的地区,地基范围内存在淤泥、淤泥质土且 f_{ak} 值 8 度小于 100 kPa,9 度小于 120 kPa 时,除丁类构筑物或基础底面以下非软土层厚度符合表 3-7-14 规定的构筑物外,均应采取措施,消除软土地基震陷影响。

表 3-7-14　　　　　　　　基础底面以下非软土层厚度

烈　度	基础底面以下非软土层厚度/m
7 度	≥0.5b,且≥3
8 度	≥b,且≥5
9 度	≥1.5b,且≥8

注:b 为基础底面宽度,m。

研究表明,自重湿陷性黄土或黄土状土也具有震陷性。当孔隙比大于 0.8、含水量在缩限(指固体与半固体的界限)与 25% 之间时,应根据需要评估其震陷量。含水量大于 25% 黄土或黄土状土的震陷量可按一般软土评估。

消除地基震陷影响可以采用桩基、深基础、加密或换土法等措施,当不具备地基处理条件时,可适当降低取用地基抗震承载力设计值。

第八节　活　动　断　裂

一、活动断裂及其危害

活动断裂一般是指目前正在活动着或者近期曾经有过活动而不远的将来可能继续活动的断裂。关于"近期"即活动断裂时间下限,不同学科或不同学者出于不同的研究目的,存在分歧。有的仅限于全新世(1 万年)以内,有的则限于晚更新世(10 万年以内),而传统地质学中,则把第四纪(240 万年)以来有过活动或将来有可能活动的断裂定义为活动断裂。在岩土工程中,研究活动断裂的目的在于分析和评价活动断裂对工程建设的影响。根据我国几十年来的工程实践,在全新世地层以下有断裂,而全新世地层没有错断,其上兴建的工程没有发生过地表位错而导致工程破坏的实例。也就是说,全新世之前的活动断裂对于一般工程建设基本没有影响。因此,在岩土工程中,对于绝大多数的工程仅考虑全新世(1万年)以来活动过的断裂,而对于特殊重要的工程如核电厂和大型水电工程,时间下限延至10万年以来(晚更新世)。

活动断裂与地震关系十分密切。绝大多数强震震中分布在活断裂带内,环太平洋地震带和地中海—喜马拉雅地震带是全球两大地震带,而这两个带恰恰也是活动板块边界的大断裂带。地震可以使断裂重新活动,世界上著名的破坏性地震所产生的地表新断裂与原来存在的断裂走向一致或完全重合。断裂活动可以引起地震,许多深大活动断裂都发生过强烈地震,在许多活动断裂上都发现了古地震以及地震重复出现现象,地震间隔时间从几百年至上万年不等。在地震形成机制上,震源错动面的产状和地表断裂往往一致。全世界90%以上的地震,都是由于地壳的断裂变动造成的。由于地震与活动断裂有着成因上的密切联系,因此可通过地震及地震分布的研究来认识活动断裂,反过来,又可利用活动断裂来预测地震和抗震设防。

活动断裂对建设工程的影响表现在两个方面,其一,活动断裂往往是产生地震的根源;其二,活动断裂的地面错动及其伴生的地面变形,往往会直接损害跨断裂修建或建于断裂附近的建筑物,地震时沿活动断裂破坏往往最严重。在最近几年世界范围内所发生的几次大地震,如1995年1月日本神户的7.2级地震、1999年8月17日土耳其伊兹米特附近的7.4级地震以及1999年9月12日我国台湾的7.6级地震,不仅都与活动断裂剧烈活动有关,地震后,活动断裂在地面产生显著错动和变形,断裂所经之处建筑物、桥梁、道路等受到严重破坏。土耳其伊兹米特地震形成了长达180 km地表断裂,地面水平位移超过1 m,震中位置达3.8 m。地表破裂带宽度最大约50 m,断裂穿过地段的地面房屋建筑、道路、桥梁都受到严重破坏。台湾大地震与大茅—双冬和车笼埔两条断裂的剧烈活动有关,震后断裂水平错动3～4 m,最大超过8 m,垂直错动最大达10 m,破裂带延伸长度80 km,断裂所经地段的房屋、桥梁、水坝、道路受到严重的破坏,一条河流被断裂错断,不仅桥梁被毁,还同时形成了落差近7 m的瀑布。

二、活动断裂的分类

(一)地震工程分类

从岩土工程和地震工程的观点出发,考虑到工程安全的实际需要,把活动断裂分为全新活动断裂、发震断裂和非全新活动断裂。

① 全新活动断裂——全新世地质时期(一万年)内有过强烈地震活动或近期正在活动,在今后100年可能继续活动的断裂。

② 发震断裂——全新活动断裂中,近期(近500年来)发生过震级$M \geqslant 5$级地震的断裂,或在今后100年内可能发生$M \geqslant 5$级地震的断裂。

③ 非全新活动断裂——一万年前曾活动过,一万年以来没有发生过活动的断裂。

(二)活动断裂分类

活动断裂的活动性质、地震强度、活动速率不同,对工程稳定性也有不同的影响。为了便于评价全新活动断裂的活动程度,根据我国活动断裂的继承性、新生性特点和工程实践经验,以断裂活动性、活动速率和历史地震强度三个指标为依据,将全新活动断裂分为强烈全新活动断裂、中等全新活动断裂和微弱全新活动断裂三级,分级标准见表 3-8-1。

表 3-8-1　　　　　　　　　　　　　　　　全新活动断裂分级

断裂分级 分级指标	活动性	平均活动速率 /(mm/a)	历史地震震级 (M)
Ⅰ　强烈全新活动断裂	中晚更新世以来有活动,全新世活动强烈	$v>1$	$M>7$
Ⅱ　中等全新活动断裂	中晚更新世以来有活动,全新世活动较强烈	$1>v \geqslant 0.1$	$7>M \geqslant 6$
Ⅲ　微弱全新活动断裂	全新世有微弱活动	$v<0.1$	$M<6$

三、活动断裂识别标志

(一)地质标志

① 活动断裂往往错断、拉裂或扭动全新世以来沉积的地层,特别是人类历史以来最新沉积地层,如黄土层、残积层、坡积层、河床沙砾石层、河漫滩沉积层以及含有人类古文化遗迹的古文化层等,都是活动断裂的确凿证据。

② 断裂为区域性深大断裂带的组成部分,或组成第四纪地堑或地垒的主干断裂,常属于活动断裂。

③ 活动断裂破碎带中的构造岩、压碎岩,一般松散无胶结,成分新鲜。在基岩断裂面上或断裂泥表面常具有明显的阶步和擦痕。

(二)地形地貌标志

活动断裂切穿现代地表,往往造成地形、地貌突变(见图 3-8-1)。常表现在:

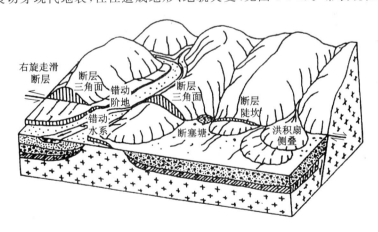

图 3-8-1　活动断裂的微地貌现象

① 山脊、冲沟、河流和洪积扇等被错断。

② 山口峡谷多,沿断裂有断裂陡坎,断裂三角面平直新鲜,呈线状分布。

③ 断裂构成山地与平原或盆地的平直分界线,山地与平原的分界明显。

④ 陡坎山的山脚常呈狭长条状的洼地或沼泽,沿断裂带有泉水出露,有时为温泉。

⑤ 陡坎山的山前经常分布有大规模的崩塌或滑坡,第四纪堆积物特别厚或洪积锥特别高或特别低。

⑥ 同级河流阶地的高程在断裂两侧发生突然变化,有时可相差数十米。

⑦ 夷平面解体,同一级夷平面活动断裂两侧高程可差达数百米至上千米。

⑧ 河流在断裂带附近发生同步明显拐弯,断裂两盘河流错位。

（三）火山和岩浆活动标志

第四纪火山锥或熔岩沿断裂呈线性分布,沿断裂带近期有岩浆或火山活动,如北京八宝山断裂大灰厂附近橄榄辉绿岩侵入到长辛店砾石层中,又如吉林敦化玄武岩沿断裂喷发等。

（四）地震活动标志

沿断裂带历史上有地震活动,地震震中沿断裂带分布。断裂带及附近现代小震活动比较频繁。布设在断裂带上的精密测量系统所取得的形变资料,表明断裂有明显的位移或蠕动。

（五）其他标志

沿断裂带常出现地磁、地电、重力、地热等地球物理场异常,地下水化学成分异常,氦、氡、硼等微量元素异常,古建筑和现代建筑受断裂错动影响产生裂缝甚至破坏,公路和管线工程被错断等。

四、活动断裂勘察

（一）勘察要求和任务

活动断裂一般只有在强震作用下才会对建筑场地的稳定性产生显著不利影响。因此,抗震设防烈度小于 7 度地区,可以不考虑活动断裂对工程场地稳定性的影响,凡抗震设防烈度等于或大于 7 度的重大工程场地都应进行活动断裂勘察。重大工程是指对社会有重大价值或者有重大影响的工程,其中包括使用功能不能中断或需要尽快恢复的生命线工程,如医疗、广播、通讯、交通、供水、供电、供气等工程,大型工业建设场地或新《建筑抗震设计规范》（GB 50011—2010)中规定的甲类、乙类及部分重要的丙类建筑等。大型水利水电工程和核电站工程规模巨大,对安全有更高要求,一旦失事,后果相当严重。它们不同于一般意义上的重大工程,对活动断裂勘察和场地稳定性评价都有更高的要求。

活动断裂勘察的主要任务是查明断裂位置、类型、规模、活动速率和活动周期以及地震危险性等,在此基础上,评价其活动性和地震危险性以及对工程建设可能产生的影响,并提出相应的工程处理措施,为城市和各项建设工程场地的选址、制定抗震设防规划和措施等提供依据。

（二）勘察方法

活动断裂的勘察和鉴别可以应用地质学、地貌学、地震学、地球物理、地球化学及其他测量方法,其中以地质学、地貌学与构造地质学相结合的方法为主。活动断裂都是在老构造的基础上发生新活动的断裂。一般说来,它们的走向、活动特点、破碎带特性等断裂要素与老构造有明显的继承性。因此,在对一个建筑地区的断裂进行勘测时,应首先对本地区的构造格架有清楚的认识和了解。当前国内外地震地质研究成果和工程实践经验都较为丰富,一般情况下,通过分析研究已有文献资料,应用遥感技术、工程地质测绘,必要时结合物探及做适当的测试工作,基本能达到勘察活动断裂的目的。

（1）收集资料

全面收集勘察场地附近地质和地震资料是非常重要的，在很多情况下，只要收集、分析、研究已有的丰富的文献资料，就能基本查明和解决有关活动断裂的问题。需要收集的资料有：区域地质和构造、地震地质、构造带（或活动构造）及强震震中分布、地震区带分布图、地应力及地形变资料、历史地震和现代地震、震害记录、文献、卫星影像及航空相片资料以及大地测量成果等。

（2）遥感技术的应用

遥感信息技术已经相当成熟，经过影像处理和解释的卫星影像及航空相片能清晰地显示与活动断裂有关的微地形地貌特征，如断裂崖、断裂三角面、水系变迁、河流同向转弯、冲沟和山脊错动或扭曲、山地与平原突变、线状展布的地下水、串珠状分布的湖泊等，已经成为鉴别和发现活动断裂尤其是隐伏活动断裂的重要手段。但应该注意，根据航片和卫片解释出来的活动断裂，必须用野外地质调查或其他勘探手段加以证实。

（3）工程地质测绘

主要有三个方面的内容，即地形地貌的调查、地质迹象的调查和地震迹象的调查。

① 地形地貌的调查：活动断裂一般在微地貌及宏观地貌上有所显示，并成为识别活动断裂的地形地貌标志，它们是野外地形地貌调查的核心内容。包括山区或高原不断上升剥蚀或有长距离的平滑分界线；非岩性影响的陡坡、峭壁、深切的直线形河谷，一系列滑坡、崩塌和山前叠置的洪积扇；定向断续线形分布的残丘、洼地、沼泽、芦苇地、盐碱地、湖泊、跌水、泉、温泉等；水系定向展布或同向扭曲错动等。

② 地质迹象的调查：活动断裂往往切穿第四纪地层，致使地层变动错位，造成断裂两侧第四纪地层不连续，这是识别活动断裂和判断活动时间的重要标志。因此，要注意调查第四纪特别是晚更新世以来的地层在断裂两侧有无岩相、层位和厚度的变化以及错动、扭曲、地层牵引变形等迹象，并绘制断裂地质剖面图。活动断裂破碎带的构造岩、压碎岩一般未胶结或半胶结，基岩断裂面或断裂泥表面常有阶步和擦痕等，因此，要注意调查与研究破碎带物质成分、结构、颜色及固结状态等特征。为确定断裂活动的最新时限，还要采集测定断裂两侧地层以及断裂带岩样和土样，进行室内年龄测定。深色物质宜采用放射性碳14（^{14}C）法，非深色物质宜采用热释光法（TL法）或铀系法，测定已错断层位和未错断层位的地质年龄。

③ 地震迹象的调查：进行古地震调查，寻找古地震遗迹，如调查地震断裂、崩积锥、地裂缝、岩石崩塌、滑坡、地震湖、河流改道及砂土液化的遗迹等，能很好地说明断裂的活动情况。近期的地震仪器记录资料对鉴定断裂活动也十分有力，现今地震活动，最直接地反映了该区有关断裂带的活动性。

（4）断裂物质年龄的测试以及样品采集

常用的测年方法有^{14}C法、热释光法（TL）、电子自旋共振法（ESR）等。^{14}C测年法是利用含碳质的生物死亡后，其中的同位素^{14}C将按指数规律不断地衰变，半衰期为（5 730±40）a，通过测定含有机炭物质的衰变后剩余的^{14}C含量便可推断其年龄。该法测年适用的时间段为$2×10^2 \sim 4×10^4$ 年，所需物料是木炭、泥炭、富含有机质淤泥、腐殖土、贝壳等含有机炭的样品。热释光法（TL法）是利用物质加热至$400 \sim 500$ ℃时所发出的热释光，继续加热后光消失。活动断裂带某些结晶矿物通过放射性元素能吸收一些放射出来的能量，时间愈长，贮存的能量就越多。某些矿物受到断裂活动作用时，有可能使原来的热释光能量全部退掉，重新积累能量。通过测定活断裂带结晶矿物所接受的总核辐射能量和放射性元素每年提供给矿物的核辐射能量，可推断结晶矿物的年龄。该法适用测定时间范围为 $n \times 10^2 \sim n \times 10^5$ 年，所需样品是各种风积物、含石英和长石颗粒的断裂角砾岩和断裂泥等。ESR 测年适用的时间段为 $n \times 10^3 \sim n \times 10^7$ 年，适用的测年物料为碳酸盐沉积物、断裂角砾岩和断裂泥。

在样品采集、包装、搬运到完成最后测试的整个过程中，一定要避免样品被污染，用于 ^{14}C 测定的样品，不能使样品被有机质污染；用于 ESR 法的样品采集后，不能在阳光下暴晒或加热；用于 TL 法的样品采集时，应先刮去 $30 \sim 50$ cm 厚长期暴露的表土层，并避免在强光直射下采样，样品要用黑纸或黑塑料布包好，装入塑料盒后封口。

（5）断裂位移的测量

活动断裂长期活动的结果，会产生地壳形变，并表现为断裂两盘的差异升降或水平错动。有明显地表位错的断裂，一般可以采用航空相片解释、微地貌测量分析、地层剖面对比与年龄测定等方法来研究断裂的错动速率。但对于一些重大工程场地，还要对活动断层位移进行高精度测量，以准确计算断裂垂直和水平位移速率，评价其活动性。常用的测量方法有跨断裂短水准测量、短基线或基线网测量等。

（6）断裂勘测评价的重点地段

深大全新活动断裂带：

① 两组或两组以上活动断裂的交汇或汇而不交的部位。

② 活动断裂的拐弯突出部位。

③ 活动断裂的端点及断面不平滑处。

④ 发生过破坏性地震的地段。

新断陷盆地：

① 断陷盆地较深、较陡一侧的全新活动断裂带，尤其是断距最大的地段。

② 断陷盆地内部的次一级盆地之间或横向断裂所控制的隆起两侧。

③ 断陷盆地内多组全新活动断裂的交汇部位。

④ 断陷盆地的端部，尤其是多角形盆地的锐角区。

⑤ 复合断陷盆地中的次级凹陷处等。

五、活动断裂的工程影响评价

活动断裂可能就是发震断裂，不仅可以引起地震，而且在地震时沿活动断裂的破坏往往比较严重，在地表产生明显的位错或地表裂缝，使跨越断裂或断裂附近的建筑物受到变形或破坏。活动断裂引起的地面变形目前尚无法抗御，工程上最好的办法只能是主动避让。因此，重大工程场地或大型工业场地在可行性研究中，对可能影响工程稳定性的全新活动断裂和发震断裂，应采取避让的处理措施。非全新活动断裂可不采取避让措施，当浅埋且破碎带发育时，可按不均匀地基处理。对于隐伏活动断裂，断裂错动对地面建筑物影响程度不仅与断裂的类型和活动等级等因素有关，也与覆盖土层厚度大小和土层性质有关。覆盖土层厚度越大，影响就越小，对于覆盖土层厚度大于 100 m 隐伏活动断裂，断裂错动对地面建筑物几乎没有影响。

《建筑抗震设计规范》(GB 50011—2010)针对仅考虑断裂错动影响的情况下，单个建筑物避让距离有如下规定：

① 符合下列条件之一时,可不考虑发震断裂错动对地面建筑物的影响:
· 抗震设防烈度小于 8 度;
· 非全新世活动断裂;
· 抗震设防烈度为 8 度和 9 度时,隐伏断裂的土层覆盖厚度分别大于 60 m 和 90 m。
② 不符合上述情况时,建筑物应避开活动断裂一定距离,其大小取决于抗震设防烈度和建筑物抗震设防类别,最小避开距离见表 3-8-2。

表 3-8-2　　　　　　　　　　　　　发震断裂最小避让距离

抗震设防烈度	建筑物抗震设防类别			
	甲	乙	丙	丁
8 度	专门研究	200 m	100 m	—
9 度	专门研究	400 m	200 m	—

　　在大型发电工程、水利水电工程和核电厂工程的初可勘测和可研勘测中,对可能影响厂区稳定的全新活动断裂,特别是强烈全新活动断裂,宜采取避开的处理措施。避开的距离应根据全新活动断裂的等级、规模、产状、性质、覆盖层厚度及地震烈度等多种因素,进行具体分析和研究确定。一般情况下可按表 3-8-3 确定。

表 3-8-3　　　　　　　　　　大型发电工程与断裂的安全距离及处理措施

断裂分级		安全距离及处理措施
I	强烈全新活动断裂及发震断裂	当地震设防烈度为 9 度时,宜避开断裂 2 000～3 000 m;当地震设防烈度为 8 度时,宜避开断裂 1 000～2 000 m,并宜选择断裂下盘建设
II	中等全新活动断裂	宜避开断裂 500～1 000 m
III	微弱全新活动断裂	宜避开断裂进行建设,不使建筑物横跨断裂

第四章　特殊性岩土的岩土工程勘察与评价

第一节　黄土和湿陷性土

一、湿陷性黄土

湿陷性黄土是一种非饱和的欠压密土,具有大孔和垂直节理,在天然湿度下,其压缩性较低,强度较高,但遇水浸湿时,土的强度显著降低,在附加压力或在附加压力与土的自重压力下引起的湿陷变形,是一种下沉量大、下沉速度快的失稳性变形,对建筑物危害性大。

我国湿陷性黄土主要分布在山西、陕西、甘肃的大部分地区,河南西部和宁夏、青海、河北的部分地区,此外,新疆维吾尔自治区、内蒙古自治区和山东、辽宁、黑龙江等省,局部地区亦分布有湿陷性黄土。

（一）湿陷性黄土勘察的重点

在湿陷性黄土场地进行岩土工程勘察,应结合建筑物功能、荷载与结构等特点和设计要求,对场地与地基做出评价,并就防止、降低或消除地基的湿陷性提出可行的措施建议。应查明下列内容:

① 黄土地层的时代、成因。

② 湿陷性黄土层的厚度。

③ 湿陷系数、自重湿陷系数和湿陷起始压力随深度的变化。

④ 场地湿陷类型和地基湿陷等级的平面分布。

⑤ 变形参数和承载力。

⑥ 地下水等环境水的变化趋势。

⑦ 其他工程地质条件。

（二）湿陷性黄土场地上建筑物的分类和工程地质条件的复杂程度

1. 建筑物的分类

拟建在湿陷性黄土场地上的建筑物,种类很多,使用功能不尽相同,应根据其重要性、地基受水浸湿可能性的大小和在使用期间对不均匀沉降限制的严格程度,分为甲、乙、丙、丁四类,并应符合表4-1-1的规定。对建筑物分类的目的是为设计采取措施区别对待,防止不论工程大小采取"一刀切"的措施。当建筑物各单元的重要性不同时,可根据各单元的重要性划分为不同类别。

地基受水浸湿可能性的大小,反映了湿陷性黄土遇水湿陷的特点,可归纳为以下三种:

① 地基受水浸湿可能性大,是指建筑物内的地面经常有水或可能积水、排水沟较多或地下管道很多。

② 地基受水浸湿可能性较大,是指建筑物内局部有一般给水、排水或暖气管道。

③ 地基受水浸湿可能性小,是指建筑物内无水暖管道。

表 4-1-1 建筑物分类

建筑物分类	各类建筑的划分	举　例
甲类	① 高度大于 60 m 和 14 层及 14 层以上体型复杂的建筑; ② 高度大于 50 m 的构筑物; ③ 高度大于 100 m 的高耸结构; ④ 特别重要的建筑; ⑤ 地基受水浸湿可能性大的重要建筑; ⑥ 对不均匀沉降有严格限制的建筑	高度大于 50 m 的筒仓;高度大于 100 m 的电视塔;大型展览馆、博物馆;一级火车站主楼;6 000 人以上的体育馆;标准游泳馆;跨度不小于 36 m、吊车额定起重量不小于 100 t 的机床加工车间;不小于 100 t 的水压机车间;大型热处理车间;大型电镀车间;大型炼钢车间;大型轧钢压延车间;大型电解车间;大型煤气发生站;大型火力发电站主体建筑;大型选矿、选煤车间;煤矿主井多绳提升井塔;大型水厂;大型污水处理厂;大型游泳池;大型漂、染车间;大型屠宰车间;净化工房;10 000 t 以上的冷库;有剧毒或有放射污染的建筑
乙类	① 高度为 24～60 m 的建筑; ② 高度为 30～50 m 的构筑物; ③ 高度为 50～100 m 的高耸结构; ④ 地基受水浸湿可能性较大的重要建筑; ⑤ 地基受水浸湿可能性大的一般建筑;	高度为 30～50 m 的筒仓;高度为 50～100 m 的烟囱;省(市)级影剧院、民航机场指挥及候机楼、铁路信号、通讯楼、铁路机务洗修库、高校试验楼;跨度等于或大于 24 m,小于 36 m 和吊车额定起重量等于或大于 30 t,小于 100 t 的机床加工车间;小于 10 000 t 的水压机车间;中型轧钢车间;中型选矿车间;中型火力发电厂主体建筑;中型水厂;中型污水处理厂;中型漂、染车间;大中型浴室;中型屠宰车间
丙类	除乙类以外的一般建筑和构筑物	7 层及 7 层以下的多层建筑;高度不超过 30 m 的筒仓、高度不超过 50 m 的烟囱;跨度小于 24 m,吊车额定起重量小于 30 t 的机床加工车间;单台小于 10 t 的锅炉房;一般浴室、食堂、县(区)影剧院、理化实验室;一般的工具、机修、木工车间、成品库
丁类	次要建筑	1～2 层的简易房屋、小型车间和小型库房

2. 场地工程地质条件的复杂程度

场地工程地质条件的复杂程度,按照地形地貌、地层结构、不良地质现象发育程度、地基湿陷性类型、等级等可分为以下三类:

① 简单场地——地形平缓,地貌、地层简单,场地湿陷类型单一,地基湿陷等级变化不大。

② 中等复杂场地——地形起伏较大,地貌、地层较复杂,局部有不良地质现象发育,场地湿陷类型、地基湿陷等级变化较复杂。

③ 复杂场地——地形起伏很大,地貌、地层复杂,不良地质现象广泛发育,场地湿陷类型、地基湿陷等级分布复杂,地下水位变化幅度大或变化趋势不利。

(三)工程地质测绘的主要内容

在湿陷性黄土场地进行工程地质测绘,除应符合一般要求外,还应包括下列内容:

① 研究地形的起伏和地面水的积聚、排泄条件,调查洪水淹没范围及其发生规律。

② 划分不同的地貌单元,确定其与黄土分布的关系,查明湿陷凹地、黄土溶洞、滑坡、崩坍、冲沟、泥石流及地裂缝等不良地质现象的分布、规模、发展趋势及其对建设的影响。

③ 划分黄土地层或判别新近堆积黄土,黄土地层按表 4-1-2 划分。

表 4-1-2   黄土地层的划分

时　　代		地层的划分	说　　明
全新世(Q₄)黄土	新黄土	黄土状土	一般具湿陷性
晚更新世(Q₃)黄土		马兰黄土	
中更新世(Q₂)黄土	老黄土	离石黄土	上部部分土层具湿陷性
早更新世(Q₁)黄土		午城黄土	不具湿陷性

注:全新世(Q₄)黄土包括湿陷性(Q₄¹)黄土和新近堆积(Q₄²)黄土。

在现场鉴定新近堆积黄土,应符合下列要求:

· 堆积环境:黄土塬、梁、峁的坡脚和斜坡后缘,冲沟两侧及沟口处的洪积扇和山前坡积地带,河道拐弯处的内侧,河漫滩及低阶地,山间或黄土梁、峁之间凹地的表部,平原上被淹埋的池沼洼地。

· 颜色:灰黄、黄褐、棕褐,常相杂或相间。

· 结构:土质不均、松散、大孔排列杂乱;常混有岩性不一的土块,多虫孔和植物根孔;铣挖容易。

· 包含物:常含有机质,斑状或条状氧化铁;有的混砂、砾或岩石碎屑;有的混有砖瓦陶瓷碎片或朽木片等人类活动的遗物,在大孔壁上常有白色钙质粉末。在深色土中,白色物呈现菌丝状或条纹状分布;在浅色土中,白色物呈星点状分布,有时混钙质结核,呈零星分布。

当现场鉴别新近堆积黄土不明确时,可按下列试验指标判定:

· 在 50～150 kPa 压力段变形较大,小压力下具有高压缩性。

· 利用判别式判定:

$$R = -68.45e + 10.98a - 7.16\gamma + 1.18w \qquad (4\text{-}1\text{-}1)$$
$$R_0 = -154.80$$

当 $R > R_0$ 时,可将该土判为新近堆积黄土。

式中　e——土的孔隙比;

　　　a——压缩系数,MPa^{-1},宜取 50～150 kPa 或 0～100 kPa 压力下的大值;

　　　w——土的天然含水量,%;

　　　γ——土的重度,kN/m³。

④ 调查地下水位的深度、季节性变化幅度、升降趋势及其与地表水体、灌溉情况和开采地下水强度的关系。

⑤ 调查既有建筑物的现状。

⑥ 了解场地内有无地下坑穴,如古墓、井、坑、穴、地道、砂井和砂巷等。

(四)取样的一般要求

采取不扰动土样,必须保持其天然的湿度、密度和结构,并应符合 Ⅰ 级土样质量的要求。

现行国家标准《岩土工程勘察规范》(GB 50021—2001,2009 年版)规定,土试样按扰动程度划分为四个质量等级,其中只有Ⅰ级土试样可用于进行土类定名、含水量、密度、强度、压缩性等试验,因此,黄土土试样的质量等级必须是Ⅰ级。

取土勘探点中,应有足够数量的探井,正反两方面的经验一再证明,探井是保证取得Ⅰ级湿陷性黄土土样质量的主要手段,国内、国外都是如此。因此,要求探井数量应为取土勘探点总数的1/3~1/2,并不宜少于3个。探井的深度宜穿透湿陷性黄土层。

在探井中取样,竖向间距宜为1 m,土样直径不宜小于120 mm;在钻孔中取样,仅仅依靠好的薄壁取土器,并不一定能取得不扰动的Ⅰ级土试样。前提是必须先有合理的钻井工艺,保证拟取的土试样不受钻进操作的影响,保持原状,否则再好的取样工艺和科学的取土器也无济于事。在钻孔中取样时应严格按下列的要求执行:

① 在钻孔内采取不扰动土样,必须严格掌握钻进方法、取样方法,使用合适的清孔器,并应符合下列操作要点:

应采用回转钻进,使用螺旋(纹)钻头,控制回次进尺的深度,并应根据土质情况,控制钻头的垂直进入速度和旋转速度,严格掌握"1米3钻"的操作顺序,即使取土间距为1 m时,其下部1 m深度内仍按上述方法操作。

清孔时,不应加压或少许加压,慢速钻进,应使用薄壁取样器压入清孔,不得用小钻头钻进、大钻头清孔。

② 应用"压入法"取样,取样前应将取土器轻轻吊放至孔内预定深度处,然后以匀速连续压入,中途不得停顿,在压入过程中,钻杆应保持垂直不摇摆,压入深度以土样超过盛土段30~50 mm为宜。当使用有内衬的取样器时,其内衬应与取样器内壁紧贴(塑料或酚醛压管)。

③ 宜使用带内衬的黄土薄壁取样器,对结构较松散的黄土,不宜使用无内衬的黄土薄壁取样器,其内径不宜小于120 mm,刃口壁的厚度不宜大于3 mm,刃口角度为10°~12°,控制面积比为12%~15%,其尺寸规格可按表4-1-3采用,取样器的构造见图4-1-1。

表 4-1-3 黄土薄壁取样器的尺寸

外径 /mm	刃口内径 /mm	放置内衬后内径 /mm	盛土筒长 /mm	盛土筒厚 /mm	余(废)土筒长 /mm	面积比 /%	切削刃口角度 /(°)
<129	120	122	150~200	2.00~2.50	200	<15	12

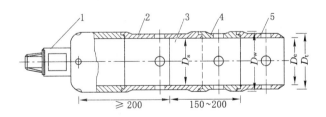

图 4-1-1 黄土薄壁取样器示意图

1——导径接头;2——废土筒;3——衬管;4——取样管;5——刃口;
D_s——衬管内径;D_w——取样管外径;D_e——刃口内径;D_t——刃口外径

④ 在钻进和取土样过程中,应遵守下列规定:

· 严禁向钻孔内注水;

· 在卸土过程中,不得敲打取土器;

· 土样取出后,应检查土样质量,如发现土样有受压、扰动、碎裂和变形等情况时,应将其废弃并重新采取土样;

· 应经常检查钻头、取土器的完好情况,当发现钻头、取土器有变形、刃口缺损时,应及时校正或更换;

· 对探井内和钻孔内的取样结果,应进行对比、检查,发现问题及时改进。

（五）勘察阶段的划分及各阶段勘察工作的基本要求

1. 勘察阶段的划分

勘察阶段可分为场址选择或可行性研究、初步勘察、详细勘察三个阶段。各阶段的勘察成果应符合各相应设计阶段的要求。对场地面积不大、地质条件简单或有建筑经验的地区,可简化勘察阶段,但应符合初步勘察和详细勘察两个阶段的要求。对工程地质条件复杂或有特殊要求的建筑物,必要时应进行施工勘察或专门勘察。

2. 场址选择或可行性研究勘察阶段

按国家的有关规定,一个工程建设项目的确定和批准立项,必须有可行性研究为依据;可行性研究报告中要求有必要的关于工程地质条件的内容,当工程项目的规模较大或地层、地质与岩土性质较复杂时,往往需进行少量必要的勘察工作,以掌握关于场地湿陷类型、湿陷量大小、湿陷性黄土层的分布与厚度变化、地下水位的深浅及有无影响场址安全使用的不良地质现象等的基本情况。有时,在可行性研究阶段会有多个场址方案,这时就有必要对它们分别做一定的勘察工作,以利场址的科学比选。

场址选择或可行性研究勘察阶段,应进行下列工作:

① 收集拟建场地有关的工程地质、水文地质资料及地区的建筑经验。

② 在收集资料和研究的基础上进行现场调查,了解拟建场地的地形地貌和黄土层的地质时代、成因、厚度、湿陷性,有无影响场地稳定的不良地质现象和地质环境等问题。

地质环境对拟建工程有明显的制约作用,在场址选择或可行性研究勘察阶段,增加对地质环境进行调查了解很有必要。例如,沉降尚未稳定的采空区,有毒、有害的废弃物等,在勘察期间必须详细调查了解和探查清楚。

不良地质现象,包括泥石流、滑坡、崩塌、湿陷凹地、黄土溶洞、岸边冲刷、地下潜蚀等内容。地质环境,包括地下采空区、地面沉降、地裂缝、地下水的水位升降、工业及生活废弃物的处置和存放、空气及水质的化学污染等内容。

③ 对工程地质条件复杂,已有资料不能满足要求时,应进行必要的工程地质测绘、勘察和试验等工作。

④ 本阶段的勘察成果,应对拟建场地的稳定性和适宜性做出初步评价。

3. 初步勘察阶段

（1）主要工作内容

初步勘察阶段,应进行下列工作:

① 初步查明场地内各土层的物理力学性质、场地湿陷类型、地基湿陷等级及其分布,预估地下水位的季节性变化幅度和升降的可能性。

② 初步查明不良地质现象和地质环境等问题的成因、分布范围,对场地稳定性的影响程度及其发展趋势。

③ 当工程地质条件复杂,已有资料不符合要求时,应进行工程地质测绘,其比例尺可采用 1:1 000～1:5 000。

（2）工作量的布置要求

初步勘察勘探点、线、网的布置,应符合下列要求:

① 勘探线应按地貌单元的纵、横线方向布置,在微地貌变化较大的地段予以加密,在平缓地段可按网格布置。初步勘察勘探点的间距,宜按表 4-1-4 确定。

表 4-1-4　　　　　　　　　　　　初步勘察勘探点的间距

场地类别	简单场地	中等复杂场地	复杂场地
勘探点间距/m	120～200	80～120	50～80

② 取土和原位测试的勘探点,应按地貌单元和控制性地段布置,其数量不得少于全部勘探点的 1/2。

③ 勘探点的深度应根据湿陷性黄土层的厚度和地基压缩层深度的预估值确定,控制性勘探点应有一定数量的取土勘探点穿透湿陷性黄土层。

④ 对新建地区的甲类建筑和乙类中的重要建筑,应进行现场试坑浸水试验,并应按自重湿陷量的实测值判定场地湿陷类型。

⑤ 本阶段的勘察成果,应查明场地湿陷类型,为确定建筑物总平面的合理布置提供依据,对地基基础方案、不良地质现象和地质环境的防治提供参数与建议。

4. 详细勘察阶段

（1）工作量布置要求

勘探点的布置,应根据总平面和建筑物类别以及工程地质条件的复杂程度等因素确定。详细勘察勘探点的间距,宜按表 4-1-5 确定。

表 4-1-5　　　　　　　　　　　　详细勘察勘探点的间距　　　　　　　　　　　　m

场地类别	甲	乙	丙	丁
简单场地	30～40	40～50	50～80	80～100
中等复杂场地	20～30	30～40	40～50	50～80
复杂场地	10～20	20～30	30～40	40～50

① 在单独的甲、乙类建筑场地内,勘探点不应少于 4 个。

② 采取不扰动土样和原位测试的勘探点不得少于全部勘探点的 2/3,其中采取不扰动土样的勘探点不宜少于 1/2。

③ 勘探点的深度应大于地基压缩层的深度,并应符合表 4-1-6 的规定或穿透湿陷性黄土层。

表 4-1-6 勘探点的深度

湿陷类型	非自重湿陷性黄土场地	自重湿陷性黄土场地	
		陕西、陇东—陕北—晋西地区	其他地区
勘探点深度/m（自基础底面算起）	>10	>15	>10

（2）详细勘察阶段的主要任务

① 详细查明地基土层及其物理力学性质指标，确定场地湿陷类型、地基湿陷等级的平面分布和承载力。湿陷系数、自重湿陷系数、湿陷起始压力均为黄土场地的主要岩土参数，详勘阶段宜将上述参数绘制在随深度变化的曲线图上，并宜进行相关分析。

当挖、填方厚度较大时，黄土场地的湿陷类型、湿陷等级可能发生变化，在这种情况下，应自挖（或填）方整平后的地面（或设计地面）标高算起。勘察时，设计地面标高如不确定，编制勘察方案宜与建设方紧密配合，使其尽量符合实际，以满足黄土湿陷性评价的需要。

② 按建筑物或建筑群提供详细的岩土工程资料和设计所需的岩土技术参数，当场地地下水位有可能上升至地基压缩层的深度以内时，宜提供饱和状态下的强度和变形参数。

③ 对地基做出分析评价，并对地基处理、不良地质现象和地质环境的防治等方案做出论证和建议。

④ 提出施工和监测的建议。

（六）测定黄土湿陷性的试验

测定黄土湿陷性的试验，可分为室内压缩试验、现场静载荷试验和现场试坑浸水试验三种。

室内压缩试验主要用于测定黄土的湿陷系数、自重湿陷系数和湿陷起始压力；现场静载荷试验可测定黄土的湿陷性和湿陷起始压力，基于室内压缩试验测定黄土的湿陷性比较简便，而且可同时测定不同深度的黄土湿陷性，所以现场静载荷试验仅要求在现场测定湿陷起始压力；现场试坑浸水试验主要用于确定自重湿陷量的实测值，以判定场地湿陷类型。

1. 室内压缩试验

（1）试验的基本要求

采用室内压缩试验测定黄土的湿陷系数 δ_s、自重湿陷系数 δ_{zs} 和湿陷起始压力 p_{sh} 等湿陷性指标应遵守有关统一的要求，以保证试验方法和过程的统一性及试验结果的可比性。这些要求包括试验土样、试验仪器、浸水水质、试验变形稳定标准等方面。具体要求包括：

① 土样的质量等级应为 I 级不扰动土样。

② 环刀面积不应小于 5 000 mm²，使用前应将环刀洗净风干，透水石应烘干冷却。

③ 加荷前，应将环刀试样保持天然湿度。

④ 试样浸水宜用蒸馏水。

⑤ 试样浸水前和浸水后的稳定标准，应为每小时的下沉量不大于 0.01 mm。

（2）湿陷系数 δ_s 的测定

测定湿陷系数除应符合室内试验的基本要求外，还应符合下列要求：

① 分级加荷至试样的规定压力，下沉稳定后，试样浸水饱和，附加下沉稳定，试验终止。

② 在 0～200 kPa 压力以内，每级增量宜为 50 kPa；大于 200 kPa 压力，每级增量宜为

100 kPa。

③ 湿陷系数 δ_s 值，应按式计算：

$$\delta_s = \frac{h_p - h_p{}'}{h_0} \tag{4-1-2}$$

式中　h_p——保持天然湿度和结构的试样，加至一定压力时，下沉稳定后的高度，mm；

　　　$h_p{}'$——上述加压稳定后的试样，在浸水（饱和）作用下，附加下沉稳定后的高度，mm；

　　　h_0——试样的原始高度，mm。

④ 测定湿陷系数 δ_s 的试验压力，应自基础底面（如基底标高不确定时，自地面下 1.5 m）算起。

　・基底下 10 m 以内的土层应用 200 kPa，10 m 以下至非湿陷性黄土层顶面，应用其上覆土的饱和自重压力（当大于 300 kPa 压力时，仍应用 300 kPa）；

　・当基底压力大于 300 kPa 时，宜用实际压力；

　・对压缩性较高的新近堆积黄土，基底下 5 m 以内的土层宜用 $100 \sim 150$ kPa 压力，$5 \sim 10$ m 和 10 m 以下至非湿陷性黄土层顶面，应分别用 200 kPa 和上覆土的饱和自重压力。

（3）自重湿陷系数 δ_{zs} 的测定

测定自重湿陷系数除应符合室内试验的基本要求外，还应符合下列要求：

① 分级加荷，加至试样上覆土的饱和自重压力，下沉稳定后，试样浸水饱和，附加下沉稳定，试验终止。

② 试样上覆土的饱和密度，可按下式计算：

$$\rho_s = \rho_d \left(1 + \frac{S_r e}{d_s}\right) \tag{4-1-3}$$

式中　ρ_s——土的饱和密度，g/cm^3；

　　　ρ_d——土的干密度，g/cm^3；

　　　S_r——土的饱和度，可取 $S_r = 85\%$；

　　　e——土的孔隙比；

　　　d_s——土粒相对密度。

③ 自重湿陷系数 δ_{zs} 值，可按下式计算：

$$\delta_{zs} = \frac{h_z - h_z{}'}{h_0} \tag{4-1-4}$$

式中　h_z——保持天然湿度和结构的试样，加压至该试样上覆土的饱和自重压力时下沉稳定后的高度，mm；

　　　$h_z{}'$——上述加压稳定后的试样，在浸水（饱和）作用下，附加下沉稳定后的高度，mm；

　　　h_0——试样的原始高度，mm。

（4）湿陷起始压力 p_{sh} 的测定

测定湿陷起始压力除应符合室内试验的基本要求外，还应符合下列要求：

① 可选用单线法压缩试验或双线法压缩试验。单线法试验较为复杂，双线法试验相对简单，已有的研究资料表明，只要对试样及试验过程控制得当，两种方法得到的湿陷起始压力试验结果基本一致。

　　但在双线法试验中,天然湿度试样在最后一级压力下浸水饱和附加下沉稳定高度与浸水饱和试样在最后一级压力下的下沉稳定高度通常不一致,如图 4-1-2 所示,h_0ABCC_1 曲线与 $h_0AA_1B_2C_2$ 曲线不闭合,因此在计算各级压力下的湿陷系数时,需要对试验结果进行修正。研究表明,单线法试验的物理意义更为明确,其结果更符合实际,对试验结果进行修正时以单线法为准来修正浸水饱和试样各级压力下的稳定高度,即将 $A_1B_2C_2$ 曲线修正至 $A_1B_1C_1$ 曲线,使饱和试样的终点 C_2 与单线法试验的终点 C_1 重合,以此来计算各级压力下的湿陷系数。

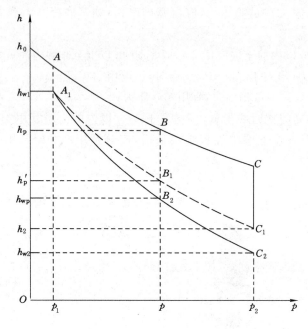

图 4-1-2　双线法压缩试验

　　在实际计算中,如需计算压力 p 下的湿陷系数 δ_s,则假定:

$$\frac{h_{w1}-h_2}{h_{w1}-h_{w2}}=\frac{h_{w1}-h_p'}{h_{w1}-h_{wp}}=k$$

有

$$h_p'=h_{w1}-k(h_{w1}-h_{wp})$$

得

$$\delta_s=\frac{h_p-h_p'}{h_0}=\frac{h_p-[h_{w1}-k(h_{w1}-h_{wp})]}{h_0}$$

　　其中,$k=\dfrac{h_{w1}-h_2}{h_{w1}-h_{w2}}$,它可作为判别试验结果是否可以采用的参考指标,其范围宜为 1.0 ± 0.2,如超出此限,则应重新试验或舍弃试验结果。

　　② 从同一土样中所取环刀试样,其密度差值不得大于 $0.03\ \text{g/cm}^3$。

　　③ 在 $0\sim150\ \text{kPa}$ 压力以内,每级增量宜为 $25\sim50\ \text{kPa}$,大于 $150\ \text{kPa}$ 压力每级增量宜为 $50\sim100\ \text{kPa}$。

　　④ 单线法压缩试验不应少于 5 个环刀试样,均在天然湿度下分级加荷,分别加至不同的规定压力,下沉稳定后,各试样浸水饱和,附加下沉稳定,试验终止。

　　⑤ 双线法压缩试验,应按下列步骤进行:

· 应取两个环刀试样,分别对其施加相同的第一级压力,下沉稳定后应将 2 个环刀试样的百分表读数调整一致,调整时并应考虑各仪器变形量的差值。

· 应将上述环刀试样中的一个试样保持在天然湿度下分级加荷,加至最后一级压力,下沉稳定后,试样浸水饱和,附加下沉稳定,试验终止。

· 应将上述环刀试样中的另一个试样浸水饱和,附加下沉稳定后,在浸水饱和状态下分级加荷,下沉稳定后继续加荷,加至最后一级压力,下沉稳定,试验终止。

· 当天然湿度的试样在最后一级压力下浸水饱和,附加下沉稳定后的高度与浸水饱和试样在最后一级压力下的下沉稳定后的高度不一致,且相对差值不大于 20% 时,应以前者的结果为准,对浸水饱和试样的试验结果进行修正;如相对差值大于 20% 时,应重新试验。

2. 现场静载荷试验

现场静载荷试验主要用于测定非自重湿陷性黄土场地的湿陷起始压力,自重湿陷性黄土场地的湿陷起始压力值小,无使用意义,一般不在现场测定。

(1) 试验方法的选择

在现场测定湿陷起始压力与室内试验相同,也分为单线法和双线法。二者试验结果有的相同或接近,有的互有大小。一般认为,单线法试验结果较符合实际,但单线法的试验工作量较大,在同一场地的相同标高及相同土层,单线法需做三台以上静载荷试验,而双线法只需做两台静载荷试验(一个为天然湿度,一个为浸水饱和)。

在现场测定湿陷性黄土的湿陷起始压力,可选择采用单线法静载荷试验或双线法静载荷试验中任一方法进行试验,并应分别符合下列要求:

① 单线法静载荷试验:在同一场地的相邻地段和相同标高,应在天然湿度的土层上设 3 个或 3 个以上静载荷试验,分级加压,分别加至各自的规定压力,下沉稳定后,向试坑内浸水至饱和,附加下沉稳定后,试验终止。

② 双线法静载荷试验:在同一场地的相邻地段和相同标高,应设两个静载荷试验。其中一个应设在天然湿度的土层上分级加压,加至规定压力,下沉稳定后,试验终止;另一个应设在浸水饱和的土层上分级加压,加至规定压力,附加下沉稳定后,试验终止。

(2) 试验要求

在现场采用静载荷试验测定湿陷性黄土的湿陷起始压力,应符合下列要求:

① 承压板的底面积宜为 0.50 m²,压板底面宜为方形或圆形,试坑边长或直径应为承压板边长或直径的 3 倍,试坑深度宜与基础底面标高相同或接近。安装载荷试验设备时,应注意保持试验土层的天然湿度和原状结构,压板底面下宜用 10~15 mm 厚的粗、中砂找平。

② 每级加压增量不宜大于 25 kPa,试验终止压力不应小于 200 kPa。

③ 每级加压后,按每隔 15 min 测读 1 次下沉量,以后为每隔 30 min 观测 1 次,当连续 2 h 内,每 1 h 的下沉量小于 0.10 mm 时,认为压板下沉已趋稳定,即可加下一级压力。

④ 试验结束后,应根据试验记录,绘制判定湿陷起始压力的 $p-s_s$ 曲线图。

3. 现场试坑浸水试验

采用现场试坑浸水试验可确定自重湿陷量的实测值,用以判定场地湿陷类型比较准确可靠,但浸水试验时间较长,一般需要 1~2 个月,而且需要较多的用水。因此规定,在缺乏经验的新建地区,对甲类和乙类中的重要建筑,应采用试坑浸水试验,乙类中的一般建筑和丙类建筑以及有建筑经验的地区,均可按自重湿陷量的计算值判定场地湿陷类型。

在现场采用试坑浸水试验确定自重湿陷量的实测值,应符合下列要求:

① 试坑宜挖成圆(或方)形,其直径(或边长)不应小于湿陷性黄土层的厚度,并不应小于 10 m;试坑深度宜为 0.50 m,最深不应大于 0.80 m。坑底宜铺 100 mm 厚的砂、砾石。

② 在坑底中部及其他部位,应对称设置观测自重湿陷的深标点,设置深度及数量宜按各湿陷性黄土层顶面深度及分层数确定。在试坑底部,由中心向坑边以不少于 3 个方向均匀设置观测自重湿陷的浅标点;在试坑外沿浅标点方向 10～20 m 范围内设置地面观测标点,观测精度为±0.10 mm。

③ 试坑内的水头高度不宜小于 300 mm,在浸水过程中,应观测湿陷量、耗水量、浸湿范围和地面裂缝。湿陷稳定可停止浸水,其稳定标准为最后 5 d 的平均湿陷量小于 1 mm/d。

④ 设置观测标点前,可在坑底面打一定数量及深度的渗水孔,孔内应填满沙砾。

⑤ 试坑内停止浸水后,应继续观测不少于 10 d,且连续 5 d 的平均下沉量不大于 1 mm/d,试验终止。

(七)黄土湿陷性评价

黄土湿陷性评价,包括全新世 Q_4(包括 Q_4^1 黄土和 Q_4^2 新近堆积黄土)黄土、晚更新世 Q_3 马兰黄土、部分中更新世 Q_2 离石黄土的土层、场地和地基三个方面,湿陷性黄土包括非自重湿陷性黄土和自重湿陷性黄土。

1. 判定非湿陷性黄土和湿陷性黄土的界限值

黄土的湿陷性通常是在现场采取不扰动土样,将其送至试验室用有侧限的固结仪测定,也可用三轴压缩仪测定。前者,试验操作较简便,我国自 20 世纪 50 年代至今,生产单位一直广泛使用;后者试样制备及操作较复杂,多为教学和科研使用。我国规范按各生产单位习惯采用的固结仪进行压缩试验,按室内浸水(饱和)压缩试验结果,对在一定压力下测定的湿陷系数 δ_s 进行判定:

① 当湿陷系数 δ_s 值小于 0.015 时,应定为非湿陷性黄土。

② 当湿陷系数 δ_s 值等于或大于 0.015 时,应定为湿陷性黄土。

2. 湿陷程度的划分

多年来的试验研究资料和工程实践表明,湿陷性黄土的湿陷程度,可根据湿陷系数 δ_s 值的大小分为下列三种:

① 当 $0.015 \leqslant \delta_s \leqslant 0.03$ 时,湿陷性轻微;湿陷起始压力值较大,地基受水浸湿时,湿陷性轻微,对建筑物危害性较小。

② 当 $0.03 < \delta_s \leqslant 0.07$ 时,湿陷性中等;湿陷起始压力值小的具有自重湿陷性,地基受水浸湿时,下沉速度较快,附加下沉量较大,对建筑物有一定危害性。

③ 当 $\delta_s > 0.07$ 时,湿陷性强烈。湿陷起始压力值小的具有自重湿陷性,地基受水浸湿时,湿陷性强烈,下沉速度快,附加下沉量大,对建筑物危害性大。

3. 湿陷类型的判定

湿陷性黄土场地的湿陷类型,应按自重湿陷量的实测值 Δ_{zs}' 或计算值 Δ_{zs} 判定,并应符合下列规定:

① 当自重湿陷量的实测值 Δ_{zs}' 或计算值 Δ_{zs} 小于或等于 70 mm 时,应定为非自重湿陷性黄土场地。

② 当自重湿陷量的实测值 Δ_{zs}' 或计算值 Δ_{zs} 大于 70 mm 时,应定为自重湿陷性黄土

场地。

③ 当自重湿陷量的实测值和计算值出现矛盾时,应按自重湿陷量的实测值判定。

4.湿陷量的确定

(1) 自重湿陷量 Δ_{zs} 的计算

湿陷性黄土场地自重湿陷量的计算值 Δ_{zs} 应按式(4-1-5)计算:

$$\Delta_{zs} = \beta_0 \sum_{i=1}^{n} \delta_{zsi} h_i \qquad (4\text{-}1\text{-}5)$$

式中　δ_{zsi}——第 i 层土的自重湿陷系数;

　　　h_i——第 i 层土的厚度,mm;

　　　β_0——因地区土质而异的修正系数,在缺乏实测资料时,可按下列规定取值:① 陇西地区取 1.50;② 陇东—陕北—晋西地区取 1.20;③ 关中地区取 0.90;④ 其他地区取 0.50。

自重湿陷量的计算值 Δ_{zs},应自天然地面(当挖、填方的厚度和面积较大时,应自设计地面)算起,至其下非湿陷性黄土层的顶面止,其中自重湿陷系数 δ_{zs} 值小于 0.015 的土层不累计。

(2) 湿陷量 Δ_s 的计算

湿陷性黄土地基受水浸湿饱和,其湿陷量的计算值 Δ_s 应按式(4-1-6)计算:

$$\Delta_s = \sum_{i=1}^{n} \beta \delta_{si} h_i \qquad (4\text{-}1\text{-}6)$$

式中　δ_{si}——第 i 层土的湿陷系数;

　　　h_i——第 i 层土的厚度,mm;

　　　β——考虑基底下地基土的受水浸湿可能性和侧向挤出等因素的修正系数,在缺乏实测资料时,可按下列规定取值:① 基底下 0～5 m 深度内,取 1.50;② 基底下 5～10 m 深度内,取 1;③ 基底下 10 m 以下至非湿陷性黄土层顶面,在自重湿陷性黄土场地,可取工程所在地区的 β_0 值。

湿陷量的计算值 Δ_s 的计算深度,应自基础底面(如基底标高不确定时,自地面下 1.50 m)算起;在非自重湿陷性黄土场地,累计至基底下 10 m(或地基压缩层)深度止;在自重湿陷性黄土场地,累计至非湿陷黄土层的顶面止。其中湿陷系数 δ_s(10 m 以下为 δ_{zs})小于 0.015 的土层不累计。

5.湿陷起始压力 p_{sh} 的确定

湿陷性黄土的湿陷起始压力 p_{sh} 值,可按下列方法确定:

① 当按现场静载荷试验结果确定时,应在 p—s_s(压力与浸水下沉量)曲线上,取其转折点所对应的压力作为湿陷起始压力值。当曲线上的转折点不明显时,可取浸水下沉量(s_s)与承压板直径(d)或宽度(b)之比值等于 0.017 所对应的压力作为湿陷起始压力值。

② 当按室内压缩试验结果确定时,在 p—s_s 曲线上宜取 δ_s=0.015 所对应的压力作为湿陷起始压力值。

6.地基的湿陷等级判定

湿陷性黄土地基的湿陷等级,应根据湿陷量的计算值和自重湿陷量的计算值等因素,按表 4-1-7 判定。

表 4-1-7 湿陷性黄土地基的湿陷等级

湿陷类型 Δ_{zs}/mm Δ_s/mm	非自重湿陷性场地	自重湿陷性场地	
	$\Delta_{zs} \leqslant 70$	$70 < \Delta_{zs} \leqslant 350$	$\Delta_{zs} > 350$
$\Delta_s \leqslant 300$	I（轻微）	II（中等）	—
$300 < \Delta_s \leqslant 700$	II（中等）	*II（中等） 或 III（严重）	III（严重）
$\Delta_s > 700$	II（中等）	III（严重）	IV（很严重）

注：当湿陷量的计算值 $\Delta_s > 600$ mm、自重湿陷量的计算值 $\Delta_{zs} > 300$ mm 时，可判为 III 级，其他情况可判为 II 级。

（八）防止或减少建筑物地基浸水设计的设计措施

防止和减小建筑物地基浸水湿陷的设计措施，可分为地基处理、防水措施和结构措施三种。

（1）地基处理措施

消除地基的全部或部分湿陷量，或采用桩基础穿透全部湿陷性黄土层，或将基础设置在非湿陷性黄土层上。

（2）防水措施

① 基本防水措施：在建筑物布置、场地排水、屋面排水、地面防水、散水、排水沟、管道敷设、管道材料和接口等方面，应采取措施防止雨水或生产、生活用水的渗漏。

② 检漏防水措施：在基本防水措施的基础上，对防护范围内的地下管道，应增设检漏管沟和检漏井。

③ 严格防水措施：在检漏防水措施的基础上，应提高防水地面、排水沟、检漏管沟和检漏井等设施的材料标准，如增设可靠的防水层、采用钢筋混凝土排水沟等。

（3）结构措施

减小或调整建筑物的不均匀沉降，或使结构适应地基的变形。

凡是划为甲类的建筑，地基处理均要求从严，不允许留剩余湿陷量。在三种设计措施中，消除地基的全部湿陷量或采用桩基础穿透全部湿陷性黄土层，主要用于甲类建筑；消除地基的部分湿陷量，主要用于乙、丙类建筑；丁类属次要建筑，地基可不处理。

防水措施和结构措施，一般用于地基不处理或消除地基部分湿陷量的建筑，以弥补地基处理的不足。

二、湿陷性土

湿陷性土在我国分布广泛，除常见的湿陷性黄土外，在我国干旱和半干旱地区，特别是在山前洪、坡积扇（裙）中常遇到湿陷性碎石土、湿陷性砂土和其他湿陷性土等。这种土在一定压力下浸水也常呈现强烈的湿陷性。由于这类湿陷性土的特殊性质不同于湿陷性黄土，在评价方面尚不能完全沿用我国现行国家标准《湿陷性黄土地区建筑规范》（GB 50025—2004）的有关规定。

（一）湿陷性土的判定

这类非黄土的湿陷性土的勘察评价首先要判定是否具有湿陷性。当这类土不能如黄土那样用室内浸水压缩试验,在一定压力下测定湿陷系数 δ_s 并以 δ_s 值等于或大于 0.015 作为判定湿陷性黄土的标准界限时,规范规定:采用现场浸水载荷试验作为判定湿陷性土的基本方法,在 200 kPa 压力下浸水载荷试验的附加湿陷量与承压板宽度之比等于或大于 0.023 的土,应判定为湿陷性土。

（二）湿陷性土勘察的要求

湿陷性土场地勘察,除应遵守一般建筑场地的有关规定外,尚应符合下列要求:

① 有湿陷性土分布的勘察场地,由于地貌、地质条件比较特殊,土层产状多较复杂,所以勘探点间距不宜过大,应按一般建筑场地取小值。对湿陷性土分布极不均匀场地应加密勘探点。

② 控制性勘探孔深度应穿透湿陷性土层。

③ 应查明湿陷性土的年代、成因、分布和其中的夹层、包含物、胶结物的成分和性质。

④ 湿陷性碎石土和砂土,宜采用动力触探试验和标准贯入试验确定力学特性。

⑤ 不扰动土试样应在探井中采取。

⑥ 不扰动土试样除测定一般物理力学性质外,尚应作土的湿陷性和湿化试验。

⑦ 对不能取得不扰动土试样的湿陷性土,应在探井中采用大体积法测定密度和含水量。

⑧ 对于厚度超过 2 m 的湿陷性土,应在不同深度处分别进行浸水载荷试验,并应不受相邻试验的浸水影响。

（三）湿陷性土的岩土工程评价

① 湿陷性土湿陷程度的分类:按附加湿陷量把湿陷性土的湿陷程度分为三类,见表 4-1-8 的规定。

表 4-1-8 湿陷程度分类

试验条件 湿陷程度	附加湿陷量 ΔF_s	
	承压板面积 0.50 m²	承压板面积 0.25 m²
轻 微	$1.6 < \Delta F_s \leqslant 3.2$	$1.1 < \Delta F_s \leqslant 2.3$
中 等	$3.2 < \Delta F_s \leqslant 7.4$	$2.3 < \Delta F_s \leqslant 5.3$
强 烈	$\Delta F_s > 7.4$	$\Delta F_s > 5.3$

注:对能用取土器取得不扰动试样的湿陷性粉砂,其试验方法和评定标准按现行国家标准《湿陷性黄土地区建筑规范》(GB 50025—2004)执行。

② 湿陷性土地基的湿陷等级判定:湿陷性土地基的湿陷等级根据湿陷性土地基受水浸湿至下沉稳定为止的总湿陷量 Δ_s（cm）按表 4-1-9 判定。总湿陷量 Δ_s 应按式(4-1-7)计算:

$$\Delta_s = \sum_{i=1}^{n} \beta \Delta F_{si} h_i \tag{4-1-7}$$

式中　ΔF_{si}——第 i 层土浸水载荷试验的附加湿陷量,cm;

　　　　h_i——第 i 层土的厚度,mm,从基础底面（初步勘察从基础底面 1.5 m）算起,$\Delta F_{si}/b < 0.023$ 的不计入;

　　　　β——修正系数,cm^{-1}。承压板面积为 0.5 m² 时,$\beta = 0.014$;承压板面积 0.25 m² 时,$\beta = 0.020$。

表 4-1-9 湿陷性土地基的湿陷等级

总湿陷量 Δ_s/cm	湿陷性土总厚度/m	湿陷等级
$5 < \Delta_s \leqslant 30$	>3	Ⅰ
	≤3	Ⅱ
$30 < \Delta_s \leqslant 60$	>3	
	≤3	Ⅲ
$\Delta_s > 60$	>3	
	≤3	Ⅳ

由于缺乏非黄土湿陷性土的自重湿陷性资料,故一般不作建筑场地湿陷类型的判定,在确定地基湿陷等级时,总湿陷量 Δ_s 大于 30 cm 时,一般可按照自重湿陷性场地考虑。

③ 湿陷性土的地基承载力宜采用载荷试验或其他原位测试确定。

④ 对湿陷性土边坡,当浸水因素引起湿陷性土本身或其与下伏地层接触面的强度降低时,应进行稳定性评价。

⑤ 在湿陷性土地区进行建设,应根据湿陷性土的特点、湿陷等级、工程要求,结合当地建筑经验,因地制宜,采取以地基处理为主的综合措施,防止地基湿陷。

第二节 红 黏 土

一、红黏土的成因和分布

红黏土指的是我国红土的一个亚类,即母岩为碳酸盐岩系(包括间夹其间的非碳酸盐岩类岩石)经湿热条件下的红土化作用形成的高塑性黏土这一特殊土类。红黏土包括原生与次生红黏土。颜色为棕红或褐黄,覆盖于碳酸盐岩系之上,其液限大于或等于 50% 的高塑性黏土应判定为原生红黏土。原生红黏土经搬运、沉积后仍保留其基本特征,且其液限大于 45% 的黏土,可判定为次生红黏土。原生红黏土比较易于判定,次生红黏土则可能具备某种程度的过渡性质。勘察中应通过第四纪地质、地貌的研究,根据红黏土特征保留的程度确定是否判定为次生红黏土。

红黏土广泛分布在我国云贵高原、四川东部、两湖和两广北部一些地区,是一种区域性的特殊土。红黏土主要为残积、坡积类型,一般分布在山坡、山麓、盆地或洼地中。其厚度变化很大,且与原始地形和下伏基岩面的起伏变化密切相关。分布在盆地或洼地时,其厚度变化大体是边缘较薄,向中间逐渐增厚。当下伏基岩中溶沟、溶槽、石芽较发育时,上覆红黏土的厚度变化极大。就地区而论,贵州的红黏土厚度为 3~6 m,超过 10 m 者较少;云南地区一般为 7~8 m,个别地段可达 10~20 m;湘西、鄂西、广西等地一般在 10 m 左右。

二、红黏土的主要特征

(1) 成分、结构特征

红黏土的颗粒细而均匀,黏粒含量很高,尤以小于 0.002 mm 的细黏粒为主。矿物成分以黏土矿物为主,游离氧化物含量也较高,碎屑矿物较少,水溶盐和有机质含量都很少。黏土矿物以高岭石和伊利石为主,含少量埃洛石、绿泥石、蒙脱石等,游离氧化物中 Fe_2O_3 多于 Al_2O_3,碎屑矿物主要是石英。

红黏土由于黏粒含量较高,常呈蜂窝状和棉絮状结构,颗粒之间具有较牢固的铁质或铝质胶结。红黏土中常有很多裂隙、结核和土洞存在,从而影响土体的均一性。

(2) 红黏土的工程地质性质特征

① 高塑性和分散性。颗粒细而均匀,黏粒含量很高,一般在 50%～70% 之间,最大可超过 80%。塑限、液限和塑性指数都很大,液限一般在 60%～80% 之间,有的高达 110%;塑限一般在 30%～60% 之间,有的高达 90%;塑性指数一般为 25～50。

② 高含水率、低密实度。天然含水率一般为 30%～60%,最高可达 90%,与塑限基本相当;饱和度在 85% 以上;孔隙比很大,一般都超过 1.0,常为 1.1～1.7,有的甚至超过 2.0,且大孔隙明显;液性指数一般都小于 0.4,故多数处于坚硬或硬塑状态。

③ 强度较高,压缩性较低。固结快剪 φ 值一般为 8°～18°,c 值一般为 0.04～0.09 MPa;压缩模量一般为 6～16 MPa,多属中～低压缩性土。

④ 具有明显的收缩性,膨胀性轻微。失水后原状土的收缩率一般为 7%～22%,最高可达 25%,扰动土可达 40%～50%;浸水后多数膨胀性轻微,膨胀率一般均小于 2%,个别较大些。某些红黏土因收缩或膨胀强烈而属于膨胀土类。

三、红黏土地区岩土工程勘察的重点

红黏土作为特殊性土有别于其他土类的主要特征是:稠度状态上硬下软、表面收缩、裂隙发育。地基是否均匀也是红黏土分布区的重要问题。因此,红黏土地区的岩土工程勘察,应重点查明其状态分布、裂隙发育特征及地基的均匀性。

(1) 红黏土的状态分类

为了反映上硬下软的特征,勘察中应详细划分土的状态。红黏土状态的划分可采用一般黏性土的液性指数划分法,也可采用红黏土特有含水比划分法(见表 4-2-1)。

表 4-2-1　　　　　　　　　　　红黏土的状态分类

状　态	含水比 a_w
坚　硬	$0.55 \leqslant a_w$
硬　塑	$0.55 < a_w \leqslant 0.70$
可　塑	$0.70 < a_w \leqslant 0.85$
软　塑	$0.85 < a_w \leqslant 1.00$
流　塑	$a_w > 1.00$

(2) 红黏土的结构分类

红黏土的结构可根据野外观测的红黏土裂隙发育的密度特征分为三类(见表 4-2-2)。红黏土的网状裂隙分布,与地貌有一定联系,如坡度、朝向等,且呈由浅而深递减之势。红黏土中的裂隙会影响土的整体强度,降低其承载力,是土体稳定的不利因素。

表 4-2-2	红黏土的结构分类
土体结构	裂隙发育特征
致密状的	偶见裂隙(<1 条/m)
巨块状的	较多裂隙(1~2 条/m)
碎块状的	富裂隙(>5 条/m)

（3）红黏土的复浸水特性分类

红黏土天然状态膨胀率仅为 $0.1\%\sim2.0\%$，其胀缩性主要表现为收缩，收缩率一般为 $2.5\%\sim8\%$，最大达 14%。但在缩后复水，不同的红黏土有明显的不同表现，根据统计分析提出了经验方程 $I_r'\approx1.4+0.006\ 6w_L$ 以此对红黏土进行复水特性划分（见表 4-2-3）。

表 4-2-3		红黏土的复浸水特性分类
类别	I_r 与 I_r' 关系	复浸水特性
Ⅰ	$I_r \geqslant I_r'$	收缩后复浸水膨胀，能恢复到原位
Ⅱ	$I_r < I_r'$	收缩后复浸水膨胀，不能恢复到原位

注：$I_r = w_L/w_P, I_r' \approx 1.4+0.006\ 6w_L$。

划属Ⅰ类者，复水后随含水量增大而解体，胀缩循环呈现胀势，缩后土样高大于原始高，胀量逐次积累以崩解告终；风干复水，土的分散性、塑性恢复、表现出凝聚与胶溶的可逆性。划属Ⅱ类者，复水土的含水量增量微，外形完好，胀缩循环呈现缩势，缩量逐次积累，缩后土样高小于原始高；风干复水，干缩后形成的团粒不完全分离，土的分散性、塑性及 I_r 值降低，表现出胶体的不可逆性。这两类红黏土表现出不同的水稳性和工程性能。

（4）红黏土的地基均匀性分类

红黏土地区地基的均匀性差别很大，按照地基压缩层范围内岩土组成分为两类（见表 4-2-4）。如地基压缩层范围均为红黏土，则为均匀地基；否则，上覆硬塑红黏土较薄，红黏土与岩石组成的土岩组合地基，是很严重的不均匀地基。

表 4-2-4	红黏土的地基均匀性分类
地基均匀性	地基压缩层范围内岩土组成
均匀地基	全部由红黏土组成
不均匀地基	由红黏土和岩石组成

四、红黏土地基勘察的基本要求

（一）工程地质测绘的重点内容

红黏土地区的工程地质测绘和调查，是在一般性的工程地质测绘基础上进行的，其内容与要求可根据工程和现场的实际情况确定。下列五个方面的内容宜着重查明，工作中可以灵活掌握，有所侧重或有所简略。

① 不同地貌单元红黏土的分布、厚度、物质组成、土性等特征及其差异。

② 下伏基岩岩性、岩溶发育特征及其与红黏土土性、厚度变化的关系。

③ 地裂分布、发育特征及其成因,土体结构特征,土体中裂隙的密度、深度、延展方向及其发育规律。

④ 地表水体和地下水的分布、动态及其与红黏土状态垂向分带的关系。

⑤ 现有建筑物开裂原因分析,当地勘察、设计、施工经验,有效工程措施及其经济指标。

（二）勘察工作的布置

（1）勘探点间距

由于红黏土具有垂直方向状态变化大、水平方向厚度变化大的特点,故勘探工作应采用较密的点距,查明红黏土厚度和状态的变化,特别是土岩组合的不均匀地基。初步勘察勘探点间距宜按一般地区复杂场地的规定进行,取 30～50 m;详细勘察勘探点间距,对均匀地基宜取 12～24 m,对不均匀地基宜取 6～12 m,并沿基础轴线布置。厚度和状态变化大的地段,勘探点间距还可加密,应按柱基单独布置。

（2）勘探孔的深度

红黏土底部常有软弱土层,基岩面的起伏也很大,故各阶段勘探孔的深度不宜单纯根据地基变形计算深度来确定,以免漏掉对场地与地基评价至关重要的信息。对于土岩组合不均匀的地基,勘探孔深度应达到基岩,以便获得完整的地层剖面。当基础形式或荷载条件符合表 4-2-5 规定时,勘探点深度按表值确定。

表 4-2-5　　　　　　　　　　　红黏土勘探点深度

单独基础		条形基础	
荷载/kN	勘探孔深度/m	每延米荷载/kN·m	勘探孔深度/m
3 000	6.5(4.0)	250	5.0(3.0)
2 000	5.0(3.5)	200	3.5(0.5)
1 000	3.5(2.5)	150	1.5(0)
500	1.0(0)	100	1.0(0)

注:勘探孔深度从基础底面算起。括号内数值系指地基沉降计算深度内存在软塑土层时应增加的勘探深度值。

（3）施工勘察

当基础方案采用岩石端承桩基、场地属有石芽出露的Ⅱ类地基或有土洞需查明时应进行施工勘察,其勘探点间距和深度根据需要单独确定,确保安全需要。

对Ⅱ类地基上的各级建筑物,基坑开挖后,对已出露的石芽及导致地基不均匀性的各种情况应进行施工验槽工作。

（4）地下水

水文地质条件对红黏土评价是非常重要的因素,仅仅通过地面的测绘调查往往难以满足岩土工程评价的需要。当岩土工程评价需要详细了解地下水埋藏条件、运动规律和季节变化时,应在测绘调查的基础上补充进行地下水的勘察、试验和观测工作。

（5）室内试验

红黏土的室内试验除应满足一般黏性土试验要求外,对裂隙发育的红黏土应进行三轴剪切试验或无侧限抗压强度试验。必要时,可进行收缩试验和复浸水试验。当需评价边坡稳定性时,宜进行重复剪切试验。

五、红黏土地基的岩土工程评价

（一）地基承载力的确定

红黏土承载力的确定方法,原则上与一般土并无不同。应特别注意的是,红黏土裂隙的影响以及裂隙发展和复浸水可能使其承载力下降。过去积累的确定红黏土承载力的地区性成熟经验,应予充分利用。

当基础浅埋、外侧地面倾斜、有临空面或承受较大水平荷载时,应结合以下因素,尽可能选用符合实际的测试方法综合考虑确定红黏土的承载力:

① 土体结构和裂隙对承载力的影响。

② 开挖面长时间暴露,裂隙发展和复浸水对土质的影响。

（二）红黏土的岩土工程评价

红黏土的岩土工程评价应符合下列要求:

① 建筑物应避免跨越地裂密集带或深长地裂地段。

地裂是红黏土地区的一种特有的现象。地裂规模不等,长可达数百米,深可延伸至地表下数米,所经之处地面建筑无一不受损坏。故评价时应建议建筑物绕避地裂。

② 轻型建筑物的基础埋深应大于大气影响急剧层的深度;炉窑等高温设备的基础应考虑地基土的不均匀收缩变形;开挖明渠时应考虑土体干湿循环的影响;在石芽出露的地段,应考虑地表水下渗形成的地面变形。

③ 选择适宜的持力层和基础形式,在充分考虑各种因素对红黏土性质影响的前提下,基础宜浅埋,利用浅部硬壳层,并进行下卧层承载力的验算;不能满足承载力和变形要求时,应建议进行地基处理或采用桩基础。

红黏土中基础埋深的确定可能面临矛盾。从充分利用硬层,减轻下卧软层的压力而言,宜尽量浅埋;但从避免地面不利因素影响而言,又必须深于大气影响急剧层的深度。评价时应充分权衡利弊,提出适当的建议。如果采用天然地基难以解决上述矛盾,则宜放弃天然地基,改用桩基。

④ 基坑开挖时宜采取保湿措施,边坡应及时维护,防止失水干缩。

第三节　软　　土

天然孔隙比大于或等于1.0,且天然含水量大于液限的细粒土应判定为软土,包括淤泥、淤泥质土、泥炭、泥炭质土等。淤泥为在静水或缓慢的流水环境沉积,并经生物化学作用形成,其天然含水量大于液限,天然孔隙比大于或等于1.5的黏性土。当天然含水量大于液限而天然孔隙比小于1.5但大于或等于1.0的黏性土或粉土为淤泥质土。泥炭和泥炭质土中含有大量未分解的腐殖质,有机质含量大于60%的为泥炭,有机质含量10%～60%的为泥炭质土。

一、软土中淤泥类土的成因及分布

淤泥类土在我国分布很广,不但在沿海、平原地区广泛分布,而且在山岳、丘陵、高原地区也有分布。按成因和分布情况,我国淤泥类土基本上可以分为两大类:一类是沿海沉积的淤泥类土;一类是内陆和山区湖盆地以及山前谷地沉积的淤泥类土。

我国沿海沉积的淤泥类土分布广、厚度大、土质疏松软弱,其成因类型有滨海相、潟湖相、溺谷相、三角洲相及其混合类型。滨海相淤泥类土主要分布于湛江、香港、厦门、温州湾、舟山、连云港、天津塘沽、大连湾等地区,表层为 3~5 m 厚的褐黄色粉质黏土,以下为厚度达数十米的淤泥类土,常夹粉砂薄层或粉砂透镜体。潟湖相淤泥类土主要分布于浙江温州与宁波等地,地层较单一,厚度大,分布广,沉积物颗粒细小而均匀,常形成滨海平原。溺谷相淤泥类土主要分布于福州市闽江口地区,表层为耕土或人工填土及薄而致密的细粒土,以下便为厚 5~15 m 的淤泥类土。三角洲相淤泥类土主要分布于长江三角洲和珠江三角洲地区,属海陆交互相沉积,淤泥类土层分布宽广,厚度均匀稳定,因海流及波浪作用,分选程度较差,具较多交错斜层理或不规则透镜体夹层。

我国内陆和山区湖盆地沉积的淤泥类土,分布零星,厚度较小、性质变化大,其成因类型主要有湖相、河漫滩相及牛轭湖相。湖相淤泥类土主要分布于滇池东部、洞庭湖、洪泽湖、太湖等地,颗粒细微均匀,层较厚(一般为 10~20 m),不夹或很少夹砂层,常有厚度不等的泥炭夹层或透镜体。河漫滩相淤泥类土主要分布于长江中下游河谷附近,这种淤泥类土常夹于上层细粒土中,是局部淤积形成的,其成分、厚度及性质都变化较大,呈袋状或透镜体状,一般厚度小于 10 m。牛轭湖相淤泥类土与湖相淤泥类土相近,分布范围小,常有泥炭夹层,一般呈透镜体状埋藏于冲积层之下。

我国广大山区沉积有"山地型"淤泥类土,其主要是由当地的泥灰岩、各种页岩、泥岩的风化产物和地面的有机质,经水流搬运沉积在地形低洼处,经长期水泡软化及微生物作用而形成。以坡洪积、湖积和冲积三种成因类型为主,其特点是:分布面积不大,厚度与性质变化较大,且多分布于冲沟、谷地、河流阶地及各种洼地之中。

二、软土的成分和结构特征

软土是在水流不通畅、缺氧和饱水条件下形成的近代沉积物,物质组成和结构具有一定的特点。粒度成分主要为粉粒和黏粒,一般属黏土或粉质黏土、粉土。其矿物成分主要为石英、长石、白云母及大量蒙脱石、伊利石等黏土矿物,并含有少量水溶盐,有机质含量较高,一般为 6%~15%,个别可达 17%~25%。淤泥类土具有蜂窝状和絮状结构,疏松多孔,具有薄层状构造。厚度不大的淤泥类土常是淤泥质黏土、粉砂土、淤泥或泥炭交互成层或呈透镜体状夹层。

三、软土的工程地质特征

① 软土主要由黏粒、粉粒组成,小于 0.075 mm 粒径的土粒占土样总质量的 50% 以上。

② 孔隙比 $e > 1.0$。

③ 天然含水量高,$w = 30\% \sim 80\%$,含水量大于液限。

④ 压缩性高,且长期不易达到固结稳定,压缩系数在 0.5 MPa^{-1} 以上。

⑤ 抗剪强度低,不排水时,内摩擦角 $\varphi \approx 0$,黏聚力 c 小于 20 kPa,抗剪强度 C_u 小于 30 kPa。

⑥ 排水抗剪时,抗剪强度随排水(固结)程度有明显的增加。

⑦ 透水性差,透水系数小于 $1×10^{-6}$ cm/s,对地基排水固结不利,固结需要相当长的时间,建筑物沉降延续的时间较长。

⑧ 有较强的结构性,灵敏度 S_t 大于 4。

⑨ 软土具有流变性,在剪应力作用下,土体发生缓慢而长期的剪切变形。由于天然软土的压缩变形大,常导致软土地基大面积堆载范围内以及邻近相当一片面积产生不均匀沉降变形,甚至发生土体失稳滑移,使建筑物遭受严重破坏。

⑩ 软土具有触变性,一经扰动,土粒间结构联结易受破坏,使土稀释、液化,故软土在地震作用下极易产生震陷和处于流动状态,使土体滑流。

四、软土勘察的基本要求

(一)软土勘察的重点

软土勘察除应符合常规要求外,从岩土工程的技术要求出发,对软土的勘察应特别注意查明下列内容:

① 软土的成因、成层条件、分布规律、层理特征,水平与垂直向的均匀性、渗透性,地表硬壳层的分布与厚度,可作为浅基础、深基础持力层的地下硬土层或基岩的埋藏条件与分布特征;特别是对软土的排水固结条件、沉降速率、强度增长等起关键作用的薄层理与夹砂层特征。

② 软土地区微地貌形态与不同性质的软土层分布有内在联系,查明微地貌、旧堤、堆土场、暗埋的塘、浜、沟、穴、填土、古河道等的分布范围和埋藏深度,有助于查明软土层的分布。

③ 软土固结历史,强度和变形特征随应力水平的变化,以及结构破坏对强度和变形的影响。

软土的固结历史,确定是欠固结、正常固结或超固结土,是十分重要的。先期固结压力前后变形特性有很大不同,不同固结历史的软土的应力应变关系有不同特征;要很好地确定先期固结压力,必须保证取样的质量;另外,应注意灵敏性黏土受扰动后,结构破坏对强度和变形的影响。

④ 地下水对基础施工的影响,地基土在施工开挖、回填、支护、降水、打桩和沉井等过程中及建筑使用期间可能产生的变化、影响,并提出防治方案及建议。

⑤ 在强地震区应对场地的地震效应做出鉴定。

⑥ 当地的工程经验。

(二)勘察方法及勘察工作量布置

软土地区勘察勘探手段以钻探取样与静力触探相结合为原则;在软土地区用静力触探孔取代相当数量的勘探孔,不仅减少钻探取样和土工试验的工作量,缩短勘察周期,而且可以提高勘察工作质量;静力触探是软土地区十分有效的原位测试方法;标准贯入试验对软土并不适用,但可用于软土中的砂土、硬黏性土等。

勘探点布置应根据土的成因类型和地基复杂程度确定。当土层变化较大或有暗埋的塘、浜、沟、坑、穴时应予加密。

对勘探孔的深度,不要简单地按地基变形计算深度确定,而宜根据地质条件、建筑物特点、可能的基础类型确定;此外还应预计到可能采取的地基处理方案的要求。

软土取样应采用薄壁取土器。

软土原位测试宜采用静力触探试验、旁压试验、十字板剪切试验、扁铲侧胀试验和螺旋板载荷试验。静力触探最大的优点在于精确的分层，用旁压试验测定软土的模量和强度，用十字板剪切试验测定内摩擦角近似为零的软土强度，实践证明是行之有效的。扁铲侧胀试验和螺旋板载荷试验，虽然经验不多，但最适用于软土也是公认的。

（三）软土的力学参数的测定

软土的力学参数宜采用室内试验、原位测试并结合当地经验确定。有条件时，可根据堆载试验、原型监测反分析确定。抗剪强度指标室内宜采用三轴试验，原位测试宜采用十字板剪切试验。压缩系数、先期固结压力、压缩指数、回弹指数、固结系数，可分别采用常规固结试验、高压固结试验等方法确定。

试验土样的初始应力状态、应力变化速率、排水条件和应变条件均应尽可能模拟工程的实际条件。对正常固结的软土应在自重应力下预固结后再做不固结不排水三轴剪切试验。试验方法及设计参数的确定应针对不同工程，符合下列要求：

① 对于一级建筑物应采用不固结不排水三轴剪切试验；对于其他建筑物可采用直接剪切试验。对于加、卸荷快的工程，应做快剪试验；对渗透性很低的黏性土，也可做无侧限抗压强度试验。

② 对于土层排水速度快而施工速度慢的工程，宜采用固结排水剪切试验。剪切方法可用三轴试验或直剪试验，提供有效应力强度参数。

③ 一般提供峰值强度的参数，但对于土体可能发生大应变的工程应测定其残余抗剪强度。

④ 有特殊要求时，应对软土应进行蠕变试验，测定土的长期强度；当研究土对动荷载的反应，可进行动力扭剪试验、动单剪试验或动三轴试验。

⑤ 当对变形计算有特殊要求时，应提供先期固结压力、固结系数、压缩指数、回弹指数。试验方法一般采用常规（24 h 加一级荷重）固结试验，有经验时，也可采用快速加荷固结试验。

五、软土的岩土工程评价

软土的岩土工程评价应包括下列内容：

① 分析软土地基的均匀性，包括强度、压缩性的均匀性，判定地基产生失稳和不均匀变形的可能性；当工程位于池塘、河岸、边坡附近时，应验算其稳定性。

② 软土地基承载力应根据室内试验、原位测试和当地经验，并结合下列因素综合确定，要以当地经验为主，对软土地基承载力的评定，变形控制原则十分重要。
- 软土成层条件、应力历史、结构性、灵敏度等力学特性和排水条件；
- 上部结构的类型、刚度、荷载性质和分布，对不均匀沉降的敏感性；
- 基础的类型、尺寸、埋深和刚度等；
- 施工方法和程序。

③ 当建筑物相邻高低层荷载相差较大时，应分析其变形差异和相互影响；当地面有大面积堆载时，应分析对相邻建筑物的不利影响。

④ 地基沉降计算可采用分层总和法或土的应力历史法，并应根据当地经验进行修正，必要时，应考虑软土的次固结效应。

⑤ 选择合适的持力层,并对可能的基础方案进行技术经济论证,尽可能利用地表硬壳层,提出基础形式和持力层的建议;对于上为硬层下为软土的双层土地基应进行下卧层验算。

第四节　混　合　土

由细粒土和粗粒土混杂且缺乏中间粒径的土应定名为混合土。

混合土在颗粒分布曲线形态上反映呈不连续状。主要成因有坡积、洪积、冰水沉积。经验和专门研究表明,黏性土、粉土中的碎石组分的质量只有超过总质量的 25% 时,才能起到改善土的工程性质的作用;而在碎石土中,黏粒组分的质量大于总质量的 25% 时,则对碎石土的工程性质有明显的影响,特别是当含水量较大时。因此规定:当碎石土中粒径小于 0.075 mm 的细粒土质量超过总质量的 25% 时,应定名为粗粒混合土;当粉土或黏性土中粒径大于 2 mm 的粗粒土质量超过总质量的 25% 时,应定名为细粒混合土。

一、混合土勘察的基本要求

(一)混合土工程地测绘与调查的重点

混合土的工程地质测绘与调查的重点在于查明:

① 混合土的成因、物质来源及组成成分以及其形成时期。

② 混合土是否具有湿陷性、膨胀性。

③ 混合土与下伏岩土的接触情况以及接触面的坡向和坡度。

④ 混合土中是否存在崩塌、滑坡、潜蚀现象及洞穴等不良地质现象。

⑤ 当地利用混合土作为建筑物地基、建筑材料的经验以及各种有效的处理措施。

(二)勘察的重点

① 查明地形和地貌特征,混合土的成因、分布,下卧土层或基岩的埋藏条件。

② 查明混合土的组成、均匀性及其在水平方向和垂直方向上的变化规律。

(三)勘察方法及工作量布置

① 宜采用多种勘探手段,如井探、钻探、静力触探、动力触探以及物探等。勘探孔的间距宜较一般土地区为小,深度则应较一般土地区为深。

② 混合土大小颗粒混杂,除了从钻孔中采取不扰动土试样外,一般应有一定数量的探井,以便直接观察,并应采取大体积土试样进行颗粒分析和物理力学性质测定;如不能取得不扰动土试样时,则采取数量较多的扰动土试样,应注意试样的代表性。

③ 对粗粒混合土动力触探是很好的原位手段,但应有一定数量的钻孔或探井检验。

④ 现场载荷试验的承压板直径和现场直剪试验的剪切面直径都应大于试验土层最大粒径的 5 倍,载荷试验的承压板面积不应小于 0.5 m²,直剪试验的剪切面面积不宜小于 0.25 m²。

⑤ 混合土的室内试验方法及试验项目除应注意其与一般土试验的区别外,试验时还应注意土试样的代表性。在使用室内试验资料时,应估计由于土试样代表性不够所造成的影响。必须充分估计到由于土中所含粗大颗粒对土样结构的破坏和对测试资料的正确性和完备性的影响,不可盲目地套用一般测试方法和不加分析地使用测试资料。

二、混合土的岩土工程评价

混合土的岩土工程评价应包括下列内容：

① 混合土的承载力应采用载荷试验、动力触探试验并结合当地经验确定。

② 混合土边坡的容许坡度值可根据现场调查和当地经验确定，对重要工程应进行专门试验研究。

第五节　填　　土

一、填土的分类

填土根据物质组成和堆填方式，可分为下列四类：

① 素填土——由碎石土、砂土、粉土和黏性土等一种或几种材料组成，不含或很少含杂物。

② 杂填土——含有大量建筑垃圾、工业废料或生活垃圾等杂物。

③ 冲填土——由水力冲填泥沙形成。

④ 压实填土——按一定标准控制材料成分、密度、含水量，分层压实或夯实而成。

二、填土勘察的基本要求

（一）填土勘察的重点内容

① 收集资料，调查地形和地物的变迁，填土的来源、堆积年限和堆积方式。

② 查明填土的分布、厚度、物质成分、颗粒级配、均匀性、密实性、压缩性和湿陷性、含水量及填土的均匀性等，对冲填土尚应了解其排水条件和固结程度。

③ 调查有无暗浜、暗塘、渗井、废土坑、旧基础及古墓的存在。

④ 查明地下水的水质对混凝土的腐蚀性和相邻地表水体的水力联系。

（二）勘察方法与工作量布置

① 勘探点一般按复杂场地布置加密加深，对暗埋的塘、浜、沟、坑的范围，应予追索并圈定。勘探孔的深度应穿透填土层。

② 勘探方法应根据填土性质，针对不同的物质组成，确定采用不同的手段。对由粉土或黏性土组成的素填土，可采用钻探取样、轻型钻具如小口径螺纹钻、洛阳铲等与原位测试相结合的方法；对含较多粗粒成分的素填土和杂填土宜采用动力触探、钻探，杂填土成分复杂，均匀性很差，单纯依靠钻探难以查明，应有一定数量的探井。

③ 测试工作应以原位测试为主，辅以室内试验，填土的工程特性指标宜采用下列测试方法确定：

· 填土的均匀性和密实度宜采用触探法，并辅以室内试验；轻型动力触探适用于黏性、粉性素填土，静力触探适用于冲填土和黏性素填土，重型动力触探适用于粗粒填土；

· 填土的压缩性、湿陷性宜采用室内固结试验或现场载荷试验；

· 杂填土的密度试验宜采用大容积法；

· 对压实填土（压实黏性土填土），在压实前应测定填料的最优含水量和最大干密度，压实后应测定其干密度,计算压实系数;大量的、分层的检验,可用微型贯入仪测定贯入度,作为密实度和均匀性的比较数据。

三、填土的岩土工程评价

填土的岩土工程评价应符合下列要求:

① 阐明填土的成分、分布和堆积年代,判定地基的均匀性、压缩性和密实度,必要时应按厚度、强度和变形特性分层或分区评价。

② 除了控制质量的压实填土外,一般说来,填土的成分比较复杂,均匀性差,厚度变化大,利用填土作为天然地基应持慎重态度。对堆积年限较长的素填土、冲填土和由建筑垃圾或性能稳定的工业废料组成的杂填土,当较均匀和较密实时可作为天然地基;由有机质含量较高的生活垃圾和对基础有腐蚀性的工业废料组成的杂填土,不宜作为天然地基。

③ 填土的地基承载力,可由轻型动力触探、重型动力触探、静力触探和取样分析确定,必要时应采用载荷试验。

④ 当填土底面的天然坡度大于 20% 时,应验算其稳定性。

第六节 多 年 冻 土

含有固态水且冻结状态持续 2 年或 2 年以上的土,应判定为多年冻土。我国多年冻土主要分布在青藏高原、帕米尔及西部高山(包括祁连山、阿尔泰山、天山等),东北的大小兴安岭和其他高山的顶部也有零星分布。冻土的主要特点是含有冰,保持冻结状态 2 年或 2 年以上。多年冻土对工程的主要危害是其融沉性(或称融陷性)和冻胀性。

多年冻土中如含易溶盐或有机质,对其热学性质和力学性质都会产生明显影响,前者称为盐渍化多年冻土,后者称为泥炭化多年冻土。

一、多年冻土的分类

(一)按融沉性分类

根据融化下沉系数 δ_0 的大小,多年冻土可分为不融沉、弱融沉、融沉、强融沉和融陷五级(见表 4-6-1)。

表 4-6-1 多年冻土的融沉性分类

土的名称	总含水量 w_0/%	平均融沉系数 δ_0	融沉等级	融沉类别	冻土类型
碎石土,砾、砂、粗、中砂(粒径小于 0.075 mm 的颗粒含量不大于 15%)	$w_0 < 10$	$\delta_0 \leqslant 1$	I	不融沉	少冰冻土
	$w_0 \geqslant 10$	$1 < \delta_0 \leqslant 3$	II	弱融沉	多冰冻土
碎石土,砾、粗、中砂(粒径小于 0.075 mm 的颗粒含量大于 15%)	$w_0 < 12$	$\delta_0 \leqslant 1$	I	不融沉	少冰冻土
	$12 \leqslant w_0 < 15$	$1 < \delta_0 \leqslant 3$	II	弱融沉	多冰冻土
	$15 \leqslant w_0 < 25$	$3 < \delta_0 \leqslant 10$	III	融沉	富冰冻土
	$w_0 \geqslant 25$	$10 < \delta_0 \leqslant 25$	IV	强融沉	饱冰冻土

土的名称	总含水量 w_0/%	平均融沉系数 δ_0	融沉等级	融沉类别	冻土类型
粉砂、细砂	$w_0<14$	$\delta_0\leqslant1$	I	不融沉	少冰冻土
	$14\leqslant w_0<18$	$1<\delta_0\leqslant3$	II	弱融沉	多冰冻土
	$18\leqslant w_0<28$	$3<\delta_0\leqslant10$	III	融沉	富冰冻土
	$w_0\geqslant28$	$10<\delta_0\leqslant25$	IV	强融沉	饱冰冻土
粉土	$w_0<17$	$\delta_0\leqslant1$	I	不融沉	少冰冻土
	$17\leqslant w_0<21$	$1<\delta_0\leqslant3$	II	弱融沉	多冰冻土
	$21\leqslant w_0<32$	$3<\delta_0\leqslant10$	III	融沉	富冰冻土
	$w_0\geqslant32$	$10<\delta_0\leqslant25$	IV	强融沉	饱冰冻土
黏性土	$w_0<w_P$	$\delta_0\leqslant1$	I	不融沉	少冰冻土
	$w_P\leqslant w_0<w_P+4$	$1<\delta_0\leqslant3$	II	弱融沉	多冰冻土
	$w_0+4\leqslant w_0<+15$	$3<\delta_0\leqslant10$	III	融沉	富冰冻土
	$w_P+15\leqslant w_0<w_P+35$	$10<\delta_0\leqslant25$	IV	强融沉	饱冰冻土
含土冰层	$w_0\geqslant w_P+35$	$\delta_0>25$	V	融陷	含土冰层

注：① 总含水量 w_0 包括冰和未冻水。

② 本表不包括盐渍化冻土、冻结泥炭化土、腐殖土、高塑性黏土。

冻土的平均融化下沉系数 δ_0 可按式(4-6-1)计算：

$$\delta_0=\frac{h_1-h_2}{h_1}=\frac{e_1-e_2}{1+e_1} \qquad (4\text{-}6\text{-}1)$$

式中 h_1、e_1——冻土试样融化前的高度(mm)和孔隙比；

h_2、e_2——冻土试样融化后的高度(mm)和孔隙比。

（二）按冻胀性分类

根据冻土层的平均冻胀率的大小把地基土的冻胀性类别分为不冻胀、弱冻胀、冻胀、强冻胀和特强冻胀五类，如表 4-6-2 所示。

表 4-6-2　　　　　　　　　　多年冻土的冻胀性分类

土的名称	冻前天然含水量 w/%	冻结期间地下水位距冻结面的最小距离 h_w/m	平均冻胀率 η/%	冻胀等级	冻胀类别
碎(卵)石,砾、粗、中砂(粒径小于 0.075mm 颗粒含量大于 15%),细砂(粒径小于 0.075mm 颗粒含量大于 10%)	$w\leqslant14$	>1.0	$\eta\leqslant1$	I	不冻胀
		$\leqslant1.0$	$1<\eta\leqslant3.5$	II	弱冻胀
	$14<w\leqslant19$	>1.0			
		$\leqslant1.0$	$3.5<\eta\leqslant6$	III	冻胀
	$w>19$	>0.5			
		$\leqslant0.5$	$6<\eta\leqslant12$	IV	强冻胀

续表 4-6-2

土的名称	冻前天然含水量 $w/\%$	冻结期间地下水位距冻结面的最小距离 h_w/m	平均冻胀率 η $/\%$	冻胀等级	冻胀类别
粉砂	$w \leqslant 14$	>1.0	$\eta \leqslant 1$	I	不冻胀
		$\leqslant 1.0$	$1<\eta \leqslant 3.5$	II	弱冻胀
	$14 < w \leqslant 19$	>1.0			
		$\leqslant 1.0$	$3.5<\eta \leqslant 6$	III	冻胀
	$19 < w \leqslant 23$	>1.0			
		$\leqslant 1.0$	$6<\eta \leqslant 12$	IV	强冻胀
	$w > 23$	不考虑	$\eta > 12$	V	特强冻胀
粉土	$w \leqslant 19$	>1.5	$\eta \leqslant 1$	I	不冻胀
		$\leqslant 1.5$	$1<\eta \leqslant 3.5$	II	弱冻胀
	$19<w \leqslant 22$	>1.5			
		$\leqslant 1.5$	$3.5<\eta \leqslant 6$	III	冻胀
	$22<w \leqslant 26$	>1.5			
		$\leqslant 1.5$	$6<\eta \leqslant 12$	IV	强冻胀
	$26<w \leqslant 30$	>1.5			
		$\leqslant 1.5$	$\eta > 12$	V	特强冻胀
	$w > 30$	不考虑			
黏性土	$w \leqslant w_P+2$	>2.0	$\eta \leqslant 1$	I	不冻胀
		$\leqslant 2.0$	$1<\eta \leqslant 3.5$	II	弱冻胀
	$w_P+2<w \leqslant w_P+5$	>2.0			
		$\leqslant 2.0$	$3.5<\eta \leqslant 6$	III	冻胀
	$w_P+5<w \leqslant w_P+9$	>2.0			
		$\leqslant 2.0$	$6<\eta \leqslant 12$	IV	强冻胀
	$w_P+9<w \leqslant w_P+15$	>2.0			
		$\leqslant 2.0$	$\eta > 12$	V	特强冻胀
	$w > w_P+15$	不考虑			

注：① w_P——塑限含水量(%)；w——在冻土层内冻前天然含水量的平均值。
② 盐渍化冻土不在表列。
③ 塑性指数大于 22 时，冻胀性降低一级。
④ 粒径小于 0.005 mm 的颗粒含量大于 60% 时，为不冻胀土。
⑤ 碎石类土当充填物大于全部质量的 40% 时，其冻胀性按充填物的类别判断。
⑥ 碎石土、砾砂、粗砂、中砂(粒径小于 0.075 mm 颗粒含量不大于 15%)、细砂(粒径小于 0.075 mm 颗粒含量不大于 10%)均按不冻胀考虑。

二、多年冻土勘察的基本要求

(一)多年冻土勘察的重点

多年冻土的设计原则有"保持冻结状态的设计"、"逐渐融化状态的设计"和"预先融化状态的设计"。不同的设计原则对勘察的要求是不同的。多年冻土勘察应根据多年冻土的设计原则、多年冻土的类型和特征进行,并应查明下列内容:

① 多年冻土的分布范围及上限深度及其变化值,是各项工程设计的主要参数;

影响上限深度及其变化的因素很多,如季节融化层的导热性能、气温及其变化,地表受日照和反射热的条件,多年地温等。确定上限深度主要有下列方法:

• 野外直接测定:在最大融化深度的季节,通过勘探或实测地温,直接进行鉴定;在衔接的多年冻土地区,在非最大融化深度的季节进行勘探时,可根据地下冰的特征和位置判断上限深度。

• 用有关参数或经验方法计算:东北地区常用上限深度的统计资料或公式计算,或用融化速率推算;青藏高原常用外推法判断或用气温法、地温法计算。

② 多年冻土的类型、厚度、总含水量、构造特征、物理力学和热学性质。

多年冻土的类型,按埋藏条件分为衔接多年冻土和不衔接多年冻土;按物质成分有盐渍多年冻土和泥炭多年冻土;按变形特性分为坚硬多年冻土、塑性多年冻土和松散多年冻土。多年冻土的构造特征有整体状构造、层状构造、网状构造等。

③ 多年冻土层上水、层间水和层下水的赋存形式、相互关系及其对工程的影响。

④ 多年冻土的融沉性分级和季节融化层土的冻胀性分级。

⑤ 厚层地下冰、冰锥、冰丘、冻土沼泽、热融滑塌、热融湖塘、融冻泥流等不良地质作用的形态特征、形成条件、分布范围、发生发展规律及其对工程的危害程度。

(二) 多年冻土的勘探点间距和勘探深度

多年冻土地区勘探点的间距,除应满足一般土层地基的要求外,尚应适当加密,以查明土的含冰变化情况和上限深度。多年冻土勘探孔的深度,应符合设计原则的要求,应满足下列要求:

① 对保持冻结状态设计的地基,不应小于基底以下 2 倍基础宽度,对桩基应超过桩端以下 5 m;大、中桥地基的勘探深度不应小于 20 m;小桥和挡土墙的勘探深度不应小于 12 m;涵洞不应小于 7 m。

② 对逐渐融化状态和预先融化状态设计的地基,应符合非冻土地基的要求;道路路堑的勘探深度,应至最大季节融冻深度下 2~3 m。

③ 无论何种设计原则,勘探孔的深度均宜超过多年冻土上限深度的 1.5 倍。

④ 在多年冻土的不稳定地带,应有部分钻孔查明多年冻土下限深度;当地基为饱冰冻土或含土冰层时,应穿透该层。

⑤ 对直接建在基岩上的建筑物或对可能经受地基融陷的三级建筑物,勘探深度可按一般地区勘察要求进行。

(三) 多年冻土的勘探测试

① 多年冻土地区钻探宜缩短施工时间,为避免钻头摩擦生热而破坏冻层结构,保持岩芯核心土温不变,宜采用大口径低速钻进,一般开孔孔径不宜小于 130 mm,终孔直径不宜小于 108 mm,回次钻进时间不宜超过 5 min,进尺不宜超过 0.3 m,遇含冰量大的泥炭或黏性土可进尺 0.5 m;钻进中使用的冲洗液可加入适量食盐,以降低冰点,必要时可采用低温泥浆,以避免在钻孔周围造成人工融区或孔内冻结。

② 应分层测定地下水位。

③ 保持冻结状态设计地段的钻孔,孔内测温工作结束后应及时回填。

由于钻进过程中孔内蓄存了一定热量,要经过一段时间的散热后才能恢复到天然状态的地温,其恢复的时间随深度的增加而增加,一般 20 m 深的钻孔需一星期左右的恢复时间,因此孔内测温工作应在终孔 7 天后进行。

④ 取样的竖向间隔,除应满足一般要求外,在季节融化层应适当加密,试样在采取、搬运、贮存、试验过程中应避免融化;进行热物理和冻土力学试验的冻土试样,取出后应立即冷藏,尽快试验。

⑤ 试验项目除按常规要求外,尚应根据工程要求和现场具体情况,与设计单位协商后确定,进行总含水量、体积含冰量、相对含冰量、未冻水含量、冻结温度、导热系数、冻胀量、融化压缩等项目的试验;对盐渍化多年冻土和泥炭化多年冻土,尚应分别测定易溶盐含量和有机质含量。

⑥ 工程需要时,可建立地温观测点,进行地温观测。

⑦ 当需查明与冻土融化有关的不良地质作用时,调查工作宜在二～五月份进行;多年冻土上限深度的勘察时间宜在九、十月份。

三、多年冻土的岩土工程评价

多年冻土的岩土工程评价应符合下列要求:

① 地基设计时,多年冻土的地基承载力,保持冻结地基与容许融化地基的承载力大不相同,必须区别对待。地基承载力目前尚无计算方法,只能结合当地经验用载荷试验或其他原位测试方法综合确定,对次要建筑物可根据邻近工程经验确定。

② 除次要的临时性的工程外,建筑物一定要避开不良地段,选择有利地段。宜避开饱冰冻土、含土冰层地段和冰锥、冰丘、热融湖、厚层地下冰,融区与多年冻土区之间的过渡带,宜选择坚硬岩层、少冰冻土和多冰冻土地段以及地下水位或冻土层上水位低的地段和地形平缓的高地。

第七节 膨 胀 岩 土

含有大量亲水矿物,湿度变化时有较大体积变化,变形受约束时产生较大内应力的岩土,应判定为膨胀岩土。膨胀岩土包括膨胀岩和膨胀土。

一、膨胀岩土的成因及分布

膨胀土系指随含水量的增加而膨胀,随含水量的减少而收缩,具有明显膨胀和收缩特性的细粒土。膨胀土在世界上分布很广,如印度、以色列、美国、加拿大、南非、加纳、澳大利亚、西班牙、英国等均有广泛分布。在我国,膨胀土也分布很广,如云南、广西、贵州、湖北、湖南、河北、河南、山东、山西、四川、陕西、安徽等省区不同程度地都有分布,其中尤以云南、广西、贵州及湖北等省区分布较多,且有代表性。

膨胀土一般分布在二级及二级以上的阶地上或盆地的边缘,大多数是晚更新世及其以前的残坡积、冲积、洪积物,也有新近纪至第四纪的湖相沉积物及其风化层,个别分布在一级阶地上。

二、膨胀岩土的特征

（一）成分结构特征

膨胀土中黏粒含量较高,常达 35% 以上。矿物成分以蒙脱石和伊利石为主,高岭石含量较少。膨胀土一般呈红、黄、褐、灰白等色,具斑状结构,常含铁、锰或钙质结核。土体常具有网状裂隙,裂隙面比较光滑。土体表层常出现各种纵横交错的裂隙和龟裂现象,使土体的完整性破坏,强度降低。

（二）膨胀岩土的工程地质特征

① 在天然状态下,膨胀土具有较大的天然密度和干密度,含水率和孔隙比较小。膨胀土的孔隙比一般小于 0.8,含水率多为 17%～36%,一般在 20% 左右。但饱和度较大,一般在 80% 以上。所以这种土在天然含水量下常处于硬塑或坚硬状态。

② 膨胀土的液限和塑性指数都较大,塑限一般为 17%～35%,液限一般为 40%～68%,塑性指数一般为 18～33。

③ 膨胀土一般为超压密的细粒土,其压缩性小,属中～低压缩性土,抗剪强度一般都比较高,但当含水量增加或结构受扰动后,其力学性质便明显减弱。

④ 当膨胀土失水时,土体即收缩,甚至出现干裂,而遇水时又膨胀鼓起,即使在一定的荷载作用下,仍具有胀缩性。膨胀土因受季节性气候的影响而产生胀缩变形,故这种地基将造成房屋开裂并导致破坏。

三、膨胀岩土勘察的基本要求

（一）勘察阶段及各阶段的主要任务

勘察阶段应与设计阶段相适应,可分为选择场址勘察、初步勘察和详细勘察三个阶段。对场地面积不大、地质条件简单或有建设经验的地区,可简化勘察阶段,但应达到详细勘察阶段的要求。对地形地质条件复杂或有成群建筑物破坏的地区,必要时还应进行专门性的勘察工作。

（1）选择场址勘察阶段

选择场址勘察阶段应以工程地质调查为主,辅以少量探坑或必要的钻探工作,了解地层分布,采取适量扰动土样,测定自由膨胀率,初步判定场地内有无膨胀土,对拟选场址的稳定性和适宜性做出工程地质评价。

（2）初步勘察阶段

初步勘察阶段应确定膨胀土的胀缩性,对场地稳定性和工程地质条件做出评价,为确定建筑总平面布置、主要建筑物地基基础方案及对不良地质现象的防治方案提供工程地质资料。其主要工作应包括下列内容:

① 工程地质条件复杂并且已有资料不符合要求时,应进行工程地质测绘,所用的比例尺可采用 1∶1 000～1∶5 000。

② 查明场地内不良地质现象的成因、分布范围和危害程度,预估地下水位季节性变化幅度和对地基土的影响。

③ 采取原状土样进行室内基本物理性质试验、收缩试验、膨胀力试验和 50 kPa 压力下的膨胀率试验,初步查明场地内膨胀土的物理力学性质。

（3）详细勘察阶段

详细勘察阶段应详细查明各建筑物的地基土层及其物理力学性质，确定其胀缩等级，为地基基础设计、地基处理、边坡保护和不良地质地段的治理，提供详细的工程地质资料。

（二）勘察方法和勘察工作量

1. 工程地质测绘和调查

膨胀岩土地区工程地质测绘与调查宜采用 1∶1 000～1∶2 000 比例尺，应着重研究下列内容：

① 查明膨胀岩土的岩性、地质年代、成因、产状、分布以及颜色、节理、裂缝等外观特征及空间分布特征。

② 划分地貌单元和场地类型，查明有无浅层滑坡、地裂、冲沟以及微地貌形态和植被分布情况和浇灌方法。

③ 调查地表水的排泄和积聚情况以及地下水类型、水位和变化规律；土层中含水量的变化规律。

④ 收集当地降水量、蒸发力、气温、地温、干湿季节、干旱持续时间等气象资料，查明大气影响深度。

⑤ 调查当地建筑物的结构类型、基础形式和埋深，建筑物的损坏部位，破裂机制、破裂的发生发展过程及胀缩活动带的空间展布规律。

2. 勘探点布置和勘探深度

勘探点宜结合地貌单元和微地貌形态布置，其数量应比非膨胀岩土地区适当增加，其中取土勘探点，应根据建筑物类别、地貌单元及地基土胀缩等级分布布置，其数量不应少于全部勘探点数量的 1/2；详细勘察阶段，在每栋主要建筑物下不得少于 3 个取土勘探点。

勘探孔的深度，除应满足基础埋深和附加应力的影响深度外，尚应超过大气影响深度；控制性勘探孔不应小于 8 m，一般性勘探孔不应小于 5 m。

3. 取样及测试

在大气影响深度内，每个控制性勘探孔均应采取Ⅰ、Ⅱ级土试样，取样间距不应大于 1.0 m，在大气影响深度以下，取样间距可为 1.5～2.0 m；一般性勘探孔从地表下 1 m 开始至 5 m 深度内，可取Ⅲ级土试样，测定天然含水量。土层有明显变化处，宜加取土样。

膨胀岩土的室内试验，除应遵循一般岩土的规定外，尚应测定：自由膨胀率、一定压力下的膨胀率、收缩系数以及膨胀力等四个工程特性指标。这四项指标是判定膨胀岩土、评价膨胀潜势、计算分级变形量和划分地基膨胀等级的主要依据，一般情况下都应测定。

（1）自由膨胀率（δ_{ef}）

人工制备的烘干土，在水中增加的体积与原体积的比，按式（4-7-1）计算：

$$\delta_{ef} = \frac{v_w - v_0}{v_0} \tag{4-7-1}$$

式中　v_w——土样在水中膨胀稳定后的体积，mL；

　　　v_0——土样原有体积，mL。

（2）膨胀率（δ_{eP}）

在一定压力下，浸水膨胀稳定后，试样增加的高度与原高度之比，按式（4-7-2）计算：

$$\delta_{eP} = \frac{h_w - h_0}{h_0} \tag{4-7-2}$$

式中 h_w——土样浸水膨胀稳定后的高度,mm;

h_0——土样原始高度,mm。

(3)收缩系数(λ_s)

原状土样在直线收缩阶段,含水量减少1%时的竖向线缩率,按式(4-7-3)计算:

$$\lambda_s = \frac{\Delta \delta_s}{\Delta w} \tag{4-7-3}$$

式中 $\Delta \delta_s$——收缩过程中与两点含水量之差对应的竖向线缩率之差,%;

Δw——收缩过程中直线变化阶段两点含水量之差,%。

(4)膨胀力(p_e)

原状土样在体积不变时,由于浸水膨胀产生的最大内应力。

重要的和有特殊要求的工程场地,宜进行现场浸水载荷试验、剪切试验或旁压试验。对膨胀岩应进行黏土矿物成分(黏粒、蒙脱石、伊利石或伊/蒙混层含量)、体膨胀量和无侧限抗压强度试验。对各向异性的膨胀岩土,应测定其不同方向的膨胀率、膨胀力和收缩系数。

四、膨胀岩土的岩土工程评价

(一)膨胀岩土的判定

膨胀岩土的判定,目前尚无统一的指标和方法,多年来一直分为初判和终判两步的综合判定方法。对膨胀土初判主要根据地貌形态、土的外观特征和自由膨胀率;终判是在初判的基础上结合各种室内试验及邻近工程损坏原因分析进行。

(1)膨胀土初判方法

具有下列工程地质特征的场地,一般自由膨胀率大于或等于40%的土可初判为膨胀土:

① 多分布在二级或二级以上阶地、山前丘陵和盆地边缘。

② 地形平缓,无明显自然陡坎。

③ 常见浅层滑坡、地裂,新开挖的路堑、边坡、基槽易发生坍塌。

④ 裂缝发育,方向不规则,常有光滑面和擦痕,裂缝中常充填灰白、灰绿色黏土。

⑤ 干时坚硬,遇水软化,自然条件下呈坚硬或硬塑状态。

⑥ 未经处理的建筑物成群破坏,低层较多层严重,刚性结构较柔性结构严重。

⑦ 建筑物开裂多发生在旱季,裂缝宽度随季节变化。

(2)膨胀土的终判方法

对初判为膨胀土的地区,应计算土的膨胀变形量、收缩变形量和胀缩变形量,并划分胀缩等级。当拟建场地或其邻近有膨胀岩土损坏的工程时,应判定为膨胀岩土,并进行详细调查,分析膨胀岩土对工程的破坏机制,估计膨胀力的大小和胀缩等级。

这里需说明三点:

① 自由膨胀率是一个很有用的指标,但不能作为唯一依据,否则易造成误判。

② 从实用出发,应以是否造成工程的损害为最直接的标准;但对于新建工程,不一定有已有工程的经验可借鉴,此时仍可通过各种室内试验指标结合现场特征判定。

③ 初判和终判不是互相分割的,应互相结合、综合分析,工作的次序是从初判到终判,但终判时仍应综合考虑现场特征,不宜只凭个别试验指标确定。

(3)膨胀岩的判定

对于膨胀岩的判定尚无统一指标,作为地基时,可参照膨胀土的判定方法进行判定。目前,膨胀岩作为其他环境介质时,其膨胀性的判定标准也不统一。例如,中国科学院地质研究所将钠蒙脱石含量 5%～6%、钙蒙脱石含量 11%～14%作为判定标准。铁道部第一勘测设计院以蒙脱石含量 8%或伊利石含量 20%作为标准。此外,也有将黏粒含量作为判定指标的,例如铁道部第一勘测设计院以粒径小于 0.002 mm 含量占 25%或粒径小于 0.005 mm 含量占 30%作为判定标准。还有将干燥饱和吸水率 25%作为膨胀岩和非膨胀岩的划分界线。

但是,最终判定时岩石膨胀性的指标还是膨胀力和不同压力下的膨胀率,这一点与膨胀土相同。对于膨胀岩,膨胀率与时间的关系曲线以及在一定压力下膨胀率与膨胀力的关系,对洞室的设计和施工具有重要的意义。

(二)胀缩等级的划分

(1)膨胀土的膨胀潜势分类

膨胀土的膨胀潜势,可根据自由膨胀率分为三类,如表 4-7-1 所示:

表 4-7-1 　　　　　　　　　　　　膨胀土的膨胀潜势分类

自由膨胀率/%	膨胀潜势
$40 \leqslant \delta_{ef} < 65$	弱
$65 \leqslant \delta_{ef} < 90$	中
$\delta_{ef} \geqslant 90$	强

(2)膨胀土场地的分类

膨胀岩土场地,按地形地貌条件可分为平坦场地和坡地场地。符合下列条件之一者应划分为平坦场地:

① 地形坡度小于 5°且同一建筑物范围内局部高差不超过 1 m。

② 地形坡度大于 5°小于 14°,与坡肩水平距离大于 10 m 的坡顶地带。

不符合以上条件的应划为坡地场地。

(3)膨胀土地基的胀缩等级

对初判为膨胀土的地区,应计算土的膨胀变形量、收缩变形量和胀缩变形量,并划分膨胀土地基的胀缩等级。《膨胀土地区建筑技术规范》(GBJ 112—87)根据地基分级变形量 S_c(mm),把膨胀土地基的胀缩等级分为三级,如表 4-7-2 所示。

表 4-7-2 　　　　　　　　　　　　膨胀土地基的胀缩等级

地基分级变形量 S_c/mm	级　别
$15 \leqslant S_c < 35$	I
$35 \leqslant S_c < 70$	II
$S_c \geqslant 70$	III

注:① 计算分级变形量时,膨胀率的压力取 50 kPa。

② 亦可根据地区经验分级,并在成果报告中说明。

（三）膨胀土地基变形量的计算

膨胀土地基变形量（见图 4-7-1），可按下列三种情况分别计算：

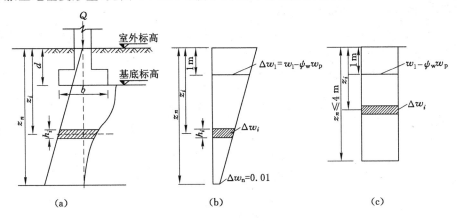

图 4-7-1 地基土变形计算示意图

① 当离地表 1 m 处地基土的天然含水量等于或接近最小值时，或地面有覆盖且无蒸发可能时，以及建筑物在使用期间经常有水浸湿的地基，可按膨胀变形量计算。

② 当离地表 1 m 处地基土的天然含水量大于 1.2 倍塑限含水量时，或直接受高温作用的地基，可按收缩变形量计算。

③ 其他情况下可按胀缩变形量计算。

（1）地基土的膨胀变形量

地基土的膨胀变形量，应按式（4-7-4）计算：

$$s_e = \psi_e \sum_{i=1}^{n} \delta_{ePi} \cdot h_i \tag{4-7-4}$$

式中 s_e——地基土的膨胀变形量，mm；

ψ_e——计算膨胀变形量的经验系数，宜根据当地经验确定，若无可依据经验时，三层及三层以下建筑物，可采用 0.6；

δ_{ePi}——基础底面下第 i 层土在该层土的平均自重压力与平均附加压力之和作用下的膨胀率，由室内试验确定；

h_i——第 i 层土的计算厚度，mm；

n——自基础底面至计算深度内所划分的土层数［见图 4-7-1(a)］，计算深度应根据大气影响深度确定；有浸水可能时，可按浸水影响深度确定。

（2）地基土的收缩变形量

地基土的收缩变形量，应按式（4-7-5-1）计算：

$$s_s = \psi_s \sum_{i=1}^{n} \lambda_{si} \Delta w_i h_i \tag{4-7-5-1}$$

式中 s_s——地基土的收缩变形量，mm；

ψ_s——计算收缩变形量的经验系数，宜根据当地经验确定，若无可依据经验时，三层及三层以下建筑物，可采用 0.8；

λ_{si}——第 i 层土的收缩系数，应由室内试验确定；

Δw_i——地基土收缩过程中，第 i 层土可能发生的含水量变化的平均值（以小数表示）；

h_i——第 i 层土的计算厚度，mm；

n——自基础底面至计算深度内所划分的土层数[见图 4-7-1(b)]，计算深度可取大气影响深度，当有热源影响时，应按热源影响深度确定。

在计算深度内，各土层的含水量变化值，应按式(4-7-5-2)计算：

$$\Delta w_i = \Delta w_1 - (\Delta w_1 - 0.01)\frac{z_i - 1}{z_n - 1} \qquad (4\text{-}7\text{-}5\text{-}2)$$

$$\Delta w_1 = w_1 - \psi_w w_P \qquad (4\text{-}7\text{-}5\text{-}3)$$

式中　w_1、w_P——地表下 1 m 处土的天然含水量和塑限含水量（以小数表示）；

ψ_w——土的湿度系数；

z_i——第 i 层土的深度，m；

z_n——计算深度，可取大气影响深度，m。

注：① 在地表下 4 m 土层深度内，存在不透水基岩时，可假定含水量变化值为常数[见图 4-7-1(c)]。

② 在计算深度内有稳定地下水位时，可计算至水位以上 3 m。

膨胀土湿度系数，应根据当地 10 年以上土的含水量变化及有关气象资料统计求出；无此资料时，可按式(4-7-6)计算：

$$\psi_w = 1.152 - 0.726a - 0.001\,07c \qquad (4\text{-}7\text{-}6)$$

式中　ψ_w——膨胀土湿度系数，在自然气候影响下，地表下 1 m 处土层含水量可能达到的最小值与其塑限值之比；

a——当地 9 月至次年 2 月的蒸发力之和与全年蒸发力之比值。我国部分地区蒸发力及降水量值，可按国家标准《膨胀土地区建筑技术规范》(GBJ 112—87)附录二采用；

c——全年中干燥度（蒸发力与降水量之比值）大于 1.00 的月份的蒸发力与降水量差值之总和，mm。

大气影响深度，应由各气候区土的深层变形观测或含水量观测及地温观测资料确定，无此资料时，可按表 4-7-3 采用。

表 4-7-3　　　　　　　　　　　　　　大气影响深度

土湿度系数 ψ_w	0.6	0.7	0.8	0.9
大气影响深度 d_a/m	5.0	4.0	3.5	3.0

注：① 大气影响深度是自然气候作用下，由降水、蒸发、地温等因素引起土的升降变形的有效深度。

② 大气影响急剧层深度系指大气影响特别显著的深度。大气影响急剧层深度，可按表 4-7-3 中的大气影响深度值乘以 0.45 采用。

(3) 地基土的胀缩变形量

地基土的胀缩变形量，应按式(4-7-7)计算：

$$s = \psi \sum_{i=1}^{n}(\delta_{ePi} + \lambda_{si}\Delta w_i)h_i \qquad (4\text{-}7\text{-}7)$$

式中　ψ——计算胀缩变形量的经验系数,可取 0.7。

其他符号同前。

（四）地基承载力的确定

① 一级工程的地基承载力应采用浸水载荷试验方法确定,二级工程宜采用浸水载荷试验,三级工程可采用饱和状态下不固结不排水三轴剪切试验计算或根据已有经验确定。

② 采用饱和三轴不排水快剪试验确定土的抗剪强度时,可按国家现行建筑地基基础设计规范中有关规定计算承载力。

③ 已有大量试验资料地区,可制订承载力表,供一般工程采用,无资料地区,可采用国家标准《膨胀土地区建筑技术规范》(GBJ 112—87)附录三的表列数据。

（五）设计注意事项

① 对建在膨胀岩土上的建筑物,其基础埋深、地基处理、桩基设计、总平面布置、建筑和结构措施、施工和维护,应符合现行国家标准《膨胀土地区建筑技术规范》(GBJ 112—87)的规定。

② 对边坡及位于边坡上的工程,应进行稳定性验算;验算时应考虑坡体内含水量变化的影响;均质土可采用圆弧滑动法,有软弱夹层及层状膨胀岩土应按最不利的滑动面验算;具有胀缩裂缝和地裂缝的膨胀土边坡,应进行沿裂缝滑动的验算。

坡地场地稳定性分析时,考虑含水量变化的影响十分重要,含水量变化的原因有:

· 挖方填方量较大时,岩土体中含水状态将发生变化;

· 平整场地破坏了原有地貌、自然排水系统和植被,改变了岩土体吸水和蒸发;

· 坡面受多向蒸发,大气影响深度大于平坦地带;

· 坡地旱季出现裂缝,雨季雨水灌入,易产生浅层滑坡;久旱降雨造成坡体滑动。

第八节　盐渍岩土

岩土中易溶盐含量大于 0.3%,并具有溶陷、盐胀、腐蚀等工程特性时,应判定为盐渍岩土。

除了细粒盐渍土外,我国西北内陆盆地山前冲积扇的沙砾层中,盐分以层状或窝状聚集在细粒土夹层的层面上,形状为几厘米至十几厘米厚的结晶盐层或含盐沙砾透镜体,盐晶呈纤维状晶族。对这类粗粒盐渍土,研究成果和工程经验不多,勘察时应予以注意。

一、盐渍岩土的分类

盐渍岩按主要含盐矿物成分可分为石膏盐渍岩、芒硝盐渍岩等。当环境条件变化时,盐渍岩工程性质亦产生变化。盐渍岩一般见于湖相或深湖相沉积的中生界地层,如白垩系红色泥质粉砂岩、三叠系泥灰岩及页岩。

含盐化学成分、含盐量对盐渍土有下列影响:

（1）含盐化学成分的影响

① 氯盐类的溶解度随温度变化甚微,吸湿保水性强,使土体软化。

② 硫酸盐类则随温度的变化而胀缩,使土体变软。

③ 碳酸盐类的水溶液有强碱性反应,使黏土胶体颗粒分散,引起土体膨胀。

表 4-8-1-1 采用易溶盐阴离子,按 100 g 土中各自含有毫摩数的比值划分盐渍土类型。

(2) 含盐量的影响

盐渍土中含盐量的多少对盐渍土的工程特性影响较为明显,表 4-8-1-2 是在含盐性质的基础上,根据含盐量的多少划分的。

表 4-8-1-1   盐渍土按含盐化学成分分类

盐渍土名称	$\dfrac{c(\text{Cl}^{-1})}{2c(\text{SO}_4^{2-})}$	$\dfrac{2c(\text{CO}_3^{2-})+c(\text{HCO}_3^{-})}{c(\text{Cl}^{-1})+2c(\text{SO}_4^{2-})}$
氯盐渍土	>2.0	—
亚氯盐渍土	2.0~1.0	—
亚硫酸盐渍土	1.0~0.3	—
硫酸盐渍土	<0.3	—
碱性盐渍土	—	>0.3

注:表中 $c(\text{Cl}^{-})$ 为氯离子在 100 g 土中所含毫摩数,其他离子同。

表 4-8-1-2   盐渍土按含盐量分类

盐渍土名称	平均含盐量/%		
	氯及亚氯盐	硫酸及亚硫酸盐	碱性盐
弱盐渍土	0.3~1.0	—	—
中盐渍土	1.0~5.0	0.3~2.0	0.3~1.0
强盐渍土	5.0~8.0	2.0~5.0	1.0~2.0
超盐渍土	>8.0	>5.0	>2.0

二、盐渍岩土勘察的基本要求

(一) 盐渍岩土的勘察内容

① 盐渍岩土的分布范围、形成条件、含盐类型、含盐程度、溶蚀洞穴发育程度和空间分布状况,以及植物分布生长状况。

② 对含石膏为主的盐渍岩,应查明当地硬石膏的水化程度(硬石膏水化后变成石膏的界限);对含芒硝较多的盐渍岩,在隧道通过地段查明地温情况。

③ 大气降水的积聚、径流、排泄、洪水淹没范围、冲蚀情况及地下水类型、埋藏条件、水质变化特征、水位及其变化幅度。

④ 有害毛细水上升高度值。粉土、黏性土用塑限含水量法,砂土用最大分子含水量法确定。

⑤ 收集研究区域气象(主要为气温、地温、降水量、蒸发量)和水文资料,并分析其对盐渍岩土工程性能的影响。

⑥ 收集研究区域盐渍岩土地区的建筑经验。

⑦ 对具有盐胀性、湿陷性的盐渍岩土,尚应按照有关规范查明其湿陷性和膨胀性。

（二）盐渍岩土地区的调查工作内容

盐渍岩土地区的调查工作,包括下列内容：

① 盐渍岩土的成因、分布和特点。

② 含盐化学成分、含盐量及其在岩土中的分布。

③ 溶蚀洞穴发育程度和分布。

④ 收集气象和水文资料。

⑤ 地下水的类型、埋藏条件、水质、水位及其季节变化。

⑥ 植物生长状况。

⑦ 含石膏为主的盐渍岩石膏的水化深度,含芒硝较多的盐渍岩,在隧道通过地段的地温情况。

硬石膏（$CaSO_4$）经水化后形成石膏（$CaSO_4 \cdot 2H_2O$）,在水化过程中体积膨胀,可导致建筑物的破坏；另外,在石膏—硬石膏分布地区,几乎都发育岩溶化现象,在建筑物运营期间,在石膏—硬石膏中出现岩溶化洞穴,造成基础的不均匀沉陷。

芒硝（Na_2SO_4）的物态变化导致其体积的膨胀与收缩。当温度在 32.4 ℃ 以下时,芒硝的溶解度随着温度的降低而降低。因此,温度变化,芒硝将发生严重的体积变化,造成建筑物基础和洞室围岩的破坏。

⑧ 调查当地工程经验。

（三）勘探工作的布置及试样的采取

① 勘探工作布置应满足查明盐渍岩土分布特征的要求；盐渍土平面分区可为总平面图设计选择最佳建筑场地；竖向分区则为地基设计、地下管道的埋设以及盐渍土对建筑材料腐蚀性评价等提供有关资料。

② 采取岩土试样宜在干旱季节进行,对用于测定含盐离子的扰动土取样,宜符合表 4-8-2 的规定。

表 4-8-2　　　　　　　　　盐渍土扰动土试样取样要求

勘察阶段	深度范围/m	取土试样间距/m	取样孔占勘探孔总数的百分数/%
初步勘察	<5	1.0	100
	5～10	2.0	50
	>10	3.0～5.0	20
详细勘察	<5	0.5	100
	5～10	1.0	50
	>10	2.0～3.0	30

注：浅基取样深度到 10 m 即可。

③ 工程需要时,应测定有害毛细水上升的高度。

④ 应根据盐渍土的岩性特征,选用载荷试验等适宜的原位测试方法,对于溶陷性盐渍土尚应进行浸水载荷试验确定其溶陷性。

⑤ 对盐胀性盐渍土宜现场测定有效盐胀厚度和总盐胀量,当土中硫酸钠含量不超过1%时,可不考虑盐胀性；对盐胀性盐渍土应进行长期观测以确定其盐胀临界深度。

据柴达木盆地实际观测结果，日温差引起的盐胀深度仅达表层下0.3 m左右，深层土的盐胀由年温差引起，其盐胀深度范围在0.3 m以下。

盐渍土盐胀临界深度，是指盐渍土的盐胀处于相对稳定时的深度。盐胀临界深度可通过野外观测获得，方法是在拟建场地自地面向下5 m左右深度内，于不同深度处埋设测标，每日定时数次观测气温、各测标的盐胀量及相应深度处的地温变化，观测周期为一年。

柴达木盆地盐胀临界深度一般大于3.0 m，大于一般建筑物浅基的埋深，如某深度处盐渍土由温差变化影响而产生的盐胀压力，小于上部有效压力时，其基础可适当浅埋，但室内地面下需作处理，以防由盐渍土的盐胀而导致的地面膨胀破坏。

⑥ 除进行常规室内试验外，盐渍土的特殊试验要求对盐胀性和湿陷性指标的测定按照膨胀土和湿陷土的有关试验方法进行；对硬石膏根据需要可做水化试验、测定有关膨胀参数；应有一定数量的试样做岩、土的化学含量分析、矿物成分分析和有机质含量的测试。

三、盐渍岩土的岩土工程评价

盐渍岩土的岩土工程评价应包括下列内容：

① 岩土中含盐类型、含盐量及主要含盐矿物对岩土工程特性的影响。

② 岩土的溶陷性、盐胀性、腐蚀性和场地工程建设的适宜性。

③ 盐渍土由于含盐性质及含盐量的不同，土的工程特性各异，地域性强，目前尚不具备以土工试验指标与载荷试验参数建立关系的条件，故载荷试验是获取盐渍土地基承载力的基本方法，盐渍土地基的承载力宜采用载荷试验确定，当采用其他原位测试方法时，应与载荷试验结果进行对比。

④ 确定盐渍岩地基的承载力时，应考虑盐渍岩的水溶性影响。

氯和亚氯盐渍土的力学强度的总趋势是总含盐量(S_{DS})增大，比例界限(p_0)随之增大，当S_{DS}在10%范围内，p_0增加不大，超过10%后，p_0有明显提高。这是因为土中氯盐在其含量超过一定的临界溶解含量时，则以晶体状态析出，同时对土粒产生胶结作用，使土的力学强度提高。

硫酸和亚硫酸盐渍土的总含盐量对力学强度的影响与氯盐渍土相反，即土的力学强度随S_{DS}的增大而减小。其原因是，当温度变化超越硫酸盐盐胀临界温度时，将发生硫酸盐体积的胀与缩，引起土体结构破坏，导致地基承载力降低。

⑤ 盐渍岩边坡的坡度宜比非盐渍岩的软质岩石边坡适当放缓，对软弱夹层、破碎带应部分或全部加以防护。

⑥ 盐渍岩土对建筑材料的腐蚀性评价应按水土对建筑材料的腐蚀性评价执行。

第九节　风化岩和残积土

岩石在风化营力作用下，其结构、成分和性质已产生不同程度的变异，应定名为风化岩。已完全风化成土而未经搬运的应定名为残积土。

不同的气候条件和不同的岩类具有不同风化特征，湿润气候以化学风化为主，干燥气候以物理风化为主。花岗岩类多沿节理风化，风化厚度大，且以球状风化为主。层状岩，多受岩性控制，硅质比黏土质不易风化，风化后层理尚较清晰，风化厚度较薄。可溶岩以溶蚀为主,有岩溶现象,不具完整的风化带,风化岩保持原岩结构和构造,而残积土则已全部风化成土,矿物结晶、结构、构造不易辨认,成碎屑状的松散体。

一、风化岩与残积土的工程地质特征

① 风化岩一般都具有较高的承载力,但由于岩石本身风化的程度、风化的均匀性和连续性不尽相同,故地基强度也不一样。当同一建筑物拟建在风化程度不同(软硬互层)的风化岩地基上时,应考虑不均匀沉降和斜坡稳定性问题。

② 岩石已完全风化成土而未经搬运的应定为残积土,其承载力较高。风化岩与残积土作为一般建物的地基,是很好的持力层。

花岗岩类残积土的变形模量可按式(4-9-1)确定:

$$E_0 = 2.2 N_{63.5} \tag{4-9-1}$$

式中 E_0——变形模量,MPa;

$N_{63.5}$——标准贯入试验击数。

对一级建筑物,以上述确定 E_0 时,应用载荷试验予以验证。

二、风化岩与残积土勘察的基本要求

(一)风化岩和残积土勘察的重点

风化岩和残积土勘察的任务,对不同的工程应有所侧重。如作为建筑物天然地基时,应着重查明岩土的均匀性及其物理力学性质,作为桩基础时应重点查明破碎带和软弱夹层的位置和厚度等。风化岩和残积土的勘察应着重查明下列内容:

① 母岩地质年代和岩石名称。

② 岩石的风化程度。

③ 岩脉和风化花岗岩中球状风化体(孤石)的分布。

④ 岩土的均匀性、破碎带和软弱夹层的分布。

⑤ 地下水的赋存状况及其变化。

(二)现场勘探工作量布置

① 勘探点间距除遵循一般原则外,应按复杂地基取小值,对层状岩应垂直走向布置,并考虑具有软弱夹层的特点。各勘察阶段的勘探点均应考虑到不同岩层和其中岩脉的产状及分布特点布置;一般在初勘阶段,应有部分勘探点达到或深入微风化层,了解整个风化剖面。

② 除用钻探取样外,对残积土或强风化带应有一定数量的探井,直接观察其结构,岩土暴露后的变化情况(如干裂、湿化、软化等等)。从探井中采取不扰动试样并利用探井作原位密度试验等。

③ 为了保证采取风化岩样质量的可靠性,宜在探井中刻取或用双重管、三重管取样器采取试样,每一风化带不应少于 3 组。

④ 风化岩和残积土一般很不均匀,取样试验的代表性差,故应考虑原位测试与室内试验相结合的原则,并以原位测试为主。原位测试可采用圆锥动力触探、标准贯入试验、波速测试和载荷试验。

对风化岩和残积土的划分,可用标准贯入试验或无侧限抗压强度试验,也可采用波速测试,同时也不排除用规定以外的方法,可根据当地经验和岩土的特点确定。

（三）室内试验

室内试验除应遵循一般的规定外,对相当于极软岩和极破碎的岩体,可按土工试验要求进行,对残积土,必要时应进行湿陷性和湿化试验。

对含粗粒的残积土,应在现场进行原位测定其密度。

对花岗岩残积土,为求得合理的液性指数,应确定其中细粒土(粒径小于 0.5 mm)的天然含水量 w_f、塑性指数 I_P、液性指数 I_L,试验应筛去粒径大于 0.5 mm 的粗颗粒后再做。而常规试验方法所作出的天然含水量失真,计算出的液性指数都小于零,与实际情况不符。细粒土的天然含水量可以实测,也可用式(4-9-2-1)计算:

$$w_f = \frac{w - w_A 0.01 P_{0.5}}{1 - 0.01 P_{0.5}} \tag{4-9-2-1}$$

$$I_P = w_L - w_P \tag{4-9-2-2}$$

$$I_L = \frac{w_f - w_P}{I_P} \tag{4-9-2-3}$$

式中　　w——花岗岩残积土(包括粗、细粒土)的天然含水量,%;

w_A——粒径大于 0.5 mm 颗粒吸着水含水量,%,可取 5%;

$P_{0.5}$——粒径大于 0.5 mm 颗粒质量占总质量的百分比,%;

w_L——粒径小于 0.5 mm 颗粒的液限含水量,%;

w_P——粒径小于 0.5 mm 颗粒的塑限含水量,%。

对于风化岩,一般宜进行干、湿状态下单轴极限抗压强度试验及密度、吸水率、弹性模量等试验。对于强风化岩,因取样困难而难于试验,为评定其强度,可采用点荷载试验法。用点荷载强度指数 I_s 换算单轴极限抗压强度 f_r(kPa),按式(4-9-3)计算:

$$f_r = 23.7 I_{s(50)} \tag{4-9-3}$$

式中　　$I_{s(50)}$——按直径 50 mm 修正后的点荷载强度指数。

三、风化岩和残积土的岩土工程评价

① 花岗岩类残积土的地基承载力和变形模量应采用载荷试验确定。有成熟地方经验时,对于地基基础设计等级为乙级、丙级的工程,可根据标准贯入试验等原位测试资料,结合当地经验综合确定。

② 对于厚层的强风化和全风化岩石,宜结合当地经验进一步划分为碎块状、碎屑状和土状;厚层残积土可进一步划分为硬塑残积土和可塑残积土,也可根据含砾或含砂量划分为黏性土、砂质黏性土和砾质黏性土。

③ 建在软硬互层或风化程度不同地基上的工程,应分析不均匀沉降对工程的影响。

花岗岩分布区,因为气候湿热,接近地表的残积土受水的淋滤作用,氧化铁富集,并稍具胶结状态,形成网纹结构,土质较坚硬,而其下强度较低,再下由于风化程度减弱强度逐渐增加。因此,同一岩性的残积土强度不一,评价时应予以注意。

④ 基坑开挖后应及时检验,对于易风化的岩类,应及时砌筑基础或采取其他措施,防止风化发展。

⑤ 对岩脉和球状风化体(孤石),应分析评价其对地基(包括桩基)的影响,并提出相应的建议。

第十节　污　染　土

由于致污物质(工业污染、尾矿污染和垃圾填埋场渗滤液污染等)的侵入,使其成分、结构和性质发生了显著变异的土,应判定为污染土(contaminated soil)。污染土的定名可在原分类名称前冠以"污染"二字。

目前,国内外关于污染土特别是岩土工程方面的资料不多,国外也还没有这方面的规范。我国从 20 世纪 60 年代开始就有勘察单位进行污染土的勘察、评价和处理,但资料较分散。

一、污染土场地的勘察和评价的主要内容

污染土场地和地基可分为下列类型,不同类型场地和地基勘察应突出重点。

① 已受污染的已建场地和地基;

② 已受污染的拟建场地和地基;

③ 可能受污染的已建场地和地基;

④ 可能受污染的拟建场地和地基。

根据国内进行过的污染土勘察工作,场地类型中最多的是受污染的已建场地,即对污染土造成的建筑物地基事故的勘察调查。不同场地的勘察要求和评价内容稍有不同,但基本点是研究土与污染物相互作用的条件、方式、结果和影响。污染土场地的勘察和评价应包括下列内容:

① 查明污染前后土的物理力学性质、矿物成分和化学成分等。

② 查明污染源、污染物的化学成分、污染途径、污染史等。

③ 查明污染土对金属和混凝土的腐蚀性。

④ 查明污染土的分布,按照有关标准划分污染等级。

⑤ 查明地下水的分布、运动规律及其与污染作用的关系。

⑥ 提出污染土的力学参数,评价污染土地基的工程特性。

⑦ 提出污染土的处理意见。

二、污染土勘探与测试的要求

污染土场地和地基的勘察,应根据工程特点和设计要求选择适宜的勘察手段。目前国内尚不具有污染土勘察专用的设备或手段,还只能采用一般常用的手段进行污染土的勘察;手段的选用主要根据土的原分类对于该手段的适宜性,如对于污染的砂土或砂岩,可选择适宜砂土或岩石的勘察手段。原则上应符合下列要求:

① 以现场调查为主,对工业污染应着重调查污染源、污染史、污染途径、污染物成分、污染场地已有建筑物受影响程度、周边环境等。对尾矿污染应重点调查不同的矿物种类和化学成分,了解选矿所采用工艺、添加剂及其化学性质和成分等。对垃圾填埋场应着重调查垃圾成分、日处理量、堆积容量、使用年限、防渗结构、变形要求及周边环境等。

② 采用钻探或坑探采取土试样,现场观察污染土颜色、状态、气味和外观结构等,并与正常土比较,查明污染土分布范围和深度。

③ 直接接触试验样品的取样设备应严格保持清洁,每次取样后均应用清洁水冲洗后再进行下一个样品的采取;对易分解或易挥发等不稳定组分的样品,装样时应尽量减少土样与空气的接触时间,防止挥发性物质流失并防止发生氧化;土样采集后宜采取适宜的保存方法并在规定时间内运送实验室。

④ 对需要确定地基土工程性能的污染土,宜采用以原位测试为主的多种手段;当需要确定污染土地基承载力时,宜进行载荷试验。

目前对污染土工程特性的认识尚不足,由于土与污染物相互作用的复杂性,每一特定场地的污染土有它自己的特性。因此,污染土的承载力宜采用载荷试验和其他原位测试确定,并进行污染土与未污染土的对比试验。国内已有在可能受污染场地作野外浸酸载荷试验的经验。这种试验是评价污染土工程特性的可靠依据。

⑤ 拟建场地污染土勘察宜分为初步勘察和详细勘察两个阶段。条件简单时,可直接进行详细勘察。初步勘察应以现场调查为主,配合少量勘探测试,查明污染源性质、污染途径,并初步查明污染土分布和污染程度;详细勘察应在初步勘察的基础上,结合工程特点、可能采用的处理措施,有针对性地布置勘察工作量,查明污染土的分布范围、污染程度、物理力学和化学指标,为污染土处理提供参数。

⑥ 勘探点布置、污染土、水取样间距和数量的原则是要查明污染土及污染程度的空间分布,可根据各类场地具体情况提出不同具体要求;勘探测试工作量的布置应结合污染源和污染途径的分布进行,近污染源处勘探点间距宜密,远污染源处勘探点间距宜疏。为查明污染土分布的勘探孔深度应穿透污染土。详细勘察时,污染土试样的间距应根据其厚度及可能采取的处理措施等综合确定。确定污染土与非污染土界限时,取土间距不宜大于 1 m。

有地下水的勘探孔应采取不同深度地下水试样,查明污染物在地下水中的空间分布。同一钻孔内采取不同深度的地下水试样时,应采用严格的隔离措施,防止因采取混合水样而影响判别结论。

⑦ 室内试验项目应根据土与污染物相互作用特点及土的性质的变化确定。污染土和水的室内试验,应根据污染情况和任务要求进行下列试验:

· 污染土和水的化学成分;

· 污染土的物理力学性质;

· 对建筑材料腐蚀性的评价指标;

· 对环境影响的评价指标;

· 力学试验项目和试验方法应充分考虑污染土的特殊性质,进行相应的试验,如膨胀、湿化、湿陷性试验等;

· 必要时进行专门的试验研究。

对污染土的勘探测试,当污染物对人体健康有害或对机具仪器有腐蚀性时,应采取必要的防护措施。

根据国内外一些实例,污染土的性质可能具有下列某些特征:

① 酸液对各种土类都会导致力学指标的降低。

② 碱液可导致酸性土的强度降低,有资料表明,压力在 50 kPa 以内时压缩性的增大尤为明显,但碱性可使黄土的强度增大。

③ 酸碱液都可能改变土的颗粒大小和结构或降低土颗粒间的连接力,从而改变土的塑

性指标;多数情况下塑性指数降低,但也有增大的实例。

④ 我国西北的戈壁碎石土硫酸浸入可导致土体膨胀,而盐酸浸入时无膨胀现象,但强度明显降低。

⑤ 土受污染后一般将改变渗透性。

⑥ 酸性侵蚀可能使某些土中的易溶盐含量有明显增加。

⑦ 土的 pH 值可能明显地反映不同的污染程度。

⑧ 土与污染物相互作用一般都具有明显的时间效应。

三、污染土的岩土工程评价

污染土的岩土工程评价,对可能受污染场地,提出污染可能产生的后果和防治措施;对已受污染场地,应进行污染分级和分区,提出污染土工程特性、腐蚀性、治理措施和发展趋势等。

污染土评价应根据任务要求进行,对场地和建筑物地基的评价应符合下列要求:

① 污染源的位置、成分、性质、污染史及对周边的影响。

② 污染土分布的平面范围和深度、地下水受污染的空间范围。

③ 污染土的物理力学性质,评价污染对土的工程特性指标的影响程度。

污染对土的工程特性的影响程度可按表 4-10-1 划分。根据工程具体情况,可采用强度、变形、渗透等工程特性指标进行综合评价。

表 4-10-1   污染对土的工程特性的影响程度

影响程度	轻微	中等	大
工程特性指标变化率/%	<10	10~30	>30

注:"工程特性指标变化率"是指污染前后工程特性指标的差值与污染前指标之比。

④ 工程需要时,提供地基承载力和变形参数,预测地基变形特征。

⑤ 污染土和水对建筑材料的腐蚀性。

污染土和水对建筑材料的腐蚀性评价和腐蚀等级的划分,应符合第五章的有关规定。

⑥ 污染土和水对环境的影响。

污染土和水对环境影响的评价应结合工程具体要求进行,无明确要求时可按现行国家标准《土壤环境质量标准》(GB 15618—2008)、《地下水质量标准》(GB/T 14848—2017)和《地表水环境质量标准》(GB 3838—2002)进行评价。

⑦ 分析污染发展趋势。

预测发展趋势,应对污染源未完全隔绝条件下可能产生的后果、对污染作用的时间效应导致土性继续变化做出预测。这种趋势可能向有利方面变化,也可能向不利方面变化。

⑧ 对已建项目的危害性或拟建项目适宜性的综合评价。

污染土的防治处理应在污染土分区基础上,对不同污染程度区别对待,一般情况下严重和中等污染土是必须处理的,轻微污染土可不处理。但对建筑物或基础具腐蚀性时,应提出防护措施的建议。

污染土的处置与修复应根据污染程度、分布范围、土的性质、修复标准、处理工期和处理成本等综合考虑。

第五章　地下水勘察

第一节　场地地下水的基本概念

一、岩土中的空隙类型

岩石或土内部存有大量的空隙,为水的储存和运动提供了空间和通道。空隙的多少、大小、形状及连通状况对地下水的分布和运动具有重要影响。根据成因和形状,空隙分为松散岩土中的孔隙、坚硬岩石中的裂隙和可溶岩石中的溶穴三种基本类型。

在不同的岩体或土体中,空隙类型有所不同。松散沉积物中以孔隙为主,坚硬岩石中以裂隙为主,可溶性沉积岩中以溶穴为主。但是,自然界岩土中空隙的发育状况是很复杂的,同一种岩土体中可能存在多种空隙类型,如固结程度不高的砂岩中,既有孔隙,也有裂隙;同一溶性的灰岩中,不仅有溶洞、溶隙和溶孔等,也有未经溶解作用的原生孔隙和裂隙等。

孔隙、裂隙和溶穴各具有不同的特点。在结构松散砂土(粗砂、细砂、粉细砂)和碎石土中,孔隙均匀分布,连通性好,不同方向上孔隙通道大小和数量都相差不大。坚硬岩石中的裂隙是有一定长度、宽度并沿一定方向延伸的裂缝,其显著特点是不均匀性和各向异性。裂隙的体积只占岩石体积的极小部分,裂隙在岩层中的分布非常不均匀,裂隙延伸方向渗透性很强,而垂直裂隙走向渗透性极小。裂隙间的连通性远比孔隙差,只有当裂隙发育比较密集且不同方向的裂隙相互交叉构成裂隙网络时,才有较好的连通性。溶穴包括溶洞、溶隙、溶孔等空隙类型,具有比裂隙更显著的不均匀性。既有规模巨大、延伸长达数十千米的大型溶洞,也有十分细小的岩溶裂隙以及溶孔。

二、含水层、隔水层

自然界的岩层按其透水能力可以划分为透水层、弱透水层和不透水层。能透水并含有大量重力水的岩层称为含水层,既不透水(或透水性很差)也不含重力水(或含水量极少)的岩层则称为隔水层。

含水层和隔水层的划分是相对的。岩性和渗透性完全一样的岩层,在某些条件下可能被看作是含水层,另外一些条件下则可能被当作隔水层或弱透水层。例如,渗透性较差仅含少量地下水的弱透水层,在水资源缺乏地区可能是含水层,而在水资源丰富地区通常被视为隔水层。又如,黏性土层渗透性较差,孔隙度高但给水度小,富水性不好,从供水角度完全可以当作隔水层或弱透水层;但在基坑降水、软土地基处理等岩土工程中,其渗透性和含水性就不能被忽略。同样地,渗透性较差的裂隙性岩体对供水可能无意义,但对水库的渗漏可能起到重要影响。

三、包气带和饱水带

地表以下一定深度上,岩土中的空隙被重力水所充满,形成地下水水面。地下水水面以上称为包气带,地下水水面以下称为饱水带,如图 5-1-1 所示。

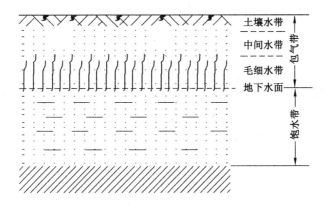

图 5-1-1　饱水带和包气带

包气带自上而下可分为土壤水带、中间水带和毛细水带。从地下水补给角度,包气带是地下水获得大气降水和地表水补给的必经之路;从岩土工程角度,包气带岩层类型、厚度、特征、含水率、水质、毛细水上升高度等关系到工程的稳定和使用,尤其是当建筑物基础位于地下水位附近时,要同时考虑饱水带地下水和毛细水上升高度对建筑地基的影响。

四、地下水分类

地下水按其赋存的空隙类型分为孔隙水、裂隙水和岩溶水三大类。

典型松散沉积物的孔隙水其分布和运动都是比较均匀的,且是各向同性的。同一孔隙含水层中的地下水通常具有统一的水力联系和水位。孔隙水的运动一般比较缓慢,运动状态多为层流。

裂隙水的分布和运动具有不均匀性。裂隙水赋存于岩体中有限体积的裂隙中,由于裂隙连通性较差,其分布常是不连续的和不均匀的。裂隙岩层一般不会构成具有统一水力联系、流场、水量均匀分布的含水层。裂隙水的运动也不同于孔隙水的运动,表现在:① 裂隙水沿裂隙延伸方向运动,具有显著的方向性;② 裂隙水一般不能形成连续的渗流场;③ 裂隙特别是宽大裂隙中水的运动速度较快,不同于多孔介质中的渗流。

典型的岩溶介质通常是由溶孔(孔隙)、溶蚀裂隙、溶洞(管道)组成的三重空隙介质系统,溶孔、裂隙和岩溶管道对岩溶水赋存和运动起着不同的作用。广泛分布的细小孔隙和溶蚀裂隙,导水性差而总空间大,是岩溶水赋存的主要空间。宽大的岩溶管道和裂隙具有很强的导水性,是岩溶水运动的主要通道。规模介于两者之间的溶蚀裂隙则兼具储水和导水的作用。大小形状不同的溶蚀性空隙彼此相互连通,使得岩溶水在宏观上具有统一的水力联系,而在微观上水力联系较差。岩溶水的运动也远比孔隙水和裂隙水复杂。在大型岩溶管道中,水流速度很大,有时可达每秒几米到几十米,水流常呈紊流状态。细小溶孔、溶隙中的岩溶水一般呈层流运动。

地壳浅部的地下水按埋藏条件可分为上层滞水、潜水和承压水三种类型(见图 5-1-2)。

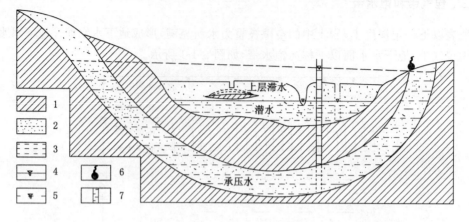

图 5-1-2　潜水、承压水及上层滞水
1——隔水层;2——透水层;3——饱水部分;4——潜水位;
5——承压水测压水位;6——泉(上升泉);7——水井(实线表示井壁不进水)

(1)上层滞水

分布在包气带中局部隔水层或弱透水层之上具有自由水面的重力水。其分布范围和水量有限,来源于大气降水和地表水的入渗补给,只有在获得大量降水入渗补给后,才能积聚一定水量,仅在缺水地区有一定供水意义。

(2)潜水

地表以下第一个稳定隔水层(或渗透性极弱的岩土层)之上具有自由水面的地下水。潜水没有隔水顶板,与包气带连通,具有自由水面(即潜水面)。从潜水面到隔水底板的距离为潜水含水层厚度,潜水面到地面的距离为潜水埋藏深度。

潜水接受大气降水或地表水入渗补给,在重力作用下由水位高的地方向水位低的地方径流,以蒸发、泉或泄流等形式向地表或地表水体排泄。水位受气象、水文因素的影响与控制,丰水期或丰水年获得充足的补给后,水位上升;枯水期或枯水年,补给减少,水位下降。潜水埋藏深度较浅,当其以蒸发为主要排泄方式时,易成为含盐量高的咸水。另外,潜水容易受到地表各种污染物的污染。

(3)承压水

充满在两个隔水层之间的含水层中具有承压性质的地下水。承压含水层上部的隔水层称为隔水顶板,下部的隔水层称为隔水底板,隔水顶底板之间的距离为承压含水层厚度。

承压水的水位(标高)高于隔水顶板(标高),含水层顶板承受大气压以外的静水压力作用。承压含水层水位至含水层顶面间的距离称为承压高度。当承压含水层的水位高于地面标高时,如有钻孔揭穿隔水顶板,承压水便可自流或自喷,形成自流井。

承压水主要来源于大气降水和地表水的入渗,在水头差作用下由水头高的地方向水头低的地方径流,这一点与潜水基本相同。与潜水不同的是,如果承压含水层顶底板隔水性较好,承压水不以蒸发形式向外排泄,承压含水层的补给区、径流区、排泄区常常在位置不同的区域。承压含水层出露于地表或与其他含水层相接触的地方为补给区,接受降水、地表水或地下水的补给,经过一定距离的径流,在另外区域以泉或人工开采等形式排泄。当承压含水层顶底板为弱透水层时,可与其上下相邻的其他含水层中地下水发生越流。

处在封闭状态、水循环微弱的承压水水质较差,而处在开放状态、水循环比较强烈的承压水水质较好。

第二节　地下水勘察的要求

一、地下水勘察的重要性和必要性

随着城市建设的高速发展,特别是高层建筑的大量兴建,地下水的赋存和渗流形态对基础工程的影响越来越突出。主要表现在:

① 近年来,高层、超高层建筑物越来越多,建筑物的结构与体型也向复杂化和多样化方向发展。与此同时,地下空间的利用普遍受到重视,大部分"广场式建筑(plaza)"的建筑平面内部包含有纯地下室部分,北京、上海等城市还修建了地下广场。高层建筑物基础一般埋深较大,多数超过 10 m,甚至超过 20 m。在抗浮设计和地下室外墙承载力验算中,正确确定抗浮设防水位成为一个牵涉巨额造价以及施工难度和周期的十分关键的问题。

② 高层建筑的基础除埋置较深外,其主体结构部分多采用箱基或筏基,基础宽度很大,加上基底压力较大,基础的影响深度可数倍甚至数十倍于一般多层建筑。在基础影响深度范围内,有时可能遇到两层或两层以上的地下水,且不同层位的地下水之间,水力联系和渗流形态往往各不相同,造成人们难于准确掌握建筑场地孔隙水压力场的分布。由于孔隙水压力在土力学和工程分析中的重要作用,如果对孔隙水压力考虑不周,将影响建筑沉降分析、承载力验算、建筑整体稳定性验算等一系列工程评价问题。

③ 高层建筑物基础深,需要开挖较深的基坑。在基坑施工及支护工程中如遇到地下水,可能会出现涌水、冒砂、流沙和管涌等问题,不仅不利于施工,还可能造成严重的工程事故。

工程经验表明,在大规模的工程建设中,对地下水的勘察评价将对工程的安全和造价产生极大影响。

二、地下水勘察的基本要求

岩土工程对地下水的勘察应根据工程需要,通过收集资料和勘察工作,查明以下水文地质条件:

① 地下水的类型和赋存状态。

② 主要含水层的分布规律。

③ 区域性气象资料,如年降水量、蒸发量及其变化和对地下水位的影响。

④ 地下水的补给、径流和排泄条件,地表水与地下水的补排关系及其对地下水位的影响。

⑤ 除测量地下水水位外,还应调查历史最高水位、近 3～5 年最高地下水位。查明影响地下水位动态的主要因素,并预测未来地下水变化趋势。

⑥ 查明地下水或地表水污染源,评价污染程度。

⑦ 对缺乏常年地下水位监测资料的地区,在高层建筑或重大工程的初步勘察时,宜设

置长期观测孔,对地下水位进行长期观测。

地下水的赋存状态是随时间变化的,不仅有年变化规律,也有长期的动态规律。一般情况下详细勘察阶段时间紧迫,只能了解勘察时刻的地下水状态,有时甚至没有足够的时间进行规定的现场试验;因此,除要求加强对长期动态规律的收集资料和分析工作外,在初勘阶段宜预设长期观测孔和进行专门的水文地质勘察工作。

三、专门水文地质勘察要求

对高层建筑或重大工程,当水文地质条件对地基评价、基础抗浮和工程降水有重大影响时,宜进行专门的水文地质勘察。主要任务是:

① 查明含水层和隔水层的埋藏条件、地下水类型、流向、水位及其变化幅度;当场地范围内分布有多层对工程有影响的地下水时,应分层量测地下水位,并查明不同含水层之间的相互补给关系。

② 查明场地地质条件对地下水赋存和渗流状态的影响,必要时应设置观测孔或在不同深度处埋设孔隙水压力计,量测水头随深度的变化。

地下水对基础工程的影响,实质上是水压力或孔隙水压力场的分布状态对工程结构影响的问题,而不仅仅是水位问题;了解在基础受力层范围内孔隙水压力场的分布,特别是在黏性土层中的分布,在高层建筑勘察与评价中是至关重要的。因此,宜查明各层地下水的补给关系、渗流状态以及量测水头压力随深度变化,有条件时宜进行渗流分析,量化评价地下水的影响。

③ 通过现场试验,测定含水层渗透系数等水文地质参数。

渗透系数等水文地质参数的测定,有现场试验和室内试验两种方法。一般室内试验误差较大,现场试验比较切合实际,因此,一般宜通过现场试验测定。当需要了解某些弱透水性地层的参数时,也可采用室内试验方法。

四、取样和分析要求

工程场地的水(包括地下水或地表水)和岩土中的化学成分对建筑材料(钢筋和混凝土)可能有腐蚀作用,因此,岩土工程勘察时要采取土样和水样,分析其化学成分,评价水或土对建筑材料是否具有腐蚀性。水土样的采取应该符合下列规定:

① 所取水试样应能代表天然条件下的水质情况。地下水样的采取应注意:

·水样瓶要洗净,取样前用待取样水对水样瓶反复冲洗三次;

·采取水样体积简分析时为 100 mL;侵蚀性 CO_2 分析时为 500 mL,并加 2~3 g 大理石粉;全分析时取 3 000 mL;

·采取水样时应将水样瓶沉入水中预定深度缓慢将水注入瓶中,严防杂物混入,水面与瓶塞间要留 1 cm 左右的空隙;

·水样采取后要立即封好瓶口,贴好水样标签,及时送化验室;

·水样应及时化验分析,清洁水放置时间不宜超过 72 h,稍受污染的水不宜超过 48 h,受污染的水不宜超过 12 h。

② 混凝土和钢结构处于地下水位以下时,分别采取地下水样和地下水位以上土样作腐蚀性试验;处于地下水位以上时,应采取土样作土的腐蚀性试验,处于地表水中时,应采取地

表水样作水的腐蚀性试验。

③ 每个场地水和土样的数量各至少 2 件,建筑群场地至少各 3 件。

第三节　水文地质参数及其测定

一、水文地质参数

水文地质参数是反映地层水文地质特征的数量指标,与岩土工程有关的水文地质参数包括渗透系数、导水系数、给水度、释水系数、越流系数、越流因数、单位吸水率、毛细上升高度以及地下水位等。简要介绍如下:

① 渗透系数 k:是衡量含水层透水能力的定量指标,渗透系数越大,含水层透水能力越强。根据达西定律 $v=kJ$,水力坡度 $J=1$ 时,渗透系数在数值上等于渗透速度 v。因为水力坡度无量纲,所以渗透系数具有速度的量纲,常用 m/d 表示。

② 导水系数 T:是衡量含水层给水能力的定量指标,它是水力坡度等于 1 时通过单位宽度整个含水层厚度上的流量(单宽流量),在数值上等于渗透系数 k 与含水层厚度 m 的乘积,即:

$$T = k \times m \tag{5-3-1}$$

③ 给水度 μ:地下水位下降一个单位深度,在重力作用下从单位水平面积的含水层柱体中释放出来的重力水体积,用小数或百分数表示。给水度大小主要与岩土岩性(空隙大小和空隙率)有关,水位下降速度对给水度也有一定影响。颗粒粗大的松散砂土、碎石土、裂隙比较宽大的岩石及岩溶发育的可溶岩,重力释水时,所含重力水几乎全部都可以释放出来,给水度接近孔隙度、裂隙率或岩溶率;而颗粒细小的黏性土其孔隙度通常很高,但其所含水多为结合水,重力水很少,重力释水时大部分水以结合水或毛细水形式滞留于孔隙中,给水度很小。

④ 释水系数 S:水头降低 1 个单位时,从单位面积、厚度为整个含水层厚度的含水层柱体中释放出来的水体积,无量纲。其物理意义用公式表示为:

$$s = \mu^* \rho g (\alpha + n\beta) m \tag{5-3-2}$$

式中　a——含水层介质的压缩系数;

　　　　β——水的膨胀系数;

　　　　n——含水层的孔隙度;

　　　　μ^*——含水层弹性释水率;

　　　　ρ——水的密度;

　　　　g——重力加速度。

对于承压含水层,水头下降会引起含水层压密和水体积膨胀,含水层发生弹性释水,释水系数用来表示承压含水层的这种弹性释水能力。对于潜水含水层,水位下降时,潜水面下降范围(水位变动带)内含水层发生重力释水,而下部饱水部分也因水位下降而发生弹性释水。但是,弹性释水系数通常在 $10^{-3} \sim 10^{-5}$ 之间,重力给水度值一般为 $0.05 \sim 0.25$,二者相差甚大。与重力释水相比,弹性释水量微不足道,通常只考虑潜水含水层的重力给水度。

⑤ 越流和越流系数 k_e:潜水含水层和承压含水层之间或两个承压含水层之间的岩土层

通常并不是完全隔水的,可能是弱透水的,当上下两个含水层之间存在水头差时,地下水就会从水头高的含水层通过中间的弱透水层向水头低的相邻含水层流动,我们把这种现象称为含水层之间的越流。

越流系数 k_e 是表示地下水通过弱透水层越流到相邻含水层的能力,它等于含水层与相邻含水层的水头差为一个单位时,通过含水层与弱透水层之间单位面积分界面上的流量,即:

$$k_e = \frac{k'}{m'} \tag{5-3-3}$$

式中,k' 和 m' 分别为弱透水层的渗透系数和厚度。

⑥ 越流因素 B:表示越流含水层之间越流作用强弱的参数,它等于:

$$B = \sqrt{\frac{Tm'}{k'}} \tag{5-3-4}$$

式中,T 表示承压含水层的导水系数;k' 和 m' 分别为弱透水层的渗透系数和厚度。显然,弱透水层渗透性越差,厚度越大,则 B 就越大,越流量越小。弱透水层起到完全隔水作用即 $k'=0$ 时,B 为无穷大。

求得地下水参数的方法有多种,应根据地层岩性透水性能的大小和工程的重要性以及对地下水参数的要求,按表 5-3-1 进行选择。

表 5-3-1   地下水参数测定方法

地下水参数	测定方法
水位	钻孔、探井或测压管观测
流速、流向	钻孔或探井观测
渗透系数、导水系数	抽水试验、注水试验、压水试验、室内渗透试验
给水度、释水系数	单孔抽水试验、非稳定流抽水试验、地下水位长期观测、室内试验
越流系数、越流因数	多孔抽水试验(稳定流或非稳定流)
单位吸水率	注水试验、压水试验
毛细水上升高度	试坑试验、室内试验

二、地下水位的测量

(1) 水位测量基本要求

① 遇到地下水时应量测水位;包括初见水位和稳定水位。

② 稳定水位应在初见水位后经一定的稳定时间后量测。

稳定水位的间隔时间根据地层的渗透性确定,对砂土和碎石不得少于 0.5 h,对粉土和黏性土不得少于 8 h。勘察工作结束后,应统一量测勘察场地稳定水位。水位测量精度不得低于 2 cm。

③ 对工程有影响的多层含水层的水位量测,应采取止水措施,将被测含水层与其他含水层隔开。

勘察场地有多层含水层时,要分层测量水位,利用勘探钻孔测量水位时,要采取止水措施,将被测含水层与其他含水层隔开。

(2) 水位测量方法

测量水位可根据工程性质、施工条件、水位埋深等选用不同的测量方法。水位埋深比较浅时,可用钢尺、皮尺、测钟等测量工具在勘探孔或测压管中直接测量;水位埋藏深度较大时,可用电阻水位计在勘探孔或测压管中测量;当工程需要连续监测地下水水位变化时,可在钻孔或测压管中安装自动水位记录仪进行连续自动测量。

三、地下水流向与流速测定

在各向同性含水层中,地下水流向与等水头线垂直正交,因此,地下水流向可以根据地下水等水位线图确定。如勘察区没有地下水等水位线图时,就需要利用已有井孔或布置钻孔实测地下水流向。

(1) 地下水流向的测定方法和要求

测量地下水的流向可用几何法,即沿等边三角形顶点布置三个钻孔,孔间距根据岩土的渗透性、水力梯度和地形坡度确定,一般为 $50\sim100$ m。如利用现有民井或钻孔时,三个钻孔须形成锐角三角形,其中最小的夹角不宜小于 $40°$。

首先测量各孔(井)地面高程和地下水位埋深,然后计算出各孔地下水水位。绘制等水位线图,从标高高的等水位线向标高低的水位线画垂线,即为地下水流向,如图 5-3-1 所示。

(2) 地下水流速测定的方法与要求

地下水流速的测定方法有指示剂法和充电法。

当地下水流向确定后,沿地下水流动方向布置两个钻孔,上游钻孔用于投放指示剂,如 $NaCl$、NH_4Cl 等盐类或着色颜料等,下游钻孔用于接收指示剂。投剂孔与接收孔间的距离由含水层条件确定,一般细砂层为 $2\sim5$ m,含砾粗砂层为 $5\sim15$ m,裂隙岩层为 $10\sim15$ m,对岩溶含水层可大于 50 m。为避免指示剂绕观测孔流过,可在观测孔两侧 $0.5\sim1.0$ m 范围内各布置一个辅助观测孔(见图 5-3-2)。地下水实际流速 u 由开始投放指示剂到观测孔发现指示剂所经历时间 t 和投放孔与观测孔之间的距离 l 共同确定,即:

$$u = \frac{l}{t} \tag{5-3-5}$$

式(5-3-5)所确定的流速是地下水实际流速,渗透速度为 $v = nu$。

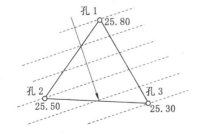
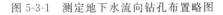
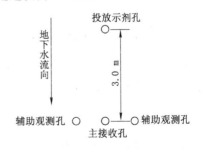

图 5-3-1　测定地下水流向钻孔布置略图　　　图 5-3-2　测定地下水流速钻孔布置略图

当潜水水位埋深不大于 5 m 时,可用充电法测定地下水的流速。一个孔放阴极,一个孔放阳极,这样,地下水、两极及连接两极的电路就构成闭合电路。给电路通电,电解质就从投剂孔向接收孔运动,根据电路中电流计指针的偏转以及电流—时间曲线,可以确定电解质通过接收孔的时间。

四、渗透系数的测定

测定渗透系数的方法有现场和室内两大类。由于岩土渗透系数在勘察场地范围内通常是不均匀的,室内试验结果仅能代表测试样品的渗透性,不具有代表性。现场试验结果可以弥补室内试验的不足,可以测定整个勘察场地任意位置岩土渗透系数。

(一)渗水试验

试坑渗水试验适合用于测定包气带非饱和岩土层的渗透系数,常用的试验方法有试坑法、单环法和双环法。

(1)试坑法

试坑法适用于砂性土。

在地表挖面积为 30 cm×30 cm 的方形试坑或直径为 35.75 m 的圆形试坑,在坑底铺设厚 2 cm 的沙砾石层向试坑内连续注水,控制注水量,使坑底水层厚度 z 始终为常数(10 cm 为宜)(见图 5-3-3)。当从坑底下渗的水量 Q 达稳定,并能延续 2~4 h 时,试验即可结束。平均渗透速度 v 为:

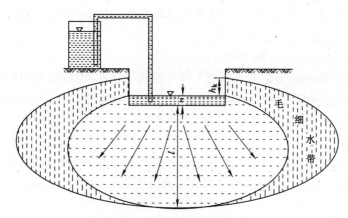

图 5-3-3　渗坑注水试验示意图

$$v = \frac{Q}{A} \tag{5-3-6}$$

式中　A——试坑面积,m²。

水力坡度 J 为:

$$J = \frac{h_k + z + l}{l} \tag{5-3-7}$$

式中　h_k——毛细水上升高度,m;

　　　l——试验时间内,水由坑底向土层中渗透的深度,m;

　　　z——坑底水层厚度,m;

试验土层为中粗砂或碎石层时,h_k 很小,且 $z=10$ cm,水力坡度 $J≈1$,因此,则土层渗透系数近似等于平均渗透速度,即 $k=v$。

试坑注水试验时,水会向侧向渗流,使得实际渗水面积大于试坑面积,因此,测得的 k 值偏大。

(2) 单环法

单环法适用于砂性土。它是在试坑底嵌入一高 20 cm、直径 37.75 cm 的铁环,该铁环圈定的面积为 100 cm²(见图 5-3-4)。用马里奥特瓶控制环内水柱,使其保持在 10 cm 高度,试验一直进行到渗入水量 Q 固定不变时为止。同试坑法原理相同,稳定后的渗透速度 v 即为测试土层的渗透系数,即:

$$v = \frac{Q}{A} = k \tag{5-3-8}$$

(3) 双环法

双环法适用于测定黏性土的渗透系数。它是在试坑底嵌入两个铁环,外环直径 0.5 m,内环直径为 0.25 m,内、外环都切入土层 10 cm(见图 5-3-5)。用马利奥特瓶向双环内注水,使外环和内环的水柱都保持在同一高度上(宜 10 cm)。当内环渗水量达到稳定时,单位面积的渗水量即为该土层的渗透系数。

双环法是根据内环所取得的渗水量确定岩土层渗透系数的,水在内环中只有垂向渗流,而无侧向渗流,消除了侧向渗流所造成的误差,测试的精度较试坑法和单环法高。

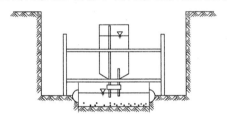

图 5-3-4　单环法渗水试验装置示意图

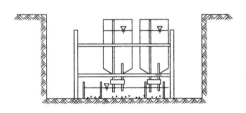

图 5-3-5　双环法渗水试验装置示意图

(二) 注水试验

钻孔注水试验适用于地下水位埋藏较深,不便于进行抽水试验的场地或在不含地下水的透水地层中进行。

钻孔注水试验在原理上与抽水试验相似,所不同的是,注水试验时,在注水钻孔周围地层内形成反向的水位漏斗(见图 5-3-6)。试验时,往孔内连续注水,形成稳定的水位和常量的注水量。注水稳定时间因目的和要求不同而异,一般为 4～8 h。渗透系数可按相同条件的定流量抽水公式计算。对于巨厚且水平分布范围大的含水层,可按式(5-3-9)或式(5-3-10)计算渗透系数:

当 $l/r \leqslant 4$ 时,有:

$$k = \frac{0.08Q}{rs\sqrt{\dfrac{l}{2r} + \dfrac{1}{4}}} \tag{5-3-9}$$

当 $l/r > 4$ 时,有:

$$k = \frac{0.366Q}{ls} \lg \frac{2l}{r} \tag{5-3-10}$$

式中　　l——试段或过滤器长度,m;

Q——稳定注水量，m^3；

s——注水孔水内水位升幅，m；

r——注水孔半径，m。

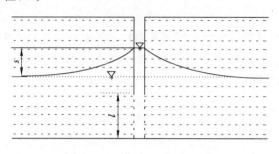

图 5-3-6　钻孔注水试验的反漏斗

（三）抽水试验

抽水试验是岩土工程勘察中测定岩土层渗透系数、导水系数、给水度、释水系数、越流系数和越流因素等水文地质参数的有效方法。

1. 抽水试验类型

抽水试验方法根据钻孔及观测孔数量、抽水井揭露含水层程度、含水层类型、水位与时间关系、含水层数量不同分类，如图 5-3-7 所示。

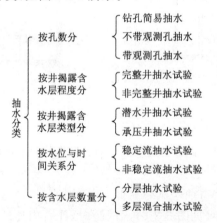

图 5-3-7　抽水试验分类

抽水试验方法的选择应结合工程特点、勘察阶段及勘察目的、要求和对水文地质参数精度的要求可按表 5-3-2 选择。根据试验方法，选用不同的公式计算水文地质参数。

表 5-3-2　　　　　　　　　　抽水试验方法和应用范围

方　法	应　用　范　围
钻孔或探井简易抽水	粗略估算弱透水层的渗透系数
不带观测孔抽水	初步测定含水层的渗透性参数
带观测孔抽水	较准确测定含水层的各种参数

　　岩土工程勘察一般用稳定流抽水试验即可满足勘察要求,非稳定流抽水试验比较复杂,较少使用。

　　2. 抽水试验的技术要求

　　(1) 抽水孔与观测孔的布置

　　抽水孔位置应根据试验目的并结合场地水文地质条件、地形、地貌以及周围环境,布置在有代表性的地段。观测孔的布置应围绕抽水孔,可布置1~2排。布置1排时,沿垂直地下水流向布置;布置2排时,沿垂直和平行地下水流向各布置1排。距抽水井最近的第一个观测孔距抽水井的距离不宜小于含水层厚度;最远观测孔距第一个观测孔不宜太远,以保证抽水时在各观测孔内都能测得一定水位降深值。各观测孔的过滤器长度应当相等,并安置在同一含水层的同一深度上。

　　抽水试验时应防止抽出的水在抽水影响范围内回渗到含水层中,试验前可修建防渗排水沟渠,把水排出抽水影响范围之外。

　　(2) 水位和水量观测要求

　　抽水试验前和抽水试验时,必须同步测量抽水孔和观测孔的水位,抽水试验结束后,应测量恢复水位。

　　水位的量测,在同一试验中应采用同一方法和工具,测量时抽水孔的水位应精确至厘米,观测孔应精确至毫米。

　　抽水量可采用堰箱、孔板流量计、量筒或水表进行测量,采用堰箱或孔板流量计时,水位测量读数达到毫米;用量筒测量时,量筒充满水的时间不宜大于15 s,用水表量测时,应读数至0.1 m。

　　(3) 水位观测及抽水延续时间要求

　　稳定流抽水试验时,抽水量和水位降深应根据工程性质、试验目的和要求确定。对于要求比较高的工程,应进行3个水位落程的抽水,最大的水位降深应接近工程设计的水位标高,其余2次下降值可控制在最大下降值的1/3和2/3。对于一般工程的简易抽水试验,可进行1~2个落程的抽水。

　　抽水试验的稳定标准,应符合在抽水稳定延续时间内,抽水孔涌水量与时间和动水位与时间的关系曲线只在一定范围内波动,且没有持续上升或下降趋势。稳定延续时间长短取决于含水层类型、补给条件和试验目的等因素,一般情况下,卵砾石和粗砂含水层的稳定延续时间为8 h,中砂、细砂和粉砂含水层为16 h,基岩含水层为24 h。

　　水位和水量的观测频率:稳定流抽水试验一般按5 min、5 min、5 min、10 min、10 min、10 min、10 min、20 min、20 min、20 min、20 min及30 min的间隔进行,以后每30 min观测一次;非稳定流抽水试验一般按1 min、2 min、2 min、5 min、5 min、5 min、5 min、5 min、10 min、10 min、10 min、10 min、10 min、20 min、20 min、20 min、30 min的间隔进行,以后每30 min观测一次。

　　(4) 渗透系数的计算

　　含水层的渗透系数可根据抽水试验类型(如井的完整程度、进水方式、含水层类型、水位与时间关系等),选择不同的公式进行计算。完整井稳定流抽水时的渗透系数可用Dupuit井流公式计算,其余试验条件下参数的计算公式可查阅有关资料。不同岩性含水层的渗透系数经验值见表5-3-3。

表 5-3-3　　　　　　　　　　　　　　渗透系数经验数值表

土 类	渗透系数/(m/d)	土 类	渗透系数/(m/d)
黏 土	<0.05	中 砂	5～20
粉质黏土	0.1～0.5	粗 砂	20～50
粉 土	0.05～0.1	砾 石	100～500
黄 土	0.25～0.05	漂砾石	20～150
粉 砂	0.5～1.0	漂 石	500～1 000
细 砂	1～5		

（四）压水试验

压水试验是将水从地面上压入钻孔内,使其在一定的压力下渗入地层中,以求得地层的渗透系数。适用于渗透性较差以及地下水距地表很深的坚硬及半坚硬岩层。压水试验应根据工程要求,结合工程地质测绘和钻探资料,确定试验孔位,按岩层的渗透特性划分试验段,按需要确定试验的起始压力、最大压力和压力级数,及时绘制压力与压入水量的关系曲线,计算试段的透水率,确定 $p—Q$ 曲线的类型。

压水试验的方法是利用专门的活动栓塞隔绝在一定的钻孔区段内,施加不同的注水压力,向试验段的岩层内压水。主要设备及其装置如图 5-3-8 所示。

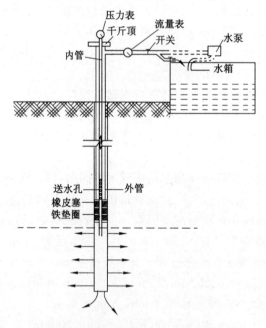

图 5-3-8　钻孔压水试验装置示意图

1. 压水试验分类

① 按试验段划分可分为分段压水试验、综合压水试验和全孔压水试验。

② 按压力点划分为单点压水试验、三点压水试验和多点压水试验。

③ 按试验压力分为低压压水试验和高压压水试验。

④ 按加压方式分为水柱压水试验、自流式压水试验和机械法压水试验。

2. 压水试验的主要参数

（1）压入水量

压入水量是在某一个确定压力作用下，压力值呈稳定后，每隔 10 min 测读压入水量，压入水量呈稳定状态的流量。当控制某一设计压力连续四次读数的最大值与最小值之差小于最终值的 5% 时，为本级压力的最终压入水量。若进行简易压水试验，其稳定标准可放宽至最大值与最小值之差小于最终值的 10%。

（2）压力阶段和压力值

压水试验的总压力是指用于试验段的实际平均压力，其单位习惯上均以水柱高度 m 计算，其水柱高度由地下水位算起。应按工程需要确定试验的最大压力值和压力施加的分级数及起始压力。

（3）试验段长度

试验段长度可根据地层的单层厚度、裂隙发育程度等因素确定，一般为 5~10 m。如果岩芯完整，可适当加长试验段，但不宜大于 10 m，可利用专门的活动栓塞分段隔离。

3. 压水试验成果

由压水试验可计算试验深度段或试验深度范围内地层的单位吸水量（w）和渗透系数（k）。单位吸水量是试验深度段地层每分钟的压入水量与试验段长度和试验压力的乘积之比，即：

$$w = \frac{Q}{l \times s} \tag{5-3-11}$$

式中　w——单位吸水量，L/(min·m²)；

　　　Q——钻孔压水的稳定流量，L/min；

　　　l——试验段长度，m；

　　　s——试验段压水时所加的总压力，m，包括从地面上加压的压力值与孔内水头之和。

当试验段底部距离隔水层的厚度大于试验段长度时，渗透系数为：

$$k = 0.527 w \lg \frac{0.66l}{r} \tag{5-3-12}$$

当试验段底部距离隔水层的厚度小于试验段长度时，渗透系数为：

$$k = 0.527 w \lg \frac{1.32l}{r} \tag{5-3-13}$$

式中　k——渗透系数，m/d；

　　　l——试验段长度，m；

　　　r——钻孔半径，m；

　　　w——单位吸水量，L/(min·m²)。

五、孔隙水压力测定

孔隙水压力对土体变形和稳定性有很大影响，在饱和地基土层中进行地基处理和基础施工时，需要测量孔隙水压力值及其变化。

（一）测量方法及适用条件

孔隙水压力测量方法视仪器类型不同而有所区别，各类测压计适用条件、性能、测量精度、灵敏度、量程、对测试环境要求等各不相同，应根据工程测试目的、土层渗透性和测试期长短等条件,选择合适类型仪器和方法。各类仪器测定方法和适用条件如表 5-3-4 所示。在我国,电测式测压计和数字式钢弦频率接收仪使用较普遍。

表 5-3-4　　　　　　　　　　　孔隙水压力测定方法和适用条件

仪器类型	适用条件	测定方法	优缺点
立管式测压计(敞开式)	渗透系数大于 1×10^{-4} cm/s 的均匀孔隙含水层	将带有过滤器的测压管打入土层,直接在管内量测	安装简便,过滤器容易堵塞,反应时间慢
水压式测压计(液压式)	渗透系数低的土层,量测由潮汐涨落、挖方引起的压力变化	用装在孔壁的小型测压计探头,地下水压力通过塑料管传导至水银压力计测定	反应快,测定装置埋于土中,施工时容易损坏
电测式测压计(电阻应变式、振弦式测压计)	各种土层	孔压通过透水石传导至膜片,引起挠度变化,诱发电阻片(或钢弦)变化,用接收仪测定	性能稳定,灵敏度高,安装技术要求高,电阻片不能保持长期稳定性
气动测压计(气压式)	各种土层	利用两根排气管使压力为常数,传来的孔压在透水元件中的水压阀产生压差测定	安装方便,反应快,透水探头不能排气,不能测渗透性
孔压静力触探仪	各种土层	在探头上装有多孔透水过滤器压力传感器。在贯入过程中测定	操作简便,可测超孔隙水压力及锥尖阻力

(二)孔隙水压力测量要求

孔隙水压力测试点的布置及数量,应考虑地层渗透性、工程要求、基础类型、测试目的等因素,包括量测地基土在荷载不断增加过程中,新建建筑物对邻近建筑物的影响;深基础施工和地基处理引起的孔隙水压力的变化。对圆形基础可以圆心为基点按径向布置测点,测点间距 5～10 m。

测压计的埋设与安装直接影响测试成果的正确性,安装埋设测压计前必须标定。安装时要将测压计探头放置到预定深度,其上覆盖 30 cm 砂,均匀充填,并投入膨润土球,经压实后注入泥浆密封。

测量后要做孔隙水压力与时间变化曲线图和孔隙水压力与深度变化曲线图,作为孔隙水压力测量的成果。

第四节　地下水作用及评价

在岩土工程勘察、设计、施工及监测过程中,应充分考虑地下水对各类岩土工程的影响及作用。在进行岩土工程勘察时,不仅要查明地下水赋存条件和天然状态,还要对地下水对各类岩土工程的作用进行分析评价和预测,并提出预防措施的建议。

一、地下水的作用

地下水对岩土体和建筑物的作用,按其机制可以划分为两类:一类是力学作用,另一类是物理和化学作用。地下水的力学作用包括浮托作用、渗流作用(潜蚀、流沙、管涌和流土等)、地面沉降与回弹作用、动水压力作用和砂土液化等。物理和化学作用包括地下水对混凝土、金属材料的腐蚀作用,地下水对岩土的软化、崩解、湿陷、胀缩、潜蚀和冻融作用等。

二、地下水作用的评价内容

地下水作用的评价包括定量评价和定性评价,力学作用一般是能定量计算的,通过测定有关参数和建立力学模型,用解析法或数值法给出满足工程要求的评价结果。复杂的力学作用,可以简化计算,得到满足工程要求的定量或半定量评价结果。物理和化学作用由于岩土特性的复杂性,通常是难以定量评价的,但可以通过分析给出定性的评价。

(一)地下水力学作用的评价内容

① 对基础、地下结构物和挡土墙,应考虑在最不利组合情况下,地下水对结构物的上浮作用;对节理不发育的岩石和黏土具有地方经验或实测数据时,可根据经验确定;有渗流时,通过渗流计算分析评价地下水的水头和作用。

② 验算边坡稳定时,应考虑地下水对边坡稳定的不利影响。

③ 在地下水位下降的影响范围内,应考虑地面沉降及其对工程的影响,当地下水位回升时,应考虑可能引起的回弹和附加的浮托力。

④ 当墙背填土为粉砂、粉土或黏性土,验算支挡结构物的稳定时,应根据不同排水条件评价静水压力、动水压力对支挡结构物的作用。

⑤ 因水头压力差而产生自下向上的渗流时,应评价产生潜蚀、流土、管涌的可能性。

⑥ 在地下水位以下开挖基坑或地下工程时,应根据岩土的渗透性、地下水补给条件,分析评价降水或隔水措施的可行性及其对基坑稳定和邻近工程的影响。

(二)地下水的物理和化学作用的评价内容

① 对地下水位以下的工程结构,应评价地下水对混凝土、金属材料的腐蚀性。

② 对软质岩石、强风化岩石、残积土、湿陷性土、膨胀岩土和盐渍岩土,应评价地下水的聚集和散失所产生的软化、崩解、湿陷、胀缩和潜蚀等有害作用。

③ 在冻土地区,应评价地下水对土的冻胀和融陷的影响。

三、地下水浮托作用评价

地下水对水位以下的岩土体有静水压力的作用,并产生浮托力。在透水性较好的土层中或节理发育的岩石地基中,浮托力可以用阿基米德原理进行计算,即当岩土体的节理裂隙或孔隙中的水与岩土体外界地下水相通,岩石体积部分或土体积部分的浮力即为浮托力。

建筑物位于粉土、砂土、碎石土和节理发育的岩石地基时,按设计水位的 100% 计算浮托力;当建筑物位于节理不发育的岩石地基时,按设计水位的 50% 计算浮托力;当建筑物位于透水性很差的黏性土地基时,很难确定地下水的浮托作用及浮托力,此时,可根据当地经验确定。

地下水的存在,特别是当地下水在水头差作用下发生渗流时,对边坡稳定可能构成威胁。

在这种情况下,应考虑水对地下水位以下岩土体的浮托作用,在土坡稳定验算时,地下水位以下岩土体的重度应用浮重度。

根据《建筑地基基础设计规范》(GB 50007—2011),在确定地基承载力的设计值时,无论是基础底面以下土的天然重度还是基础底面以下土的加权平均重度,在地下水位以下部分均取有效重度。

四、地下水的潜蚀作用

潜蚀作用分机械潜蚀作用和化学潜蚀作用两种。

机械潜蚀作用是指地下水渗流时所产生的动水压力,使土粒受到冲刷,将土中的细颗粒带走,从而使土的结构发生破坏。

化学潜蚀作用是指地下水溶解土中的易溶盐成分,使土颗粒的胶结及结构受到破坏,降低了土粒间的结合力。

机械潜蚀和化学潜蚀一般是同时进行的,潜蚀作用降低岩土地基土强度,甚至在地下形成洞穴,以致产生地表塌陷,影响建筑物的稳定。

容易发生潜蚀作用的条件如下:

① 土的不均匀系数 d_{60}/d_{10} 越大,越容易发生潜蚀,一般当 $d_{60}/d_{10} > 10$ 时,易发生潜蚀。

② 上下两层土的渗透系数之比 $k_1/k_2 > 2$ 时,易发生潜蚀。

③ 当渗透水流的水力坡度大于产生潜蚀的临界水力坡度时,容易发生潜蚀。发生潜蚀的临界水力坡度 I_c 按式(5-4-1)计算:

$$I_c = (G-1)(1-n) + 0.5n \tag{5-4-1}$$

式中　I_c——临界水力坡度;

　　　G——土颗粒密度,kN/m^3;

　　　n——土的孔隙度,以小数计。

五、渗流作用评价

基坑工程一般位于地下水水位以下,地下水问题比较突出。地下水对基坑工程的影响包括:① 恶化基坑开挖和施工条件。地下水流入基坑,不仅严重影响开挖和施工质量和效率,同时坑内排水会造成基坑周围地面沉降、变形,导致周围建筑物下沉、变形、开裂甚至倾斜破坏。② 易发生突涌、流沙、管涌等不良现象。在砂性土层中开挖基坑,由于坑内外会产生水头差,地下水向坑内渗流,容易出现流沙、管涌和基坑突涌等不良现象,威胁基坑工程及周围建筑物的安全。③ 软化基坑周围土质,降低基坑周围岩土体的强度,易造成坑壁变形、坑坡失稳、坍塌甚至整体滑移等事故。④ 增大支护结构上的压力。

(1)基坑突涌

当基坑之下存在有承压水时,开挖基坑减小了承压含水层上覆的隔水层厚度,当它减小到一定程度时,隔水层厚度不能继续承受承压水的水头压力,承压水在承压水头压力作用下冲破隔水层,涌入基坑,发生突涌(见图5-4-1)。

根据压力平衡原理,基坑开挖后不透水层顶面以上土层的厚度与承压水头压力应该满

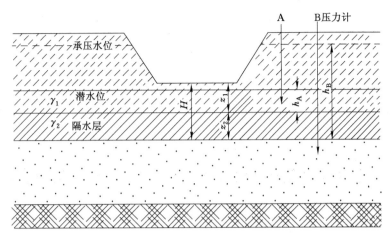

图 5-4-1　基坑底最小隔水层厚度

足以下方程：

$$\gamma \cdot H = \sum \gamma_i z_i = \gamma_w \cdot h_B \tag{5-4-2}$$

式中　H——基坑开挖后不透水层底面以上至基坑底板之间土层厚度，m；

γ_i——第 i 土层的重度，kN/m³；

z_i——土的分层厚度，m；

γ_w——水的重度，kN/m³；

h_B——承压水头高于含水层顶板的高度，m。

显然，当 $H \geqslant \dfrac{\gamma_w}{\gamma} \cdot h_B$ 时，基坑一般不发生突涌；当 $H < \dfrac{\gamma_w}{\gamma} \cdot h_B$ 时，基坑容易发生突涌。

当基坑之下有承压含水层时，如 $H < \dfrac{\gamma_w}{\gamma} \cdot h_B$，则应用减压井降低基坑下部承压水头，防止由于承压水压力引起基坑突涌。在减压井降水过程中，可对孔隙水压力进行监测，要求承压含水层顶板的孔隙水压力应小于总应力的 70%。当基坑开挖面很窄时，此条件可以放宽些，因为土的抗剪强度对抵抗基坑底鼓能起到一定作用。

（2）管涌

当基坑底面以下或周围的土层为结构疏松的砂土层时，地基土在具有一定渗流水流的作用下，其细小颗粒被水冲走，土中的孔隙增大，慢慢形成一种能穿越地基的细管状渗流通路，起到掏空地基的作用，使地基或坝体变形、失稳，此现象即为管涌。

管涌多发生在颗粒大小不均匀且渗透性较好的砂性土中，易发生管涌的几种情形是：

① 土中粗、细颗粒粒径比 $D/d > 10$。

② 土的不均匀系数 $d_{60}/d_{10} > 10$。

③ 两种互相接触土层渗透系数之比 $k_1/k_2 > 2$。

④ 地下水渗流水力坡度大于土的临界水力坡度。

（3）流沙

流沙是指松散细砂、粉砂和粉土被水饱和后产生流动的现象，它多发生在深基坑开挖工程中，不仅给施工造成困难，而且会破坏岩土强度，使基坑坍塌，危及邻近建筑物的安全。由

于它的发生多是突发性的,对工程的危害极大。易发生流沙的条件如下:

① 地下水水力坡度大于临界水力坡度时及地下水的动水压力超过土粒重量时易产生流沙,其临界水力坡度按式(5-4-3)计算:

$$I_c = (G-1)(1-n) \tag{5-4-3}$$

式中符号意义同前。

② 粉细砂或粉土的孔隙度愈大,愈易发生流沙。

③ 粉细砂或粉土渗透系数越小,排水性能越差,愈易形成流沙。

上海地区根据钻孔资料和土工试验分析,并和常易发生流沙地区的工程实践相验证,总结出了上海地区流沙现象的发生和分布规律,其他地区可以借鉴。发生流沙的条件是:

① 地层中粉土或粉细砂土层厚度大于 25 cm。

② 土的不均匀系数 $d_{60}/d_{10} < 5$。

③ 土的含水量大于 30%。

④ 土的孔隙度大于 43%。

六、水和土的腐蚀性作用评价

场地下的地下水和土及地表水中的某些化学成分对混凝土、钢筋等建筑材料有侵蚀性和腐蚀性,如果建筑物地基长期处在具有侵蚀性的地下水环境中,势必会受到破坏,危害非常大,因此,岩土工程勘察工作中,除非有足够经验或充分材料,能够认定工程场地及其附近的土或水(地下水或地表水)对建筑材料没有腐蚀性可以不进行水土腐蚀性评价外,一般均应取土样或水样进行水质或土质分析,进行腐蚀性分析评价。如《北京地区建筑地基基础勘察设计规范》(DBJ 01—501—92)规定:"一般情况下,可不考虑地下水的腐蚀性,但对有环境水污染的地区,应查明地下水对混凝土的腐蚀性。"《上海地基基础设计规范》(DBJ 08—11—89)规定:"上海市地下水对混凝土一般无侵蚀性,在地下水有可能受环境水污染的地段,勘察时应取水样化验,判定其有无侵蚀性。"

土对钢结构腐蚀性的评价可根据任务要求进行。

(一)取样要求

采取水试样和土试样应符合下列规定:

① 混凝土处于地下水位以下时,应采取地下水试样和地下水位以上的土样,并分别作腐蚀性试验。

② 混凝土处于地下水位以上时,应采取土试样作土的腐蚀性试验;实际工作中应注意地下水位的季节变化幅度,当地下水位上升,可能浸没构筑物时,仍应采取水样进行水的腐蚀性试验。

③ 混凝土或钢结构处于地表水中时,应采取地表水试样作水的腐蚀性试验。

④ 水和土的取样应在混凝土结构所在的深度采取,数量每个场地不应少于 2 件,对建筑群不宜少于 3 件。当土中盐类成分和含量分布不均匀时,应分区、分层取样,每区、每层不应少于 2 件。

(二)水、土腐蚀性分析试验项目和方法

① 水对混凝土结构腐蚀性的测试项目包括:pH 值、Ca^{2+}、Mg^{2+}、Cl^-、SO_4^{2-}、HCO_3^-、

CO_3^{2-}、侵蚀性 CO_2、游离 CO_2、NH_4^+、OH^-、总矿化度。

② 土对混凝土结构腐蚀性的测试项目包括:pH 值、Ca^{2+}、Mg^{2+}、Cl^-、SO_4^{2-}、HCO_3^-、CO_3^{2-} 的易溶盐(土水比 1∶5)分析。

③ 土对钢结构的腐蚀性的测试项目包括:pH 值、氧化还原电位、极化电流密度、电阻率、质量损失。

④ 腐蚀性测试项目的试验方法应符合表 5-4-1 的规定。

表 5-4-1　　　　　　　　　　　　　　腐蚀性分析项目

序号	试验项目	试验方法	试验目的
1	pH 值	水样用电位法(室内分析),土样用锥形电极法(原位测试)	判定土或水的腐蚀性所需分析项目
2	Ca^{2+}	EDTA 容量法(室内分析)	
3	Mg^{2+}	EDTA 容量法(室内分析)	
4	Cl^-	摩尔法(室内分析)	
5	SO_4^{2-}	EDTA 容量法(室内分析)或质量法	
6	HCO_3^-	酸滴定法(室内分析)	
7	CO_3^{2-}	酸滴定法(室内分析)	
8	侵蚀性 CO_2	盖耶尔法(室内分析)	判定水腐蚀性所需分析项目
9	游离 CO_2	碱滴定法(室内分析)	
10	NH_4^+	钠氏试剂比色法(室内分析)	水质严重污染时所需分析项目
11	OH^-	酸滴定法(室内分析)	
12	总矿化度	计算法	
13	氧化还原电位	铂电位法(原位测试)	土对钢结构腐蚀性分析项目
14	极化电流密度	原位极化法(原位测试)	
15	电阻率	四极法(原位测试)	
16	质量损失	管罐法(扰动土)	

注:土的易溶盐分析水土比为 1∶5。

(三) 水、土的腐蚀性评价

(1) 水的侵蚀作用

大量的试验证明,水对混凝土的侵蚀破坏是通过分解性侵蚀、结晶性侵蚀和结晶分解复合性侵蚀作用进行的。

分解性侵蚀是指酸性水溶滤氢氧化钙以及侵蚀性碳酸溶滤碳酸钙而使水泥分解破坏的作用,分为一般酸性侵蚀和碳酸侵蚀。一般酸性侵蚀就是水中的氢离子与氢氧化钙起反应使混凝土溶滤破坏,水的 pH 值越低,对混凝土的侵蚀性就越强。碳酸侵蚀是混凝土中石灰在水和水中 CO_2 的作用下,形成重碳酸钙,使混凝土破坏。

结晶性侵蚀是含硫酸盐的水与水泥发生反应,在混凝土的孔洞中形成石膏和硫酸铝盐晶体。这些新化合物的体积增大,混凝土受结晶膨胀作用影响,力学强度降低,以致破坏。

分解结晶复合性侵蚀是指水中 Mg^{2+},Fe^{2+}、Fe^{3+}、Ca^{2+}、Zn^{2+}、NH_4^+ 等含量很多时,与水泥发生化学反应,降低混凝土力学强度。例如,水中的 $MgCl_2$ 与混凝土中结晶的

$Ca(OH)_2$ 反应,形成 $Mg(OH)_2$ 和易溶于水的 $CaCl_2$,使混凝土遭受破坏。

当地下水的 pH 值低,水中含有溶解氧、游离硫酸、H_2S、CO_2 及其他重金属硫酸盐时,可对钢筋、铁管或其他铁质材料产生强烈的侵蚀破坏作用。水对铁的侵蚀性主要与水中的氢离子浓度有关。当水的 pH 值小于 6.8 时,将有侵蚀性;pH 值小于 5 的水对铁有强烈的侵蚀性。

水中含有溶解氧时与铁质材料发生氧化作用,使铁质材料锈蚀。水中含有游离 H_2SO_4 时,由于氢离子置换作用使铁质材料受到腐蚀。当水中溶有 CO_2 或 H_2S 时,可以使水成为电导体而不断发生电化学作用,加速侵蚀破坏。

（2）场地环境类型

水(地下水或地表水)、岩石、土对建筑材料有无腐蚀性及腐蚀程度不仅与水和岩土中腐蚀发生化学成分含量有关外,还与场地气候条件和地质条件有关。在不同气候条件下,干湿交替作用、冻融交替作用、日气温变化、大气湿度及变化有较大差别,这种差别直接影响到腐蚀介质(水、土)对混凝土的腐蚀速度和腐蚀程度。

根据气候区、土层透水性和土层含水量等因素将场地环境类型分为三类(见表 5-4-2)。

表 5-4-2　　　　　　　　　　　　　场地环境类型分类

环境类别	场地环境地质条件
Ⅰ 类	高寒区、干旱区直接临水;高寒区、干旱区强透水层中的地下水
Ⅱ 类	高寒区、干旱区弱透水层中的地下水;各气候区湿、很湿的弱透水层;湿润区直接临水;湿润区强透水层中的地下水
Ⅲ 类	各气候区稍湿的弱透水层;各气候区地下水位以上的强透水层

高寒区是指海拔高度等于或大于 3 000 m 的地区,主要指我国的青藏高原区。其气候特点是气温偏低且日变差大,气温昼夜正负交替变化显著,持续时间长,干湿交替和冻融作用明显;干旱区(包括半干旱区)是指海拔高度小于 3 000 m、干燥度指数 K 值等于或大于 1.5 的地区,湿润区(包括半湿润区)是指干燥度指数 K 值小于 1.5 的地区;我国干燥度指数 K 大于 1.5 的(干旱或半干旱区)地区有新疆(除局部)、西藏(除东部)、甘肃(除局部)、青海(除局部)、宁夏、内蒙古(除局部)、陕西北部、山西北部、河北北部、辽宁西部和吉林西部,其他各地干燥度指数一般小于 1.5,属于湿润区或半湿润区。

场地地质条件主要是指岩土透水性和含水量。例如,对于长期保持干燥状态的土,土中虽然含有某些盐类,但无吸湿和潮解作用,对混凝土及钢铁结构材料也不具有腐蚀作用。

土层按渗透性划分为强透水层和弱透水层,碎石土、砾砂、粗砂、中砂和细砂为强透水层;粉土和黏性土为弱透水层。

含水量 $w < 3\%$ 的土层,可视为干燥土层,不具有腐蚀环境条件。

当竖井、隧洞、水坝等工程的混凝土结构一边与水(地表水或地下水)接触,另一边又暴露在大气中时,水可以通过渗透或毛细作用在暴露大气中的一边蒸发时,其场地环境分类应划为Ⅰ类。

当有地区经验时,环境类型可根据地区经验划分;同一场地出现两种环境类型时,应根据具体情况选定。

（3）水和土对混凝土结构的腐蚀性评价

水和土对建筑材料的腐蚀性,可分为微、弱、中、强四个等级,并可按本规范第12.2节进行评价。

水和土对混凝土结构的腐蚀性受气候环境与地层渗透性的影响,因此,需要按环境类型和地层渗透性评价水对混凝土结构的腐蚀性。按环境类型评价时,评价因子包括硫酸盐、镁盐、铵盐、苛性碱含量和总矿化度,并考虑场地环境类型的影响。按地层渗透性评价时,评价因子主要是pH值、侵蚀性CO_2和HCO_3^-,并考虑地层渗透性影响。评价标准见表5-4-3和表5-4-4。评价时,取任一指标满足的最高腐蚀等级作为综合评价结果。

表 5-4-3　　　　　　　　　　　按环境类型评价水和土对混凝土结构的腐蚀性

腐蚀等级	腐蚀介质	环境类别		
		I	II	III
微	硫酸盐含量 SO_4^{2-} /(mg/L)	<200	<300	<500
弱		200～500	300～1 500	500～3 000
中		500～1 500	1 500～3 000	3 000～6 000
强		>1 500	>3 000	>6 000
微	镁盐含量 Mg^{2+} /(mg/L)	<1 000	<2 000	<3 000
弱		1 000～2 000	2 000～3 000	3 000～4 000
中		2 000～3 000	3 000～4 000	4 000～5 000
强		>3 000	>4 000	>5 000
微	铵盐含量 NH_4^+ /(mg/L)	<100	<500	<800
弱		100～500	500～800	800～1 000
中		500～800	800～1 000	1 000～1 500
强		>800	>1 000	>1 500
微	苛性碱含量 OH^- /(mg/L)	<35 000	<43 000	<57 000
弱		35 000～43 000	43 000～57 000	57 000～70 000
中		43 000～57 000	57 000～70 000	70 000～100 000
强		>57 000	>70 000	>100 000
微	总矿化度 /(mg/L)	<10 000	<20 000	<50 000
弱		10 000～20 000	20 000～50 000	50 000～60 000
中		20 000～50 000	50 000～60 000	60 000～70 000
强		>50 000	>60 000	>70 000

注:表中苛性碱(OH^-)含量(mg/L)应为NaOH和KOH中的OH^-含量(mg/L)。

表5-4-3中的数值适用于有干湿交替作用情况水的腐蚀性评价。

干湿交替是指地下水位变化和毛细水升降时,建筑材料的干湿变化情况。干湿交替和气候区与腐蚀性的关系十分密切。相同浓度的盐类,在干旱区可能是强腐蚀,而在湿润区可能是弱腐蚀或无腐蚀性。水或潮湿的土中的某些盐类,通过毛细上升浸入混凝土的毛细孔中,经过干湿交替作用,盐溶液在毛细孔中被浓缩至近饱和状态,当温度下降时,析出盐的结晶,晶体膨胀使混凝土遭受腐蚀破坏;温度回升,水汽增加时,结晶会潮解,当温度再次下降时,再次结晶,腐蚀进一步加深。冻融交替也是影响腐蚀的重要因素,如盐的浓度相同,在不冻区因达不到饱和状态不会析出结晶,而在冰冻区,由于气温低,盐分易析出结晶,从而破坏混凝土。

表 5-4-4 　　　　　　　按地层渗透性评价水和土对混凝土结构腐蚀性

腐蚀等级	pH 值		侵蚀性 CO_2/(mg/L)		HCO_3^-/(mmol/L)
	A	B	A	B	A
微	>6.5	>5.0	<15	<30	>1.0
弱	5.0~6.5	4.0~5.0	15~30	30~60	1.0~5.0
中	4.0~5.0	3.5~4.0	30~60	60~100	<0.5
强	<4.0	<3.5	>60	—	

注：① 土的腐蚀性评价只考虑 pH 指标，评价时，对于透水性分为含水量大于 20% 的强透水土层和含水量大于 30% 的弱透水土层，分别对应于表中直接临水或强透水层和弱透水层；强透水层是指碎石土和砂土；弱透水层是指粉土和黏性土。

② HCO_3^- 含量是指水的矿化度低于 0.1 g/L 的软水时，该类水质 HCO_3^- 的腐蚀性。

③ 水的腐蚀性评价只考虑 pH 指标；评价其腐蚀性时，A 指强透水土层；B 指弱透水土层。

因此，在无干湿交替作用评价土的腐蚀性时，应乘以一定的比例系数。其中，对于Ⅰ、Ⅱ类腐蚀环境无干湿交替作用时，表中硫酸盐含量数值应乘以 1.3 的系数；对土的腐蚀性评价，应乘以 1.5 的系数，数值单位以 mg/kg 表示。表中苛性碱（OH^-）含量（mg/L）应为 NaOH 和 KOH 中的 OH^- 含量（mg/L）。

（4）水和土对钢筋混凝土结构中钢筋的腐蚀性评价

水和土对钢筋 混凝土结构中钢筋的腐蚀性主要取决于 pH 值、Cl^- 离子和 SO_4^{2-} 离子含量，此外，还要考虑水的交替作用。这是因为，钢筋如果长期浸泡于水中，由于缺少氧的作用，不容易被腐蚀；相反，如果钢筋处于干湿交替的环境中，由于氧的作用，钢筋容易被腐蚀。评价标准见表 5-4-5。

表 5-4-5 　　　　　　　水和土对钢筋混凝土结构中钢筋的腐蚀性评价标准

腐蚀等级	水中的 Cl^- 含量/(mg/L)		土中的 Cl^- 含量/(mg/kg)	
	长期浸水	干湿交替	A	B
微	<10 000	<100	<400	<250
弱	10 000~20 000	100~500	400~750	250~500
中	—	500~5 000	750~7 500	500~5 000
强	—	>5 000	>7 500	>5 000

注：A 是指地下水位以上的碎石土、砂土、坚硬、硬塑的黏性土；B 是指湿、很湿的粉土，可塑、软塑、流塑的黏性土。

（5）水和土对钢结构（含钢管道）的腐蚀性评价

用 pH 值、Cl^- 和 SO_4^{2-} 离子含量评价水对钢结构的腐蚀性，用 pH 值、氧化还原电位、电阻率、极化电流密度和质量损失评价土对钢结构的腐蚀性，评价标准分别见表 5-4-6 和表 5-4-7。评价水和土对钢结构的腐蚀性时要注意，当土或水中含有铁细菌、硫酸盐还原细菌、硫氧化细菌等细菌时，会加快对钢铁材料的腐蚀速度，对埋置于地下的钢铁构筑物或管道危害极大。因此，如果发现水的沉淀物中有铁的褐色絮状物沉淀、悬浮物中有褐色生物膜、绿色丛块或有硫化氢臭味等现象时，还应作细菌分析，分析水中有无铁细菌、硫酸盐还原细菌。

表 5-4-6　　　　　　　　　　　水对钢结构腐蚀性评价标准

腐蚀等级	pH 值、($Cl^-+SO_4^{2-}$)含量(/mg/L)
弱	pH=3～11,($Cl^-+SO_4^{2-}$)<500
中	pH=3～11,($Cl^-+SO_4^{2-}$)≥500
强	pH<3,($Cl^-+SO_4^{2-}$)任何浓度

表 5-4-7　　　　　　　　　　　土对钢结构腐蚀性评价标准

腐蚀等级	pH 值	氧化还原电位 /mV	视电阻率 /Ω·m	极化电流密度 /(mA/cm^2)	质量损失 /g
微	>5.5	>400	>100	<0.02	<1
弱	5.5～4.5	400～200	100～50	0.02～0.05	1～2
中	4.5～3.5	200～100	50～20	0.05～0.20	2～3
强	<3	<100	<20	>0.20	>3

（四）防护措施

（1）水、土对混凝土结构腐蚀的防护措施,宜符合表 5-4-8 的规定。

表 5-4-8　　　　　　　　　混凝土结构腐蚀的防护等级及防护措施

综合评价腐蚀等级	防护等级	水　泥	水灰比		最少水泥用量/(kg/m³)		铝酸三钙 Ca$_3$AlO$_3$ /%	防护层厚度 /mm
			水	土	水	土		
弱腐蚀	一级防护	普通硅酸盐水泥 矿渣硅酸盐水泥 火山灰硅酸盐水泥	0.60	0.65	340～360	330～350	<8	—
中等腐蚀	二级防护	普通硅酸盐水泥 矿渣硅酸盐水泥	0.50	0.55	360～380	350～370	<8	30
		抗硫酸盐水泥					<5	
强腐蚀	三级防护	抗硫酸盐水泥	0.40	0.45	380～420	370～400	<3	40
严重腐蚀	特级防护	混凝土表面用沥青或高分子树脂类涂膜防护						
		采用涂膜防护或采用场地降水、排水、换土等综合防治						

（2）水、土对钢结构的防护措施

在钢结构的表面应用涂料层与腐蚀介质隔离的方法进行防护,或者采用以镁合金或铝合金为牺牲阳极的阴极保护法,或外加电流以石墨为辅助阳极的阴极保护法。

第五节　地下水监测

一、需要进行地下水监测的情况

遇下列情况时,应进行地下水监测:

① 地下水位升降影响岩土稳定时。

② 地下水位上升产生浮托力对地下室或地下构筑物的防潮、防水或稳定性产生较大影响时。

③ 施工降水对拟建工程或相邻工程有较大影响时。

④ 施工或环境条件改变,造成的孔隙水压力、地下水压力变化,对工程设计或施工有较大影响时。

⑤ 地下水位的下降造成区域性地面沉降时。

⑥ 地下水位升降可能使岩土产生软化、湿陷、胀缩时。

⑦ 需要进行污染物运移对环境影响的评价时。

二、地下水监测的基本要求

监测工作的布置,应根据监测目的、场地条件、工程要求和水文地质条件确定。地下水监测方法应符合下列规定:

① 地下水位的监测,可设置专门的地下水位观测孔或利用水井、地下水天然露头进行。

② 孔隙水压力的监测,应特别注意设备的埋设和保护,可采用孔隙水压力计、测压计进行。

③ 用化学分析法监测水质时,采样次数每年不应少于 4 次(每季至少一次),进行相关项目的分析。

④ 动态监测时间不应少于一个水文年。

⑤ 当孔隙水压力变化可能影响工程安全时,应在孔隙水压力降至安全值后方可停止监测。

⑥ 对受地下水浮托力的工程,地下水压力监测应进行至工程荷载大于浮托力后方可停止监测。

第六章　岩土工程勘察方法

第一节　工程地质测绘和调查

一、概述

工程地质测绘与调查是勘测工作的手段之一,是最基本的勘察方法和基础性工作。通过测绘和调查,将查明的工程地质条件及其他有关内容如实地反映在一定比例尺的地形底图上,并对进一步的勘测工作有一定的指导意义。

"测绘"是指按有关规范规程的规定要求所进行的地质填图工作。"调查"是指达不到有关规范规程规定的要求所进行的地质填图工作,如降低比例尺精度、适当减少测绘程序、缩小测绘面积或针对某一特殊工程地质问题等。对复杂的建筑场地应进行工程地质测绘,对中等复杂的建筑场地可进行工程地质测绘或调查,对简单或已有地质资料的建筑场地可进行工程地质调查。

工程地质测绘与调查宜在可行性研究或初步设计勘测阶段进行;对于施工图设计勘测阶段,视需要,在初步设计勘测阶段测绘与调查的基础上,对某些专门地质问题(如滑坡、断裂带的分布位置及影响等)进行必要的补充测绘。但是,不是指每项工程的可行性研究或初步设计勘测阶段都要进行工程地质测绘与调查,而是视工程需要而定。

工程地质测绘与调查的基本任务是:查明与研究建筑场地及其相邻有关地段的地形、地貌、地层岩性、地质构造、不良地质现象、地表水与地下水情况、当地的建筑经验及人类活动对地质环境造成的影响,结合区域地质资料,分析场地的工程地质条件和存在的主要地质问题,为合理确定与布置勘探和测试工作提供依据。高精度的工程地质测绘,不但可以直接用于工程设计,而且为其他类型的勘察工作奠定了基础。可有效地查明建筑区或场地的工程地质条件,并且大大缩短工期,节约投资,提高勘察工作的效率。

工程地质测绘可分为两种:一种是以全面查明工程地质条件为主要目的的综合性测绘;另一种是对某一工程地质要素进行调查的专门性测绘。无论何者,都服务于建筑物的规划、设计和施工,使用时都有特定的目的。

工程地质测绘的研究内容和深度应根据场地的工程地质条件确定,必须目的明确、重点突出、准确可靠。

二、工程地质测绘的内容

工程地质测绘的研究内容主要是工程地质条件,其次是对已有建筑区和采掘区的调查。某一地质环境内建筑经验和建筑兴建后出现的所有工程地质现象,都是极其宝贵的资料,应予以收集和调查。工程地质测绘是在测区实地进行的地面地质调查工作,工程地质条件中各有关研究内容,凡能通过野外地质调查解决的,都属于工程地质测绘的研究范围。被掩埋于地下的某些地质现象也可通过测绘或配合适当勘察工作加以了解。

工程地质测绘的方法和研究内容与一般地质测绘方法相类似,但不等同于它们,主要因为工程地质测绘是为工程建筑服务的。不同勘察阶段、不同建筑对象,其研究内容的侧重点、详细程度和定量化程度等是不同的。实际工作中,应根据勘察阶段的要求和测绘比例尺大小,分别对工程地质条件的各个要素进行调查研究。

工程地质测绘和调查,宜包括下列内容:

① 查明地形、地貌特征,地貌单元形成过程及其与地层、构造、不良地质现象的关系,划分地貌单元。

② 岩土的性质、成因、年代、厚度和分布。对岩层应查明风化程度,对土层应区分新近堆积土、特殊性土的分布及其工程地质条件。

③ 查明岩层的产状及构造类型、软弱结构面的产状及其性质,包括断层的位置、类型、产状、断距、破碎带的宽度及充填胶结情况,岩、土层接触面及软弱夹层的特性等,第四纪构造活动的形迹、特点及与地震活动的关系。

④ 查明地下水的类型、补给来源、排泄条件、井、泉的位置、含水层的岩性特征、埋藏深度、水位变化、污染情况及其与地表水体的关系等。

⑤ 收集气象、水文、植被、土的最大冻结深度等资料,调查最高洪水位及其发生时间、淹没范围。

⑥ 查明岩溶、土洞、滑坡、泥石流、崩塌、冲沟、断裂、地震震害和岸边冲刷等不良地质现象的形成、分布、形态、规模、发育程度及其对工程建设的影响。

⑦ 调查人类工程活动对场地稳定性的影响,包括人工洞穴、地下采空、大挖大填、抽水排水及水库诱发地震等。

⑧ 建筑物的变形和建筑经验。

三、工程地质测绘范围、比例尺和精度

（一）工程地质测绘范围

在规划建筑区进行工程地质测绘,选择的范围过大会增大工作量,范围过小不能有效查明工程地质条件,满足不了建筑物的要求。因此,需要合理选择测绘范围。

工程地质测绘与调查的范围应包括:

① 拟建厂址的所有建（构）筑物场地。建筑物规划和设计的开始阶段,涉及较大范围、多个场地的方案比较,测绘范围应包括与这些方案有关的所有地区。当工程进入后期设计阶段,只对某个具体场地或建筑位置进行测量调查,其测绘范围只需局限于某建筑区的小范围内。可见,工程地质测绘范围随勘察阶段的提高而越来越小。

② 影响工程建设的不良地质现象分布范围及其生成发育地段。

③ 因工程建设引起的工程地质现象可能影响的范围。建筑物的类型、规模不同,对地质环境的作用方式、强度、影响范围也就不同。工程地质测绘应视具体建筑类型选择合理的测绘范围。例如,大型水库,库水向大范围地质体渗入,必然引起较大范围地质环境变化;一般民用建筑,主要由于建筑物荷重使小范围内的地质环境发生变化。那么,前者的测绘范围至少要包括地下水影响到的地区,而后者的测绘范围不需很大。

④ 对查明测区工程地质条件有重要意义的场地邻近地段。

⑤ 工程地质条件特别复杂时,应适当扩大范围。工程地质条件复杂而地质资料不充足的地区,测绘范围应比一般情况下适当扩大,以能充分查明工程地质条件、解决工程地质问题为原则。

（二）工程地质测绘比例尺

工程地质测绘比例尺主要取决于勘察阶段、建筑类型、规模和工程地质条件复杂程度。

建筑场地测绘的比例尺,可行性研究勘察可选用1:5 000～1:50 000;初步勘察可选用1:2 000～1:10 000;详细勘察可选用1:500～1:2 000;同一勘察阶段,当其地质条件比较复杂,工程建筑物又很重要时,比例尺可适当放大。

对工程有重要影响的地质单元体（滑坡、断层、软弱夹层、洞穴、泉等）,可采用扩大比例尺表示。

火力发电工程工程地质测绘的比例尺可按表6-1-1确定。

表 6-1-1 火力发电工程工程地质测绘的比例尺

建筑地段 \ 设计阶段	可行性研究	初步设计
厂区、灰坝坝址、取水泵房	1:5 000～1:10 000	1:1 000～1:5 000
贮灰场	1:5 000～1:50 000	1:2 000～1:5 000
水管线、灰管线	1:5 000～1:50 000	1:2 000～1:10 000

（三）工程地质测绘精度

所谓测绘精度,系指野外地质现象观察、描述及表示在图上的精确程度和详细程度。野外地质现象能否客观地反映在工程地质图上,除了调查人员的技术素养外,还取决于工作细致程度。为此,对野外测绘点数量及工程地质图上表达的详细程度做出原则性规定:地质界线和地质观测点的测绘精度,在图上不应低于3 mm。

野外观察描述工作中,不论何种比例尺,都要求整个图幅上平均2～3 cm范围内应有观测点。例如,比例尺1:50 000的测绘,野外实际观察点0.5～1个/km²。实际工作中,视条件的复杂程度和观察点的实际地质意义,观察点间距可适当加密或加大,不必平均布点。

在工程地质图上,工程地质条件各要素的最小单元划分应与测绘的比例尺相适应。一般来讲,在图上最小投影宽度大于2 mm的地质单元体,均应按比例尺表示在图上。例如,比例尺1:2 000的测绘,实际单元体（如断层带）尺寸大于4 m者均应表示在图上。重要的地质单元体或地质现象可适当夸大比例尺即用超比例尺表示。

为了使地质现象精确地表示在图上,要求任何比例尺图上界线误差不得超过3 mm。

为了达到精度要求,通常要求在测绘填图中,采用比提交成图比例尺大一级的地形图作为填图的底图,如进行1:10 000比例尺测绘时,常采用1:5 000的地形图作为外业填图底图。外业填图完成后再缩成1:10 000的成图,以提高测绘的精度。

四、工程地质测绘方法要点

工程地质测绘方法与一般地质测绘方法基本一样,在测绘区合理布置若干条观测路线,沿线布置一些观察点,对有关地质现象观察描述。观察路线布置应以最短路线观察最多的地质现象为原则。野外工作中,要注意点与点、线与线之间地质现象的互相联系,最终形成对整个测区空间上总体概念的认识。同时,还要注意把工程地质条件和拟建工程的作用特点联系起来分析研究,以便初步判断可能存在的工程地质问题。

地质观测点的布置、密度和定位应满足下列要求:

① 在地质构造线、地层接触线、岩性分界线、标准层位和每个地质单元体上应有地质观测点。

② 地质观测点的密度应根据场地的地貌、地质条件、成图比例尺及工程特点等确定,并应具代表性。

③ 地质观测点应充分利用天然和人工露头,如采石场、路堑、井、泉等;当露头少时,应根据具体情况布置一定数量的勘探工作。条件适宜时,还可配合进行物探工作,探测地层、岩性、构造、不良地质作用等问题。

④ 地质观测点的定位标测,对成图的质量影响很大,应根据精度要求和地质条件的复杂程度选用目测法、半仪器法和仪器法。地质构造线、地层接触线、岩性分界线、软弱夹层、地下水露头、有重要影响的不良地质现象等特殊地质观测点,宜用仪器法定位。

• 目测法——适用于小比例尺的工程地质测绘,该法系根据地形、地物以目估或步测距离标测。

• 半仪器法——适用于中等比例尺的工程地质测绘,它是借助于罗盘仪、气压计等简单的仪器测定方位和高度,使用步测或测绳量测距离。

• 仪器法——适用于大比例尺的工程地质测绘,即借助于经纬仪、水准仪、全站仪等较精密的仪器测定地质观测点的位置和高程。对于有特殊意义的地质观测点,如地质构造线、不同时代地层接触线、不同岩性分界线、软弱夹层、地下水露头以及有不良地质作用等,均宜采用仪器法。

• 卫星定位系统(GPS)——满足精度条件下均可应用。

为了保证测绘工作更好地进行,工作开始前应做好充分准备,如文献资料查阅分析工作,现场踏勘和工作部署,标准地质剖面绘制和工程地质填图单元划分等。测绘过程中,要切实做好地质现象记录、资料及时整理、分析等工作。

进行大面积中小比例尺测绘或者在工作条件不便等情况下进行工程地质测绘时,可以借助航片、卫片解译一些地质现象,对于提高测绘精度和工作进度,将会收到良好效果。航、卫片以其不同的色调、图像形状、阴影、纹形等,反映了不同地质现象的基本特征。对研究地区的航、卫片进行细致的解译,便可得到许多地质信息。我国利用航、卫片配合工程地质测绘或解决一些专门问题已取得不少经验。例如,低阳光角航片能迅速有效地查明活断层;红外扫描图片,能较好地分析水文地质条件;小比例尺卫片,便于进行地貌特征的研究;大比例尺航片对研究滑坡、泥石流、岩溶等物理地质现象非常有效。在进行区域工程地质条件分析,评价区域稳定性,进行区域物理地质现象和水文地质条件调查分析,进行区域规划和选址、地质环境评价和监测等方面,航、卫片的应用前景是非常广阔的。

收集航片与卫片的数量,同一地区应有 2~3 套,一套制作镶嵌略图,一套用于野外调绘,一套用于室内清绘。

初步解译阶段,对航片与卫片进行系统的立体观测,对地貌及第四纪地质进行解译,划分松散沉积物与基岩界线,进行初步构造解译等。第二阶段是野外踏勘与验证。携带图像到野外,核实各典型地质体在照片上的位置,并选择一些地段进行重点研究,以及在一定间距穿越一些路线,做一些实测地质剖面和采集必要的岩性地层标本。

利用遥感影像资料解译进行工程地质测绘时,现场检验地质观测点数宜为工程地质测绘点数的 30%～50%。野外工作应包括下列内容:① 检查解译标志;② 检查解译结果;③ 检查外推结果;④ 对室内解译难以获得的资料进行野外补充。

最后阶段成图,将解译取得的资料、野外验证取得的资料及其他方法取得的资料,集中转绘到地形底图上,然后进行图面结构的分析。如有不合理现象,要进行修正,重新解译。必要时,到野外复验,至整个图面结构合理为止。

五、工程地质测绘与调查的成果资料

工程地质测绘与调查的成果资料应包括工程地质测绘实际材料图、综合工程地质图或工程地质分区图、综合地质柱状图、工程地质剖面图及各种素描图、照片和文字说明。

如果是为解决某一专门的岩土工程问题,也可编绘专门的图件。

在成果资料整理中应重视素描图和照片的分析整理工作。美国、加拿大、澳大利亚等国家的岩土工程咨询公司都充分利用摄影和素描这个手段。这不仅有助于岩土工程成果资料的整理,而且在基坑、竖井等回填后,一旦由于科研上或法律诉讼上的需要,就比较容易恢复和重现一些重要的背景资料。在澳大利亚几乎每份岩土工程勘察报告都附有典型的彩色照片或素描图。

第二节 工程地质勘探和取样

一、概述

通过工程地质测绘对地面基本地质情况有了初步了解以后,当需进一步探明地下隐伏的地质现象,了解地质现象的空间变化规律,查明岩土的性质和分布,采取岩土试样或进行原位测试时,可采用钻探、井探、槽探、洞探和地球物理勘探等常用的工程地质勘探手段。勘探方法的选取应符合勘察目的和岩土的特性。

工程地质勘探的主要任务是:

① 探明地下有关的地质情况,揭露并划分地层、量测界线,采取岩土样,鉴定和描述岩土特性、成分和产状。

② 了解地质构造,不良地质现象的分布、界限、形态等,如断裂构造、滑动面位置等。

③ 为深部取样及现场试验提供条件。自钻孔中选取岩土试样,供实验室分析,以确定岩土的物理力学性质;同时,勘探形成的坑孔可为现场原位试验提供场所,如十字板剪力试验、标准贯入试验、土层剪切波速测试、地应力测试、水文地质试验等。

④ 揭露并测量地下水埋藏深度,采取水样供实验室分析,了解其物理化学性质及地下水类型。

⑤ 利用勘探坑孔可以进行某些项目的长期观测以及不良地质现象处理等工作。

静力触探、动力触探作为勘探手段时，应与钻探等其他勘探方法配合使用。钻探和触探各有优缺点，有互补性，二者配合使用能取得良好的效果。触探的力学分层直观而连续，但单纯的触探由于其多解性容易造成误判。如以触探为主要勘探手段，除非有经验的地区，一般均应有一定数量的钻孔配合。

布置勘探工作时应考虑勘探对工程自然环境的影响，防止对地下管线、地下工程和自然环境的破坏。钻孔、探井和探槽完工后应妥善回填，否则可能造成对自然环境的破坏，这种破坏往往在短期内或局部范围内不易察觉，但能引起严重后果。因此，一般情况下钻孔、探井和探槽均应回填，且应分段回填夯实。

进行钻探、井探、槽探和洞探时，应采取有效措施，确保施工安全。

二、工程地质钻探

钻探广泛应用于工程地质勘察，是岩土工程勘察的基本手段。通过钻探提取岩芯和采集岩土样以鉴别和划分地层，测定岩土层的物理力学性质，需要时还可直接在钻孔内进行原位测试，其成果是进行工程地质评价和岩土工程设计、施工的基础资料，钻探质量的高低对整个勘察的质量起决定性的作用。除地形条件对机具安置有影响外，几乎任何条件下均可使用钻探方法。由于钻探工作耗费人力、物力和财力较大，因此，要在工程地质测绘及物探等工作基础上合理布置钻探工作。

钻探工作中，岩土工程勘察技术人员主要作三方面工作：一是编制作为钻探依据的设计书；二是在钻探过程中进行岩芯观测、编录；三是钻探结束后进行资料内业整理。

（一）钻孔设计书编制

钻探工作开始之前，岩土工程勘察技术人员除编制整个项目的岩土工程勘察纲要外，还应逐个编制钻孔设计书。在设计书中，应向钻探技术人员阐明如下内容：

① 钻孔的位置，钻孔附近地形、地质概况。

② 钻孔目的及钻进中应注意的问题。

③ 钻孔类型、孔深、孔身结构、钻进方法、开孔和终孔直径、换径深度、钻进速度及固壁方式等。

④ 应根据已掌握的资料，绘制钻孔设计柱状剖面图，说明将要遇到的地层岩性、地质构造及水文地质情况，以便钻探人员掌握一些重要层位的位置，加强钻探管理，并据此确定钻孔类型、孔深及孔身结构。

⑤ 提出工程地质要求，包括岩芯采取率、取样、孔内试验、观测、止水及编录等各方面的要求。

⑥ 说明钻探结束后对钻孔的处理意见，钻孔留作长期观测或封孔。

（二）钻探方法的选择

工程地质勘察中使用的钻探方法较多。一般情况下，采用机械回转式钻进，常规口径为：开孔 168 mm，终孔 91 mm。但不是所有的方法都能满足岩土工程勘察的特定要求。例如，冲洗钻探能以较高的速度和较低的成本达到某一深度，能了解松软覆盖层下的硬层（如基岩、卵石）的埋藏深度，但不能准确鉴别所通过的地层。因此一定要根据勘察的目的和地层的性质来选择适当的钻探方法，既满足质量标准，又避免不必要的浪费。

工程地质钻探选择钻探方法应考虑下列原则，按表 6-2-1 选用。

表 6-2-1　　　　　　　　　　　　　　钻探方法的适用范围

钻探方法		钻进地层					勘察要求	
		黏性土	粉土	砂土	碎石土	岩石	直观鉴别、采取不扰动试样	直观鉴别、采取扰动试样
回转	螺旋钻探	＋＋	＋	＋	－		＋＋	＋＋
	无岩芯钻探	＋＋	＋＋	＋＋	＋	＋＋	－	－
	岩芯钻探	＋＋	＋＋	＋＋	＋	＋＋	＋＋	＋＋
冲击	冲击钻探	－	＋	＋＋	＋＋		－	－
	锤击钻探	＋＋	＋＋	＋＋	＋		＋＋	＋＋
振动钻探		＋＋	＋＋	＋＋	＋		＋	＋＋
冲洗钻探		＋	＋＋	＋＋	－		－	－

注：＋＋ 适用，＋ 部分适用，－ 不适用。

① 地层特点及钻探方法的有效性。

② 能保证以一定的精度鉴别地层,包括鉴别钻进地层的岩土性质、确定其埋藏深度与厚度,能查明钻进深度范围内地下水的赋存情况。

③ 尽量避免或减轻对取样段的扰动影响,能采取符合质量要求的试样或进行原位测试。

在踏勘调查、基坑检验等工作中可采用小口径螺旋钻、小口径勺钻、洛阳铲等简易钻探工具进行浅层土的勘探。

实际工作中的偏向是着重注意钻进的有效性,而不太重视如何满足勘察技术要求。为了避免这种偏向,达到一定的目的,制定勘察工作纲要时,不仅要规定孔位、孔深,而且要规定钻探方法。钻探单位应按任务书指定的方法钻进,提交成果中也应包括钻进方法的说明。

钻探方法和工艺多年来一直在不断发展。例如,用于覆盖层的金刚石钻进、全孔钻进及循环钻进,定向取芯、套钻取芯工艺,用于特种情况的倒锤孔钻进,软弱夹层钻进等等,这些特殊钻探方法和工艺在某些情况下有其特殊的使用价值。

一般条件下,工程地质钻探采用垂直钻进方式。某些情况下,如被调查的地层倾角较大,可选用斜孔或水平孔钻进。

（三）钻探技术要求

① 钻探点位测设于实地应符合下列要求：

· 初步勘察阶段：平面位置允许偏差±0.5 m,高程允许偏差±5 cm;

· 详细勘察阶段：平面位置允许偏差±0.25 m,高程允许偏差±5 cm;城市规划勘察阶段、选址勘察阶段：可利用适当比例尺的地形图依地形地物特征确定钻探点位和孔口高程。钻进深度、岩土分层深度的量测误差范围不应低于±5 cm。

· 因障碍改变钻探点位时,应将实际钻探位置及时标明在平面图上,注明与原桩位的偏差距离、方位和地面高差,必要时应重新测定点位。

② 钻孔口径和钻具规格应根据钻探目的和钻进工艺按表 6-2-2 选用。采取原状土样的钻孔,口径不得小于 91 mm,仅需鉴别地层的钻孔,口径不宜小于 36 mm;在湿陷性黄土中,

钻孔口径不宜小于 150 mm。

表 6-2-2 工程地质钻孔及钻具口径系列

钻孔口径/mm	钻具规格/mm											相应于 DCD-MA 标准的级别
	岩芯外管		岩芯内管		套 管		钻 杆		绳索钻杆			
	D	d	D	d	D	d	D	d	D	d		
36	35	29	26.5	23	45	38	33	23	—	—		E
46	45	38	35	31	58	49	43	31	43.5	34		A
59	58	51	47.5	43.5	73	63	54	42	55.5	46		B
75	73	65.5	62	56.5	89	81	67	55	71	61		N
91	89	81	77	70	108	99.5	67	55				
110	108	99.5	—		127	118	—		—			
130	127	118	—		146	137	—		—			
150	146	137	—		168	156	—		—			S

注：DCDMA 标准为美国金刚石钻机制造者协会标准。

③ 应严格控制非连续取芯钻进的回次进尺，使分层精度符合要求。

螺旋钻探回次进尺不宜超过 1.0 m，在主要持力层中或重点研究部位，回次进尺不宜超过 0.5 m，并应满足鉴别厚度小至 20 cm 的薄层的要求。对岩芯钻探，回次进尺不得超过岩芯管长度，在软质岩层中不得超过 2.0 m。

在水下粉土、砂土层中钻进，当土样不易带上地面时，可用对分式取样器或标准贯入器间断取样，其间距不得大于 1.0 m。取样段之间则用无岩芯钻进方式通过，亦可采用无泵反循环方式用单层岩芯管回转钻进并连续取芯。

④ 为了尽量减少对地层的扰动，保证鉴别的可靠性和取样质量，对要求鉴别地层和取样的钻孔，均应采用回转方式钻进，取得岩土样品。遇到卵石、漂石、碎石、块石等类地层不适用于回转钻进时，可改用振动回转方式钻进。

对鉴别地层天然湿度的钻孔，在地下水位以上应进行干钻。当必须加水或使用循环液时，应采用能隔离冲洗液的二重或三重管钻进取样。在湿陷性黄土中应采用螺旋钻头钻进，亦可采用薄壁钻头锤击钻进。操作应符合"分段钻进、逐次缩减、坚持清孔"的原则。

对可能坍塌的地层应采取钻孔护壁措施。在浅部填土及其他松散土层中可采用套管护壁。在地下水位以下的饱和软黏性土层、粉土层和砂层中宜采用泥浆护壁。在破碎岩层中可视需要采用优质泥浆、水泥浆或化学浆液护壁。冲洗液漏失严重时，应采取充填、封闭等堵漏措施。钻进中应保持孔内水头压力等于或稍大于孔周地下水压，提钻时应能通过钻头向孔底通气通水，防止孔底土层由于负压、管涌而受到扰动破坏。如若采用螺纹钻头钻进，则引起管涌的可能性较大，故必须采用带底阀的空心螺纹钻头（提土器），以防止提钻时产生负压。

⑤ 岩芯钻探的岩芯采取率应逐次计算,对完整和较完整岩体不应低于 80%,对较破碎和破碎岩体不应低于 65%。对需重点查明的部位(滑动带、软弱夹层等)应采用双层岩芯管连续取芯。当需要确定岩石质量指标 RQD 时,应采用 75 mm 口径(N 型)双层岩芯管和金刚石钻头。

⑥ 钻进过程中各项深度数据均应测量获取,累计量测允许误差为 ±5 cm。深度超过100 m 的钻孔以及有特殊要求的钻孔包括定向钻进、跨孔法测量波速,应测斜、防斜,保持钻孔的垂直度或预计的倾斜度与倾斜方向。对垂直孔,每 50 m 测量一次垂直度,每深 100 m允许偏差为 ±2°。对斜孔,每 25 m 测量一次倾斜角和方位角,允许偏差应根据勘探设计要求确定。钻孔斜度及方位偏差超过规定时,应及时采取纠斜措施。倾角及方位的量测精度应分别为 ±0.1°、±3.0°。

（四）地下水观测

对钻孔中的地下水位及动态,含水层的水位标高、厚度、地下水水温、水质、钻进中冲洗液消耗量等,要做好观测记录。

钻进中遇到地下水时,应停钻量测初见水位。为测得单个含水层的静止水位,对砂类土停钻时间不少于 30 min;对粉土不少于 1 h;对黏性土层不少于 24 h,并应在全部钻孔结束后,同一天内量测各孔的静止水位。水位量测可使用测水钟或电测水位计。水位允许误差为 ±1.0 cm。

钻孔深度范围内有两个以上含水层,且钻探任务书要求分层量测水位时,在钻穿第一含水层并进行静止水位观测之后,应采用套管隔水,抽干孔内存水,变径钻进,再对下一含水层进行水位观测。

因采用泥浆护壁影响地下水位观测时,可在场地范围内另外布置若干专用的地下水位观测孔,这些钻孔可改用套管护壁。

（五）钻探编录与成果

野外记录应由经过专业训练的人员承担。钻探记录应在钻探进行过程中同时完成,严禁事后追记,记录内容应包括岩土描述及钻进过程两个部分。

钻探现场记录表的各栏均应按钻进回次逐项填写。在每个回次中发现变层时,应分行填写,不得将若干回次或若干层合并一行记录。现场记录不得誊录转抄,误写之处可以划去,在旁边作更正,不得在原处涂抹修改。

（1）岩土描述

钻探现场描述可采用肉眼鉴别、手触方法,有条件或勘察工作有明确要求时,可采用微型贯入仪等标准化、定量化的方法。

各类岩土描述应包括的内容如下:

① 砂土:应描述名称、颜色、湿度、密度、粒径、浑圆度、胶结物、包含物等。

② 黏性土、粉土:应描述名称、颜色、湿度、密度、状态、结构、包含物等。

③ 岩石:应描述颜色、主要矿物、结构、构造和风化程度。对沉积岩尚应描述颗粒大小、形状、胶结物成分和胶结程度;对岩浆岩和变质岩尚应描述矿物结晶大小和结晶程度。对岩体的描述尚应包括结构面、结构体特征和岩层厚度。

（2）钻进过程的记录内容

关于钻进过程的记录内容应符合下列要求:

① 使用的钻进方法、钻具名称、规格、护壁方式等。

② 钻进的难易程度、进尺速度、操作手感、钻进参数的变化情况。

③ 孔内情况,应注意缩径、回淤、地下水位或冲洗液位及其变化等。

④ 取样及原位测试的编号、深度位置、取样工具名称规格、原位测试类型及其结果。

⑤ 岩芯采取率、RQD 值等。

应对岩芯进行细致的观察、鉴定,确定岩土体名称,进行岩土有关物理性状的描述。钻取的芯样应由上而下按回次顺序放进岩芯箱并按次序将岩芯排列编号,芯样侧面上应清晰标明回次数、块号、本回次总块数,如用 $10\frac{3}{8}$ 表示第 10 回次共 8 块芯样中的第 3 块;并做好岩芯采取情况的统计工作,包括岩芯采取率、岩芯获得率和岩石质量指标的统计:

$$岩芯采取率 = \frac{本回次所取岩芯总长度}{本回次进尺} \times 100\% \qquad (6\text{-}2\text{-}1)$$

$$岩石质量指标\ RQD = \frac{本回次大于\ 10\ cm\ 的岩芯长度}{本回次进尺} \times 100\% \qquad (6\text{-}2\text{-}2)$$

$$岩芯获得率 = \frac{本回次较完整岩芯长度}{本回次进尺} \times 100\% \qquad (6\text{-}2\text{-}3)$$

以上三项指标均是反映岩石质量好坏的依据,其数值越大,反映岩石性质越好。但是,性质并不好的破碎或软弱岩体,有时也可以取得较多的细小岩芯,倘若按岩芯采取率与岩芯获得率统计,也可以得到较高的数值,按此标准评价其质量,显然不合理,因而,在实际中广泛使用 RQD 指标进行岩芯统计,评价岩石质量好坏。

⑥ 其余异常情况。

(3) 钻探成果

资料整理主要包括:

① 编制钻孔柱状图。

② 填写操作及水文地质日志。

③ 岩土芯样可根据工程要求保存一定期限或长期保存,亦可进行岩芯素描或拍摄岩芯、土芯彩照。

这三份资料实质上是前述工作的图表化直观反映,它们是最终的钻探成果,一定要认真整理、编制,以备存档查用。

三、工程地质坑探(井探、槽探和洞探)

当钻探方法难以准确查明地下情况时,可采用探井、探槽进行勘探。在坝址、地下工程、大型边坡等勘察中,当需详细查明深部岩层性质、构造特征时,可采用竖井或平硐。

(一)坑探工程类型

坑探是由地表向深部挖掘坑槽或坑洞,以便地质人员直接深入地下了解有关地质现象或进行试验等使用的地下勘探工作。勘探中常用的勘探工程包括探槽、试坑、浅井(或斜井)、平硐、石门(平巷)等类型,其各自特点及适用条件如表 6-2-3 所示。

表 6-2-3　　　　　　　　　　　　　　　坑探的工程类型

类型		规格	适用条件
轻型	试坑	圆形或方形小坑,深度 3～5 m	早期勘察阶段,配合测绘揭示浅部地质现象,如风化壳、第四系、接触界面等;用于取样及野外现场试验
	探槽	长条形槽子,深度 3～5 m	
	浅井	圆(方)形,铅直,深度 5～15 m	
重型	竖(斜)井	圆(方)形,铅直(或倾斜),深度大于 15 m	后期勘察阶段,重要工程、洞室工程、滑坡治理工程;探明重要地质现象;用于较深部试验及取样
	平硐	有出口的水平坑道,深度不限	
	石门(平巷)	与竖井相连的水平坑道,石门与岩层走向垂直;平巷与岩层走向平行	

（二）坑探工程施工要求

探井的深度、竖井和平硐的深度、长度、断面按工程要求确定。

探井断面可用圆形或矩形。圆形探井直径可取 0.8～1.0 m;矩形探井可取 0.8 m×1.2 m。根据土质情况,需要适当放坡或分级开挖时,井口可大于上述尺寸。

探井、探槽深度不宜超过地下水位且不宜超过 20 m。掘进深度超过 10 m,必要时应向井、槽底部通风。

土层易坍塌,又不允许放坡或分级开挖时,对井、槽壁应设支撑保护。根据土质条件可采用全面支护或间隔支护。全面支护时,应每隔 0.5 m 及在需要着重观察部位留下检查间隙。

探井、探槽开挖过程中的土石方必须堆放在离井、槽口边缘至少 1.0 m 以外的地方。雨季施工应在井、槽口设防雨棚,开挖排水沟,防止地面水及雨水流入井、槽内。

遇大块孤石或基岩,用一般方法不能掘进时,可采用控制爆破方式掘进。

（三）资料成果整理

坑探掘进过程中或成洞后,应详细进行有关地质现象的观察描述,并将所观察到的内容用文字及图表表示出来,即工程地质编录工作。除文字描述记录外,尚应以剖面图、展示图等反映井、槽、洞壁和底部的岩性、地层分界、构造特征、取样和原位试验位置并辅以代表性部位的彩色照片。

1. 坑洞地质现象的观察描述

观察、描述的内容因类型及目的不同而不同,一般包括:地层岩性的分层和描述;地质结构(包括断层、裂隙、软弱结构面等)特征的观察描述;岩石风化特点描述及分带;地下水渗出点位置及水质水量调查;不良地质现象调查;等等。

2. 坑探工程展视图编制

展视图是任何坑探工程必须制作的重要地质图件,它是将每一壁面的地质现象按划分的单元体和一定比例尺表示在一张平面图上。对于坑洞任一壁(或顶底)面而言,展示图的做法同测制工程地质剖面方法完全一样。但如何把每个壁面有机地连在一起,表示在一张图上,则有不同的展开表示方法。原则上既要如实反映地质内容,又要图件实用美观,一般有如下展开方法。

（1）四面辐射展开法

该法是将四壁各自向外放平,投影在一个平面上(见图 6-2-1)。对于试坑或浅井等近立方形坑洞可以采用这种方法。缺点是四面辐射展开图件不够美观,而且地质现象往往被割裂开来。

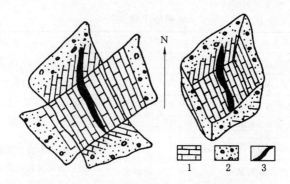

图 6-2-1　用四壁辐射展开绘制的试坑展视图
1——石灰岩；2——覆盖层；3——软弱夹层

（2）四面平行展开法

该法是以一面为基准，其他三面平行展开。浅井、竖井等竖向长方体坑洞宜采用此种展开法（见图 6-2-2）。缺点是图中无法反映壁面的坡度。平硐这类水平长方体，宜以底面（或顶面）为基准，两壁面展开，为了反映顶、底、两侧壁及工作面等 5 个面的情况，可以采用如图 6-2-3展开方式。在展开过程中，常常遇到开挖面不平直或有一定坡度的问题。一般情况下，可按理想的标准开挖面考虑；否则，采用其他方法予以表示。

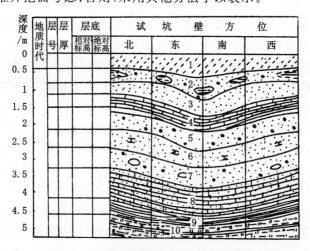

图 6-2-2　用四壁平行展开法绘制的浅井展视图

四、岩土试样的采取

取样的目的是通过对样品的鉴定或试验，试验岩、土体的性质，获取有关岩、土体的设计计算参数。岩土体特别是土体通常是非均质的，而取样的数量总是有限，因此必须力求以有限的取样数量反映整个岩、土体的真实性状。这就要求采用良好的取样技术，包括取样的工具和操作方法，使所取试样能尽可能地保持岩、土的原位特征。

（一）土试样的质量分级

严格地说，任何试样，一旦从母体分离出来成为样品，其原位特征或多或少会发生改变，围压的变化更是不可避免的。试样从地下到达地面之后，原位承受的围压降低至大气压力。

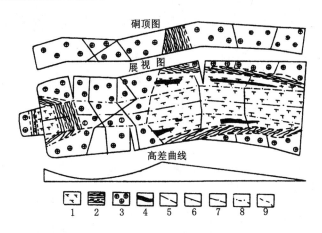

图 6-2-3 平硐展视图

1——凝灰岩；2——凝灰质页岩；3——斑岩；4——细粒凝灰岩夹层；

5——断层；6——节理；7——硐底中线；8——硐底壁分界线；9——岩层分界线

土试样可能因此产生体积膨胀,孔隙水压的重新分布,水分的转移,岩石试样则可能出现裂隙的张开甚至发生爆裂。软质岩石与土试样很容易在取样过程中受到结构的扰动破坏,取出地面之后,密度、湿度改变并产生一系列物理、化学的变化。由于这些原因,绝对地代表原位性状的试样是不可能获得的。因此,Hvorslev 将"能满足所有室内试验要求,能用以近似测定土的原位强度、固结、渗透以及其他物理性质指标的土样"定义为"不扰动土样"。从工程实用角度而言,用于不同试验项目的试样有不同的取样要求,不必强求一律。例如,要求测定岩土的物理、化学成分时,必须注意防止有同层次岩土的混淆;要了解岩土的密度和湿度时,必须尽量减轻试样的体积压缩或松胀、水分的损失或渗入;要了解岩土的力学性质时,除上述要求外,还必须力求避免试样的结构扰动破坏。

土试样质量应根据试验目的按表 6-2-4 分为四个等级。

表 6-2-4　　　　　　　　　　　　土试样质量等级

级别	扰动程度	试验内容
Ⅰ	不扰动	土类定名、含水量、密度、强度试验、固结试验
Ⅱ	轻微扰动	土类定名、含水量、密度
Ⅲ	显著扰动	土类定名、含水量
Ⅳ	完全扰动	土类定名

注：① 不扰动是指原位应力状态虽已改变,但土的结构、密度和含水量变化很小,能满足室内试验各项要求。

② 除地基基础设计等级为甲级的工程外,在工程技术要求允许的情况下可用Ⅱ级土试样进行强度和固结试验,但宜先对土试样受扰动程度作抽样鉴定,判定用于试验的适宜性,并结合地区经验使用试验成果。

土试样扰动程度的鉴定有多种方法,大致可分以下几类：

（1）现场外观检查

观察土样是否完整,有无缺陷,取样管或衬管是否挤扁、弯曲、卷折等。

（2）测定回收率

按照 Hvorslev 的定义,回收率为 L/H,其中,H 为取样时取土器贯入孔底以下土层的深度；L 为土样长度，可取土试样毛长，而不必是净长，即可从土试样顶端算至取土器刃口，下部如有脱落可不扣除。

回收率等于 0.98 左右是最理想的，大于 1.0 或小于 0.95 是土样受扰动的标志；取样回收率可在现场测定，但使用敞口式取土器时，测定有一定的困难。

（3）X 射线检验

可发现裂纹、空洞、粗粒包裹体等。

（4）室内试验评价

由于土的力学参数对试样的扰动十分敏感，土样受扰动的程度可以通过力学性质试验结果反映出来。最常见的方法有两种：

① 根据应力应变关系评定：随着土试样扰动程度增加，破坏应变 ε_f 增加，峰值应力降低，应力应变关系曲线线型趋缓。根据国际土力学基础工程学会取样分会汇集的资料，不同地区对不扰动土试样作不排水压缩试验得出的破坏应变值 ε_f 分别是：加拿大黏土 1%；南斯拉夫黏土 1.5%；日本海相黏土 6%；法国黏性土 3%～8%；新加坡海相黏土 2%～5%；如果测得的破坏应变值大于上述特征值，该土样即可认为是受扰动的。

② 根据压缩曲线特征评定：定义扰动指数 $I_D = (\Delta e_0 / \Delta e_m)$，其中 Δe_0 为原位孔隙比与土样在先期固结压力处孔隙比的差值；Δe_m 为原位孔隙比与重塑土在上述压力处孔隙比的差值。如果先期固结压力未能确定，可改用体积应变 ε_v 作为评定指标：

$$\varepsilon_v = \Delta V / V = \Delta e / (1 + e_0) \qquad (6\text{-}2\text{-}4)$$

式中　Δe_0——土样的初始孔隙比；

　　　Δe——加荷至自重压力时的孔隙比变化量。

近年来，我国沿海地区进行了一些取样研究，采用上述指标评定的标准如表 6-2-5 所示。

表 6-2-5　　　　　　　　　评价土样扰动程度的参考标准

扰动程度 评价指标	几乎未 扰动	少量 扰动	中等 扰动	很大 扰动	严重 扰动	资料 来源
ε_f	1%～3%	3%～5%	5%～6%	6%～10%	>10%	上海
ε_f	3%～5%	3%～5%	5%～8%	>10%	>15%	连云港
I_P	<0.15	0.15～0.30	0.30～0.50	0.50～0.75	>0.75	上海
ε_v	<1%	1%～2%	2%～4%	4%～10%	>10%	上海

应当指出，上述指标的特征值不仅取决于土试样的扰动程度，而且与土的自身特性和试验方法有关，故不可能提出一个统一的衡量标准，各地应按照本地区的经验参考使用上述方法和数据。

一般而言，事后检验把关并不是保证土试样质量的积极措施。对土试样作质量分级的指导思想是强调事先的质量，控制即对采取某一级别土试样所必须使用的设备和操作条件做出严格的规定。

（二）土试样采取的工具和方法

土样采取有两种途径：一是操作人员直接从探井、探槽中采取；二是在钻孔中通过取土器或其他钻具采取。从探井、探槽中采取的块状或盒状土样被认为是质量最高的。对土试样质量的鉴定,往往以块状或盒状土样作为衡量比较的标准。但是,探井、探槽开挖成本高、时间长并受到地下水等多种条件的制约,因此块状、盒状土样不是经常能得到的。实际工程中,绝大部分土试样是在钻孔中利用取土器具采取的。个别孔取样需要根据岩、土性质、环境条件,采用不同类型的钻孔取土器。

（1）钻孔取土器的分类

钻孔取土器类型如表 6-2-6 所示。

表 6-2-6　　　　　　　　　　　　　　取土器类型

取土器划分原则	取土器类型
按贯入方式	锤击式、回转式包括静压式
按取样管壁厚度	厚壁、薄壁、束节式
按结构特征(底端是否封闭)	敞口式、活塞式(包括固定活塞式、自由活塞式、水压固定活塞式)
回转式按衬管活动情况	双层单动取土器(如丹尼森取土器、皮切尔取土器)
	双层双动取土器(二重管、三重管)
按封闭形式	球阀式、活阀式、气压式

（2）钻孔取土器的技术参数与系列规格

贯入型取土器的取样质量首先决定于它的取样管的几何尺寸与形状。早在 20 世纪 40 年代,Hvorslev 通过大量的试验研究,提出了取土器设计制造所应控制的基本技术参数(见图 6-2-4):

① 取样管直径;

② 取样管长度;

③ 面积比 C_a:

$$C_a = \frac{D_w^2 - D_e^2}{D_e^2} \times 100\% \qquad (6-2-5)$$

④ 内间隙比 C_i:

$$C_i = \frac{D_s - D_e}{D_e} \times 100\% \qquad (6-2-6)$$

⑤ 外间隙比 C_o:

$$C_o = \frac{D_w - D_t}{D_t} \times 100\% \qquad (6-2-7)$$

⑥ 刃口角度 a,(°)。

目前世界各地使用的取土器参数、规格不尽相同。以面积比 C_a 为例,通常厚壁取土器 $C_a=15\%\sim20\%$ 或更大,薄壁取土器 C_a 值多在 10% 以下。国际土力学基础工程学会取样分会建议以 13% 作为薄壁取土器 C_a 值的上限。

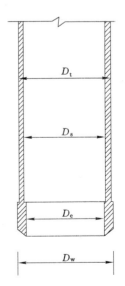

图 6-2-4　贯入型取土器技术参数

为了促进中国取土器的标准化、系列化,中国工程勘察协会原状取土器标准化系列化工作委员会提出了中国取土器的系列标准(见表 6-2-7-1 和表6-2-7-2)。

表 6-2-7-1 贯入型取土器的技术参数

取土器类型		取样管外径/mm	刃口角度/(°)	面积比/%	内间隙比/%	外间隙比/%	薄壁管总长/mm	衬管长度/mm	衬管材料	说明
厚壁取土器		89,108	<10 双刃角	13~20	0.5~1.5	0~0.2		150,200,300	塑料,酚醛层压纸	废土段长200 mm
薄壁取土器	敞口自由活塞	50,75,100	≤10	0		0	700,1000			
	水压固定活塞	75,100	5~10	>10	0.5~1.0					
	固定活塞			<13						
束节式取土器		50,75,100	管靴薄壁段同薄壁取土器,长度不小于内径的3倍					200,300	塑料酚醛层压纸或用环刀	
黄土取土器		127	10	15	1.5	1.0		150	塑料,酚醛层压纸	废土段长度200 mm

注：① 取样管及衬管内壁必须光滑圆整,不提倡使用镀锌铁皮衬管;如果使用这种衬管,应保证形状圆整,满足面积比要求,重复使用前应注意清理和整形。

② 在特殊情况下取土器直径可增大至150~250 mm。

表 6-2-7-2 回转型取土器系列标准

取土器类型		外径/mm	土样直径/mm	长度/mm	内管超前	说　明
双重管（加内衬管即为三重管）	单动	102	71	1 500	固定、可调	直径尺寸可视材料规格稍作变动,但土样直径不得小于71 mm
		140	104			
	双动	102	71	1 500	固定、可调	
		140	104			

（3）取样工具和方法的选择

试样采取的工具和方法可按表6-2-8选择。

表 6-2-8 不同等级土试样要求的取样工具或方法

试样质量等级	取样工具或方法		适用土类										
			黏性土					粉土	砂土				砾砂、碎石土、软岩
			流塑	软塑	可塑	硬塑	坚硬		粉砂	细砂	中砂	粗砂	
Ⅰ	薄壁取土器	固定活塞	++	++	+	-	-	+	+	-	-	-	-
		水压固定活塞	++	++	+	-	-	+	+	-	-	-	-
		自由活塞	-	+	++	-	-	+	+	-	-	-	-
		敞口	+	+	++	-	-	+	+	-	-	-	-
	回转取土器	单动三重管	-	+	++	++	+	++	++	++	-	-	-
		双动三重管	-	-	-	+	++	-	-	-	++	++	+
	探井[槽]中刻取块状土样		++	++	++	++	++	++	++	++	++	++	++

试样质量等级	取样工具或方法		适用土类										
			黏性土					粉土	砂土				砾砂、碎石土、软岩
			流塑	软塑	可塑	硬塑	坚硬		粉砂	细砂	中砂	粗砂	
Ⅱ	薄壁取土器	水压固定活塞	++	++	+	—	—	+	+	—	—	—	—
		自由活塞	+	++	++	—	—	+	+	—	—	—	—
		敞口	++	++	++	—	—	+	+	—	—	—	—
	回转取土器	单动三重管	—	+	++	++	+	++	++	++	—	—	—
		双动三重管	—	—	—	+	++	—	—	—	++	++	++
	厚壁敞口取土器		+	++	++	++	++	+	+	+	+	+	—
Ⅲ	厚壁敞口取土器		++	++	++	++	++	++	++	++	++	+	—
	标准贯入器		++	++	++	++	++	++	++	++	++	++	—
	螺纹钻头		++	++	++	++	++	+	—	—	—	—	—
	岩芯钻头		++	++	++	++	++	+	—	—	—	+	+
Ⅳ	标准贯入器		++	++	++	++	++	++	++	++	++	++	—
	螺纹钻头		++	++	++	++	++	+	—	—	—	—	—
	岩芯钻头		++	++	++	++	++	++	—	—	++	++	++

注：① ++——适用，+——部分适用，———不适用。

② 采取砂土试样应有防止试样失落的补充措施。

③ 有经验时，可用束节式取土器代替薄壁取土器。

在钻孔中采取Ⅰ、Ⅱ级砂样时，可采用原状取砂器，也可采用冷冻法采取砂样。

（三）钻孔取样的技术要求

钻孔取样的效果不单纯决定于采用什么样的取土器，还取决于取样全过程的操作技术。在钻孔中采取Ⅰ、Ⅱ级砂样时，应满足下列要求：

（1）钻孔施工的一般要求

① 采取原状土样的钻孔，孔径应比使用的取土器外径大一个径级。

② 在地下水位以上，应采用干法钻进，不得注水或使用冲洗液。土质较硬时，可采用二（三）重管回转取土器，钻进、取样合并进行。

③ 在饱和软黏性土、粉土、砂土中钻进，宜采用泥浆护壁；采用套管时应先钻进后跟进套管，套管的下设深度与取样位置之间应保留三倍管径以上的距离；不得向未钻过的土层中强行击入套管；为避免孔底土隆起受扰，应始终保持套管内的水头高度等于或稍高于地下水位。

④ 钻进宜采用回转方式；在地下水位以下钻进应采用通气通水的螺旋钻头、提土器或岩芯钻头，在鉴别地层方面无严格要求时，也可以采用侧喷式冲洗钻头成孔，但不得使用底喷式冲洗钻头；在采取原状土试样的钻孔中，不宜采用振动或冲击方式钻进，采用冲洗、冲击、振动等方式钻进时，应在预计取样位置1m以上改用回转钻进。

⑤ 下放取土器前应仔细清孔，清除扰动土，孔底残留浮土厚度不应大于取土器废土段长度（活塞取土器除外）且不得超过5cm。

⑥ 钻机安装必须牢固，保持钻进平稳，防止钻具回转时抖动，升降钻具时应避免对孔壁

的扰动破坏。

（2）贯入式取土器取样操作要求

① 取土器应平稳下放，不得冲击孔底。取土器下放后，应核对孔深与钻具长度，发现残留浮土厚度超过规定时，应提起取土器重新清孔。

② 采取Ⅰ级原状土试样，应采用快速、连续的静压方式贯入取土器，贯入速度不小于 0.1 m/s，利用钻机的给进系统施压时，应保证具有连续贯入的足够行程；采取Ⅱ级原状土试样可使用间断静压方式或重锤少击方式。

③ 在压入固定活塞取土器时，应将活塞杆牢固地与钻架连接起来，避免活塞向下移动；在贯入过程中监视活塞杆的位移变化时，可在活塞杆上设定相对于地面固定点的标志，测记其高差；活塞杆位移量不得超过总贯入深度的 1%。

④ 贯入取样管的深度宜控制在总长的 90% 左右；贯入深度应在贯入结束后仔细量测并记录。

⑤ 提升取土器之前，为切断土样与孔底土的联系，可以回转 2～3 圈或者稍加静置之后再提升。

⑥ 提升取土器应做到均匀平稳，避免磕碰。

（3）回转式取土器取样操作要求

① 采用单动、双动二（三）重管采取原状土试样，必须保证平稳回转钻进，使用的钻杆应事先校直；为避免钻具抖动，造成土层的扰动，可在取土器上加接重杆。

② 冲洗液宜采用泥浆，钻进参数宜根据各场地地层特点通过试钻确定或根据已有经验确定。

③ 取样开始时应将泵压、泵量减至能维持钻进的最低限度，然后随着进尺的增加，逐渐增加至正常值。

④ 回转取土器应具有可改变内管超前长度的替换管靴；内管管口至少应与外管齐平，随着土质变软，可使内管超前增加至 50～150 mm；对软硬交替的土层，宜采用具有自动调节功能的改进型单动二（三）重管取土器。

⑤ 对硬塑以上的硬质黏性土、密实砾砂、碎石土和软岩中，可使用双动三重管取样器采取原状土试样；对于非胶结的砂、卵石层，取样时可在底靴上加置逆爪。

⑥ 采用无泵反循环钻进工艺，可以用普通单层岩芯管采取砂样；在有充足经验的地区和可靠操作的保证下，可作为Ⅱ级原状土试样。

（四）土样的现场检验、封装、贮存、运输

（1）土试样的卸取

取土器提出地面之后，小心地将土样连同容器（衬管）卸下，并应符合下列要求：

① 以螺钉连接的薄壁管，卸下螺钉即可取下取样管。

② 对丝扣连接的取样管、回转型取土器，应采用链钳、自由钳或专用扳手卸开，不得使用管钳之类易于使土样受挤压或使取样管受损的工具。

③ 采用外管非半合管的带衬管取土器时，应使用推土器将衬管与土样从外管推出，并应事先将推土端土样削至略低于衬管边缘，防止推土时土样受压。

④ 对各种活塞取土器，卸下取样管之前应打开活塞气孔，消除真空。

（2）土样的现场检验

对钻孔中采取的Ⅰ级原状土试样,应在现场测量取样回收率。取样回收率大于1.0或小于0.95时,应检查尺寸量测是否有误,土样是否受压,根据情况决定土样废弃或降低级别使用。

(3)封装、标识、贮存和运输

Ⅰ、Ⅱ、Ⅲ级土试样应妥善密封,防止湿度变化,土试样密封后应置于温度及湿度变化小的环境中,严防曝晒或冰冻。土样采取之后至开土试验之间的贮存时间,不宜超过两周。

土样密封可选用下列方法:

① 将上下两端各去掉约 20 mm,加上一块与土样截面面积相当的不透水圆片,再浇灌蜡液,至与容器齐平,待蜡液凝固后扣上胶或塑料保护帽。

② 用配合适当的盒盖将两端盖严后,将所有接缝用纱布条蜡封或用粘胶带封口。

每个土样封蜡后均应填贴标签,标签上下应与土样上下一致,并牢固地粘贴于容器外壁。土样标签应记载下列内容:工程名称或编号;孔号、土样编号、取样深度;土类名称;取样日期;取样人姓名等。土样标签记载应与现场钻探记录相符。取样的取土器型号、贯入方法,锤击时击数、回收率等应在现场记录中详细记载。

运输土样,应采用专用土样箱包装,土样之间用柔软缓冲材料填实。一箱土样总重不宜超过 40 kg,在运输中应避免振动。对易于振动液化和水分离析的土试样,不宜长途运输,宜在现场就近进行试验。

(五)岩石试样

岩石试样可利用钻探岩芯制作或在探井、探槽、竖井和平洞中刻取。采取的毛样尺寸应满足试块加工的要求。在特殊情况下,试样形状、尺寸和方向由岩体力学试验设计确定。

五、工程地质物探

应用于工程建设、水文地质和岩土工程勘测中的地球物理勘探统称工程物探(以下简称物探)。它是利用专门仪器探测地壳表层各种地质体的物理场,包括电场、磁场、重力场等,通过测得的物理场特性和差异来判明地下各种地质现象,获得某些物理性质参数的一种勘探方法。这些物理场特性和差异分别由于各地质体间导电性、磁性、弹性、密度、放射性、波动性等物理性质及岩土体的含水性、空隙性、物质成分、固结胶结程度等物理状态的差异表现出来。采用不同探测方法可以测定不同的物理场,因而便有电法勘探、地震勘探、磁法勘探等物探方法。目前常用的方法有:电法、地震法、测井法、岩土原位测试技术、基桩无损检测技术、地下管线探测技术、氡气探测技术、声波测试技术、瑞雷波测试技术等。

(一)物探在岩土工程勘察中的作用

物探是地质勘测、地基处理、质量检测的重要手段。结合工程建设勘测设计的特点,合理地使用物探,可提高勘测质量,缩短工作周期,降低勘探成本。岩土工程勘察中可在下列方面采用地球物理勘探:

① 作为钻探的先行手段,了解隐蔽的地质界线、界面或异常点。

② 作为钻探的辅助手段,在钻孔之间增加地球物理勘探点,为钻探成果的内插、外推提供依据。

③ 作为原位测试手段,测定岩土体的波速、动弹性模量、特征周期、土对金属的腐蚀性等参数。

（二）物探方法的适用条件

应用地球物理勘探方法时，应具备下列基本条件：

① 被探测对象与周围介质应存在明显的物性（即电性、弹性、密度、放射性等）差异。

② 探测对象的厚度、宽度或直径，相对于埋藏深度应具有一定的规模。

③ 探测对象的物性异常能从干扰背景中清晰分辨。

④ 地形影响不应妨碍野外作业及资料解释，或对其影响能利用现有手段进行地形修正。

⑤ 物探方法的有效性，取决于最大限度地满足被探测对象与周围介质应存在的明显物性差异。在实际工作中，由于地形、地貌、地质条件的复杂多变，在具体应用时，应符合下列要求：

· 通过研究和在有代表性地段进行方法的有效性试验，正确选择工作方法；

· 利用已知地球物理特征进行综合物探方法研究；

· 运用勘探手段查证异常性质；结合实际地质情况对异常进行再推断。

物探方法的选择，应根据探测对象的埋深、规模及其与周围介质的物性差异，结合各种物探方法的适用条件（见表 6-2-9）选择有效的方法。

表 6-2-9 各种地球物理勘探方法的适用条件

方法名称		适用范围
电法	自然电场法	① 探测隐伏断层、破碎带；② 测定地下水流速、流向
	充电法	① 探测地下洞穴；② 测定地下水流速、流向；③ 探测地下或水下隐埋物体；④ 探测地下管线
	电阻率测深	① 测定基岩埋深，划分松散沉积层序和基岩风化带；② 探测隐伏断层、破碎带；③ 探测地下洞穴；④ 测定潜水面深度和含水层分布；⑤ 探测地下或水下隐埋物体
	电阻率剖面法	① 测定基岩埋深；② 探测隐伏断层、破碎带；③ 探测地下洞穴；④ 探测地下或水下隐埋物体
	高密度电阻率法	① 测定潜水面深度和含水层分布；② 探测地下或水下隐埋物体
	激发极化法	① 探测隐伏断层、破碎带；② 探测地下洞穴；③ 划分松散沉积层序；④ 测定潜水面深度和含水层分布；⑤ 探测地下或水下隐埋物体
电磁法	甚低频	① 探测隐伏断层、破碎带；② 探测地下或水下隐埋物体；③ 探测地下管线
	频率测深	① 测定基岩埋深，划分松散沉积层序和风化带；② 探测隐伏断层、破碎带；③ 探测地下洞穴；④ 探测河床水深及沉积泥沙厚度；⑤ 探测地下或水下隐埋物体；⑥ 探测地下管线
	电磁感应法	① 测定基岩埋深；② 探测隐伏断层、破碎带；③ 探测地下洞穴；④ 探测地下或水下隐埋物体；⑤ 探测地下管线
	地质雷达	① 测定基岩埋深，划分松散沉积层序和基岩风化带；② 探测隐伏断层、破碎带；③ 探测地下洞穴；④ 测定潜水面深度和含水层分布；⑤ 探测河床水深及沉积泥沙厚度；⑥ 探测地下或水下隐埋物体；⑦ 探测地下管线
	地下电磁波法（无线电波透视法）	① 探测隐伏断层、破碎带；② 探测地下洞穴；③ 探测地下或水下隐埋物体；④ 探测地下管线

方法名称		适用范围
地震波法和声波法	折射波法	① 测定基岩埋深,划分松散沉积层序和基岩风化带;② 测定潜水面深度和含水层分布;③ 探测河床水深及沉积泥沙厚度
	反射波法	① 测定基岩埋深,划分松散沉积层序和基岩风化带;② 探测隐伏断层、破碎带;③ 探测地下洞穴;④ 测定潜水面深度和含水层分布;⑤ 探测河床水深及沉积泥沙厚度;⑥ 探测地下或水下隐埋物体;⑦ 探测地下管线
	直达波法（单孔法和跨孔法）	划分松散沉积层序和基岩风化带
	瑞雷波法	① 测定基岩埋深,划分松散沉积层序和基岩风化带;② 探测隐伏断层、破碎带;③ 探测地下洞穴;④ 探测地下隐埋物体;⑤ 探测地下管线
	声波法	① 测定基岩埋深,划分松散沉积层序和基岩风化带;② 探测隐伏断层、破碎带;③ 探测含水层;④ 探测洞穴和地下或水下隐埋物体;⑤ 探测地下管线;⑥ 探测滑坡体的滑动面
	声呐浅层剖面法	① 探测河床水深及沉积泥沙厚度;② 探测地下或水下隐埋物体
地球物理测井（放射性测井、电测井、电视测井）		① 探测地下洞穴;② 划分松散沉积层序及基岩风化带;③ 测定潜水面深度和含水层分布;④ 探测地下或水下隐埋物体

（三）物探的一般工作程序

物探的一般工作程序是:接受任务、收集资料、现场踏勘、编制计划、方法试验、外业工作、资料整理、提交成果。在特殊情况下,也可以简化上述程序。

在正式接受任务前,应会同地质人员进行现场踏勘,如有必要应进行方法试验。通过踏勘或方法试验确认不具备物探工作条件时,可申述理由请求撤销或改变任务。

工作计划大纲应根据任务书要求,在全面收集和深入分析测区及其邻近区域的地形、地貌、水系、气象、交通、地质资料与已知物探资料的基础上,结合实际情况进行编制。

（四）物探成果的判释及应用

物探过程中,工程地质、岩土工程和地球物理勘探的工程师应密切配合,共同制订方案,分析判译成果。

进行物探成果判释时,应考虑其多解性,区分有用信息与干扰信号。物探工作必须紧密地与地质相结合,重视试验及物性参数的测定,充分利用岩土介质的各种物理特性,需要时应采用多种方法探测,开展综合物探,进行综合判释,克服单一方法条件性、多解性的局限,以获得正确的结论,并应有已知物探参数或一定数量的钻孔验证。

物探工作应积极采用和推广新技术,开拓新途径,扩大应用范围;重视物探成果的验证及地质效果的回访。

第三节　原位测试

在岩土工程勘察中,原位测试是十分重要的手段,在探测地层分布、测定岩土特性、确定地基承载力等方面有突出的优点,应与钻探取样和室内试验配合使用。在有经验的地区,可以原位测试为主。在选择原位测试方法时,应根据岩土条件、设计对参数的要求、设备要求、勘察阶段、地区经验和测试方法的适用性等因素选用,而地区经验的成熟程度最为重要。

布置原位测试,应注意配合钻探取样进行室内试验。一般应以原位测试为基础,在选定的代表性地点或有重要意义的地点采取少量试样,进行室内试验。这样的安排,有助于缩短勘察周期,提高勘察质量。

根据原位测试成果,利用地区性经验估算岩土工程特性参数和对岩土工程问题做出评价时,应与室内试验和工程反算参数作对比,检验其可靠性。原位测试成果的应用,应以地区经验的积累为依据。由于我国各地的土层条件、岩土特性有很大差别,建立全国统一的经验关系是不可取的,应建立地区性的经验关系,这种经验关系必须经过工程实践的验证。

原位测试的仪器设备应定期检验和标定。各种原位测试所得的试验数据,造成误差的因素是较为复杂的,分析原位测试成果资料时,应注意仪器设备、试验条件、试验方法、操作技能、土层的不均匀性等对试验的影响,对此应有基本的估计,结合地层条件,剔除异常数据,提高测试数据的精度。静力触探和圆锥动力触探,在软硬地层的界面上,有超前和滞后效应,应予以注意。

一、载荷试验

(一)载荷试验的目的、分类和适用范围

载荷试验简称 DLT(Dead Load Test),用于测定承压板下应力主要影响范围内岩土的承载力和变形模量。天然地基土载荷试验有平板、螺旋板载荷试验两种,常用的是平板载荷试验。

平板载荷试验(plate loading test)是在岩土体原位用一定尺寸的承压板,施加竖向荷载,同时观测各级荷载作用下承压板沉降,测定岩土体承载力和变形特性;平板载荷试验有浅层平板、深层平板载荷试验两种。浅层平板载荷试验,适用于浅层地基土。对于地下深处和地下水位以下的地层,浅层平板载荷试验已显得无能为力。深层平板载荷试验适用于深层地基土和大直径桩的桩端土。深层平板载荷试验的试验深度不应小于 5 m。

螺旋板载荷试验(screw plate loading test)是将螺旋板旋入地下预定深度,通过传力杆向螺旋板施加竖向荷载,同时量测螺旋板沉降,测定土的承载力和变形特性。螺旋板载荷试验适用于深层地基土或地下水位以下的地基土。进行螺旋板载荷试验时,如旋入螺旋板深度与螺距不相协调,土层也可能发生较大扰动。当螺距过大,竖向荷载作用大,可能发生螺旋板本身的旋进,影响沉降的量测。这些问题,应注意避免。

(二)试验设备

1. 平板载荷试验设备

平板载荷试验设备一般由加荷及稳压系统、反力锚定系统和观测系统三部分组成:

① 加荷及稳压系统:由承压板、立柱、油压千斤顶及稳压器等组成。采用液压加荷稳压系统时,还包括稳压器、储油箱和高压油泵等,分别用高压胶管连接与加荷千斤顶构成一个油路系统。

② 反力锚定系统:常采用堆重系统或地锚系统,也有采用坑壁(或洞顶)反力支撑系统。

③ 观测系统:用百分表观测或自动检测记录仪记录,包括百分表(或位移传感器)、基准梁等,如图 6-3-1 所示。

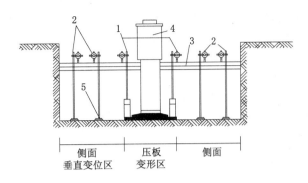

图 6-3-1　典型的变形观测装置

1、2——百分表及表座;3——基准梁;4——千斤顶;5——侧面垂直变位测头

2. 螺旋板载荷试验设备

国内常用的是由华东电力设计院研制的 YDL 型螺旋板载荷试验仪。该仪器是由地锚和钢梁组成反力架,螺旋承压板上端装有压力传感器,由人力通过传力杆将承压板旋入预定的试验深度,在地面上用液压千斤顶通过传力杆对板施加荷载,沉降量是通过传力杆在地面量测,全套试验装置如图 6-3-2 所示。

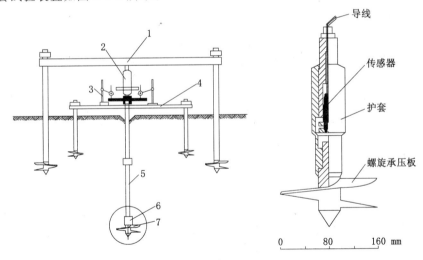

图 6-3-2　YDL 型螺旋板载荷试验仪

1——反力装置;2——液压千斤顶;3——磁性表座;4——百分表座基准梁;5——传力杆;

6——测力传感器;7——螺旋形承载板

(三) 试验点位置的选择

天然地基载荷试验点应布置在有代表性的地点和基础底面标高处,且布置在技术钻孔附近。当场地地质成因单一、土质分布均匀时,试验点离技术钻孔距离不应超过 10 m,反之不应超过 5 m,也不宜小于 2 m。严格控制试验点位置选择的目的是使载荷试验反映的承压板影响范围内地基土的性状与实际基础下地基土的性状基本一致。

载荷试验点,每个场地不宜少于 3 个,当场地内岩土体不均时,应适当增加。

一般认为,载荷试验在各种原位测试中是最为可靠的,并以此作为其他原位测试的对比依据。但这一认识的正确性是有前提条件的,即基础影响范围内的土层应均一。实际土层往往是非均质土或多层土,当土层变化复杂时,载荷试验反映的承压板影响范围内地基土的性状与实际基础下地基土的性状将有很大的差异。故在进行载荷试验时,对尺寸效应要有足够的估计。

(四)试验的一般技术要求

① 浅层平板载荷试验的试坑宽度或直径不应小于承压板宽度或直径的 3 倍;深层平板载荷试验的试井直径应等于承压板直径;当试井直径大于承压板直径时,紧靠承压板周围土的高度不应小于承压板直径。

对于深层平板载荷试验,试井截面应为圆形,直径宜取 0.8~1.2 m,并有安全防护措施;承压板直径取 800 mm 时,采用厚约 300 mm 的现浇混凝土板或预制的刚性板;可直接在外径为 800 mm 的钢环或钢筋混凝土管柱内浇筑;紧靠承压板周围土层高度不应小于承压板直径,以尽量保持半无限体内部的受力状态,避免试验时土的挤出;用立柱与地面的加荷装置连接,亦可利用井壁护圈作为反力,加荷试验时应直接测读承压板的沉降。

② 试坑或试井底应注意使其尽可能平整,应避免岩土扰动,保持其原状结构和天然湿度,并在承压板下铺设不超过 20 mm 的砂垫层找平,尽快安装试验设备,保证承压板与土之间有良好的接触;螺旋板头入土时,应按每转一圈下入一个螺距进行操作,减少对土的扰动。

③ 载荷试验宜采用圆形刚性承压板,根据土的软硬或岩体裂隙密度选用合适的尺寸;土的浅层平板载荷试验承压板面积不应小于 0.25 m²,对软土和粒径较大的填土不应小于 0.5 m²,否则易发生歪斜;对碎石土,要注意碎石的最大粒径;对硬的裂隙黏土及岩层,要注意裂隙的影响;土的深层平板载荷试验承压板面积宜选用 0.5 m²;岩石载荷试验承压板的面积不宜小于 0.07 m²。

④ 载荷试验加荷方式应采用分级维持荷载沉降相对稳定法(常规慢速法);有地区经验时,可采用分级加荷沉降非稳定法(快速法)或等沉速率法,以加快试验周期。如试验目的是确定地基承载力,必须有对比的经验;如试验目的是确定土的变形特性,则快速加荷的结果只反映不排水条件的变形特性,不反映排水条件的固结变形特性;加荷等级宜取 10~12 级,并不应少于 8 级,荷载量测精度不应低于最大荷载的 ±1%。

⑤ 承压板的沉降可采用百分表或电测位移计量测,其精度不应低于 ±0.01 mm;当荷载沉降曲线无明确拐点时,可加测承压板周围土面的升降、不同深度土层的分层沉降或土层的侧向位移,这有助于判别承压板下地基土受荷后的变化、发展阶段及破坏模式和判定拐点。

对慢速法,当试验对象为土体时,每级荷载施加后,间隔 5 min、5 min、10 min、10 min、15 min、15 min 测读一次沉降,以后间隔 30 min 测读一次沉降,当连读两小时每小时沉降量小于等于 0.1 mm 时,可认为沉降已达相对稳定标准,施加下一级荷载;当试验对象是岩体时,间隔 1 min、2 min、2 min、5 min 测读一次沉降,以后每隔 10 min 测读一次,当连续三次读数差小于等于 0.01 mm 时,可认为沉降已达相对稳定标准,施加下一级荷载。

⑥ 一般情况下,载荷试验应做到破坏,获得完整的 p—s 曲线,以便确定承载力特征值;只有试验目的为检验性质时,加荷至设计要求的 2 倍时即可终止。

在确定终止试验标准时,对岩体而言,常表现为承压板上和板外的测表不停地变化,这种变化有增加的趋势。此外,有时还表现为荷载加不上,或加上去后很快降下来。当然,如果荷载已达到设备的最大出力,则不得不终止试验,但应判定是否满足了试验要求。

当出现下列情况之一时,可终止试验:

· 承压板周边的土出现明显侧向挤出,周边岩土出现明显隆起或径向裂缝持续发展;这表明受荷地层发生整体剪切破坏,属于强度破坏极限状态。

· 本级荷载的沉降量大于前级荷载沉降量的 5 倍,荷载与沉降曲线出现明显陡降。

· 在某级荷载下 24 h 沉降速率不能达到相对稳定标准。

等速沉降或加速沉降,表明承压板下产生塑性破坏或刺入破坏,这是变形破坏极限状态。

· 总沉降量与承压板直径(或宽度)之比超过 0.06,属于超过限制变形的正常使用极限状态。

(五) 资料整理、成果分析

1. 资料整理

根据载荷试验成果分析要求,应绘制荷载(p)与沉降(s)曲线,必要时绘制各级荷载下沉降(s)与时间(t)或时间对数($\lg t$)曲线。

2. 成果分析

(1)确定地基承载力

应根据 p—s 曲线拐点,必要时结合 s—$\lg t$ 曲线特征,确定比例界限压力和极限压力。当 p—s 呈缓变曲线时,可取对应于某一相对沉降值(即 s/d,d 为承压板直径或边长)的压力评定地基土承载力。

(2)计算变形模量

土的变形模量应根据 p—s 曲线的初始直线段,按均质各向同性半无限弹性介质的弹性理论计算。

浅层平板载荷试验的变形模量 E_0:浅层平板载荷试验的变形模量 E_0(MPa),假设荷载在弹性半无限空间的表面,按式(6-3-1)计算:

$$E_0 = I_0(1 - \mu^2)\frac{pd}{s} \tag{6-3-1}$$

深层平板载荷试验荷载作用在半无限体内部,不宜采用荷载作用在半无限体表面的弹性理论公式,在 Mindlin 解的基础上推算出深层平板载荷试验和螺旋板载荷试验的变形模量 E_0(MPa) 的计算式(6-3-2),适用于地基内部垂直均布荷载作用下变形模量的计算:

$$E_0 = \omega \frac{pd}{s} \tag{6-3-2}$$

式中 I_0——刚性承压板的形状系数,圆形承压板取 0.785,方形承压板取 0.886;

　　 μ——土的泊松比(碎石土取 0.27,砂土取 0.30,粉土取 0.35,粉质黏土取 0.38,黏土取 0.42);

　　 d——承压板直径或边长,m;

　　 p——p—s 曲线线性段的压力,kPa;

　　 s——与 p 对应的沉降,mm;

　　 ω——与试验深度和土类有关的系数,可按表 6-3-1 选用。

表 6-3-1　　　　　　　　　　　　　　深层荷载试验计算系数

d/z	碎石土	砂　土	粉　土	粉质黏土	黏　土
0.30	0.477	0.489	0.491	0.515	0.524
0.25	0.469	0.480	0.482	0.506	0.514
0.20	0.460	0.471	0.474	0.497	0.505
0.15	0.444	0.454	0.457	0.479	0.487
0.10	0.435	0.446	0.448	0.470	0.478
0.05	0.427	0.437	0.439	0.461	0.468
0.01	0.418	0.429	0.431	0.452	0.459

（3）计算基床系数

基床系数 K_V 可根据承压板边长为 30 cm 的平板载荷试验按下式计算：

$$K_V = \frac{p}{s} \tag{6-3-3}$$

（六）各类载荷试验的要点

1. 浅层平板载荷试验要点（《建筑地基基础设计规范》GB 50007—2010）

① 地基土浅层平板载荷试验可适用于确定浅部地基土层的承压板下应力主要影响范围内的承载力。承压板面积不应小于 0.25 m²，对于软土不应小于 0.5 m²。

② 试验基坑宽度不应小于承压板宽度或直径的 3 倍。应保持试验土层的原状结构和天然湿度。宜在拟试压表面用粗砂或中砂层找平，其厚度不超过 20 mm。

③ 加荷分级不应少于 8 级，最大加载量不应小于设计要求的 2 倍。

④ 每级加载后，按间隔 10 min、10 min、10 min、15 min、15 min，以后为每隔 0.5 h 测读一次沉降量，当在连续 2 h 内，每小时的沉降量小于 0.1 mm 时，则认为已趋稳定，可加下一级荷载。

⑤ 当出现下列情况之一时，即可终止加载：

· 承压板周围的土明显地侧向挤出；

· 沉降 s 急骤增大，荷载—沉降（p—s）曲线出现陡降段；

· 在某一级荷载下，24 h 内沉降速率不能达到稳定；

· 沉降量与承压板宽度或直径比大于或等于 0.06。

当满足前三种情况之一时，其对应的前一级荷载定为极限荷载。

⑥ 承载力特征值的确定应符合下列规定：

· 当 p—s 曲线上有比例界限时，取该比例界限所对应的荷载值；

· 当极限荷载小于对应比例界限的荷载值的 2 倍时，取极限荷载值的一半；

· 当不能按上述两款要求确定时，当压板面积为 0.25～0.50 m²，可取 $s/b=0.01$～0.015 所对应的荷载，但其值不应大于最大加载量的一半。

⑦ 同一土层参加统计的试验点不应少于 3 点，当试验实测值的极差不超过其平均值的 30% 时，取平均值作为土层的地基承载力特征值 f_{ak}。

2. 深层平板载荷试验要点（《建筑地基基础设计规范》GB 50007—2010）

① 深层平板载荷试验的承压板采用直径为 0.8 m 的刚性板，紧靠承压板周围外侧的土层高度应不少于 80 cm。

② 加荷等级可按预估极限承载力的 1/10～1/15 分级施加。

③ 每级加荷后,第一个小时内按间隔 10 min、10 min、10 min、15 min、15 min,以后为每隔 0.5 h 测读一次沉降;当在连续 2 h 内,每小时的沉降量小于 0.1 mm 时,则认为已趋稳定,可加下一级荷载。

④ 当出现下列情况之一时,可终止加载:

• 沉降 s 急骤增大,荷载—沉降(p—s)曲线上有可判定极限承载力的陡降段,且沉降量超过 0.04d(d 为承压板直径);

• 在某级荷载下,24 h 内沉降速率不能达到稳定;

• 本级沉降量大于前一级沉降量的 5 倍;

• 当持力层土层坚硬,沉降量很小时,最大加载量不小于设计要求的 2 倍。

⑤ 承载力特征值的确定应符合下列规定:

• 当 p—s 曲线上有比例界限时,取该比例界限所对应的荷载值;

• 满足前三条终止加载条件之一时,其对应的前一级荷载定为极限荷载,当该值小于对应比例界限的荷载值的 2 倍时,取极限荷载值的一半;

• 不能按上述两款要求确定时,可取 s/d＝0.01～0.015 所对应的荷载值,但其值不应大于最大加载量的一半。

⑥ 同一土层参加统计的试验点不应少于 3 点,当试验实测值的极差不超过平均值的 30% 时,取此平均值作为该土层的地基承载力特征值 f_{ak}。

3. 岩基载荷试验要点(《建筑地基基础设计规范》GB 50007—2010)

① 适用于确定完整、较完整、较破碎岩基作为天然地基或桩基础持力层时的承载力。

② 采用圆形刚性承压板,直径为 300 mm。当岩石埋藏深度较大时,可采用钢筋混凝土桩,但桩周需采取措施以消除桩身与土之间的摩擦力。

③ 测量系统的初始稳定读数观测:加压前,每隔 10 min 读数一次,连续三次读数不变可开始试验。

④ 加载方式:单循环加载,荷载逐级递增直到破坏,然后分级卸载。

⑤ 荷载分级:第一级加载值为预估设计荷载的 1/5,以后每级为 1/10。

⑥ 沉降量测读:加载后立即读数,以后每 10 min 读数一次。

⑦ 稳定标准:连续三次读数之差均不大于 0.01 mm。

⑧ 终止加载条件:当出现下述现象之一时,可终止加载:

• 沉降量读数不断变化,在 24 h 内,沉降速率有增大的趋势;

• 压力加不上或勉强加上而不能保持稳定。

注:若限于加载能力,荷载也应增加到不少于设计要求的 2 倍。

⑨ 卸载观测:每级卸载为加载时的 2 倍,如为奇数,第一级可为 3 倍。每级卸载后,隔 10 min 测读一次,测读三次后可卸下一级荷载。全部卸载后,当测读到半小时回弹量小于 0.01 mm 时,即认为稳定。

⑩ 岩石地基承载力的确定:

• 对应于 p—s 曲线上起始直线段的终点为比例界限。符合终止加载条件的前一级荷载为极限荷载。将极限荷载除以 3 的安全系数,所得值与对应于比例界限的荷载相比较,取小值;

- 每个场地载荷试验的数量不应少于 3 个,取最小值作为岩石地基承载力特征值;
- 岩石地基承载力不进行深宽修正。

4. 复合地基载荷试验要点(《建筑地基处理技术规范》JGJ 79—2012)

① 本试验要点适用于单桩复合地基载荷试验和多桩复合地基载荷试验。

② 复合地基载荷试验用于测定承压板下应力主要影响范围内复合土层的承载力和变形参数。复合地基载荷试验承压板应具有足够刚度。单桩复合地基载荷试验的承压板可用圆形或方形,面积为一根桩承担的处理面积;多桩复合地基载荷试验的承压板可用方形或矩形,其尺寸按实际桩数所承担的处理面积确定。桩的中心(或形心)应与承压板中心保持一致,并与荷载作用点相重合。

③ 承压板底面标高应与桩顶设计标高相适应。承压板底面下宜铺设粗砂或中砂垫层,垫层厚度取 50~150 mm,桩身强度高时宜取大值。试验标高处的试坑长度和宽度,应不小于承压板尺寸的 3 倍。基准梁的支点应设在试坑之外。

④ 试验前应采取措施,防止试验场地地基土含水量变化或地基土扰动,以免影响试验结果。

⑤ 加载等级可分为 8~12 级。最大加载压力不应小于设计要求压力值的 2 倍。

⑥ 每加一级荷载前后均应各读记承压板沉降量一次,以后每 0.5 h 读记一次。当 1 h 内沉降量小于 0.1 mm 时,即可加下一级荷载。

⑦ 当出现下列现象之一时可终止试验:

- 沉降急剧增大,土被挤出或承压板周围出现明显的隆起;
- 承压板的累计沉降量已大于其宽度或直径的 6%;
- 当达不到极限荷载,而最大加载压力已大于设计要求压力值的 2 倍。

⑧ 卸载级数可为加载级数的一半,等量进行,每卸一级,间隔 0.5 h,读记回弹量,待卸完全部荷载后间隔 3 h 读记总回弹量。

⑨ 复合地基承载力特征值的确定:

- 当压力—沉降曲线上极限荷载能确定,而其值不小于对应比例界限的 2 倍时,可取比例界限;当其值小于对应比例界限的 2 倍时,可取极限荷载的一半。
- 当压力—沉降曲线是平缓的光滑曲线时,可按相对变形值确定。

对砂石桩、振冲桩复合地基或强夯置换墩,当以黏性土为主的地基,可取 s/b 或 s/d 等于 0.015 所对应的压力(s 为载荷试验承压板的沉降量;b 和 d 分别为承压板宽度和直径,当其值大于 2 m 时,按 2 m 计算);当以粉土或砂土为主的地基,可取 s/b 或 s/d 等于 0.01 所对应的压力。

对土挤密桩、石灰桩或柱锤冲扩桩复合地基,可取 s/b 或 s/d 等于 0.012 所对应的压力。对灰土挤密桩复合地基,可取 s/b 或 s/d 等于 0.008 所对应的压力。

对水泥粉煤灰碎石桩或夯实水泥土桩复合地基,当以卵石、圆砾、密实粗中砂为主的地基,可取 s/b 或 s/d 等于 0.008 所对应的压力;当以黏性土、粉土为主的地基,可取 s/b 或 s/d 等于 0.01 所对应的压力。

对水泥土搅拌桩或旋喷桩复合地基,可取 s/b 或 s/d 等于 0.006 所对应的压力。

对有经验的地区,也可按当地经验确定相对变形值。

按相对变形值确定的承载力特征值不应大于最大加载压力的一半。

⑩ 试验点的数量不应少于 3 点,当满足其极差不超过平均值的 30％时,可取其平均值为复合地基承载力特征值。

5. 单桩竖向静载荷试验要点(《建筑桩基检测技术规范》JGJ 106—2014)

① 本要点适用于检测单桩竖向抗压承载力

采用接近于竖向抗压桩的实际工作条件的试验方法,确定单桩竖向(抗压)极限承载力,作为设计依据或对工程桩的承载力进行抽样检验和评价。当埋设有桩底反力和桩身应力、应变测量元件时,尚可直接测定桩周各土层的极限侧阻力和极限端阻力。为设计提供依据的试桩,应加载至破坏;当桩的承载力以桩身强度控制时,可按设计要求的加载量进行;对工程桩抽样检测时,加载量不应小于设计要求的单桩承载力特征值的 2 倍。

② 试验加载宜采用油压千斤顶。当采用 2 台及 2 台以上千斤顶加载时应并联同步工作,且应符合下列规定:

- 采用的千斤顶型号、规格应相同;
- 千斤顶的合力中心应与桩轴线重合。

③ 加载反力装置可根据现场条件选择锚桩横梁反力装置(见图 6-3-3)、压重平台反力装置(见图 6-3-4)、锚桩压重联合反力装置、地锚反力装置,并应符合下列规定:

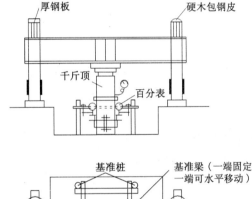

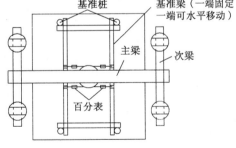

图 6-3-3　锚桩横梁反力装置

- 加载反力装置能提供的反力不得小于最大加载量的 1.2 倍;
- 应对加载反力装置的全部构件进行强度和变形验算;
- 应对锚桩抗拔力(地基土、抗拔钢筋、桩的接头)进行验算;采用工程桩作锚桩时,锚桩数量不应少于 4 根,并应监测锚桩上拔量;
- 压重应在试验开始前一次加足,并均匀稳固地放置于平台上;
- 压重施加于地基的压应力不宜大于地基承载力特征值的 1.5 倍,有条件时宜利用工程桩作为堆载支点。

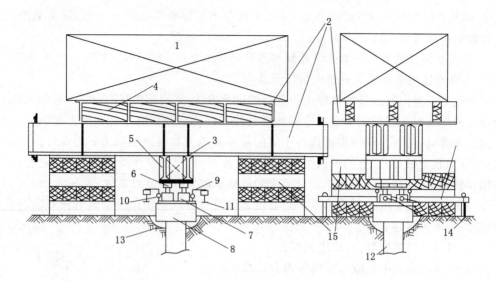

图 6-3-4　压重平台反力装置

1——压重块；2——通用梁；3——主梁；4——垫木块；5——传立柱；
6——压力传感器；7——液压千斤顶；8——桩帽；9——支架；10——位移传感器；
11——基准梁；12——试验桩；13——空隙；14——基准桩；15——支承垛

④ 荷载测量可用放置在千斤顶上的荷重传感器直接测定，或采用并联于千斤顶油路的压力表或压力传感器测定油压，根据千斤顶率定曲线换算荷载。传感器的测量误差不应大于 1%。压力表精度应优于或等于 0.4 级。试验用压力表、油泵、油管在最大加载时的压力不应超过规定工作压力的 80%。

⑤ 沉降测量宜采用位移传感器或大量程百分表，并应符合下列规定：

· 测量误差不大于 0.1%FS，分辨力优于或等于 0.01 mm。

· 直径或边宽大于 500 mm 的桩，应在其两个方向对称安置 4 个位移测试仪表，直径或边宽小于等于 500 mm 的桩可对称安置 2 个位移测试仪表。

· 沉降测定平面宜在桩顶 200 mm 以下位置，不得在承压板上或千斤顶上设置沉降观测点，避免因承压板变形导致沉降观测数据失实。测点应牢固地固定于桩身。

· 基准梁应具有一定的刚度，梁的一端应固定在基准桩上，另一端应简支于基准桩上。基准桩应打入地面以下足够深度，一般不小于 1 m。

· 固定和支撑位移计（百分表）的夹具及基准梁应避免气温、振动及其他外界因素的影响。应采取有效的遮挡措施，以减少温度变化和刮风下雨的影响，尤其是昼夜温差较大且白天有阳光照射时更应注意。

⑥ 试桩、锚桩（压重平台支墩边）和基准桩之间的中心距离应符合表 6-3-2 规定。

⑦ 开始试验时间：预制桩在砂土中入土 7 d 后，粉土 10 d 后，非饱和黏性土不得少于 15 d；对于饱和黏性土不得少于 25 d；灌注桩应在桩身混凝土至少达到设计强度的 75% 以后，且不小于 15 MPa 才能进行。泥浆护壁的灌注桩，宜适当延长休止时间。

⑧ 桩顶部宜高出试坑底面，试坑底面宜与桩承台底标高一致。混凝土桩头加固应符合下列要求：

表 6-3-2　　　　　　　　　　　试桩、锚桩(或压重平台支墩边)和基准桩之间的中心距离

距离 反力装置	试桩中心与锚桩中心 (或压重平台支墩边)	试桩中心与基准桩中心	基准桩中心与锚桩中心 (或压重平台支墩边)
锚桩横梁	$\geqslant 4(3)d$ 且>2.0 m	$\geqslant 4(3)d$ 且>2.0 m	$\geqslant 4(3)d$ 且>2.0 m
压重平台	$\geqslant 4d$ 且>2.0 m	$\geqslant 4(3)d$ 且>2.0 m	$\geqslant 4d$ 且>2.0 m
地锚装置	$\geqslant 4d$ 且>2.0 m	$\geqslant 4(3)d$ 且>2.0 m	$\geqslant 4d$ 且>2.0 m

注：① d 为试桩、锚桩或地锚的设计直径或边宽，取其较大者。
　　② 如试桩或锚桩为扩底桩或多支盘桩时，试桩与锚桩的中心距尚不应小于 2 倍扩大端直径。
　　③ 括号内数值可用于工程桩验收检测时多排桩设计桩中心距离小于 $4d$ 的情况。
　　④ 软土场地堆载重量较大时，宜增加支墩边与基准桩中心和试桩中心之间的距离，并在试验过程中观测基准桩的竖向位移。

- 混凝土桩应先凿掉桩顶部的破碎层和软弱混凝土。
- 桩头顶面应平整，桩头中轴线与桩身上部的中轴线应重合。
- 桩头主筋应全部直通至桩顶混凝土保护层之下，各主筋应在同一高度上。
- 距桩顶 1 倍桩径范围内，宜用厚度为 3～5 mm 的钢板围裹或距桩顶 1.5 倍桩径范围内设置箍筋，间距不宜大于 100 mm。桩顶应设置钢筋网片 2～3 层，间距 60～100 mm。
- 桩头混凝土强度等级宜比桩身混凝土提高 1～2 级，且不得低于 C30。

⑨ 对作为锚桩用的灌注桩和有接头的混凝土预制桩，检测前宜对其桩身完整性进行检测。

⑩ 试验加卸载方式应符合下列规定：

- 加载应分级进行，采用逐级等量加载；分级荷载宜为最大加载量或预估极限承载力的 1/10，其中第一级可取分级荷载的 2 倍。
- 卸载应分级进行，每级卸载量取加载时分级荷载的 2 倍，逐级等量卸载。
- 加、卸载时应使荷载传递均匀、连续、无冲击，每级荷载在维持过程中的变化幅度不得超过分级荷载的 $\pm 10\%$。

⑪ 为设计提供依据的竖向抗压静载试验应采用慢速维持荷载法。慢速维持荷载法试验步骤应符合下列规定：

- 每级荷载施加后按第 5 min、15 min、30 min、45 min、60 min 测读桩顶沉降量，以后每隔 30 min 测读一次。
- 试桩沉降相对稳定标准：每 1 h 内的桩顶沉降量不超过 0.1 mm，并连续出现两次(从分级荷载施加后第 30 min 开始，按 1.5 h 连续三次每 30 min 的沉降观测值计算)。
- 当桩顶沉降速率达到相对稳定标准时，再施加下一级荷载。
- 卸载时，每级荷载维持 1 h，按第 15 min、30 min、60 min 测读桩顶沉降量后，即可卸下一级荷载。卸载至零后，应测读桩顶残余沉降量，维持时间为 3 h，测读时间为第 15 min、30 min，以后每隔 30 min 测读一次。

⑫ 施工后的工程桩验收检测宜采用慢速维持荷载法。当有成熟的地区经验时，也可采

用快速维持荷载法。快速维持荷载法的每级荷载维持时间至少为 1 h,是否延长维持荷载时间应根据桩顶沉降收敛情况确定。一般快速维持荷载法试验可采用下列步骤进行:

  • 每级荷载施加后维持 1 h,按第 5 min、15 min、30 min 测读桩顶沉降量,以后每隔 15 min 测读一次。

  • 测读时间累计为 1 h 时,若最后 15 min 时间间隔的桩顶沉降增量与相邻 15 min 时间间隔的桩顶沉降增量相比未明显收敛时,应延长维持荷载时间,直到最后 15 min 的沉降增量小于相邻 15 min 的沉降增量为止。

  • 当桩顶沉降速率达到相对稳定标准时,再施加下一级荷载。

  • 卸载时,每级荷载维持 15 min,按第 5 min、15 min 测读桩顶沉降量后,即可卸下一级荷载。卸载至零后,应测读桩顶残余沉降量,维持时间为 2 h,测读时间为第 5 min、15 min、30 min,以后每隔 30 min 测读一次。

⑬ 当出现下列情况之一时,可终止加载:

  • 某级荷载作用下,桩顶沉降量大于前一级荷载作用下沉降量的 5 倍。

    注:当桩顶沉降能相对稳定且总沉降量小于 40 mm 时,宜加载至桩顶总沉降量超过 40 mm。

  • 某级荷载作用下,桩顶沉降量大于前一级荷载作用下沉降量的 2 倍,且经 24 h 尚未达到相对稳定标准。

  • 已达到设计要求的最大加载量。

  • 当工程桩作锚桩时,锚桩上拔量已达到允许值。

  • 当荷载—沉降曲线呈缓变形时,可加载至桩顶总沉降量 60～80 mm;在特殊情况下,可根据具体要求加载至桩顶累计沉降量超过 80 mm。

⑭ 检测数据的整理应符合下列规定:

  • 确定单桩竖向抗压承载力时,应绘制竖向荷载—沉降、沉降—时间对数曲线,需要时也可绘制其他辅助分析所需曲线。

  • 当进行桩身应力、应变和桩底反力测定时,应整理出有关数据的记录表,并绘制桩身轴力分布图,计算不同土层的分层侧摩阻力和端阻力值。

⑮ 单桩竖向抗压极限承载力 Q_u 可按下列方法综合分析确定:

  • 根据沉降随荷载变化的特征确定:对于陡降型 $Q—s$ 曲线,取其发生明显陡降的起始点对应的荷载值。

  • 根据沉降随时间变化的特征确定:取 $s—\lg t$ 曲线尾部出现明显向下弯曲的前一级荷载值。

  • 出现试验终止加载条件中第 2 款情况,取前一级荷载值。

  • 对于缓变形 $Q—s$ 曲线可根据沉降量确定,宜取 $s=40$ mm 对应的荷载值;当桩长大于 40 m 时,宜考虑桩身弹性压缩量;对直径大于或等于 800 mm 的桩,可取 $s=0.05D$(D 为桩端直径)对应的荷载值。当本方法判定桩的竖向抗压承载力未达到极限时,桩的竖向抗压极限承载力应取最大试验荷载值。

⑯ 单桩竖向抗压极限承载力统计值的确定应符合下列规定:

  • 参加统计的试桩结果,当满足其极差不超过平均值的 30% 时,取其平均值为单桩竖向抗压极限承载力。

• 当极差超过平均值的 30% 时,应分析极差过大的原因,结合工程具体情况综合确定,必要时可增加试桩数量。

• 对桩数为 3 根或 3 根以下的柱下承台,或工程桩抽检数量少于 3 根时,应取低值。

⑰ 单位工程同一条件下的单桩竖向抗压承载力特征值 R_a 应按单桩竖向抗压极限承载力统计值的一半取值。

二、静力触探试验

静力触探试验(cone penetration test,CPT)是用静力匀速将标准规格的探头压入土中,利用探头内的力传感器,同时通过电子量测仪器将探头受到的贯入阻力记录下来。由于贯入阻力的大小与土层的性质有关,因此通过贯入阻力的变化情况,可以达到测定土的力学特性,了解土层的目的,具有勘探和测试双重功能;孔压静力触探试验(piezocone penetration test)除静力触探原有功能外,在探头上附加孔隙水压力量测装置,用于量测孔隙水压力增长与消散。

静力触探试验适用于软土、一般黏性土、粉土、砂土和含少量碎石的土。静力触探可根据工程需要采用单桥探头、双桥探头或带孔隙水压力量测的单、双桥探头,可测定比贯入阻力(p_s)、锥尖阻力(q_c)、侧壁摩阻力(f_s)和贯入时的孔隙水压力(u)。

目前广泛应用的是电测静力触探,即将带有电测传感器的探头,用静力以匀速贯入土中,根据电测传感器的信号,测定探头贯入土中所受的阻力。按传感器的功能,静力触探分常规的静力触探(CPT,包括单桥探头、双桥探头)和孔压静力触探(CPTU)。单桥探头测定的是比贯入阻力(p_s),双桥探头测定的是锥尖阻力(q_c)和侧壁摩阻力(f_s),孔压静力触探探头是在单桥探头或双桥探头上增加量测贯入土中时土中的孔隙水压力(u,简称孔压)的传感器。国外还发展了各种多功能的静探探头,如电阻率探头、测振探头、侧应力探头、旁压探头、波速探头、振动探头、地温探头等。

(一)静力触探设备

1. 静力触探仪

静力触探仪按贯入能力大致可分为轻型(20~50 kN)、中型(80~120 kN)、重型(200~300 kN)3 种;按贯入的动力及传动方式可分为人力给进、机械传动及液压传动 3 种;按测力装置可分为油压表式、应力环式、电阻应变式及自动记录等不同类型。图 6-3-5 为我国铁道部鉴定批量生产的 2Y—16 型双缸液压静力触探仪构造示意图。该仪器由加压及锚定、动力及传动、油路、量测等 4 个系统组成。加压及锚定系统:双缸液压千斤顶(9)的活塞与卡杆器(4)相连,卡杆器将探杆(3)固定,千斤顶在油缸的推力下带动探杆上升或下降,该加压系统的反力则由固定在底座上的地锚来承受。动力及传动系统由汽油机(11)、减速箱(15)和油泵(16)组成,其作用是完成动力的传递和转换,汽油机输出的扭矩和转速,经减速箱驱动油泵转动,产生高压油,从而把机械能转变为液体的压力能。油路系统由操纵阀(12)、压力表、油箱(14)及管路组成,其作用是控制油路的压力、流量、方向和循环方式,使执行机构按预期的速度、方向和顺序动作,并确保液压系统的安全。

探头由金属制成,有锥尖和侧壁两个部分,锥尖为圆锥体,锥角一般为 60° 探头,在土中贯入时,阻力分布如图 6-3-6 所示。探头总贯入阻力 p 为锥尖总阻力 q_c 和侧壁总摩阻力 p_f 之和:

$$p = q_c + p_f$$

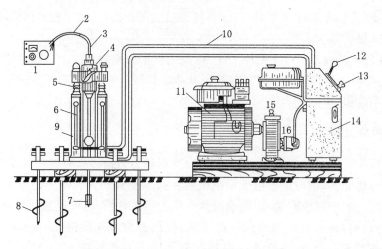

图 6-3-5　双缸油压静力触探仪结构示意图

1——电阻应变仪；2——电缆；3——探杆；4——卡杆器；5——防尘罩；

6——贯入深度标尽；7——探头；8——地锚；9——油缸；10——高压软管；

11——汽油机；12——手动换向阀；13——溢流阀；14——高压油箱；15——变速箱；16——油泵

根据量测贯入阻力的方法不同，探头可分为两大类：一类只能量测总贯入阻力 p，不能区分锥尖阻力 q_c 和侧壁总摩阻力 p_f，这类探头叫单用探头或综合型探头，图 6-3-7(a) 为我国的标准单桥探头，它的特点是探头的锥尖与侧壁连在一起，另一类能分别量测探头锥尖总阻力 q_c 和侧壁总摩阻力 p_f，这类探头称为双用探头，如图 6-3-7(b) 所示的双桥探头，其探头和侧壁套筒分开，并有各自测量变形的传感器。

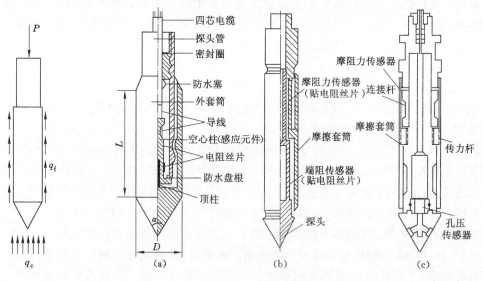

图 6-3-6　探头阻力分布图　　　　　　图 6-3-7　静力触探探头

（a）标准单桥探头；（b）双桥探头；（c）孔压探头

图 6-3-7(c) 为孔压探头，它不仅具有双桥探头的作用，还带有滤水器，能测定触探时的孔隙水压力。滤水器的位置可在锥尖或锥面或在锥头以后圆柱面上，不同位置所测得的孔

压是不同的,孔压的消散速率也是不同的。微孔滤水器可由微孔塑料、不锈钢、陶瓷或砂石等制成。微孔孔径要求既有一定的渗透性,又能防止土粒堵塞孔道,并有高的进气压力(保证探头不致进气),一般要求渗透性为 10^{-2} cm/s,孔径为 $15\sim20$ μm。

2. 静力触探量测仪器

目前,我国常用的静力触探测量仪器有两种类型:一种为电阻应变仪,另一种为自动记录仪。现在基本都已采用自动记录仪,可以直接将野外数据转入计算机处理。

(1)电阻应变仪

电阻应变仪由稳压电源、振荡器、测量电桥、放大器、相敏检波器和平衡指示器等组成。应变仪是通过电桥平衡原理进行测量的。当触探头工作时,传感器发生变形,引起测量桥路的平衡发生变化,通过手动调整电位器使电桥达到新的平衡,根据电位器调整程序就可确定应变量的大小,并从读数盘上直接读出。因需手工操作,易发生漏读或误读,现已不太使用。

(2)自动记录仪

静力触探自动记录仪,是由通用的电子电位差计改装而成,它能随深度自动记录土层贯入阻力的变化情况,并以曲线的方式自动绘在记录纸上,从而提高了野外工作的效率和质量。自动记录仪主要由稳压电源、电桥、滤波器、放大器、滑线电阻和可逆电机组成。由探头输出的信号,经过滤波器以后,到达测量电桥,产生出一个不平衡电压,经放大器放大后,推动可逆电机转动,与可逆电机相连的指示机构,就沿着有分度的标尺滑行,标尺是按讯号大小比例刻制的,因而指示机构所指示的位置即为被测讯号的数值。

深度控制是在自动记录仪中采用一对自整角机,即 45LF5B 及 45LJ5B(或 5A 型)。

现在已将静力触探试验过程引入微机控制的行列,采用数据采集处理系统。它能自动采集数据、存储数据、处理数据、打印记录表、并实时显示和绘制静力触探曲线。即在钻进过程中可显示和存入与各深度对应的 q_c 和 f_s 值,起拔钻杆时即可进行资料分析处理,数据可以直接转入计算机,打印出直观曲线,并可进行力学分层,分层统计各土层的 q_c、f_s 平均值等。

3. 水下静力触探(CPT)试验装置

广州市辉固技术服务有限公司拥有一种下潜式的静力触探工作平台,供进行水下静力触探之用,并已用于世界各地的海域。工作时用带有起吊设备的工作母船将该平台运到指定水域,定点后用起吊设备将该工作平台放入水中,并靠其自重沉到河床(或海床)上。平台只通过系留钢缆和电缆与水面上的母船相连(图 6-3-8 是它的工作原理图)。

(二)试验的技术要求

① 探头圆锥锥底截面积应采用 10 cm² 或 15 cm²,单桥探头侧壁高度应分别采用 57 mm 或 70 mm,双桥探头侧壁面积应采用 $150\sim300$ cm²,锥尖锥角应为 60°。

圆锥截面积国际通用标准为 10 cm²,但国内勘察单位广泛使用 15 cm² 的探头;10 cm² 与 15 cm² 的贯入阻力相差不大,在同样的土质条件和机具贯入能力的情况下,10 cm² 比 15 cm² 的贯入深度更大;为了向国际标准靠拢,最好使用锥头底面积为 10 cm² 的探头。探头的几何形状及尺寸会影响测试数据的精度,故应定期进行检查。

② 探头应匀速垂直压入土中,贯入速率为 1.2 m/min。贯入速率要求匀速,贯入速率 (1.2 ± 0.3)m/min 是国际通用的标准。

③ 探头测力传感器应连同仪器、电缆进行定期标定,室内探头标定测力传感器的非线性误差、重复性误差、滞后误差、温度漂移、归零误差均应小于 1%FS,现场试验归零误差应

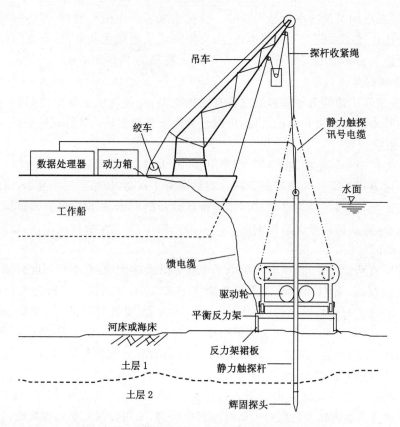

图 6-3-8 辉固水下静力触探设备工作原理图

小于 3%,这是试验数据质量好坏的重要标志;探头的绝缘度 3 个工程大气压下保持 2 h,绝缘电阻不小于 500 MΩ。

④ 贯入读数间隔一般采用 0.1 m,不超过 0.2 m,深度记录误差不超过触探深度的 ±1%;

⑤ 当贯入深度超过 30 m 或穿过厚层软土后再贯入硬土层时,应采取措施防止孔斜或断杆,也可配置测斜探头,量测触探孔的偏斜角,校正土层界线的深度。

为保证触探孔与垂直线间的偏斜度小,所使用探杆的偏斜度应符合标准:最初 5 根探杆每米偏斜小于 0.5 mm,其余小于 1 mm;当使用的贯入深度超过 50 m 或使用 15~20 次,应检查探杆的偏斜度;如贯入厚层软土,再穿入硬层、碎石土、残积土,每用过一次应作探杆偏斜度检查。

触探孔一般至少距探孔 25 倍孔径或 2 m。静力触探宜在钻孔前进行,以免钻孔对贯入阻力产生影响。

⑥ 孔压探头在贯入前,应在室内保证探头应变腔为已排除气泡的液体所饱和,并在现场采取措施保持探头的饱和状态,直至探头进入地下水位以下的土层为止;在孔压静探试验过程中不得上提探杆。

⑦ 当在预定深度进行孔压消散试验时,应量测停止贯入后不同时间的孔压值,其计时间隔由密而疏合理控制;试验过程不得松动探杆。

（三）试验资料整理

根据量测结果，再按仪器和试验过程进行必要的修正，如深度修正、归零修正、孔压修正、锥尖阻力和侧壁摩阻力的孔压修正、触探曲线间歇不连续的修正、孔压消散曲线初始段的修正等，便可绘制每一探孔的各种静力触探曲线，包括单桥和双桥探头应绘制 p_s—z 曲线、q_c—z 曲线、f_s—z 曲线、R_f—z 曲线；孔压探头尚应绘制 u_i—z 曲线、q_t—z 曲线、f_t—z 曲线、B_q—z 曲线和孔压消散曲线、u_t—$\lg t$ 曲线。其中，R_f 为摩阻比；u_i 为孔压探头贯入土中量测的孔隙水压力（即初始孔压）；q_t 为真锥头阻力（经孔压修正）；f_t 为真侧壁摩阻力（经孔压修正）；B_q 为静探孔压系数，$B_q = \dfrac{u_i - u_0}{q_t - \sigma_{vo}}$；$u_0$ 为试验深度处静水压力，kPa；σ_{vo} 为试验深度处总上覆压力，kPa；u_t 为孔压消散过程时刻 t 的孔隙水压力。

绘制各种触探曲线应选用适当的比例尺。例如，深度比例尺：1 个单位长度相当于 1 m；q_c（或 p_s）：1 个单位长度相当于 2 MPa；f_s：1 个单位长度相当于 0.2 MPa；u（或 Δu）：1 个单位长度相当于 0.05 MPa；$R_f = (f_s/q_c \times 100\%)$：1 个单位长度相当于 1。

（四）成果应用

1. 划分土层和判定土类

根据贯入曲线的线型特征，结合相邻钻孔资料和地区经验，划分土层和判定土类；计算各土层静力触探有关试验数据的平均值，或对数据进行统计分析，提供静力触探数据的空间变化规律。

利用静力触探贯入曲线划分土层时，可根据 q_c（或 p_s）、R_f 贯入曲线的线型特征、u 或 Δu 或 $[\Delta u/(q_c - p_0')]$ 等，参照邻近钻孔的分层资料划分土层。利用孔压触探资料，可以提高土层划分的能力和精度，分辨薄夹层的存在；

根据静探曲线在深度上的连续变化可对土进行力学分层，并可根据贯入阻力的大小、曲线形态特征、摩阻比的变化、孔压曲线对土类进行判别，进行工程分层。

土层划分应考虑超前和滞后现象，土层界线划分时，应注意以下几点：

① 当上下层贯入阻力无大的变化时，可结合 f_s 或 R_f 的变化确定分层层面。

② 当上下层贯入阻力有变化时，由于存在超前和滞后现象，分层层面应划在超前与滞后范围内。上下土层贯入阻力相差不到 1 倍时，分层层面取超前深度和滞后深度的中点（或中点偏向小阻力土层 5～10 cm）。上下土层贯入阻力相差 1 倍以上时，取软层最后一个（或第一个）低贯入阻力偏向硬层 10～15 cm 作为分层层面。

2. 其他应用

根据静力触探资料，利用地区经验，可进行力学分层，估算土的塑性状态或密实度、强度、压缩性、地基承载力、单桩承载力、沉桩阻力以及进行液化判别等。根据孔压消散曲线可估算土的固结系数和渗透系数。

利用静探资料可估算土的强度参数、浅基或桩基的承载力、砂土或粉土的液化。只要经验关系经过检验已证实是可靠的，利用静探资料可以提供有关设计参数。利用静探资料估算变形参数时，由于贯入阻力与变形参数间不存在直接的机理关系，可能可靠性差些；利用孔压静探资料有可能评定土的应力历史，这方面还有待于积累经验。由于经验关系有其地区局限性，采用全国统一的经验关系是不科学的。

（1）确定天然地基的承载力

用静力触探确定天然地基的承载力的经验公式很多,表 6-3-3-1 是不同单位得到的不同地区黏性土的经验公式。

表 6-3-3-1 黏性土静力触探承载力经验式

序号	公式	适用范围	公式来源
1	$f_0 = 104p_s + 26.9$	$0.3 \leq p_s \leq 6$	勘察规范(TJ21—77)
2	$f_0 = 183.4\sqrt{p_s} - 46$	$0 \leq p_s \leq 5$	铁三院
3	$f_0 = 17.3p_s + 159$	北京地区老黏性土	原北京市勘测处
	$f_0 = 114.8\lg p_s + 124.6$	北京地区的新近代土	
4	$p_{0.026} = 91.4p_s + 44$	$1 \leq p_s \leq 3.5$	湖北综合勘察院
5	$f_0 = 24\lg p_s + 157.8$	$0.6 \leq p_s \leq 4$	四川省综合勘察院
6	$f_0 = 45.3 + 86p_s$	无锡地区 $p_s = 0.3 \sim 3.5$	无锡市建筑设计室
7	$f_0 = 116.7p_s^{0.387}$	$0.24 < p_s < 2.53$	天津市建筑设计院
8	$f_0 = 87.8p_s + 24.36$	湿陷性黄土	陕西省综合勘察院
9	$f_0 = 80p_s + 31.8$	黄土地基	原一机部勘测公司
10	$f_0 = 98q_c + 19.24$		
11	$f_0 = 44.7 + 44p_s$	平川型新近堆积黄土	机械部勘察研究院
12	$f_0 = 90p_s + 90$	贵州地区红黏土	贵州省建筑设计院
13	$f_0 = 112p_s + 5$	软土,$0.085 < p_s < 0.9$	铁道部(1988)

注:f_0 单位为 kPa;p_s、q_c 单位为 MPa。

对于矿土则采用表 6-3-3-2 所列经验公式。

表 6-3-3-2 砂土静力触探承载力经验式

序号	公式	适用范围	公式来源
1	$f_0 = 20p_s + 59.5$	粉细砂 $1 < p_s < 15$	用静探测定砂土承载力
2	$f_0 = 36p_s + 76.6$	中粗砂 $1 < p_s < 10$	联合试验小组报告
3	$f_0 = 91.7\sqrt{p_s} - 23$	水下砂土	铁三院
4	$f_0 = (25 \sim 33)q_c$	砂土	国外

对于粉土则采用 $f_0 = 36p_s + 44.6$ 进行计算。

(2)用静力触探试验成果估算单桩竖向极限承载力

① 采用单桥静力触探试验资料 p_s 值可按式(6-3-4-1)估算预制桩单桩竖向极限承载力:

$$Q_u = Q_{sk} + Q_{pk} = u\sum Q_{ski}l_i + ap_{sk}A_p \qquad (6\text{-}3\text{-}4\text{-}1)$$

当 $p_{sk1} \leq p_{sk2}$ 时

$$p_{sk} = \frac{p_{sk1} + \beta \cdot p_{sk2}}{2} \qquad (6\text{-}3\text{-}4\text{-}2)$$

当 $p_{sk1} > p_{sk2}$ 时

$$p_{sk} = p_{sk2} \qquad (6\text{-}3\text{-}4\text{-}3)$$

式中 Q_u——单桩竖向极限承载力,kN;

      Q_{sk}、Q_{pk}——总极限侧阻力标准值和总极限端阻力标准值,kN;

      u——桩身周长,m;

q_{sik}——用静力触探比贯入阻力 p_{sk} 估算的第 i 层土的桩周极限侧阻力,kPa;应结合土工试验资料,依据土的类别、埋藏深度、排列次序,按图 6-3-9 折线取值;

l_i——桩周第 i 层土厚度,m;

a——桩端阻力修正系数,按表 6-3-4-1 取值;

p_{sk}——桩端附近的静力触探比贯入阻力平均值,kPa;

A_p——桩端面积,m²;

p_{sk1}——桩端全截面以上 8 倍桩径范围内的比贯入阻力平均值,kPa;

p_{sk2}——桩端全截面以下 4 倍桩径范围内的比贯入阻力平均值,kPa;如桩端持力层为密实的砂土层,其比贯入阻力平均值超过 20 MPa 时,则需乘以表 6-3-4-2 中系数 C 予以折减后,再计算 p_{sk};

β——折减系数,按 p_{sk2}/p_{sk1} 的值从表 6-3-4-3 中选用。

表 6-3-4-1　　　　　　　　　　　桩端阻力修正系数 a_b 值

桩长 l/m	$l<15$	$15\leqslant l\leqslant30$	$30<l\leqslant60$
a	0.75	0.75~0.90	0.90

注:桩长 $15\leqslant l\leqslant30$,a 值按 l 值线性内插,l 为桩长(不包括桩尖高度)。

表 6-3-4-2　　　　　　　　　　　系数 C 值

p_{sk}/MPa	20~30	35	>40
系数 C	5/6	2/3	1/2

表 6-3-4-3　　　　　　　　　　　折减系数 β 值

p_{sk2}/p_{sk1}	$\leqslant5$	7.5	12.5	$\geqslant15$
β	1	5/6	2/3	1/2

注:表 6-3-4-2 和表 6-3-4-3 可线性内插取值。

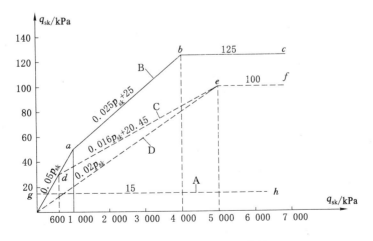

图 6-3-9　q_{sk}—p_{sk} 关系曲线

注:(a) 图中直线 A(线段 gh)适用于地表以下 6 m 范围内土层;折线 B(线段 $Obac$)适

用于粉土及砂土土层以上(或无粉土及砂土土层地区)的黏性土;折线 C(线段 $Odef$)适用于粉土和砂土土层以下的黏性土;折线 D(线段 Oef)适用于粉土、粉砂、细砂及中砂。

(b)当桩端穿过粉土、粉砂、细砂及中砂层底面时,折线 D 估算的 q_{sik} 值需乘以表 6-3-4-4 中系数 η_s 值。p_{sk} 为桩端穿过的中密~密实砂土、粉土的比贯入阻力的平均值;p_{sl} 为砂土、粉土的下卧软土层的比贯入阻力的平均值。

(c)采用的单桥探头,圆锥底面积为 15 cm^2,底部带 7 cm 高滑套,锥角 60°。

表 6-3-4-4   系数 η_s 值

p_{sk}/p_{sl}	$\leqslant 5$	7.5	$\geqslant 10$
η_s	1.00	0.50	0.33

② 采用双桥静力触探试验 q_c、f_{si} 值可按下式估算预制桩单桩竖向极限承载力。

对一般黏性土和砂土,可采用双桥静力触探试验 q_c、f_{si} 值按下式估算预制桩单桩竖向极限承载力:

$$Q_u = u\sum_{i=1}^{n} f_{si}l_i\beta_i + a\bar{q}_c A_p \qquad (6\text{-}3\text{-}5\text{-}1)$$

其中 f_{si}——第 i 层土的探头侧摩阻力,kPa;

β_i——第 i 层土桩身侧摩阻力修正系数,按下式计算:

黏性土 $\beta_i = 10.043 f_{si}^{-0.55}$ （6-3-5-2）

砂性土 $\beta_i = 5.045 f_{si}^{-0.45}$ （6-3-5-3）

a——桩端阻力修正系数,对黏性土取 2/3,对饱和砂土取 1/2;

$\bar{q}_c$——桩端上、下探头阻力,kPa,取桩尖平面以上 $4d$ 范围内按厚度的加权平均值,然后再和桩端平面以下 $1d$ 范围内的 q_c 值进行平均。

(3)估算土的压缩模量

高层建筑可参照表 6-3-5 估算地基的压缩模量。

表 6-3-5   土的压缩模量 E_s 与静力触探参数的经验关系

土 性	E_s/MPa	适用深度/m	适用范围/MPa
一般黏性土	$E_s = 3.3p_s + 3.2$	15~70	$0.8 \leqslant p_s \leqslant 5.0$
	$E_s = 3.7q_c + 3.4$		$0.7 \leqslant q_c \leqslant 4.0$
粉土及粉细砂	$E_s = (3\sim4)p_s$	20~80	$3.0 \leqslant p_s \leqslant 25.0$
	$E_s = (3.4\sim4.4)q_c$		$2.6 \leqslant q_c \leqslant 22.0$

三、圆锥动力触探试验

圆锥动力触探试验(dynamic penetration test,DPT)是用一定质量的重锤,以一定高度的自由落距,将标准规格的圆锥形探头贯入土中,根据打入土中一定距离所需的锤击数,判定土的力学特性,具有勘探和测试双重功能。

圆锥动力触探试验的类型可分为轻型、重型和超重型三种,其规格和适用土类应符合表 6-3-6 的规定。

表 6-3-6　　　　　　　　　　　　　　　　圆锥动力触探类型

类　型		轻　型	重　型	超重型
落　锤	锤的质量/kg	10	63.5	120
	落　距/cm	50	76	100
探　头	直　径/mm	40	74	74
	锥　角/(°)	60	60	60
探杆直径/mm		25	40	50～60
指　标		贯入 30 cm 的读数 N_{10}	贯入 10 cm 的读数 $N_{63.5}$	贯入 10 cm 的读数 N_{120}
主要适用岩土		浅部的填土,砂土,粉土,黏性土	砂土,中密以下的碎石土,极软岩	密实和很密的碎石土,软岩,极软岩

　　轻型动力触探的优点是轻便,对于施工验槽、填土勘察、查明局部软弱土层、洞穴等分布,均有实用价值。重型动力触探是应用最广泛的一种,其规格标准与国际通用标准一致。超重型动力触探的能量指数(落锤能量与探头截面积之比)与国外的并不一致,但相近,适用于碎石土。

　　动力触探试验指标主要用于以下目的:

　　① 划分不同性质的土层:当土层的力学性质有显著差异,而在触探指标上没有明显反映时,可利用动力触探进行分层和定性地评价土的均匀性,检查填土质量,探查滑动带、土洞和确定基岩面或碎石土层的埋藏深度;确定桩基持力层和承载力;检验地基加固与改良的质量效果等。

　　② 确定土的物理力学性质:评定砂土的孔隙比或相对密实度、粉土及黏性土的状态;估算土的强度和变形模量;评定地基土和桩基承载力,估算土的强度和变形参数等。

　　（一）试验设备

　　圆锥动力触探设备主要由圆锥头、触探杆、穿心锤三部分组成,如图 6-3-10 所示。重型动力触探探头如图 6-3-11 所示。

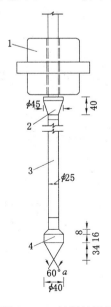

图 6-3-10　轻便触探设备

1——穿心锤;2——锤垫;3——触探杆;4——探头

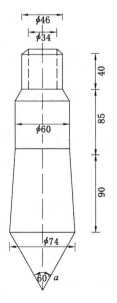

图 6-3-11　重型动力触探探头

我国采用的自动落锤装置种类很多,有抓勾式(分外抓勾式和内抓勾式)、钢球式、滑销式、滑槽式和偏心轮式等。

锤的脱落方式可分为碰撞式和缩径式。前者动作可靠,但操作不当易产生明显的反向冲击,影响试验成果。后者导向杆容易被磨损,长期工作,易发生故障。

(二) 试验技术要求

① 采用自动落锤装置。锤击能量是对试验成果有影响的最重要的因素,落锤方式应采用控制落距的自动落锤,使锤击能量比较恒定。

② 注意保持杆件垂直,触探杆最大偏斜度不应超过 2%,锤击贯入应连续进行,在黏性土中击入的间歇会使侧摩阻力增大;同时防止锤击偏心、探杆倾斜和侧向晃动,保持探杆垂直度;锤击速率也影响试验成果,每分钟宜为 15～30 击;在砂土、碎石土中,锤击速率影响不大,则可采用每分钟 60 击。

③ 触探杆与土间的侧摩阻力是对试验成果有影响的另一重要因素。试验过程中,可采取下列措施减少侧摩阻力的影响:

· 探杆直径小于探头直径,在砂土中探头直径与探杆直径比应大于 1.3,而在黏土中可小些;

· 贯入一定深度后旋转探杆(每 1 m 转动一圈或半圈),以减少侧摩阻力;贯入深度超过 10 m,每贯入 0.2 m,转动一次;

· 探头的侧摩阻力与土类、土性、杆的外形、刚度、垂直度、触探深度等均有关,很难用一固定的修正系数处理,应采取切合实际的措施,减少侧摩阻力,对贯入深度加以限制。

④ 对轻型动力触探,当 $N_{10} > 100$ 或贯入 15 cm 锤击数超过 50 时,可停止试验;对重型动力触探,当连续三次 $N_{63.5} > 50$ 时,可停止试验或改用超重型动力触探。

(三) 资料整理与试验成果分析

① 单孔连续圆锥动力触探试验应绘制锤击数与贯入深度关系曲线。

② 计算单孔分层贯入指标平均值时,应剔除临界深度以内的数值、超前和滞后影响范围内的异常值;

在整理触探资料时,应剔除异常值,在计算土层的触探指标平均值时,超前滞后范围内的值不反映真实土性;临界深度以内的锤击数偏小,不反映真实土性,故不应参加统计。动力触探本来是连续贯入的,但也有配合钻探间断贯入的做法,间断贯入时临界深度以内的锤击数同样不反映真实土性,不应参加统计。

③ 整理多孔触探资料时,应结合钻探资料进行分析,对均匀土层,根据各孔分层的贯入指标平均值,用厚度加权平均法计算场地分层贯入指标平均值和变异系数。

(四) 成果应用

根据圆锥动力触探试验指标和地区经验,可进行力学分层,评定土的均匀性和物理性质(状态、密实度)、土的强度、变形参数、地基承载力、单桩承载力、查明土洞、滑动面、软硬土层界面,检测地基处理效果等。应用试验成果时是否修正或如何修正,应根据建立统计关系时的具体情况确定。

(1) 力学分层

根据触探击数、曲线形态,结合钻探资料可进行力学分层,分层时注意超前滞后现象,不同土层的超前滞后量是不同的。

上为硬土层下为软土层,超前约为 0.5～0.7 m,滞后约为 0.2 m;上为软土层下为硬土层,超前约为 0.1～0.2 m,滞后约为 0.3～0.5 m。

（2）划分碎石土的密实度：

见表 1-6-27 和表 1-6-28。

（3）确定砂类土的相对密度和黏性土的稠度

北京市勘察设计处采用轻便型动力触探仪,通过大量的现场试验和对比分析,提出了锤击数与土的相对密度等级和稠度等级之间的关系,见表 6-3-7。

表 6-3-7　　　　　　按锤击数确定砂类土相对密度和黏性土稠度

N	<10	10～20	21～30	31～50	51～90	>90
密实度参考等级	松	稍密	中下密	中密	中上密	密实
稠度等级	很软	软	较软	中	软硬	硬

（4）确定地基土的承载力

在我国,大多采用表 6-3-8 来确定地基土的承载力。当采用动贯入阻力 q_d 来评价地基土时,法国的 Sanglerat 提出了浅基础（深宽比 $D/B=1～4$）地基容许承载力的计算公式：

对于砂土及黏土,有
$$[\sigma] = \frac{q_d}{20} \tag{6-3-6}$$

对于密实粗砂,有
$$[\sigma] = \frac{q_d}{15} \tag{6-3-7}$$

表 6-3-8　　　　　　按锤击数确定地基承载力

土的种类	黏性土				黏性素填土				中砂和碎石类土								
动力触探类型	轻便型				轻便型				重型								
锤击次数	15	20	25	30	10	20	30	40	3	5	8	12	16	18	22	26	30
基本承载力/kPa	100	140	180	220	80	110	130	150	140	200	320	480	630	700	800	900	950
备注									此型所用锤击数为每层次的平均数								

（5）确定单桩桩端地基的容许承载力

我国成都地区在砂卵石和卵石地层中,根据超重型动力触探锤击数 N_{120},建立了如下桩端容许承载力公式：

$$[\sigma] = 2\,500 + 200N_{120} \tag{6-3-8}$$

四、标准贯入试验

标准贯入试验（standard penetration test,SPT）是用质量为 63.5 kg 的穿心锤,以 76 cm 的落距,将标准规格的贯入器,自钻孔底部预打 15 cm,记录再打入 30 cm 的锤击数,判定土的力学特性。

标准贯入试验仅适用于砂土、粉土和一般黏性土,不适用于软塑～流塑软土。在国外用实心圆锥头（锥角 60°）替换贯入器下端的管靴,使标贯适用于碎石土、残积土和裂隙性硬黏土以及软岩,但国内尚无这方面的具体经验。

标准贯入试验的目的是用测得的标准贯入击数 N 判断砂的密实度或黏性土和粉土的稠度,估算土的强度与变形指标,确定地基土的承载力,评定砂土、粉土的振动液化及估计单桩极限承载力及沉桩可能性;并可划分土层类别,确定土层剖面和取扰动土样进行一般物理性试验,用于岩土工程地基加固处理设计及效果检验。

（一）试验设备

标准贯入试验设备是由标准贯入器、落锤（穿心锤）和钻杆组成的（见图 6-3-12）。设备的规格如表 6-3-9 所示。

表 6-3-9　　　　　　　　　　　　　标准贯入试验设备规格

落锤		锤的质量/kg	63.5
		落距/cm	76
贯入器	对开管	长度/mm	＞500
		外径/mm	51
		内径/mm	35
	管靴	长度/mm	50～76
		刃口角度/(°)	18～20
		刃口单刃厚度/mm	2.5
钻杆		直径/mm	42
		相对弯曲	＜1/1 000

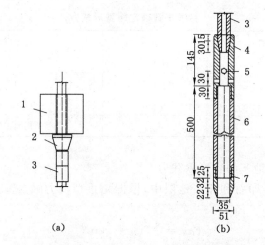

图 6-3-12　标准贯入试验设备

1——穿心锤;2——锤垫;3——钻杆;4——贯入器头;5——出水孔;
6——贯入器身;7——贯入器靴

（二）试验技术要求

① 标准贯入试验与钻探配合进行,钻孔宜采用回转钻进,并保持孔内水位略高于地下水位。当孔壁不稳定时,可用泥浆护壁,钻至试验标高以上 15 cm 处,清除孔底残土后再进行试验。

在采用回转钻进时注意：

保持孔内水位高出地下水位一定高度,保持孔底土处于平衡状态,不得使孔底发生涌砂变松,影响 N 值;下套管不要超过试验标高;要缓慢地下放钻具,避免孔底土的扰动;细心清孔;为防止涌砂或塌孔,可采用泥浆护壁。

② 采用自动脱钩的自由落锤法进行锤击,并减小导向杆与锤间的摩阻力,避免锤击时的偏心和侧向晃动,保持贯入器、探杆、导向杆连接后的垂直度,锤击速率应小于每分钟30击。

由手拉绳牵引贯入试验时,绳索与滑轮的摩擦阻力及运转中绳索所引起的张力,消耗了一部分能量,减少了落锤的冲击能,使锤击数增加;而自动落锤完全克服了上述缺点,能比较真实地反映土的性状。据有关单位的试验,N 值自动落锤为手拉落锤的 0.8 倍,为 SR—30 型钻机直接吊打时的 0.6 倍,据此,规范规定采用自动落锤法。

③ 贯入器打入土中 15 cm 后,开始记录每打入 10 cm 的锤击数,累计打入 30 cm 的锤击数为标准贯入试验锤击数 N。当锤击数已达 50 击,而贯入深度未达 30 cm 时,可记录 50 击的实际贯入深度,按下式换算成相当于 30 cm 的标准贯入试验锤击数 N,并终止试验。

$$N = 30 \times \frac{50}{\Delta S} \tag{6-3-9}$$

式中　ΔS——50 击时的贯入度,cm。

（三）资料整理

标准贯入试验成果 N 可直接标在工程地质剖面图上,也可绘制单孔标准贯入击数 N 与深度关系曲线(6-3-13)或直方图。统计分层标贯击数平均值时,应剔除异常值。

标准贯入击数标准值 N 按下式计算,并结合经验来确定：

$$N = \overline{N} - 1.654 \frac{\sigma}{\sqrt{n}} \tag{6-3-10-1}$$

$$\sigma = \sqrt{\frac{\sum \overline{N_i^2} - n\overline{N^2}}{n-1}} \tag{6-3-10-2}$$

式中　$\overline{N}$——N 的平均值;

　　σ——标准差;

　　n——参加统计的个数。

（四）成果应用

标准贯入试验锤击数 N 值,可对砂土、粉土、黏性土的物理状态、土的强度、变形参数、地基承载力、单桩承载力,砂土和粉土的液化、成桩的可能性等做出评价。应用 N 值时是否修正和如何修正,应根据建立统计关系时的具体情况确定。

（1）关于修正问题

国外对 N 值的传统修正包括:饱和粉细砂的修正、地下水位的修正、土的上覆压力修正。国内长期以来并不考虑这些修正,而着重考虑杆长修正。杆长修正是依据牛顿碰撞理论,杆件系统质量不得超过锤重 2 倍,限制了标贯使用深度小于 21 m,但实际使用深度已远超过 21 m,最大深度已达 100 m 以上;通过实测杆件的锤击应力波,发现锤击传输给杆件的能量变化远大于杆长变化时能量的衰减,故建议不作杆长修正的 N 值是基本的数值;但考虑到过去建立的 N 值与土性参数、承载力的经验关系,所用 N 值均经杆长修正,而抗震规范评定砂土液化时，N 值又不作修正；故在实际应用 N 值时，应按具体岩土工程问题，参照有关规范考虑是否作杆长修正或其他修正。勘察报告应提供不作杆长修正的 N 值，应用时再根据情况考虑修正或不修正，用何种方法修正。如我国原《建筑地基基础设计规范》(GBJ 7—89)规定：当用标准贯入试验锤击数按规范查表确定承载力和其他指标时，应根据该规范规定按式(6-3-11)对锤击数进行触探杆长度校正：

$$N = a \cdot N'$$ (6-3-11)

式中　N——校正后的标准贯入试验锤击数；

N'——实测贯入 30 cm 的锤击数；

a——触探杆长度校正系数，可按表 6-3-10 确定。

表 6-3-10　　　　　　　　　触探杆长度校正系数

触探杆长度/m	≤3	6	9	12	15	18	21
校正系数 a	1.00	0.92	0.86	0.81	0.77	0.73	0.70

（2）用标准贯入试验击数判定砂土密实程度

见表 1-6-29。

（3）用标准贯入试验击数进行液化判别

详见第三章第七节。

（4）确定地基承载力

我国原《建筑地基基础设计规范》(GBJ 7—89)中关于用标准贯入试验锤击数确定黏性土、砂土的承载力表，如表 6-3-11-1 和表 6-3-11-2 所列。

表 6-3-11-1　　　　　　　　　黏性土承载力标准值

N	3	5	7	9	11	13	15	17	19	21	23
f_k/kPa	105	145	190	235	280	325	370	430	515	600	680

表 6-3-11-2　　　　　　　　　砂类土承载力标准值　　　　　　　　　　kPa

土　类 ＼ N	10	15	30	50
中砂、粗砂	180	250	340	500
粉砂、细砂	140	180	250	340

由于 N 值离散性大，故在利用 N 值解决工程问题时，应持慎重态度，依据单孔标贯资料提供设计参数是不可信的；在分析整理时，与动力触探相同，应剔除个别异常的 N 值。

依据 N 值提供定量的设计参数时应有当地的经验，否则只能提供定性的参数，供初步评定用。

（5）用标准贯入试验成果估算单桩竖向极限承载力

采用标准贯入试验成果可按下式估算预制桩、预应力管桩和沉管灌注桩单桩竖向极限承载力：

$$Q_u = \beta_s u \sum q_{sis} l_i + q_{ps} A_p$$ (6-3-12)

式中 q_{sis}——第 i 层土的极限侧阻力，kPa，可按表 6-3-12-1 采用；

$\qquad q_{ps}$——桩端土极限端阻力，kPa，可按表 6-3-12-2 采用；

$\qquad \beta_s$——桩侧阻力修正系数，土层埋深 h(m)，当 $10{\leqslant}h{\leqslant}30$ 时取 1.0；土层埋深 $h{>}30$ m 时取 1.1~1.2。

表 6-3-12-1 极限侧阻力 q_{sis}

土的类别	土(岩)层平均标准贯入实测击数/击	极限侧阻力 q_{sis}/kPa	土的类别	土(岩)层平均标准贯入实测击数/击	极限侧阻力 q_{sis}/kPa
淤泥	<1~3	10~16	淤泥质土	3~5	18~26
黏性土	5~10	20~30	粉土	5~10	20~40
	10~15	30~50		10~15	40~60
	15~30	50~80		15~30	60~80
	30~50	80~100		30~50	80~100
粉细砂	5~10	20~40	中砂	10~15	40~60
	10~15	40~60		15~30	60~90
	15~30	60~90		30~50	90~110
	30~50	90~110	砾砂(含卵石)	>30	110~140
粗砂	15~30	70~90	全风化岩	40~70	100~160
	30~50	90~120	强风化软质岩	>70	160~200
			强风化硬质岩	>70	200~240

注：表中数据对无经验的地区应先用试桩资料进行验证。

表 6-3-12-2 极限端阻力 q_{ps}

标准贯入实测击数/击 桩入土深度/m	70	50	40	30	20	10
15	9 000	8 200	7 800	6 000	4 000	1 800
20		8 600	8 200	6 600	4 400	2 000
25	11 000	9 000	8 600	7 000	4 800	2 200
30		9 400	9 000	7 400	5 000	2 400
>30		10 000	9 400	7 800	6 000	2 600

注：① 表中数据可以内插。

　　② 表中数据对无经验的地区应先用试桩资料进行验证。

五、十字板剪切试验

十字板剪切试验(vane shear test，VST)是用插入土中的标准十字板探头以一定速率扭转，量测土破坏时的抵抗力矩，测定土的不排水抗剪强度。

十字板剪切试验用于原位测定饱和软黏土($\varphi{\approx}0$)的不排水抗剪强度和估算软黏土的灵敏度。

试验深度一般不超过 30 m。为测定软黏土不排水抗剪强度随深度的变化，试验点竖向间距可取 1 m,以便均匀地绘制不排水抗剪强度～深度变化曲线,对非均质或夹薄层粉细砂的软黏性土,宜先作静力触探,结合土层变化,选择软黏土进行试验。当土层随深度的变化复杂时,可根据静力触探成果和工程实际需要,选择有代表性的点布置试验点,不一定均匀间隔布置试验点,遇到变层,要增加测点。

（一）试验仪器设备

十字板剪切试验设备主要由下列三部分组成:

① 测力装置:开口钢环式测力装置（见图 6-3-13）,借助钢环的拉伸变形来反映施加扭力的大小。

② 十字板头（见图 6-3-14）:目前国内外多采用矩形十字板头,且径高比为 1：2 的标准型。常用的规格有 50 mm×100 mm 和 75 mm×150 mm 两种,前者适用于稍硬的黏性土,后者适用于软黏土。

③ 轴杆:按轴杆与十字板头的连接方式有离合式和牙嵌式两种。一般使用的轴杆直径约为 20 mm。

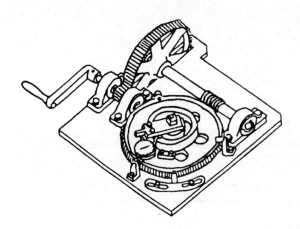

图 6-3-13　开口钢环测力装置

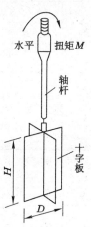

图 6-3-14　十字板头

（二）试验原理

十字板剪切试验的基本原理,是将装在轴杆下的十字板头压入钻孔孔底下土中测试深度处,再在杆顶施加水平扭矩 M,由十字板头旋转将土剪破（图 6-3-14）。设破裂面为直径 D、高 H 的圆柱面,假定圆柱体四周上下两个端面上的各点强度相等,根据该圆柱体侧面和顶底面上土的抗剪强度产生的阻抗力矩之和与外加水平扭矩平衡的原理,则土体破坏时所产生的抵抗力矩 M 为:

$$M = M_1 + M_2 \qquad (6\text{-}3\text{-}13\text{-}1)$$

$$M_1 = c_u \pi D H \frac{D}{2} \qquad (6\text{-}3\text{-}13\text{-}2)$$

$$M_2 = 2c_u \cdot \frac{\pi D^2}{4} \cdot \frac{D}{3} \qquad (6\text{-}3\text{-}13\text{-}3)$$

式中　M——土体破坏时抵抗力矩,kN·m;

　　　M_1——圆柱体的四周所产生的抵抗力矩,kN·m;

　　　M_2——圆柱体上、下两个端面所产生的抵抗力矩,kN·m;

c_u——饱和黏土的不排水抗剪强度，kPa；

D——圆柱体的直径，对于软黏土，它相当于十字板的直径，mm；

H——圆柱体的高度，对于软黏土，它相当于十字板的高度，mm。

抗剪强度计算公式为：

$$c_u = \frac{2M}{\pi D^2 H(1 + \dfrac{D}{3H})} \tag{6-3-14}$$

上式系假设圆柱体上、下两端圆平面上各点的强度是相等的，但也可以假设上、下两端面强度的分布是以中心为零，以径距成比例的增加至周缘时，其值与圆柱面上的抗剪强度值相等。两者假设对计算造成的误差约为 4.5%，这种影响可忽略不计。

（三）试验技术要求

① 十字板板头形状宜为矩形，径高比 1∶2，板厚宜为 2～3 mm。

十字板头形状国外有矩形、菱形、半圆形等，但国内均采用矩形。当需要测定不排水抗剪强度的各向异性变化时，可以考虑采用不同菱角的菱形板头，也可以采用不同径高比板头进行分析。矩形十字板头的径高比 1∶2 为通用标准，十字板头面积比，直接影响插入板头时对土的挤压扰动，一般要求面积比小于 15%；十字板头直径为 50 mm 和 75 mm，翼板厚度分别为 2 mm 和 3 mm，相应的面积比为 13%～14%。

② 十字板头插入钻孔底的深度影响测试成果，我国规范规定不应小于钻孔或套管直径的 3 倍。美国规定为 $5b$（b 为钻孔直径），俄罗斯规定 0.3～0.5 m，德国规定为 0.3 m。

③ 十字板插入至试验深度后，至少应静止 2～3 min，方可开始试验。

④ 扭转剪切速率宜采用 (1°～2°)/10 s，并应在测得峰值强度后继续测记 1 min。

剪切速率的规定，应考虑能满足在基本不排水条件下进行剪切；Skempton 认为用 0.1°/s 的剪切速率得到的 c_u 误差最小；实际上对不同渗透性的土，规定相应的不排水条件的剪切速率是合理的。目前各国规程规定的剪切速率在 0.1°/s～0.5°/s，如美国为 0.1°/s，英国为 0.1°/s～0.2°/s，俄罗斯为 0.2°/s～0.3°/s，德国为 0.5°/s。

⑤ 在峰值强度或稳定值测试完后，顺扭转方向连续转动 6 圈后，测定重塑土的不排水抗剪强度。

⑥ 对开口钢环十字板剪切仪，应修正轴杆与土间的摩阻力的影响。

机械式十字板剪切仪由于轴杆与土层间存在摩阻力，因此应进行轴杆校正。由于原状土与重塑土的摩阻力是不同的，为了使轴杆与土间的摩阻力减到最低值，使进行原状土和扰动土不排水抗剪强度试验时有同样的摩阻力值，在进行十字板试验前，应将轴杆先快速旋转十余圈。由于电测式十字板直接测定的是施加于板头的扭矩，故不需进行轴杆摩擦的校正。

国外十字板剪切试验规程对精度的规定，美国为 1.3 kPa，英国为 1 kPa，俄罗斯为 1～2 kPa，德国为 2 kPa。参照这些标准，以 1～2 kPa 为宜。

（四）资料整理

① 计算各试验点土的不排水抗剪峰值强度、残余强度、重塑土强度和灵敏度。

· 计算土的抗剪强度：

$$c_u = K \cdot C(\varepsilon_y - \varepsilon_g) \tag{6-3-15-1}$$

$$K = \frac{2R}{\pi D^2(1 + \dfrac{D}{3H})} \tag{6-3-15-2}$$

式中　C——钢环系数，kN/0.01 mm；

　　　ε_y——原状土剪损时量表最大读数，0.01 mm；

　　　ε_g——轴杆与土摩擦时量表最大读数，0.01 mm；

　　　K——十字板常数，m^2，按表 6-3-13 采用；

　　　R——转盘半径，m。

表 6-3-13   十字板规格及十字板常数 K 值

十字板规格	十字板头尺寸/mm			转盘半径 /mm	十字板常数 K' /m^{-2}
	直径 B	高度 D	厚度 H		
50×100	50	100	1～3	200	436.54
75×150	75	150	2～3	200	129.34

• 计算重塑土的抗剪强度：重塑土的不排水抗剪强度，应在峰值强度或稳定值强度出现后，顺剪切扭转方向连续转动 6 圈后测定：

$$c_u' = K' \cdot C(\varepsilon_c - \varepsilon_g) \tag{6-3-16}$$

式中　c_u'——重塑土不排水抗剪强度，kPa；

　　　ε_c——重塑土剪损时量表最大读数，0.01 mm。

• 计算土的灵敏度：

$$S_t = \frac{c_u}{c_u'} \tag{6-3-17}$$

② 绘制单孔十字板剪切试验土的不排水抗剪峰值强度、残余强度、重塑土强度和灵敏度随深度的变化曲线，需要时绘制抗剪强度与扭转角度的关系曲线。

实践证明，正常固结的饱和软黏性土的不排水抗剪强度是随深度增加的；室内抗剪强度的试验成果，由于取样扰动等因素，往往不能很好地反映这一变化规律；利用十字板剪切试验，可以较好地反映不排水抗剪强度随深度的变化。

绘制抗剪强度与扭转角的关系曲线，可了解土体受剪时的剪切破坏过程，确定软土的不排水抗剪强度峰值、残余值及剪切模量（不排水）。目前十字板头扭转角的测定还存在困难，有待研究。

③ 根据土层条件和地区经验，对实测的十字板不排水抗剪强度进行修正。

十字板剪切试验所测得的不排水抗剪强度峰值，一般认为是偏高的，土的长期强度只有峰值强度的 60%～70%。因此在工程中，需根据土质条件和当地经验对十字板测定的值作必要的修正，以供设计采用。

Daccal 等建议用塑性指数确定修正系数 μ（见图 6-3-15）。图中曲线 2 适用于液性指数大于 1.1 的土，曲线 1 适用于其他软黏土。

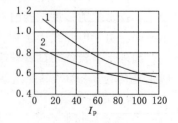

图 6-3-15　修正系数 μ

④ 十字板剪切试验成果可按地区经验，确定地基承载力、单桩承载力、计算边坡稳定，判定软黏性土的固结历史。

• 计算地基承载力：按中国建筑科学研究院、华东电力设计院的经验，地基容许承载力可按式(6-3-18)估算：

$$q_a = 2c_u + \gamma h \tag{6-3-18}$$

式中　c_u——修正后的不排水抗剪强度，kPa；

　　　γ——土的重度，kN/m^3；

　　　h——基础埋深，m。

· 估算桩的端阻力和侧阻力：

桩端阻力 $\qquad\qquad\qquad q_p = 9c_u \tag{6-3-19}$

桩侧阻力 $\qquad\qquad\qquad q_s = a \cdot c_u \tag{6-3-20}$

a 与桩类型、土类、土层顺序等有关，依据 q_p 及 q_s 可以估算单桩极限承载力。

· 判定软黏性土的固结历史：根据 c_u—h 曲线，判定软土的固结历史；若 c_u—h 曲线大致呈一通过地面原点的直线，可判定为正常固结土；若 c_u—h 直线不通过原点，而与纵坐标的向上延长轴线相交，则可判定为超固结土。

六、旁压试验

旁压试验(pressuremeter test，PMT)是用可侧向膨胀的旁压器，对钻孔孔壁周围的土体施加径向压力的原位测试，根据压力和变形关系，计算土的模量和强度。

旁压试验适用于黏性土、粉土、砂土、碎石土、残积土、极软岩和软岩等。

(一)试验设备

旁压仪包括预钻式、自钻式和压入式三种。国内目前以预钻式为主，本节以下内容也是针对预钻式的，压入式目前尚无产品。

1. 预钻式旁压仪

预钻式旁压仪由旁压器、控制单元和管路三部分组成，如图 6-3-16 和图 6-3-17 所示。

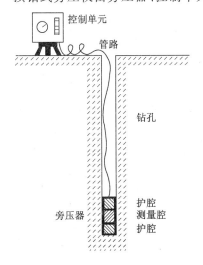

图 6-3-16　旁压试验基本原理

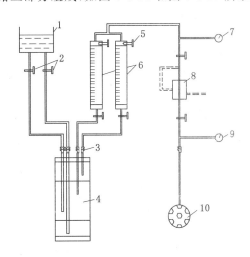

图 6-3-17　旁压仪结构示意

1——水箱；2——开关；3——快速接头；4——旁压器；

5——放气阀；6——量管；7——输出压力表；

8——减压阀；9——输入压力表；10——气源

（1）旁压器

旁压器是对孔壁土（岩）体直接施加压力的部分，是旁压仪最重要的部件。它由金属骨架、密封的橡皮膜和膜外护铠组成。旁压器分单腔式和三腔式两种，目前常用的是三腔式。当旁压器有效长径比大于4时，可认为属无限长圆柱扩张轴对称平面应变问题。单腔式、三腔式所得结果无明显差别。

三腔式旁压器由测量腔（中腔）和上下两个护腔构成。测量腔和护腔互不相通，但两个护腔是互通的，并把测量腔夹在中间。试验时有压介质（水或油）从控制单元通过中间管路系统进入测量腔、使橡皮膜沿径向膨胀，孔周土（岩）体受压呈圆柱形扩张，从而可以量测孔壁压力与钻孔体积变化的关系。

（2）控制单元

控制单元位于地表，通常是设置在三脚架上的一个箱式结构，其功能是控制试验压力和测读旁压器体积（应变）的变化。一般由压力源（高压氮气瓶）、调压器、测管、水箱、各类阀门、压力表、管路和箱式结构架等组成。

（3）管路系统

管路是用于连接旁压器和控制单元、输送和传递压力与体积信息的系统，通常包括气路、水（油）路和电路。

预钻式旁压仪的类型和结构特征见表6-3-14。

表 6-3-14　　　　　　　　　　旁压器规格

型　　号		规　　格				
		总长度 /mm	中腔长度 /mm	外径 /mm	中腔体积 /cm³	量管截面积 /cm²
PY—1 PY—2	AP	450	250	50	491	15.28
PY1—A PY2—A	BP	450	190	58	493	
PY—3 PY3—2	APA	500	250	50	491	
PY2—2		680	200	60	565	13.20
GA GA$_M$	AX	800	350	44	532	15.30
	BX	650	200	58	535	
	NX	650	200	70	790	

2. 仪器的标定

仪器的标定主要有弹性膜约束力的标定和仪器综合变形的标定。

由于约束力随弹性膜的材质、使用次数和气温而变化，因此新装或用过若干次后均需对弹性膜的约束力进行标定。仪器的综合变形，包括调压阀、量管、压力计、管路等在加压过程中的变形。国产旁压仪还需作体积损失的校正，对国外 GA 型和 GA$_M$ 型旁压仪，如果体积损失很小，可不作体积损失的校正。

（1）弹性膜约束力的标定

　　由于弹性膜具有一定厚度,因此在试验时施加的压力并未全部传递给土体,而因弹性膜本身产生的侧限作用使压力受到损失。这种压力损失值称为弹性膜的约束力。弹性膜约束力的标定方法是:

　　先将旁压器置于地面,然后打开中腔和上、下腔阀门使其充水。当水灌满旁压器并回返至规定刻度时,将旁压器中腔的中点位置放在与量管水位相同的高度,记下初读数。随后逐级加压,每级压力增量为 10 kPa,使弹性膜自由膨胀,量测每级压力下的量管水位下降值,直到量管水位下降总值接近 40 cm 时停止加压。根据记录绘制压力与水位下降值的关系曲线,即为弹性膜约束力标定曲线。S 轴的渐近线所对应的压力即为弹性膜的约束力 p,如图 6-3-18 所示。

　　(2)仪器综合变形的标定

　　由于旁压仪的调压阀、量管、导管、压力计等在加压过程中均会产生变形,造成水位下降或体积损失。这种水位下降值或体积损失值称为仪器综合变形。仪器综合变形标定方法是:将旁压器放进有机玻璃管或钢管内,使旁压器在受到径向限制的条件下进行逐级加压,加压等级为 100 kPa,直加到旁压仪的额定压力为止。根据记录的压力 p 和量管水位下降值 S 绘制 p—S 曲线,曲线上直线段的斜率 S/p 即为仪器综合变形校正系数 a,如图 6-3-19 所示。

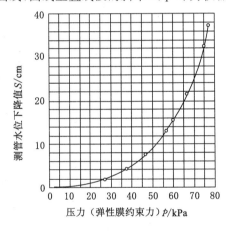
图 6-3-18　弹性膜约束力校正曲线

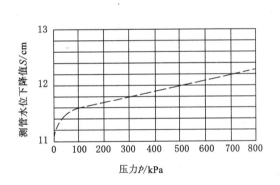
图 6-3-19　仪器综合变形校正曲线

　　(二)试验技术要求

　　(1)旁压试验点的布置

　　在了解地层剖面的基础上(最好先做静力触探或动力触探或标准贯入试验),应选择在有代表性的位置和深度进行,旁压器的量测腔应在同一土层内。试验点的垂直间距应根据地层条件和工程要求确定,根据实践经验,旁压试验的影响范围,水平向约为 60 cm,上下方向约为 40 cm。为避免相邻试验点应力影响范围重叠,试验孔与已有钻孔的水平距离不宜小于 1 m。

　　(2)成孔质量

　　预钻式旁压试验应保证成孔质量,钻孔直径与旁压器直径应良好配合,防止孔壁坍塌;自钻式旁压试验的自钻钻头、钻头转速、钻进速率、刃口距离、泥浆压力和流量等应符合有关规定。

成孔质量是预钻式旁压试验成败的关键,成孔质量差,会使旁压曲线反常失真,无法应用。为保证成孔质量,要注意:

① 孔壁垂直、光滑、呈规则圆形,尽可能减少对孔壁的扰动。

② 软弱土层(易发生缩孔、坍孔)用泥浆护壁。

③ 钻孔孔径应略大于旁压器外径,一般宜大于 8 mm。

(3)加荷等级

加荷等级可采用预期临塑压力的 1/5～1/7,初始阶段加荷等级可取小值,必要时可作卸荷再加荷试验,测定再加荷旁压模量。

加荷等级的选择是重要的技术问题,一般可根据土的临塑压力或极限压力而定,不同土类的加荷等级,可按表 6-3-15 选用。

表 6-3-15　　　　　　　　　旁压试验加荷等级表

土的特性	加荷等级/kPa	
	临塑压力前	临塑压力后
淤泥、淤泥质土、流塑黏性土和粉土、饱和松散的粉细砂	≤15	≤30
软塑黏性土和粉土、疏松黄土、稍密很湿粉细砂、稍密中粗砂	15～25	30～50
可塑至硬塑黏性土和粉土、黄土、中密到密实很湿粉细砂、稍密到中密中粗砂	25～50	50～100
坚硬黏性土和粉土、密实中粗砂	50～100	100～200
中密到密实碎石土、软质岩	≥100	≥200

(4)加荷速率

关于加荷速率,目前国内有"快速法"和"慢速法"两种。国内一些单位的对比试验表明,两种不同的加荷速率对临塑压力和极限压力影响不大。为提高试验效率,一般使用每级压力维持 1 min 或 2 min 的快速法。

每级压力应维持 1 min 或 2 min 后再施加下一级压力,维持 1 min 时,加荷后 15 s、30 s、60 s 测读变形量,维持 2 min 时,加荷后 15 s、30 s、60 s、120 s 测读变形量。在操作和读数熟练的情况下,尽可能采用短的加荷时间;快速加荷所得旁压模量相当于不排水模量。

(5)终止试验条件

旁压试验终止试验条件为:

① 加荷接近或达到极限压力。

② 量测腔的扩张体积相当于量测腔的固有体积,避免弹性膜破裂。

③ 国产 PY₂—A 型旁压仪,当量管水位下降刚达 36 cm 时(绝对不能超过 40 cm),即应终止试验。

④ 法国 GA 型旁压仪规定,当蠕变变形等于或大于 50 cm³ 或量筒读数大于 600 cm³ 时应终止试验。

(三)资料整理

1. 绘制压力与体积曲线

对各级压力和相应的扩张体积(或换算为半径增量)分别进行约束力和体积修正后,绘制压力与体积曲线(见图 6-3-20),需要时可作蠕变曲线。

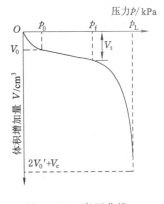

图 6-3-20　旁压曲线

在绘制压力(p)与扩张体积(ΔV)或($\Delta V/V_0$)、水管水位下沉量(s)或径向应变曲线前,应先进行弹性膜约束力和仪器管路体积损失的校正。

2. 确定初始压力(p_0)、临塑压力(p_f)和极限压力(p_L)

根据压力与体积曲线,结合蠕变曲线确定初始压力(p_0)、临塑压力(p_f)和极限压力(p_L):

① 初始压力 p_0 的确定:按 Ménard 定义为旁压曲线中段直线段的起始点或蠕变曲线的第一拐点相应的压力;按国内经验,该压力比实际的原位初始侧向应力大,因此推荐直接按旁压曲线用作图法确定 p_0。

② 临塑压力 p_f:为旁压曲线中段直线的末尾点或蠕变曲线的第二拐点相应的压力。

③ 极限压力 p_L 定义为:

· 量测腔扩张体积相当于量测腔固有体积(或扩张后体积相当于 2 倍固有体积)时的压力;

· p—ΔV 曲线的渐近线对应的压力,或用 p—$(1/\Delta V)$ 关系,末段直线延长线与 p 轴的交点相应的压力。

3. 计算旁压模量

由于加荷采用快速法,相当于不排水条件;依据弹性理论,对于预钻式旁压仪,根据压力与体积曲线的直线段斜率,按下式计算旁压模量:

$$E_m = 2(1+\mu)\left(V_c + \frac{V_0 + V_f}{2}\right)\frac{\Delta p}{\Delta V} \tag{6-3-21}$$

式中　E_m——旁压模量,kPa;

　　　μ——泊松比;

　　　V_c——旁压器量测腔初始固有体积,cm³;

　　　V_0——与初始压力 p_0 对应的体积,cm³;

　　　V_f——与临塑压力 p_f 对应的体积,cm³;

　　　$\Delta p/\Delta V$——旁压曲线直线段的斜率,kPa/cm³。

对于自钻式旁压试验仍可用上式计算旁压模量。由于自钻式旁压试验的初始条件与预钻式旁压试验不同,预钻式旁压试验的原位侧向应力经钻孔后已释放。两种试验对土的扰动也不相同,故两者的旁压模量并不相同,因此应说明试验所用旁压仪类型。

4. 评定地基承载力和变形参数

根据初始压力、临塑压力、极限压力和旁压模量,结合地区经验可评定地基承载力和变形参数。根据自钻式旁压试验的旁压曲线,还可测求土的原位水平应力、静止侧压力系数、不排水抗剪强度等。

(1)确定地基的变形性质

可按表 6-3-16-1 的经验关系换算土的压缩模量 E_s;对于黏性土,可按表 6-3-16-2 的经验统计资料,由旁压模量 E_m 确定土的变形模量 E_0。

表 6-3-16-1 土的压缩模量 E_s 与 E_m 的关系

土 性	E_s/MPa	适用深度
一般黏性土	$E_s=(0.7{\sim}1)E_m$	
粉 土	$E_s=(1.2{\sim}1.5)E_m$	>10 m
粉细砂	$E_s=(2{\sim}2.5)E_m$	
中、粗砂	$E_s=(3{\sim}4)E_m$	

表 6-3-16-2 黏性土的 E_m 与 E_0 的关系

E_m/MPa	0.5	1.0	1.5	2.0	2.5	3.0	3.5	4.0	5.0	6.0	7.0	8.0
E_0/MPa	2.0~2.4	3.3~4.8	4.3~7.2	5.8~9.6	7.2~12.0	8.7~14.4	10.1~16.8	11.6~19.2	14.5~24.0	17.4~28.8	20.3~33.6	23.2~38.4

注：E_0 的取值按土的稠度状态来定，由流塑到硬塑取值由低值到高值。

对于砂性土，E_0 和 E_m 的关系可按式（6-3-22）计算：

$$E_0 = KE_m \qquad (6\text{-}3\text{-}22)$$

式中 K——变形模量转换系数，按表 6-3-17 查取。

表 6-3-17 砂性土的变形模量转换系数

砂土类	粉 砂	细 砂	中 砂	粗 砂
K	4.0~5.0	5.0~7.0	7.0~9.0	9.0~11.0

（2）确定地基承载力

利用旁压曲线的特征值评定地基承载力的方法有以下几种。

① 按屈服压力 p_f 确定地基承载力的特征值：

$$f_a = p_f - p_0 \qquad (6\text{-}3\text{-}23\text{-}1)$$

式中 p_0——土的静止水平总压力，kPa，可由图 6-3-20 定出或按下式计算：

$$p_0 = K_0 \gamma z + u \qquad (6\text{-}3\text{-}23\text{-}2)$$

式中 γ——测试点以上土的天然容重，地下水位以下取浮容重，kN/m³；

z——测试点的深度，m；

K_0——测试点处静止土压力系数，由地区经验确定；对砂土和粉土 $K_0=0.5$；对可塑至坚硬状态黏性土 $K_0=0.6$；对软塑黏土、淤泥和淤泥质土 $K_0=0.7$；

u——测试点处土的孔隙水压力，kPa；测试点位于地下水位以上时，$u=0$；在地下水位以下时，$u=\gamma_w(z-h_w)$；

h_w——地面至地下水位的深度，m。

② 按极限压力 p_L 确定地基承载力的特征值：

当旁压曲线上 p_f 出现后，曲线很快转弯并出现极限压力，且 $p_L/p_f \leqslant 1.7$ 时，则可按 p_L 确定 f_a，其公式为：

$$f_a = \frac{p_L - p_0}{F} \qquad (6\text{-}3\text{-}23\text{-}3)$$

式中 p_0——为图 6-3-20 中直线段起点对应的压力,kPa;

F——安全系数,一般取 $F=2$,也可按地区经验确定。

p_L 为旁压曲线上的极限压力,但往往由于体变测量管体积的限制,试验曲线较短,不能直接定出 p_L 值。此时,需用曲线板将曲线延长,再在纵轴上取 $V=V_c+2V_0'$ 的点,过此点作一水平线,与延伸的曲线相交,交点对应的横坐标即为 p_L。上式中的 V_c 为旁压仪主腔的初始体积($491\ cm^3$),而 V_0' 为直线段延长后在纵轴上的截距。

七、扁铲侧胀试验

扁铲侧胀试验(dilatometer test,DMT),也有译为扁板侧胀试验,系 20 世纪 70 年代意大利 Silvano Marchetti 教授创立。扁铲侧胀试验是将带有膜片的扁铲压入土中预定深度,充气使膜片向孔壁土中侧向扩张,根据压力与变形关系,测定土的模量及其他有关指标。因能比较准确地反映小应变的应力应变关系,测试的重复性较好,引入我国后,受到岩土工程界的重视,进行了比较深入的试验研究和工程应用,已被列入铁道部《铁路工程地质原位测试规程》。美国的 ASTM 和欧洲的 EUROCODE 亦已列入。

扁铲侧胀试验适用于软土、一般黏性土、粉土、黄土和松散~中密的砂土,其中最适宜在软弱松散土中进行,随着土的坚硬程度或密实程度的增加,适宜性渐差(见表 6-3-18)。当采用加强型薄膜片时,也可应用于密实的砂土。

表 6-3-18　　　　　　　　　　扁铲侧胀试验在不同土类中的适用程度

土的性状 / 土类	$q_c<1.5\ MPa,N<5$		$q_c=7.5\ MPa,N=25$		$q_c=15\ MPa,N=40$	
	未压实填土	自然状态	轻压实填土	自然状态	紧密压实填土	自然状态
黏　土	A	A	B	B	B	B
粉　土	B	B	B	B	C	C
砂　土	A	A	B	B	C	C
砾　石	C	C	G	G	G	G
卵　石	G	G	G	G	G	G
风化岩石	G	C	G	G	G	G
带状黏土	A	B	B	B	C	C
黄　土	A	B	B	B	—	—
泥　炭	A	B	B	B	—	—
沉泥、尾矿砂	A	—	B			

注:适用性分级:A 最适用;B 适用;C 有时适用;G 不适用。

(一)试验仪器设备

试验仪器由侧胀器(俗称扁铲)、压力控制单元、位移控制单元、压力源及贯入设备、探杆等组成(见图 6-3-21)。

扁铲侧胀器由不锈钢薄板制成,其尺寸为:试验探头长 230~240 mm、宽 94~96 mm、厚 14~16 mm、探头前缘刃角 12°~16°,探头侧面钢膜片的直径 60 mm。膜片厚约 0.2 mm,富有弹性可侧胀(见图 6-3-22)。

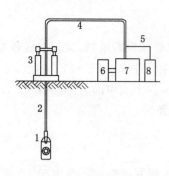

图 6-3-21　扁铲侧胀试验设备

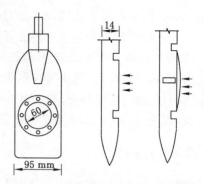

图 6-3-22　侧胀器(俗称扁铲)

1——侧胀器;2——钻杆;3——贯入主机;

4——压缩气体管;5——位移信号线;6——压力源;

7——压力控制单元;8——位移信号接收单元

(二)试验技术要求

① 扁铲侧胀试验探头加工的具体技术标准和规格应符合国际通用标准。要注意探头不能有明显弯曲,并应进行老化处理。

② 每孔试验前后均应进行探头率定,取试验前后的平均值为修正值;膜片的合格标准为:

- 率定时膨胀至 0.05 mm 的气压实测值 $\Delta A = 5 \sim 25$ kPa;
- 率定时膨胀至 1.10 mm 的气压实测值 $\Delta B = 10 \sim 110$ kPa。

③ 可用贯入能力相当的静力触探机将探头压入土中。试验时,应以静力匀速将探头贯入土中,贯入速率宜为 2 cm/s;试验点间距可取 20~50 cm。

④ 探头达到预定深度后,应匀速加压和减压测定膜片膨胀至 0.05 mm、1.10 mm 和回到 0.05 mm 的压力 A、B、C 值。

⑤ 扁铲侧胀消散试验,应在需测试的深度进行,测读时间间隔可取 1 min、2 min、4 min、8 min、15 min、30 min、90 min,以后每 90 min 测读一次,直至消散结束。

(三)资料整理

① 对试验的实测数据进行膜片刚度修正:根据探头率定所得的修正值 ΔA 和 ΔB,现场试验所得的实测值 A、B、C,计算接触压力 p_0,膜片膨胀至 1.10 mm 的压力 p_1 和膜片回到 0.05 mm 的压力 p_2:

$$p_0 = 1.05(A - z_{\mathrm{m}} + \Delta A) - 0.05(B - z_{\mathrm{m}} - \Delta B) \tag{6-3-24}$$

$$p_1 = B - z_{\mathrm{m}} - \Delta B \tag{6-3-25}$$

$$p_2 = C - z_{\mathrm{m}} + \Delta A \tag{6-3-26}$$

式中　p_0——膜片向土中膨胀之前的接触压力,kPa;

　　　p_1——膜片膨胀至 1.10 mm 时的压力,kPa;

　　　p_2——膜片回到 0.05 mm 时的终止压力,kPa;

　　　z_{m}——调零前的压力表初读数,kPa。

② 根据 p_0、p_1 和 p_2 计算侧胀模量 E_{D}(kPa)、侧胀水平应力指数 K_{D}、侧胀土性指数 I_{D} 和侧胀孔压指数 U_{D}:

$$E_D = 34.7(p_1 - p_0) \tag{6-3-27}$$

$$K_D = (p_0 - u_0)/\sigma_{vo} \tag{6-3-28}$$

$$I_D = (p_1 - p_0)/(p_0 - u_0) \tag{6-3-29}$$

$$U_D = (p_2 - u_0)/(p_0 - u_0) \tag{6-3-30}$$

式中　u_0——试验深度处的静水压力,kPa;

σ_{vo}——试验深度处土的有效上覆压力,kPa。

③ 绘制 E_D、I_D、K_D 和 U_D 与深度的关系曲线。

④ 根据扁铲侧胀试验指标和地区经验,可判别土类,确定黏性土的状态、静止侧压力系数、水平基床系数等。

扁铲侧胀试验成果的应用经验目前尚不丰富。根据铁道部第四勘测设计院的研究成果,利用侧胀土性指数 I_D 划分土类、黏性土的状态,利用侧胀模量计算饱和黏性土的水平不排水弹性模量,利用侧胀水平应力指数 K_D 确定土的静止侧压力系数等,有良好的效果,并列入铁道部《铁路工程地质原位测试规程》。上海、天津以及国外都有一些研究成果和工程经验,由于扁铲侧胀试验在我国开展较晚,故应用时必须结合当地经验,并与其他测试方法配合,相互印证。

八、波速试验

波速测试适用于测定各类岩土体的压缩波、剪切波或瑞利波的波速。按本节规定测得的波速值可应用于下列情况:

① 计算地基岩土体在小应变条件下($10^{-4} \sim 10^{-6}$)的动弹性模量、动剪切模量和动泊松比。

② 场地土的类型划分和场地土层的地震反应分析。

③ 在地基勘察中,配合其他测试方法综合评价场地土的工程力学性质,也可检验岩土加固与改良的效果。

可根据任务要求,试验方法可采用跨孔法、单孔法(检层法)和面波法。

(一)单孔波速法(检层法)

1. 试验仪器设备

(1)振源

剪切波振源,应满足如下三个条件:① 优势波应为 SH 和 SV 波;② 具有可重复性和可反向性,以利剪切波的判读;③ 如在孔中激发,应能顺利下孔。

(2)拾振器

孔中接收时,使用三分量检波器组(一个垂直向,两个水平向,见图 6-3-23),并带有气囊或其他贴孔壁装置。地表接收时,使用地震检波器,其灵敏轴应与优势波主振方向一致。

(3)记录仪

使用地震仪或具有地震仪功能的其他仪器,应能记录波形,以利波的识别和对比。

2. 单孔法波速测试的技术要求

单孔波速法,可沿孔向上或向下检层进行测试。主要检测水平的剪切波速,识别第一个剪切波的初至是关键。

单孔法波速测试的技术要求应符合下列规定(见图 6-3-24):

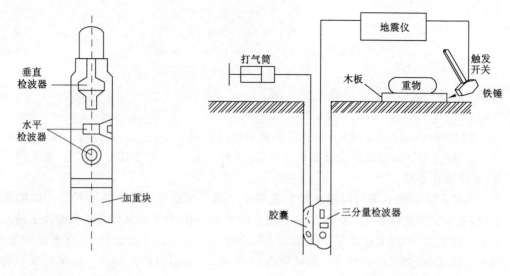

图 6-3-23　三分量检波器　　　　图 6-3-24　单孔法现场测试装置

① 测试孔应垂直。

② 当剪切波振源采用锤击上压重物的木板时,木板的长向中垂线应对准测试孔中心,孔口与木板的距离宜为 1～3 m;板上所压重物宜大于 400 kg;木板与地面应紧密接触;当压缩波振源采用锤击金属板时,金属板距孔口的距离宜为 1～3 m。

③ 测试时,测点布置应根据工程情况及地质分层,测点的垂直间距宜取 1～3 m,层位变化处加密,并宜自下而上逐点测试。

④ 传感器应设置在测试孔内预定深度处固定,并紧贴孔壁。

⑤ 可采用地面激振或孔内激振;剪切波测试时,沿木板纵轴方向分别打击其两端,可记录极性相反的两组剪切波波形;压缩波测试时,可锤击金属板,当激振能量不足时,可采用落锤或爆炸产生压缩波。

⑥ 测试工作结束后,应选择部分测点作重复观测,其数量不应少于测点总数的 10%。

(二) 跨孔法

1. 试验仪器设备

(1) 振源

剪切波振源宜采用剪切波锤,也可采用标准贯入试验装置,压缩波振源宜采用电火花或爆炸等。由重锤、标贯试验装置组合的振源(见图 6-3-25),该振源配合钻机和标贯试验装置进行。钻进一段测试一段,能量较大,但速度较慢。用扭转振源可产生丰富的剪切波能量和极低的压缩波能量,易操作、可重复、可反向激振,但能量较弱,一般配信号增强型放大器。

(2) 接收器

要求接收器既能观察到竖直分量,又能观察到两个水平分量的记录,以便更好地识别剪切波的到达时刻,所以一般都采用三分量检波器检测地震波。这种三分量检波器是由三个单独检波器按相互垂直(即 X、Y、Z)的方向固定,并密封在一个无磁性的圆形筒内。

在测点处一般用气囊装置将三分量检波器的外壳及其孔壁压紧。竖直方向的检波器可以精确地接收到水平传播、垂直偏振的 SV 波。两个水平检波器可以接收到 P 波的水平偏

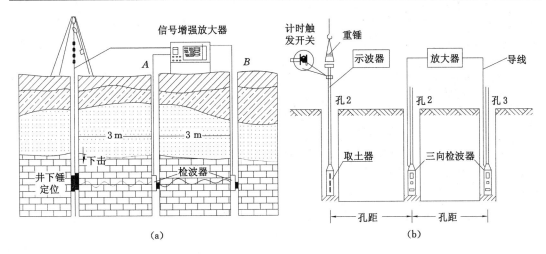

图 6-3-25　跨孔法现场试验装置

振 SH 波。

我国目前生产的三分量检波器的自振频率一般为 10 Hz 和 27 Hz,频率响应可达几百赫兹,而一般机械振源产生的 S 波频率约为 70～130 Hz,产生的 P 波频率为 140～270 Hz。

（3）放大器和记录器

主要采用多通道的放大器,最少为 6 个通道。各放大道必须具有一致的相位特性,配有可调节的增益装置,放大器的放大倍数要大于 2 000 倍。仪器本身内部噪音极小,抗干扰能力强,记录系统主要采用 SC—10、SC—18 型紫外线感光记录示波器。一般配 400 号振子、工作频率范围为 0～270 Hz,常用 500 mm/s 速度记录档,根据波形的疏密形状而调节纸速。

2. 跨孔法波速测试的技术要求

跨孔法波速测试的技术要求应符合下列规定:

① 测试场地宜平坦;测试孔宜设置一个振源孔和两个接收孔,以便校核,并布置在一条直线上。

② 测试孔的孔距在土层中宜取 2～5 m,在岩层中宜取 8～15 m,测点垂直间距宜取 1～2 m;近地表测点宜布置在 0.4 倍孔距的深度处,震源和检波器应置于同一地层的相同标高处。

③ 钻孔应垂直,并宜用泥浆护壁或下套管,套管壁与孔壁应紧密接触。

④ 当振源采用剪切波锤时,宜采用一次成孔法;当振源采用标准贯入试验装置时,宜采用分段测试法。

⑤ 钻孔应垂直,当孔深较大、测试深度大于 15 m 时,应进行激振孔和测试孔的倾斜度和倾斜方位量测,量测精度应达到 0.1°,测点间距宜取 1 m,以便对激振孔与检波孔的水平距离进行修正。

⑥ 在现场应及时对记录波形进行鉴别判断,确定是否可用,如不行,在现场可立即重做。钻孔如有倾斜,应作孔距的校正。当采用一次成孔法测试时,测试工作结束后,应选择部分测点作重复观测,其数量不应少于测点总数的 10%;也可采用振源孔和接收孔互换的方法进行检测。

（三）面波法

面波法波速测试可采用瞬态法或稳态法,宜采用低频检波器,道间距可根据场地条件通过试验确定。面波的传统测试方法为稳态法,近年来,瞬态多道面波法获得很大发展,并已在工程中大量应用,技术已经成熟。

1. 仪器设备

面波法所需的主要仪器设备可分为两部分:振动测量及分析仪器,它包括拾振器、测振放大器、数据采集与分析系统;振源,频谱分析法采用落锤为振源,连续波法采用电磁激振器为振源。

2. 面波法波速测试的技术要求

① 测试前的准备工作以及对激振设备安装的要求,应符合国家标准《地基动力特性测试规范》(GB/T 50269—2015)的规定。

② 稳态振源宜采用机械式或电磁式激振设备(见图 6-3-26 中 A);

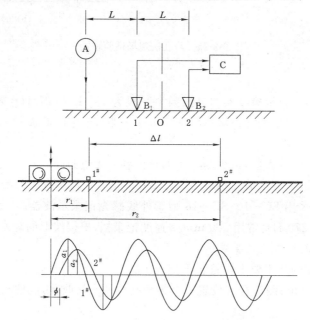

图 6-3-26　激振设备及传感器的布置图

A——震源;B_1、B_2——拾震器;O——测点中心;C——数据采集与分析系统

③ 在振源同一侧应放置两台间距为 L 的竖向传感器(图 6-3-26 中 B_1、B_2),接收由振源产生的瑞利波信号。

④ 改变激振频率,测试不同深度处土层的瑞利波波速。

⑤ 电磁式激振设备可采用单一正弦波信号或合成正弦 $\Delta\Phi$ 波信号。

(四)测试成果分析

1. 识别压缩波和剪切波的初至时间

在波形记录上,识别压缩波或剪切波从振源到达测点的时间,应符合下列规定:

① 确定压缩波的时间,应采用竖向传感器记录的波形。

② 确定剪切波的时间,应采用水平传感器记录的波形。

2. 计算由振源到达测点的距离

由振源到达每个测点的距离,应按测斜数据进行计算。

3. 根据波的传播时间和距离确定波速

（1）单孔法

① 用单孔法计算压缩波或剪切波从振源到达测点的时间，应按下列公式进行斜距校正：

$$T = KT_{L} \tag{6-3-31-1}$$

$$K = \frac{H + H_0}{\sqrt{L^2 + (H + H_0)^2}} \tag{6-3-31-2}$$

式中　T——压缩波或剪切波从振源到达测点经斜距校正后的时间，s（相应于波从孔口到达测点的时间）；

T_{L}——压缩波或剪切波从振源到达测点的实测时间，s；

K——斜距校正系数；

H——测点的深度，m；

H_0——振源与孔口的高差，m；当振源低于孔口时，H_0 为负值；

L——从板中心到测试孔的水平距离，m。

② 时距曲线图的绘制，应以深度 H 为纵坐标，时间 T 为横坐标。

③ 波速层的划分，应结合地质情况，按时距曲线上具有不同斜率的折线段确定

④ 每一波速层的压缩波波速或剪切波波速，应按下式计算：

$$v = \frac{\Delta H}{\Delta T} \tag{6-3-31-3}$$

式中　v——波速层的压缩波波速或剪切波波速，m/s；

ΔH——波速层的厚度，m；

ΔT——压缩波或剪切波传到波速层顶面和底面的时间差，s。

（2）跨孔法

用跨孔法量测每个测试深度的压缩波波速及剪切波波速，应按下列公式计算：

$$v_{P} = \frac{\Delta S}{T_{P2} - T_{P1}} \tag{6-3-32-1}$$

$$v_{S} = \frac{\Delta S}{T_{S2} - T_{S1}} \tag{6-3-32-2}$$

$$\Delta S = S_2 - S_1 \tag{6-3-32-3}$$

式中　v_{P}——压缩波波速，m/s；

v_{S}——剪切波波速，m/s；

T_{P1}——压缩波到达第 1 个接收孔测点的时间，s；

T_{P2}——压缩波到达第 2 个接收孔测点的时间，s；

T_{S1}——剪切波到达第 1 个接收孔测点的时间，s；

T_{S2}——剪切波到达第 2 个接收孔测点的时间，s；

S_1——由振源到第 1 个接收孔测点的距离，m；

S_2——由振源到第 2 个接收孔测点的距离，m；

ΔS——由振源到两个接收孔测点距离之差，m。

（3）面波法

用面波法量测瑞利波波速应按下式计算：

$$v_R = \frac{2\pi f \Delta l}{\Phi} \qquad\qquad (6\text{-}3\text{-}33)$$

式中　v_R——瑞利波波速,m/s;

Φ——两台传感器接收到的振动波之间的相位差,rad;

Δl——两台传感器之间的水平距离,m,当 Φ 为 2π 时,Δl 即为瑞利波波长;

f——振源的频率,Hz。

4. 计算岩土小应变动弹性模量、动剪切模量和动泊松比

小应变动剪切模量、动弹性模量和动泊松比,应按下列公式计算:

$$G_d = \rho v_S^2 \qquad\qquad (6\text{-}3\text{-}34\text{-}1)$$

$$E_d = \frac{\rho v_S^2 (3v_P^2 - 4v_S^2)}{v_P^2 - v_S^2} \qquad\qquad (6\text{-}3\text{-}34\text{-}2)$$

$$\mu_d = \frac{v_P^2 - 2v_S^2}{2(v_P^2 - v_S^2)} \qquad\qquad (6\text{-}3\text{-}34\text{-}3)$$

式中　v_P、v_S——剪切波波速和压缩波波速;

G_d——土的动剪切模量;

E_d——土的动弹性模量;

μ_d——土的动泊松比;

ρ——土的质量密度。

九、现场直接剪切试验

岩土体现场直剪试验,是将垂直(法向)压应力和剪应力施加在预定的剪切面上,直至其剪切破坏的试验。现场直剪试验可用于岩土体本身、岩土体沿软弱结构面和岩体与其他材料(如混凝土)接触面的剪切试验,可分为岩土体试体在法向应力作用下沿剪切面剪切破坏的抗剪断试验、岩土体剪断后沿剪切面继续剪切的抗剪试验(摩擦试验)和法向应力为零时岩体剪切的抗切试验。由于试验岩土体远比室内试样大,试验成果更符合实际。

(一)试验方案

现场直剪试验,应根据现场工程地质条件、工程荷载特点以及可能发生的剪切破坏模式、剪切面的位置和方向、剪切面的应力等条件,确定试验对象,选择相应的试验方法。现场直剪试验可在试洞、试坑、探槽或大口径钻孔内进行。当剪切面水平或近于水平时,可采用平推法或斜推法;当剪切面较陡时,可采用楔形体法。

同一组试验体的地质条件应基本相同,其受力状态应与岩体在工程中的受力状态相近。各种试验布置方案,各有适用条件。

图 6-3-27 中(a)、(b)、(c)剪切荷载平行于剪切面,为平推法;(d)剪切荷载与剪切面成 α 角,为斜推法。图(a)施加的剪切荷载有一力臂 e_1 存在,使剪切面的剪应力和法向应力分布不均匀。图(b)使施加的法向荷载产生的偏心力矩与剪切荷载产生的力矩平衡,改善剪切面上的应力分布,使趋于均匀分布,但法向荷载的偏心矩 e_2 较难控制,故应力分布仍可能不均匀。图(c)剪切面上的应力分布是均匀的,但试验施工存在一定困难。

图 6-3-27 中(d)法向荷载和斜向荷载均通过剪切面中心,α 角一般为 15°。在试验过程中,为保持剪切面上的正应力不变,随着 α 值的增加,P 值需相应降低,操作比较麻烦。进行

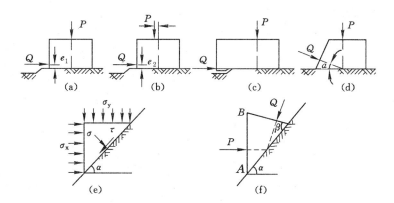

图 6-3-27 现场直剪方案布置

P——竖向(法向)荷载;Q——剪切荷载;σ_x、σ_y——均布应力;τ——剪应力;

σ——法向应力;e_1、e_2——偏心距;(e)、(f)——沿倾向软弱面剪切的楔形试体

混凝土与岩体的抗剪试验,常采用斜推法,进行土体、软弱面(水平或近乎水平)的抗剪试验,常采用平推法。当软弱面倾角大于其内摩擦角时,常采用楔形体方案[图 6-3-27(e)、(f)],前者适用于剪切面上正应力较大的情况,后者则相反。

（二）试验设备

现场直剪试验的仪器设备主要有加载设备、传力设备和量测设备及其他配套设备组成（见表 6-3-19）。图 6-3-28 和图 6-3-29 是两种比较典型的现场直剪装备示意图。

表 6-3-19 岩石现场直剪试验仪器设备

项 目	内 容	数量	规 格	说 明
试体制备设备	手风钻(或切石机,模具,人工开挖工具)	各一套		切石机,模具,应符合试体尺寸要求
加载设备	液压千斤顶(或液压钢枕)	大于 2	500～3 000 kN (10～20 MPa)	出力容量根据试验要求确定,行程大于 70 mm
	液压泵(手动或电动)附压力表,高压管路,测力器等			与液压千斤顶配套使用
传力设备	传力柱(木,钢或混凝土制品),钢垫块,滚轴排			传力柱宜具有足够的刚度
	岩锚,钢索,螺夹或钢梁等	一套		在露天或基坑试验时使用
量测设备	百分表 千分表	大于 6 大于 6	0.01 mm,量程>50 mm 0.001 mm,量程 >2～ 5 mm	
	磁性表座和万能表架,测量标点			数量与百分表配套
	量表支架	大于 2		支杆长度,应超过试验影响范围
其 他	仪器仪表安装工具,混凝土浇捣工具,地质描述工具,照相、照明工具,文具、记录用具	一套		
	水泥,砂,石子			用量根据浇筑混凝土试体和试体处理要求而定

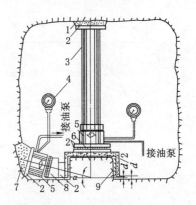

图 6-3-28　岩体直剪（斜推法）试验

1——砂浆顶板；2——钢板；3——传力柱；4——压力表；5——液压千斤顶；
6——滚轴排；7——混凝土后座；8——斜垫板；9——钢筋混凝土保护罩

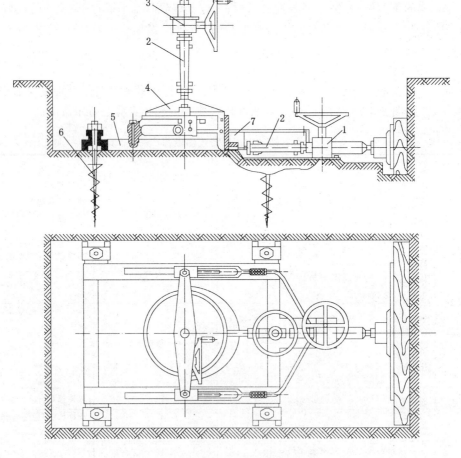

图 6-3-29　DJ—2 型大剪仪结构

1——水平推力部分；2——测力计；3——垂直压力部分；4——传力盖；
5——框架；6——地锚；7——剪切环

（三）试验技术要求

① 现场直剪试验每组岩体不宜少于 5 个，岩体试样尺寸不小于 50 cm×50 cm，一般采用 70 cm×70 cm 的方形体，剪切面积不得小于 0.25 m²。试体最小边长不宜小于 50 cm，高度不宜小于最小边长的 0.5 倍。试体之间的距离应大于最小边长的 1.5 倍。

每组土体试验不宜少于 3 个，剪切面积不宜小于 0.3 m²，土体试样可采用圆柱体或方柱体，高度不宜小于 20 cm 或为最大粒径的 4～8 倍，剪切面开缝应为最小粒径的 1/3～1/4。

② 开挖试坑时应避免对试体的扰动和含水量的显著变化，保持岩土样的原状结构不受扰动是非常重要的，故在爆破、开挖和切样过程中，均应避免岩土样或软弱结构面破坏和含水量的显著变化；对软弱岩土体，在顶面和周边加护层（钢或混凝土），护套底边应在剪切面以上。

在地下水位以下试验时，应先降低水位，安装试验装置恢复水位后，再进行试验，避免水压力和渗流对试验的影响。

③ 施加的法向荷载、剪切荷载应位于剪切面、剪切缝的中心，或使法向荷载与剪切荷载的合力通过剪切面的中心，并保持法向荷载不变；对于高含水量的塑性软弱层，法向荷载应分级施加，以免软弱层挤出。

④ 最大法向荷载应大于设计荷载，并按等量分级，荷载精度应为试验最大荷载的 ±2%。

⑤ 每一试体的法向荷载可分 4～5 级施加；当法向变形达到相对稳定时，即可施加剪切荷载。

⑥ 每级剪切荷载按预估最大荷载的 8%～10% 分级等量施加，或按法向荷载的 5%～10% 分级等量施加；岩体按每 5～10 min，土体按每 30 s 施加一级剪切荷载。

⑦ 当剪切变形急剧增长或剪切变形达到试体尺寸的 1/10 时，可终止试验。

⑧ 根据剪切位移大于 10 mm 时的试验成果确定残余抗剪强度，需要时可沿剪切面继续进行摩擦试验。

（四）试验资料整理、成果分析

1. 试验资料整理

① 岩体结构面直剪试验记录应包括工程名称、试体编号、试体位置、试验方法、试体描述、剪切面积、测表布置、各法向荷载下各级剪切荷载时的法向位移及剪切位移。

② 试验结束后，应对试件剪切面进行描述：

· 准确量测剪切面面积；

· 详细描述剪切面的破坏情况，擦痕的分布、方向和长度；

· 测定剪切面的起伏差，绘制沿剪切方向断面高度的变化曲线；

· 当结构面内有充填物时，应准确判断剪切面的位置，并记述其组成成分、性质、厚度、构造，根据需要测定充填物的物理性质。

2. 计算法向应力和剪应力

① 平推法按下列公式计算各法向荷载下的法向应力和剪应力：

$$\sigma = \frac{P}{A}$$
(6-3-35-1)

$$\tau = \frac{Q}{A} \tag{6-3-35-2}$$

式中　σ——作用于剪切面上的法向应力,MPa;

　　　τ——作用于剪切面上的剪应力,MPa;

　　　P——作用于剪切面上的总法向荷载,N;

　　　Q——作用于剪切面上的总剪切荷载,N;

　　　A——剪切面积,mm²。

② 斜推法按下式计算各法向荷载下的法向应力和剪应力:

$$\sigma = \frac{P}{A} + \frac{Q}{A}\sin a \tag{6-3-35-3}$$

$$\tau = \frac{Q}{A}\cos a \tag{6-3-35-4}$$

式中　Q——作用于剪切面上的总斜向荷载,N;

　　　a——斜向荷载施力方向与剪切面的夹角,(°)。

3. 确定比例强度、屈服强度、峰值强度、剪胀点和剪胀强度

绘制剪切应力与剪切位移曲线、剪应力与垂直位移曲线,确定比例强度、屈服强度、峰值强度、剪胀点和剪胀强度。

(1) 比例界限压力

比例界限压力定义为剪应力与剪切位移曲线直线段的末端相应的剪应力,如直线段不明显,可采用一些辅助手段确定:

① 用循环荷载方法在比例强度前卸荷后的剪切位移基本恢复,过比例界限后则不然。

② 利用试体以下基底岩土体的水平位移与试样水平位移的关系判断在比例界限之前,两者相近;过比例界限后,试样的水平位移大于基底岩土的水平位移。

③ 绘制 $\tau - u/\tau$ 曲线(τ 为剪应力,u 为剪切位移)在比例界限之前,u/τ 变化极小;过比例界限后,u/τ 值增大加快。

(2) 屈服强度

屈服强度可通过绘制试样的绝对剪切位移 u_A 与试样和基底间的相对位移 u_R 以及与剪应力 τ 的关系曲线来确定(见图 6-3-30)。在屈服强度之前,u_R 的增率小于 u_A,过屈服强度后,基底变形趋于零,则 u_A 与 u_R 的增率相等,其起始点为 A,剪应力 τ 与 u_A 曲线上 A 点相应的剪应力即屈服强度。

(3) 剪胀强度

剪胀强度相当于整个试样由于剪切带发生体积变大而发生相对的剪应力,可根据剪应力与垂直位移曲线判定。

(4) 绘制法向应力与比例强度、屈服强度、峰值强度、残余强度的曲线,确定相应的强度参数

岩体结构面的抗剪强度,与结构面的形状、闭合、

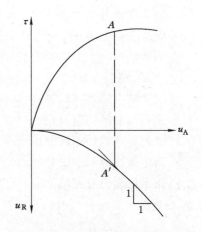

图 6-3-30　确定屈服强度的辅助方法

充填情况和荷载大小及方向等有关。根据长江科学院的经验,对于脆性破坏岩体,可以用比例强度确定抗剪强度参数;而对于塑性破坏岩体,可以利用屈服强度确定抗剪强度参数。

验算岩土体滑动稳定性,可以用残余强度确定抗剪强度参数。因为在滑动面上破坏的发展是累进的,发生峰值强度破坏后,破坏部分的强度降为残余强度。

十、岩体原位应力测试

岩体应力测试适用于无水、完整或较完整的岩体,可采用孔壁应变法、孔径变形法和孔底应变法测求岩体空间应力和平面应力。

用孔壁应变法测试采用孔壁应变计,量测套钻解除应力后钻孔孔壁的岩石应变;用孔径变形法测试采用孔径变形计,量测套钻解除应力后的钻孔孔径的变化;用孔底应变法测试采用孔底应变计,量测套钻解除应力后的钻孔孔底岩面应变。按弹性理论公式计算岩体内某点的应力,当需测求空间应力时,应采用三个钻孔交会法测试。

岩体应力测试的设备、测试准备、仪器安装和测试过程按现行国家标准《工程岩体试验方法标准》(GB/T 50266—2013)执行。

（一）测试技术要求

① 测试岩体原始应力时,测点深度应超过应力扰动影响区;在地下洞室中进行测试时,测点深度应超过洞室直径的 2 倍。

② 在测点测段内,岩性应均一完整。

③ 测试孔的孔壁、孔底应光滑、平整、干燥。

④ 稳定标准为连续三次读数(每隔 10 min 读一次)之差不超过 5。

⑤ 同一钻孔内的测试读数不应少于三次。

⑥ 岩芯应力解除后的围压试验应在 24 h 内进行,压力宜分 5～10 级,最大压力应大于预估岩体最大主应力。若不能在 24 h 内进行围压试验,应对岩芯进行蜡封,防止含水率变化。

（二）资料整理

根据岩芯解除应变值和解除深度,绘制解除过程曲线。

根据围压试验资料,绘制压力与应变关系曲线,计算岩石弹性常数。

孔壁应变法、孔径变形法和孔底应变法计算空间应力、平面应力分量和空间主应力及其方向,可按《工程岩体试验方法标准》(GB/T 50266—2013)附录 A 执行。

十一、激振法测试

激振法测试包括强迫振动和自由振动,用于测定天然地基和人工地基的动力特性,为动力机器基础设计提供地基刚度、阻尼比和参振质量。

（一）试验方法

激振法测试应采用强迫振动方法,有条件时宜同时采用强迫振动和自由振动两种测试方法。

具有周期性振动的机器基础,应采用强迫振动测试。由于竖向自由振动试验,当阻尼比较大时,特别是有埋深的情况,实测的自由振动波数少,很快就衰减了,从波形上测得的固有频率值以及由振幅计算的阻尼比,都不如强迫振动试验准确。但是,当基础固有频率较高时,强迫振动测不出共振峰值的情况也是有的。因此,有条件时宜同时采用强迫振动和自由振动两种测试方法,以便互相补充,互为印证。

进行激振法测试时,应收集机器性能、基础形式、基底标高、地基土性质和均匀性、地下构筑物和干扰振源等资料。

(二)测试技术要求

① 由于块体基础水平回转耦合振动的固有频率及在软弱地基土的竖向振动固有频率一般均较低,因此激振设备的最低频率规定为 3～5 Hz,使测出的幅频响应共振曲线能较好地满足数据处理的需要。而桩基础的竖向振动固有频率高,要求激振设备的最高工作频率尽可能地高,最好能达到 60 Hz 以上,以便能测出桩基础的共振峰值,电磁式激振设备的工作频率范围很宽,但扰力太小时对桩基础的竖向振动激不起来,因此规定,扰力不宜小于 600 N。

② 块体基础的尺寸宜采用 2.0 m×1.5 m×1.0 m。在同一地层条件下,宜采用两个块体基础进行对比试验,基底面积一致,高度分别为 1.0 m 和 1.5 m;桩基测试应采用两根桩,桩间距取设计间距;桩台边缘至桩轴的距离可取桩间距的 1/2,桩台的长宽比应为 2∶1,高度不宜小于 1.6 m;当进行不同桩数的对比试验时,应增加桩数和相应桩台面积;测试基础的混凝土强度等级不宜低于 C15。

③ 测试基础应置于拟建基础附近和性质类似的土层上,其底面标高应与拟建基础底面标高一致。

④ 为了获得地基的动力参数,应进行明置基础的测试,而埋置基础的测试是为获得埋置后对动力参数的提高效果,有了两者的动力参数,就可进行机器基础的设计。因此,测试基础应分别做明置和埋置两种情况的测试,埋置基础的回填土应分层夯实。

⑤ 仪器设备的精度、安装、测试方法和要求等,应符合现行国家标准《地基动力特性测试规范》(GB/T 50269—2015)的规定。

(三)资料整理

激振法测试成果分析应包括下列内容:

(1)强迫振动测试应绘制下列幅频响应曲线

① 竖向振动为竖向振幅随频率变化的幅频响应曲线(A_z—f 曲线)。

② 水平回转耦合振动为水平振幅随频率变化的幅频响应曲线($A_{x\varphi}$—f 曲线)和竖向振幅随频率变化的幅频响应曲线($A_{z\varphi}$—f 曲线)。

③ 扭转振动为扭转力矩作用下的水平振幅随频率变化的幅频响应曲线($A_{x\psi}$—f 曲线)。强迫振动测试结果经数据处理后可得到变扰力或常扰力的幅频响应曲线。

(2)自由振动测试应绘制下列波形图

① 竖向自由振动波形图。

② 水平回转耦合振动波形图。

根据强迫振动测试的幅频响应曲线上的共振频率和共振振幅和自由振动测试的波形图上的振幅和周期数,按现行国家标准《地基动力特性测试规范》(GB/T 50269—2015)计算地基刚度系数、阻尼比和参振质量。

第四节　室内试验及物理力学指标统计分析

一、岩土试验项目和试验方法

本节主要内容是关于岩土试验项目和试验方法的选取以及一些原则性问题的规定,具体的操作和试验仪器规格,则应按现行国家标准《土工试验方法标准》(GB/T 50123—1999)和国家标准《工程岩体试验方法标准》(GB/T 50266—2013)的规定执行。由于岩土试样和试验条件不可能完全代表现场的实际情况,故规定在岩土工程评价时,宜将试验结果与原位测试成果或原型观测反分析成果比较,并作必要的修正后选用。

试验项目和试验方法,应根据工程要求和岩土性质的特点确定。一般的岩土试验,可以按标准的、通用的方法进行。但是,岩土工程师必须注意到岩土性质和现场条件中存在的许多复杂情况,包括应力历史、应力场、边界条件、非均质性、非等向性、不连续性等,如工程活动引起的新应力场和新边界条件,使岩土体与岩土试样的性状之间存在不同程度的差别。试验时应尽可能模拟实际,使试验条件尽可能接近实际,使用试验成果时不要忽视这些差别。

对特种试验项目,应制定专门的试验方案。

制备试样前,应对岩土的重要性状做肉眼鉴定和简要描述。

(一)土的物理性质试验

(1)各类工程均应测定下列土的分类指标和物理性质指标:

砂土:颗粒级配、体积质量、天然含水量、天然密度、最大和最小密度。

粉土:颗粒级配、液限、塑限、体积质量、天然含水量、天然密度和有机质含量。

黏性土:液限、塑限、体积质量、天然含水量、天然密度和有机质含量。

注:① 对砂土,如无法取得Ⅰ级、Ⅱ级、Ⅲ级土试样时,可只进行颗粒级配试验;

　　② 目测鉴定不含有机质时,可不进行有机质含量试验。

(2)测定液限时,应根据分类评价要求,选用现行国家标准《土工试验方法标准》(GB/T 50123—1999)规定的方法。我国通常用76 g瓦氏圆锥仪,但在国际上更通用卡氏碟式仪,故目前在我国是两种方法并用。由于测定方法的试验成果有差异,故应在试验报告上注明。

土的体积质量变化幅度不大,有经验的地区可根据经验判定,但在缺乏经验的地区,仍应直接测定。

(3)当进行渗流分析、基坑降水设计等要求提供土的透水性参数时,应进行渗透试验。常水头试验适用于砂土和碎石土;变水头试验适用于粉土和黏性土;透水性很低的软土可通过固结试验测定固结系数、体积压缩系数和渗透系数。土的渗透系数取值应与野外抽水试验或注水试验的成果比较后确定。

(4)当需对土方回填和填筑工程进行质量控制时,应选取有代表性的土试样进行击实试验,测定干密度与含水量关系,确定最大干密度、最优含水量。

(二)土的压缩固结试验

① 采用常规固结试验求得的压缩模量和一维固结理论进行沉降计算,是目前广泛应用的方法。由于压缩系数和压缩模量的值随压力段而变,所以当采用压缩模量进行沉降计算时,固结试验最大压力应大于土的有效自重压力与附加压力之和,试验成果可用 e—p 曲线

整理,压缩系数和压缩模量的计算应取自土的有效自重压力至土的有效自重压力与附加压力之和的压力段;当考虑深基坑开挖卸荷和再加荷影响时,应进行回弹试验,其压力的施加应模拟实际的加、卸荷状态。

② 按不同的固结状态(正常固结、欠固结、超固结)进行沉降计算,是国际上通用的方法。当考虑土的应力史进行沉降计算时,试验成果应按 $e—\lg p$ 曲线整理,确定先期固结压力并计算压缩指数和回弹指数。施加的最大压力应满足绘制完整的 $e—\lg p$ 曲线。为计算回弹指数,应在估计的先期固结压力之后,进行一次卸荷回弹,再继续加荷,直至完成预定的最后一级压力。

③ 当需进行沉降历时关系分析时,应选取部分土试样在土的有效压力与附加压力之和的压力下,作详细的固结历时记录,并计算固结系数。

④ 沉降计算时一般只考虑主固结,不考虑次固结。但对于厚层高压缩性软土上的工程,次固结沉降可能占相当分量,不应忽视。任务需要时应取一定数量的土试样测定次固结系数,用以计算次固结沉降及其历时关系。

⑤ 除常规的沉降计算外,有的工程需建立较复杂的土的力学模型进行应力应变分析。当需进行土的应力应变关系分析,为非线性弹性、弹塑性模型提供参数时,可进行三轴压缩试验,试验方法宜符合下列要求:

· 进行围压与轴压相等的等压固结试验,应采用三个或三个以上不同的固定围压,分别使试样固结,然后逐级增加轴压,直至破坏,取得在各级围压下的轴向应力与应变关系,供非线性弹性模型的应力应变分析用;各级围压下的试验,宜进行 $1\sim3$ 次回弹试验。

· 当需要时,除上述试验外,还要在三轴仪上进行等向固结试验,即保持围压与轴压相等;逐级加荷,取得围压与体积应变关系,计算相应的体积模量,供弹性、非线性弹性、弹塑性等模型的应力应变分析用。

(三) 土的抗剪强度试验

① 排水状态对三轴试验成果影响很大,不同的排水状态所测得的 c、φ 值差别很大,故应使试验时的排水状态尽量与工程实际一致。三轴剪切试验的试验方法应按下列条件确定:

· 对饱和黏性土,当加荷速率较快时宜采用不固结不排水(UU)试验。由于不固结不排水剪得到的抗剪强度最小,用其进行计算结果偏于安全,但是饱和软黏土的原始固结程度不高,而且取样等过程又难免有一定的扰动影响,故为了不使试验结果过低,规定饱和软黏土应对试样在有效自重压力下预固结后再进行试验。

· 对预压处理的地基、排水条件好的地基、加荷速率不高的工程或加荷速率较快但土的超固结程度较高的工程,以及需验算水位迅速下降时的土坝稳定性时,可采用固结不排水($\overline{CU}$)试验。当需提供有效应力抗剪强度指标时,应采用固结不排水测孔隙水压力($\overline{CU}$)试验。

· 对在软黏土上非常缓慢地建造的土堤或稳态渗流条件下进行稳定分析的土堤,可进行固结排水(CD)试验。

② 直接剪切试验的试验方法,应根据荷载类型、加荷速率及地基土的排水条件确定。虽然直剪试验存在一些明显的缺点,如受力条件比较复杂,排水条件不能控制等,但由于仪器和操作都比较简单,又有大量实践经验,故在一定条件下仍可采用,但对其应用范围应予限制。

无侧限抗压强度试验是三轴试验的一个特例,对于内摩擦角 $\varphi\approx0$ 的软黏土,可用Ⅰ级土样进行无侧限抗压强度试验,代替自重压力下预固结的不固结不排水三轴剪切试验。

③ 测定滑坡带等已经存在剪切破裂面的抗剪强度时,应进行残余强度试验。测滑坡带上土的残余强度,应首先考虑采用含有滑面的土样进行滑面重合剪试验。但有时取不到这种土样,此时可用取自滑面或滑带附近的原状土样或控制含水量和密度的重塑土样做多次剪切。试验可用直剪仪,必要时可用环剪仪。在确定计算参数时,宜与现场观测反分析的成果比较后确定。

④ 当岩土工程评价有专门要求时,可进行一些非常规的特种试验,主要包括两大类:

· 采用接近实际的固结应力比,试验方法包括 K_0 固结不排水(CK_0U)试验,K_0 固结不排水测孔压($\overline{CK_0U}$)试验和特定应力比固结不排水(CKU)试验;

· 考虑到沿可能破坏面的大主应力方向的变化,试验方法包括平面应变压缩(PSC)试验、平面应变拉伸(PSE)试验等。

这些试验一般用于应力状态复杂的堤坝或深挖方的稳定性分析。

（四）土的动力性质试验

当工程设计要求测定土的动力性质时,可采用动三轴试验、动单剪试验或共振柱试验。不但土的动力参数值随动应变而变化,而且不同仪器或试验方法有其应变值的有效范围。故在选择试验方法和仪器时,应考虑动应变的范围和仪器的适用性。

动三轴和动单剪试验可用于测定土的下列动力性质:

（1）动弹性模量、动阻尼比及其与动应变的关系

用动三轴仪测定动弹性模量、动阻尼比及其与动应变的关系时,在施加动荷载前,宜在模拟原位应力条件下先使土样固结。动荷载的施加应从小应力开始,连续观测若干循环周数,然后逐渐加大动应力。

（2）既定循环周数下的动应力与动应变关系

测定既定的循环周数下轴向应力与应变关系,一般用于分析震陷和饱和砂土的液化。

（3）饱和土的液化剪应力与动应力循环周数关系

当出现下列情况之一时,可判定土样已经液化:① 孔隙水压力上升,达到初始固结压力时;② 轴向动应变达到 5% 时。

共振柱试验可用于测定小动应变时的动弹性模量和动阻尼比。

（五）岩石试验

① 岩石的成分和物理性质试验可根据工程需要选定下列项目:

岩矿鉴定;颗粒密度和块体密度试验;吸水率和饱和吸水率试验;耐软化或崩解性试验;膨胀试验;冻融试验。

② 单轴抗压强度试验应分别测定干燥和饱和状态下的强度,并提供极限抗压强度和软化系数。岩石的弹性模量和泊松比,可根据单轴压缩变形试验测定。对各向异性明显的岩石应分别测定平行和垂直层理面的强度。

③ 岩石三轴压缩试验宜根据其应力状态选用四种围压,并提供不同围压下主应力差与轴向应变关系、不同围压下的初始模量和极限轴向主应力差、抗剪强度包络线及强度参数 c、φ 值。

④ 岩石直接剪切试验可测定岩石以及沿节理面、滑动面、断层面或岩层层面等不连续面上的抗剪强度,并提供 c、φ 值和各法向应力下的剪应力与位移曲线。

⑤ 由于岩石对于拉伸的抗力很小,所以岩石的抗拉强度是岩石的重要特征之一。测定岩

石抗拉强度的方法很多,但比较常用的有劈裂法和直接拉伸法。勘察规范推荐采用劈裂法,即在试件直径方向上,施加一对线性荷载,使试件沿直径方向破坏,间接测定岩石的抗拉强度。

⑥ 当间接确定岩石的强度指标时,可进行点荷载试验和声波速度试验。

二、物理力学指标统计分析

(一) 岩土参数可靠性和实用性评价

岩土参数的选用是岩土工程勘察评价的关键。岩土参数可分为两大类:一类是评价指标,用以评定岩土的性状,作为划分地层鉴定类别的主要依据;另一类是计算指标,用以设计岩土工程,预测岩土体在荷载和自然条件作用下的力学行为及变化趋势,指导施工与监测。

对岩土参数的基本要求是可靠、适用。所谓可靠,是指参数能正确地反映岩土体在规定条件下的性状,能比较有把握地估计参数真值所在的区间;所谓适用,是指参数能满足岩土力学计算的假定条件和计算精度要求,岩土工程勘察报告应对主要参数的可靠性和适用性进行分析,在分析的基础上选定参数。

选用岩土参数,应按下列内容评价其可靠性和适用性:

① 取样方法及其他因素对试验结果的影响。

岩土参数的可靠性和适用性,在很大程度上取决于岩土的结构受到扰动的程度。各种不同的取样器和取样方法,对结构的扰动是显著不同的。

② 采用的试验方法和取值标准。

③ 不同测试方法所得结果的分析比较。

对同一个物理力学性质指标,用不同测试手段获得的结果可能不相同,要在分析比较的基础上说明造成这种差异的原因,以及各种结果的适用条件。例如,土的不排水抗剪强度可以用室内 UU 试验求得,也可以用室内无侧限抗压试验求得,也可以用原位十字板剪切试验求得,不同测试手段所得的结果不同,应当进行分析比较。

④ 测试结果的离散程度。

⑤ 测试方法与计算模型的配套性。

(二) 岩土参数统计

岩土的物理力学指标,应按工程地质单元、区段及层位分别统计。

主要参数应按下列公式计算平均值 Φ_m、标准差 σ_f 和变异系数 δ。

$$\Phi_m = \frac{\sum\limits_{i=1}^{n} \Phi_i}{n} \qquad (6\text{-}4\text{-}1\text{-}1)$$

$$\sigma_f = \sqrt{\frac{1}{n-1}\left[\sum_{i=1}^{n} \Phi_i^2 - \frac{1}{n}\left(\sum_{i=1}^{n} \Phi_i\right)^2\right]} \qquad (6\text{-}4\text{-}1\text{-}2)$$

$$\delta = \frac{\sigma_f}{\sigma_m} \qquad (6\text{-}4\text{-}1\text{-}3)$$

式中　Φ_m——岩土参数的平均值;

$\quad\quad n$——区段及层位范围内数据的个数;

$\quad\quad \sigma_f$——岩土参数的标准差;

$\quad\quad \delta$——岩土参数的变异系数。

由于土的不均匀性，对同一土层取的土样，用相同方法测定的数据通常是离散的，并以一定的规律分布。这种分布可以用一阶矩和二阶矩统计量来描述。一阶原点矩是分布平均布置的特征值，称为数学期望或平均值，表示分布的平均趋势；二阶中心矩用以表示分布离散程度的特征，称为方差。标准差是方差的平方根，与平均值的量纲相同。规范要求给出岩土参数的平均值和标准差，而不要求给出一般值、最大平均值、最小平均值一类无概率意义的指标。作为工程设计的基础，岩土工程勘察应当提供可靠性设计所必需的统计参数，并分析数据的分布情况和误差产生的原因并说明数据的舍弃标准。

（三）变异性评价

主要参数宜绘制沿深度变化的图件，并按变化特点划分相关型和非相关型。需要时应分析参数在水平方向上的变异规律。

相关型参数宜结合岩土参数与深度的经验关系，并按式（6-4-2-1）确定剩余标准差，并用剩余标准差计算变异系数。按变异系数，将岩土参数随深度的变异特征划分为均一型（$\delta < 0.3$）和剧变型（$\delta > 0.3$）。

$$\sigma_r = \sigma_f \sqrt{1 - r^2} \qquad (6\text{-}4\text{-}2\text{-}1)$$

$$\delta = \frac{\sigma_r}{\Phi_m} \qquad (6\text{-}4\text{-}2\text{-}2)$$

式中　σ_r——剩余标准差；

r——相关系数（回归分析）；对非相关型，$r = 0$。

岩土参数的标准差可以作为参数离散性的尺度，但由于标准差是有量纲的指标，不能用于不同参数离散性的比较。为了评价岩土参数的变异特点，引入了变异系数 δ 的概念。

变异系数 δ 是无量纲系数，使用上比较方便，在国际上是一个通用的指标，许多学者给出了不同国家、不同土类、不同指标的变异系数经验值。在正确划分地质单元和标准试验方法的条件下，变异系数反映了岩土指标固有的变异性特征（见表6-4-1-1和表6-4-1-2）。对于同一个指标，不同的取样方法和试验方法得到的变异系数可能相差比较大，例如用薄壁取土器取土测定的不排水强度的变异系数比常规厚壁取土器取土测定的结果小得多。

表 6-4-1-1　　　　　　　　　　Ingles 建议的变异系数

岩土参数		范围值	建议标准值
内摩擦角 φ	砂土	0.05～0.15	0.10
	黏性土	0.12～0.56	
黏聚力 c（不排水）		0.20～0.50	0.30
压缩性		0.18～0.73	0.30
固结系数		0.25～1.00	0.50
弹性模量		0.02～0.42	0.30
液 限		0.02～0.48	0.10
塑 限		0.09～0.29	0.10
标准贯入击数		0.27～0.85	0.30
无侧限抗压强度		0.06～1.00	0.40
孔隙比		0.13～0.42	0.25
重 度		0.01～0.10	0.03
黏粒含量		0.09～0.70	0.25

表 6-4-1-2   **国内研究成果的变异系数**

地区	土 类	γ 的变异系数	E_s 的变异系数	φ 的变异系数	c 的变异系数
上海	淤泥质黏土	0.017~0.020	0.044~0.213	0.206~0.308	0.049~0.089
	淤泥质亚黏土	0.019~0.023	0.166~0.178	0.197~0.424	0.162~0.245
	暗绿色亚黏土	0.015~0.031	—	0.097~0.268	0.333~0.646
江苏	黏 土	0.005~0.033	0.177~0.257	0.164~0.370	0.156~0.290
	亚黏土	0.014~0.030	0.122~0.300	0.100~0.360	0.160~0.550
安徽	黏 土	0.020~0.034	0.170~0.500	0.140~0.168	0.280~0.300
河南	亚黏土	0.015~0.018	0.166~0.469	—	—
	粉 土	0.017~0.044	0.209~0.417	—	—

按参数变异性大小,可将岩土参数变异性划分为很低、低、中等、高、很高五种变异类型(见表 6-4-2),定量地判别与评价岩土参数的变异特性,以便区别对待,提出不同的设计参数值。但在使用中,不应将这一分类作为判别指标是否合格的标准,对有些变异系数本身比较大的指标认为勘察试验有问题,这显然是一种误解。

表 6-4-2   **参数变异性**

变异系数 δ	$\delta < 0.1$	$0.1 \leqslant \delta < 0.2$	$0.2 \leqslant \delta < 0.3$	$0.3 \leqslant \delta < 0.4$	$\delta \geqslant 0.4$
变异性	很 低	低	中 等	高	很 高

（四）岩土参数标准值的确定

岩土参数的标准值 Φ_k 是岩土工程设计时所采用的基本代表值,是岩土参数的可靠性估值。岩土参数的标准值,采用统计学区间估计理论基础上得到的关于参数母体平均值置信区间(一般取置信概率 a 为 95%)的单侧置信界限值,标准值 Φ_k 可按下式计算:

$$\Phi_k = \gamma_s \Phi_m \tag{6-4-3-1}$$

$$\gamma_s = 1 \pm \left\{ \frac{1.704}{\sqrt{n}} + \frac{4.678}{n^2} \right\} \delta \tag{6-4-3-2}$$

式中 γ_s——统计修正系数,式中正负号按不利组合考虑,如抗剪强度指标的修正系数应取负值。

统计修正系数 γ_s 也可按岩土工程的类型和重要性、参数的变异性和统计时数据的个数,根据经验选用。

（五）勘察报告中参数的提供

在岩土工程勘察成果报告中应按不同情况提供岩土参数值:

① 一般情况下,应提供岩土参数的平均值、标准差、变异系数、数值分布范围和数据的数量。

② 承载能力极限状态计算需要的岩土参数标准值,应按式(6-4-3-1)计算;当设计规范另有专门规定的标准值取值方法时,可按有关规范执行。

③ 评价岩土体性状需要的岩土参数应采用平均值,正常使用极限状态计算需要的岩土参数宜采用平均值。

岩土工程勘察报告一般只提供岩土参数的标准值,不提供设计值。需要时,当采用分项系数描述设计表达式计算时,岩土参数设计值 φ_d 按下式计算:

$$\varphi_d = \frac{\varphi_k}{\gamma} \tag{6-4-4}$$

式中　γ——岩土参数的分项系数,按有关设计规范的规定取值;

　　　其他符号同前。

第七章 岩土工程勘察成果

第一节 岩土工程分析评价的一般规定

岩土工程分析评价应在工程地质测绘、勘探、测试和收集已有资料的基础上,结合工程特点和要求进行。各类工程,不良地质作用和地质灾害以及各种特殊性岩土的分析评价,应分别符合第二章、第三章和第四章的规定,包括下列内容:

① 场地的稳定性与适宜性。

② 为岩土工程设计提供场地地层结构和地下水空间分布的几何参数、岩土体工程性状的设计参数。

③ 预测拟建工程对现有工程的影响,工程建设产生的环境变化以及环境变化对工程的影响。

④ 提出地基与基础方案设计的建议。

⑤ 预测施工过程可能出现的岩土工程问题,并提出相应的防治措施和合理的施工方法。

岩土工程分析评价应符合下列要求:

① 充分了解工程结构的类型、特点、荷载情况和变形控制要求。

② 掌握场地的地质背景,考虑岩土材料的非均质性、各向异性和随时间的变化,评估岩土参数的不确定性,确定其最佳估值。

③ 充分考虑当地经验和类似工程的经验。

④ 对于理论依据不足、实践经验不多的岩土工程问题,可通过现场模型试验或足尺试验取得实测数据进行分析评价。

⑤ 必要时可建议通过施工监测,调整设计和施工方案。

岩土工程分析评价应在定性分析的基础上进行定量分析。定性分析是评价的首要步骤和基础,不经定性分析不能直接进行定量分析。工程选址及场地对拟建工程的适宜性、场地地质条件的稳定性等问题可仅作定性分析。岩土工程的定量分析可采用定值法,对特殊工程需要时可辅以概率法进行综合评价。对岩土体的变形性状及其极限值,岩土体的强度、稳定性及其极限值,包括斜坡及地基的稳定性,岩土压力及岩土体中应力的分布与传递,其他各种临界状态的判定问题等应做定量分析。

岩土工程计算应符合下列要求:

① 按承载能力极限状态计算,可用于评价岩土地基承载力和边坡、挡墙、地基稳定性等问题,可根据有关设计规范规定,用分项系数或总安全系数方法计算,有经验时也可用隐含安全系数的抗力允许值进行计算。

② 按正常使用极限状态要求进行验算控制,可用于评价岩土体的变形、动力反应、透水

性和涌水量等。

岩土工程的分析评价,应根据岩土工程勘察等级区别进行。对丙级岩土工程勘察,可根据邻近工程经验,结合触探和钻探取样试验资料进行;对乙级岩土工程勘察,应在详细勘探、测试的基础上,结合邻近工程经验进行,并提供岩土的强度和变形指标;对甲级岩土工程勘察,除按乙级要求进行外,尚宜提供载荷试验资料,必要时应对其中的复杂问题进行专门研究,并结合监测对评价结论进行检验。

任务需要时,可根据工程原型或足尺试验岩土体性状的量测结果,用反分析的方法反求岩土参数,验证设计计算,查验工程效果或事故原因。

第二节　成果报告的基本要求

原始资料是岩土工程分析评价和编写成果报告的基础,加强原始资料的编录工作是保证成果报告质量的基本条件。近年来,有些单位勘探测试工作做得不少,但由于对原始资料的检查、整理、分析、鉴定不够重视,因而不能如实反映实际情况,甚至造成假象,导致分析评价的失误。因此,对岩土工程分析所依据的一切原始资料,均应进行整理、检查、分析、鉴定,认定无误后方可利用。

岩土工程勘察报告应资料完整、真实准确、数据无误、图表清晰、结论有据、建议合理,便于使用和适宜长期保存,并应因地制宜、重点突出、有明确的工程针对性。

岩土工程勘察成果报告应根据任务要求、勘察阶段、工程特点和地质条件等具体情况编写,并应包括下列内容:

① 勘察目的、任务要求和依据的技术标准。

② 拟建工程概况。

③ 勘察方法和勘察工作布置。

④ 场地地形、地貌、地层、地质构造、岩土性质及其均匀性。

⑤ 各项岩土性质指标,岩土的强度参数、变形参数、地基承载力的建议值。

⑥ 地下水埋藏情况、类型、水位及其变化。

⑦ 土和水对建筑材料的腐蚀性。

⑧ 可能影响工程稳定性的不良地质作用的描述和对工程危害程度的评价。

⑨ 场地稳定性与适宜性的评价。

与传统的工程地质勘察报告比较,岩土工程勘察报告应对岩土利用、整治和改造的方案进行分析论证,提出建议;对工程施工和使用期间可能发生的岩土工程问题进行预测,提出监控和预防措施的建议。

成果报告应附下列图件:

① 勘探点平面布置图。

② 工程地质柱状图。

③ 工程地质剖面图。

④ 原位测试成果图表。

⑤ 室内试验成果图表。

注:当需要时,尚可附综合工程地质图、综合地质柱状图、地下水等水位线图、素描、照

片、综合分析图表以及岩土利用、整治和改造方案的有关图表、岩土工程计算简图及计算成果图表等。

对岩土的利用、整治和改造的建议宜进行不同方案的技术经济论证,并提出对设计、施工和现场监测要求的建议。

除综合性的岩土工程勘察报告外,尚可根据任务需要,提交下列专题报告:

① 岩土工程测试报告,如某工程旁压试验报告(单项测试报告)。

② 岩土工程检验或监测报告,如某工程验槽报告(单项检验报告)、某工程沉降观测报告(单项监测报告)。

③ 岩土工程事故调查与分析报告,如某工程倾斜原因及纠倾措施报告(单项事故调查分析报告)。

④ 岩土利用、整治或改造方案报告,如某工程深基开挖的降水与支挡设计(单项岩土工程设计)

⑤ 专门岩土工程问题的技术咨询报告,如某工程场地地震反应分析(单项岩土工程问题咨询)、某工程场地土液化势分析评价(单项岩土工程问题咨询)。

勘察报告的文字、术语、代号、符号、数字、计量单位、标点、均应符合国家有关最新标准的规定。

对丙级岩土工程勘察的成果报告内容可适当简化,采用以图表为主,辅以必要的文字说明;对甲级岩土工程勘察的成果报告除应符合本节规定外,尚可对专门性的岩土工程问题提交专门的试验报告、研究报告或监测报告。

第三节　高层建筑岩土工程勘察报告的主要内容和要求

初步勘察报告应满足高层建筑初步设计的要求,对拟建场地的稳定性和建筑适宜性做出明确结论,为合理确定高层建筑总平面布置、选择地基基础结构类型、防治不良地质作用提供依据。

详细勘察报告应满足施工图设计要求,为高层建筑地基基础设计、地基处理、基坑工程、基础施工方案及降水截水方案的确定等提供岩土工程资料,并应做出相应的分析和评价。

高层建筑岩土工程勘察详细勘察阶段报告,除应满足一般建筑详细勘察报告的基本要求外,尚应突出拟建高层建筑的基本情况、场地及地基的稳定性与地震效应、天然地基、桩基、复合地基、地下水、基坑工程等七方面主要内容:

① 高层建筑的建筑结构及荷载特点、地下室层数、基础埋深及形式等情况。

② 场地和地基的稳定性、不良地质作用、特殊性岩土和地震效应评价。

③ 采用天然地基的可能性、地基均匀性评价。

④ 复合地基和桩基的桩型和桩端持力层选择的建议。

⑤ 地基变形特征预测。

⑥ 地下水和地下室抗浮评价。

⑦ 基坑开挖和支护的评价。

详勘报告应阐明影响高层建筑的各种稳定性及不良地质作用的分布及发育情况,评价其对工程的影响。高层建筑场地稳定性及不良地质作用的发育情况,如果已做过初勘并有结论,则在详勘中应结合工程的平面布置,评价其对工程的影响;如果没有进行初勘,则应在分析场地地形、地貌与环境地质条件的基础上进行具体评价,并做出结论。场地地震效应的分析与评价应符合现行国家标准《建筑抗震设计规范》(GB 50011—2010,2009 年版)的有关规定;建筑边坡稳定性的分析与评价应符合现行国家标准《建筑边坡工程技术规范》(GB 50330—2013)的有关规定。

详勘报告应对地基岩土层的空间分布规律、均匀性、强度和变形状态及与工程有关的主要地层特性进行定性和定量评价。岩土参数的分析和选用应符合现行国家标准《建筑地基基础设计规范》(GB 50007—2011)和《岩土工程勘察规范》(GB 50021—2001)的有关规定。

详勘报告应阐明场地地下水的类型、埋藏条件、水位、渗流状态及有关水文地质参数,应评价地下水抗浮设防水位、地下水的腐蚀性及对深基坑、边坡等的不良影响。必要时应分析地下水对成桩工艺及复合地基施工的影响。

天然地基方案应对地基持力层及下卧层进行分析,提出地基承载力和沉降计算的参数,必要时应结合工程条件对地基变形进行分析评价。当采用岩石地基作地基持力层时,应根据地层、岩性及风化破碎程度划分不同的岩体质量单元,并提出各单元的地基承载力。

桩基方案应分析提出桩型、桩端持力层的建议,提供桩基承载力和桩基沉降计算的参数,必要时应进行不同情况下桩基承载力和桩基沉降量的分析与评价,对各种可能选用的桩基方案宜进行必要的分析比较,提出建议。

复合地基方案应根据高层建筑特征及场地条件建议一种或几种复合地基加固方案,并分析确定加固深度或桩端持力层。应提供复合地基承载力及变形分析计算所需的岩土参数,条件具备时,应分析评价复合地基承载力及复合地基的变形特征。

高层建筑基坑工程应根据基坑的规模及场地条件,提出基坑工程安全等级和支护方案的建议,宜对基坑各侧壁的地质模型提出建议。应根据场地水文地质条件,对地下水控制方案提出建议。

应根据可能采用的地基基础方案、基坑支护方案及场地的工程地质、水文地质环境条件,对地基基础及基坑支护等施工中应注意的岩土工程问题及设计参数检测、现场检验、监测工作提出建议。

对高层建筑建设中遇到的下列特殊岩土工程问题,高层建筑勘察期间有时难以解决,要单独进行专门的勘察测试或技术咨询,并应根据专门岩土工程工作或分析研究,单独提出专门的勘察测试或咨询报告:

① 场地范围内或附近存在性质或规模尚不明的活动断裂及地裂缝、滑坡、高边坡、地下采空区等不良地质作用的工程。

② 水文地质条件复杂或环境特殊,需现场进行专门水文地质试验,以确定水文地质参数的工程;或需进行专门的施工降水、截水设计,并需分析研究降水、截水对建筑本身及邻近建筑和设施影响的工程。

③ 对地下水防护有特殊要求,需进行专门的地下水动态分析研究,并需进行地下室抗浮设计的工程。

④ 建筑结构特殊或对差异沉降有特殊要求,需进行专门的上部结构、地基与基础共同作用分析计算与评价的工程。

⑤ 根据工程要求,需对地基基础方案进行优化、比选分析论证的工程。

⑥ 抗震设计所需的时程分析评价。

⑦ 有关工程设计重要参数的最终检测、核定等。

高层建筑岩土工程勘察报告所附图件应体现勘察工作的主要内容,全面反映地层结构与性质的变化,紧密结合工程特点及岩土工程性质,并应与报告书文字相互呼应。每份勘察报告书都应附的主要图件及附件应包括下列几种:

① 岩土工程勘察任务书(含建筑物基本情况及勘察技术要求)。

② 拟建建筑平面位置及勘探点平面布置图。

③ 工程地质钻孔柱状图或综合工程地质柱状图。

④ 工程地质剖面图。

当工程地质条件复杂或地基基础分析评价需要时,宜绘制下列图件:

① 关键地层层面等高线图和等厚度线图。

② 工程地质立体图。

③ 工程地质分区图。

④ 特殊土或特殊地质问题的专门性图件。

高层建筑岩土工程勘察报告所附表格和曲线应全面反映勘察过程中所进行的各项室内试验和原位测试工作,为高层建筑岩土工程分析评价和地基基础方案的计算分析与设计提供系统完整的参数和分析论证的数据。主要图表宜包括下列几类:

① 土工试验及水质分析成果表,需要时应提供压缩曲线、三轴压缩试验的摩尔圆及强度包线。

② 各种地基土原位测试试验曲线及数据表。

③ 岩土层的强度和变形试验曲线。

④ 岩土工程设计分析的有关图表。

附录 房屋建筑和市政基础设施工程
勘察文件编制深度规定(2010年版)

中华人民共和国住房和城乡建设部建质[2010]215号文:为进一步贯彻《建设工程质量管理条例》和《建设工程勘察设计管理条例》,确保房屋建筑和市政基础设施工程勘察质量,我部组织建设综合勘察研究设计院(主编)等单位编制了房屋建筑和市政基础设施工程勘察文件编制深度规定(2010年版),经审查,现批准发布,自2011年1月1日起施行。原《建筑工程勘察文件编制深度规定(试行)》同时废止。

1 总 则

1.0.1 为贯彻《建设工程质量管理条例》和《建设工程勘察设计管理条例》,统一勘察文件编制深度,确保岩土工程勘察质量和工程安全,提高建设项目的投资效益,编制本规定。

1.0.2 本规定所指勘察文件,主要指岩土工程勘察纲要、勘察报告及相关的专题报告。

1.0.3 本规定适用于房屋建筑工程、市政工程和城市轨道交通工程勘察文件编制。

1.0.4 勘察文件编制应根据不同勘察阶段要求进行。本规定主要对详勘阶段的勘察文件编制深度做出规定,其他阶段的勘察文件编制可参照执行。

1.0.5 勘察文件的编制,除应符合本规定外,尚应满足现行相关技术标准的要求,严格执行《工程建设标准强制性条文》的规定。

2 基 本 规 定

2.0.1 岩土工程勘察文件应根据工程和场地情况、设计要求确定执行的现行技术标准编制。同一部分内容涉及多个技术标准时,应在相应部分进一步明确依据的技术标准。

2.0.2 岩土工程勘察实施前应编制勘察纲要。

2.0.3 岩土工程勘察报告应通过对原始资料的整理、检查和分析,正确反映场地工程地质条件、查明不良地质作用和地质灾害,做到资料完整、评价正确、建议合理。

2.0.4 勘察报告应根据工程特点和设计提出的技术要求编写,应有明确的针对性,详细勘察报告应满足施工图设计要求。

2.0.5 勘察报告签章应符合下列要求:

① 勘察报告应有完成单位公章,法定代表人、单位技术负责人签章,项目负责人、审核人等相关责任人姓名(打印)及签章,并根据注册执业规定加盖注册章;

② 图表应有完成人、检查人或审核人签字;

③ 各种室内试验和原位测试,其成果应有试验人、检查人或审核人签字;

④ 当测试、试验项目委托其他单位完成时,受托单位提交的成果还应有该单位印章及

责任人签章；

⑤ 其他签章管理要求。

2.0.6 勘察文件的文字、标点、术语、代号、符号、数字和计量单位均应符合有关规范、标准。

2.0.7 勘察报告主要由文字部分和图表组成，必要时可增加附件。

2.0.8 岩土工程勘察报告文字部分应包括下列内容：

① 工程与勘察工作概况；

② 场地环境与工程地质条件；

③ 岩土参数统计；

④ 岩土工程分析评价；

⑤ 结论与建议。

2.0.9 勘察报告文字部分幅面宜采用 A3 或 A4，篇幅较大时可分册装订。装订内容应符合下列要求：

① 封面和扉页：标明勘察报告名称、勘察阶段、单位资质等级及编号、相关责任人签章、编写单位、提交日期等；

② 目次；

③ 文字部分；

④ 图表；

⑤ 附件（需要时）。

3 勘 察 纲 要

3.0.1 勘察纲要应在充分收集、分析已有资料和现场踏勘的基础上，依据勘察目的、任务和相应技术标准的要求，针对拟建工程的特点编写。

3.0.2 勘察纲要应合理确定执行的技术标准，当合同、协议、招标文件有要求时，应满足约定的技术标准。

3.0.3 勘察纲要由文字部分和图表构成。

3.0.4 勘察纲要的文字部分宜包括下列内容：

① 工程概况；

② 概述拟建场地环境、工程地质条件；

③ 勘察任务要求及需要解决的主要技术问题；

④ 执行的技术标准；

⑤ 选用的勘探方法；

⑥ 勘探工作量布置；

⑦ 勘探孔（槽、井、洞）回填；

⑧ 拟采取的质量控制、安全保证和环境保护措施；

⑨ 拟投入的仪器设备、人员安排、勘察计划进度等。

3.0.5 拟定的勘察工作量应包括下列内容：

① 钻探（井探、槽探等）间距、深度、数量；

② 地球物理勘探、原位测试的种类、方法、深度或间距、数量；

③ 取样器、取样方法选择，取岩、土样间距和水试样数量及贮存、运输要求；

④ 室内岩、土(水)试验内容、方法、数量；

⑤ 需要进行工程地质测绘和调查时，应明确测绘范围、比例尺、测绘方法。

3.0.6　勘察纲要应附拟建工程勘探点平面布置图。需要时，可附勘探点及原位测试、室内岩土、水试验计划表等。

3.0.7　当场地情况变化大或设计方案变更原因，拟定勘察工作不能满足要求时，应及时调整勘察纲要或编制补充勘察纲要。

3.0.8　勘察纲要及其变更应按质量管理程序审批，由相关责任人签署。

4　房屋建筑工程

4.1　一般规定

4.1.1　房屋建筑工程一般称建筑工程，包括房屋建筑物及附属构筑物。

4.1.2　房屋建筑工程勘察报告应充分体现工程特点，内容应符合本章要求。

4.2　工程与勘察工作概况

4.2.1　工程与勘察工作概况应包括下列内容：

① 拟建工程概况；

② 勘察目的、任务要求和依据的技术标准；

③ 岩土工程勘察等级；

④ 勘察方法及勘察工作完成情况；

⑤ 其他必要的说明。

4.2.2　拟建工程概况应叙述工程名称、委托单位名称、勘察阶段、工程位置、层数(地上和地下)或高度，拟采用的结构类型、基础形式、埋置深度。当设计条件已经明确时，应叙述设计室内外地面标高、荷载条件、拟采用的地基和基础方案、大面积地面荷载、沉降及差异沉降的限制、振动荷载及振幅的限制等。

4.2.3　勘察目的、任务要求和依据的技术标准应以现行技术标准为依据，并满足勘察任务委托书或勘察合同的要求。

4.2.4　勘察方法及勘察工作完成情况应包括下列内容：

① 工程地质测绘或调查的范围、面积、比例尺以及测绘、调查的方法；

② 勘探点的布置、勘探设备和方法及完成工作量；

③ 原位测试的种类、数量、方法；

④ 采用的取土器和取土方法、取样(土样、岩样和水样)数量；

⑤ 岩土室内试验和水(土)腐蚀性分析的完成情况；

⑥ 勘探孔(井、槽等)回填情况；

⑦ 引用已有资料的情况；

⑧ 勘探点测放的依据；

⑨ 协作、分包单位的说明；

⑩ 其他问题说明。

4.3 场地环境与工程地质条件

4.3.1 场地环境与工程地质条件主要包括以下内容：

① 根据工程需要叙述气象和水文情况；

② 根据工程需要叙述区域地质构造情况；

③ 场地地形、地貌；

④ 不良地质作用及地质灾害的种类、分布、发育程度；

⑤ 场地各岩土层的年代、类型、成因、分布、工程特性，岩层的产状、岩体结构和风化情况；

⑥ 埋藏的河道、浜沟、池塘、墓穴、防空洞、孤石及溶洞等对工程不利的埋藏物的特征、分布；

⑦ 地下水和地表水。

4.3.2 土的分类与描述应在现场记录的基础上，结合室内试验的开土记录和试验结果综合确定。岩土描述应符合相关标准要求。

4.3.3 场地地下水和地表水的描述应包括下列内容：

① 勘察时的地下水位、地下水的类型及其动态变化幅度；

② 地下水的补给、径流和排泄条件，地表水与地下水的补排关系，是否存在对地下水和地表水的污染源，是否污染及污染程度等。

③ 必要的水文地质实验成果和水文地质参数；

④ 对多层地下水应分层描述，并描述含水层之间是否存在水力联系等；

⑤ 对工程有影响的地表水情况；

⑥ 历史最高水位、近 3～5 年最高地下水位调查成果。

4.4 岩土参数统计

4.4.1 岩土参数统计应根据钻孔（探井）记录、工程地质测绘和调查资料、室内试验和原位测试成果，对不同工程地质单元进行工程地质分区及岩土分层。当分层统计指标变异系数超过规定标准时，应分析原因，必要时调整工程地质单元、岩土层划分、统计指标样本数量并重新统计。

4.4.2 统计参数应根据岩土工程评价需要选取，宜包括下列内容：

① 岩土的天然密度、天然含水量；

② 粉土、黏性土的孔隙比；

③ 黏性土的液限、塑限、液性指数和塑性指数；

④ 土的压缩性、抗剪强度等力学特征指标；

⑤ 岩石的密度、软化系数、吸水率、单轴抗压强度；

⑥ 特殊性岩土的特征指标；

⑦ 静力触探的比贯入阻力或锥尖阻力、侧壁摩阻力，标准贯入试验和圆锥动力触探试验的锤击数及其他原位测试指标；

⑧ 其他必要的岩土指标。

4.4.3 岩土参数统计应符合所依据的技术标准,并符合下列要求:

① 岩土的物理力学性质指标,应按岩土单元分层统计;

② 应提供岩土参数的统计个数、平均值、最小值、最大值;

③ 岩土层的主要测试指标(包括孔隙比、压缩模量、黏聚力、内摩擦角、标准贯入试验锤击数、圆锥动力触探锤击数、岩石抗压强度等)应提供统计个数、平均值、最小值、最大值标准差、变异系数等;

④ 必要时提供参数建议值。

4.5 岩土分析评价

4.5.1 勘察报告应在工程地质测绘、勘探、测试及收集已有资料的基础上,结合工程特点和要求进行岩土工程分析评价,提供设计与施工所需的岩土参数。

4.5.2 岩土工程分析评价应包括下列内容:

① 场地稳定性、适宜性评价;

② 特殊性岩土评价(本规定第7章);

③ 地下水和地表水评价;

④ 岩土工程参数分析;

⑤ 地基基础方案分析;

⑥ 根据工程需要进行基坑工程分析;

⑦ 其他岩土工程相关问题的分析、评价。

4.5.3 场地稳定性、适宜性评价应包括下列内容:

① 不良地质作用和地质灾害、边坡的影响(本规定第7章);

② 场地地震效应影响(本规定第8章);

③ 工程建设场地适宜性。

4.5.4 地下水和地表水评价应包括下列内容:

① 分析评价地下水(土)和地表水对建筑材料的腐蚀性;

② 分析地下水对工程建设的影响,提供水文地质参数,提出相应的地下水控制措施的建议;

③ 评价地表水和地下水的相互作用,地表水对工程建设的影响,存在抗浮问题时进行抗浮评价,提出相应的技术控制措施及建议;

④ 工程需要时评价工程建设对原有水文地质条件(地表水、地下水径流条件改变)的影响;

⑤ 当场地水文地质条件复杂,且对地基评价、基础抗浮和地下水控制有重大影响,常规岩土工程勘察难以满足设计施工要求时,应建议进行专门的水文地质勘察。

4.5.5 根据岩土参数统计结果,结合地区性工程经验,对场地地基的岩土参数进行分析评价,必要时提供建议值。

4.5.6 地基基础分析评价应在充分了解拟建工程的设计条件前提下,根据建筑场地工程地质条件,结合工程经验,考虑施工条件对周边环境的影响、材料供应以及地区工程概念抗震设防烈度等因素,对天然地基、桩基础和地基处理进行评价,提出安全可靠、技术可行、经济合理的一种或几种地基基础方案建议。

4.5.7　天然地基评价应包括下列内容：

① 采用天然地基的可行性；

② 天然地基均匀性评价；

③ 建议天然地基持力层；

④ 提供地基承载力；

⑤ 存在软弱下卧层时，提供验算软弱下卧层计算参数，必要时进行下卧层强度验算；

⑥ 需要进行地基变形计算时，提供变形计算参数。

4.5.8　桩基础评价应包括下列内容：

① 采用桩基的适宜性；

② 可选的桩基类型、桩端持力层建议；

③ 桩基设计及施工所需的岩土参数；

④ 对欠固结土及有大面积堆载、回填土、自重湿陷性黄土等工程，分析桩侧产生负摩阻力的可能性及其影响；

⑤ 需要抗浮的工程，应提供抗浮设计岩土参数；

⑥ 分析成桩的可行性、挤土效应、桩基施工对环境的影响以及设计、施工应注意的问题等内容。

4.5.9　地基处理评价应包括下列内容：

① 地基处理的必要性、处理方法的适宜性；

② 地基处理方法、范围的建议；

③ 根据建议的地基处理方案，提供地基处理设计和施工所需的岩土参数；

④ 评价地基处理对环境的影响；

⑤ 提出地基处理设计施工注意事项建议；

⑥ 提出地基处理试验、检测的建议。

4.5.10　基坑工程的分析评价应包括下列内容：

① 阐述基坑周围岩土条件、周围环境概况及基坑安全等级；

② 提供岩土的重度和抗剪强度指标，说明抗剪强度的试验方法；

③ 分析基坑施工与周围环境的相互影响；

④ 提出基坑开挖与支护方案的建议；

⑤ 基坑开挖需要进行地下水控制时，提出地下水控制所需水文地质参数及防治措施建议；

⑥ 提出施工阶段的环境保护和监测工作的建议。

4.6　结论与建议

4.6.1　结论与建议应有明确的针对性，并包括下列内容：

① 岩土工程评价的重要结论的简明阐述；

② 工程设计施工应注意的问题；

③ 工程施工对环境的影响及防治措施的建议；

④ 其他相关问题及处置建议。

4.6.2　岩土工程评价的重要结论应包括下列内容：

① 场地稳定性评价；

② 场地适宜性评价；

③ 场地地震效应评价；

④ 土和水对建筑材料的腐蚀性；

⑤ 地基基础方案的建议；

⑥ 基坑支护措施的建议(需要时)；

⑦ 地下水控制措施的建议(需要时)；

⑧ 季节性冻土地区场地土的标准冻结深度；

⑨ 其他重要结论。

5　市 政 工 程

5.1　一般规定

5.1.1　市政工程包括城市道路、桥涵、室外管线、城市堤岸、给水排水厂站工程、垃圾填埋场等。

5.1.2　市政工程勘察报告内容应符合本章要求，体现市政工程特点。本章未具体说明的，参照第4章执行。

5.1.3　场地地质条件复杂或线路较长的城市道路、室外管线、城市堤岸勘察报告可分段编写。

5.2　工程与勘察工作概况

5.2.1　工程与勘察工作概况应包括下列内容：

① 拟建工程概况；

② 勘察目的、任务要求和依据的技术标准；

③ 岩土工程勘察等级；

④ 勘察方法及勘察工作完成情况；

⑤ 其他必要的说明。

5.2.2　拟建工程概况应叙述工程名称、委托单位名称、勘察阶段、工程类别、特点、场地位置、地面条件、基础形式、埋深、初步拟定的施工方法等。

5.2.3　市政工程概况尚需根据其工程特点叙述下列内容：

① 城市道路工程包括道路的起止位置(坐标、里程)、与其他路网连接关系、道路长度与路幅宽度、道路等级、路面设计标高、沿线桥涵穿(跨)越形式和主要支挡构筑物位置等；

② 桥涵工程包括拟定的桥梁长度、宽度、等级、跨径、荷载情况、结构形式以及墩台拟采取的基础形式、埋深等；

③ 室外管线工程包括管线的起止位置(坐标、里程)、与其他管网连接关系、设计长度、管道类型、管材、管径以及穿越铁路、公路、河谷的位置、埋设深度和方式等；

④ 堤岸工程包括堤岸起止位置(坐标、里程)、顶面设计标高、各段堤岸的结构类型、采

取的基础形式、埋置深度等；

⑤ 垃圾填埋工程包括垃圾类型、主要成分、处理方式、处理总量及日处理量，填埋场库区结构、坝型及坝高，建（构）筑物结构、荷载、基础类型及埋深、防渗结构变形要求、使用年限等。

5.2.4 勘察目的、任务要求和依据的技术标准应符合本规定 4.2.3 要求。

5.2.5 勘察方法及勘察工作完成情况应符合本规定 4.2.4 要求。

5.3 场地环境与工程地质条件

5.3.1 场地环境与工程地质条件的内容应符合本规定 4.3 节的要求，并重点阐述以下内容：

① 沉井基础、顶管法施工的管道工程，应描述碎石土最大粒径及其含量；

② 河流、河谷地区尚应叙述历史洪水位。

5.4 岩土参数统计

5.4.1 岩土参数统计应符合本规定 4.4 节的要求，具体统计参数应根据工程特点及依据的技术标准确定。

5.5 岩土分析评价

5.5.1 市政工程岩土工程分析评价应符合本规定 4.5 节及本节要求。

5.5.2 市政工程应根据不同地质单元及工程类型分段评价。

5.5.3 应重点评价影响市政工程稳定的不良地质作用和可能产生沉陷、液化、湿陷、融陷或胀缩等变形的特殊性岩土。

5.5.4 城市道路工程的分析评价尚应包括下列内容：

① 根据城市道路沿线工程地质条件，包括湿陷性黄土、软土、松散填土、膨胀土、冻土、可能产生地震液化的土层等特殊路基的分布厚度和工程性质，提供必要的岩土参数和处理措施建议；

② 根据沿线各段的地表水来源和排水条件，地下水类型与水位变化幅度，分析地表水和地下水对路基稳定性的影响；

③ 划分路基干湿类型；

④ 滨河道路或穿越河流、沟谷的道路，应分析浸泡冲刷作用对路堤的影响，对路基稳定性进行分析，提供路堤边坡稳定性验算参数，并提出处理措施建议；

⑤ 填方路段应对路基填筑可用材料质量及开采运输条件作出评价，并提出料场选择、材料击实性指标、填筑压实质量控制措施建议；

⑥ 高填路基应提供路基稳定性分析计算参数，软土地区的高填路基应提供路基变形计算的参数；

⑦ 斜坡路基及深挖路堑地段，应提供边坡稳定性验算参数，必要时验算边坡稳定性并提出支挡方式或开挖放坡的建议。

5.5.5 桥涵工程的分析评价尚应包括下列内容：

① 通过分析桥位的周边建筑物分布、地形地貌、水文与地质条件及岸坡的不良地质作

用,评价桥址的适宜性和桥台、岸坡的稳定性;

② 根据任务要求提供跨河桥水文资料、河床冲刷情况和河床物质组成;

③ 根据地层岩性分布、河床冲淤变化趋势、地下水埋藏条件以及地基岩土的工程性质,并根据地基土冻胀深度,提出基础埋置深度和持力层选择建议,提供地基承载力及沉降验算参数;

④ 存在具有水头压力差的砂层、粉土地层时,应评价产生潜蚀、流土、管涌的可能性;

⑤ 桥梁墩台明挖基础及地下箱涵通道等地下工程,应提供边坡稳定性验算参数,提出施工时地下水控制、岩土体支护与对相邻建筑物、管线监测建议;

⑥ 采用桩基础时,应符合本规定4.5.8要求;

⑦ 采用沉井基础时,尚应符合下列要求:

——提供沉井外壁与周围岩土的摩阻力;

——在河床、岸边施工时,评价人工开挖边坡对岸坡稳定性的影响;

——阐明影响施工的块石、漂石和其他障碍物,分析沉井施工对邻近建筑物的影响;

——评价沉井地基承载力;

——提供相关处理岩土参数,提出沉井施工问题防治措施的建议。

5.5.6 室外管线工程的分析评价尚应包括下列内容:

① 存在不良地质作用的地段,应评价其发展趋势及危害程度,分析管线产生沉陷、不均匀变形或整体失稳的可能性,必要时提出整治措施建议和防治工程设计参数;

② 明挖直埋管线应根据埋置深度、沿线地面建筑或地下埋设物位置、岩土性质及地下水位等条件,分析明挖直埋的可行性和基槽边坡的稳定性,对可能产生潜蚀、流沙、管涌和坍塌的边坡提出降排水、支护或放坡措施建议;

③ 顶管工程应分析顶管段地层岩性变化、富水特征及其影响,提供顶管设计所需参数及工作井与接收井地下水控制、支护措施建议,对顶管实施可行性作出初步评价;

④ 根据不同类型的管材,分段评定环境水和土对管道和管基材料的腐蚀性,并提出防治措施建议。

5.5.7 城市堤岸工程的分析评价尚应包括下列内容:

① 根据堤岸沿线各地段的地形、地貌、地质、地层特征,分段分析与评价地基土工程性质和均匀性,提供各层地基土的承载力和变形参数、土压力计算和岸坡稳定性验算的设计和治理所需的岩土参数;

② 根据河流水文条件评价沿线岸坡稳定性和侵蚀程度,对堤岸结构类型和构筑物基础埋置深度和防腐措施提出建议;

③ 根据地表水与地下水的补排关系,分析施工和使用期间地下水的变化趋势,必要时提供降水设计所需参数;

④ 分析产生流土、管涌的可能性,提出防治措施建议;

⑤ 存在采砂活动或不良地质作用的地段,应评价河槽形态发展趋势及对岸坡稳定性的影响,提出整治措施的建议和必要的防治工程设计参数;

⑥ 对各类堤岸结构宜采用的基础形式以及地基处理措施提出建议;

⑦ 提出工程施工监测建议。

5.5.8 支挡结构工程分析评价尚应包括下列内容:

① 根据支挡结构所处位置的地质构造、地层岩性,提供支挡结构设计、施工所需的岩土物理力学指标;

② 评价支挡结构及地基稳定性;

③ 提供地基处理方法和支挡工程类型优选建议;

④ 根据支挡地段水文地质条件,评价地下水对支挡建筑物的影响,提出排水、降水措施建议;

⑤ 提出工程施工监测建议。

5.5.9 垃圾填埋工程的分析评价尚应包括下列内容:

① 根据场地地形地貌、不良地质作用和地质灾害等,评价场地和边坡的稳定性,提出处理措施的建议;

② 根据场地岩土分布及物理力学性质,评价地基土的强度与变形特征和地基土的均匀性,提供地基承载力;

③ 阐明拟建场区及相邻影响区的水文地质条件,提供地基土的渗透系数等水文地质参数,评价水和土对建筑材料的腐蚀性;

④ 根据垃圾处理场(厂)类型、填埋场库区结构、容量、坝型和坝高、不同建(构)筑物的性质,建议适宜采用的基础形式、地基处理、防渗及边坡治理措施;

⑤ 对地下水位高的垃圾填埋场,应对施工期、空载候填期和下潜设施(如集水井、调节池)等不利条件进行抗浮、突涌分析,并提出相关建议;需要进行工程降水时,应提出相应建议并评价降水对周围环境的影响;

⑥ 根据工程及地基特点提出工程监测的建议;

⑦ 工程需要时,应根据垃圾渗沥液的化学成分,分析污染物的迁移规律,开展预测填埋场运营过程中出现渗沥液垂直和侧向渗漏,引起污染可能性的专项评价。

5.6 结论与建议

5.6.1 市政工程结论与建议内容应符合本规定 4.6 节要求。

6 城市轨道交通工程

6.1 一般规定

6.1.1 城市轨道交通工程包括城市地下铁道和轻轨交通的车站、隧道、高架线路、路基、桥涵、车辆段、停车场及附属建筑物。

6.1.2 城市轨道交通工程勘察报告内容应符合本章要求,体现城市轨道交通工程特点。车辆段、停车场中的地面建筑物及本章未具体说明的,参照第 4 章的规定执行。

6.1.3 城市轨道交通工程应按车站、区间分册编写勘察报告,车辆段、停车场应划分线路、地面建筑物分册编写,附属建筑物可根据需要纳入工点报告或单独编写。

6.2 工程与勘察工作概况

6.2.1 城市轨道交通工程与勘察工作概况应包括下列内容:

① 拟建工程概况；

② 勘察目的、任务要求和依据的技术标准；

③ 岩土工程勘察等级；

④ 勘察方法及勘察工作完成情况；

⑤ 其他必要的说明。

6.2.2 拟建工程概况应叙述工程名称、委托单位名称、勘察阶段、总体工程及勘察区段概况、位置、环境条件概述、车站和线路区间敷设类型、设计荷载、结构类型、尺寸、基础底板埋深(或标高)、地下结构顶板埋深(或标高)及覆盖土层厚度、初步拟定的施工方法等。

6.2.3 拟建工程概况尚需根据其工程特点叙述下列内容：

① 车站包括起止及中心里程、长度、宽度、基础埋深、主体结构类型；

② 区间线路包括线路起止里程、线路类型、线区间,联络通道、竖井、盾构始发(接受)井的位置及结构设计尺寸；

③ 高架车站、线路包括跨距、墩柱或桩设计荷载,高架区间跨越的铁路线、公路线、河流等；

④ 地面线路包括路基(路堤、路堑)及支挡结构物的设计条件。

6.2.4 勘察目的、任务要求和依据的技术标准应符合本规定4.2.3要求。

6.2.5 勘察方法及勘察工作完成情况应符合本规定4.2.4要求。

6.3 场地环境与工程地质条件

6.3.1 场地环境与工程地质条件的内容应符合本规定4.3节的要求,并重点叙述以下内容：

① 暗挖工程应按工程要求进行岩土施工工程分级和隧道围岩分级；

② 需要填方的路基、车辆段或停车场,应明确填料组别；

③ 对盾构工程,碎石土应描述最大粒径及其含量,提供颗粒分析曲线、特征粒径、砾石的破碎强度；粉土和黏性土需要提供黏粒含量；

④ 场地水文地质条件,应阐述岩土层的透水性和富水性,地表水和地下水之间的水力联系,河流、河谷地区尚应根据任务要求提供历史洪水位、冲刷特征。

6.4 岩土参数统计

6.4.1 岩土参数统计应符合本规定4.4节的要求,具体统计参数应根据工程特点及依据的技术标准确定。

6.5 岩土分析评价

6.5.1 城市轨道交通工程岩土工程分析评价应符合本规定4.5节要求,并应根据项目特点满足本节要求。

6.5.2 分析与评价地基及围岩的稳定性、均匀性,评价施工工法的适宜性,确定暗挖车站和区间隧道的岩土施工工程分级和围岩分级,对设计施工提出相应的措施和建议。

6.5.3 评价场地地下水在工程施工和使用期间可能产生的变化及其对工程和环境的影响,对地下结构的防水和抗浮进行分析；需进行地下水控制时提供地下水控制设计参数,提出工程地下水控制措施及监测的建议。

6.5.4 分析评价地下工程施工方法对邻近建筑和市政设施的影响,提供稳定性分析及支护计算的岩土参数。

6.5.5 提供地基承载力、桩的侧阻力、端阻力、基床系数、静止侧压力系数、电阻率、热物理指标等岩土参数。

6.5.6 车站和基坑工程尚应包括下列内容:

① 评价岩土层的稳定性及其对设计、施工的影响,提出支护方案的建议;

② 提供天然地基、桩基、中柱桩的设计施工所需的参数。

6.5.7 隧道工程分析评价尚应包括下列内容:

① 进行岩土施工工程分级和围岩分级,评价围岩的稳定性;

② 阐述断裂构造和破碎带的位置、规模、产状和力学属性,划分岩体结构类型,必要时预测隧道涌水量。

6.5.8 矿山法施工的分析评价尚应包括下列内容:

① 分析不良地质作用和特殊地质条件,指出可能出现的坍塌、冒顶、边墙失稳、洞底隆起、涌水和突水等现象及其地段;

② 在围岩分级的基础上,指出影响围岩稳定的薄弱部位;

③ 对可能出现高地应力地段,进行地应力对工程影响的分析,提出进行地应力观测建议;

④ 对需爆破的地段,分析其可能产生的影响及范围,提出防治措施的建议。

6.5.9 盾构法施工的分析评价尚应包括下列内容:

① 根据岩土层的特点和岩土物理力学性质,对盾构法施工适宜性进行评价;

② 指出复杂地层及河流、湖泊等地表水体对盾构施工的影响;

③ 分析盾构施工可能造成的沉降和土体位移等地面变形,分析地面变形对周边环境和邻近建(构)筑物的影响,提出防治措施建议。

6.5.10 高架线路工程分析评价尚应包括下列内容:

① 提供桩基承载力和变形计算所需的参数,评价桩基稳定性,提出桩的类型、入土深度建议,必要时估算单桩承载力;

② 根据任务要求提供跨河桥河流的流速、流量、抗洪设防水位、河流冲刷线等资料;

③ 跨线桥尚应满足所跨线路(道路、公路、铁路)的相关要求。

6.5.11 一般路基工程分析评价尚应包括下列内容:

① 分段划分岩土工程施工分级;

② 评价路基基底的稳定性。

6.5.12 高路堤工程分析评价尚应包括下列内容:

① 分析不利倾向的软弱夹层,评价基底和斜坡稳定性;

② 分析地下水活动对基底稳定性的影响;

③ 分段提供验算基底稳定性的岩土参数;

④ 软土地区的高路堤应提供变形计算参数,提出地基处理方法建议,工程需要时估算沉降量和工后沉降。

6.5.13 深路堑工程分析评价尚应包括下列内容:

① 评价岩土透水性及地下水对路堑边坡及地基稳定性的影响;

② 提供边坡稳定性计算和支护设计参数;

③ 提出边坡最优开挖坡率和排水措施建议。

6.5.14　支挡结构工程分析评价应符合本规定5.5.8要求。

6.5.15　涵洞工程分析评价尚应包括下列内容:

① 阐述地貌、地层、岩性、地质构造、天然沟床稳定状态、隐伏基岩的倾斜状态、不良地质作用和特殊地质条件;

② 根据涵洞地基水文地质条件,提供含水层的渗透系数等参数;

③ 地基为人工填土时,应评价其适宜性,提供承载力值,对施工和使用过程中可能发生的问题进行说明,并提出相应措施的建议。

6.5.16　车辆段和停车场工程应根据不同结构类型分别进行评价,并考虑场地平整的要求。

① 阐述建筑范围内岩土层的类型、深度、分布、工程特性,分析评价地基的稳定性、均匀性和承载力,提出地基方案建议;

② 对需要进行地基变形计算的建筑物,提供地基变形计算参数,预测建筑物的变形特征;

③ 填方工程应对填料和施工提出控制要求。

6.5.17　环境影响分析应根据任务要求进行,可包括下列内容:

① 分析基坑开挖、隧道掘进和桩基施工等可能引起的地面沉降和土体位移,及其对邻近建(构)筑物及地下管线的影响;

② 分析施工降水导致地下水位变化,出现区域性降落漏斗、水源减少、地面固结沉降等情况,提出防治措施建议;

③ 分析工程建成后或运营过程中,可能对周围的岩土、地面环境和建(构)筑物的影响。

6.6　结论与建议

6.6.1　城市轨道交通工程结论与建议内容应符合本规定4.6节要求。

6.6.2　城市轨道交通工程的结论与建议应满足设计的要求及已明确施工方案的要求。

6.6.3　对尚不具备现场勘察条件的勘探点,应明确下一步的工作要求,提出完成工作的条件。对确实无法满足工作条件的勘探点,应提出解决问题的方法和建议。

6.6.4　对钻孔无法实施、地质条件复杂的地段提出施工勘察、超前地质预报的建议或专项勘察的建议。

7　特　殊　场　地

7.1　一般规定

7.1.1　下列场地勘察时,勘察报告应符合本章要求。

① 有特殊性岩土分布的场地;

② 边坡工程场地;

③ 不良地质作用发育和存在地质灾害的场地。

7.1.2　在特殊场地进行勘察时,应考虑工程建设和人类活动对其影响,应满足相关专业规范的要求。

7.2　特殊性岩土

7.2.1　湿陷性土勘察报告应包括下列内容:

① 湿陷性土地层的时代、成因及分布范围;

② 湿陷性土层的厚度、湿陷系数和自重湿陷系数随深度的变化;

③ 场地复杂程度、场地湿陷类型和地基湿陷等级及其平面分布;

④ 必要时提供湿陷起始压力随深度的变化规律;

⑤ 必要时分析地下水位升降变化的可能性和变化趋势;

⑥ 需要进行地基处理时,应说明处理目的、处理方法、处理深度,提供地基处理所需的岩土参数;

⑦ 采用桩基时应提供持力层和适宜的成桩方式建议,提供桩基设计有关岩土参数,自重湿陷性黄土场地应提供桩的负摩阻力建议值;

⑧ 遇基坑和边坡工程时,应进行稳定性评价,提供有关岩土参数。

7.2.2　红黏土勘察报告应包括下列内容:

① 不同地貌单元红黏土的类型、分布、厚度、物质组成、土性等特征;

② 红黏土的状态;

③ 裂隙发育特征及其成因;

④ 红黏土下伏基岩岩性、岩溶发育特征及其与红黏土土性、厚度变化的关系;

⑤ 地下水、地表水的分布、动态及其与红黏土状态垂向分带的关系;

⑥ 裂隙发育的红黏土应提供三轴剪切试验或无侧限抗压强度试验成果;

⑦ 地基的均匀性分类;

⑧ 红黏土地基承载力;

⑨ 地基持力层、基础形式选择,建筑物避让地裂密集带或深长地裂地段的建议;

⑩ 基坑施工建议。

7.2.3　软土勘察报告应包括下列内容:

① 软土的成因类型、分布规律、地层结构、砂土夹层分布和均匀性;

② 软土层的强度和变形特征指标,必要时阐述软土的固结历史、应力水平和土体结构扰动对强度和变形的影响;

③ 硬壳层的分布与厚度、下伏硬土层或基岩的埋深和起伏状况;

④ 微地貌形态和暗埋的塘、浜、沟、坑、穴的分布、埋深及其填土的情况;

⑤ 提供基础形式和持力层建议,对于上为硬层、下为软土的双层土地基应进行下卧层强度验算;

⑥ 判定地基产生失稳和不均匀变形的可能性,当工程位于池塘、河岸、边坡附近时应评价其稳定性,当地面有大面积堆载时应分析其对建(构)筑物的不利影响;

⑦ 基坑工程宜提供基坑开挖方式、支护结构类型、抗剪强度参数、渗透系数和降水方法建议;

⑧ 开挖、回填、支护、工程降水、打桩、沉井等施工方法对施工安全和周围环境的影响;

⑨ 软土地基处理及监测建议。

7.2.4　混合土勘察报告应包括下列内容:

① 混合土的名称、物质组成、来源;

② 混合土场地及其周围地形、地貌;

③ 混合土的成因、分布,下伏土层或基岩的埋藏条件,坡向、坡度,层面倾向、倾角,是否存在软弱结构面;

④ 混合土中粗大颗粒的风化情况,细颗粒的成分和状态;

⑤ 混合土的均匀性及其在水平方向和垂直方向上的变化规律;

⑥ 地下水的分布和赋存条件、透水性和富水性,不同水体的水力联系;

⑦ 不均匀混合土地基工程应分析评价不均匀沉降对工程的影响;

⑧ 对不稳定或存在不良地质作用的混合土地基应根据技术经济条件提出避开或处理措施建议;

⑨ 评价混合土地基对工程的影响,提出处理措施建议,提供设计施工所需的岩土参数。

7.2.5　填土勘察报告应包括下列内容:

① 填土的类型、成分、分布、厚度、堆填年代和固结程度;

② 地基的均匀性、压缩性、密实度和湿陷性;

③ 当填土作为持力层时,提供地基承载力;

④ 当填土底面的坡度大于 20%,应根据场地地基条件评价其稳定性;

⑤ 有关填土地基处理和基础方案的建议;

⑥ 欠固结的填土采用桩基时应提供桩的负摩阻力建议值;

⑦ 必要时,根据有机质、有毒元素、有害气体的含量、分布,评价其对工程、环境的影响。

7.2.6　多年冻土勘察报告应包括下列内容:

① 多年冻土的分布范围及上限深度;

② 多年冻土的类型、厚度、总含水量、构造特征;

③ 多年冻土土层上水、层间水、层下水的赋存形式、相互关系及其对工程的影响;

④ 多年冻土的融沉性分级和季节融化层土的冻胀性分级;

⑤ 厚层地下冰、冰锥、冰丘、冻土沼泽、热融滑塌、热融湖塘、融冻泥流等不良地质作用的形态特征、形成条件、分布范围、发生发展规律及其对工程的危害程度;

⑥ 多年冻土试样的采取、搬运、贮存、试验中采用避免融化的措施;

⑦ 多年冻土特殊的物理力学和热学性质指标;

⑧ 多年冻土的地基类型和地基承载力;

⑨ 建筑物对多年冻土的避让建议。

7.2.7　膨胀岩土勘察报告应包括下列内容:

① 膨胀岩土的地质年代、岩性、矿物成分、成因、产状、分布以及颜色、裂隙发育情况和充填物等特征;

② 划分地形、地貌单元和场地类型;

③ 浅层滑坡、裂缝、冲沟和植被情况;

④ 地表水的排泄和积聚情况、地下水的类型、水位及其变化规律;

⑤ 当地降雨量、干湿季节、干旱持续时间等气象资料、大气影响深度；

⑥ 自由膨胀率、一定压力下的膨胀率、收缩系数、膨胀力等指标；

⑦ 膨胀潜势、地基的膨胀变形量、收缩变形量、胀缩变形量、胀缩等级；

⑧ 对边坡及位于边坡上的工程进行稳定性评价；

⑨ 提供膨胀岩土预防措施及地基处理方案的建议。

7.2.8　盐渍岩土勘察报告应包括下列内容：

① 盐渍土场地及其周围地形、地貌，当地气象和水文资料；

② 盐渍岩土的成因、分布和特点；

③ 含盐类型、含盐量及其在岩土中的分布以及对岩土工程特性的影响；

④ 溶蚀洞穴发育程度和分布；

⑤ 地下水与地表水的相互联系，地下水的类型、埋藏条件、水质、水位及其季节变化，有害毛细水上升高度；

⑥ 岩土的融陷性、盐胀性、腐蚀性和场地工程建设的适宜性及地基处理和防治措施建议。

7.2.9　风化岩和残积土勘察报告应包括下列内容：

① 残积土母岩的地质年代和岩石名称，下伏基岩的产状和裂隙发育程度；

② 风化程度的划分及其分布、埋深和厚度；

③ 岩性的均匀性和软弱夹层的分布、产状及其对地基稳定性的影响；

④ 对花岗岩残积土，测定其中细粒土的天然含水量 w_f、塑限 w_P、液限 w_L；

⑤ 地下水的赋存条件、透水性和富水性，不同含水层的水力联系；

⑥ 建在软硬不均或风化程度不同地基上的工程，分析不均匀沉降对工程的影响；

⑦ 岩脉、球状风化体（孤石）的分布及其对地基基础（包括桩基）的影响，并提出相应的建议；

⑧ 必要时评价风化岩和残积土边坡稳定性。

7.2.10　污染土勘察报告应包括下列内容：

① 污染源的位置、成分、性质、污染史及对周边的影响；

② 污染土分布的平面范围和深度、地下水受污染的空间范围；

③ 污染土的物理力学性质，评价污染对土的工程特性指标的影响程度；

④ 污染土和水对建筑材料的腐蚀性；

⑤ 对已建项目的危害性或拟建项目适宜性综合评价。

7.2.11　污染土场地勘察报告尚应根据任务要求提供下列内容：

① 提供地基承载力和变形参数，预测地基变形特征；

② 评价污染土和水对环境的影响；

③ 分析污染发展趋势；

④ 根据污染土、水分布特点与污染程度，结合拟建工程采用的基础形式，提出污染土、水处置建议。

7.3　边坡工程

7.3.1　边坡工程勘察报告应包括下列内容：

① 边坡高度、坡度、形态、坡底高程、开挖线、堆坡线和边坡平面尺寸以及拟建场地的整平标高;

② 地形地貌形态,覆盖层厚度、边坡基岩面的形态和坡度;

③ 岩土的类型、成因、性状、岩石风化和完整程度;

④ 岩体主要结构面(特别是软弱结构面)的类型、产状、发育程度、延展情况、贯通程度、闭合程度、风化程度、充填状况、充水状况、组合关系、力学属性与临空面的关系;

⑤ 岩土物理力学性质、岩质边坡的岩体分类、边坡岩体的等效内摩擦角、结构面的抗剪强度等边坡治理设计与施工所需的岩土参数;

⑥ 地下水的类型、水位、主要含水层的分布情况、岩体和软弱结构面中地下水情况、岩土的透水性和地下水的出露情况、地下水对边坡稳定性的影响以及地下水控制措施建议;

⑦ 不良地质作用的范围和性质、边坡变形迹象、变形时间和机理以及演化趋势等;

⑧ 地区气象条件(特别是雨期、暴雨强度)、汇水面积、坡面植被,地表水对坡面、坡脚的冲刷情况;

⑨ 边坡稳定性评价结论和建议;

⑩ 边坡工程安全等级。

7.3.2 边坡稳定性评价应包括下列内容:

① 边坡破坏模式和稳定性评价方法;

② 稳定性验算的主要岩土参数、取值原则、取值依据;

③ 稳定性验算以及验算结果评价;

④ 边坡对相邻建(构)筑物的影响评价以及防护措施建议;

⑤ 边坡防护处理措施和监测方案建议;

⑥ 边坡治理设计与施工所需的岩土参数;

⑦ 护坡设计与施工应注意的问题。

7.4 不良地质作用和地质灾害

7.4.1 勘察区存在不良地质作用和地质灾害时,勘察报告应对其进行评价分析。对规模较大、危害严重的不良地质作用和地质灾害,应进行专门的勘察与评价工作,并提交相应的专题报告。

7.4.2 岩溶勘察报告应包括下列内容:

① 岩溶发育的区域地质背景;

② 场地地貌、地层岩性、岩面起伏、形态和覆盖层厚度、可溶性岩特性;

③ 场地构造类型,断裂构造位置、规模、性质、分布,分析构造与岩溶发育的关系;

④ 地下水类型、埋藏条件、补给、径流和排泄情况及动态变化规律,地表水系与地下水水力联系;

⑤ 岩溶类型、形态、位置、大小、分布、充填情况和发育规律;

⑥ 分析岩溶的形成条件,人类活动对岩溶的影响;

⑦ 土洞与塌陷的成因、分布位置、埋深、大小、形态、发育规律、与下伏岩溶的关系、影响因素及发展趋势和危害性,地面塌陷与人工抽(降)水的关系;

⑧ 岩溶与土洞稳定性分析评价及对工程的影响;

⑨ 对施工勘察、防治措施和监测建议。

7.4.3　滑坡勘察报告尚应包括下列内容：

① 滑坡区的地质背景，水文、气象条件；

② 滑坡区的地形地貌、地层岩性、地质构造与地震；

③ 滑坡的类型、范围、规模、滑动方向、形态特征及边界条件、滑动带岩土特性，近期变形破坏特征、发展趋势、影响范围及对工程的危害性；

④ 场地水文地质特征、地下水类型、埋藏条件、岩土的渗透性，地下水补给、径流和排泄情况、泉和湿地等的分布；

⑤ 地表水分布、场地汇水面积、地表径流条件；

⑥ 滑坡形成条件、影响因素及因素敏感性分析、滑坡破坏模式与计算方法、与滑坡计算模式相应的岩土抗剪强度参数；

⑦ 分析与评价滑坡稳定性、工程建设适宜性；

⑧ 提供防治工程设计的岩土参数；

⑨ 提出防治措施和监测建议。

7.4.4　危岩和崩塌勘察报告应包括下列内容：

① 危岩和崩塌地质背景，水文、气象条件；

② 地形地貌、地层岩性、地质构造与地震、水文地质特征、人类活动情况；

③ 危岩和崩塌的类型、范围、规模、崩落方向、形态特征及边界条件、危岩体岩土特性、分化程度和岩体完整程度、近期变形破坏特征、发展趋势和对工程的危害性；

④ 危岩和崩塌的形成条件、影响因素；

⑤ 危岩和崩塌的稳定性分析与评价，评价其影响范围、危害程度及工程建设适宜性；

⑥ 提供防治工程设计的岩土参数；

⑦ 提出防治措施和监测建议。

7.4.5　泥石流勘察报告应包括下列内容：

① 泥石流的地质背景，水文、气象条件；

② 地形地貌特征、地层岩性、地质构造与地震、水文地质特征、植被情况、有关的人类活动情况；

③ 泥石流的类型、历次发生时间、规模、物质组成、颗粒成分、暴发的频度和强度、形成历史、近期破坏特征、发展趋势和危害程度；

④ 泥石流形成区的水源类型、水量、汇水条件及汇水面积、固体物质的来源、分布范围、储量；

⑤ 泥石流流通区沟床、沟谷发育情况、切割情况、纵横坡度、沟床的冲淤变化和泥石流痕迹；

⑥ 泥石流堆积区的堆积扇分布范围、表面形态、堆积物性质、层次、厚度、粒径；

⑦ 分析泥石流的形成条件，评价其对工程建设的影响；

⑧ 提供防治工程设计的岩土参数；

⑨ 提出防治措施和监测建议。

7.4.6　采空区勘察报告应包括下列内容：

① 采空区的地质背景和地形地貌条件；

② 采空区的范围、层数、埋藏深度、开采时间、开采方式、开采厚度、上覆岩层的特性等;

③ 采空区的塌落、空隙、填充和积水情况,填充物的性状、密实程度等;

④ 地表变形特征、变化规律、发展趋势,对工程的危害性;

⑤ 采空区附近的抽水和排水情况及其对采空区稳定的影响;

⑥ 评价老采空区上覆岩层的稳定性,预测现采空区和未来采空区的地表移动、变形的特征和规律性,判定作为工程场地的适宜性;

⑦ 提供防治工程设计的岩土参数;

⑧ 提出防治措施和监测建议。

7.4.7　地面沉降勘察报告应包括下列内容:

① 场地地貌和微地貌;

② 第四纪堆积物岩性、年代、成因、厚度、埋藏条件;

③ 地下水埋藏条件,含水层渗透系数,地下水补给、径流、排泄条件,地下水位、水头升降变化幅度和速率;

④ 地下水开采和回灌层位、开采和回灌情况,地下水位降落漏斗和回灌漏斗的形成和发展过程;

⑤ 地面建筑物和构筑物受影响情况,沉降、倾斜、裂缝大小及其发展过程;

⑥ 分析地面沉降产生原因、变化规律和发展趋势,分析地面沉降影响因素,评价工程建设的适宜性;

⑦ 提供防治工程设计的岩土参数;

⑧ 提出防治措施和监测建议。

7.4.8　地裂缝勘察报告应包括下列内容:

① 场地地貌和微地貌;

② 土层岩性、年代、成因、厚度、埋藏条件;

③ 地下水埋藏条件,含水层渗透系数,地下水补给、径流、排泄条件,地下水位、水头升降变化幅度和速率;

④ 地裂缝发育情况、分布规律,裂缝形态、大小、延伸方向、延伸长度、裂缝间距、裂缝发育的土层位置、裂缝性质;

⑤ 地下水开采和地下水位降落漏斗的形成和发展过程,与地裂缝分布的关系;

⑥ 地面建筑和构筑物受影响情况;

⑦ 分析地裂缝产生的原因,分析地裂缝与新构造运动的关系,评价工程建设的适宜性;

⑧ 提供防治工程设计的岩土参数;

⑨ 提出防治措施和监测建议。

7.4.9　当拟建工程场地有活动断裂通过时,勘察报告应包括下列内容:

① 活动断裂调查与勘探结果和地质地貌判别依据;

② 活动断裂的位置、类型、产状、规模、断裂带的宽度、岩性、岩体破碎和胶结程度、富水性及与拟建工程的关系;

③ 活动断裂的活动年代、活动速率、错动方式和地震效应;

④ 评价活动断裂对建筑物可能产生的危害和影响,提出避让或工程措施建议;

⑤ 必要时提出进一步工作或进行地震危险性安全评价。

8 场地和地基的地震效应

8.0.1 抗震设防烈度等于或大于 6 度地区的勘察报告,应根据本章要求进行场地和地基的地震效应评价。工程需要时应进行专门研究。

8.0.2 进行地震效应评价时,应根据工程情况和设计要求合理选择依据的抗震设计技术标准,勘察工作量应满足相应抗震设计技术标准的要求。

8.0.3 地震效应评价应在收集场地地震历史资料和地质资料的基础上结合工程情况进行。

8.0.4 地震效应评价应包括以下内容:

① 应明确评价所依据的标准;

② 提供勘察场地的地震设防烈度、设计基本地震加速度、设计地震分组;

③ 确定场地类别,进行岩土地震稳定性(如滑坡、崩塌、液化和震陷特性等)评价;

④ 应根据实际需要划分对建筑有利、一般、不利和危险的地段;

⑤ 存在饱和砂土和饱和粉土的场地,当场地抗震设防烈度为 7 度和 7 度以上时应进行液化判别(抗震设防烈度为 6 度时可不考虑液化影响,但对沉降敏感的乙类建筑,可按 7 度进行液化判别);

⑥ 位于条状突出的山嘴、高耸孤立的山丘、非岩石和强风化岩石的陡坡、河岸和边坡边缘等不利地段的工程,应阐述边坡形态、相对高差、地层岩性和拟建工程与边坡的距离。

8.0.5 当场地类别、液化程度差异较大时应进行分区,分别评价。

8.0.6 液化判别评价包括以下方面:

① 判定场地液化的可能性;

② 可能液化场地评价液化等级和危害程度;

③ 根据液化等级、工程重要性提出抗液化措施的建议。

8.0.7 液化判别应说明依据的技术标准、公式,液化判别包括以下内容:

① 液化判别应根据现行抗震设计技术标准规定的方法进行初步判别;

② 当初步判别后确认需要进行进一步判别时,应采用标准贯入试验等方法进一步判别。

8.0.8 采用标准贯入试验方法判别液化应包括以下内容:

① 明确判别公式;

② 列出判别点的黏粒含量和取值依据;

③ 列出所采用的地下水位条件及依据。

8.0.9 评价液化等级时,宜采用列表方式并按以下步骤进行:

① 按照每个试验点逐点判别;

② 按照每个试验孔计算液化指数;

③ 综合确定场地液化等级,必要时进行场地液化分区。

8.0.10 对需要采用时程分析法补充计算的工程,应根据设计要求提供土层剖面、场地覆盖层厚度和有关动力参数。

9 图 表

9.1 一般规定

9.1.1 本规定所指图表是指勘察报告中与文字部分相对独立的图表。

9.1.2 部分图表也可作为文字部分的插图、插表。作为插图、插表时,应分图、表两类统一编号,内容要求可参照本规定。

9.1.3 勘察报告图件应有图例,图表应有图表名称、项目名称,图件应采用恰当比例尺,平面图应标识方向。

9.1.4 室内试验和原位测试,均应按有关标准进行记录、计算、绘制各种曲线,当采用计算机采集数据和处理数据时,应有成果打印文件。

9.1.5 勘察报告应包括下列图表:

① 勘探点平面位置图;

② 工程地质剖面图;

③ 原位测试成果图表;

④ 室内试验成果图表;

⑤ 探井(探槽)展示图;

⑥ 物理力学试验指标统计表。

9.1.6 市政道路工程、管道工程应根据需要提供纵向剖面图。

9.1.7 城市轨道交通工程应提供典型钻孔的钻孔柱状图,根据需要提供工程地质纵断面、横断面图。

9.1.8 勘察报告可根据需要增加下列图表:

① 拟建工程位置图;

② 区域地质图;

③ 区域构造图;

④ 综合工程地质图;

⑤ 工程地质分区图;

⑥ 地下水等水位线图;

⑦ 基岩面(或其他地层面)等值线图;

⑧ 设定高层岩性分布切面图;

⑨ 综合柱状图;

⑩ 钻孔(井)柱状图;

⑪ 勘探点主要数据一览表;

⑫ 地震液化判别表;

⑬ 各岩土层顶面标高、埋深及厚度统计表;

⑭ 岩土利用、整治、改造方案的有关图表;

⑮ 岩土工程计算简图及计算成果图表;

⑯ 素描及照片;

⑰ 其他需要的图表。

9.2 平面图、剖面图和柱状图

9.2.1 拟建工程位置图或位置示意图可作为报告书的附图,拟建工程位置图或位置示意图应符合下列要求:

① 拟建工程位置应以醒目的图例表示;

② 城镇中的拟建工程应标出邻近街道和特征性的地物名称;

③ 城镇以外的拟建工程应标出邻近村镇、山岭、水系及其他重要地物的名称;

④ 规模较大或较重要的拟建工程宜标出大地坐标。

9.2.2 勘探点平面位置图应包括下列内容:

① 拟建工程的轮廓线及其与红线或已有建筑物的关系、层数(或高度)及其名称、编号,拟定的场地整平标高,当勘察场地地形起伏较大时,应有地形等高线;

② 已有建筑物的轮廓线、层数(或高度)及其名称;

③ 勘探点及原位测试点的位置、类型、编号、孔(井)口标高、深度等;

④ 剖面线的位置和编号;

⑤ 方向标、比例尺、必要的文字说明。

9.2.3 市政工程勘探点平面位置图尚应符合下列要求:

① 道路工程、管道工程、堤岸工程应附有地形地物的道路走向和里程桩号的初步设计带状平面图,必要时应附拟建工程位置示意图;

② 桥涵工程应附有场地地形地物。

9.2.4 城市轨道交通勘探点平面位置图尚应包括地形、地物、线路及里程、站位和隧道位置及结构轮廓线等要素。

9.2.5 地面起伏或占地面积较大的工程,建筑物与勘探点平面位置图应以相同比例尺的地形图为底图。勘探点和原位测试点宜有坐标,坐标数据可列入"勘探点主要数据一览表"或列表放在本图的适当位置。

9.2.6 工程地质剖面图应根据具体条件合理布置,主要应包括下列内容:

① 勘探孔(井)的位置、编号、地面标高、勘探深度、勘探孔(井)间距、剖面方向(基岩地区);

② 岩土图例符号(或颜色)、岩土分层编号、分层界线;

③ 实测或推测的岩石分层、岩性分界、断层、不整合面的位置和产状;

④ 溶洞、土洞、塌陷、滑坡、地裂缝、古河道、埋藏的古井、防空洞、孤石及其他埋藏物;

⑤ 地下水稳定水位标高(或埋深);

⑥ 取样位置、类型或等级;

⑦ 圆锥动力触探曲线或随深度的试验值;

⑧ 标准贯入等原位测试的位置、测试成果;

⑨ 标高;

⑩ 地形起伏较大或工程需要时,标明拟建建筑的位置和场地整平高程。

9.2.7 市政工程纵向剖面图(工程地质剖面图)尚应包括下列内容:

① 线路及里程等要素;

② 路基设计标高及挖填方位置;

③ 管道工程的设计管道顶底标高。

9.2.8　城市轨道交通工程地质剖面图、工程地质纵断面图尚应包括车站隧道位置、线路里程、车站的站中里程、区间两端站名、顶底标高及结构轮廓线等。

9.2.9　钻孔(探井)柱状图应包括下列内容:

① 钻孔(探井)编号、直径、深度、勘探日期和孔(井)口标高等;

② 地层编号、年代和成因,层底深度、标高、层厚,柱状图,取样及原位测试位置,岩土描述、地下水位、测试成果、岩芯采取率或 RQD(对于岩石)等;

③ 必要的孔(井)坐标。

9.3　原位测试图表

9.3.1　载荷试验成果图表应包括下列内容:

① 试验编号、地面标高、岩土名称、岩土性质指标、地下水位深度、试验深度、压板形式和尺寸、加荷方式、稳定标准、观测仪器及其标定情况、试验开始及完成日期;

② 试验点平面及剖面示意图、压力与沉降关系曲线、沉降与时间关系曲线;

③ 累计沉降、沉降增量、比例界限压力、变形模量、承载力特征值、极限荷载压力。

9.3.2　单桩静力载荷试验应编制专门的试桩报告,包括文字和图表,其内容应符合相应规范、标准规定。试验成果图表应包括下列内容:

① 试桩编号、试验安装示意图、试桩及锚桩配筋图、地面标高、桩的类型、受力方式(竖向或水平等)、混凝土强度等级、桩身尺寸、桩身长度及入土深度、加荷方式、混凝土浇筑或打(压)桩日期、试验日期、试桩过程中的异常情况;

② 桩周及桩端土岩土性质指标;

③ 加荷次序、分级荷载、本级沉降、累计沉降、本级历时、累计历时、直线段荷载、极限荷载;

④ 荷载与沉降(水平位移)关系曲线、沉降与时间关系曲线,单桩水平静力荷载试验尚应绘制荷载与位移增量关系曲线。

9.3.3　静力触探成果图表应包括下列内容:

① 孔号、地面标高、仪器型号、探头尺寸、率定系数、记录方式、试验日期;

② 深度与贯入阻力关系曲线,对于单桥静力触探横坐标为比贯入阻力,对双桥静力触探横坐标为锥尖阻力、侧摩阻力和摩阻比,对三桥静力触探横坐标为锥尖阻力、侧摩阻力、摩阻比和贯入时的孔隙水压力。

9.3.4　圆锥动力触探成果图表应包括下列内容:

① 孔号、地面标高、动力触探型号、记录方式、试验日期;

② 深度与锤击数关系曲线(连续进行动力触探试验时)。

9.3.5　十字板剪切试验成果图表应包括下列内容:

① 孔号、地面标高、试验深度、土名及特征、地下水位、板头尺寸、板头常数、率定系数、仪器型号、量测方式、试验日期;

② 测试数据、原状土十字板抗剪强度、重塑土十字板抗剪强度与深度关系曲线、灵敏度等。

9.3.6 旁压试验成果图表应包括下列内容：

① 孔号、地面标高、试验深度、土名及特征、地下水位、仪器型号与类型(自钻式或预钻式)、试验日期；

② 旁压试验曲线图、测试数据(各级压力与对应的体积或半径增量)以及由其确定的初始压力、临塑压力、极限压力、旁压模量等。

9.3.7 扁铲侧胀试验成果图表应包括下列内容：

① 孔号、地面标高、土名及特征、地下水位、仪器型号、率定系数、试验日期；

② 各测试深度加压至 0.05 mm、1.10 mm 及减压至 0.05 mm 的压力值；

③ 侧胀模量、侧胀水平应力指数、侧胀土性指数、侧胀孔压指数与深度的关系曲线。

9.3.8 现场直接剪切试验成果图表应包括下列内容：

① 试验编号、地面标高、试验深度、岩土名称、岩体软弱面性质、地下水位、试体尺寸、剪切面积、加荷方式、测量仪器型号与方式、试验日期；

② 测试数据、剪切应力与剪切位移曲线、剪切力与垂直位移曲线,确定比例强度、屈服强度、峰值强度、剪胀强度、残余强度等；

③ 法向应力与比例强度、屈服强度、峰值强度、残余强度关系曲线,确定相应强度参数。

9.3.9 基床系数试验成果图表应包括下列内容：

① 试验编号、地面标高、岩土名称、岩土性质指标、地下水位深度、试验深度、压板尺寸、加荷方式、稳定标准、观测仪器、试验开始及完成日期；

② 试验点平面及剖面示意图、压力与沉降关系曲线、沉降与时间关系曲线；

③ 比例界限压力、地基土基床系数。

9.3.10 波速测试成果图表应包括下列内容：

① 试验孔号、地面标高、地层、地下水位、测试方法(单孔法、跨孔法或面波法)、测试仪器型号、试验日期；

② 测试数据(距离、深度)；

③ 波速与深度关系曲线；

④ 跨孔法应有剖面示意图。

9.3.11 抽水试验成果图表应包括下列内容：

① 试验编号、地面标高、试验日期、稳定水位、抽水孔结构及地层剖面、水位降深、涌水量、水位恢复曲线、渗透系数及其计算公式；

② 涌水量与时间、水位降与时间关系曲线、涌水量与水位降关系曲线、单位涌水量与水位降关系曲线等；

③ 多孔抽水试验成果图表尚应包括多孔抽水孔平面关系示意图、带有抽降水位线的剖面图、观测孔的水位降深等内容。

9.3.12 压水试验成果图表应包括下列内容：

① 试验编号、地面标高、试验日期、地下水位试验设备型号及尺寸、栓塞类型、试验段长度及地层；

② 栓塞安装示意图及主要试验参数；

③ 压力与流量关系曲线、曲线类型、试段透水率、渗透系数、吕荣值等。

9.3.13 注水(渗水)试验成果图表应包括下列内容：

① 试验编号、地面标高、试验位置、试验孔或试坑尺寸、试验设备型号及尺寸、试验方法、地层剖面、试验日期;

②(常水头试验时)注水量与时间、水位恢复曲线、渗透系数、渗透系数计算公式等;

③(变水头试验时)水头比与时间关系曲线、滞后时间、渗透系数、渗透系数计算公式等。

9.4　室内试验图表

9.4.1　土工试验成果汇总表应明确土的分类、定名依据,并包括下列内容:

① 孔(井)及土样编号、取样深度、土的名称;

② 试验栏目:颗粒级配百分数、天然含水量、天然密度、比重、饱和度、天然孔隙比、液限、塑限、塑性指数、液性指数、压缩系数、压缩模量、黏聚力、内摩擦角、有机质含量等;

③ 根据实际情况可增加相对密实度、不均匀系数、曲率系数、高压固结试验、渗透试验、固结系数试验、无侧限抗压强度试验、湿陷性试验、膨胀性试验及其他特殊项目试验栏目;

④ 栏目的指标均应标明指标名称及符号、计量单位,界限含水量应注明测定方法,压缩系数及压缩模量应注明压力段范围,抗剪强度指标应注明试验方法和排水条件。

9.4.2　固结试验图表应包括下列内容:

① 不同压力下的孔隙比;

② $e—p$ 曲线图;

③ 不同压力段的压缩系数和压缩模量;

④ 必要的文字说明。

如固结试验不提供成果图表,则应在土工试验成果汇总表中提供不同压力下的孔隙比值或提供不同压力下的压缩模量,需考虑回弹变形时,应提供相关参数,必要时提供综合压缩曲线。

9.4.3　固结试验确定先期固结压力成果应按 $e—\lg p$ 曲线整理,成果图表包括下列内容:

① 不同压力下的孔隙比;

② $e—p$ 曲线图;

③ 确定的先期固结压力、压缩指数和回弹指数及必要的文字说明。

9.4.4　剪切试验应说明试验方法(三轴或直剪)、固结条件、排水条件,并符合下列要求:

① 直剪试验宜提供抗剪强度与垂直压力关系曲线图表,不提供图表时,应提供不同垂直压力下的抗剪强度值;

② 三轴试验应提供主应力差和轴向应变关系曲线、摩尔圆和强度包络线图,必要时提供主应力比与轴向应变关系曲线、孔隙水压力或体积应变与轴向应变关系曲线、应力路径曲线,并列表提供相应的数值。

9.4.5　击实试验应提供干密度和含水量关系曲线,标明最大干密度和最优含水量,注明试验类型,并应符合下列要求:

① 试验类型应与试验方法规定的土类和粒径相一致;

② 干密度和含水量(率)关系曲线应绘制于直角坐标系中,取曲线峰值点相应的纵坐标

为击实试样的最大干密度,相应的横坐标为击实试样的最优含水量;当关系曲线不能绘制峰值点时,应进行补点,土样不宜重复使用;

③ 轻型击实试验中,当试样中粒径大于 5 mm 的土质量小于或等于试样总质量的 30%时,应对最大干密度和最优含水量进行校正。

9.4.6 室内岩石试验图表应注明试件编号、岩石名称、取样地点、试件尺寸,提供岩石的天然密度、吸水率、饱和吸水率等。单轴抗压强度试验和三轴抗压强度试验尚应符合下列要求:

① 岩石单轴抗压试验应提供单轴抗压强度值,对各向异性明显的岩石应提供平行和垂直层理面的强度,必要时提供软化系数;

② 岩石单轴压缩变形试验应提供岩石的弹性模量和泊松比;

③ 岩石三轴压缩强度试验应提供不同围压下的主应力差与轴向应变关系、摩尔圆和抗剪强度包络线、强度参数 c、φ 值。

9.4.7 水和土的腐蚀性分析成果应符合下列要求:

① 水和土腐蚀性分析试验项目和方法应符合现行《岩土工程勘察规范》(GB 50021—2001,2009 年版)的要求;

② 水和土的腐蚀性分析成果应采用表格形式,其内容包括钻孔(探井)编号、水(土)样编号、取样时间、取样深度、土的名称、试验时间、试验方法、各项试验结果。

9.5 统计表

9.5.1 勘探点主要数据一览表应包括下列内容:

① 勘探点编号、孔口标高、孔深;

② 取样数量(原状、扰动)、原位测试工作量;

③ 勘探点坐标。

9.5.2 物理力学指标统计表、建议值表包括下列内容:

① 统计项目、统计样本数、最大值、最小值、平均值;

② 主要岩土层的关键测试项目(包括孔隙比、压缩模量、黏聚力、内摩擦角、标准贯入试验锤击数、轻型圆锥动力触探锤击数等)变异系数、标准值;

③ 岩土参数建议值。

9.5.3 饱和砂土、粉土地震液化判别表应包括下列内容:

① 孔号、判别液化时采用的地下水位、液化判别深度、地震设防烈度;

② 饱和土标准贯入试验点深度及对应的黏粒含量百分率,标准贯入锤击数基准值、试验点对应的临界值、实测值;

③ 试验点土层单位土层厚度对应的层位影响权函数值、单孔液化指数等。

参 考 文 献

[1]《工程地质手册》编写委员会.工程地质手册[M].第三版.北京:中国建筑工业出版社,1992.

[2] 姜振泉,武强,隋旺华.临汾地裂缝的成因及发育环境研究[M].徐州:中国矿业大学出版社,1999.

[3] 李兴唐.活动断裂研究与工程评价[M].北京:地质出版社,1991.

[4] 李智毅,杨裕云.工程地质学概论[M].北京:中国地质大学出版社,2002.

[5] 林宗元.岩土工程勘察设计手册[M].沈阳:辽宁科学技术出版社,1996.

[6] 林宗元.岩土工程试验手册[M].沈阳:辽宁科学技术出版社,1996.

[7] 孟高头.土体工程勘察原位测试及其工程应用[M].北京:地质出版社,1992.

[8] 彭承光,李运贵,李子权,等.建筑场地岩土工程勘察基础[M].北京:地震出版社,1995.

[9] 唐大雄,刘佑荣,张文殊,等.工程岩土学[M].第二版.北京:地质出版社,2005.

[10] 铁道部第一勘测设计院.铁路工程地质手册[M].北京:中国铁道出版社,1999.

[11] 许惠德,马金荣,姜振泉.土质学及土力学[M].徐州:中国矿业大学出版社,1995.

[12] 弈勇.岩土与勘察测量工程标准规范实务全书[M].长春:吉林科学技术出版社,2002.

[13] 于双忠.煤矿工程地质研究[M].徐州:中国矿业大学出版社,1991.

[14] 中华人民共和国水利行业标准.水工隧洞设计规范:SL 279—2016[S].北京:中国水利水电出版社,2016.

[15] 中华人民共和国地质矿产行业标准.崩塌、滑坡、泥石流监测规范:DZ/T 0221—2006[S].北京:中国标准出版社,2006.

[16] 中华人民共和国地质矿产行业标准.滑坡防治工程设计与施工技术规范:DZ/T 0219—2006.北京:中国标准出版社,2006.

[17] 中华人民共和国地质矿产行业标准.滑坡防治工程勘查规范:GB/T 32864—2016[S].北京:中国标准出版社,2016.

[18] 中华人民共和国电力行业标准.电力工程物探技术规程:DL/T 5159—2002[S].北京:中国电力出版社,2002.

[19] 中华人民共和国电力行业标准.火力发电厂工程地质测绘技术规定:DL/T 5104—1999[S].北京:中国电力出版社,1999.

[20] 中华人民共和国电力行业标准.火力发电厂岩土工程勘测技术规程:DL/T 5074—2006[S].北京:中国电力出版社,2006.

[21] 中华人民共和国电力行业标准.火力发电厂岩土工程勘测描述技术规定:DL/T 5160—2002[S].北京:中国电力出版社,2002.

[22] 中华人民共和国国家标准.城市轨道交通岩土工程勘察规范:GB 50307—2012

[S].北京:中国计划出版社,2012.

[23] 中华人民共和国国家标准.地基动力特性测试规范:GB/T 50269—97[S].北京:中国计划出版社,1998.

[24] 中华人民共和国国家标准.冻土工程地质勘察规范:GB 50324—2001[S].北京:中国建筑工业出版社,2001.

[25] 中华人民共和国国家标准.工程岩体分级标准:GB 50218—2014[S].北京:中国计划出版社,2014.

[26] 中华人民共和国国家标准.工程岩体试验方法标准:GB/T 50266—2013[S].北京:中国计划出版社,2013.

[27] 中华人民共和国国家标准.供水水文地质勘察规范:GB 50027—2001[S].北京:中国计划出版社,2001.

[28] 中华人民共和国国家标准.建筑边坡工程技术规范:GB 50330—2013[S].北京:中国建筑工业出版社,2014.

[29] 中华人民共和国国家标准.建筑地基基础工程施工质量验收规范:GB 50202—2009[S].北京:中国计划出版社,2009.

[30] 中华人民共和国国家标准.建筑地基基础设计规范:GB 50007—2011[S].北京:中国建筑工业出版社,2011.

[31] 中华人民共和国国家标准.建筑工程抗震设防分类标准:GB 50223—2008[S].北京:中国建筑工业出版社,2008.

[32] 中华人民共和国国家标准.建筑抗震设计规范:GB 50011—2010[S].北京:中国建筑工业出版社,2010.

[33] 中华人民共和国国家标准.煤矿采空区岩土工程勘察规范:GB 51044—2014,2017版[S].北京:中国计划出版社,2017.

[34] 中华人民共和国国家标准.膨胀土地区建筑技术规范:GB 50112—2013[S].北京:中国计划出版社,2013.

[35] 中华人民共和国国家标准.湿陷性黄土地区建筑规范:GB 50025—2004[S].北京:中国建筑工业出版社,2004.

[36] 中华人民共和国国家标准.水利水电工程地质勘察规范:GB 50487—2008[S].北京:中国计划出版社,2008.

[37] 中华人民共和国国家标准.土的工程分类标准:GB/T 50145—2007[S].北京:中国计划出版社,2008.

[38] 中华人民共和国国家标准.土工试验方法标准:GB/T 50123—1999[S].北京:中国计划出版社,1999.

[39] 中华人民共和国国家标准.岩土工程勘察规范:GB 50021—2001,2009年版[S].北京:中国建筑工业出版社,2009.

[40] 中华人民共和国国家标准.岩土锚固与喷射混凝土支护工程技术规范:GB 50086—2011[S].北京:中国计划出版社,2011.

[41] 中华人民共和国行业标准.冻土地区建筑地基基础设计规范:JGJ 118—2011[S].北京:中国建筑工业出版社,2011.

[42] 中华人民共和国行业标准.港口工程地基规范:JTS 147—1—2010[S].北京:人民交通出版社,2010.

[43] 中华人民共和国行业标准.港口工程地质勘察规范:JTJ 240—97[S].北京:人民交通出版社,1997.

[44] 中华人民共和国行业标准.高层建筑岩土工程勘察规程:JGJ 72—2017[S].北京:中国建筑工业出版社,2017.

[45] 中华人民共和国行业标准.公路工程地质勘察规范:JTG C20—2011[S].北京:人民交通出版社,2011.

[46] 中华人民共和国行业标准.公路勘测规范:JTG C10—2007[S].北京:人民交通出版社,2007.

[47] 中华人民共和国行业标准.公路桥涵地基与基础设计规范:JTG D63—2007[S].北京:人民交通出版社,2007.

[48] 中华人民共和国行业标准.建筑地基处理技术规范:JGJ 79—2012[S].北京:中国建筑工业出版社,2012.

[49] 中华人民共和国行业标准.建筑工程地质勘探与取样技术规程:JGJ/T 87—2012[S].北京:中国计划出版社,2012.

[50] 中华人民共和国行业标准.建筑基坑支护技术规程:JGJ 120—2012[S].北京:中国建筑工业出版社,2012.

[51] 中华人民共和国行业标准.建筑与市政降水工程技术规范:JGJ/T 111—98[S].北京:中国建筑工业出版社,1999.

[52] 中华人民共和国行业标准.建筑桩基技术规范:JGJ 94—2008[S].北京:中国建筑工业出版社,1995.

[53] 中华人民共和国行业标准.建筑桩基检测技术规范:JGJ 106—2014[S].北京:中国建筑工业出版社,2014.

[54] 中华人民共和国行业标准.软土地区岩土工程勘察规程:JGJ 83—2011[S].北京:中国建筑工业出版社,2011.

[55] 中华人民共和国行业标准.铁路工程不良地质勘察规程:TB 10027—2012[S].北京:中国铁道出版社,2012.

[56] 中华人民共和国行业标准.铁路工程地质勘察规范:TB 10012—2007[S].北京:中国铁道出版社,2007.

[57] 中华人民共和国行业标准.铁路工程特殊岩土勘察规范:TB 10038—2012[S].北京:中国铁道出版社,2012.

[58] 中华人民共和国行业标准.铁路桥涵地基和基础设计规范:TB 10002.5—2005[S].北京:中国铁道出版社,2005.

[59] 中华人民共和国住房和城乡建设部.房屋建筑和市政基础设施工程勘察文件编制深度规定,2010年版[S].北京:中国建筑工业出版社,2011.

[60] 朱小林,杨桂林.土体工程[M].上海:同济大学出版社,1996.

[61] 邹友峰,邓喀中,马伟民.矿山开采沉陷工程[M].徐州:中国矿业大学出版社,2003.